W0258157

Mathematische Leitfäden

Herausgegeben von Prof. Dr. phil. Dr. h. c. G. KÖTHE, Frankfurt/M.

Partielle Differentialgleichungen

Eine Einführung

Von Dr. rer. nat. G. HELLWIG, o. Prof. an der Technischen Hochschule Aachen

246 Seiten mit 35 Bildern. 1960. Ln. DM 34, – [Verlags-Nr. 2213]

Nichteuklidische Elementargeometrie der Ebene

Von Prof. Dr. Dr. h. c. O. PERRON, München

134 Seiten mit 70 Bildern. 1962. Ln. DM 24, – [Verlags-Nr. 2216]

Differentialgeometrie

Von Dr. rer. nat. D. LAUGWITZ, o. Prof. an der Technischen Hochschule Darmstadt

2., durchgesehene Auflage. 183 Seiten mit 44 Bildern. 1968 . Ln. DM 28,– [Verlags-Nr. 2215]

Wahrscheinlichkeitstheorie

Von Dr. rer. nat. K. KRICKEBERG, o. Prof. an der Universität Heidelberg

200 Seiten mit 1 Bild. 1963. Ln. DM 34, – [Verlags-Nr. 2217]

Topologie

Eine Einführung

Von Dr. rer. nat. H. SCHUBERT, o. Prof. an der Universität Düsseldorf

2., durchgesehene Auflage. 328 Seiten mit 23 Bildern. 1969. Kart. DM 38, –
[Verlags-Nr. 2200]

Einführung in die mathematische Logik

Klassische Prädikatenlogik

Von Dr. rer. nat. H. HERMES, o. Prof. an der Universität Freiburg i. Br.

2., durchgesehene und erweiterte Auflage. 204 Seiten. 1969. Kart. DM 28, – [Verlags-Nr. 2201]

Kategorien und Funktoren

Von Dr. rer. nat. B. PAREIGIS, Privatdozent an der Universität München

192 Seiten mit 49 Aufgaben und zahlreichen Beispielen. 1969. Kart. DM 38, –
[Verlags-Nr. 2210]

Garbentheorie

Von Dr. rer. nat. R. KULTZE, Prof. an der Universität Frankfurt

179 Seiten mit 77 Aufgaben und zahlreichen Beispielen. 1970. Kart. DM 39, –
[Verlags-Nr. 2207]

Preisänderungen vorbehalten

MATHEMATISCHE LEITFÄDEN

Herausgegeben von Professor Dr. phil. Dr. h. c. G. Köthe, Universität Frankfurt/M.

Lineare Integraloperatoren

Von Dr. rer. nat. KONRAD JÖRGENS
o. Professor an der Universität München

1970. Mit 6 Figuren, 222 Aufgaben und zahlreichen Beispielen

 B. G. TEUBNER STUTTGART

ISBN 978-3-519-02205-3   ISBN 978-3-322-92139-0 (eBook)
DOI 10.1007/978-3-322-92139-0

Verlagsnummer 2205

Weinheim und Hemsbach/Bergstr. und Bad Homburg v. d. H.
Umschlaggestaltung: W. Koch, Stuttgart

Vorwort

Die Rand- und Eigenwertprobleme der Mathematischen Physik lassen sich fast alle in Integralgleichungen umformen. Der Aufbau der Theorie der Integralgleichungen durch I. Fredholm, D. Hilbert und E. Schmidt zu Beginn unseres Jahrhunderts brachte daher große Fortschritte für die Mathematische Physik. Obwohl später andere und zum Teil weitreichendere Methoden gefunden worden sind, ist die Integralgleichungsmethode noch heute ein wirkungsvolles und vor allem in der Physik und den Ingenieurwissenschaften viel benutztes Instrument zur Behandlung solcher Probleme.

Mit den Integralgleichungen begann die Entwicklung der heutigen Funktionalanalysis, deren Hauptgegenstand die Untersuchung der linearen Operatoren von einem topologischen Vektorraum in einen anderen ist. Die Theorie der Integralgleichungen erscheint in diesem Rahmen als Spezialfall: Die betrachteten Vektorräume sind hier Banachsche Funktionenräume, die Operatoren Integraloperatoren. Das Eigenwertproblem für eine Integralgleichung erweist sich als Spezialfall der Spektraltheorie linearer Operatoren. Die Verwendung der Begriffe und Methoden der Funktionalanalysis macht die Theorie der Integralgleichungen nicht nur einheitlicher und durchsichtiger, sie vereinfacht und erweitert sie so wesentlich, daß eine moderne Darstellung ohne diese Elemente nicht denkbar ist. Andererseits genügt es nicht, die Theorie der Integralgleichungen als Nebenprodukt oder Beispielsammlung im Rahmen der Funktionalanalysis abzuhandeln; eine solche Auffassung wird den Erfordernissen der Anwendungen nicht gerecht. Im vorliegenden Buch wird daher ein mittlerer Weg eingeschlagen: Es wird eine Einführung in die Funktionalanalysis vorausgeschickt, die in Umfang und Stoffauswahl auf die Integraloperatoren zugeschnitten ist; darauf folgt eine Theorie der Integraloperatoren mit ausführlicher Darstellung der typischen Anwendungen. Dabei wird die traditionelle Theorie der Integralgleichungen in die Funktionalanalysis eingeordnet, was durch die Wahl des Titels angedeutet werden soll.

Der erste Teil des Buches, bestehend aus den Kapiteln I und II, enthält die erwähnte Einführung in die Teile der Funktionalanalysis, die für die Untersuchung von Integraloperatoren von Bedeutung sind und die durch die Stichworte „beschränkte Operatoren in Banachräumen", „Spektraltheorie in Banachalgebren", „Fredholm-Operatoren mit endlichem Index" und „F. Rieszsche Theorie der kompakten Operatoren" gekennzeichnet sind. Eine besondere Rolle spielt hierbei die Banachalgebra $\mathscr{A}(E,F)$ der beschränkten Operatoren im Banachraum E, die in bezug auf ein Dualsystem $\langle E,F \rangle$ eine beschränkte Transponierte im Banachraum F besitzen. Die klassischen Sätze über Integralgleichungen erhalten hier ihren natürlichen Platz in einer Fredholm-Theorie bzw. Spektraltheorie in $\mathscr{A}(E,F)$. Das umfangreiche dritte Kapitel behandelt auf dieser Basis den wichtigen Fall, daß E und F Banachräume stetiger Funktionen auf einer Mannigfaltigkeit sind, und enthält zahlreiche Anwendungen z. B. auf die Randwertprobleme der Potentialtheorie und der Schwingungsgleichung und die Eigenwertprobleme gewöhnlicher und partieller Differentialgleichungen. Zwei Abschnitte sind der numerischen Behandlung von Integralgleichungen gewidmet. Im vierten Kapitel werden Integraloperatoren in Lebesgue-Räumen $L_p(X)$ und im Raum $C(X)$ der stetigen beschränkten Funktionen auf einem lokalkompakten topologischen Raum X behandelt. Hier findet man viele klassische Ergebnisse von D. Hilbert, E. Hille, E. Hopf, M. G. Krein, M. Riesz, E. Schmidt, J. D. Tamarkin, N. Wiener und A. C. Zaanen und einige neue, wie z. B: ein Kriterium für Beschränktheit und Kompaktheit von Integraloperatoren von $L_q(Y)$ in $L_p(X)$ und eine Theorie „lokalkompakter" Integraloperatoren in $C(X)$. Als wichtige spezielle Klasse werden die Operatoren vom Faltungstyp ausführlich behandelt; insbesondere werden die schönen Ergebnisse von Wiener-Hopf und Krein über Faltungsoperatoren auf der Halbgeraden und die explizite Lösung der Integralgleichungen für die einseitige und die endliche Hilbert-Transformation dargestellt.

Die Kapitel I bis III, also mehr als drei Viertel des Textes, sind elementar und verlangen vom Leser nur geringe Vorkenntnisse in Differential- und Integralrechnung, linearer Algebra und gelegentlich Funktionentheorie. Alles andere wird im Text entwickelt; so wird z. B. die im dritten Kapitel verwendete Integration stetiger Funktionen auf einer Mannigfaltigkeit in § 7 vollständig dargestellt. In Kapitel IV wird dagegen ausgiebiger Gebrauch von der Integrationstheorie gemacht und auf die entsprechende Literatur verwiesen. Zahlreiche Aufgaben unterschiedlicher Schwierigkeit begleiten, erläutern und ergänzen den Text; einige entlasten ihn auch in dem Sinne, daß ihre Ergebnisse später verwendet werden. Der Leser sollte also recht viele von ihnen lösen. Ein Gebiet wie dieses beherrscht man erst nach Erlernung gewisser Techniken der Analysis; dazu sollen die Aufgaben verhelfen.

Vielen Kollegen habe ich für ihre freundliche Hilfe zu danken: Die Herren G. Hauger, W. Richert, A. Sachs und M. Schottenloher haben mir beim Lesen der Korrekturen geholfen. Den Herren J. Batt, W. Bos, K. Floret, G. Neubauer und J. Weidmann verdanke ich wertvolle Ratschläge und viele kritische Bemerkungen während der Entstehung des Manuskripts; insbesondere haben J. Batt und J. Weidmann das ganze Manuskript gelesen und kritisch kommentiert, woraus wesentliche Verbesserungen des Textes hervorgegangen sind. Dem Herausgeber dieser Reihe, Herrn Prof. Dr. G. Köthe, danke ich für die Anregung zu diesem Buch und für behutsame Ermunterung zum vorteilhaften Stilwandel im Laufe seiner Entstehung, dem Verlag, besonders Herrn Dr. H. Heisig, für seinen wertvollen Rat in Fragen der Manuskriptgestaltung und für die gute Zusammenarbeit bei der Herstellung.

München, im Juli 1970   Konrad Jörgens

Inhalt

I Grundlagen

II Elemente der Spektraltheorie

III Integraloperatoren in Räumen stetiger Funktionen

IV Integraloperatoren in Funktionenräumen

I Grundlagen

Der einleitende § 1 geht von den klassischen Problemen der Analysis aus, die auf Integralgleichungen führen, und stellt den Zusammenhang mit der Theorie der linearen Operatoren in Banachräumen her. Der § 2 beginnt mit den metrischen Räumen, die uns auch in Kapitel III nützlich sein werden, und geht dann zu linearen normierten und Banachräumen über. In § 3 werden die elementaren Eigenschaften linearer Operatoren in Banachräumen entwickelt.

§ 1 Einleitung

1.1 Definitionen. Eine Gleichung der Form

$$\int_\alpha^\beta K(x,y) f(y)\,\mathrm{d}y = g(x) \qquad (x \in [\alpha,\beta]) \tag{1.1}$$

heißt Integralgleichung erster Art. Die Funktion K sei für $\alpha \le x \le \beta, \alpha \le y \le \beta$ definiert; man nennt sie den Kern der Integralgleichung. Sind der Kern K und die Funktion g gegeben, so sucht man eine Funktion f im Intervall $[\alpha,\beta]$ derart, daß die Gleichung (1.1) für alle $x \in [\alpha,\beta]$ erfüllt ist eine solche Funktion heißt Lösung der Integralgleichung. Eine Gleichung der Form

$$\lambda f(x) - \int_\alpha^\beta K(x,y) f(y)\,\mathrm{d}y = g(x) \qquad (x \in [\alpha,\beta]) \tag{1.2}$$

mit einer von Null verschiedenen Zahl λ heißt Integralgleichung zweiter Art. Hierin seien der Kern K, die Funktion g und die Zahl $\lambda \neq 0$ gegeben; gesucht ist wieder eine Lösung f. Der Unterschied zwischen den beiden Arten von Integralgleichungen scheint rein formal zu sein: Setzt man $\lambda = 0$ in (1.2), so erhält man eine Gleichung erster Art. Tatsächlich besteht jedoch ein wesentlicher Unterschied in bezug auf die Lösbarkeit zwischen den beiden Arten. Das sieht man schon an den einfachsten Beispielen: Setzt man etwa $K(x,y) \equiv 1$, so ist (1.1) nur dann lösbar, wenn g eine Konstante ist, und Lösung ist jede Funktion f mit $\int_\alpha^\beta f(y)\,\mathrm{d}y = g$. Die Gleichung (1.2) mit diesem Kern hat dagegen für jede integrierbare Funktion g die eindeutige Lösung $f = \lambda^{-1}g + \lambda^{-1}(\lambda - \beta + \alpha)^{-1} \int_\alpha^\beta g(y)\,\mathrm{d}y$, falls $\lambda \neq \beta - \alpha$ ist; für $\lambda = \beta - \alpha$ ist (1.2) genau dann lösbar, wenn $\int_\alpha^\beta g(y)\,\mathrm{d}y = 0$ ist, und $f = \lambda^{-1}g + c$ mit einer beliebigen Konstanten c ist die allgemeine Lösung. Diese Angaben bestätigt man leicht durch Integration der Gleichung (1.2) bezüglich x über das Intervall $[\alpha,\beta]$.

Im folgenden werden wir hauptsächlich Integralgleichungen zweiter Art behandeln, da diese für die Anwendungen von großer Bedeutung sind und da es eine sehr reichhaltige Lösungstheorie für solche Gleichungen gibt. Es wird allerdings nötig sein, von der Gleichung (1.2) zu allgemeineren überzugehen. Wir wollen versuchen, durch Betrachtung einiger Beispiele eine hinreichend allgemeine Formulierung zu finden.

1.2 Randwertprobleme. Die Randwertprobleme der Potentialtheorie sind der historische Ausgangspunkt der Theorie der Integralgleichungen im 19. Jahrhundert[1]. Als Beispiel wählen wir das Dirichlet-Problem für ein beschränktes Gebiet Ω des dreidimensionalen Raumes R^3: Gesucht ist eine in Ω zweimal stetig differenzierbare Funktion u, welche in Ω der Laplaceschen Differentialgleichung $\Delta u = 0$[2] genügt, in $\bar{\Omega}$ stetig ist und auf dem Rand $\partial\Omega$ vorgegebene Randwerte g annimmt. Wir nehmen an, daß $\partial\Omega$ eine glatte Fläche ist, deren äußere Normale n einer Hölder-Bedingung

$$|n(x) - n(y)| \leq \gamma |x-y|^{\alpha} \quad (x, y \in \partial\Omega) \tag{1.3}$$

genügt. Darin ist $|x| = \{\xi_1^2 + \xi_2^2 + \xi_3^2\}^{1/2}$ die Länge eines Vektors $x = (\xi_1, \xi_2, \xi_3) \in \mathsf{R}^3$ und α, γ sind positive Zahlen mit $\alpha \leq 1$. Für die Lösung u macht man den Ansatz

$$u(x) = -\frac{1}{2\pi} \int_{\partial\Omega} \frac{(x-y, n(y))}{|x-y|^3} f(y) \mathrm{d}\omega(y) \quad (x \in \Omega). \tag{1.4}$$

Darin ist (x, y) das Skalarprodukt zweier Vektoren $x, y \in \mathsf{R}^3$ und $\mathrm{d}\omega$ ist das Oberflächenelement von $\partial\Omega$; f ist eine auf $\partial\Omega$ stetige Funktion, die noch zu bestimmen ist. Man bezeichnet das Integral als Potential einer Doppelschicht auf $\partial\Omega$ mit der Dichte f. Für jede Wahl der Dichte ist die durch (1.4) erklärte Funktion u eine in Ω zweimal stetig differenzierbare Lösung der Laplaceschen Differentialgleichung, wie man leicht sieht. Außerdem ist u in $\bar{\Omega}$ stetig und nimmt auf $\partial\Omega$ die Randwerte

$$\tilde{u}(x) = f(x) - \frac{1}{2\pi} \int_{\partial\Omega} \frac{(x-y, n(y))}{|x-y|^3} f(y) \mathrm{d}\omega(y) \quad (x \in \partial\Omega)$$

an; diese wichtige Formel wird in jedem Lehrbuch der Potentialtheorie bewiesen[3]. Die Funktion u ist also genau dann Lösung des Dirichlet-Problems, wenn f Lösung der Integralgleichung

$$f(x) - \int_{\partial\Omega} K(x, y) f(y) \mathrm{d}\omega(y) = g(x) \quad (x \in \partial\Omega) \tag{1.5}$$

ist, deren Kern durch

$$K(x, y) = \frac{1}{2\pi} \frac{(x-y, n(y))}{|x-y|^3} \quad (x, y \in \partial\Omega)$$

gegeben ist. Vergleich mit (1.2) zeigt, daß (1.5) eine Integralgleichung zweiter Art (mit $\lambda = 1$) ist. Allerdings hat x hier nicht reelle Werte, sondern durchläuft die Fläche $\partial\Omega$, also eine zweidimensionale Mannigfaltigkeit. Der Kern K ist eine nur für $x \neq y$ stetige Funktion. Das

---

[1] Vgl. die ausgezeichnete Darstellung der Entwicklungsgeschichte der Integralgleichungen in dem Bericht von Hellinger und Toeplitz in der Enzyklopädie der Mathematischen Wissenschaften (1927).

[2] Wir benutzen folgende Bezeichnungen: $D_j u$ ist die partielle Ableitung von u nach der j-Koordinate; $D_j D_k u, D_j D_k D_l u$ die höheren partiellen Ableitungen. Der Laplace-Operator Δ ist erklärt durch
$$\Delta u = \sum_{j=1}^{n} D_j D_j u \text{ (Im vorliegenden Fall ist } n = 3).$$

[3] Vgl. z. B. Günter, N. M.: Potentialtheorie. Leipzig 1957, S. 47. Martensen, E.: Potentialtheorie. Stuttgart 1968, S. 119.

Integral in (1.5) existiert für jede stetige Funktion f; mit Hilfe von (1.3) erhält man nämlich die Abschätzung

$$|K(x,y)| \le \gamma_1 |x-y|^{\alpha-2} \qquad (x,y \in \partial\Omega) \tag{1.6}$$

mit der in (1.3) vorkommenden Zahl $\alpha \in (0,1]$ und einer geeigneten Zahl $\gamma_1 > 0$.

1.3 Eigenwertprobleme. Der Parameter λ in (1.2) ist überflüssig, wenn wir uns nur für die Lösungen dieser Gleichung für einen festen Wert $\lambda \ne 0$ interessieren: Wir können die Gleichung mit λ^{-1} multiplizieren und $\lambda^{-1}K$ bzw. $\lambda^{-1}g$ wieder mit K bzw. g bezeichnen. Es gibt aber Probleme in der Physik, die auf eine Integralgleichung zweiter Art führen, in der λ ein Parameter des Problems ist und die Lösungen für alle Werte von λ gesucht sind. Als Beispiel betrachten wir erzwungene Schwingungen eines elastischen Kontinuums, das ein beschränktes Gebiet $\Omega \subset \mathbb{R}^3$ ausfüllt und am Rand $\partial\Omega$ festgehalten ist. Die Amplitude u (einer Komponente) der Schwingung genügt der Differentialgleichung

$$-\Delta u - \omega^2 u = h, \tag{1.7}$$

in Ω und der Randbedingung $u = 0$ auf $\partial\Omega$; darin ist ω die Frequenz der Schwingung und h die Amplitude der äußeren Kraft. Es sei G die **Greensche Funktion** des Gebietes Ω; diese ist von der Form

$$G(x,y) = (4\pi|x-y|)^{-1} - H(x,y) \qquad (x,y \in \Omega), \tag{1.8}$$

worin H für festes $y \in \Omega$ als Funktion von x die Lösung des Dirichlet-Problems mit den Randwerten $(4\pi|x-y|)^{-1}$ für $x \in \partial\Omega$ ist; d.h. $\Delta_x H(x,y) = 0$ für $x,y \in \Omega$ und $G(x,y) = 0$ für $y \in \Omega$ und $x \in \partial\Omega$. Für jede in $\bar\Omega$ stetige Funktion f, die in Ω einer Hölder-Bedingung genügt, ist dann durch

$$u(x) = \int_\Omega G(x,y) f(y) \, dy \qquad (x \in \Omega)$$

die eindeutige Lösung der Differentialgleichung $-\Delta u = f$ in Ω mit Randwerten $u = 0$ auf $\partial\Omega$ gegeben[1]. Vergleich mit (1.7) zeigt, daß die Amplitude der Schwingung Lösung der Integralgleichung

$$\lambda u(x) - \int_\Omega G(x,y) u(y) \, dy = g(x) \qquad (x \in \Omega) \tag{1.9}$$

ist, wenn $\lambda = \omega^{-2}$ und

$$g(x) = \omega^{-2} \int_\Omega G(x,y) h(y) \, dy \qquad (x \in \Omega)$$

gesetzt wird, und wenn die Funktion h die oben genannten Voraussetzungen erfüllt. Ist $h = 0$ und folglich $g = 0$ in (1.9), so heißt jede nicht identisch verschwindende Lösung der Integralgleichung eine **Eigenschwingung** des elastischen Kontinuums. Es wird sich später zeigen, daß nur für gewisse positive Werte λ eine Eigenschwingung existiert; diese Werte heißen **Eigenwerte**, die zugehörigen Zahlen $\omega = \lambda^{-1/2}$ **Eigenfrequenzen** des Schwingungsproblems. Ist $h \ne 0$ und folglich $g \ne 0$ (wegen $-\Delta g = \omega^{-2}h$), so interessiert man sich für die Lösung der Gleichung (1.9) mit beliebigem komplexen $\lambda \ne 0$. Der Kern G ist nur für $x \ne y$ stetig; aus (1.8) sieht man, daß das Integral in (1.9) für jede in $\bar\Omega$ stetige Funktion u existiert.

---

[1] Vgl. z. B. Günter, N. M.: Potentialtheorie. Leipzig 1957, S. 87.

1.4 Integralgleichungen erster Art. Wir betrachten ein Randwertproblem der Potentialtheorie in der Ebene R^2: Gesucht ist eine Lösung u der Laplaceschen Differentialgleichung $\Delta u = 0$ in der oberen Halbebene $\mathsf{H} = \{x \mid x = (\xi_1,\xi_2), \xi_2 > 0\}$, welche auf dem Rand den folgenden Bedingungen genügt:

$$u(\xi_1,0) = g(\xi_1) \quad \text{für} \quad \xi_1 \in [-1,1] \tag{1.10}$$

$$\mathsf{D}_2 u(\xi_1,0) = 0 \quad \text{für} \quad \xi_1 < -1 \quad \text{und für} \quad \xi_1 > 1^{\,1)}. \tag{1.11}$$

Darin ist g eine in $[-1,1]$ stetige Funktion. Ein geeigneter Ansatz für die Lösung ist

$$u(x) = \frac{1}{\pi} \int_{-1}^{1} [\log \{(\xi_1 - t)^2 + \xi_2^2\}^{1/2}] f(t)\mathrm{d}t \quad (x \in \mathsf{H}) \tag{1.12}$$

mit einer in $[-1,1]$ stetigen Funktion f, die noch zu bestimmen ist. Für jede Wahl von f genügt u der Differentialgleichung $\Delta u = 0$ in der oberen Halbebene und der Randbedingung (1.11). Sie erfüllt auch die Randbedingung (1.10), wenn f Lösung der Integralgleichung erster Art

$$\frac{1}{\pi} \int_{-1}^{1} [\log |s - t|] f(t)\mathrm{d}t = g(s) \quad (s \in [-1,1]) \tag{1.13}$$

ist; das folgt aus (1.12) durch Grenzübergang $\xi_2 \to 0 +$. Wir werden später eine Methode zur Lösung der Gleichung (1.13) angeben und dabei zeigen, daß erstens nur dann eine Lösung existiert, wenn g in gewissem Sinne differenzierbar ist, und daß zweitens auch für stetig differenzierbares g die Lösung f im allgemeinen an den Intervallenden α und β unstetig sein wird. Als zweites Beispiel betrachten wir eine sogenannte Volterrasche Integralgleichung erster Art

$$\int_{\alpha}^{x} K(x,y) f(y)\mathrm{d}y = g(x) \quad (x \in [\alpha,\beta]), \tag{1.14}$$

d. h. eine Gleichung der Form (1.1) mit $K(x,y) = 0$ für $y > x$. Ist der Kern mitsamt seiner Ableitung nach x für $\alpha \leq y \leq x \leq \beta$ stetig, und hat die Gleichung eine stetige Lösung f, so folgt, daß $g(\alpha) = 0$ und g in $[\alpha,\beta]$ stetig differenzierbar ist; ferner erhält man aus (1.14) durch Differentiation

$$K(x,x) f(x) + \int_{\alpha}^{x} \mathsf{D}_1 K(x,y) f(y)\mathrm{d}y = g'(x).$$

Ist außerdem $K(x,x) \neq 0$ für alle $x \in [\alpha,\beta]$, so genügt f der Integralgleichung zweiter Art

$$f(x) - \int_{\alpha}^{x} L(x,y) f(y)\mathrm{d}y = h(x) \quad (x \in [\alpha,\beta]) \tag{1.15}$$

mit $L(x,y) = -[K(x,x)]^{-1} \mathsf{D}_1 K(x,y)$ und $h(x) = [K(x,x)]^{-1} g'(x)$. Umgekehrt ist jede Lösung von (1.15) auch Lösung von (1.14), wie man leicht sieht. Es wird sich zeigen, daß eine Gleichung der Form (1.15) mit stetigem Kern L für jede stetige Funktion h genau eine stetige Lösung f besitzt; also ist (1.14) eindeutig lösbar, falls alle oben genannten Voraussetzungen für K und g erfüllt sind. Eine Gleichung der Form (1.14) mit unstetigem Kern ist die Integralgleichung von Abel

$$\int_{0}^{x} (x - y)^{-1/2} f(y)\mathrm{d}y = g(x) \quad (x \in [0,1]). \tag{1.16}$$

$^{1)}$ Vgl. die Fußnote 2 auf S. 8.

Aus der Identität [1]

$$\int_0^z (z-x)^{-1/2}\left\{\int_0^x (x-y)^{-1/2}f(y)\mathrm{d}y\right\}\mathrm{d}x = \pi\int_0^z f(y)\mathrm{d}y$$

folgt, daß die Abelsche Integralgleichung genau dann eine stetige Lösung besitzt, wenn die durch

$$h(x) = \frac{1}{\pi}\int_0^x (x-y)^{-1/2}g(y)\mathrm{d}y$$

definierte Funktion h stetig differenzierbar ist; und zwar ist dann $f = h'$ die eindeutige Lösung von (1.16). Ist g stetig differenzierbar und $g(0) = 0$, so ist h stetig differenzierbar und man erhält die Lösung

$$f(x) = \frac{1}{\pi}\int_0^x (x-y)^{-1/2}g'(y)\mathrm{d}y.$$

1.5 Funktionenräume. Die gemeinsame Form der bisher betrachteten Integralgleichungen ist

$$\lambda f(x) - \int_M K(x,y)f(y)\mathrm{d}\mu(y) = g(x) \qquad (x \in \mathsf{M}). \tag{1.17}$$

Darin ist M eine Teilmenge der reellen Geraden R (wie in (1.2)) oder des m-dimensionalen Raumes R^m (wie in (1.9) mit $m = 3$) oder eine m-dimensionale Mannigfaltigkeit (wie in (1.5) mit $m = 2$). Der Kern K ist eine für $x,y \in \mathsf{M}$ definierte reelle oder komplexe Funktion und zwar in der Regel eine unstetige Funktion. Das Integral ist bezüglich eines Maßes μ auf M zu nehmen: In (1.2) ist μ das Längenmaß in R, in (1.9) das Volummaß in R^3 und in (1.5) das Flächenmaß ω auf $\partial\Omega$. λ ist eine komplexe Zahl und g eine gegebene reelle oder komplexe Funktion auf M; das Beispiel (1.9) zeigt jedoch, daß wir im Prinzip daran interessiert sind, die Gleichung (1.17) für alle λ und für alle Funktionen g aus einer gewissen Klasse zu lösen.

Bei alledem bleibt noch unklar, welche Eigenschaften die gesuchte Lösung f haben soll. Natürlich muß f so beschaffen sein, daß das Integral in (1.17) für alle $x \in \mathsf{M}$ einen endlichen Wert hat [2]. Ist E eine Menge von Funktionen auf M mit dieser Eigenschaft, so hat für beliebige $f_1, f_2 \in \mathsf{E}$ und komplexe Zahlen α_1, α_2 auch die Funktion $\alpha_1 f_1 + \alpha_2 f_2$ dieselbe Eigenschaft; und zwar ist (für jeden vernünftigen Integralbegriff)

$$\int_M K(x,y)[\alpha_1 f_1(y) + \alpha_2 f_2(y)]\mathrm{d}\mu(y) = \alpha_1\int_M K(x,y)f_1(y)\mathrm{d}\mu(y)$$
$$+ \alpha_2\int_M K(x,y)f_2(y)\mathrm{d}\mu(y) \qquad (x \in \mathsf{M}). \tag{1.18}$$

Wir können und wollen daher voraussetzen, daß für beliebige $f_1, f_2 \in \mathsf{E}$ und komplexe Zahlen α_1, α_2 die Funktion $\alpha_1 f_1 + \alpha_2 f_2$ zu E gehört; d. h. daß E ein (komplexer) **linearer Raum** ist. So konnten wir zum Beispiel bei einigen der bisher betrachteten Integralgleichungen den linearen Raum C(M) aller stetigen komplexen Funktionen auf M wählen. Es sei K die Abbildung, die jedem $f \in \mathsf{E}$ die Funktion Kf mit den Werten

$$Kf(x) = \int_M K(x,y)f(y)\mathrm{d}\mu(y) \qquad (x \in \mathsf{M}) \tag{1.19}$$

---

[1] Sie folgt aus der Gleichung $B(\tfrac{1}{2}, \tfrac{1}{2}) = \pi$ für die Eulersche B-Funktion. Vgl. Magnus, W.; Oberhettinger, F.: Formeln und Sätze für die speziellen Funktionen der mathematischen Physik. Berlin-Göttingen-Heidelberg 1948, S. 6.

[2] Diese Forderung werden wir später abschwächen, indem wir die Existenz des Integrals nur für „fast alle" $x \in \mathsf{M}$ verlangen.

zuordnet, und $\mathsf{F} = \{Kf \,|\, f \in \mathsf{E}\}$ das Bild von E bei der Abbildung K. Die Elemente von F sind Funktionen auf M und zwar ist g genau dann in F, wenn die Integralgleichung erster Art

$$\int_{\mathsf{M}} K(x,y)\, f(y)\, \mathrm{d}\mu(y) = g(x) \qquad (x \in \mathsf{M}) \tag{1.20}$$

eine Lösung $f \in \mathsf{E}$ besitzt. Diese Gleichung können wir jetzt in der Form $Kf = g$ schreiben. Die Gleichung (1.18) besagt

$$K(\alpha_1 f_1 + \alpha_2 f_2) = \alpha_1 K f_1 + \alpha_2 K f_2 \tag{1.21}$$

für alle $f_1, f_2 \in \mathsf{E}$ und $\alpha_1, \alpha_2 \in \mathsf{C}$ (C bezeichnet den Körper der komplexen Zahlen). Aus (1.21) folgt erstens $\alpha_1 g_1 + \alpha_2 g_2 \in \mathsf{F}$ für alle $g_1, g_2 \in \mathsf{F}$ und $\alpha_1, \alpha_2 \in \mathsf{C}$, d. h. F ist ein linearer Raum; zweitens nehmen wir diese Gleichung als Definition: Eine Abbildung K des linearen Raumes E in einen anderen linearen Raum F heißt l i n e a r, wenn die Gleichung (1.21) für alle $f_1, f_2 \in \mathsf{E}$ und $\alpha_1, \alpha_2 \in \mathsf{C}$ gilt. Die Gleichungen (1.17) und (1.20) heißen daher l i n e a r e I n t e g r a l g l e i - c h u n g e n.

1.6 Problemstellung. Wir gehen aus von einem linearen Raum E von Funktionen auf M und einer linearen Abbildung K der Form (1.19) von E auf einen anderen Raum F von Funktionen auf M und machen die für das Folgende entscheidende Annahme, daß F in E e n t h a l t e n, also ein T e i l r a u m von E ist. Zur Rechtfertigung dieser Annahme kann man auf die bisher diskutierten Beispiele verweisen: Wählt man in diesen Beispielen jeweils den Raum $\mathsf{E} = \mathsf{C}(\mathsf{M})$ aller stetigen komplexen Funktionen auf M, so ist F in E enthalten und zwar ist F in der Regel e c h t e Teilmenge von E (in dem Beispiel (1.9) muß man $\mathsf{M} = \bar{\Omega}$ setzen). Tatsächlich gibt es für jedes dieser Beispiele auch andere Funktionenräume mit dieser Eigenschaft, und zwar interessieren uns speziell solche Räume, die den Raum $\mathsf{C}(\mathsf{M})$ echt enthalten [1].

Die Abbildung K ist nun eine lineare Abbildung des Raumes E in sich; eine solche Abbildung nennen wir einen l i n e a r e n O p e r a t o r in E. Die Gleichung (1.17) schreiben wir in der symbolischen Form

$$\lambda f - Kf = g\,. \tag{1.22}$$

Wir stellen folgende Fragen:

1. *Gegeben sei eine Funktion $g \in \mathsf{E}$ und eine Zahl $\lambda \in \mathsf{C}$. Gibt es eine Lösung $f \in \mathsf{E}$ der Gleichung (1.22)?*

2. *Ist die Lösung eindeutig bestimmt? Wenn nicht, wie kann man die Menge aller Lösungen beschreiben?*

3. *In welcher Weise hängt die Lösung (die Menge der Lösungen) von g und von λ ab?*

Wenn man außer der Linearität keine zusätzlichen Eigenschaften des Operators K kennt, sind nur Teilantworten auf diese Fragen möglich. Wir beweisen den folgenden

Satz. *Die Menge F_λ aller $g \in \mathsf{E}$, für die die Gleichung (1.22) eine Lösung besitzt, und die Menge N_λ aller Lösungen $h \in \mathsf{E}$ der homogenen Gleichung*

$$\lambda h - K h = 0 \tag{1.23}$$

sind Teilräume von E. Ist f eine Lösung der Gleichung (1.22), so ist $\{f + h \,|\, h \in \mathsf{N}_\lambda\}$ die Menge aller Lösungen von (1.22). Die Lösung von (1.22) ist genau dann eindeutig bestimmt, wenn

---

[1] Vgl. hierzu die ausführliche Darstellung bei B e r n k o p f, M.: The development of function spaces with particular reference to their origins in integral equation theory. Archive for History of Exact Sciences **3** (1966) 1 bis 96.

$N_\lambda = \{0\}$ *ist, d. h. wenn (1.23) nur die triviale Lösung* $h = 0$ *besitzt; in diesem Fall ist die Abbildung* L_λ, *die jedem* $g \in F_\lambda$ *die Lösung* f *zuordnet, eine lineare Abbildung von* F_λ *auf* E.

Beweis: Aus (1.21) folgt

$$\lambda(\alpha_1 f_1 + \alpha_2 f_2) - K(\alpha_1 f_1 + \alpha_2 f_2) = \alpha_1(\lambda f_1 - K f_1) + \alpha_2(\lambda f_2 - K f_2) \tag{1.24}$$

für alle $f_1, f_2 \in E$ und $\alpha_1, \alpha_2 \in C$. Für $g_j = \lambda f_j - K f_j \in F_\lambda$ folgt daraus $\alpha_1 g_1 + \alpha_2 g_2 \in F_\lambda$. Für $f_1, f_2 \in N_\lambda$ ist die rechte Seite in (1.24) gleich Null, d. h. $\alpha_1 f_1 + \alpha_2 f_2 \in N_\lambda$. Also sind F_λ und N_λ Teilräume von E. Sind f_1, f_2 Lösungen von (1.22) mit demselben $g \in E$, so setze man $\alpha_1 = 1$, $\alpha_2 = -1$ in (1.24); man erhält $\lambda(f_1 - f_2) - K(f_1 - f_2) = 0$, d. h. $f_1 - f_2 \in N_\lambda$. Ist f Lösung von (1.22) und $h \in N_\lambda$, so setzt man $f_1 = f$, $f_2 = h$, $\alpha_1 = \alpha_2 = 1$ und findet, daß $f + h$ Lösung von (1.22) ist. Die Menge aller Lösungen ist also $\{f + h \,|\, h \in N_\lambda\}$. Ist $N_\lambda = \{0\}$, so gibt es genau eine Lösung f von (1.22) für jedes $g \in F_\lambda$; wir setzen $f = L_\lambda g$. Jedes $f \in E$ ist von der Form $f = L_\lambda g$ mit $g = \lambda f - K f$. Ist $f_j = L_\lambda g_j$, so folgt $L_\lambda(\alpha_1 g_1 + \alpha_2 g_2) = \alpha_1 L_\lambda g_1 + \alpha_2 L_\lambda g_2$ aus (1.24), d. h. die Abbildung L_λ ist linear.

Die komplexen Zahlen λ, für die $N_\lambda \neq \{0\}$ ist, heißen **Eigenwerte** des Operators K; jede nicht-triviale Lösung der Gleichung (1.23) heißt **Eigenfunktion** von K zum Eigenwert λ.

1.7 Schlußbemerkung Die algebraischen Betrachtungen des vorhergehenden Abschnitts führen uns nicht weiter; sie müssen durch **topologische** Betrachtungen ergänzt werden, wenn wir die angeschnittenen Fragen vollständig beantworten wollen, d. h. wir müssen den Raum E mit einer Topologie versehen und die Stetigkeitseigenschaften des Operators K in bezug auf diese Topologie ausnutzen. Zur Durchführung dieses Programms kehren wir die bisherige Betrachtungsweise um: Bisher suchten wir zu einer Abbildung K der Form (1.19) einen linearen Funktionenraum E über M, der durch K in sich abgebildet wird. Im folgenden gehen wir von einem Funktionenraum E über M aus, der mit einer **Norm-Topologie** versehen und in bezug auf diese **vollständig** ist. Ein solcher Raum heißt ein **Banachraum**. Wir betrachten dann lineare Operatoren K in E und suchen nach abstrakten Eigenschaften solcher Operatoren, die eine Antwort auf die in 1.6 gestellten Fragen ermöglichen. Danach ist für die wichtigsten Banachschen Funktionenräume zu untersuchen, welche Integraloperatoren die von der abstrakten Theorie geforderten Eigenschaften haben.

§ 2 Metrische und normierte Räume

2.1 Metrische Räume. Wie betrachten eine Menge M mit Elementen $x, y, z, \ldots$, die wir **Punkte** nennen wollen. Die Menge M bezeichnen wir dementsprechend als einen **Raum**. M heißt ein **metrischer Raum**, wenn für je zwei Punkte $x, y \in M$ der **Abstand** oder die **Entfernung** $d(x, y)$ erklärt ist und wenn folgendes gilt:

$$d(x, y) \geq 0 \quad \text{für alle} \quad x, y \in M, \tag{2.1}$$

$$d(x, y) = 0 \quad \text{genau dann, wenn } x = y \text{ ist}, \tag{2.2}$$

$$d(x, y) = d(y, x), \tag{2.3}$$

$$d(x, z) \leq d(x, y) + d(y, z). \tag{2.4}$$

Eine auf der Menge $M \times M$ aller Paare $x, y \in M$ erklärte Funktion d mit diesen Eigenschaften nennen wir eine **Metrik auf** M. Natürlich kann es auf einer Menge M mehrere Metriken geben; wir müssen dann unterscheiden zwischen dem metrischen Raum M_d mit der Metrik d und dem Raum M_e mit einer anderen Metrik e, obwohl die Menge der Punkte dieselbe ist.

Beispiel 1. Die Menge R der reellen Zahlen und die Menge C der komplexen Zahlen sind metrische Räume mit der Entfernung $d(x,y) = |x-y|$ in beiden Fällen.

Beispiel 2. Auf dem reellen (bzw. komplexen) n-dimensionalen Raum R^n (bzw. C^n), mit den Punkten $x = (\xi_1, \xi_2, \ldots, \xi_n)$, $y = (\eta_1, \eta_2, \ldots, \eta_n), \ldots$ mit $\xi_j, \eta_j \in R$ (bzw. C), definieren wir Metriken d_p für $1 \leq p \leq \infty$ durch

$$d_p(x,y) = \left(\sum_{j=1}^{n} |\xi_j - \eta_j|^p \right)^{1/p},$$

falls $1 \leq p < \infty$ und

$$d_\infty(x,y) = \max \left\{ |\xi_j - \eta_j| \,|\, j = 1,2,\ldots,n \right\}.$$

Die Eigenschaften (2.1) bis (2.3) sind für alle diese Metriken leicht zu verifizieren; ebenso (2.4) in den Fällen $p = 1$ und $p = \infty$. Ist $1 < p < \infty$ und $z = (\zeta_1, \zeta_2, \ldots, \zeta_n)$, so gilt $|\xi_j - \zeta_j| \leq |\xi_j - \eta_j| + |\eta_j - \zeta_j|$ und daher

$$[d_p(x,z)]^p = \sum_{j=1}^{n} |\xi_j - \zeta_j|^p \leq \sum_{j=1}^{n} |\xi_j - \zeta_j|^{p-1} |\xi_j - \eta_j| + \sum_{j=1}^{n} |\xi_j - \zeta_j|^{p-1} |\eta_j - \zeta_j|.$$

Man benutzt nun die **Höldersche Ungleichung** für Summen (Aufgabe 2.4, a)) mit $a_j = |\xi_j - \zeta_j|^{p-1}$ und $b_j = |\xi_j - \eta_j|$ (bzw. $b_j = |\eta_j - \zeta_j|$) und erhält

$$[d_p(x,z)]^p \leq [d_p(x,z)]^{p-1} \{ d_p(x,y) + d_p(y,z) \}.$$

Daraus folgt (2.4) für d_p; man nennt sie die **Minkowskische Ungleichung**.

Beispiel 3. Es sei $C[0,1]$ die Menge aller im Intervall $[0,1]$ stetigen komplexen Funktionen $x(\cdot)$. Auf dieser Menge definieren wir die Metriken

$$d_p(x,y) = \left(\int_0^1 |x(t) - y(t)|^p \, dt \right)^{1/p},$$

falls $1 \leq p < \infty$ und

$$d_\infty(x,y) = \max \left\{ |x(t) - y(t)| \,|\, 0 \leq t \leq 1 \right\}.$$

Die Eigenschaften (2.1) bis (2.4) verifiziert man wie bei Beispiel 2; für (2.4) im Falle $1 < p < \infty$ benutzt man die **Höldersche Ungleichung** für Integrale (Aufgabe 2.4, b)).

Jede Teilmenge A eines metrischen Raumes M ist selbst ein metrischer Raum, wenn der Abstand zweier Punkte $x, y \in A$ wie in M durch $d(x,y)$ definiert wird. Diese Metrik heißt die **durch M auf A induzierte Metrik**. Also ist z. B. jede Teilmenge A des Raumes R^n von Beispiel 2 mit einer der Metriken d_p ein metrischer Raum.

Aufgaben. 2.1. a) Ist d eine Metrik auf M und λ eine positive Zahl, so sind $e = \lambda d$ und $f = d(1 + d)^{-1}$ Metriken auf M.

b) Zu jeder Menge M und jeder positiven Zahl γ gibt es eine Metrik g auf M mit $g(x,y) \leq \gamma$ für alle $x, y \in M$; ist M ein metrischer Raum, so findet man g mit Hilfe von a).

2.2. Es seien d und e zwei der Metriken von Beispiel 2 auf R^n oder C^n. Dann gibt es eine positive Zahl γ, so daß $d(x,y) \leq \gamma e(x,y)$ ist für alle $x, y \in R^n$ (bzw. C^n).

2.3. Es seien M und N metrische Räume mit Metriken d bzw. e und M $\times$ N die Menge aller Paare x, y mit $x \in M$ und $y \in N$. Dann ist durch $f(x,y;x',y') = d(x,x') + e(y,y')$ eine Metrik f auf M $\times$ N definiert.

2.4. a) Für nicht-negative Zahlen a_j, b_j und $1 < p < \infty$ gilt die Höldersche Ungleichung

$$\sum_{j=1}^{n} a_j b_j \leq \left(\sum_{j=1}^{n} (a_j)^{\frac{p}{p-1}} \right)^{\frac{p-1}{p}} \left(\sum_{j=1}^{n} (b_j)^p \right)^{\frac{1}{p}}$$

b) Für stetige Funktionen a, b im Intervall $[0,1]$ mit $a(t) \geq 0$, $b(t) \geq 0$ für alle $t \in [0,1]$ und $1 < p < \infty$ gilt

$$\int_0^1 a(t)b(t)\,dt \leq \left(\int_0^1 [a(t)]^{\frac{p}{p-1}}\,dt\right)^{\frac{p-1}{p}} \left(\int_0^1 [b(t)]^p\,dt\right)^{\frac{1}{p}}$$

(Höldersche Ungleichung für Integrale). Anleitung: In beiden Fällen geht man aus von der Ungleichung $ab \leq \dfrac{p-1}{p}\, a^{\frac{p}{p-1}} + \dfrac{1}{p}\, b^p$ für nicht-negative Zahlen a und b.

2.2 Offene und abgeschlossene Mengen. Es sei y ein Punkt des metrischen Raumes M und ϱ eine positive Zahl. Die Teilmenge $K(y,\varrho) = \{x \mid x \in M, d(x,y) < \varrho\}$ von M nennen wir die **Kugel mit Mittelpunkt** y **und Radius** ϱ. Ein Punkt y heißt **innerer Punkt** einer Teilmenge A von M, wenn es ein $\varrho > 0$ gibt derart, daß die Kugel $K(y,\varrho)$ in A enthalten ist. Der Punkt y selbst liegt also auch in A. Eine Menge heißt **offen**, wenn jeder Punkt der Menge innerer Punkt ist. Die Kugel $K(y,\varrho)$ ist eine offene Menge; ist nämlich $x \in K(y,\varrho)$ und $d(x,y) = \varrho'$, so ist $\varrho' < \varrho$ nach Definition der Kugel, und aus (2.4) folgt, daß $K(x,\varrho - \varrho')$ in $K(y,\varrho)$ enthalten ist. Für offene Mengen gilt:

Satz 2.1. M *und die leere Teilmenge von* M *sind offen. Der Durchschnitt endlich vieler und die Vereinigung beliebig vieler offener Mengen sind offen.*

Beweis: Die erste Behauptung ist offenbar richtig. Sind $A_1, A_2, \ldots, A_n$ offene Mengen und ist x ein Punkt aus dem Durchschnitt $A = \bigcap_{j=1}^{n} A_j$, so liegt x in jedem der A_j. Es gibt folglich positive Zahlen ϱ_j derart, daß $K(x, \varrho_j) \subset A_j$ ist für $j = 1, 2, \ldots, n$. Mit $\varrho = \min\{\varrho_j \mid j = 1, 2, \ldots, n\}$ ist dann $K(x, \varrho) \subset A$; d. h. A ist offen. Ist x ein Punkt aus der Vereinigung $\bigcup A_\alpha$ offener Mengen A_α, so liegt x in einem der A_α. Also gibt es ein $\varrho > 0$ mit $K(x, \varrho) \subset A_\alpha \subset \bigcup A_\alpha$, d. h. $\bigcup A_\alpha$ ist offen.

Eine Menge A heißt **abgeschlossen**, wenn ihr Komplement $\complement A = M \backslash A$ offen ist. Mit Hilfe der **de Morganschen Regeln** $\complement(\bigcup A_\alpha) = \bigcap \complement A_\alpha$ und $\complement(\bigcap A_\alpha) = \bigcup \complement A_\alpha$ erhält man aus Satz 2.1 den

Satz 2.2. M *und die leere Teilmenge von* M *sind abgeschlossen. Die Vereinigung endlich vieler und der Durchschnitt beliebig vieler abgeschlossener Mengen sind abgeschlossen.*

Für eine beliebige Menge B definiert man die **abgeschlossene Hülle** $\bar{B}$ als die kleinste der abgeschlossenen Mengen, die B enthalten. Die Existenz und Eindeutigkeit von $\bar{B}$ folgt aus Satz 2.2, und zwar ist $\bar{B}$ der Durchschnitt aller abgeschlossenen Mengen, die B enthalten. Ist B abgeschlossen, so ist $\bar{B} = B$ und umgekehrt. Also ist $\bar{\bar{B}} = \bar{B}$ für jede Menge B. Die Menge $\tilde{K}(y,\varrho) = \{x \mid x \in M, d(x,y) \leq \varrho\}$ ist abgeschlossen; man nennt sie die **abgeschlossene Kugel mit Mittelpunkt** y **und Radius** ϱ. Sie enthält die offene Kugel $K(y,\varrho)$, und folglich gilt $\overline{K(y,\varrho)} \subset \tilde{K}(y,\varrho)$. In vielen Fällen sind diese beiden Mengen gleich; im allgemeinen ist das jedoch nicht richtig (vgl. Aufgabe 2.5).

Zwei Metriken d und e auf M heißen **äquivalent**, wenn sie dieselben offenen Mengen in M definieren, d. h. wenn jede offene Menge des Raumes M_d auch offene Menge von M_e ist und umgekehrt. Dasselbe gilt dann auch für die abgeschlossenen Mengen. Wir zeigen:

Satz 2.3. *Zwei Metriken d und e auf* M *sind genau dann äquivalent, wenn jede d-Kugel $K_d(y,\varrho)$ eine e-Kugel $K_e(y,\varrho')$ mit demselben Mittelpunkt und geeignetem positivem Radius ϱ' enthält und umgekehrt.*

Beweis: Sind die Metriken äquivalent, so ist jede d-Kugel $K_d(y,\varrho)$ offen in M_e und y ist innerer Punkt der Kugel. Also gibt es ein $\varrho' > 0$ derart, daß $K_e(y,\varrho') \subset K_d(y,\varrho)$ ist. Ebenso zeigt man, daß jede e-Kugel eine d-Kugel mit demselben Mittelpunkt enthält. Der zweite Teil der Behauptung ist evident.

Nach Satz 2.3 und Aufgabe 2.2 sind z. B. die Metriken $d_p (1 \leq p \leq \infty)$ auf R^n und C^n paarweise äquivalent. Der eigentliche Sinn dieses Äquivalenzbegriffes wird erst im folgenden Abschnitt klar, wenn die Konvergenz von Folgen in einem metrischen Raum definiert wird.

Aufgaben. 2.5. Die Punktmenge $S(y,\rho) = \{x \mid x \in M, d(x,y) = \rho\}$ heißt S p h ä r e mit Mittelpunkt y und Radius ρ. Man zeige:

a) Die Formel $\overline{K(y,\rho)} = \tilde{K}(y,\rho)$ gilt genau dann, wenn kein Punkt von $S(y,\rho)$ innerer Punkt des Komplements von $K(y,\rho)$ ist.

b) Die Formel gilt in R^n, C^n und $C[0,1]$ mit jeder der Metriken d_p.

c) Es sei Z die Menge der ganzen Zahlen als metrischer Raum mit der Metrik von R. Die Formel ist in Z falsch, wenn ρ eine natürliche Zahl ist, und richtig für alle anderen ρ.

2.6. Die Menge A^0 aller inneren Punkte einer Menge A heiße das I n n e r e , die Differenz $\partial A = \bar{A} \backslash A^0$ heiße der R a n d von A. Man zeige:

a) A^0 ist offen und es gilt $\complement A^0 = \overline{\complement A}$, $\complement \bar{A} = (\complement A)^0$.

b) ∂A ist abgeschlossen und es gilt $\partial A = \bar{A} \cap \overline{\complement A} = \partial(\complement A)$.

c) Man bestimme A^0, $\bar{A}$, ∂A, $\partial(A^0)$ und $\partial \bar{A}$ für die folgenden Mengen in R: Die Menge der rationalen Zahlen zwischen Null und Eins. Die Vereinigung der offenen Intervalle $(0,1)$ und $(1,2)$ mit dem Punkt 3.

2.7. a) Die Metriken d, e und f von Aufgabe 2.1 sind äquivalent.

b) Die Metriken d_p auf $C[0,1]$ sind paarweise nicht äquivalent. Anleitung: Für jedes Paar p, q mit $1 \leq p < q \leq \infty$ und beliebige positive Zahlen ρ, ρ' konstruiert man ein $x \in C[0,1]$ mit $d_p(0,x) < \rho'$ und $d_q(0,x) > \rho$.

2.3 Konvergenz. Eine Folge (x_n) von Punkten eines metrischen Raumes M heißt k o n v e r g e n t , wenn es ein $x \in M$ gibt derart, daß die Abstände $d(x_n,x)$ für $n \to \infty$ gegen Null streben. Wir schreiben dafür abkürzend $x_n \to x$ (für $n \to \infty$) oder auch $\lim x_n = x$. Der Punkt x heißt G r e n z w e r t der Folge und ist durch die Folge eindeutig bestimmt: Ist nämlich auch x' ein Grenzwert derselben Folge, so gilt nach (2.4) die Ungleichung $d(x,x') \leq d(x,x_n) + d(x_n,x')$ für alle n, und daraus folgt $d(x,x') = 0$ durch Grenzübergang $n \to \infty$, also $x = x'$ nach (2.2). Man kann die obige Definition auch so formulieren: Zu jedem $\varepsilon > 0$ gibt es ein $n(\varepsilon)$ derart, daß $x_n \in K(x,\varepsilon)$ ist für alle $n \geq n(\varepsilon)$. Ein Punkt y heißt B e r ü h r u n g s p u n k t der Menge A, wenn es eine Folge (x_n) gibt mit $x_n \in A$ für alle n und mit $x_n \to y$ für $n \to \infty$; oder mit anderen Worten: Wenn jede Kugel $K(y,\varrho)$ mindestens einen Punkt von A enthält. Jeder Punkt von A ist also auch Berührungspunkt von A. Die Umkehrung dieses Satzes ist nicht allgemein richtig; es gilt vielmehr:

Satz 2.4. *Die abgeschlossene Hülle $\bar{A}$ ist die Menge aller Berührungspunkte von* A.

Beweis: Ein Punkt y ist genau dann Berührungspunkt von A, wenn jede Kugel $K(y,\varrho)$ mindestens einen Punkt von A enthält, d. h. wenn y nicht innerer Punkt von $\complement A$ ist; nach Aufgabe 2.6, a) ist das genau dann der Fall, wenn y zu $\bar{A}$ gehört.

Eine Menge A heißt d i c h t in bezug auf eine andere Menge B, wenn B in $\bar{A}$ enthalten ist, d. h. (nach Satz 2.4) wenn jeder Punkt von B Berührungspunkt von A ist. Jede Menge ist also insbesondere dicht in bezug auf ihre abgeschlossene Hülle. Ist A dicht in bezug auf B, und B dicht in bezug auf C, so ist A auch dicht in bezug auf C; denn aus $B \subset \bar{A}$ folgt $\bar{B} \subset \bar{A}$

und daraus $C \subset \bar{A}$. Eine Menge A heißt **dicht**, wenn sie dicht in bezug auf den ganzen Raum M ist, also wenn $\bar{A} = M$ ist.

Der nächste Satz drückt die Äquivalenz von Metriken durch den Konvergenzbegriff aus.

Satz 2.5. *Zwei Metriken d und e auf* M *sind genau dann äquivalent, wenn jede bezüglich d konvergente Folge auch bezüglich e konvergiert und umgekehrt. Die Grenzwerte bezüglich der beiden Metriken sind gleich.*

Beweis: a) d und e seien äquivalent und es gelte $x_n \to x$ im Sinne der Konvergenz bezüglich e. Zu jedem $\varepsilon > 0$ gibt es dann nach Satz 2.3 ein $\delta(\varepsilon) > 0$ derart, daß die e-Kugel $K_e(x, \delta(\varepsilon))$ in der d-Kugel $K_d(x, \varepsilon)$ enthalten ist, und nach Definition der Konvergenz ein $n(\varepsilon)$ derart, daß $x_n \in K_e(x, \delta(\varepsilon))$ ist für $n \geq n(\varepsilon)$. Also gilt $x_n \in K_d(x, \varepsilon)$ für $n \geq n(\varepsilon)$, d. h. $x_n \to x$ bezüglich d. Ebenso zeigt man, daß jede d-konvergente Folge auch e-konvergent ist mit demselben Grenzwert.

b) Sei A eine e-abgeschlossene Menge und (x_n) eine d-konvergente Folge in A mit Grenzwert x. Nach Voraussetzung gilt dann auch $x_n \to y$ bezüglich e für ein $y \in M$. Die gemischte Folge $(x_1, x, x_2, x, x_3, x, \ldots)$ ist d-konvergent, also auch e-konvergent; sie enthält die Teilfolge (x_n) mit Grenzwert y und die Teilfolge $(x, x, x, \ldots)$ mit Grenzwert x. Also ist $x = y$. Da A e-abgeschlossen ist, gilt $x \in A$ nach Satz 2.4. Also ist jede e-abgeschlossene Menge auch d-abgeschlossen. Ebenso beweist man die Umkehrung. Die Metriken sind also äquivalent.

Aufgaben. 2.8. Ein Punkt y heißt **Häufungspunkt** der Menge A, wenn jede Kugel $K(y, \rho)$ einen von y verschiedenen Punkt von A enthält; y heißt **isolierter Punkt** von A, wenn $y \in A$ ist und es eine Kugel $K(y, \rho)$ gibt, die außer y keinen Punkt von A enthält. Man zeige:

a) Jeder Punkt von $\bar{A}$ ist entweder Häufungspunkt oder isolierter Punkt von A.

b) Die Menge der Häufungspunkte von A ist abgeschlossen.

c) Die Menge der isolierten Punkte ist nicht notwendig abgeschlossen.

2.9. a) Die Menge Q aller rationalen Zahlen ist dicht in R.

b) Die Menge Q^n ist dicht in R^n für jede der Metriken d_p.

c) Für jede Menge A ist $A^0 \cup \complement A$ dicht in M.

2.4 Stetige Funktionen. Eine **Funktion auf** M **mit Werten in** N ist eine Abbildung f, die jedem Punkt $x \in M$ einen Punkt $f(x) \in N$ zuordnet; wir schreiben daher auch manchmal $x \mapsto f(x)$ oder genauer $M \ni x \mapsto f(x) \in N$. Ist N die Menge der reellen (bzw. komplexen) Zahlen, so heißt f eine **reelle** (bzw. **komplexe**) **Funktion auf** M. Sind M und N metrische Räume, so heißt f **stetig im Punkt** x, wenn aus $x_n \to x$ stets $f(x_n) \to f(x)$ folgt. Eine äquivalente Definition ist: f heißt stetig im Punkt x, wenn es zu jedem $\varepsilon > 0$ ein $\delta > 0$ gibt derart, daß $d(f(x), f(y)) < \varepsilon$ ist für alle $y \in M$ mit $d(x, y) < \delta$, d. h. wenn es eine Kugel $K(x, \delta) \subset M$ gibt, die durch f in die Kugel $K(f(x), \varepsilon) \subset N$ abgebildet wird. Dabei haben wir mit d sowohl die Metrik in M als auch die in N bezeichnet, da eine Verwechslung ausgeschlossen ist. Eine Funktion heißt **stetig**, wenn sie in jedem Punkt von M stetig ist; sie heißt **gleichmäßig stetig**, wenn es zu jedem $\varepsilon > 0$ ein $\delta > 0$ gibt, so daß $d(f(x), f(y)) < \varepsilon$ ist für alle $x, y \in M$ mit $d(x, y) < \delta$. Ersetzt man die Metriken in M und N durch äquivalente Metriken e, so ist jede stetige Funktion f auf M_d mit Werten in N_d auch stetig als Funktion auf M_e mit Werten in N_e und umgekehrt. In dieser Aussage kann man das Wort „stetig" aber nicht durch „gleichmäßig stetig" ersetzen, wie einfache Beispiele zeigen (vgl. Aufgabe 2.13).

Im Falle reeller bzw. komplexer Funktionen wählen wir als Metrik im Bildraum R bzw. C stets die Metrik $|x - y|$, falls nicht ausdrücklich eine andere genannt wird. Als Beispiel einer gleichmäßig stetigen reellen Funktion auf einem metrischen Raum definieren wir den Abstand $d(x,A)$ eines Punktes x von einer Menge A. Wir setzen voraus, daß die Menge nicht leer ist, und definieren

$$d(x,A) = \inf\{d(x,y)\,|\,y \in A\}\,. \tag{2.5}$$

Es gilt:

Satz 2.6. *Die Funktion* $x \mapsto d(x,A)$ *ist gleichmäßig stetig. Für jede nicht leere Menge A ist* $\bar{A} = \{x\,|\,x \in M, d(x,A) = 0\}$.

Beweis: Nach (2.4) ist $d(x,A) \leq d(x,z) \leq d(x,y) + d(y,z)$ für alle $x,y \in M$ und $z \in A$. Daraus folgt $d(x,A) \leq d(x,y) + d(y,A)$. Durch Vertauschung von x und y erhält man die Ungleichung $d(y,A) \leq d(x,y) + d(x,A)$, also

$$|d(x,A) - d(y,A)| \leq d(x,y) \tag{2.6}$$

für alle $x,y \in M$, woraus die gleichmäßige Stetigkeit abzulesen ist. Für ein $x \in M$ gilt genau dann $d(x,A) = 0$, wenn es eine Folge (x_n) in A mit $x_n \to x$ gibt. Nach Satz 2.4 ist das genau dann der Fall, wenn x zu $\bar{A}$ gehört.

Ist $A = \{z\}$ die nur aus dem Punkt z bestehende Menge, so ist $d(x,A) = d(x,z)$ und aus (2.6) wird die Ungleichung

$$|d(x,z) - d(y,z)| \leq d(x,y) \tag{2.7}$$

für alle $x,y,z \in M$.

Aufgaben.2.10. Für eine Funktion f auf M mit Werten in N und Teilmengen A bzw. B von M bzw. N bezeichne $f(A) = \{y\,|\,y = f(x), x \in A\}$ das Bild von A und $f^{-1}(B) = \{x\,|\,x \in M, f(x) \in B\}$ das Urbild von B. Man zeige, daß die folgenden Aussagen äquivalent sind:

a) f ist stetig.

b) Für jede offene Menge $B \subset N$ ist $f^{-1}(B)$ offen.

c) Für jede abgeschlossene Menge $B \subset N$ ist $f^{-1}(B)$ abgeschlossen.

d) Für jede Menge $A \subset M$ ist $f(\bar{A}) \subset \overline{f(A)}$.

2.11.a) Für jede Menge A ist $A_\delta = \{x\,|\,x \in M, d(x,A) < \delta\}$ eine offene Menge, die A enthält.

b) Zu jeder abgeschlossenen Menge A gibt es eine Folge offener Mengen A_n mit $A_1 \supset A_2 \supset \cdots$ derart, daß $A = \bigcap A_n$ ist.

c) Zu jeder offenen Menge B gibt es eine Folge abgeschlossener Mengen B_n mit $B_1 \subset B_2 \subset \cdots$ derart, daß $B = \bigcup B_n$ ist.

d) Sind A und B abgeschlossen und punktfremd, so gibt es punktfremde offene Mengen E und F mit $A \subset E$ und $B \subset F$.

2.12. Sei d eine Metrik auf M. Die reelle Funktion $(x,y) \mapsto d(x,y)$ auf $M \times M$ ist gleichmäßig stetig bezüglich der Metrik von Aufgabe 2.3 (mit $N = M$ und $e = d$).

2.13. Zwei Metriken d und d' auf M heißen **uniform äquivalent**, wenn die identische Abbildung $x \mapsto x$ von M_d auf $M_{d'}$ und die inverse Abbildung gleichmäßig stetig sind.

a) Die Metriken d, e, f von Aufgabe 2.1 sind uniform äquivalent.

b) Die Metriken d_p auf R^n bzw. C^n sind paarweise uniform äquivalent.

c) Die Metriken $d(x,y) = |x-y|$ und $e(x,y) = |(1 + |x|)^{-1}x - (1 + |y|)^{-1}y|$ auf R sind äquivalent aber nicht uniform äquivalent.

d) Sind d, d' auf M und e, e' auf N uniform äquivalent und f gleichmäßig stetig auf M_d mit Werten in N_e, so ist f auch gleichmäßig stetig als Funktion auf $M_{d'}$ mit Werten in $N_{e'}$.

2.5 Vollständige metrische Räume. Eine Punktfolge (x_n) in einem metrischen Raum M heißt Cauchyfolge, wenn die Abstände $d(x_n, x_m)$ für $n, m \to \infty$ gegen Null streben, d. h. wenn es zu jedem $\varepsilon > 0$ ein $n(\varepsilon)$ gibt, so daß $d(x_n, x_m) < \varepsilon$ ist für alle $n, m \geq n(\varepsilon)$. Jede konvergente Folge ist eine Cauchyfolge, denn aus $x_n \to x$ folgt $0 \leq d(x_n, x_m) \leq d(x_n, x) + d(x, x_m) \to 0$ für $n, m \to \infty$. Die Umkehrung ist dagegen nicht richtig: Es gibt metrische Räume, in denen nicht jede Cauchyfolge konvergiert. Als Beispiel nehme man etwa eine nicht abgeschlossene Menge A eines metrischen Raumes M. A ist ein metrischer Raum mit der induzierten Metrik. Jede in M konvergente Folge (x_n) in A mit Grenzwert $x \in \complement A$ ist eine Cauchyfolge in A, die in A nicht konvergiert. Ein metrischer Raum heißt vollständig, wenn jede Cauchyfolge konvergiert. Die Räume R und C mit der Metrik $|x - y|$ sind vollständig; das ist der Inhalt des Cauchy-Kriteriums für Folgen reeller bzw. komplexer Zahlen. Die Räume R^n und C^n mit der Metrik d_∞ sind ebenfalls vollständig; denn eine Folge (x_m) mit $x_m = (\xi_{m1}, \ldots, \xi_{mn})$ ist genau dann Cauchyfolge bzw. konvergent bezüglich der Metrik d_∞, wenn die Folgen der Komponenten $(\xi_{mj})_{m=1,2,\ldots}$ Cauchyfolgen bzw. konvergent sind für $j = 1, 2, \ldots, n$.

Satz 2.7. *Die Metriken d und e auf M seien uniform äquivalent (vgl. Aufgabe 2.13). Dann ist jede Cauchyfolge in M_d auch Cauchyfolge in M_e und umgekehrt. Der Raum M_d ist genau dann vollständig, wenn M_e vollständig ist.*

Beweis: Nach Definition der uniformen Äquivalenz gibt es zu jedem $\varepsilon > 0$ ein $\delta(\varepsilon)$ derart, daß $e(x, y) < \varepsilon$ ist für alle $x, y \in M$ mit $d(x, y) < \delta(\varepsilon)$. Ist (x_n) eine Cauchyfolge in M_d, so gibt es ein $n(\varepsilon)$ derart, daß $d(x_n, x_m) < \delta(\varepsilon)$ und folglich $e(x_n, x_m) < \varepsilon$ ist für alle $n, m \geq n(\varepsilon)$, d. h. (x_n) ist Cauchyfolge in M_e. Ebenso zeigt man die Umkehrung. Ist M_d vollständig, und (x_n) Cauchyfolge in M_e, so ist die Folge konvergent in M_d, also nach Satz 2.5 auch konvergent in M_e, d. h. M_e ist vollständig.

Nach Aufgabe 2.13, b) sind die Metriken d_p auf R^n bzw. C^n paarweise uniform äquivalent. Da die Räume mit der Metrik d_∞ vollständig sind, sind sie nach Satz 2.7 auch vollständig mit jeder der Metriken d_p.

Satz 2.8. *Es sei A eine dichte Menge in M und f eine gleichmäßig stetige Funktion auf A (als metrischer Raum mit der induzierten Metrik) mit Werten in dem vollständigen metrischen Raum N. Dann gibt es genau eine gleichmäßig stetige Funktion $\tilde{f}$ auf M mit Werten in N derart, daß $\tilde{f}(x) = f(x)$ ist für alle $x \in A$.*

Beweis: a) Es gibt höchstens eine Funktion $\tilde{f}$ mit den genannten Eigenschaften. Ist nämlich $\tilde{f}$ eine solche Funktion und $x \in M$, so gibt es wegen $\bar{A} = M$ nach Satz 2.4 eine Folge (x_n) in A mit $x_n \to x$. Da $\tilde{f}$ stetig ist, folgt daraus $\tilde{f}(x) = \lim \tilde{f}(x_n) = \lim f(x_n)$, d. h. $\tilde{f}$ ist durch f eindeutig bestimmt.

b) Zur Konstruktion von $\tilde{f}$ setzt man $\tilde{f}(x) = f(x)$ für $x \in A$ und $\tilde{f}(x) = \lim f(x_n)$ für $x \in \complement A$ mit einer beliebigen Folge (x_n) in A mit Grenzwert x. Eine solche Folge gibt es wegen $\bar{A} = M$; da f gleichmäßig stetig ist auf A, ist die Bildfolge $(f(x_n))$ Cauchyfolge in N, also konvergent. Ihr Grenzwert hängt nicht von der Wahl der Folge (x_n), also nur von x ab. Ist nämlich (y_n) eine andere Folge in A mit $y_r \to x$, so folgt $d(x_n, y_n) \to 0$ und daraus $d(f(x_n), f(y_n)) \to 0$. Die so definierte Funktion $\tilde{f}$ ist gleichmäßig stetig: Ist $\varepsilon > 0$ gegeben, so wähle man $\delta > 0$ derart, daß $d(f(x), f(y)) < \frac{\varepsilon}{2}$ ist für alle $x, y \in A$ mit $d(x, y) < \delta$. Sind $x, y \in M$ beliebige Punkte mit $d(x, y) < \delta$, so gibt es Folgen $(x_n), (y_n)$ in A mit $x_n \to x$, $y_n \to y$ und $d(x_n, y_n) < \delta$. Daraus folgt $f(x_n) \to \tilde{f}(x)$, $f(y_n) \to \tilde{f}(y)$ und $d(f(x_n), f(y_n)) \to d(\tilde{f}(x), \tilde{f}(y))$ nach Aufgabe 2.12. Wegen $d(f(x_n), f(y_n)) < \frac{\varepsilon}{2}$ ist dann $d(\tilde{f}(x), \tilde{f}(y)) \leq \frac{\varepsilon}{2} < \varepsilon$. Damit ist der Satz bewiesen.

Zwei metrische Räume M und N heißen isometrisch, wenn es eine bijektive Abbildung f von M auf N gibt mit $d(f(x), f(y)) = d(x,y)$ für alle $x, y \in$ M. Die Abbildung f und die inverse Abbildung heißen Isometrien. Da eine Isometrie offenbar gleichmäßig stetig ist, folgt aus Satz 2.8 unmittelbar das

Korollar. *Es seien* A *und* B *dichte Teilmengen der vollständigen metrischen Räume* M *und* N. *Sind* A *und* B *isometrisch, so auch* M *und* N.

Das bekannteste Beispiel einer Isometrie ist enthalten in der Konstruktion der vollständigen Hülle $\tilde{M}$ eines nicht vollständigen metrischen Raumes M. Man definiert eine Äquivalenzrelation in der Menge aller Cauchyfolgen von M: Zwei Cauchyfolgen (x_n) und (y_n) heißen äquivalent, in Zeichen $(x_n) \sim (y_n)$, wenn $d(x_n, y_n) \to 0$ gilt. Aus (2.3) und (2.4) folgt, daß diese Relation reflexiv und transitiv ist, d. h. $(x_n) \sim (y_n)$ impliziert $(y_n) \sim (x_n)$ und $(x_n) \sim (y_n)$, $(y_n) \sim (z_n)$ impliziert $(x_n) \sim (z_n)$. Also zerfällt die Menge aller Cauchyfolgen in Klassen $\tilde{x}, \tilde{y}, \ldots$ äquivalenter Folgen. Sei $\tilde{M}$ die Menge dieser Klassen. Da $d(\cdot, \cdot)$ eine gleichmäßig stetige reelle Funktion auf $M \times M$ ist, konvergiert die Folge $(d(x_n, y_n))$ für jedes Paar von Folgen $(x_n) \in \tilde{x}$ und $(y_n) \in \tilde{y}$ und der Grenzwert, den wir mit $d(\tilde{x}, \tilde{y})$ bezeichnen, hängt nur von den Klassen $\tilde{x}$ und $\tilde{y}$ ab. Hierdurch ist eine Metrik d auf $\tilde{M}$ definiert; die Eigenschaften (2.1), (2.3) und (2.4) bestätigt man leicht durch Grenzübergang; (2.2) folgt unmittelbar aus der Definition der Äquivalenzklassen. Jedem $x \in$ M ordnen wir die Klasse $\tilde{x} = f(x)$ aller konvergenten Folgen mit dem Grenzwert x zu. Diese Klasse enthält z. B. die konstante Folge mit $x_n = x$ für alle n. Aus der Definition der Metrik auf $\tilde{M}$ folgt $d(f(x), f(y)) = d(x,y)$ für alle $x, y \in$ M und $d(\tilde{x}, f(x_n)) \to 0$, wenn $(x_n) \in \tilde{x}$ ist. Also ist f eine Isometrie von M auf eine dichte Teilmenge $f(M)$ von $\tilde{M}$. Sei $(\tilde{x}_n)$ eine Cauchyfolge in $\tilde{M}$. Zu jedem $\tilde{x}_n$ gibt es ein $z_n \in$ M mit $d(\tilde{x}_n, f(z_n)) \le \frac{1}{n}$. Daraus folgt

$$d(z_n, z_m) = d(f(z_n), f(z_m)) \le d(\tilde{x}_n, \tilde{x}_m) + \tfrac{1}{n} + \tfrac{1}{m} \to 0 \quad \text{für} \quad n, m \to \infty .$$

Also ist (z_n) eine Cauchyfolge aus M und definiert eine Klasse $\tilde{z} \in \tilde{M}$. Es gilt

$$d(\tilde{x}_n, \tilde{z}) \le d(\tilde{x}_n, f(z_n)) + d(f(z_n), \tilde{z}) \to 0$$

für $n \to \infty$, d. h. $\tilde{x}_n \to \tilde{z}$. Damit ist der erste Teil des folgenden Satzes bewiesen:

Satz 2.9. *Jeder metrische Raum* M *ist isometrisch zu einer dichten Teilmenge eines vollständigen metrischen Raumes* $\tilde{M}$. $\tilde{M}$ *ist durch* M *bis auf Isometrie eindeutig bestimmt.*

Der zweite Teil der Behauptung folgt aus dem Korollar zu Satz 2.8: Sind A bzw. B isometrische Bilder von M und dicht in vollständigen metrischen Räumen $\tilde{M}$ bzw. $\hat{M}$, so sind A und B isometrisch, folglich auch $\tilde{M}$ und $\hat{M}$.

Aufgaben. 2.14. a) Der Raum $C[0,1]$ mit der Metrik d_∞ ist vollständig.

b) $C[0,1]$ mit der Metrik d_p $(1 \le p < \infty)$ ist nicht vollständig.

2.15. a) Eine Menge A in M sei vollständig als metrischer Raum mit der induzierten Metrik. Dann ist A eine abgeschlossene Menge von M.

b) Ein metrischer Raum M ist genau dann vollständig, wenn jede abgeschlossene Teilmenge A von M mit der induzierten Metrik vollständig ist.

2.16. Es sei f eine Abbildung des vollständigen metrischen Raumes M in sich. Es gebe eine Konstante $\gamma \in (0,1)$ derart, daß $d(f(x), f(y)) \le \gamma d(x,y)$ ist für alle $x, y \in$ M. Dann besitzt die Gleichung $f(x) = x$ genau eine Lösung $x_0 \in$ M; x_0 heißt Fixpunkt von f. Anleitung: Mit einem beliebigen $x_1 \in$ M bildet man $x_2 = f(x_1)$, $x_3 = f(x_2)$ usw. und zeigt, daß die Folge (x_n) einen Grenzwert x_0 mit den gewünschten Eigenschaften hat.

2.6 Vektorräume. Eine Menge L heißt ein **linearer Raum** oder ein **Vektorraum** über dem Körper K, wenn für je zwei Elemente x, y von L die **Summe** $x + y \in$ L und für jedes $\alpha \in$ K und $x \in$ L das **Produkt** $\alpha x \in$ L erklärt ist, und wenn folgendes gilt:

(2.8) L ist bezüglich der Addition eine Abelsche Gruppe, d. h. die Addition ist
    a) kommutativ $x + y = y + x$ und
    b) assoziativ $(x + y) + z = x + (y + z)$;
    c) es gibt ein Nullelement 0 mit $x + 0 = x$ für alle $x \in$ L und
    d) zu jedem x ein Element $-x$ mit $x + (-x) = 0$.

(2.9) Das Produkt genügt den Regeln
    a) $\alpha(x + y) = \alpha x + \alpha y$
    b) $(\alpha + \beta)x = \alpha x + \beta x$
    c) $(\alpha\beta)x = \alpha(\beta x)$
    d) $1 \cdot x = x$, $0 \cdot x = 0$ und $(-1)x = -x$.

Darin ist 1 die Eins in K, und Null bezeichnet das Nullelement sowohl in K als auch in L[1]. Für uns kommen als Körper K nur R und C in Frage; ist K = R, so sprechen wir von einem **reellen**, im Falle K = C von einem **komplexen** Vektorraum. Beispiele von Vektorräumen sind in 2.1 zu finden: R und R^n sind reelle, C, C^n und $C[0,1]$ komplexe Vektorräume. In $C[0,1]$ ist $x + y$ die Funktion mit den Werten $x(t) + y(t)$ und αx die Funktion mit den Werten $\alpha x(t)$.

Endlich viele Elemente $x_1, x_2, \ldots, x_n$ eines Vektorraumes heißen **linear abhängig**, wenn es Elemente $\alpha_1, \alpha_2, \ldots, \alpha_n \in$ K gibt, die nicht alle gleich Null sind derart, daß $\alpha_1 x_1 + \alpha_2 x_2 + \cdots + \alpha_n x_n = 0$ ist. Andernfalls, d. h. wenn diese Gleichung nur für $\alpha_1 = \alpha_2 = \cdots = \alpha_n = 0$ gilt, heißen die Elemente **linear unabhängig**. Ein Vektorraum L heißt **endlich-dimensional**, wenn es eine natürliche Zahl n, die **Dimension von** L gibt, so daß in L n linear unabhängige Elemente existieren aber je $n + 1$ Elemente aus L linear abhängig sind. In einem n-dimensionalen Vektorraum heißt jede Teilmenge aus n linear unabhängigen Elementen eine **Basis des Vektorraumes**. Ist $a_1, a_2, \ldots, a_n$ eine Basis von L, so läßt sich jedes Element x von L als **Linearkombination** $x = \sum_{j=1}^{n} \alpha_j a_j$ mit $\alpha_j \in$ K schreiben, und die Koeffizienten α_j sind eindeutig bestimmt (Beweis). Umgekehrt ist die Menge aller Linearkombinationen von n linear unabhängigen Elementen eines Vektorraumes offenbar ein n-dimensionaler Vektorraum. Die Räume R^n und C^n sind n-dimensional; eine Basis bilden in beiden Räumen die **Einheitsvektoren**, bei denen eine Komponente Eins ist und die anderen gleich Null sind. Der Raum $C[0,1]$ ist nicht endlich-dimensional, da beliebig viele der Elemente x_n, definiert durch $x_n(t) = t^{n-1}$ für $n = 1, 2, \ldots$, linear unabhängig sind. Solche Räume nennen wir **unendlich-dimensional**.

Eine Teilmenge M eines Vektorraumes L heißt **linear** oder ein **Teilraum** von L, wenn für jedes Paar $x, y \in$ M und beliebige Elemente $\alpha, \beta \in$ K stets $\alpha x + \beta y \in$ M ist. Dann ist M offenbar selbst ein Vektorraum über dem Körper K. Ist A eine beliebige Teilmenge von L, so ist die Menge L(A) aller **endlichen Linearkombinationen** von Elementen aus A mit Koeffizienten aus K ein Teilraum von L. Dieser Teilraum L(A) heißt die **lineare Hülle** von A. Ist A ein Teilraum, so ist L(A) = A und umgekehrt. Für eine endliche Menge $A = \{a_1, a_2, \ldots, a_n\}$ ist L(A) endlich-dimensional mit Dimension $\leq n$. Eine Abbildung f eines Vektorraumes L in einen Vektorraum M über demselben Körper K heißt **linear**, wenn

$$f(\alpha x + \beta y) = \alpha f(x) + \beta f(y) \tag{2.10}$$

---

[1] Die beiden letzten Gleichungen in (2.9, d)) kann man aus den anderen Axiomen herleiten.

ist für alle $x, y \in L$ und $\alpha, \beta \in K$. Eine bijektive lineare Abbildung von L auf M heißt ein Isomorphismus. Die Räume L und M heißen **isomorph**, wenn es einen Isomorphismus von L auf M (oder, was dasselbe ist, von M auf L) gibt.

Satz 2.10. *Jeder n-dimensionale komplexe Vektorraum* L *ist isomorph zu dem Raum* C^n.

Ist nämlich $a_1, a_2, \ldots, a_n$ eine Basis von L, so wird ein Isomorphismus von L auf C^n durch

$$L \ni x = \sum_{j=1}^{n} \alpha_j a_j \mapsto (\alpha_1, \alpha_2, \ldots, \alpha_n) \in C^n \text{ definiert. Da Isomorphie eine reflexive und transitive}$$

Beziehung zwischen Vektorräumen ist, sind folglich alle n-dimensionalen komplexen Vektorräume untereinander isomorph.

Aufgabe 2.17. Eine Metrik auf einem linearen Raum L heißt **translationsinvariant**, wenn $d(x, y) = d(x + z, y + z)$ ist für alle $x, y, z \in L$. Man zeige: Zwei translationsinvariante Metriken d und e auf L sind genau dann uniform äquivalent, wenn sie äquivalent sind.

2.7 Normierte Räume. Ein Vektorraum N heißt **normiert**, wenn auf N eine reelle Funktion $x \mapsto |x|$ erklärt ist, die folgende Eigenschaften hat:

$$|x| \geq 0 \quad \text{für alle} \quad x \in N \tag{2.11}$$

$$|x| = 0 \quad \text{genau dann, wenn} \quad x = 0 \tag{2.12}$$

$$|\alpha x| = |\alpha||x| \quad \text{und} \tag{2.13}$$

$$|x + y| \leq |x| + |y| \tag{2.14}$$

für alle $x, y \in N$ und $\alpha \in R$ bzw. $\alpha \in C$ je nachdem, ob N ein reeller oder ein komplexer Vektorraum ist. Im folgenden behandeln wir fast ausschließlich komplexe normierte Räume; die Sätze gelten in der Regel auch für reelle Räume; Ausnahmen werden hervorgehoben.

Jede reelle Funktion auf N mit diesen Eigenschaften heißt eine **Norm** auf N. Jeder Norm ist eine Metrik d auf N mit den Werten $d(x, y) = |x - y|$ zugeordnet. Die Eigenschaften (2.1) bis (2.4) der Metrik folgen unmittelbar aus (2.11) bis (2.14). Beispiele normierter Räume sind C^n und $C[0, 1]$; die in 2.1 angegebenen Metriken auf diesen Räumen sind sämtlich gewissen Normen $|\cdot|_p$ mit $1 \leq p \leq \infty$ zugeordnet, deren Definition man unmittelbar aus der Definition der Metriken d_p ablesen kann. Wir geben einige weitere Beispiele an:

Beispiel 1. Der Raum l_∞ aller **beschränkten** Folgen komplexer Zahlen $x = (\xi_n)$ mit der Norm $|\cdot|_\infty$ definiert durch $|x|_\infty = \sup \{|\xi_n| \restriction n = 1, 2, \ldots\}$. Die Addition in l_∞ ist durch $(\xi_n) + (\eta_n) = (\xi_n + \eta_n)$ und die Multiplikation durch $\alpha(\xi_n) = (\alpha \xi_n)$ erklärt.

Beispiel 2. Der Raum $l_p(1 \leq p < \infty)$ aller Folgen $x = (\xi_n)$ mit $\sum_{n=1}^{\infty} |\xi_n|^p < \infty$. Die Norm ist durch $|x|_p = \left(\sum_{n=1}^{\infty} |\xi_n|^p \right)^{1/p}$, Addition und Multiplikation wie in l_∞ erklärt (vgl. Aufgabe 2.18).

Beispiel 3. Der Raum C(M) aller stetigen und **beschränkten** komplexen Funktionen f auf dem metrischen Raum M. Hier ist $f + g$ die Funktion mit den Werten $f(x) + g(x)$ und αf hat die Werte $\alpha f(x)$ für alle $x \in M$. Die Norm ist durch $|f| = \sup \{|f(x)| \mid x \in M\}$ erklärt.

Für die Beispiele 1 und 3 sowie für Beispiel 2 im Falle $p = 1$ sind die Eigenschaften (2.8) und (2.9) des Raumes und die Eigenschaften (2.11) bis (2.14) der Norm leicht zu verifizieren. Für die Fälle $1 < p < \infty$ von Beispiel 2 vergleiche man Aufgabe 2.18 am Ende des Abschnitts.

Ein normierter Raum ist ein metrischer Raum; alle für metrische Räume definierten Begriffe und bewiesenen Sätze gelten auch für normierte Räume, manche jedoch mit wesentlichen Vereinfachungen. Zum Beispiel sind die den Normen zugeordneten Metriken translationsinvariant und daher fallen die Begriffe „äquivalent" und „uniform äquivalent" zusammen (vgl. Aufgabe 2.17). Dementsprechend nennen wir zwei Normen auf einem Vektorraum äquivalent, wenn die zugehörigen Metriken äquivalent sind. Es gilt:

Satz 2.11. *Zwei Normen* $|\cdot|_1$ *und* $|\cdot|_2$ *auf dem Vektorraum* N *sind genau dann äquivalent, wenn es positive Zahlen* γ_1 *und* γ_2 *gibt derart, daß* $|x|_1 \leq \gamma_1 |x|_2$ *und* $|x|_2 \leq \gamma_2 |x|_1$ *ist für alle* $x \in$ N.

Beweis: Sind die Normen äquivalent, so sind die zugehörigen Metriken d_1 und d_2 äquivalent. Nach Satz 2.3 gibt es dann ein $\delta > 0$ derart, daß die d_1-Kugel $K_1(0,\delta)$ in der d_2-Kugel $K_2(0,1)$ enthalten ist. Für einen beliebigen Punkt $x \neq 0$ und beliebiges positives $\delta' < \delta$ liegt $y = \delta'(|x|_1)^{-1} x$ in $K_1(0,\delta)$ wegen (2.13), also auch in $K_2(0,1)$, d. h. es ist $|y|_2 = \delta'(|x|_1)^{-1}|x|_2 < 1$. Für $\delta' \to \delta$ folgt daraus $|x|_2 \leq \delta^{-1}|x|_1$ und das gilt offenbar auch für $x = 0$. Ebenso beweist man die andere Ungleichung für die beiden Normen. Umgekehrt folgt aus den Ungleichungen unmittelbar die Äquivalenz der Normen.

Zwei normierte Räume M und N heißen normisomorph, wenn es einen Isomorphismus f von M auf N gibt derart, daß $|f(x)| = |x|$ ist für alle $x \in$ M, d. h. wenn der Isomorphismus in bezug auf die Metriken in M und N isometrisch ist. Dabei haben wir die Norm in N ebenfalls mit $|\cdot|$ bezeichnet. Die Räume heißen topologisch isomorph, wenn es einen stetigen Isomorphismus f von M auf N gibt und der inverse Isomorphismus f^{-1} von N auf M auch stetig ist. Definiert man eine neue Norm $|\cdot|_0$ auf N durch $|f(x)|_0 = |x|$ für alle $x \in$ M, so bedeutet die topologische Isomorphie der beiden Räume, daß die beiden Normen $|\cdot|$ und $|\cdot|_0$ auf N äquivalent sind. Als Beispiel beweisen wir:

Satz 2.12. *Alle n-dimensionalen normierten Räume sind untereinander topologisch isomorph.*

Beweis: Nach Satz 2.10 ist jeder n-dimensionale komplexe Vektorraum zu $\mathbb{C}^n$ isomorph; der Isomorphismus ist ein Normisomorphismus in bezug auf eine geeignete Norm auf $\mathbb{C}^n$, wie oben gezeigt wurde. Es bleibt also zu zeigen, daß zwei beliebige Normen auf $\mathbb{C}^n$ äquivalent sind oder, was dasselbe ist, daß jede Norm $|\cdot|$ auf $\mathbb{C}^n$ der Norm $|\cdot|_\infty$ von 2.1 Beispiel 2 äquivalent ist. Es seien $e_1, e_2, \ldots, e_n$ die Einheitsvektoren in $\mathbb{C}^n$. Für jedes $x \in \mathbb{C}^n$ ist dann

$$x = \sum_{j=1}^{n} \xi_j e_j \text{ und daher } |x| \leq \sum_{j=1}^{n} |\xi_j| \, |e_j| \leq \gamma |x|_\infty \text{ mit } \gamma = \sum_{j=1}^{n} |e_j|. \text{ Aus (2.7) folgt die Ungleichung}$$

$$||x| - |y|| \leq |x - y|. \tag{2.15}$$

Also ist $||x| - |y|| \leq \gamma |x - y|_\infty$, d. h. die Norm $|\cdot|$ ist stetig in bezug auf die Metrik d_∞. Sei $\delta = \inf\{|x| \mid x \in \mathbb{C}^n, |x|_\infty = 1\}$ und (x_m) eine Folge aus $\mathbb{C}^n$ mit $|x_m|_\infty = 1$ und $|x_m| \to \delta$. Da die Folgen der Komponenten $(\xi_{mj})_{m=1,2,\ldots}$ beschränkt sind, kann man eine Teilfolge (x_{m_k}) auswählen, die in bezug auf die Metrik d_∞ gegen ein $x_0 \in \mathbb{C}^n$ konvergiert. Dann ist $|x_0|_\infty = 1$, also $x_0 \neq 0$, und wegen der Stetigkeit der Norm $|\cdot|$ in bezug auf d_∞ ist $|x_0| = \delta$, also $\delta > 0$. Für alle Elemente $x \neq 0$ bildet man nun $z = (|x|_\infty)^{-1} x$. Dann ist $|z|_\infty = 1$ und daher $|z| = (|x|_\infty)^{-1}|x| \geq \delta$, d. h. $|x|_\infty \leq \delta^{-1}|x|$. Damit ist der Satz bewiesen.

Aufgaben. 2.18. Die Eigenschaften (2.8) und (2.9) des Raumes $l_p (1 < p < \infty)$ und (2.11) bis (2.14) der Norm $|\cdot|_p$ sind zu bestätigen. Anleitung: Man benutzt die Höldersche Ungleichung für Summen (vgl. Aufgabe 2.4) und die daraus folgende Minkowskische Ungleichung (vgl. 2.1 Beispiel 2).

2.19. a) Ein endlich-dimensionaler normierter Raum ist ein vollständiger metrischer Raum.

b) Die Räume $l_p (1 \le p \le \infty)$ sind vollständige metrische Räume.

2.20. a) Es sei A ein abgeschlossener echter Teilraum eines normierten Raumes N. Zu jeder positiven Zahl $\delta < 1$ gibt es dann ein $x \in N$ mit $|x| = 1$ und $d(x, A) \ge \delta$.

b) In einem normierten Raum N gilt $\overline{K(y, \rho)} = \tilde{K}(y, \rho)$ für alle $y \in N$ und für alle $\rho > 0$ (vgl. Aufgabe 2.5).

2.8 Banachräume. Ein normierter Raum heißt ein Banachraum, wenn er in bezug auf die von seiner Norm erzeugte Metrik vollständig ist. Wir wollen die in 2.5 durchgeführte Konstruktion der vollständigen Hülle eines metrischen Raumes auf normierte Räume anwenden.

Satz 2.13. *Jeder normierte Raum* N *ist normisomorph zu einem dichten Teilraum eines Banachraumes* Ñ*; der Raum* Ñ *ist bis auf Normisomorphie eindeutig bestimmt.*

Beweis: Nach dem Beweis von Satz 2.9 gibt es eine Isometrie f von N auf eine dichte Teilmenge des vollständigen metrischen Raumes Ñ aller Äquivalenzklassen $\tilde{x}$ von Cauchyfolgen aus N, wobei jedem $x \in N$ die Klasse $\tilde{x}$ aller konvergenten Folgen mit Grenzwert x zugeordnet ist. Sind $(x_n) \in \tilde{x}$, $(y_n) \in \tilde{y}$ Cauchyfolgen und $\alpha \in C$, so sind $(x_n + y_n)$ und (αx_n) Cauchyfolgen. Aus den Eigenschaften der Norm folgt nämlich

$$|x_n + y_n - x_m - y_m| \le |x_n - x_m| + |y_n - y_m| \to 0$$

und $\qquad |\alpha x_n - \alpha x_m| \le |\alpha| |x_n - x_m| \to 0 \quad$ für $\quad n, m \to \infty$.

Definieren wir $\tilde{x} + \tilde{y}$ bzw. $\alpha \tilde{x}$ als die Äquivalenzklassen, welche die Folgen $(x_n + y_n)$ bzw. (αx_n) enthalten, so ist Ñ mit dieser Definition der Addition und Multiplikation ein Vektorraum, wie man leicht nachprüft. Nach Satz 2.9 ist Ñ ein vollständiger metrischer Raum. Die Metrik ist durch $d(\tilde{x}, \tilde{y}) = \lim d(x_n, y_n) = \lim |x_n - y_n|$ erklärt, wenn $(x_n) \in \tilde{x}$ und $(y_n) \in \tilde{y}$ ist. Durch $|\tilde{x}| = d(\tilde{x}, 0)$ definieren wir eine die Metrik erzeugende Norm auf Ñ. Die Eigenschaften (2.11) und (2.12) folgen aus (2.1) und (2.2). Ferner gilt

$$|\alpha \tilde{x}| = \lim |\alpha x_n| = |\alpha| \lim |x_n| = |\alpha| |\tilde{x}|$$

und $\qquad |\tilde{x} + \tilde{y}| = \lim |x_n + y_n| \le \lim (|x_n| + |y_n|) = |\tilde{x}| + |\tilde{y}|,$

also (2.13) und (2.14), d. h. Ñ ist ein Banachraum. Für die Isometrie f gilt $f(\alpha x + \beta y) = \alpha f(x) + \beta f(y)$ und $|f(x)| = |x|$ nach Definition der linearen Operationen in Ñ und der Norm, d. h. f ist ein Normisomorphismus von N auf einen dichten Teilraum A von Ñ. Ist N außerdem normisomorph zu einem dichten Teilraum B des Banachraumes Ñ, so sind A und B normisomorph. Nach Satz 2.8 läßt sich der Normisomorphismus h von A auf B eindeutig zu einer Isometrie $\tilde{h}$ von Ñ auf Ñ fortsetzen. Da h linear ist, ist auch $\tilde{h}$ linear, also ein Normisomorphismus. Damit ist der Satz bewiesen.

Beispiele von Banachräumen sind die Räume R^n, C^n und l_p (vgl. 2.7 Beispiel 1 und 2). Darüber hinaus zeigen wir:

Satz 2.14. *Der Raum* C(M) *aller stetigen und beschränkten komplexen Funktionen auf dem metrischen Raum* M *ist ein Banachraum.*

Beweis: Es sei (f_n) eine Cauchyfolge in C(M). Zu jedem $\varepsilon > 0$ gibt es ein $n(\varepsilon)$ mit $|f_n - f_m| < \varepsilon$ für $n, m \ge n(\varepsilon)$. Nach Definition der Norm ist also $|f_n(x) - f_m(x)| < \varepsilon$ für jedes $x \in M$ und für $n, m \ge n(\varepsilon)$, d. h. $(f_n(x))$ ist eine Cauchyfolge in C. Wir bezeichnen den Grenzwert dieser Folge mit $f(x)$ und definieren dadurch eine komplexe Funktion f auf M. Aus der obigen Ungleichung erhalten wir durch Grenzübergang $m \to \infty$

$$|f_n(x) - f(x)| \leq \varepsilon \quad \text{für alle} \quad x \in M \quad \text{und} \quad n \geq n(\varepsilon). \tag{2.16}$$

Also ist $|f(x)| \leq |f_{n(\varepsilon)}| + \varepsilon$ für alle $x \in M$, d. h. f ist beschränkt. Zu jedem $x \in M$ gibt es ein $\delta > 0$ derart, daß $|f_{n(\varepsilon)}(x) - f_{n(\varepsilon)}(y)| \leq \varepsilon$ ist für alle $y \in K(x, \delta)$. Zusammen mit (2.16) folgt daraus $|f(x) - f(y)| \leq 3\varepsilon$ für alle $y \in K(x, \delta)$, d. h. f ist stetig. Also ist $f \in C(M)$, und aus (2.16) folgt $|f_n - f| \leq \varepsilon$ für alle $n \geq n(\varepsilon)$ d. h. $f_n \to f$. Damit ist der Satz bewiesen.

2.9 Spezielle Teilmengen metrischer Räume. Ein metrischer Raum M heißt separabel, wenn es in M eine abzählbare dichte Teilmenge gibt.

Satz 2.15. *Der metrische Raum* M *sei separabel. Dann sind auch die vollständige Hülle* $\tilde{M}$ *und jede Teilmenge* B *von* M *(als metrischer Raum mit der induzierten Metrik) separabel.*

Beweis: Sei f die Isometrie von M auf eine dichte Teilmenge $f(M)$ von $\tilde{M}$. Das Bild $f(A)$ der abzählbaren dichten Menge A ist dann abzählbar und dicht in $f(M)$, also auch dicht in $\tilde{M}$. Sei B eine Teilmenge von M und $A = \{x_1, x_2, \ldots\}$. Für jedes Paar natürlicher Zahlen n, m wählen wir einen Punkt $y_{nm} \in K(x_n, \frac{1}{m}) \cap B$, wenn dieser Durchschnitt nicht leer ist. Die Menge D der Punkte y_{nm} ist abzählbar und in B enthalten. Ist $x \in B$ beliebig gewählt, so gibt es zu jedem m ein n derart, daß $x_n \in K(x, \frac{1}{m})$ ist. Also enthält $K(x_n, \frac{1}{m})$ den Punkt $x \in B$ und daher existiert $y_{nm} \in D$ mit $d(x, y_{nm}) \leq d(x, x_n) + d(x_n, y_{nm}) \leq \frac{2}{m}$. Also ist D dicht in B, d. h. B ist separabel.

Eine offene Menge D in M ist nach Aufgabe 2.6, a) genau dann dicht, wenn die abgeschlossene Menge $A = \complement D$ keinen inneren Punkt enthält. Der folgende Satz zeigt, daß ein vollständiger metrischer Raum nicht Vereinigung von abzählbar vielen abgeschlossenen Mengen dieser Art sein kann.

Satz 2.16 (Baire). *Sei* M *ein vollständiger metrischer Raum,* (A_j) *eine Folge abgeschlossener Mengen in* M *mit* $\bigcup_{j=1}^{\infty} A_j = M$. *Dann enthält mindestens eine der Mengen* A_j *einen inneren Punkt.*

Beweis: Der Beweis wird indirekt geführt: Wir nehmen an, daß keine der Mengen einen inneren Punkt enthält. Dann ist $\complement A_1$ offen und nicht leer und enthält folglich eine Kugel $K(x_1, \varrho_1)$ mit $\varrho_1 < \frac{1}{2}$. Nach Voraussetzung enthält A_2 die Kugel $K(x_1, \frac{1}{2}\varrho_1)$ nicht; also ist die offene Menge $K(x_1, \frac{1}{2}\varrho_1) \cap \complement A_2$ nicht leer und enthält eine Kugel $K(x_2, \varrho_2)$ mit $\varrho_2 < \frac{1}{4}$. So fortfahrend erhält man eine Folge von Kugeln $K(x_j, \varrho_j)$ mit $\varrho_j < 2^{-j}$ und mit $K(x_j, \varrho_j) \subset K(x_{j-1}, \frac{1}{2}\varrho_{j-1}) \cap \complement A_j$ für alle j. Die Folge (x_j) ist eine Cauchyfolge; denn es gilt

$$d(x_n, x_{n+p}) \leq \sum_{j=n}^{n+p-1} d(x_j, x_{j+1}) < \sum_{j=n}^{n+p-1} 2^{-j-1} < 2^{-n}$$

für alle p. Da M vollständig ist, hat die Folge einen Grenzwert $x \in M$. Nach Konstruktion gilt $x \in \overline{K(x_j, \frac{1}{2}\varrho_j)} \subset K(x_j, \varrho_j) \subset \complement A_j$ für alle j, d. h. x liegt in keiner der Mengen A_j, also auch nicht in ihrer Vereinigung $\bigcup_{j=1}^{\infty} A_j = M$. Das ist ein Widerspruch; der Satz ist bewiesen.

Eine Familie $\mathscr{V} = (V_\alpha)$ von Teilmengen von M heißt eine Überdeckung der Teilmenge A, wenn A in der Vereinigung $\bigcup_\alpha V_\alpha$ enthalten ist. Die Überdeckung heißt offen, wenn die

Mengen V_α offen sind; $\mathscr{V}$ heißt **abzählbar** bzw. **endlich**, wenn $\mathscr{V}$ aus abzählbar bzw. endlich vielen Mengen V_α besteht. Eine Menge A heißt **kompakt**, wenn jede offene Überdeckung $\mathscr{V} = (V_\alpha)$ von A eine endliche Überdeckung $(V_{\alpha_1}, \ldots, V_{\alpha_n})$ von A enthält. Im Spezialfall A = M heißt M ein **kompakter metrischer Raum**. Jede kompakte Teilmenge eines metrischen Raumes ist selbst ein kompakter metrischer Raum mit der induzierten Metrik (vgl. Aufgabe 2.22). Eine Menge A heißt **total beschränkt**, wenn es zu jedem $\varepsilon > 0$ endlich viele Punkte $x_1, \ldots, x_n \in A$ gibt derart, daß die Kugeln $K(x_j, \varepsilon)$ eine Überdeckung von A bilden.

Satz 2.17. *Für eine Teilmenge A eines metrischen Raumes sind die folgenden Aussagen äquivalent:*
a) *A ist kompakt.*
b) *Jede Folge (x_n) in A enthält eine konvergente Teilfolge (x_{n_j}) mit Grenzwert $x \in A$.*
c) *A ist total beschränkt, und zu jeder offenen Überdeckung $\mathscr{V} = (V_\alpha)$ von A gibt es ein $\delta > 0$ derart, daß für jedes $x \in A$ die offene Kugel $K(x, \delta)$ in mindestens einer der Mengen V_α enthalten ist.*

Beweis: 1. Aus a) folgt b): Wäre die Aussage b) falsch, so gäbe es eine Folge (x_n) in A, die keine in A konvergente Teilfolge enthält. Zu jedem $x \in A$ gäbe es daher eine offene Kugel $K(x, \delta(x))$ derart, daß nur für endlich viele natürliche Zahlen n der Punkt x_n in der Kugel liegt. Nach Voraussetzung a) überdecken endlich viele dieser Kugeln die Menge A; also gilt $x_n \in A$ nur für endlich viele n im Widerspruch zur Annahme.

2. Aus b) folgt c): Wäre A nicht total beschränkt, so gäbe es ein $\varepsilon > 0$ derart, daß zu jeder endlichen Menge von Punkten $x_1, \ldots, x_n \in A$ ein $x \in A$ gefunden werden kann, das in keiner der Kugeln $K(x_j, \varepsilon)$ liegt. Es gibt also eine Folge (x_n) in A mit $d(x_n, x_m) \geq \varepsilon$ für $n \neq m$. Eine solche Folge enthält offenbar keine konvergente Teilfolge im Widerspruch zu b). Also ist A total beschränkt. Sei $\mathscr{V} = (V_\alpha)$ eine offene Überdeckung von A. Wir nehmen an, es gäbe kein $\delta > 0$ derart, daß für jedes $x \in A$ die Kugel $K(x, \delta)$ in mindestens einer der Mengen V_α enthalten ist. Dann gibt es eine Folge (x_n) in A derart, daß für $n = 1, 2, \ldots$ die Kugel $K(x_n, n^{-1})$ in keinem V_α enthalten ist. Nach b) gibt es eine Teilfolge (x_{n_j}) mit $x_{n_j} \to x \in A$. Der Punkt x liegt in einem V_{α_0}; da V_{α_0} offen ist, gilt auch $K(x_{n_j}, n_j^{-1}) \subset V_{\alpha_0}$ für genügend große j im Widerspruch zur Annahme.

3. Aus c) folgt a): Sei $\mathscr{V}$ eine offene Überdeckung von A und δ die nach c) zugeordnete Zahl. Da A total beschränkt ist, gibt es Punkte $x_1, \ldots, x_n \in A$ derart, daß die Kugeln $K(x_j, \delta)$ eine Überdeckung von A bilden. Ferner gibt es Mengen $V_{\alpha_j} \in \mathscr{V}$ mit $K(x_j, \delta) \subset V_{\alpha_j}$ für $j = 1, \ldots, n$. Also enthält $\mathscr{V}$ die endliche Überdeckung $(V_{\alpha_1}, \ldots, V_{\alpha_n})$, d. h. A ist kompakt.

Aufgaben. 2.21. Eine Teilmenge A des normierten Raumes N heißt **total**, wenn ihre lineare Hülle L(A) dicht ist. Man zeige:

a) Ein normierter Raum N ist genau dann separabel, wenn es in N eine abzählbare totale Menge gibt.

b) Die Räume l_p für $1 \leq p < \infty$ (2.7 Beispiel 2) sind separabel; die Folge der Einheitsvektoren $e_j = (\delta_{jn})$ ist total.

c) Der Raum l_∞ (2.7 Beispiel 1) ist nicht separabel.

d) Der Raum $C[0, 1]$ ist separabel; die Folge der Elemente x_n definiert durch $x_n(t) = t^{n-1}, n = 1, 2, \ldots$ ist total (**Weierstraßscher Approximationssatz**).

e) Der Raum $C(\mathbb{R})$ ist nicht separabel.

2.22. a) Jede kompakte Menge ist abgeschlossen.

b) Jede abgeschlossene Teilmenge einer kompakten Menge ist kompakt.

c) Jede kompakte Menge, versehen mit der induzierten Metrik, ist ein kompakter metrischer Raum.

d) Jeder kompakte metrische Raum ist vollständig und separabel.

e) Die Vereinigung endlich vieler und der Durchschnitt beliebig vieler kompakter Mengen sind kompakt.

f) Sind M und N kompakte metrische Räume, so ist auch der metrische Raum M × N (vgl. Aufgabe 2.3) kompakt.

2.23. Eine Teilmenge eines metrischen Raumes heißt relativ kompakt, wenn ihre abgeschlossene Hülle kompakt ist. Man zeige, daß die folgenden drei Eigenschaften äquivalent sind:

a) A ist relativ kompakt.

b) Jede Folge (x_n) in A enthält eine (in M) konvergente Teilfolge.

c) A ist total beschränkt und $\bar{A}$ ist vollständig.

2.24. Es sei M ein kompakter metrischer Raum.

a) Jede reelle stetige Funktion f auf M besitzt ein Maximum und ein Minimum, d. h. es gibt Punkte $x_1, x_2 \in M$ mit $f(x_1) \le f(x) \le f(x_2)$ für alle $x \in M$.

b) Sei f eine stetige Funktion auf M mit Werten in einem metrischen Raum N. Dann ist f gleichmäßig stetig, und die Bildmenge $f(M)$ in N ist kompakt.

c) Sei f eine stetige Funktion auf M mit Werten in M und es gelte $d(f(x), f(y)) \ge d(x, y)$ für alle $x, y \in M$. Dann ist die Bildmenge $f(M)$ gleich M, und f bildet M umkehrbar eindeutig und stetig auf sich ab. Anleitung: Wäre $f(M) \ne M$, so wähle man ein $x_0 \in \complement f(M)$ und betrachte die Folge der Punkte $x_1 = f(x_0)$, $x_2 = f(x_1)$, …

2.25. Eine Menge A in einem metrischen Raum heißt beschränkt, wenn es eine Kugel $K(x_0, \rho)$ gibt, die A enthält. Man zeige:

a) Jede total beschränkte Menge ist beschränkt.

b) In einem endlich-dimensionalen normierten Raum ist jede beschränkte Menge relativ kompakt.

c) Die Einheitskugel $K(0, 1)$ in einem normierten Raum N ist genau dann relativ kompakt, wenn N endlich-dimensional ist. Anleitung: Man benutzt Aufgabe 2.20.

d) Eine Teilmenge A von $l_p (1 \le p < \infty)$ ist genau dann relativ kompakt, wenn sie beschränkt ist und wenn es zu jedem $\varepsilon > 0$ ein $n = n(\varepsilon)$ gibt mit $\sum_{j=n}^{\infty} |\xi_j|^p < \varepsilon^p$ für alle $x = (\xi_j) \in A$.

e) Eine Teilmenge A des Banachraumes $C(M)$ ist genau dann relativ kompakt, wenn sie beschränkt ist und wenn es zu jedem $\varepsilon > 0$ eine endliche offene Überdeckung $(V_1, \ldots, V_n)$ von M und Punkte $x_j \in V_j$ gibt derart, daß $|f(x) - f(x_j)| < \varepsilon$ ist für alle $x \in V_j$, für $j = 1, 2, \ldots, n$ und für alle $f \in A$.

f) Sei M ein kompakter metrischer Raum. Eine beschränkte Menge A in $C(M)$ ist genau dann relativ kompakt, wenn es zu jedem $\varepsilon > 0$ ein $\delta > 0$ gibt mit $|f(x) - f(y)| < \varepsilon$ für alle $x, y \in M$ mit $d(x, y) < \delta$ und für alle $f \in A$ (Satz von Arzelà-Ascoli).

§ 3 Lineare Funktionale und Operatoren

3.1 Lineare Operatoren. Der Begriff der linearen Abbildung eines linearen Raumes in einen anderen linearen Raum wurde schon in 2.6 erklärt. Wir wiederholen die Definition hier mit veränderter Bezeichnung. Es seien E und F normierte Räume. Eine Abbildung A von E in F heißt linear, wenn

$$A(\alpha x + \beta y) = \alpha A x + \beta A y \tag{3.1}$$

ist für alle $x, y \in E$ und $\alpha, \beta \in C$. Wir nennen A auch einen linearen Operator oder kurz einen Operator von E in F. Ein Operator A heißt beschränkt, wenn es eine positive Zahl γ gibt mit

$$|A x| \le \gamma |x| \tag{3.2}$$

für alle $x \in \mathsf{E}$. Hierin bedeutet das Zeichen $|\cdot|$ die Norm sowohl in E als auch in F. Der Ausdruck „beschränkt" paßt eigentlich besser auf Operatoren, für welche $|Ax| \leq \gamma$ ist für alle $x \in \mathsf{E}$. Es ist aber leicht zu sehen, daß wegen (3.1) nur der triviale Operator oder **Nulloperator**, der jedem $x \in \mathsf{E}$ das Nullelement von F zuordnet, einer solchen Ungleichung genügt. Dagegen bedeutet (3.2), daß A beschränkte Mengen in E auf beschränkte Mengen in F abbildet.

Ist A ein beschränkter Operator, so heißt jede Zahl γ, für welche die Ungleichung (3.2) richtig ist, eine **Schranke** von A. Die kleinste Schranke ist offenbar die Zahl

$$|A| = \sup\left\{ |Ax|\,|x|^{-1} \mid x \in \mathsf{E},\ x \neq 0 \right\}. \tag{3.3}$$

A ist genau dann beschränkt, wenn $|A|$ endlich ist. Äquivalente Definitionen von $|A|$ sind:

$$|A| = \sup\left\{ |Ax| \mid x \in \mathsf{E},\ |x| = 1 \right\} \tag{3.3'}$$

und

$$|A| = \sup\left\{ |Ax| \mid x \in \mathsf{E},\ |x| \leq 1 \right\}. \tag{3.3''}$$

Das folgt aus der Gleichung $|A(\alpha x)| = |\alpha|\,|Ax|$, die man aus (3.1) erhält.

Satz 3.1. *Ein linearer Operator ist genau dann stetig, wenn er beschränkt ist. Jeder beschränkte Operator ist gleichmäßig stetig.*

Beweis: a) Nach Definition der Stetigkeit einer Abbildung ist der Operator A genau dann stetig an der Stelle $x = 0$, wenn es zu jedem $\varepsilon > 0$ ein $\delta > 0$ gibt derart, daß $|Ay| < \varepsilon$ ist für alle $y \in \mathsf{E}$ mit $|y| < \delta$. Für alle y der Form $y = \delta'|x|^{-1}x$ mit $x \in \mathsf{E}$, $x \neq 0$ und $0 < \delta' < \delta$ ist $|y| = \delta'$ und daher $|Ay| = \delta'|x|^{-1}|Ax| < \varepsilon$. Für $\delta' \to \delta$ folgt daraus $|Ax| \leq \varepsilon\delta^{-1}|x|$ für alle $x \in \mathsf{E}$, d. h. A ist beschränkt.

b) Ist A ein beschränkter Operator, so folgt aus (3.1) und (3.2) die Abschätzung $|Ax - Ay| \leq \gamma|x - y|$. Also ist A gleichmäßig stetig.

Satz 3.2. *Es sei F ein Banachraum, D ein dichter Teilraum von E, und A ein beschränkter Operator von D in F[1]. Dann gibt es genau einen beschränkten Operator B von E in F mit $Bx = Ax$ für alle $x \in \mathsf{D}$. Außerdem ist $|B| = |A|$.*

Beweis: Nach Satz 3.1 und Satz 2.8 gibt es genau eine gleichmäßig stetige Abbildung B von E in F mit $Bx = Ax$ für alle $x \in \mathsf{D}$. Zu beliebigen Elementen $x, y \in \mathsf{E}$ gibt es wegen $\bar{\mathsf{D}} = \mathsf{E}$ Folgen (x_n), (y_n) in D mit $x_n \to x$ und $y_n \to y$. Für $\alpha, \beta \in \mathsf{C}$ gilt dann wegen (3.1)

$$B(\alpha x + \beta y) = \lim B(\alpha x_n + \beta y_n) = \lim A(\alpha x_n + \beta y_n) = \lim (\alpha A x_n + \beta A y_n) = \alpha Bx + \beta By.$$

Also ist B linear. Nach Satz 3.1 ist B beschränkt und zwar ist offenbar $|B| \geq |A|$. Ist $x \in \mathsf{E}$ und (x_n) eine Folge in D mit $x_n \to x$, so folgt

$$|Bx| = \lim |Bx_n| = \lim |Ax_n| \leq |A| \lim |x_n| = |A|\,|x|.$$

Also ist $|B| \leq |A|$, d. h. $|B| = |A|$.

Aufgaben. 3.1. Ist E endlich-dimensional, so ist jeder lineare Operator von E in einen normierten Raum F beschränkt.

3.2. a) Jeder Zahl p mit $1 \leq p \leq \infty$ sei die Zahl $p' = \dfrac{p}{p-1}$ ($p' = \infty$ für $p = 1$ und $p' = 1$ für $p = \infty$) zugeordnet. Für jedes Element $a = (\alpha_n)$ des Raumes $l_{p'}$ ist durch $Ax = \sum\limits_{n=1}^{\infty} \alpha_n \xi_n$ für alle $x = (\xi_n) \in l_p$ ein beschränkter Operator A von l_p in C erklärt und es gilt $|A| = |a|_{p'}$.

---

[1] Dabei wird D natürlich als normierter Raum mit der induzierten Norm aufgefaßt.

b) Für $1 \leq p < \infty$ läßt sich jeder beschränkte Operator A von l_p in C in der angegebenen Form darstellen, wobei a durch A eindeutig bestimmt ist. Anleitung: Man benutzt die Höldersche Ungleichung (Aufgabe 2.4, a)) und für Teil b) den Satz 3.2, wobei D der Teilraum aller finiten Folgen $x = (\xi_n)$ ist (d. h. $\xi_n \neq 0$ nur für endlich viele n).

3.3. Es werden Operatoren von l_p in l_q betrachtet, die sich in der Form $A x = \left(\sum\limits_{m=1}^{\infty} \alpha_{nm} \xi_m \right)$ für $x = (\xi_n)$ darstellen lassen. Für jedes n sei $a_n = (\alpha_{n1}, \alpha_{n2}, \ldots)$ und, falls $a_n \in l_{p'}$ für alle n, sei $a = (|a_n|_{p'})$. Es ist zu zeigen:

a) Ist $a_n \in l_{p'}$ für alle n und $a \in l_q$, so ist A beschränkt und $|A| \leq |a|_q$.

b) Für $1 \leq p < \infty$ läßt sich jeder beschränkte Operator A von l_p in l_q in der angegebenen Form darstellen, wobei die Matrix (α_{nm}) durch A eindeutig bestimmt ist; außerdem ist $a_n \in l_{p'}$ für alle n und $a \in l_{\infty}$ mit $|a|_{\infty} \leq |A|$.

3.4. Es sei a ein Element des Banachraumes C(M) (vgl. Satz 2.14). Durch $A f(x) = a(x) f(x)$ für alle $x \in$ M und $f \in$ C(M) ist ein beschränkter Operator A von C(M) in sich definiert mit $|A| = |a|$.

3.2 Der Raum $\mathscr{B}(\mathsf{E}, \mathsf{F})$. Für zwei normierte Räume E und F bezeichnen wir mit $\mathscr{B}(\mathsf{E}, \mathsf{F})$ die Menge aller beschränkten Operatoren von E in F. In $\mathscr{B}(\mathsf{E}, \mathsf{F})$ erklären wir die **Summe** $A + B$ und das **Produkt** αA mit einer komplexen Zahl α durch

$$(A + B)x = A x + B x, \qquad (\alpha A)x = \alpha A x \tag{3.4}$$

für alle $x \in$ E. Summe und Produkt genügen den Axiomen (2.8) und (2.9), wie man leicht nachprüft. Also ist $\mathscr{B}(\mathsf{E}, \mathsf{F})$ ein Vektorraum. Das Nullelement des Raumes ist der Nulloperator. Wir wollen zeigen, daß durch (3.3) oder (3.3') oder (3.3'') eine Norm $|\cdot|$ in $\mathscr{B}(\mathsf{E}, \mathsf{F})$ definiert wird. Die Eigenschaft (2.11) ist klar. Aus $|A| = 0$ folgt $|A x| = 0$, also $A x = 0$ für alle $x \in$ E, d. h. A ist der Nulloperator. Umgekehrt hat der Nulloperator die Norm Null. Also gilt (2.12). (2.13) und (2.14) folgen aus $|(\alpha A)x| = |\alpha| \, |A x|$ und $|(A + B)x| \leq |A x| + |B x|$ durch Anwendung von (3.3'). Damit ist der erste Teil des folgenden Satzes bewiesen:

Satz 3.3. *Die Menge $\mathscr{B}(\mathsf{E}, \mathsf{F})$ aller beschränkten Operatoren eines normierten Raumes E in einen normierten Raum F ist ein normierter Raum mit der Definition (3.4) von Summe und Produkt und mit der Norm (3.3). Ist F ein Banachraum, so auch $\mathscr{B}(\mathsf{E}, \mathsf{F})$.*

Zum Beweis der letzten Behauptung betrachtet man eine Cauchyfolge (A_n) in $\mathscr{B}(\mathsf{E}, \mathsf{F})$. Zu jedem $\varepsilon > 0$ gibt es dann ein $n(\varepsilon)$ mit $|A_n - A_m| < \varepsilon$ für $n, m \geq n(\varepsilon)$. Für jedes $x \in$ E folgt daraus $|A_n x - A_m x| < \varepsilon |x|$, d. h. $(A_n x)$ ist eine Cauchyfolge in F und folglich konvergent. Wir setzen $A x = \lim A_n x$ für alle $x \in$ E und definieren dadurch offenbar einen linearen Operator A von E in F. Aus der obigen Ungleichung folgt $|A_n x - A x| \leq \varepsilon |x|$ für alle $n \geq n(\varepsilon)$ durch Grenzübergang $m \to \infty$. Also ist $|A x| \leq (\varepsilon + |A_{n(\varepsilon)}|)|x|$, d. h. A ist beschränkt. Mit Hilfe von (3.3') folgt schließlich $|A_n - A| \leq \varepsilon$ für $n \geq n(\varepsilon)$, d. h. $A_n \to A$.

Zwei wichtige Spezialfälle von $\mathscr{B}(\mathsf{E}, \mathsf{F})$ sind der zu E **duale Raum** $\mathsf{E}' = \mathscr{B}(\mathsf{E}, \mathsf{C})$ und der Raum $\mathscr{B}(\mathsf{E}) = \mathscr{B}(\mathsf{E}, \mathsf{E})$ der beschränkten Operatoren von E in sich. Die Elemente von E' heißen **beschränkte lineare Funktionale** oder kurz **Funktionale auf E**. Nach Satz 3.3 ist E' ein Banachraum, auch wenn E nicht vollständig ist. Die Elemente von $\mathscr{B}(\mathsf{E})$ nennen wir **Operatoren in E**. Ist E ein Banachraum, so auch $\mathscr{B}(\mathsf{E})$. In $\mathscr{B}(\mathsf{E})$ kann man zusätzlich das **Produkt** $A B$ zweier **Operatoren** durch

$$(A B)x = A(B x) \tag{3.5}$$

für alle $x \in \mathsf{E}$ definieren. Das Produkt ist assoziativ, d. h. es ist $A(BC) = (AB)C$, aber im allgemeinen nicht kommutativ, d. h. es gilt im allgemeinen $AB \neq BA$. Ein Gegenbeispiel liefern bereits die Operatoren aus $\mathscr{B}(\mathsf{C}^2)$. Für die Norm des Produkts gilt

$$|AB| \le |A|\,|B|. \tag{3.6}$$

Das folgt aus der Abschätzung $|(AB)x| = |A(Bx)| \le |A|\,|Bx| \le |A|\,|B|\,|x|$.

Aufgaben. 3.5. Es sei $1 < p < \infty$. Für die Elemente der unendlichen Matrix (α_{nm}) gelte $|\alpha_{nm}| \le \beta_{nm}\gamma_{nm}$ mit

$$\beta = \sup\left\{\sum_{m=1}^{\infty} (\beta_{nm})^{p'} \,\middle|\, n = 1,2,\dots\right\} < \infty$$

$$\gamma = \sup\left\{\sum_{n=1}^{\infty} (\gamma_{nm})^{p} \,\middle|\, m = 1,2,\dots\right\} < \infty.$$

Dann erzeugt die Matrix im Sinne von Aufgabe 3.3 einen Operator $A \in \mathscr{B}(l_p)$ mit $|A| \le \beta^{\frac{1}{p'}}\gamma^{\frac{1}{p}}$. Man zeige damit, daß durch die Matrizen mit den Elementen $\alpha_{nm} = \frac{1}{n}$ für $m \le n$, $\alpha_{nm} = 0$ für $m > n$ bzw. mit $\alpha_{nm} = (n+m)^{-1}$ Operatoren aus $\mathscr{B}(l_p)$ für jedes $p \in (1,\infty)$ erzeugt werden. Anleitung: Im ersten Fall setzt man $\beta_{nm} = n^{\varepsilon-1}m^{-\delta}, \gamma_{nm} = n^{-\varepsilon}m^{\delta}$ für $m \le n$ und $\beta_{nm} = \gamma_{nm} = 0$ für $m > n$ mit geeigneten positiven Zahlen ε und δ. Im zweiten Fall setzt man $\beta_{nm} = n^{\varepsilon}m^{-\delta}(n+m)^{-\frac{1}{p'}}$ und $\gamma_{nm} = n^{-\varepsilon}m^{\delta}(n+m)^{-\frac{1}{p}}$.

3.6. a) Eine unendliche Matrix (α_{nm}) mit

$$\alpha_1 = \sup\left\{\sum_{n=1}^{\infty} |\alpha_{nm}| \,\middle|\, m = 1,2,\dots\right\} < \infty$$

$$\alpha_\infty = \sup\left\{\sum_{m=1}^{\infty} |\alpha_{nm}| \,\middle|\, n = 1,2,\dots\right\} < \infty$$

erzeugt einen beschränkten Operator A in $l_p (1 \le p \le \infty)$ mit $|A| \le (\alpha_1)^{\frac{1}{p}}(\alpha_\infty)^{\frac{1}{p'}}$ (I. Schur).

b) Sei $\mathscr{S}$ die Menge aller Matrizen $A = (\alpha_{nm})$ mit der Eigenschaft a). Man zeige, daß $\mathscr{S}$ ein Banachraum mit der Norm $\|A\| = \max(\alpha_1, \alpha_\infty)$ ist, und daß auch (3.6) gilt, wenn man AB durch $AB = \left(\sum_{j=1}^{\infty} \alpha_{nj}\beta_{jm}\right)$ erklärt.

3.7. Es sei $\alpha \in \mathsf{C}$ mit $\operatorname{Re}\alpha < 1$. Für jedes $x \in \mathsf{C}[0,1]$ sei $A_\alpha x(s) = s^{\alpha-1} \int_0^s t^{-\alpha} x(t)\,dt$ für $s \in (0,1]$ und $A_\alpha x(0) = (1-\alpha)^{-1}x(0)$.

a) Hierdurch ist ein beschränkter linearer Operator A_α in $\mathsf{C}[0,1]$ erklärt mit $|A_\alpha| = [\operatorname{Re}(1-\alpha)]^{-1}$.

b) Es gilt $A_\alpha - A_\beta = (\alpha-\beta)A_\alpha A_\beta$ für alle $\alpha, \beta \in \mathsf{C}$ mit $\operatorname{Re}\alpha < 1$ und $\operatorname{Re}\beta < 1$.

3.3 Der Satz von Hahn-Banach. Wir untersuchen den in 3.2 definierten Banachraum E' aller (beschränkten linearen) Funktionale auf E, der für das Folgende besondere Bedeutung hat. Zur Konstruktion von Funktionalen auf E dient der

Satz 3.4 (Hahn-Banach). *Es sei* D *ein Teilraum des normierten Raumes* E *und* l *ein beschränktes lineares Funktional auf* D. *Dann gibt es ein Funktional* $u \in \mathsf{E}'$ *mit* $|u| = |l|$ *und* $u(x) = l(x)$ *für alle* $x \in \mathsf{D}$.

Bemerkungen. 1. Der Teilraum D braucht nicht dicht zu sein; ist D dicht, so folgt die Existenz von u aus Satz 3.2.

2. Die Eindeutigkeit der Zuordnung von u zu l wird nicht behauptet; ist D dicht, so ist u eindeutig bestimmt nach Satz 3.2. Eindeutigkeitskriterien für den allgemeinen Fall findet man bei R. E. Fullerton und C. C. Braunschweiger sowie bei E. Th. Poulsen, Math. Annalen **162** (1966) 214−224 bzw. 225−227.

3. Die Eigenschaft (2.12) der Norm wird im Beweis nicht benötigt; Funktionen $|\cdot|$ mit den Eigenschaften (2.11), (2.13) und (2.14) heißen **Halbnormen**. Der Satz gilt also für einen Vektorraum E mit einer Halbnorm $|\cdot|$.

Beweis: a) Zunächst sei E ein reeller normierter Raum, und l habe reelle Werte. Ein reelles Funktional l_1 auf dem Teilraum D_1 von E heißt eine **Fortsetzung** von l, wenn $D_1 \supset D$, $l_1(x) = l(x)$ für alle $x \in D$ und $|l_1| = |l|$ ist; die Fortsetzung heißt **echt**, wenn D echter Teilraum von D_1 ist. Ist D echter Teilraum von E, so gibt es eine echte Fortsetzung l_1 von l: Man wählt ein $x_1 \in E$, das nicht in D liegt, und setzt $l_1(x + \alpha x_1) = l(x) + \alpha \lambda$ für alle $x \in D$ und $\alpha \in R$ mit einer Zahl $\lambda \in R$, sowie $D_1 = \{x + \alpha x_1 \mid x \in D, \alpha \in R\}$. Dann ist D echter Teilraum von D_1, l_1 ist ein Funktional auf D_1 und $l_1(x) = l(x)$ für alle $x \in D$. Daraus folgt $|l_1| \geq |l|$. Es bleibt zu zeigen, daß λ so gewählt werden kann, daß $|l_1| \leq |l|$ ist. Nach Definition von $|l|$ ist

$$l(z) - l(y) = l(z - y) \leq |l|\,|z - y| \leq |l|\,(|z + x_1| + |y + x_1|),$$

d. h. $-l(y) - |l|\,|y + x_1| \leq -l(z) + |l|\,|z + x_1|$ für alle $y, z \in D$ und folglich

$$\lambda_1 = \sup\{-l(y) - |l|\,|y + x_1| \mid y \in D\} \leq \inf\{-l(z) + |l|\,|z + x_1| \mid z \in D\} = \lambda_2.$$

Wählt man nun λ so, daß $\lambda_1 \leq \lambda \leq \lambda_2$ ist, so gilt nach Definition von λ_1 und λ_2:

$$\alpha \lambda \leq \alpha \lambda_2 \leq \alpha(-l(\alpha^{-1}x) + |l|\,|\alpha^{-1}x + x_1|) = -l(x) + |l|\,|x + \alpha x_1|$$

für $\alpha > 0$ und

$$\alpha \lambda \leq \alpha \lambda_1 \leq \alpha(-l(\alpha^{-1}x) - |l|\,|\alpha^{-1}x + x_1|) = -l(x) + |l|\,|x + \alpha x_1|$$

für $\alpha < 0$ und für alle $x \in D$, d. h. $l_1(z) \leq |l|\,|z|$ für alle $z \in D_1$. Ersetzt man hierin z durch $-z$, so folgt $-l_1(z) \leq |l|\,|z|$, also $|l_1(z)| \leq |l|\,|z|$ für alle $z \in D_1$, d. h. $|l_1| \leq |l|$. Damit ist die Existenz einer echten Fortsetzung von l bewiesen.

b) Es sei $\mathscr{F}$ die Menge aller Fortsetzungen von l. Wir schreiben $l_1 \subset l_2$ für $l_1, l_2 \in \mathscr{F}$, wenn l_2 Fortsetzung von l_1 ist, und haben damit eine **Halbordnung** auf $\mathscr{F}$ erklärt. Es sei $\mathscr{F}_1 = \{l_\alpha\}$ eine vollständig geordnete Teilmenge von $\mathscr{F}$; d. h. für je zwei Elemente $l_\alpha, l_\beta \in \mathscr{F}_1$ ist entweder $l_\alpha \subset l_\beta$ oder $l_\beta \subset l_\alpha$. Dann ist ein Funktional $\tilde{l}$ auf dem Teilraum $\bigcup D_\alpha$ durch $\tilde{l}(x) = l_\alpha(x)$ für $x \in D_\alpha$ erklärt, das offenbar Fortsetzung jedes der $l_\alpha \in \mathscr{F}_1$ ist, d. h. $\mathscr{F}_1$ besitzt eine obere Schranke $\tilde{l} \in \mathscr{F}$. Nach dem Satz von Zorn[1] hat nun $\mathscr{F}$ ein maximales Element, d. h. ein Element, das keine echte Fortsetzung besitzt. Nach Teil a) des Beweises ist ein solches Funktional auf ganz E erklärt. Damit ist der Satz im reellen Fall bewiesen.

c) Es sei nun E ein komplexer normierter Raum; wir können dann E auch als reellen normierten Raum auffassen. Durch $\hat{l}(x) = \operatorname{Re} l(x)$ ist ein reelles Funktional $\hat{l}$ auf dem Teilraum D erklärt, und es gilt $|\hat{l}| = |l|$. Nach a) und b) besitzt $\hat{l}$ eine reelle Fortsetzung v auf E. Wir setzen $u(x) = v(x) - iv(ix)$ und zeigen, daß u die gesuchte Fortsetzung von l ist: u ist komplex linear, denn es gilt $u(x + y) = u(x) + u(y)$, $u(\alpha x) = \alpha u(x)$ für reelle α und $u(ix) = v(ix) - iv(-x) = iu(x)$, also auch $u((\alpha + i\beta)x) = \alpha u(x) + \beta u(ix) = (\alpha + i\beta)u(x)$. Für $x \in D$ ist $u(x) = \operatorname{Re} l(x) - i\operatorname{Re} l(ix) = \operatorname{Re} l(x) + i\operatorname{Im} l(x) = l(x)$ und daher auch $|u| \geq |l|$. Für $x \in E$ und mit geeignetem $\vartheta \in R$ gilt schließlich $|u(x)| = \operatorname{Re} e^{i\vartheta} u(x) = \operatorname{Re} u(e^{i\vartheta}x) = v(e^{i\vartheta}x) \leq |l|\,|x|$ wegen $|v| = |\hat{l}| = |l|$ und daher $|u| \leq |l|$. Damit ist der Beweis vollständig.

Mit Hilfe des Satzes von Hahn-Banach beweisen wir den

Satz 3.5. *Zu jedem Element* $x_0 \neq 0$ *des normierten Raumes* E *gibt es ein Funktional* $u \in E'$ *mit* $|u| = 1$ *und* $u(x_0) = |x_0|$.

---

[1] Vgl. z. B. van der Waerden, B. L.: Algebra. 7. Auflage. Berlin-Heidelberg-New York 1966, S. 211.

Beweis: Wir betrachten den eindimensionalen Teilraum D aller komplexen Vielfachen von x_0 und setzen $l(x) = \alpha|x_0|$ für $x = \alpha x_0 \in D$. Hierdurch ist ein Funktional l auf D erklärt mit $|l| = 1$ und $l(x_0) = |x_0|$. Die Existenz des gesuchten Funktionals $u \in E'$ folgt nun aus Satz 3.4.

Eine Teilmenge M von E' heißt eine determinierende Menge von Funktionalen auf E, wenn für jedes $x \in E$ gilt

$$|x| = \sup\{|u(x)| \mid u \in M\}. \tag{3.7}$$

Nach Satz 3.5 ist die Einheitssphäre in E' eine determinierende Menge. Ist $u(x_0) = 0$ für ein $x_0 \in E$ und für alle Elemente u einer determinierenden Menge, so ist $x_0 = 0$.

Es sei E'' der duale Raum von E'; man nennt E'' den bidualen Raum von E. Für jedes $x \in E$ definiert man ein Element $\hat{x} \in E''$ durch $\hat{x}(u) = u(x)$ für alle $u \in E'$. Es gilt $|\hat{x}(u)| \leq |u||x|$ und daher $|\hat{x}| \leq |x|$. Andererseits gibt es nach Satz 3.5 ein $u \in E'$ mit $|u| = 1$ und $|\hat{x}(u)| = |u(x)| = |x|$; also ist $|\hat{x}| = |x|$. Die Abbildung $J : x \mapsto \hat{x}$ ist offenbar linear, also ein Normisomorphismus von E auf einen Teilraum $\hat{E}$ von E''. Nach Definition der Norm in E' ist schließlich

$$|u| = \sup\{|u(x)| \mid x \in E,\ |x| \leq 1\} = \sup\{|\hat{x}(u)| \mid \hat{x} \in \hat{E},\ |\hat{x}| \leq 1\}.$$

Damit ist gezeigt:

Satz 3.6. *Für jedes Element x eines normierten Raumes E ist durch $\hat{x}(u) = u(x)$ für alle $u \in E'$ ein Element $\hat{x}$ des bidualen Raumes E'' erklärt. Die Abbildung $J : x \mapsto \hat{x}$ ist ein Normisomorphismus von E auf einen Teilraum $\hat{E}$ von E''. Die Menge $M = \{\hat{x} \mid \hat{x} \in \hat{E},\ |\hat{x}| \leq 1\}$ ist eine determinierende Menge von Funktionalen auf E'.*

Der Raum $\hat{E}$ ist genau dann vollständig, also ein Banachraum, wenn E vollständig ist. Ein Banachraum E heißt reflexiv, wenn $\hat{E} = E''$ ist. Die Räume $l_p (1 < p < \infty)$ sind reflexiv, denn nach Aufgabe 3.2 kann man l'_p mit $l_{p'} \left(p' = \dfrac{p}{p-1} \right)$ identifizieren und folglich l''_p mit $l_{p''} = l_p$.

Aufgaben. 3.8. Es sei A ein echter Teilraum des normierten Raumes E; es gebe ein Element x_0 von E mit positivem Abstand $d(x_0, A)$ von A. Dann gibt es ein Funktional $u \in E'$ mit $|u| = 1$, $u(x) = 0$ für alle $x \in A$ und mit $u(x_0) = d(x_0, A)$. Anleitung: Man benutzt den Satz von Hahn-Banach.

3.9. Es sei $z \in C[0,1]$ und $u(x) = \int\limits_0^1 z(t) x(t) \mathrm{d}t$ für alle $x \in C[0,1]$. Es ist zu zeigen, daß u ein Funktional auf $C[0,1]$ ist mit $|u| = \int\limits_0^1 |z(t)| \mathrm{d}t$. Anleitung: Man benutzt die Funktionen $y_\varepsilon \in C[0,1]$ mit den Werten $y_\varepsilon(t) = \overline{z(t)}[\varepsilon + |z(t)|]^{-1}$ für $\varepsilon > 0$.

3.10. Der Wertebereich $R(A)$ einer linearen Abbildung A von E in F ist der Teilraum $\{Ax \mid x \in E\}$ von F. Es sei $A \in \mathscr{B}(E,F)$ mit endlich-dimensionalem Wertebereich und $\{y_1, y_2, \ldots, y_n\}$ eine Basis von $R(A)$. Man zeige, daß dann linear unabhängige Elemente $u_1, \ldots, u_n \in E'$ existieren derart, daß $Ax = \sum\limits_{j=1}^n u_j(x) y_j$ ist für alle $x \in E$.

3.11. a) Ein endlich-dimensionaler normierter Raum ist reflexiv.

b) Ein normierter Raum E und sein Dualraum E' haben dieselbe Dimension (wir unterscheiden nur die Dimension 1, 2, 3, ... und ∞).

3.12.a) M ist genau dann eine determinierende Menge von Funktionalen auf E, wenn es zu jedem $x_0 \in$ E und $\varepsilon > 0$ ein $u \in$ M gibt mit $|u| \leq 1$ und $|u(x_0)| \geq |x_0| - \varepsilon$.

b) Man konstruiere determinierende Mengen von Funktionalen auf den Räumen $l_p (1 \leq p \leq \infty)$ und C(M) ohne Benutzung des Satzes von Hahn-Banach.

c) Es sei M eine determinierende Menge von Funktionalen auf F. Man konstruiere eine determinierende Menge von Funktionalen auf $\mathscr{B}(E, F)$, bestehend aus Funktionalen der Form $U(A) = u(Ax)$ für alle $A \in \mathscr{B}(E, F)$ mit $u \in$ M und $x \in$ E.

3.4 Bilinearformen. Es seien E und F normierte Räume. Eine **Bilinearform** B auf E $\times$ F ist eine komplexe Funktion mit den Eigenschaften

$$B(\alpha x + \beta x', y) = \alpha B(x, y) + \beta B(x', y)$$
$$B(x, \alpha y + \beta y') = \alpha B(x, y) + \beta B(x, y') \tag{3.8}$$

für alle $x, x' \in$ E, $y, y' \in$ F und $\alpha, \beta \in$ C. E $\times$ F ist ein metrischer Raum, wenn man die Metrik von Aufgabe 2.3 einführt; der Abstand zwischen den Paaren x, y und x', y' ist also $d(x, y; x', y') = |x - x'| + |y - y'|$. Damit ist klar, was unter der **Stetigkeit** einer Bilinearform zu verstehen ist. Eine Bilinearform B heißt **beschränkt**, wenn es eine positive Zahl γ, eine **Schranke** von B, gibt mit

$$|B(x, y)| \leq \gamma |x| \, |y| \tag{3.9}$$

für alle $x \in$ E und $y \in$ F. Analog zu (3.3″) definiert man eine **Norm** für beschränkte Bilinearformen durch

$$|B| = \sup \{|B(x, y)| \mid x \in E, \, y \in F, \, |x| \leq 1, \, |y| \leq 1\} \tag{3.10}$$

und diese Zahl ist offenbar die kleinste Schranke von B. Wie in Satz 3.1 zeigt man leicht, daß eine Bilinearform genau dann stetig ist, wenn sie beschränkt ist. Eine beschränkte Bilinearform ist gleichmäßig stetig in der Menge M $= \{x, y \mid x \in E, \, y \in F, \, |x| \leq 1, \, |y| \leq 1\}$, denn für x, y und x', y' aus M gilt wegen (3.8) die Abschätzung

$$|B(x, y) - B(x', y')| \leq |B(x - x', y)| + |B(x', y - y')|$$
$$\leq |B| (|x - x'| \, |y| + |x'| \, |y - y'|) \leq |B| \, d(x, y; x', y').$$

Sind nun E und F dichte Teilräume der normierten Räume $\hat{E}$ und $\hat{F}$, so ist M dicht in der entsprechenden Menge $\hat{M}$ von $\hat{E} \times \hat{F}$ und aus Satz 2.8 folgt die Existenz einer eindeutigen und gleichmäßig stetigen Fortsetzung $\hat{B}$ von B auf $\hat{M}$. Mit Hilfe der (in $\hat{M}$ gültigen) Gleichung $\hat{B}(\alpha x, \beta y) = \alpha \beta \hat{B}(x, y)$ definiert man $\hat{B}$ auf ganz $\hat{E} \times \hat{F}$, und die so definierte Funktion ist offenbar stetig. Zu jedem Punkt $(x, y) \in \hat{E} \times \hat{F}$ gibt es eine Folge (x_n, y_n) in E $\times$ F mit $(x_n, y_n) \to (x, y)$. Daraus folgt erstens mit Hilfe von (3.8), daß $\hat{B}$ eine Bilinearform ist, und zweitens $|\hat{B}| = |B|$ mit (3.10). Also gilt (mit veränderter Bezeichnung):

Satz 3.7. *Es seien* D_1 *und* D_2 *dichte Teilräume der normierten Räume* E *bzw.* F *und* A *eine beschränkte Bilinearform auf* $D_1 \times D_2$. *Dann gibt es genau eine beschränkte Bilinearform* B *auf* E $\times$ F *mit* $B(x, y) = A(x, y)$ *für alle* $x \in D_1$ *und* $y \in D_2$. *Außerdem ist* $|B| = |A|$.

Bemerkung. Es gibt keine dem Satz von Hahn-Banach analoge Verallgemeinerung von Satz 3.7, d. h. im Falle beliebiger Teilräume D_1, D_2 von E bzw. F hat nicht jede beschränkte Bilinearform auf $D_1 \times D_2$ eine beschränkte Fortsetzung auf E $\times$ F. Hierzu vergleiche man Hayden, T. L.: Pacific Journal of Math. **22** (1967) 99 bis 108.

Aufgaben. 3.13. Es sei $\mathscr{B}$ die Menge aller beschränkten Bilinearformen auf E $\times$ F. Man zeige:

a) $\mathscr{B}$ ist ein normierter Raum mit der Definition $(\alpha A + \beta B)(x, y) = \alpha A(x, y) + \beta B(x, y)$ der Linearkombination und mit der Norm (3.10).

b) Jedem $A \in \mathscr{B}$ ist eindeutig ein Operator $\hat{A} \in \mathscr{B}(\mathsf{E},\mathsf{F}')$ (bzw. $\tilde{A} \in \mathscr{B}(\mathsf{F},\mathsf{E}')$) zugeordnet durch die Vorschrift $(\hat{A}x)(y) = A(x,y)$ (bzw. $(\tilde{A}y)(x) = A(x,y)$) für alle $(x,y) \in \mathsf{E} \times \mathsf{F}$.

c) Die Abbildung $A \mapsto \hat{A}$ (bzw. $A \mapsto \tilde{A}$) ist ein Normisomorphismus von $\mathscr{B}$ auf $\mathscr{B}(\mathsf{E},\mathsf{F}')$ (bzw. $\mathscr{B}(\mathsf{F},\mathsf{E}')$).

d) $\mathscr{B}$ ist ein Banachraum.

3.14. a) Es sei K eine stetige komplexe Funktion auf dem Quadrat $[0,1] \times [0,1]$. Man zeige, daß durch $A(x,y) = \int_0^1 \int_0^1 K(s,t)x(s)y(t)\,\mathrm{d}s\,\mathrm{d}t$ eine beschränkte Bilinearform auf $\mathsf{C}[0,1] \times \mathsf{C}[0,1]$ definiert ist und berechne die Operatoren $\hat{A}$ und $\tilde{A}$ von Aufgabe 3.13, b).

b) Es sei (α_{nm}) eine unendliche Matrix mit den in Aufgabe 3.6 genannten Eigenschaften. Dann ist durch
$$A(x,y) = \sum_{n,m=1}^{\infty} \alpha_{nm} \xi_n \eta_m \quad \text{für} \quad x = (\xi_n) \in l_p \quad \text{und} \quad y = (\eta_n) \in l_q \text{ eine beschränkte Bilinearform auf } l_p \times l_q$$
definiert, falls $\frac{1}{p} + \frac{1}{q} \geq 1$ ist.

3.5 Dualsysteme. Zwei normierte Räume E und F bilden ein **Dualsystem** $\langle \mathsf{E},\mathsf{F} \rangle$, wenn auf $\mathsf{E} \times \mathsf{F}$ eine komplexe Funktion $\langle \cdot , \cdot \rangle$ mit den folgenden Eigenschaften erklärt ist:

(3.11) $\langle \cdot , \cdot \rangle$ ist eine beschränkte Bilinearform auf $\mathsf{E} \times \mathsf{F}$.

(3.12) Aus $\langle x_0, y \rangle = 0$ für ein $x_0 \in \mathsf{E}$ und alle $y \in \mathsf{F}$ folgt $x_0 = 0$.

(3.13) Aus $\langle x, y_0 \rangle = 0$ für ein $y_0 \in \mathsf{F}$ und alle $x \in \mathsf{E}$ folgt $y_0 = 0$.

Beispiel 1. Jedem normierten Raum E ist das **natürliche Dualsystem** $\langle \mathsf{E},\mathsf{E}' \rangle$ mit der durch $\langle x,u \rangle = u(x)$ für $x \in \mathsf{E}$ und $u \in \mathsf{E}'$ definierten Bilinearform zugeordnet. Die Eigenschaft (3.13) ist klar. (3.12) folgt aus Satz 3.5. Der in Aufgabe 3.13 definierte Operator $\hat{A} \in \mathscr{B}(\mathsf{E},\mathsf{E}'')$ ist hier der durch Satz 3.6 erklärte Normisomorphismus J und $\tilde{A}$ ist die Identität auf E'.

Beispiel 2. Wir setzen $\mathsf{E} = \mathsf{F} = \mathsf{C}[0,1]$ und definieren die Bilinearform durch $\langle x,y \rangle = \int_0^1 x(t)y(t)r(t)\,\mathrm{d}t$ mit einer positiven Funktion $r \in \mathsf{C}[0,1]$. Die Bilinearform ist beschränkt mit Schranke $\int_0^1 r(t)\,\mathrm{d}t$. Ist $\langle x_0,y \rangle = 0$ für ein x_0 und für alle y aus $\mathsf{C}[0,1]$, so setze man $y(t) = \overline{x_0(t)}$. Dann folgt $\int_0^1 |x_0(t)|^2 r(t)\,\mathrm{d}t = 0$ und daraus $x_0(t) = 0$ für alle $t \in [0,1]$, d. h. $x_0 = 0$. Wegen $\langle x,y \rangle = \langle y,x \rangle$ ist damit auch (3.13) bewiesen.

Es sei $\langle \mathsf{E},\mathsf{F} \rangle$ ein Dualsystem. Zwei Operatoren $A \in \mathscr{B}(\mathsf{E})$ und $A^{\mathrm{T}} \in \mathscr{B}(\mathsf{F})$ heißen (zueinander) **transponiert**, wenn
$$\langle Ax,y \rangle = \langle x, A^{\mathrm{T}}y \rangle \tag{3.14}$$
ist für alle $x,y \in \mathsf{E} \times \mathsf{F}$. Man kann leicht zeigen, daß zu einem gegebenen Operator A bzw. A^{T} nicht immer ein transponierter Operator existiert (vgl. Aufgabe 3.16). Wenn jedoch (3.14) gilt, so ist jeder der beiden Operatoren durch den anderen eindeutig bestimmt. Gäbe es z. B. zwei zu A transponierte Operatoren, so genügt ihre Differenz $D \in \mathscr{B}(\mathsf{F})$ der Gleichung $\langle x,Dy \rangle = 0$ für alle $x,y \in \mathsf{E} \times \mathsf{F}$ und daraus folgt $D = 0$ mit Hilfe von (3.13). Beispiele für Paare transponierter Operatoren sind (in jedem Dualsystem) die Nulloperatoren und die Einheitsoperatoren I (definiert durch $Ix = x$ für alle x) in E bzw. F.

Beispiel 3. In dem Dualsystem von Beispiel 2 hat jeder Integraloperator K, definiert durch $Kx(s) = \int_0^1 K(s,t)x(t)r(t)\,\mathrm{d}t$ mit stetigem Kern $K(s,t)$ den transponierten Operator K^{T} von derselben Form aber mit dem transponierten Kern $K^{\mathrm{T}}(s,t) = K(t,s)$.

Beispiel 4. Mit der Bilinearform $\langle x,y\rangle = \sum\limits_{n=1}^{\infty} \xi_n\eta_n$ wird $\langle l_p,l_q\rangle$ ein Dualsystem, falls $\frac{1}{p} + \frac{1}{q} \geq 1$ ist. Die Operatoren von Aufgabe 3.6 haben eine Transponierte. Erzeugt die Matrix (α_{nm}) den Operator A in l_p, so erzeugt die transponierte Matrix $(\alpha_{nm})^{\mathrm{T}} = (\alpha_{mn})$ den Operator A^{T} in l_q.

Aufgaben. 3.15. Es sei M ein separabler metrischer Raum, (x_n) eine in M dichte Folge und (γ_n) eine Folge positiver Zahlen mit $\sum\limits_{n=1}^{\infty} \gamma_n < \infty$. Man setze $\mathsf{E} = \mathsf{F} = \mathsf{C}(\mathsf{M})$ und $\langle f,g\rangle = \sum\limits_{n=1}^{\infty} \gamma_n f(x_n)g(x_n)$ für $f,g \in \mathsf{C}(\mathsf{M})$ und zeige, daß hierdurch ein Dualsystem definiert ist.

3.16. Es sei $\langle \mathsf{E},\mathsf{F}\rangle$ das Dualsystem von Beispiel 2 mit $r = 1$ und $A \in \mathscr{B}(\mathsf{E})$ definiert durch $Ax(t) = x(0)z(t)$ mit $z \in \mathsf{C}[0,1]$, $z \neq 0$.

a) Es soll gezeigt werden, daß A^{T} nicht existiert.

b) Man konstruiere eine Folge von Operatoren A_n der Form $A_n x(s) = z(s)\int_0^1 y_n(t)x(t)\,\mathrm{d}t$ mit $y_n \in \mathsf{C}[0,1]$ derart, daß $|A_n - A| \to 0$ gilt.

3.17. Es sei $\langle \mathsf{E},\mathsf{F}\rangle$ ein Dualsystem.

a) Sind die Elemente $x_1,x_2,\ldots,x_n \in \mathsf{E}$ linear unabhängig, so gibt es linear unabhängige Elemente $y_1,y_2,\ldots,y_n \in \mathsf{F}$ mit $\langle x_j,y_k\rangle = \delta_{jk}$.

b) E ist genau dann n-dimensional, wenn F n-dimensional ist.

3.6 Der Raum $\mathscr{A}(\mathsf{E},\mathsf{F})$. Es sei $\langle \mathsf{E},\mathsf{F}\rangle$ ein Dualsystem. Wir betrachten die Menge $\mathscr{A}(\mathsf{E},\mathsf{F})$ aller Operatoren $A \in \mathscr{B}(\mathsf{E})$, die einen transponierten Operator $A^{\mathrm{T}} \in \mathscr{B}(\mathsf{F})$ besitzen. Diese Definition ist symmetrisch in bezug auf die Räume E und F, denn $\mathscr{A}(\mathsf{E},\mathsf{F})$ ist isomorph zu der Menge aller Operatoren $B \in \mathscr{B}(\mathsf{F})$, die zu einem Operator $A \in \mathscr{B}(\mathsf{E})$ transponiert sind. Für diese Menge gilt:

Satz 3.8. $\mathscr{A}(\mathsf{E},\mathsf{F})$ *ist ein linearer Raum, enthält den Einheitsoperator I mit $I^{\mathrm{T}} = I \in \mathscr{B}(\mathsf{F})$ und mit je zwei Elementen A,B auch das Produkt AB. Es gilt*

$$(\alpha A + \beta B)^{\mathrm{T}} = \alpha A^{\mathrm{T}} + \beta B^{\mathrm{T}}, \quad (AB)^{\mathrm{T}} = B^{\mathrm{T}}A^{\mathrm{T}}. \tag{3.15}$$

Durch

$$\mathbf{I}A\mathbf{I} = \max\{|A|,|A^{\mathrm{T}}|\} \tag{3.16}$$

ist auf $\mathscr{A}(\mathsf{E},\mathsf{F})$ eine Norm $\mathbf{I}\cdot\mathbf{I}$ erklärt. Es gilt

$$\mathbf{I}AB\mathbf{I} \leq \mathbf{I}A\mathbf{I}\,\mathbf{I}B\mathbf{I} \quad und \quad \mathbf{I}I\mathbf{I} = 1. \tag{3.17}$$

Sind E und F Banachräume, so ist auch $\mathscr{A}(\mathsf{E},\mathsf{F})$ vollständig in bezug auf die Norm $\mathbf{I}\cdot\mathbf{I}$.

Beweis: Aus (3.14) folgt unmittelbar, daß jede Linearkombination zweier Elemente $A,B \in \mathscr{A}(\mathsf{E},\mathsf{F})$ und ihr Produkt AB zu $\mathscr{A}(\mathsf{E},\mathsf{F})$ gehören und daß die Formeln (3.15) gelten. Für den Ausdruck $\mathbf{I}\cdot\mathbf{I}$ sind die Normeigenschaften (2.11) bis (2.14) nachzuweisen. (2.11) und (2.12) folgen unmittelbar aus der Definition. Wegen (3.15) ist $(\alpha A)^{\mathrm{T}} = \alpha A^{\mathrm{T}}$ und daher gilt (2.13). Schließlich hat man

$$\mathbf{I}A + B\mathbf{I} = \max\{|A + B|,|A^{\mathrm{T}} + B^{\mathrm{T}}|\} \leq \max\{|A| + |B|,|A^{\mathrm{T}}| + |B^{\mathrm{T}}|\} \leq \mathbf{I}A\mathbf{I} + \mathbf{I}B\mathbf{I}.$$

Die Ungleichung (3.17) folgt aus (3.15) und (3.6):

$$\mathbf{I}AB\mathbf{I} = \max\{|AB|,|B^{\mathrm{T}}A^{\mathrm{T}}|\} \leq \max\{|A||B|,|A^{\mathrm{T}}||B^{\mathrm{T}}|\} \leq \mathbf{I}A\mathbf{I}\,\mathbf{I}B\mathbf{I}.$$

Sind E und F Banachräume und ist (A_n) eine Folge aus $\mathscr{A}(\mathsf{E},\mathsf{F})$ mit $\mathbf{I}A_n - A_m\mathbf{I} \to 0$ für $n,m \to \infty$, so ist (A_n) Cauchyfolge in $\mathscr{B}(\mathsf{E})$ und (A_n^{T}) Cauchyfolge in $\mathscr{B}(\mathsf{F})$. Nach Satz 3.3 gibt es ein $A \in \mathscr{B}(\mathsf{E})$ mit $A_n \to A$ und ein $B \in \mathscr{B}(\mathsf{F})$ mit $A_n^{\mathrm{T}} \to B$. Für jedes $x \in \mathsf{E}$ und $y \in \mathsf{F}$ folgt daraus $A_n x \to A x$ und $A_n^T y \to B y$. Aus $\langle A_n x, y \rangle = \langle x, A_n^T y \rangle$ folgt also $\langle A x, y \rangle = \langle x, B y \rangle$ wegen (3.11). Also ist $A \in \mathcal{A}(\mathsf{E}, \mathsf{F})$, $B = A^T$ und $\mathbf{I} A_n - A \mathbf{I} = \max\{|A_n - A|, |A_n^T - A^T|\} \to 0$. Damit ist die Vollständigkeit von $\mathcal{A}(\mathsf{E}, \mathsf{F})$ bewiesen.

Natürlich ist $|\cdot|$ auch eine Norm auf $\mathcal{A}(\mathsf{E}, \mathsf{F})$, jedoch ist der Raum in bezug auf diese Norm in der Regel auch dann nicht vollständig, wenn E und F Banachräume sind (vgl. Aufgabe 3.16). Eine Ausnahme macht hier das natürliche Dualsystem:

Satz 3.9. *Sei* E *ein normierter Raum und* $\langle \mathsf{E}, \mathsf{E}' \rangle$ *das natürliche Dualsystem (3.5 Beispiel 1) mit der Bilinearform* $\langle x, u \rangle = u(x)$. *Dann ist* $\mathcal{A}(\mathsf{E}, \mathsf{E}') = \mathcal{B}(\mathsf{E})$ *und* $\mathbf{I} A \mathbf{I} = |A| = |A^T|$ *für alle* $A \in \mathcal{B}(\mathsf{E})$.

Beweis: Sei $A \in \mathcal{B}(\mathsf{E})$. Jedem $u \in \mathsf{E}'$ ordnen wir ein Element $v \in \mathsf{E}'$ zu durch $v(x) = u(A x)$ für alle $x \in \mathsf{E}$ und definieren durch $v = Bu$ eine Abbildung B von E' in sich, die offenbar linear ist. Wegen $|v| \le |A| \, |u|$ ist B beschränkt mit $|B| \le |A|$. Nach (3.3') gibt es zu jedem $\varepsilon > 0$ ein $x \in \mathsf{E}$ mit $|x| = 1$ und $|A x| \ge |A| - \varepsilon$. Hierzu gibt es nach Satz 3.5 ein $u \in \mathsf{E}'$ mit $|u| = 1$ und $Bu(x) = u(A x) = |A x|$. Daraus folgt $|Bu| \ge |A| - \varepsilon$ und schließlich $|B| \ge |A| - \varepsilon$ für jedes $\varepsilon > 0$, d. h. $|B| \ge |A|$. Also ist $|B| = |A|$. Nach Definition ist $\langle A x, u \rangle = u(A x) = Bu(x) = \langle x, Bu \rangle$ für alle $x \in \mathsf{E}$ und $u \in \mathsf{E}'$; also ist $A \in \mathcal{A}(\mathsf{E}, \mathsf{E}')$ mit $A^T = B$ und $\mathbf{I} A \mathbf{I} = |A| = |A^T|$ wie behauptet.

Den nach Satz 3.9 für jedes $A \in \mathcal{B}(\mathsf{E})$ definierten Operator $A^T \in \mathcal{B}(\mathsf{E}')$ nennt man den zu A **dualen** Operator und man bezeichnet ihn auch mit A'.

Aufgaben. 3.18. Es sei $\langle \mathsf{E}, \mathsf{F} \rangle$ ein Dualsystem. Ein Operator $A \in \mathcal{B}(\mathsf{E})$ mit n-dimensionalem Wertebereich $\mathsf{R}(A) \subset \mathsf{E}$ gehört genau dann zu $\mathcal{A}(\mathsf{E}, \mathsf{F})$, wenn es linear unabhängige Elemente $x_1, x_2, \ldots, x_n \in \mathsf{E}$ und linear unabhängige Elemente $y_1, y_2, \ldots, y_n \in \mathsf{F}$ gibt derart, daß $A x = \sum_{j=1}^{n} \langle x, y_j \rangle x_j$ ist für alle $x \in \mathsf{E}$. Anleitung: Man benutzt Aufgabe 3.10 und Aufgabe 3.17.

3.19. Es sei $\langle \mathsf{E}, \mathsf{F} \rangle$ das Dualsystem von 3.5 Beispiel 2 mit $r = 1$ und $A_\alpha \in \mathcal{B}(\mathsf{E})$ wie in Aufgabe 3.7 definiert.

a) Für $\operatorname{Re} \alpha < 0$ ist $A_\alpha \in \mathcal{A}(\mathsf{E}, \mathsf{F})$ und $A_\alpha^T y(s) = s^{-\alpha} \int_s^1 t^{\alpha - 1} y(t) \mathrm{d}t$ für $s \in (0, 1]$, $A_\alpha^T y(0) = -\alpha^{-1} y(0)$ für jedes $y \in \mathsf{C}[0, 1]$ sowie $|A_\alpha^T| = |\operatorname{Re} \alpha|^{-1}$.

b) Es gilt $A_\alpha^T - A_\beta^T = (\alpha - \beta) A_\alpha^T A_\beta^T$ für alle $\alpha, \beta \in \mathsf{C}$ mit $\operatorname{Re} \alpha < 0$ und $\operatorname{Re} \beta < 0$.

3.7 Sesquilinearformen und Hilberträume. Es seien E und F komplexe Vektorräume. Eine **Sesquilinearform** S auf $\mathsf{E} \times \mathsf{F}$ ist eine komplexe Funktion auf $\mathsf{E} \times \mathsf{F}$ mit den Eigenschaften

$$S(\alpha x + \beta x', y) = \alpha S(x, y) + \beta S(x', y)$$
$$S(x, \alpha y + \beta y') = \bar{\alpha} S(x, y) + \bar{\beta} S(x, y') \tag{3.18}$$

für alle $x, x' \in \mathsf{E}$, $y, y' \in \mathsf{F}$ und $\alpha, \beta \in \mathsf{C}$. Diese Definition unterscheidet sich von der einer Bilinearform nur durch die Querstriche über den Zahlen α, β in der zweiten Gleichung. Sind E und F normierte Räume, so heißt die Sesquilinearform S auf $\mathsf{E} \times \mathsf{F}$ **beschränkt**, wenn es eine Zahl γ gibt mit

$$|S(x, y)| \le \gamma |x| \, |y| \tag{3.19}$$

für alle $x \in \mathsf{E}$ und $y \in \mathsf{F}$. Die kleinste Schranke oder **Norm** von S ist durch

$$|S| = \sup\{|S(x, y)| \mid x \in \mathsf{E}, \ y \in \mathsf{F}, \ |x| \le 1, \ |y| \le 1\} \tag{3.20}$$

definiert. Ferner bleibt der Satz 3.7 gültig, wenn man dort das Wort „Bilinearform" durch „Sesquilinearform" ersetzt. Wir stellen nun einen engen Zusammenhang zwischen den beiden Typen von Formen her. Dazu nehmen wir an, daß es eine Abbildung $y \mapsto y^*$ von F in sich gibt mit den Eigenschaften

$$(\alpha y + \beta z)^* = \bar{\alpha} y^* + \bar{\beta} z^*, \ (y^*)^* = y, \ |y^*| = |y| \tag{3.21}$$

für alle $y, z \in$ F und $\alpha, \beta \in$ C. Daraus folgt, daß die Abbildung bijektiv und isometrisch ist. Wir nennen eine solche Abbildung eine isometrische Involution. Damit gilt:

Satz 3.10. *Es seien* E *und* F *normierte Räume,* $y \mapsto y^*$ *eine isometrische Involution in* F *und* B *ein Bilinearform auf* E × F. *Dann ist durch* $S(x,y) = B(x,y^*)$ *eine Sesquilinearform* S *auf* E × F *definiert. Umgekehrt ist jeder Sesquilinearform durch* $B(x,y) = S(x,y^*)$ *eine Bilinearform zugeordnet.* S *ist genau dann beschränkt, wenn* B *beschränkt ist, und zwar ist* $|B| = |S|$.

Den Beweis überlassen wir dem Leser.

Für die bisher betrachteten speziellen Räume ist es leicht, eine isometrische Involution zu definieren. In l_p setzen wir $x^* = (\bar{\xi}_n)$, wenn $x = (\xi_n)$ ist. In C(M) sei f^* die Funktion mit den Werten $\overline{f(x)}$ für alle $x \in$ M. Aus den bisher angegebenen Beispielen von Bilinearformen erhält man nun Sesquilinearformen nach Satz 3.10. Eine Sesquilinearform auf E × E heißt **symmetrisch**, wenn

$$S(x,y) = \overline{S(y,x)} \tag{3.22}$$

ist für alle $x, y \in$ E. Für eine solche Form ist folglich $S(x,x)$ **reell** für alle $x \in$ E. Eine Sesquilinearform auf E × E heißt **positiv**, wenn sie symmetrisch ist und wenn $S(x,x) > 0$ ist für alle $x \neq 0$ aus E. Beispiele positiver Sesquilinearformen erhält man aus 3.5, Beispiele 2 und 4 und Aufgabe 3.15 durch Anwendung von Satz 3.10.

Satz 3.11 (**Schwarzsche Ungleichung**). *Für eine positive Sesquilinearform* S *gilt die Ungleichung* $|S(x,y)|^2 \leq S(x,x) S(y,y)$ *für alle* $x, y \in$ E; *das Gleichheitszeichen steht darin genau dann, wenn die Elemente* x *und* y *linear abhängig sind.*

Beweis: Die Behauptung ist richtig im Falle $x = 0$. Sei nun $x \neq 0$, also $S(x,x) > 0$; man setze $\alpha = -[S(x,x)]^{-1/2}\, \overline{S(x,y)}$ und $\beta = [S(x,x]^{1/2}$. Aus (3.18) und (3.22) folgt

$$S(\alpha x + \beta y, \alpha x + \beta y) = |\alpha|^2 S(x,x) + 2 \operatorname{Re}[\alpha \bar{\beta} S(x,y)] + |\beta|^2 S(y,y)$$
$$= S(x,x) S(y,y) - |S(x,y)|^2 .$$

Da S positiv ist, ist dieser Ausdruck nicht negativ und genau dann gleich Null, wenn $\alpha x + \beta y = 0$ ist. Da $\beta \neq 0$ ist, sind in diesem Fall x und y linear abhängig.

Satz 3.12. *Ist* S *eine positive Sesquilinearform auf* E × E, *so ist durch* $|x| = [S(x,x)]^{1/2}$ *eine Norm auf* E *erklärt.*

Beweis: Für den Ausdruck $[(S(x,x)]^{1/2}$ sind die Eigenschaften (2.11) bis (2.14) zu verifizieren. (2.11) und (2.12) folgen aus der Definition einer positiven Sesquilinearform, (2.13) aus (3.18). Nach Satz 3.11 ist

$$S(x + y, x + y) = S(x,x) + 2 \operatorname{Re} S(x,y) + S(y,y) \leq \{[S(x,x)]^{1/2} + [S(y,y)]^{1/2}\}^2 ;$$

also gilt auch (2.14).

Ein **Hilbertraum** ist ein komplexer Vektorraum H zusammen mit einer komplexen Funktion $(\cdot,\cdot)$ auf H × H mit den Eigenschaften:

(3.23) $(\cdot,\cdot)$ ist eine positive Sesquilinearform auf H × H.

(3.24) H ist normiert mit Norm $|x| = (x,x)^{1/2}$.

(3.25) H ist vollständig.

Als Beispiel eines Hilbertraumes nennen wir den Raum l_2 mit $(x,y) = \sum\limits_{n=1}^{\infty} \xi_n \overline{\eta_n}$ für $x = (\xi_n)$, $y = (\eta_n)$.

Sind nur die Axiome (3.23) und (3.24) erfüllt, so heißt H ein **Prähilbertraum**; dies ist also ein normierter Raum aber im allgemeinen kein Banachraum. Nach Satz 3.11 gilt

$$|(x,y)| \le |x|\,|y| \tag{3.26}$$

für alle $x,y \in$ H, d. h. die Form $(\cdot,\cdot)$ ist beschränkt mit Norm 1. Nach Satz 2.13 ist H normisomorph zu einem dichten Teilraum $\hat{\mathsf{H}}$ eines Banachraumes $\tilde{\mathsf{H}}$, der bis auf Normisomorphie eindeutig bestimmt ist. $\hat{\mathsf{H}}$ ist ein Prähilbertraum: sind $\hat{x}, \hat{y} \in \hat{\mathsf{H}}$ die Bilder von $x,y \in$ H, so setzt man $(\hat{x},\hat{y}) = (x,y)$ und erhält damit eine positive Sesquilinearform auf $\hat{\mathsf{H}} \times \hat{\mathsf{H}}$. Diese ist beschränkt, also stetig, und hat daher eine eindeutige Fortsetzung zu einer beschränkten Sesquilinearform $(\cdot,\cdot)$ auf $\tilde{\mathsf{H}} \times \tilde{\mathsf{H}}$, und es gilt $(\tilde{x},\tilde{x}) = |\tilde{x}|^2$ für alle $\tilde{x} \in \tilde{\mathsf{H}}$. Also ist die Form auch positiv und $\tilde{\mathsf{H}}$ ist ein Hilbertraum. Damit ist gezeigt:

Satz 3.13. *Jeder Prähilbertraum* H *ist normisomorph zu einem dichten Teilraum eines Hilbertraumes* $\tilde{\mathsf{H}}$, *der bis auf Normisomorphie eindeutig bestimmt ist.*

Aufgaben. 3.20. Eine Sesquilinearform S auf E × E ist genau dann symmetrisch, wenn $S(x,x)$ reell ist für alle $x \in$ E (das gilt nicht für einen reellen linearen Raum E).

3.21. In einem Prähilbertraum H gilt die **Parallelogramm-Identität** $|x + y|^2 + |x - y|^2 = 2|x|^2 + 2|y|^2$ und die Gleichung $4(x,y) = |x + y|^2 - |x - y|^2 + i|x + iy|^2 - i|x - iy|^2$ für alle $x,y \in$ H.

3.22. a) Jeder n-dimensionale Teilraum E eines Prähilbertraumes H besitzt eine **orthonormale Basis**, d. h. eine Basis $a_1, a_2, \ldots, a_n$ mit $(a_j, a_k) = \delta_{jk}$ für $j,k = 1, 2, \ldots, n$ (Orthogonalisierungsverfahren von E. Schmidt).

b) Für jedes $x \in$ H ist $d(x, \mathsf{E}) = \left| x - \sum\limits_{j=1}^{n} (x, a_j) a_j \right|$, wenn die a_j eine orthonormale Basis von E bilden. Anleitung: Für jedes $x \in$ H und $y \in$ E gilt

$$|x - y|^2 = |x - \sum_{j=1}^{n} (x, a_j) a_j|^2 + \sum_{j=1}^{n} |(x - y, a_j)|^2 \, .$$

3.8 Lineare Funktionale und Operatoren im Hilbertraum. Für zwei Elemente x, y des Hilbertraumes H nennt man den Wert (x, y) der positiven Sesquilinearform auch das **Skalarprodukt** oder das **innere Produkt** der beiden Elemente. Ist $(x, y) = 0$, so heißen die Elemente **orthogonal**; man schreibt dann $x \perp y$. Zwei Teilmengen A und B von H heißen orthogonal, in Zeichen A $\perp$ B, wenn $x \perp y$ ist für jedes $x \in$ A und jedes $y \in$ B. Für jede Teilmenge A von H definiert man $\mathsf{A}^\perp = \{x \mid x \in \mathsf{H},\ x \perp \mathsf{A}\}$. $\mathsf{A}^\perp$ ist offenbar ein Teilraum von H und abgeschlossen: Aus $x_n \in \mathsf{A}^\perp$ und $x_n \to y$ folgt nämlich $0 = (x_n, y) \to (x, y) = 0$ für jedes $y \in$ A, also $x \in \mathsf{A}^\perp$. Dabei wurde die aus (3.26) folgende Stetigkeit des Skalarproduktes benutzt. Man nennt $\mathsf{A}^\perp$ den **Orthogonalraum** von A.

Satz 3.14. *Es sei* A *ein abgeschlossener Teilraum des Hilbertraumes* H. *Dann ist* $(\mathsf{A}^\perp)^\perp = \mathsf{A}$. *Jedes* $x \in$ H *läßt sich eindeutig als Summe* $x = y + z$ *schreiben mit* $y \in$ A *und* $z \in \mathsf{A}^\perp$.

Beweis: Für $x \in$ H sei $d = d(x, \mathsf{A})$. Es gibt dann eine Folge (y_n) in A mit $|x - y_n| \to d$. Nach Aufgabe 3.21 gilt

$$|y_n - y_m|^2 = 2|y_n - x|^2 + 2|y_m - x|^2 - 4|x - \tfrac{1}{2}(y_n + y_m)|^2$$
$$\le 2|y_n - x|^2 + 2|y_m - x|^2 - 4d^2 \to 0$$

für $n,m \to \infty$. Also ist die Folge (y_n) konvergent; sie hat einen Grenzwert $y \in A$, da A abgeschlossen ist. Es gilt $|x-y| = d$. Setzt man $z = x-y$, so folgt $d^2 \leq |z-\alpha w|^2 = d^2 - 2\,\mathrm{Re}\,[\alpha(w,z)] + |\alpha|^2|w|^2$ für jedes $w \in A$ und daraus mit $\alpha = |w|^{-2}\overline{(w,z)}$ die Ungleichung $-|w|^{-2}|(w,z)|^2 \geq 0$. Also ist $z \in A^\perp$ und $x = y + z$. Gäbe es noch eine Zerlegung $x = y' + z'$ mit $y' \in A$ und $z' \in A^\perp$, so wäre $y-y' = z'-z$ orthogonal zu sich selbst, d. h. es folgt $y = y'$ und $z = z'$. Offenbar ist $A \subset (A^\perp)^\perp$. Sei $x \in (A^\perp)^\perp$ und $x = y + z$; dann ist $z = x-y \in A^\perp$ und orthogonal zu $A^\perp$ also Null, d. h. $x \in A$.

Satz 3.15. *Jedem Element u des Hilbertraumes H ist durch $u'(x) = (x,u)$ ein Funktional $u' \in H'$ zugeordnet; umgekehrt läßt sich jedes Element $u' \in H'$ in dieser Weise darstellen. Die Abbildung $u \mapsto u'$ von H auf H' ist bijektiv, isometrisch und antilinear, d. h. es gilt $|u'| = |u|$ und $(\alpha u + \beta v)' = \bar{\alpha} u' + \bar{\beta} v'$.*

Beweis: Nach (3.26) ist durch $u'(x) = (x,u)$ offenbar ein Funktional $u' \in H'$ definiert mit $|u'| \leq |u|$. Andererseits ist $u'(u) = (u,u) = |u|^2$ und daher $|u'| \geq |u|$, also $|u'| = |u|$. Die Abbildung $u \mapsto u'$ ist antilinear wegen (3.18). Sei u' ein beliebiges Element von H' und $N(u') = \{x \,|\, x \in H, u'(x) = 0\}$. $N(u')$ ist ein abgeschlossener Teilraum von H. Ist $N(u') = H$, so ist $u' = 0$. Ist $u' \neq 0$, so gibt es nach Satz 3.14 ein Element $z \in [N(u')]^\perp$ mit $|z| = 1$. Für jedes $x \in H$ ist dann $w = u'(z)x - u'(x)z \in N(u')$ und daher $(w,z) = u'(z)(x,z) - u'(x) = 0$, d. h. $u'(x) = (x,u)$ mit $u = \overline{u'(z)}z \in H$. Damit ist der Satz bewiesen. Als Folgerung erhält man:

Satz 3.16. *Der Dualraum H' eines Hilbertraumes H ist ein Hilbertraum mit dem Skalarprodukt $(u',v') = (v,u)$. Jeder Hilbertraum ist reflexiv.*

Beweis: Aus den Eigenschaften der Abbildung $u \mapsto u'$ folgt unmittelbar, daß durch $(u',v') = (v,u)$ eine positive Sesquilinearform auf $H' \times H'$ definiert ist mit $(u',u') = |u'|^2$. Also ist H' ein Hilbertraum. Nach Satz 3.15 gibt es eine bijektive isometrische und antilineare Abbildung $u' \mapsto u''$ von H' auf H''. Dann ist $u \mapsto u''$ ein Normisomorphismus von H auf H'' und $u'' = \hat{u}$ mit $\hat{u}$ wie in Satz 3.6, also $H'' = \hat{H}$, d. h. H ist reflexiv.

Für einen beschränkten linearen Operator A im Hilbertraum H gibt es neben den Definitionen (3.3), (3.3') und (3.3'') der Norm eine weitere:

$$|A| = \sup\{|(Ax,y)| \,|\, x,y \in H, |x| \leq 1, |y| \leq 1\}. \tag{3.27}$$

Nach (3.26) ist nämlich $|(Ax,y)| \leq |A|\,|x|\,|y|$, so daß das Supremum in (3.27) kleiner oder gleich $|A|$ ist. Andererseits erhält man für $y = |Ax|^{-1}Ax$ den Wert $|(Ax,y)| = |Ax|$, so daß das Supremum nach (3.3'') größer oder gleich $|A|$, also gleich $|A|$ ist. Für jedes $A \in \mathscr{B}(H)$ erklärt man den **adjungierten Operator** $A^* \in \mathscr{B}(H)$ durch

$$(Ax,y) = (x,A^*y) \tag{3.28}$$

für alle $x,y \in H$. Für jedes $y \in H$ ist nämlich durch $u'(x) = (Ax,y)$ für alle $x \in H$ ein Funktional $u' \in H'$ erklärt, welches nach Satz 3.15 durch $u'(x) = (x,u)$ mit eindeutig bestimmtem $u \in H$ dargestellt werden kann. Durch $A^*y = u$ ist nun offenbar ein linearer Operator A^* in H erklärt, der der Gleichung (3.28) genügt. Aus der Symmetrie des Skalarprodukts folgt $|(Ax,y)| = |(A^*y,x)|$ für alle $x,y \in H$. Mit Hilfe von (3.27) erhält man daraus $|A^*| = |A|$. Damit ist der erste Teil des folgenden Satzes bewiesen:

Satz 3.17. *Jedem Operator $A \in \mathscr{B}(H)$ ist durch (3.28) eindeutig ein adjungierter Operator $A^* \in \mathscr{B}(H)$ zugeordnet. Die Abbildung $A \mapsto A^*$ ist eine isometrische Involution in $\mathscr{B}(H)$, d. h. es gilt*

$$(\alpha A + \beta B)^* = \bar{\alpha} A^* + \bar{\beta} B^*,\ (A^*)^* = A,\ |A^*| = |A| \tag{3.29}$$

für alle $A, B \in \mathscr{B}(\mathsf{H})$ und $\alpha, \beta \in \mathbb{C}$. Außerdem hat die Abbildung die Eigenschaften

$$(AB)^* = B^* A^*, I^* = I \quad und \quad |A^* A| = |A A^*| = |A|^2 \,. \tag{3.30}$$

Beweis: Die Eigenschaften (3.29), soweit noch nicht bewiesen, folgen unmittelbar aus (3.28); ebenso die beiden ersten Gleichungen (3.30). Nach (3.6) ist $|A^* A| \leq |A^*| \, |A| = |A|^2$. Andererseits folgt aus (3.27) die Ungleichung

$$|A^* A| \geq \sup \{|(A^* A x, x)| \mid x \in \mathsf{H}, \, |x| \leq 1\} = \sup \{|A x|^2 \mid x \in \mathsf{H}, \, |x| \leq 1\} = |A|^2 \,.$$

Also ist $|A^* A| = |A|^2$ und ebenso $|A A^*| = |A^*|^2 = |A|^2$.

Ist H ein Hilbertraum und $\langle \mathsf{H}, \mathsf{H}' \rangle$ das natürliche Dualsystem mit $\langle x, u' \rangle = u'(x)$ für alle $x \in \mathsf{H}$ und $u' \in \mathsf{H}'$, so ist $\mathscr{A}(\mathsf{H}, \mathsf{H}') = \mathscr{B}(\mathsf{H})$ nach Satz 3.9. Für jedes $A \in \mathscr{B}(\mathsf{H})$ ist der transponierte Operator $A^{\mathsf{T}} \in \mathscr{B}(\mathsf{H}')$ durch $A^{\mathsf{T}} u'(x) = \langle x, A^{\mathsf{T}} u' \rangle = \langle A x, u' \rangle = u'(A x)$ erklärt. Nach Satz 3.15 ist $u'(x) = (x, u)$ und entsprechend $A^{\mathsf{T}} u'(x) = (x, v)$ mit eindeutig bestimmten Elementen u und $v \in \mathsf{H}$. Nach Definition der Adjungierten folgt daraus $v = A^* u$, d. h. mit den Bezeichnungen von Satz 3.15 ist

$$A^{\mathsf{T}} u' = (A^* u)' \tag{3.31}$$

für alle $u \in \mathsf{H}$.

Aufgaben. 3.23. Ein Orthonormalsystem im Hilbertraum H ist eine Folge (a_j) in H mit $(a_j, a_k) = \delta_{jk}$ für $j, k = 1, 2, \ldots$ Es ist zu zeigen:

a) Für jedes $x \in \mathsf{H}$ ist $\sum\limits_{j=1}^{\infty} |(x, a_j)|^2 \leq |x|^2$ (Besselsche Ungleichung).

b) Eine Reihe der Form $\sum\limits_{j=1}^{\infty} \alpha_j a_j$ konvergiert genau dann in H, wenn die Reihe $\sum\limits_{j=1}^{\infty} |\alpha_j|^2$ konvergiert.

Ist x die Summe der Reihe, so gilt $(x, a_j) = \alpha_j$ und $|x|^2 = \sum\limits_{j=1}^{\infty} |\alpha_j|^2$.

3.24. Ein Orthonormalsystem (a_j) heißt **vollständig**, wenn die lineare Hülle $\mathsf{L}\{a_j\}$ in H dicht ist. Man zeige:

a) H besitzt genau dann ein vollständiges Orthonormalsystem, wenn H separabel ist.

b) Ein Orthonormalsystem ist genau dann vollständig, wenn $|x|^2 = \sum\limits_{j=1}^{\infty} |(x, a_j)|^2$ ist für alle $x \in \mathsf{H}$

(**Parsevalsche Gleichung**). Jedes $x \in \mathsf{H}$ hat dann die eindeutige Darstellung $x = \sum\limits_{j=1}^{\infty} (x, a_j) a_j$.

3.9 Positive Dualsysteme. Es sei E ein normierter Raum und $*$ eine isometrische Involution in E, also eine Abbildung $x \mapsto x^*$ von E auf sich mit den Eigenschaften (3.21). Ein Dualsystem der speziellen Form $\langle \mathsf{E}, \mathsf{E} \rangle$ heißt **positiv** (in bezug auf die Involution $*$), wenn durch $(x, y) = \langle x, y^* \rangle$ für $x, y \in \mathsf{E}$ eine **positive** Sesquilinearform auf $\mathsf{E} \times \mathsf{E}$ definiert ist. Nach (3.11) ist die Form beschränkt in bezug auf die Norm von E, die wir mit $|\cdot|_1$ bezeichnen. Die Sesquilinearform erzeugt auf E eine weitere Norm $|\cdot|_2$ mit $(x, x) = [|x|_2]^2$. Es gilt also

$$(x, y) = \langle x, y^* \rangle, \; |x|_2 = (x, x)^{1/2} \leq \gamma |x|_1 \tag{3.32}$$

für alle $x, y \in \mathsf{E}$, wenn γ^2 eine Schranke der Sesquilinearform $(\cdot, \cdot)$ ist. Es sei $\mathscr{A}(\mathsf{E}) = \mathscr{A}(\mathsf{E}, \mathsf{E})$ der normierte Raum aller Operatoren $A \in \mathscr{B}(\mathsf{E})$, die einen transponierten Operator $A^{\mathsf{T}} \in \mathscr{B}(\mathsf{E})$ haben. Die Norm in $\mathscr{A}(\mathsf{E})$ ist durch (3.16) erklärt, im vorliegenden Fall also durch

$$\mathbf{|A|} = \max \{|A|_1, |A^{\mathsf{T}}|_1\} \,, \tag{3.33}$$

wenn $|\cdot|_1$ die Norm in $\mathscr{B}(\mathsf{E})$ bezeichnet. Jedem Operator $A \in \mathscr{A}(\mathsf{E})$ ordnen wir durch

$$A^* x = (A^{\mathrm{T}} x^*)^* \tag{3.34}$$

für alle $x \in \mathsf{E}$ einen Operator $A^* \in \mathscr{B}(\mathsf{E})$ zu. Aus (3.14) und der Definition der Sesquilinear-form folgt zunächst

$$(A x, y) = (x, A^* y) \tag{3.35}$$

für alle $x, y \in \mathsf{E}$. Hierdurch ist A^* eindeutig bestimmt und man sieht, daß A^* linear ist. Da die Involution $x \mapsto x^*$ isometrisch ist, folgt aus (3.34), daß A^* beschränkt ist, und $|A^*|_1 = |A^{\mathrm{T}}|_1$. Wegen der formalen Übereinstimmung von (3.35) mit (3.28) nennen wir A^* den zu A adjungierten Operator. Offenbar hat ein Operator $A \in \mathscr{B}(\mathsf{E})$ genau dann eine Adjungierte A^*, wenn er eine Transponierte A^{T} hat. Die zu (3.34) inverse Beziehung ist

$$A^{\mathrm{T}} x = (A^* x^*)^* \tag{3.36}$$

für alle $x \in \mathsf{E}$.

Satz 3.18. *Die durch* (3.34) *definierte Abbildung* $A \mapsto A^*$ *ist eine isometrische Involution in* $\mathscr{A}(\mathsf{E})$, *d. h. es gilt*

$$(\alpha A + \beta B)^* = \bar{\alpha} A^* + \bar{\beta} B^*, (A^*)^* = A, |A^*| = |A| \tag{3.37}$$

für alle $A, B \in \mathscr{A}(\mathsf{E})$ *und* $\alpha, \beta \in \mathsf{C}$. *Ferner gilt* $(A B)^* = B^* A^*$ *und* $I^* = I$.

Beweis: Die ersten beiden Gleichungen (3.37) folgen aus (3.35) mit Benutzung der Symmetrie der Sesquilinearform. Damit ist zugleich bewiesen, daß A^* eine Transponierte $A^{*\mathrm{T}} \in \mathscr{B}(\mathsf{E})$ besitzt, und zwar ist nach (3.36) $A^{*\mathrm{T}} x = (A x^*)^*$ für alle $x \in \mathsf{E}$. Daraus folgt $|A^{*\mathrm{T}}|_1 = |A|_1$. Zusammen mit der schon bewiesenen Gleichung $|A^*|_1 = |A^{\mathrm{T}}|_1$ erhält man $|A^*| = |A|$. Die restlichen Behauptungen folgen wieder aus (3.35).

Wir wollen nun untersuchen, ob ein Operator $A \in \mathscr{A}(\mathsf{E})$ auch in bezug auf die Norm $|\cdot|_2$ beschränkt ist. Dazu nehmen wir zunächst an, daß A symmetrisch ist, d. h. $A = A^*$. Für jedes $x \in \mathsf{E}$ mit $|x|_2 \le 1$ gilt dann

$$(|A x|_2)^2 = (A x, A x) = (x, A^2 x) \le |A^2 x|_2.$$

Nach Satz 3.18 sind die Operatoren $A^n (n = 1, 2, \ldots)$ symmetrisch. Ersetzt man A durch A^n in der obigen Ungleichung, so folgt $(|A^n x|_2)^2 \le |A^{2n} x|_2$ für alle n und daraus durch Induktion $|A x|_2 \le (|A^{2^n} x|_2)^{2^{-n}}$; mit Benutzung von (3.32) erhält man daraus

$$|A x|_2 \le (\gamma |A^{2^n} x|_1)^{2^{-n}} \le (\gamma |x|_1 |A^{2^n}|_1)^{2^{-n}} \le (\gamma |x|_1)^{2^{-n}} |A|_1$$

für $n = 1, 2, \ldots$ Durch Grenzübergang $n \to \infty$ folgt $|A x|_2 \le |A|_1$ für alle $x \in \mathsf{E}$ mit $|x|_2 \le 1$ also $|A|_2 \le |A|_1$. Für ein beliebiges $A \in \mathscr{A}(\mathsf{E})$ bildet man den symmetrischen Operator $B = A^* A$. Dann ist $|B|_2 \le |B|_1 \le |A^*|_1 |A|_1 \le |A|^2$ wegen (3.37). Andererseits gilt $(|A x|_2)^2 = (A x, A x) = (B x, x) \le |B|_2 (|x|_2)^2$ und daher $(|A|_2)^2 \le |B|_2 \le |A|^2$. Damit ist die erste Behauptung des folgenden Satzes bewiesen:

Satz 3.19. *In einem positiven Dualsystem* $\langle \mathsf{E}, \mathsf{E} \rangle$ *ist jeder Operator* $A \in \mathscr{A}(\mathsf{E})$ *beschränkt in bezug auf die durch das Skalarprodukt* $(\cdot, \cdot)$ *definierte Hilbertnorm* $|\cdot|_2$; *und zwar ist* $|A|_2 \le |A|$[1]. *E ist ein Prähilbertraum, kann also mit einem dichten Teilraum eines Hilbertraumes* H *identifiziert werden. Jeder Operator* $A \in \mathscr{A}(\mathsf{E})$ *hat eine eindeutige Fortsetzung* $\tilde{A} \in \mathscr{B}(\mathsf{H})$ *mit* $|\tilde{A}|_2 \le |A|$. *Dabei ist* $\widetilde{A^*} = (\tilde{A})^*, \widetilde{A B} = \tilde{A} \tilde{B}$ *und für reguläre Elemente*[2] A *gilt* $(\widetilde{A^{-1}}) = (\tilde{A})^{-1}$.

---

[1] Das wurde zuerst bewiesen von Lax, P. D.: Communications on Pure and Applied Mathematics VII (1954) 633 bis 647.

[2] Vgl. die Definition in 4.2.

Beweis: Die erste Behauptung wurde schon bewiesen. Die Existenz und Eindeutigkeit der Fortsetzung und die Abschätzung $|\tilde{A}|_2 = |A|_2 \leq |A|$ folgen aus Satz 3.2. Sind x, y beliebige Elemente von H und (x_n), (y_n) Folgen in E mit $|x_n - x|_2 \to 0$ und $|y_n - y|_2 \to 0$, so folgt $(\tilde{A}x, y) = \lim (Ax_n, y_n) = \lim (x_n, A^*y_n) = (x, \widetilde{A^*}y)$; also ist $\widetilde{A^*} = (\tilde{A})^*$. Ebenso erhält man $\widetilde{AB}x = \lim ABx_n = \lim \tilde{A}(Bx_n) = \tilde{A}\tilde{B}x$, also $\widetilde{AB} = \tilde{A}\tilde{B}$. Ist A reguläres Element von $\mathscr{A}$(E), so ist $A^{-1}A = AA^{-1} = I$ und daher $\widetilde{A^{-1}}\tilde{A} = \tilde{A}\widetilde{A^{-1}} = I$, d. h. $\widetilde{A^{-1}} = (\tilde{A})^{-1}$.

Aufgabe 3.25. Es sei E $=$ $\mathbb{C}^2$ mit Elementen $x = (\xi_1, \xi_2)$, $y = (\eta_1, \eta_2)$ und der Norm $|x| = \max\{|\xi_1|, |\xi_2|\}$. Mit der Bilinearform $\langle x, y \rangle = \xi_1\eta_1 + \xi_2\eta_2$ und der Involution $x \mapsto x^* = (\bar{\xi}_1, \bar{\xi}_2)$ wird $\langle E, E \rangle$ ein positives Dualsystem. Es ist zu zeigen, daß es in $\mathscr{A}$(E) Elemente A mit $|A^*A| < |A|^2$ gibt.

II   Elemente der Spektraltheorie

In § 4 werden die Grundbegriffe der Spektraltheorie für Banachalgebren entwickelt, wobei in erster Linie an die Algebra $\mathscr{B}$(E) aller beschränkten linearen Operatoren im Banachraum E gedacht ist sowie an die Algebra $\mathscr{A}$(E, F) aller Operatoren in $\mathscr{B}$(E), die in bezug auf das Dualsystem $\langle E, F \rangle$ eine Transponierte in $\mathscr{B}$(F) besitzen. Der § 5 enthält die Theorie der Fredholm-Operatoren (mit endlichem Index) in $\mathscr{B}$(E, F) und insbesondere die beiden wichtigen Sätze über die Invarianz des Index bei kleinen bzw. bei kompakten Störungen. Es folgt die Untersuchung der Spektren von Operatoren aus $\mathscr{B}$(E), eine Darstellung der F. Rieszschen Theorie der kompakten Operatoren und eine Übertragung der Fredholmtheorie auf die Algebra $\mathscr{A}$(E, F). Der § 6 enthält die Theorie der kompakten normalen Operatoren im Hilbertraum und einige Resultate über Eigenwerte und singuläre Werte kompakter (nicht normaler) Operatoren, die für die Anwendungen nützlich sein werden.

§ 4   Banachalgebren

4.1 Definitionen und Beispiele. Ein komplexer normierter Raum $\mathscr{A}$ heißt eine n o r m i e r t e A l g e b r a, wenn für je zwei Elemente A, B von $\mathscr{A}$ das P r o d u k t $AB \in \mathscr{A}$ erklärt ist mit den folgenden Eigenschaften:

(4.1) Das Produkt ist

    a) assoziativ $(AB)C = A(BC)$

    b) distributiv $(A + B)C = AC + BC$

               $A(B + C) = AB + AC$

    c) homogen $\alpha(AB) = (\alpha A)B = A(\alpha B)$ für $\alpha \in \mathbb{C}$.

(4.2) Das Produkt genügt der Ungleichung $|AB| \leq |A||B|$, wenn $|\cdot|$ die Norm in $\mathscr{A}$ ist.

Ist $\mathscr{A}$ außerdem ein Banachraum, so heißt $\mathscr{A}$ eine B a n a c h a l g e b r a. Existiert in $\mathscr{A}$ ein E i n s e l e m e n t I mit den Eigenschaften

$$AI = IA = A \quad \text{für alle } A \in \mathscr{A} \text{ und } |I| = 1 \,, \tag{4.3}$$

so heißt $\mathscr{A}$ eine normierte Algebra bzw. Banachalgebra mit Eins. Schließlich heißt $\mathscr{A}$ k o m m u t a t i v, wenn $AB = BA$ für alle $A, B \in \mathscr{A}$ gilt. Wir beweisen einige einfache Folgerungen:

Satz 4.1. *Sind* (A_n) *und* (B_n) *Cauchyfolgen in der normierten Algebra* $\mathscr{A}$, *so auch die Folge* (A_nB_n). *Aus* $A_n \to A, B_n \to B$ *folgt* $A_nB_n \to AB$.

Beweis: Für eine Cauchyfolge (A_n) ist die Folge der Normen $(|A_n|)$ konvergent, also beschränkt. Für zwei Cauchyfolgen (A_n), (B_n) gilt daher mit (4.2)

$$|A_n B_n - A_m B_m| \leq |(A_n - A_m)B_n| + |A_m(B_n - B_m)| \leq |A_n - A_m||B_n| + |A_m||B_n - B_m| \to 0$$

für $n,m \to \infty$. Also ist $(A_n B_n)$ eine Cauchyfolge. Sind die Folgen konvergent mit Grenzwerten A und B, so erhält man

$$|A_n B_n - A B| \leq |A_n - A||B_n| + |A||B_n - B|$$

und daraus $A_n B_n \to A B$, wie behauptet.

Satz 4.2. *Die vollständige Hülle $\tilde{\mathscr{A}}$ einer normierten Algebra $\mathscr{A}$ ist eine Banachalgebra.*

Beweis: $\tilde{\mathscr{A}}$ ist die Menge aller Äquivalenzklassen $\tilde{A}$ von Cauchyfolgen aus $\mathscr{A}$, wobei (A_n) äquivalent (A'_n) bedeutet, daß $(A_n - A'_n)$ Nullfolge ist. Wir definieren $\tilde{A} \tilde{B}$ als die Klasse, welche die Folgen $(A_n B_n)$ mit $(A_n) \in \tilde{A}$ und $(B_n) \in \tilde{B}$ enthält; diese Folgen sind Cauchyfolgen nach Satz 4.1 und äquivalent, weil $A_n B_n - A'_n B'_n = (A_n - A'_n)B_n + A'_n(B_n - B'_n)$ nach (4.2) eine Nullfolge ist, wenn $(A_n - A'_n)$ und $(B_n - B'_n)$ Nullfolgen sind. Nach Satz 2.13 ist $\mathscr{A}$ normisomorph zu einem dichten Teilraum $\hat{\mathscr{A}}$ von $\tilde{\mathscr{A}}$; dabei entspricht jedem $A \in \mathscr{A}$ die Äquivalenzklasse der konvergenten Folgen mit Grenzwert A, dem Produkt AB also nach Satz 4.1 die Klasse $\tilde{A} \tilde{B}$. Also ist $\hat{\mathscr{A}}$ eine dichte normierte Teilalgebra des Banachraumes $\tilde{\mathscr{A}}$. Durch Grenzübergang folgen nun die Eigenschaften (4.1) und (4.2) für das Produkt in $\tilde{\mathscr{A}}$, d. h. $\tilde{\mathscr{A}}$ ist eine Banachalgebra.

Zwei normierte Algebren $\mathscr{A}$ und $\mathscr{B}$ heißen normisomorph, wenn es eine lineare Abbildung J von $\mathscr{A}$ auf $\mathscr{B}$ gibt mit den Eigenschaften $|J(A)| = |A|$ und $J(AB) = J(A)J(B)$ für alle $A,B \in \mathscr{A}$. Die inverse Abbildung J^{-1} von $\mathscr{B}$ auf $\mathscr{A}$ hat dann dieselben Eigenschaften.

Satz 4.3. *Das Einselement ist durch (4.3) eindeutig bestimmt. Jede normierte Algebra (bzw. Banachalgebra) ohne Eins ist normisomorph zu einer Teilalgebra einer normierten Algebra (bzw. Banachalgebra) mit Eins.*

Beweis: Sind I und I' Elemente mit den Eigenschaften $IA = AI' = A$ für alle $A \in \mathscr{A}$, so folgt $II' = I$ und $II' = I'$, also $I = I'$. Also ist die Eins durch (4.3) eindeutig bestimmt. Hat $\mathscr{A}$ keine Eins, so betrachtet man die Menge $\mathscr{A}_1 = \mathbf{C} \times \mathscr{A}$ und definiert die algebraischen Operationen und die Norm auf $\mathscr{A}_1$ durch:

$$(\alpha, A) + (\beta, B) = (\alpha + \beta, A + B), \quad \gamma(\alpha, A) = (\gamma\alpha, \gamma A), \quad (\alpha, A)(\beta, B) = (\alpha\beta, \alpha B + \beta A + AB)$$

und

$$|(\alpha, A)| = |\alpha| + |A|. \tag{4.4}$$

Man bestätigt leicht, daß $\mathscr{A}_1$ damit eine normierte Algebra ist. Die Eins ist $I = (1,0)$. Ist $\mathscr{A}$ eine Banachalgebra, so auch $\mathscr{A}_1$. Schließlich ist $\mathscr{A}$ normisomorph zu der Teilalgebra aller Elemente der Form $(0, A)$.

Einige Beispiele normierter Algebren sind schon in § 2 und § 3 vorgekommen:

Beispiel 1. Der Raum $C(M)$ aus 2.7 Beispiel 3 ist nach Satz 2.14 ein Banachraum; er ist aber auch eine kommutative Banachalgebra mit der gewöhnlichen Definition des Produktes zweier Funktionen. Das Einselement ist die konstante Funktion 1.

Beispiel 2. Sei E ein normierter Raum. Der in 3.2 erklärte Raum $\mathscr{B}(E)$ der beschränkten Operatoren auf E ist nach Satz 3.3 und (3.6) eine normierte, aber nicht kommutative Algebra. Das Einselement ist der identische Operator I. Ist E ein Banachraum, so ist $\mathscr{B}(E)$ eine Banachalgebra. Im Falle $\mathsf{E} = \mathsf{C}(\mathsf{M})$ ist die Algebra von Beispiel 1 nach Aufgabe 3.4 eine kommutative und abgeschlossene Teilalgebra von $\mathscr{B}(\mathsf{E})$.

Beispiel 3. Sei $\langle \mathsf{E}, \mathsf{F} \rangle$ ein Dualsystem. Der in 3.6 erklärte Raum $\mathscr{A}(\mathsf{E}, \mathsf{F})$ ist nach Satz 3.8 eine normierte Algebra mit Eins. Sind E und F Banachräume, so ist $\mathscr{A}(\mathsf{E}, \mathsf{F})$ eine Banachalgebra.

Aufgabe 4.1. Es sei $\mathsf{C}_0(\mathsf{R})$ die Menge aller Funktionen $f \in \mathsf{C}(\mathsf{R})$, die außerhalb eines beschränkten (von f abhängigen) Intervalls verschwinden. Mit den linearen Operationen wie in $\mathsf{C}(\mathsf{R})$, mit der Norm $|f|_1 = \int\limits_{-\infty}^{\infty} |f(t)| \, dt$ und dem Produkt $f * g$ definiert durch $(f * g)(t) = \int\limits_{-\infty}^{\infty} f(t-s) g(s) \, ds$ ist $\mathsf{C}_0(\mathsf{R})$ eine kommutative normierte Algebra ohne Eins und nicht vollständig.

4.2 Reguläre Elemente. Es sei $\mathscr{A}$ eine Banachalgebra mit Eins. Ein Element $A \in \mathscr{A}$ heißt r e g u l ä r, wenn es ein $B \in \mathscr{A}$ gibt mit $AB = BA = I$. Das Element B ist hierdurch eindeutig bestimmt und wird das zu A i n v e r s e E l e m e n t oder die I n v e r s e von A genannt und mit A^{-1} bezeichnet. Es gilt sogar: Gibt es zu einem $A \in \mathscr{A}$ Elemente $L, R \in \mathscr{A}$ mit $LA = I$ und $AR = I$, so ist A regulär und $L = R = A^{-1}$. Das folgt aus $L = L(AR) = (LA)R = R$. Ein nicht reguläres Element heißt s i n g u l ä r. Das Einselement ist regulär mit $I^{-1} = I$; das Nullelement ist singulär. Mit A ist auch A^{-1} regulär und $(A^{-1})^{-1} = A$. Sind A und B regulär, so ist auch AB regulär und $(AB)^{-1} = B^{-1}A^{-1}$. Daraus folgt: Sind zwei der Elemente A, B und AB regulär, so auch das dritte; denn es ist $A = (AB)B^{-1}$ bzw. $B = A^{-1}(AB)$. Aus AB regulär folgt jedoch n i c h t, daß A und B regulär sind, wie man aus Aufgabe 4.4 sieht.

Zwei Elemente A und B heißen (miteinander) v e r t a u s c h b a r, wenn $AB = BA$ ist. Sind A und B vertauschbar und A regulär, so sind auch A^{-1} und B vertauschbar; das folgt aus der Gleichung $AB = BA$ durch Multiplikation mit A^{-1} von links und von rechts.

Satz 4.4. *Es sei A regulär und $\min\{|BA^{-1}|, |A^{-1}B|\} < 1$. Dann ist $A-B$ regulär, es gilt*
$$(A-B)^{-1} = \sum_{n=0}^{\infty} A^{-1}(BA^{-1})^n = \sum_{n=0}^{\infty} (A^{-1}B)^n A^{-1} \text{ und beide Reihen konvergieren in } \mathscr{A} \text{ (wir verabreden } A^0 = I \text{ für jedes } A \in \mathscr{A} \text{)}.$$

B e w e i s: Die Glieder der Reihen sind offenbar gleich; es genügt, die Konvergenz einer der Reihen nachzuweisen. Sei z. B. $|BA^{-1}| < 1$; dann zeigen wir, daß die Teilsummen $T_m = \sum\limits_{n=0}^{m} A^{-1}(BA^{-1})^n$ der ersten Reihe eine Cauchyfolge bilden. Nach (4.2) ist $|(BA^{-1})^n| \le |BA^{-1}|^n$ und daher
$$|T_m - T_p| \le \sum_{p+1}^{m} |A^{-1}| \, |BA^{-1}|^n \le |A^{-1}| (1 - |BA^{-1}|)^{-1} |BA^{-1}|^{p+1} \to 0$$

für $p < m$ und $p \to \infty$. Da $\mathscr{A}$ eine Banachalgebra ist, gibt es ein $T \in \mathscr{A}$ mit $T_m \to T$. Daraus folgt $(A-B)T_m \to (A-B)T$. Andererseits ist
$$(A-B) T_m = \sum_{n=0}^{m} (BA^{-1})^n - \sum_{n=0}^{m} (BA^{-1})^{n+1} = I - (BA^{-1})^{m+1} \to I.$$

Also ist $(A-B)T = I$. Ebenso zeigt man $T(A-B) = I$ mit Hilfe der anderen Schreibweise der Reihe. Also ist $A-B$ regulär und $T = (A-B)^{-1}$.

Eine einfache Folgerung aus Satz 4.4 ist der

Satz 4.5. *Sei $A_n \to A$ und A regulär. Dann gibt es ein n_0 derart, daß A_n^{-1} für $n \ge n_0$ existiert, und es gilt $A_n^{-1} \to A^{-1}$ für $n \to \infty$.*

Beweis: Wir setzen $B_n = A - A_n$; dann gilt $B_n \to 0$ und es gibt ein n_0 mit $|A^{-1}||B_n| \leq \frac{1}{2}$ für $n \geq n_0$. Nach Satz 4.4 ist $A_n = A - B_n$ regulär für $n \geq n_0$ und es gilt

$$|A_n^{-1} - A^{-1}| \leq \sum_{m=1}^{\infty} |A^{-1}(B_n A^{-1})^m| \leq |A^{-1}|^2 |B_n| \sum_{m=1}^{\infty} 2^{1-m} \leq 2|A^{-1}|^2 |B_n| \to 0,$$

d. h. $A_n^{-1} \to A^{-1}$

Aufgaben. 4.2. Sind A und B regulär, so gilt $B^{-1} - A^{-1} = B^{-1}(A-B)A^{-1} = A^{-1}(A-B)B^{-1}$.

4.3. Das Element $C = AB$ sei regulär. Man beweise:

a) Es gibt Elemente R und L mit $AR = LB = I$.

b) Die Elemente $P_1 = RA$ und $P_2 = BL$ haben die Eigenschaft $P_i^2 = P_i (i = 1,2)$. Ist ein $P_i \neq I$, so sind A und B singulär.

c) Ist $AB = BA$, so sind A und B regulär.

4.4. In der Algebra $\mathcal{B}(l_1)$ (vgl. Aufgabe 3.3) konstruiere man singuläre Elemente A, B derart, daß AB regulär ist. Anleitung: Man sucht A, B mit $AB = I$ und $BA \neq I$. Warum gibt es keine solchen Elemente in $\mathcal{B}(\mathbf{C}^n)$?

4.5. Zu einem Element A gebe es Elemente R_0 und L_0 mit $|AR_0 - I| < 1$ und $|L_0 A - I| < 1$. Dann ist A regulär und es gilt $A^{-1} = R_0 \sum_{n=0}^{\infty} (I - AR_0)^n = \sum_{n=0}^{\infty} (I - L_0 A)^n L_0$.

4.6. Für jedes $A \in \mathcal{A}$ definiere man $\exp(A) = \sum_{n=0}^{\infty} \frac{1}{n!} A^n$ und zeige:

a) Die Reihe konvergiert in $\mathcal{A}$.

b) Aus $AB = BA$ folgt $\exp(A)\exp(B) = \exp(A + B)$.

c) $\exp(A)$ ist regulär und $[\exp(A)]^{-1} = \exp(-A)$.

4.3 Resolvente und Spektrum. Es sei $\mathcal{A}$ eine Banachalgebra mit Eins. Für jedes $A \in \mathcal{A}$ definiert man die Resolventenmenge $\mathsf{P}(A)$ als die Menge aller $\lambda \in \mathbf{C}$ derart, daß $\lambda I - A$ regulär ist, und die Resolvente $R(\lambda, A) = (\lambda I - A)^{-1}$ für jedes $\lambda \in \mathsf{P}(A)$. Wir schreiben oft auch R_λ anstelle von $R(\lambda, A)$, wenn dadurch keine Unklarheit entstehen kann. Das Komplement $\Sigma(A)$ von $\mathsf{P}(A)$ heißt das Spektrum von A; $\Sigma(A)$ ist also die Menge aller $\lambda \in \mathbf{C}$ derart, daß $\lambda I - A$ singulär ist.

Satz 4.6. *Die Resolventenmenge* $\mathsf{P}(A)$ *ist offen, das Spektrum* $\Sigma(A)$ *ist abgeschlossen und beschränkt. Genauer gilt:* $\mathsf{P}(A)$ *enthält alle* $\lambda \in \mathbf{C}$ *mit* $|\lambda| > |A|$ *und mit jedem* λ_0 *auch alle* λ *mit* $|\lambda - \lambda_0||R(\lambda_0, A)| < 1$.

Beweis: Sei $|\lambda| > |A|$; dann ersetze man in Satz 4.4 A durch λI und B durch A. Aus dem Satz folgt damit $\lambda \in \mathsf{P}(A)$ und

$$R(\lambda, A) = \sum_{n=0}^{\infty} \lambda^{-n-1} A^n. \tag{4.5}$$

Sei $\lambda_0 \in \mathsf{P}(A)$ und $|\lambda - \lambda_0| |R(\lambda_0, A)| < 1$. In Satz 4.4 ersetze man A durch $\lambda_0 I - A$ und B durch $(\lambda_0 - \lambda)I$. Dann folgt $\lambda \in \mathsf{P}(A)$ und

$$R(\lambda, A) = \sum_{n=0}^{\infty} (\lambda_0 - \lambda)^n [R(\lambda_0, A)]^{n+1}. \tag{4.6}$$

In 4.4 werden wir zeigen, daß $\Sigma(A)$ mindestens einen Punkt enthält. In dem folgenden Satz ist das vorläufig noch eine Voraussetzung.

Satz 4.7. *Die Resolvente ist eine stetige Funktion auf* $\mathsf{P}(A)$ *mit Werten in* $\mathscr{A}$, *d. h. aus* $\lambda_n \to \lambda$ *und* $\lambda \in \mathsf{P}(A)$ *folgt* $R(\lambda_n, A) \to R(\lambda, A)$. *Ist* $\Sigma(A)$ *nicht leer und* $d(\lambda, \Sigma(A))$ *der Abstand des Punktes* λ *von* $\Sigma(A)$, *so gilt* $d(\lambda, \Sigma(A))|R(\lambda, A)| \geq 1$ *für alle* $\lambda \in \mathsf{P}(A)$ *und folglich* $|R(\lambda_n, A)| \to \infty$ *für jede Folge* (λ_n) *in* $\mathsf{P}(A)$ *mit* $\lambda_n \to \lambda \in \Sigma(A)$.

Beweis: Die erste Behauptung folgt aus Satz 4.5. Für alle $\mu \in \mathsf{C}$ mit $|\mu - \lambda| \, |R(\lambda, A)| < 1$ gilt $\mu \in \mathsf{P}(A)$ nach Satz 4.6; also ist $|\mu - \lambda| \, |R(\lambda, A)| \geq 1$ für alle $\mu \in \Sigma(A)$. Daraus folgt die zweite Behauptung.

Aus Aufgabe 4.2 folgt die sogenannte Resolventengleichung

$$R_\lambda - R_\mu = (\mu - \lambda) R_\mu R_\lambda = (\mu - \lambda) R_\lambda R_\mu, \tag{4.7}$$

welche für alle $\lambda, \mu \in \mathsf{P}(A)$ gilt.

Wir betrachten einige einfache Beispiele, für welche Resolvente und Spektrum explizit berechnet werden können.

Beispiel 1. Ein Element $N \in \mathscr{A}$ heißt nilpotent, wenn es eine natürliche Zahl m gibt derart, daß $N^m = 0$ ist. Aus (4.5) folgt $R(\lambda, N) = \sum_{n=0}^{m-1} \lambda^{-n-1} N^n$ für alle $\lambda \neq 0$. Das Spektrum von N enthält nur den Punkt $\lambda = 0$.

Beispiel 2. Ein Element $P \in \mathscr{A}$ heißt idempotent, wenn $P^2 = P$ ist. Daraus folgt $P^n = P$ für $n = 1, 2, \ldots$ und damit aus (4.5) für $|\lambda| > 1$: $R(\lambda, P) = \lambda^{-1}(I - P) + (\lambda - 1)^{-1} P$. Diese Formel gilt aber offenbar auch für alle λ mit $|\lambda| \leq 1$ außer für $\lambda = 0$ und $\lambda = 1$, wenn man $P \neq 0$ und $P \neq I$ voraussetzt. Das Spektrum besteht aus den Punkten 0 und 1.

Aufgaben. 4.7. a) Für $A, B \in \mathscr{A}$ und für jedes $\lambda \in \mathsf{P}(A) \cap \mathsf{P}(B)$ gilt die zweite Resolventengleichung $R(\lambda, A) - R(\lambda, B) = R(\lambda, A)(A - B) R(\lambda, B)$.

b) Zu jeder abgeschlossenen Teilmenge Λ von $\mathsf{P}(A)$ gibt es ein $\gamma > 0$ derart, daß $\Lambda \subset \mathsf{P}(A + B)$ ist für alle $B \in \mathscr{A}$ mit $|B| < \gamma$.

4.8. Es sei (λ_n) eine Folge in $\mathsf{P}(A)$ mit Grenzwert λ, und die Folge (R_{λ_n}) sei beschränkt. Man beweise mit ausschließlicher Benutzung der Resolventengleichung (4.7), daß der Punkt λ zu $\mathsf{P}(A)$ gehört.

4.9. a) Für $A \in \mathscr{A}$ und $\alpha \in \mathsf{C}$ gilt $\Sigma(\alpha A) = \{\alpha \lambda \mid \lambda \in \Sigma(A)\}$, $\Sigma(\alpha I - A) = \{\alpha - \lambda \mid \lambda \in \Sigma(A)\}$.

b) Für $\alpha \in \mathsf{P}(A)$ sei $R_\alpha = R(\alpha, A)$; dann gilt $\Sigma(R_\alpha) = \{(\alpha - \lambda)^{-1} \mid \lambda \in \Sigma(A)\}$ und $R(\lambda, R_\alpha) = \lambda^{-1}(\alpha I - A) \cdot R(\alpha - \lambda^{-1}, A)$ für $\lambda \in \mathsf{P}(R_\alpha) \backslash \{0\}$ und $R(0, R_\alpha) = A - \alpha I$.

4.10. Ein Element $A \in \mathscr{A}$ heißt algebraisch, wenn es ein Polynom $p(\lambda) = \sum_{j=0}^{m} \alpha_j \lambda^j$ mit Koeffizienten $\alpha_j \in \mathsf{C}$ und mit $\alpha_m \neq 0$ gibt derart, daß $p(A) = \sum_{j=0}^{m} \alpha_j A^j = 0$ ist. Man zeige:

a) Die Resolvente von A hat die Form $R(\lambda, A) = [p(\lambda)]^{-1} \sum_{j=0}^{m-1} \lambda^j B_j$ mit $B_j = \sum_{k=j+1}^{m} \alpha_k A^{k-j-1}$.

b) Das Spektrum $\Sigma(A)$ ist enthalten in der Menge der Nullstellen von p.

c) Ist der Grad m des Polynoms minimal, so ist $\Sigma(A)$ gleich der Menge der Nullstellen von p.

4.11. Es sei $\mathsf{E} = \mathsf{C}[0, 1]$, $\mathscr{A} = \mathscr{B}(\mathsf{E})$ und A_α das in Aufgabe 3.7 für jedes $\alpha \in \mathsf{C}$ mit $\operatorname{Re} \alpha < 1$ definierte Element von $\mathscr{A}$. Setzt man $R_\lambda = -A_\lambda$, so ist die Resolventengleichung (4.7) erfüllt. Man zeige, daß es kein Element $A \in \mathscr{A}$ gibt mit $R(\lambda, A) = -A_\lambda$, daß dies aber für den Differentialoperator A definiert durch $A x(t) = \dfrac{d}{dt}[t x(t)]$ formal richtig ist.

4.4 Holomorphe Funktionen mit Werten in einem Banachraum. Es sei Λ eine offene Menge in der komplexen Ebene. Eine in Λ definierte Funktion $A(\cdot)$ mit Werten $A(\lambda)$ in einem Banachraum $\mathscr{A}$ heißt **holomorph**, wenn es zu jedem Punkt $\lambda_0 \in \Lambda$ eine offene Kreisscheibe $K(\lambda_0, \varrho)$ mit Mittelpunkt λ_0 und Radius $\varrho > 0$ gibt derart, daß in $\Lambda \cap K(\lambda_0, \varrho)$ eine Darstellung

$$A(\lambda) = \sum_{n=0}^{\infty} (\lambda - \lambda_0)^n A_n \tag{4.8}$$

gilt mit $A_n \in \mathscr{A}$ und die Reihe für alle λ in $K(\lambda_0, \varrho)$ konvergiert. Wie in der Funktionentheorie zeigt man, daß

$$\varrho_0 = \left[\limsup_{n \to \infty} |A_n|^{1/n} \right]^{-1} \tag{4.9}$$

der Konvergenzradius der Reihe ist, d. h. die größte Zahl ϱ derart, daß die Reihe in $K(\lambda_0, \varrho)$ konvergiert.

Zum Beweis nehme man zunächst an, die Reihe sei für ein $\lambda \in C$ konvergent. Dann folgt $(\lambda - \lambda_0)^n A_n \to 0$, also $|\lambda - \lambda_0|^n |A_n| \leq 1$ für alle $n \geq n_0$, wenn n_0 groß genug gewählt wird. Daraus folgt $|\lambda - \lambda_0| \varrho_0^{-1} = \limsup |\lambda - \lambda_0| |A_n|^{1/n} \leq 1$, d. h. λ liegt in der abgeschlossenen Kreisscheibe $\overline{K(\lambda_0, \varrho_0)}$. Ist $\lambda \in K(\lambda_0, \varrho_0)$, also $|\lambda - \lambda_0| \varrho_0^{-1} < 1$, so gilt $|\lambda - \lambda_0| |A_n|^{1/n} \leq q$ mit $|\lambda - \lambda_0| \varrho_0^{-1} < q < 1$ für alle $n \geq n_0$, wenn n_0 groß genug ist. Für die Glieder der Reihe (4.8) gilt also die Abschätzung $|(\lambda - \lambda_0)^n A_n| \leq q^n$ für $n \geq n_0$. Wie im Beweis von Satz 4.4 folgt daraus die Konvergenz der Reihe. Zugleich ist gezeigt, daß die Reihe in jeder abgeschlossenen Kreisscheibe $\overline{K(\lambda_0, \varrho)}$ mit $\varrho < \varrho_0$ absolut und gleichmäßig konvergiert, d. h. die Reihe $\sum_{n=0}^{\infty} |\lambda - \lambda_0|^n |A_n|$ ist dort gleichmäßig konvergent.

Satz 4.8. *Ist $A(\cdot)$ eine in Λ holomorphe Funktion mit Werten in dem Banachraum $\mathscr{A}$ und T ein beschränkter linearer Operator von $\mathscr{A}$ in den Banachraum $\mathscr{B}$, so ist $TA(\cdot)$ eine in Λ holomorphe Funktion mit Werten in $\mathscr{B}$. Insbesondere ist $u(A(\cdot))$ eine in Λ holomorphe komplexe Funktion für jedes Funktional u auf $\mathscr{A}$.*

Beweis: Sei $\lambda_0 \in \Lambda$ beliebig gewählt. Da T stetig ist, folgt aus (4.8) die Darstellung $TA(\lambda) = \sum_{n=0}^{\infty} (\lambda - \lambda_0)^n T A_n$ für alle $\lambda \in \Lambda \cap K(\lambda_0, \varrho)$. Also ist $TA(\cdot)$ holomorph in Λ.

Als Anwendung beweisen wir:

Satz 4.9. *Die Resolvente $R(\cdot, A)$ eines Elements A der Banachalgebra $\mathscr{A}$ ist eine holomorphe Funktion in $P(A)$ mit Werten in $\mathscr{A}$. Für jedes $A \in \mathscr{A}$ ist $P(A)$ eine echte Teilmenge von C, d. h. $\Sigma(A)$ ist nicht leer.*

Beweis: Die erste Behauptung folgt unmittelbar aus dem Beweis von Satz 4.6 und zwar ist (4.6) die Darstellung von $R(\lambda, A)$ in der Umgebung eines Punktes $\lambda_0 \in P(A)$ mit Konvergenzradius $\varrho \geq |R(\lambda_0, A)|^{-1}$. Die Reihe (4.5) ist die analoge Darstellung in der Umgebung des unendlich fernen Punktes. Wäre $P(A) = C$, so wäre $u(R(\cdot, A))$ nach Satz 4.8 eine komplexe ganze holomorphe Funktion für jedes Funktional u aus $\mathscr{A}'$. Aus (4.5) folgt aber $u(R(\lambda, A)) \to 0$ für $|\lambda| \to \infty$. Also ist $u(R(\lambda, A)) = 0$ für alle $\lambda \in C$ nach dem Satz von Liouville[1]. Da dies für alle $u \in \mathscr{A}'$ gilt, folgt $R(\lambda, A) = 0$ aus Satz 3.5. Das steht aber im Widerspruch zu der Gleichung $(\lambda I - A) R(\lambda, A) = I$. Damit ist der Satz bewiesen.

---

[1] Vgl. z. B. K n o p p, K.: Funktionentheorie I. Berlin 1937, S. 109.

Satz 4.10. *Sei A eine in der offenen Menge Λ holomorphe Funktion mit Werten in $\mathscr{A}$ und φ eine in Λ holomorphe komplexe Funktion. Dann ist φA in Λ holomorph mit Werten in $\mathscr{A}$.*

Beweis: Für jedes $\lambda_0 \in \Lambda$ hat A eine Entwicklung der Form (4.8) mit Konvergenzradius $\varrho > 0$. Ebenso hat φ eine Entwicklung $\varphi(\lambda) = \sum_{m=0}^{\infty} (\lambda - \lambda_0)^m \varphi_m$ mit Koeffizienten $\varphi_m \in \mathbb{C}$ und Konvergenzradius $\varrho' > 0$. Formale Multiplikation ergibt eine Reihe $\sum_{n=0}^{\infty} (\lambda - \lambda_0)^n B_n$ mit $B_n = \sum_{m=0}^{n} \varphi_m A_{n-m} \in \mathscr{A}$. Die Zahlen $|B_n|$ sind offenbar nicht größer als die Koeffizienten γ_n in dem Produkt $\sum_{m=0}^{\infty} (\lambda - \lambda_0)^m |\varphi_m| \sum_{n=0}^{\infty} (\lambda - \lambda_0)^n |A_n| = \sum_{n=0}^{\infty} (\lambda - \lambda_0)^n \gamma_n$, welches eine für $|\lambda - \lambda_0| < \min\{\varrho, \varrho'\}$ holomorphe Funktion ist. Also gilt $\varphi(\lambda) A(\lambda) = \sum_{n=0}^{\infty} (\lambda - \lambda_0)^n B_n$ mit Konvergenzradius nicht kleiner als $\min\{\varrho, \varrho'\}$, d. h. φA ist in Λ holomorph.

Aufgaben. 4.12. a) Ist A in einer Umgebung von λ_0 holomorph, so existiert die Ableitung $A^{(1)}(\lambda_0) = \lim_{\lambda \to \lambda_0} (\lambda - \lambda_0)^{-1} [A(\lambda) - A(\lambda_0)]$.

b) Ist A in Λ holomorph, so auch die Ableitung $A^{(1)}$.

4.13. Sei A in Λ stetig und $A(\lambda) - A(\mu) = (\mu - \lambda) A(\lambda) A(\mu)$ für alle $\lambda, \mu \in \Lambda$. Dann ist A in Λ holomorph und hat die Ableitung $A^{(1)}(\lambda) = -[A(\lambda)]^2$.

4.5 Der Spektralradius. Für jedes Element A einer Banachalgebra $\mathscr{A}$ definiert man den Spektralradius $r(A)$ durch

$$r(A) = \limsup_{n \to \infty} |A^n|^{\frac{1}{n}}. \tag{4.10}$$

Für $r(A)$ beweisen wir zunächst die Abschätzung

$$r(A) \leq |A^n|^{\frac{1}{n}} \quad \text{für} \quad n = 1, 2, \ldots \tag{4.11}$$

Es sei m eine natürliche Zahl. Jede natürliche Zahl n hat eine eindeutige Zerlegung $n = m p_n + q_n$ mit ganzen Zahlen $p_n, q_n, p_n \geq 0$ und $0 \leq q_n \leq m - 1$. Setzt man $\gamma = \max\{1, |A|, |A^2|, \ldots, |A^{m-1}|\}$, so gilt $|A^n| \leq |A^m|^{p_n} |A^{q_n}| \leq \gamma |A^m|^{p_n}$ und daher

$$r(A) \leq \limsup_{n \to \infty} \gamma^{\frac{1}{n}} |A^m|^{\frac{1}{m} - \frac{1}{nm} q_n} = |A^m|^{\frac{1}{m}}$$

wegen $\frac{1}{nm} q_n \to 0$. Damit ist (4.11) bewiesen. Aus (4.11) folgt $r(A) \leq \liminf_{n \to \infty} |A^n|^{\frac{1}{n}}$. Zusammen mit (4.10) erhält man daraus die Konvergenz der Folge $(|A_n|^{\frac{1}{n}})$ und

$$r(A) = \lim_{n \to \infty} |A^n|^{\frac{1}{n}}. \tag{4.12}$$

Der Name „Spektralradius" findet seine Erklärung in dem folgenden

Satz 4.11. *Es gilt $r(A) = \sup\{|\lambda| \mid \lambda \in \Sigma(A)\}$, d. h. $r(A)$ ist der Radius der kleinsten abgeschlossenen Kreisscheibe mit Mittelpunkt Null, die $\Sigma(A)$ enthält.*

Beweis: Die Potenzreihe $\sum_{n=0}^{\infty} \mu^n A^n$ hat nach (4.9) den Konvergenzradius $[r(A)]^{-1}$. Daraus folgt, daß die Reihe (4.5) für $|\lambda| > r(A)$ konvergiert. Alle $\lambda \in \mathbb{C}$ mit $|\lambda| > r(A)$ gehören also zu $P(A)$, und folglich ist $r_0 = \sup\{|\lambda| \,|\, \lambda \in \Sigma(A)\} \le r(A)$. Nach Satz 4.9 ist $R(\cdot, A)$ in $P(A)$ holomorph mit Werten in $\mathscr{A}$ und $u(R(\cdot, A))$ ist eine komplexe holomorphe Funktion für jedes Funktional u auf $\mathscr{A}$ nach Satz 4.8. Das Integral

$$J_m(u) = \frac{1}{2\pi i} \int\limits_{|\lambda|=s} \lambda^m u(R(\lambda, A)) \, d\lambda$$

ist daher für jede natürliche Zahl m und für $s > r_0$ erklärt und hängt von s nicht ab. Wählt man $s > r(A)$, so kann man die Entwicklung (4.5) einsetzen und gliedweise integrieren. Man erhält

$$J_m(u) = \sum_{n=0}^{\infty} \frac{1}{2\pi i} \int\limits_{|\lambda|=s} \lambda^{m-n-1} \, d\lambda \ \ u(A^n) = u(A^m).$$

Nach Satz 3.5 gibt es zu jedem m ein Funktional u_m auf $\mathscr{A}$ mit $|u_m| = 1$ und $u_m(A^m) = |A^m|$. Also gilt

$$|A^m| = J_m(u_m) \le \frac{1}{2\pi} \int\limits_{|\lambda|=s} |\lambda^m| \, |u_m(R(\lambda, A))| \, |d\lambda|$$

$$\le \frac{1}{2\pi} \int\limits_{|\lambda|=s} s^m |R(\lambda, A)| \, |d\lambda|$$

$$\le s^{m+1} \max\left\{ |R(\lambda, A)| \,\Big|\, |\lambda| = s \right\} = \gamma_s s^m$$

mit einer von m unabhängigen Konstanten γ_s. Nach (4.12) folgt daraus $r(A) \le s$ und weiter $r(A) \le r_0$ für $s \to r_0$. Zusammen mit der schon bewiesenen Ungleichung $r_0 \le r(A)$ ergibt sich daraus $r(A) = r_0$, wie behauptet.

Beispiel 1. Ein Element $A \in \mathscr{A}$ heißt quasi-nilpotent, wenn $r(A) = 0$ ist. Nach Satz 4.9 und Satz 4.11 ist $\Sigma(A) = \{0\}$ für ein solches Element und $R(\lambda, A) = \sum\limits_{n=0}^{\infty} \lambda^{-n-1} A^n$ für alle $\lambda \ne 0$.

Beispiel 2. Sei A algebraisches Element von $\mathscr{A}$ (vgl. Aufgabe 4.10) und p das Polynom von minimalem Grad mit der Eigenschaft $p(A) = 0$. Dann ist $r(A)$ der Betrag der am weitesten vom Ursprung entfernten Nullstelle von p.

Aufgaben. 4.14. a) Für beliebige Elemente $A, B \in \mathscr{A}$ ist $r(AB) = r(BA)$.

b) A sei regulär und $r(A^{-1}B) < 1$. Dann ist $A - B$ regulär. Anleitung: Man zeigt, daß die in Satz 4.4 angegebene Reihe konvergent ist.

4.15. a) Für jedes $A \in \mathscr{A}$ ist $r(A^m) = [r(A)]^m (m = 1, 2, \ldots)$ und $r(\alpha A) = |\alpha| r(A) (\alpha \in \mathbb{C})$.

b) Ist $AB = BA$, so gilt $r(AB) \le r(A) r(B)$ und $r(A + B) \le r(A) + r(B)$.

4.16. Es sei $\varphi(\lambda) = \sum\limits_{n=0}^{\infty} \alpha_n \lambda^n$ mit Konvergenzradius $r > r(A)$. Dann konvergiert die Reihe $\varphi(A) = \sum\limits_{n=0}^{\infty} \alpha_n A^n$ in $\mathscr{A}$ und es gilt

$$u(\varphi(A)) = \frac{1}{2\pi i} \int\limits_{|\lambda|=s} \varphi(\lambda) u(R(\lambda, A)) \, d\lambda$$

für jedes Funktional u auf $\mathscr{A}$ und für jedes s mit $r(A) < s < r$.

4.17. Der Integraloperator K von 3.5 Beispiel 3 sei ein Volterra-Operator, d. h. es gelte $K(s, t) = 0$ für $t \ge s$. Man zeige, daß ein solcher Operator als Element der Banachalgebra $\mathscr{B}(C[0,1])$ quasi-nilpotent ist (vgl. Beispiel 1).

4.6 Die Pole der Resolvente. Ein Punkt λ_0 heißt Pol der holomorphen Funktion A mit Werten in einem Banachraum $\mathscr{A}$, wenn A in einer Umgebung von λ_0 mit Ausnahme des Punktes λ_0 selbst holomorph ist und dort eine Darstellung der Form

$$A(\lambda) = \sum_{n=1}^{p} (\lambda - \lambda_0)^{-n} A_{-n} + A_0(\lambda) \tag{4.13}$$

hat mit $A_{-n} \in \mathscr{A}, A_{-p} \neq 0$ und einer in der Umgebung von λ_0 (einschließlich λ_0) holomorphen Funktion A_0. Die natürliche Zahl p heißt Ordnung des Pols, das Element A_{-1} heißt Residuum. Die Summe in (4.13) heißt Hauptteil und A_0 regulärer Teil von A in bezug auf den Pol λ_0. Die Darstellung (4.13) ist eindeutig: Gilt

$$\sum_{n=1}^{p} (\lambda - \lambda_0)^{-n} A_{-n} + A_0(\lambda) = \sum_{n=1}^{q} (\lambda - \lambda_0)^{-n} B_{-n} + B_0(\lambda)$$

in einer Umgebung von λ_0, so folgt $p = q, A_{-n} = B_{-n}$ für $n = 1,2,\ldots,p$ und $A_0 = B_0$ durch Multiplikation der Gleichung mit geeigneten Potenzen von $\lambda - \lambda_0$ und Grenzübergang $\lambda \to \lambda_0$. Als Beispiel einer holomorphen Funktion mit Polen nennen wir die Resolvente eines algebraischen Elements einer Banachalgebra (Aufgabe 4.10). Im folgenden untersuchen wir die Pole der Resolvente eines beliebigen Elementes:

Satz 4.12. *Sei λ_0 ein Pol der Ordnung p der Resolvente des Elements A der Banachalgebra $\mathscr{A}$. Dann gilt $\lambda_0 \in \Sigma(A)$. Das Residuum P des Pols hat die Eigenschaften $(A - \lambda_0 I)^n P \neq 0$ für $n = 0,1,2,\ldots,p-1$ und $(A - \lambda_0 I)^p P = 0$. P ist idempotent: $P^2 = P$ und mit A vertauschbar:*

$AP = PA$. Für alle $\lambda \in \mathsf{P}(A)$ gilt $R(\lambda,A) = S(\lambda) + T(\lambda)$ mit $S(\lambda) = \sum_{n=1}^{p} (\lambda - \lambda_0)^{-n}(A - \lambda_0 I)^{n-1} P$

und mit einer in $\mathsf{P}(A) \cup \{\lambda_0\}$ holomorphen Funktion T. Ist Q das Residuum eines ande $r\cdot\cdot$ Pols der Resolvente, so ist $PQ = QP = 0$.

Beweis: Nach Definition eines Pols der Ordnung p gilt $R(\lambda,A) = S(\lambda) + T(\lambda)$ in einer

Umgebung von λ_0 mit $S(\lambda) = \sum_{n=1}^{p} (\lambda - \lambda_0)^{-n} A_{-n}, A_{-p} \neq 0$ und T ist holomorph in einer

Umgebung von λ_0. Daraus folgt $|R(\lambda,A)| \to \infty$ für $\lambda \to \lambda_0$, also $\lambda_0 \in \Sigma(A)$ nach Satz 4.7. $T = R(\cdot,A) - S$ ist nun offenbar holomorph in $\mathsf{P}(A)$, folglich auch in $\mathsf{P}(A) \cup \{\lambda_0\}$. Aus der Definition der Resolvente folgen die Gleichungen

$$(\lambda I - A)[S(\lambda) + T(\lambda)] = [S(\lambda) + T(\lambda)](\lambda I - A) = I \tag{4.14}$$

für alle $\lambda \in \mathsf{P}(A)$. Daraus erhält man die Gleichungen

$$(\lambda - \lambda_0)S(\lambda) + (\lambda_0 I - A)S(\lambda) = I + (A - \lambda I)T(\lambda)$$
$$(\lambda - \lambda_0)S(\lambda) + S(\lambda)(\lambda_0 I - A) = I + T(\lambda)(A - \lambda I),$$

in denen die rechte Seite an der Stelle λ_0 holomorph ist. Koeffizientenvergleich liefert daher

$$(A - \lambda_0 I)A_{-n} = A_{-n}(A - \lambda_0 I) = A_{-n-1}$$

für $n = 1,2,\ldots,p$, wenn $A_{-p-1} = 0$ gesetzt wird und

$$P = I + (A - \lambda I)T(\lambda) = I + T(\lambda)(A - \lambda I) \tag{4.15}$$

mit $P = A_{-1}$ für alle $\lambda \in \mathsf{P}(A) \cup \{\lambda_0\}$. Aus den Rekursionsformeln folgt $AP = PA$ (für $n = 1$) und $A_{-n} = (A - \lambda_0 I)^{n-1} P = P(A - \lambda_0 I)^{n-1}$ für $n = 1,2,\ldots,p$. Da nun $A_{-p} \neq 0$ ist nach Voraussetzung, so erhält man hieraus $(A-\lambda_0 I)^n P \neq 0$ für $n = 0,1,\ldots,p-1$ und $(A-\lambda_0 I)^p P = 0$. Aus (4.14) und (4.15) folgt

$$P = (\lambda I - A)S(\lambda) = S(\lambda)(\lambda I - A)$$

und weiter durch Multiplikation mit $R(\lambda, A)$

$$S(\lambda) = P R(\lambda, A) = R(\lambda, A)P. \tag{4.16}$$

In dieser Gleichung hat die linke Seite den Pol λ_0 mit dem Residuum P und die rechte Seite hat denselben Pol mit dem Residuum P^2. Also ist $P^2 = P$. Ist λ_1 ein anderer Pol von $R(\cdot, A)$, so ist S an der Stelle λ_1 regulär, während $P R(\cdot, A)$ dort das Residuum PQ besitzt; also ist $PQ = 0$. Ebenso zeigt man $QP = 0$ mit Hilfe der zweiten Gleichung (4.16).

Ein Element $A \in \mathscr{A}$ heißt pseudoregulär bezüglich eines anderen Elementes P, wenn es ein $\hat{A} \in \mathscr{A}$ gibt derart, daß die Gleichungen

$$\hat{A} A = A \hat{A} = I - P, P A = A P = P \hat{A} = \hat{A} P = 0 \tag{4.17}$$

gelten. Aus diesen Gleichungen folgt unmittelbar $P(I-P) = 0$, d. h. P ist idempotent. $\hat{A}$ ist durch A und P eindeutig bestimmt. Es gilt sogar: Gibt es Elemente L und R mit $LA = AR = I - P$ und $LP = PR = 0$, so ist $L = R$; denn es ist $L = L(I-P) = LAR = (I-P)R = R$. Wir nennen $\hat{A}$ die Pseudoinverse von A bezüglich P. Offenbar ist auch $\hat{A}$ pseudoregulär bezüglich P, und A ist die Pseudoinverse von $\hat{A}$. A ist genau dann regulär, wenn A pseudoregulär bezüglich des Nullelements ist.

Satz 4.13. *Eine komplexe Zahl λ_0 ist genau dann ein Pol der Resolvente des Elements A der Banachalgebra $\mathscr{A}$, wenn es ein idempotentes Element $P \neq 0$ in $\mathscr{A}$ gibt derart, daß A und P vertauschbar sind, $S = (A - \lambda_0 I)P$ nilpotent ist, und $T = (A - \lambda_0 I)(I - P)$ pseudoregulär bezüglich P ist. Die Ordnung des Pols ist die kleinste natürliche Zahl p derart, daß $S^p = 0$ ist; das Residuum ist P.*

Beweis: 1. Sei λ_0 ein Pol der Ordnung p der Resolvente von A, und P das Residuum. Nach Satz 4.12 hat P die Eigenschaften $P^2 = P$, $AP = PA$, $(A - \lambda_0 I)^n P \neq 0$ für $n = 0,1,\ldots,p-1$ und $(A-\lambda_0 I)^p P = 0$. Daraus folgt $S^n = (A-\lambda_0 I)^n P \neq 0$ für $n < p$ und $S^p = 0$. Für T gilt offenbar $P T = T P = 0$. Wir setzen $\hat{T} = -T(\lambda_0)$; aus (4.15) folgt dann $I - P = (A - \lambda_0 I)\hat{T} = \hat{T}(A - \lambda_0 I)$. Da $I - P$ idempotent ist, folgt daraus $\hat{T} T = T \hat{T} = I - P$ durch Multiplikation mit $I - P$. Nach (4.16) ist

$$T(\lambda) = (I - P)R(\lambda, A) = R(\lambda, A)(I - P)$$

für $\lambda \in P(A)$; daraus folgt $P T(\lambda) = T(\lambda)P = 0$ und durch Grenzübergang $\lambda \to \lambda_0$ schließlich $P \hat{T} = \hat{T} P = 0$. Also ist T pseudoregulär bezüglich P.

2. Die Bedingungen des Satzes seien erfüllt. Da S nilpotent ist, ist $(\lambda - \lambda_0)I - S$ regulär für $\lambda \neq \lambda_0$ und $R(\lambda - \lambda_0, S) = \sum_{n=1}^{p} (\lambda - \lambda_0)^{-n} S^{n-1}$ nach 4.3 Beispiel 1. Wir setzen $S(\lambda) = P R(\lambda - \lambda_0, S) = \sum_{n=1}^{p} (\lambda - \lambda_0)^{-n}(A - \lambda_0 I)^{n-1} P$; da P mit A vertauschbar ist, gilt dann

$$(I - P)S(\lambda) = S(\lambda)(I - P) = 0, \qquad T S(\lambda) = S(\lambda) T = 0$$

und
$$S(\lambda)[(\lambda - \lambda_0)P - S] = [(\lambda - \lambda_0)P - S]S(\lambda) = P.$$

Sei $\hat{T}$ die Pseudoinverse von T bezüglich P. Für alle λ mit $|\lambda - \lambda_0|\,|\hat{T}| < 1$ ist $I - (\lambda - \lambda_0)\hat{T}$ regulär nach Satz 4.4

und
$$T(\lambda) = -\hat{T}[I - (\lambda - \lambda_0)\hat{T}]^{-1} = -\sum_{n=0}^{\infty}(\lambda - \lambda_0)^n \hat{T}^{n+1}$$

definiert eine holomorphe Funktion $T(\cdot)$ mit Werten in $\mathscr{A}$ für diese λ. Es gilt
$$P\,T(\lambda) = T(\lambda)P = 0, \quad S\,T(\lambda) = T(\lambda)S = 0$$
und
$$T(\lambda)[(\lambda - \lambda_0)(I - P) - T] = [(\lambda - \lambda_0)(I - P) - T]\,T(\lambda) = I - P.$$

Aus den Eigenschaften von $S(\lambda)$ und $T(\lambda)$ folgt, daß $S(\lambda) + T(\lambda)$ für $0 < |\lambda - \lambda_0| < |\hat{T}|^{-1}$ die Inverse von $\lambda I - A = (\lambda - \lambda_0)P - S + (\lambda - \lambda_0)(I - P) - T$ ist. Also hat die Resolvente von A den Pol λ_0 der Ordnung p mit dem Residuum P.

Aufgaben. 4.18. Es seien $P_1, \ldots, P_n$ idempotente Elemente, die mit A vertauschbar sind, und es gelte $P_j P_k = \delta_{jk}P_j$ für $j,k = 1,\ldots,n$ und $\sum\limits_{j=1}^{n} P_j = I$.

a) A ist genau dann regulär, wenn für jedes j das Element $A\,P_j$ bezüglich $I - P_j$ pseudoregulär ist.

b) Sei $\Sigma_j(A)$ die Menge aller $\lambda \in \mathbb{C}$ derart, daß $\lambda P_j - A P_j$ bezüglich $I - P_j$ nicht pseudoregulär ist. Dann ist $\Sigma(A) = \bigcup\limits_{j=1}^{n} \Sigma_j(A)$.

4.19. Das Spektrum des Elementes $A \in \mathscr{A}$ bestehe aus endlich vielen Polen $\lambda_1, \ldots, \lambda_n$ der Resolvente. Es sei p_j der Grad, P_j das Residuum des Pols λ_j. Man zeige:

a) Es gilt $R(\lambda, A) = \sum\limits_{j=1}^{n} \sum\limits_{m=1}^{p_j} (\lambda - \lambda_j)^{-m}(A - \lambda_j I)^{m-1} P_j$.

b) Die Residuen P_j genügen den Gleichungen $P_j P_k = \delta_{jk}P_j$ und $\sum\limits_{j=1}^{n} P_j = I$.

c) Die Elemente $(A - \lambda_j I)^{m-1} P_j;\ m = 1, \ldots, p_j;\ j = 1,2,\ldots,n$ sind linear unabhängig.

d) Für jedes Polynom φ ist $\varphi(A) = \sum\limits_{j=1}^{n} \sum\limits_{m=1}^{p_j} \dfrac{1}{(m-1)!}\,\varphi^{(m-1)}(\lambda_j)(A - \lambda_j I)^{m-1} P_j$.

e) A ist algebraisch (vgl. Aufgabe 4.10) und $\psi(\lambda) = \prod\limits_{j=1}^{n}(\lambda - \lambda_j)^{p_j}$ ist das Polynom niedrigsten Grades mit $\psi(A) = 0$.

f) Für jedes Polynom φ ist $\varphi(A)$ algebraisch, und $\mu_j = \varphi(\lambda_j)$ sind die Pole seiner Resolvente.

4.20. Es sei $A \in \mathscr{B}(\mathsf{E})$ definiert durch $A x = \sum\limits_{j=1}^{n} u_j(x)\,y_j$ mit linear unabhängigen Elementen $y_1, \ldots, y_n \in \mathsf{E}$ und linear unabhängigen Funktionalen $u_1, \ldots, u_n \in \mathsf{E}'$ (vgl. Aufgabe 3.10). Man zeige:

a) Die Zahl $\mathrm{spur}\,(A) = \sum\limits_{j=1}^{n} u_j(y_j)$ und das Polynom $\varphi(\lambda) = \lambda\det(\lambda\delta_{jk} - u_j(y_k))$ hängen nur von A, nicht von der Wahl der Elemente y_j und u_j ab.

b) A ist algebraisch und $\varphi(A) = 0$. Anleitung: Man löst die Gleichung $\lambda x - A x = y$ durch Reduktion auf ein System linearer algebraischer Gleichungen.

c) Ist $A^2 = A$, so ist $\mathrm{spur}\,(A) = n$.

d) Ist A nilpotent, so ist $\mathrm{spur}\,(A) = 0$.

e) Für alle $\lambda \in \mathsf{P}(A)$ ist
$$\mathrm{spur}\,(R(\lambda, A) - \lambda^{-1}I) = \frac{\mathrm{d}}{\mathrm{d}\lambda}\log[\lambda^{-n-1}\varphi(\lambda)].$$

f) Ist $\lambda_0 \neq 0$ ein Pol der Resolvente von A mit Residuum P, so ist $\mathrm{spur}\,(P)$ die Ordnung der Nullstelle λ_0 von φ.

4.7 B*-Algebren. Eine Banachalgebra $\mathscr{A}$ mit Einselement heißt eine B*-Algebra, wenn eine Abbildung $A \mapsto A^*$ von $\mathscr{A}$ in sich erklärt ist mit den Eigenschaften

und
$$(\alpha A - \beta B)^* = \bar{\alpha} A^* + \bar{\beta} B^*, \quad (A^*)^* = A \tag{4.18}$$
$$(AB)^* = B^* A^*, \quad |A^* A| = |A|^2 \tag{4.19}$$

für alle $A, B \in \mathscr{A}$ und $\alpha, \beta \in \mathbf{C}$. Eine Abbildung mit den Eigenschaften (4.18) heißt eine **Involution**; sie ist offenbar bijektiv. Das Element A^* heißt das zu A **adjungierte Element** oder die **Adjungierte** von A. Ein Element A heißt **selbstadjungiert** oder auch **symmetrisch**, wenn $A = A^*$ ist; A heißt **normal**, wenn A^* mit A vertauschbar ist. Das Nullelement und das Einselement sind selbstadjungiert; denn nach (4.18) ist $0^* = (A - A)^* = A^* - A^* = 0$, und aus (4.19) folgt $I^* = II^* = (II^*)^* = (I^*)^* = I$.

Die Algebra $\mathscr{B}(\mathbf{H})$ der beschränkten Operatoren eines Hilbertraumes $\mathbf{H}$ ist nach Satz 3.17 eine B*-Algebra mit der zusätzlichen Eigenschaft, daß die Involution in $\mathscr{B}(\mathbf{H})$ isometrisch ist. Die Algebra $\mathbf{C}(\mathbf{M})$ aller stetigen und beschränkten komplexen Funktionen auf dem metrischen Raum $\mathbf{M}$ ist eine B*-Algebra mit der isometrischen Involution definiert durch $f^*(x) = \overline{f(x)}$ für alle $x \in \mathbf{M}$ und alle $f \in \mathbf{C}(\mathbf{M})$. Die Algebra $\mathscr{A}(\mathbf{E})$ (mit der Norm $|\cdot|$) für ein positives Dualsystem $\langle \mathbf{E}, \mathbf{E} \rangle$ ($\mathbf{E}$ ein Banachraum) ist nach Satz 3.18 eine Banachalgebra mit Einselement und mit einer isometrischen Involution; jedoch ist $\mathscr{A}(\mathbf{E})$ keine B*-Algebra, da die Identität $|A^* A| = |A|^2$ in $\mathscr{A}(\mathbf{E})$ im allgemeinen nicht gilt (vgl. Aufgabe 3.25).

Satz 4.14. *Ein Element A einer B*-Algebra ist genau dann regulär, wenn A^* regulär ist, und zwar ist dann $(A^{-1})^* = (A^*)^{-1}$.*

Beweis: Aus $A^{-1} A = A A^{-1} = I$ folgt $A^* (A^{-1})^* = (A^{-1})^* A^* = I$ durch Anwendung der Involution. Also ist A^* regulär und $(A^*)^{-1} = (A^{-1})^*$. Ist A^* regulär, so auch $(A^*)^* = A$, wie soeben bewiesen.

Als Folgerung aus Satz 4.14 erhält man

Satz 4.15. *Für jedes Element A einer B*-Algebra ist $\Sigma(A^*) = \{\lambda \mid \bar{\lambda} \in \Sigma(A)\}$ und $R(\lambda, A^*) = R(\bar{\lambda}, A)^*$ für alle $\lambda \in \mathbf{P}(A^*)$. Ist A normal, so auch $R(\lambda, A)$. Ist A selbstadjungiert, so auch $R(\lambda, A)$ für reelle $\lambda \in \mathbf{P}(A)$.*

Ein weiterer Satz betrifft den Spektralradius der normalen Elemente:

Satz 4.16. *Es sei A ein normales Element einer B*-Algebra. Dann ist $|A| = |A^*|$ und $r(A) = |A| = |A^n|^{\frac{1}{n}}$ für $n = 1, 2, \ldots$*

Beweis: Für ein normales Element folgt aus (4.19) $|A|^2 = |A^* A| = |A A^*| = |A^*|^2$, also $|A| = |A^*|$. Außerdem gilt $|A^2|^2 = |(A^2)^* A^2| = |(A^*)^2 A^2| = |(A^* A)^* A^* A| = |A^* A|^2 = |A|^4$. Daraus folgt $|A^{2^n}|^{2^{-n}} = |A|$ für $n = 1, 2, \ldots$, also $r(A) = |A|$ mit Benutzung von (4.12). Nach (4.11) hat man schließlich $r(A) \leq |A^n|^{1/n} \leq |A| = r(A)$, also $|A| = |A^n|^{1/n}$ für alle n.

Aus Satz 4.16 folgt insbesondere, daß in kommutativen B*-Algebren die Involution isometrisch ist. Wir untersuchen schließlich noch die Pole der Resolvente eines normalen Elements:

Satz 4.17. *Es sei λ_0 ein Pol der Resolvente eines normalen Elementes A einer B*-Algebra. Dann ist die Ordnung p des Pols gleich Eins und das Residuum P ist ein normales Element der Algebra.*

Beweis: Nach Definition eines Pols der Ordnung p ist

$$R(\lambda, A) = \sum_{n=1}^{p} (\lambda - \lambda_0)^{-n} A_{-n} + A_0(\lambda)$$

für alle λ mit $0 < |\lambda - \lambda_0| < \varrho_0$ mit $A_{-p} \neq 0$ und einer in $|\lambda - \lambda_0| < \varrho_0$ holomorphen Funktion A_0. Mit (4.18) folgt daraus

$$R(\lambda, A)^* = \sum_{n=1}^{p} \overline{(\lambda - \lambda_0)}^{-n} A_{-n}^* + A_0(\lambda)^*$$

Andererseits ist $R(\lambda, A)$ normal nach Satz 4.15, also

$$R(\lambda, A) R(\lambda, A)^* - R(\lambda, A)^* R(\lambda, A) = 0$$

für $0 < |\lambda - \lambda_0| < \varrho_0$. Setzt man hierin die obigen Entwicklungen ein, multipliziert mit $|\lambda - \lambda_0|^{2p}$ und läßt $\lambda \to \lambda_0$ gehen, so folgt $A_{-p} A_{-p}^* - A_{-p}^* A_{-p} = 0$, d. h. A_{-p} ist normal. Nach Satz 4.12 ist $A_{-p} = (A - \lambda_0 I)^{p-1} P = P(A - \lambda_0 I)^{p-1}$, wenn P das Residuum des Pols ist. Ferner ist $(A - \lambda_0 I)^p P = 0$. Wäre $p > 1$, so folgte $2p - 2 \geq p$ und damit $(A_{-p})^2 = (A - \lambda_0 I)^{2p-2} P = 0$; da A_{-p} normal ist, wäre dann $|A_{-p}|^2 = |(A_{-p})^2| = 0$ nach Satz 4.16, d. h. $A_{-p} = 0$ im Widerspruch zur Voraussetzung. Also ist $p = 1$ und $P = A_{-1}$ ist normal.

§ 5 Fredholmtheorie

5.1 Invertierbare Operatoren. Für zwei normierte Räume E und F wurde in 3.2 der Raum $\mathscr{B}(\mathsf{E}, \mathsf{F})$ aller beschränkten Operatoren von E in F erklärt und gezeigt, daß $\mathscr{B}(\mathsf{E}, \mathsf{F})$ ein normierter Raum mit der Norm (3.3) ist. Wenn F ein Banachraum ist, so auch $\mathscr{B}(\mathsf{E}, \mathsf{F})$. Ist G ein weiterer normierter Raum, $A \in \mathscr{B}(\mathsf{E}, \mathsf{F})$ und $B \in \mathscr{B}(\mathsf{F}, \mathsf{G})$, so ist durch $(BA)x = B(Ax)$ für alle $x \in \mathsf{E}$ ein Operator $BA \in \mathscr{B}(\mathsf{E}, \mathsf{G})$ erklärt, und es gilt

$$|BA| \leq |B| |A| . \tag{5.1}$$

Das folgt aus der Abschätzung $|BAx| \leq |B| |Ax| \leq |B| |A| |x|$ und der Definition der Norm. Im Spezialfall G = E ist $BA \in \mathscr{B}(\mathsf{E}, \mathsf{E}) = \mathscr{B}(\mathsf{E})$, also ein beschränkter Operator von E in sich. Für einen Operator $A \in \mathscr{B}(\mathsf{E}, \mathsf{F})$ definieren wir den **Nullraum** $\mathsf{N}(A) \subset \mathsf{E}$ durch $\mathsf{N}(A) = \{x \mid x \in \mathsf{E}, Ax = 0\}$ und den **Bildraum** oder **Wertebereich** $\mathsf{R}(A) \subset \mathsf{F}$ durch $\mathsf{R}(A) = \{y \mid y = Ax, x \in \mathsf{E}\}$. Gelegentlich schreiben wir auch $A\mathsf{E}$ statt $\mathsf{R}(A)$ und allgemeiner $A\mathsf{M} = \{y \mid y = Ax, x \in \mathsf{M}\}$ für eine Teilmenge M von E. $\mathsf{N}(A)$ und $\mathsf{R}(A)$ sind lineare Räume, also Teilräume von E bzw. F. $\mathsf{N}(A)$ ist abgeschlossen; denn für jede Folge (x_n) in $\mathsf{N}(A)$ mit $x_n \to x \in \mathsf{E}$ ist $0 = Ax_n \to Ax$, also $Ax = 0$, d. h. $x \in \mathsf{N}(A)$. Der Bildraum $\mathsf{R}(A)$ ist nicht notwendig abgeschlossen, wie das folgende Beispiel zeigt:

Beispiel. Es sei $\mathsf{E} = \mathsf{F} = l_\infty$ und $A \in \mathscr{B}(l_\infty)$ erklärt durch $Ax = (j^{-1} \xi_j)$ für $x = (\xi_j) \in l_\infty$. Dann ist $\mathsf{R}(A)$ die Menge aller $y = (\eta_j) \in l_\infty$ mit $(j\eta_j) \in l_\infty$. Die Folge der Elemente $y_n = (nj^{-1/2}(n + j)^{-1}) \in \mathsf{R}(A)$ hat den Grenzwert $y = (j^{-1/2})$, denn es gilt $|y - y_n|_\infty = \sup\{j^{1/2}(n + j)^{-1} \mid j = 1, 2, \ldots\} = \frac{1}{2} n^{-1/2}$. Das Element y liegt nicht in $\mathsf{R}(A)$, d. h. $\mathsf{R}(A)$ ist nicht abgeschlossen.

Die Dimension eines normierten Raumes E bzw. eines Teilraumes A von E bezeichnen wir mit dim E bzw. dim A; insbesondere setzen wir dim A = 0, wenn A nur aus dem Nullelement besteht. dim A ist also entweder eine nichtnegative ganze Zahl oder ∞. Für einen Operator $A \in \mathscr{B}(\mathsf{E}, \mathsf{F})$ erklären wir die **Nullzahl** $\alpha(A) = \dim \mathsf{N}(A)$. Ein Operator A heißt **invertierbar**, wenn $\alpha(A) = 0$ ist, d. h. wenn $Ax = 0$ nur für $x = 0$ gilt. Für einen invertierbaren Operator A hat die Gleichung $Ax = y$ für jedes $y \in R(A)$ genau eine Lösung $x \in E$; denn aus $Ax_1 = y$ und $Ax_2 = y$ folgt $A(x_1 - x_2) = 0$, also $x_1 = x_2$. Die Lösung bezeichnen wir mit $x = A^{-1}y$ und definieren dadurch eine lineare Abbildung A^{-1} von $R(A)$ auf E; denn aus $Ax_1 = y_1$, $Ax_2 = y_2$ folgt $A(\alpha_1 x_1 + \alpha_2 x_2) = \alpha_1 y_1 + \alpha_2 y_2$, d. h. $A^{-1}(\alpha_1 y_1 + \alpha_2 y_2) = \alpha_1 x_1 + \alpha_2 x_2 = \alpha_1 A^{-1} y_1 + \alpha_2 A^{-1} y_2$. Der Operator A^{-1} heißt die Inverse von A; er ist charakterisiert durch die Gleichungen $A^{-1}Ax = x$ für alle $x \in E$ und $AA^{-1}y = y$ für alle $y \in R(A)$. Er ist aber nicht notwendig beschränkt (d. h. Element von $\mathscr{B}(R(A),E)$); für das obige Beispiel ist $A^{-1}y = (j\eta_j)$ für $y = (\eta_j) \in R(A)$ und dieser Operator ist nicht beschränkt: Für die in dem Beispiel angegebene Folge (y_r) in $R(A)$ ist nämlich $|y_n|_\infty < 1$ und $|A^{-1}y_n|_\infty = \frac{1}{2}n^{1/2}$ für alle n. Wir nennen einen invertierbaren Operator $A \in \mathscr{B}(E, F)$ beschränkt invertierbar, wenn die Inverse A^{-1} zu $\mathscr{B}(R(A), E)$ gehört. Hierzu beweisen wir folgendes Kriterium:

Satz 5.1 (Banach). *Es seien* E *und* F *Banachräume. Ein invertierbarer Operator* $A \in \mathscr{B}(E, F)$ *ist genau dann beschränkt invertierbar, wenn* $R(A)$ *abgeschlossen ist.*

Beweis: 1. Ist $A^{-1} \in \mathscr{B}(R(A), E)$ und (y_n) eine konvergente Folge in $R(A)$, so ist zu zeigen, daß der Grenzwert y zu $R(A)$ gehört. Wir setzen $x_n = A^{-1}y_n$; die Folge (x_n) ist dann eine Cauchyfolge in E, also konvergent mit Grenzwert $x \in E$. Daraus folgt $y_n = Ax_n \to Ax$, also $y = Ax \in R(A)$.

2. $R(A)$ sei abgeschlossen; da F vollständig ist, ist auch $R(A)$ vollständig, also selbst ein Banachraum. A ist ein Operator aus $\mathscr{B}(E, R(A))$; wir können also ohne Beschränkung der Allgemeinheit $R(A) = F$ setzen. Für jedes $\varrho > 0$ betrachten wir die Kugel $K(0, \varrho)$ in E und ihr Bild $A_\varrho = AK(0, \varrho)$ in F; ein $y \in F$ liegt genau dann in A_ϱ, wenn $|A^{-1}y| < \varrho$ ist. Also liegt jedes $y \in F$ in $\bigcup\limits_{n=1}^{\infty} A_n$ und umso mehr ist $\bigcup\limits_{n=1}^{\infty} \bar{A}_n = F$. Nach Satz 2.16 enthält mindestens eine der Mengen $\bar{A}_n$ einen inneren Punkt, also auch eine Kugel $K(y_n, r_n)$. Nun ist aber $A_\varrho = \{\varrho y \mid y \in A_1\}$ und folglich $\bar{A}_\varrho = \{\varrho y \mid y \in \bar{A}_1\}$; also enthält $\bar{A}_1$ die Kugel $\overline{K(y_0, r_0)} = K(n^{-1}y_n, n^{-1}r_n)$. Für $y_1, y_2 \in A_\varrho$ liegen $x_1 = A^{-1}y_1$ und $x_2 = A^{-1}y_2$ in $K(0, \varrho)$ und daher $x_1 - x_2$ in $K(0, 2\varrho)$, d. h. $y_1 - y_2$ in $A_{2\varrho}$; für $y_1, y_2 \in \bar{A}_\varrho$ ist folglich $y_1 - y_2 \in \bar{A}_{2\varrho}$. Wir zeigen nun, daß jedes $y \in F$ mit $|y| \leq \varrho r_0$ in $\bar{A}_\varrho$ enthalten ist: Es gilt nämlich $2\varrho^{-1}y = y_1 - y_2$ mit $y_1 = y_0 + \varrho^{-1}y$ und $y_2 = y_0 - \varrho^{-1}y$, und y_1, y_2 liegen in $\overline{K(y_0, r_0)} \subset \bar{A}_1$. Daraus folgt $2\varrho^{-1}y \in \bar{A}_2$ und schließlich $y \in \bar{A}_\varrho$. Sei nun $y \in F$ mit $|y| \leq r_0$ und ein ε mit $0 < \varepsilon < 1$ gegeben. Dann gilt $y \in \bar{A}_1$ und es gibt ein $y_1 \in A_1$ mit $|y - y_1| \leq \varepsilon r_0$. Daraus folgt $y - y_1 \in \bar{A}_\varepsilon$; es gibt ein $y_2 \in A_\varepsilon$ mit $|y - y_1 - y_2| \leq \varepsilon^2 r_0$ usw. Es gibt also eine Folge (y_n) mit $y_n \in A_{\varepsilon^{n-1}}$ und $|y - y_1 - \cdots - y_n| \leq \varepsilon^n r_0$ für alle n. Setzt man $z_n = \sum\limits_{j=1}^{n} y_j$, so folgt $z_n \to y$. Die Elemente $A^{-1}z_n = \sum\limits_{j=1}^{n} A^{-1}y_j$ bilden eine Cauchyfolge in E; denn es ist $A^{-1}y_j \in K(0, \varepsilon^{j-1})$, also $|A^{-1}y_j| < \varepsilon^{j-1}$ und folglich $|A^{-1}z_{n+p} - A^{-1}z_n| \leq \sum\limits_{j=n+1}^{n+p} \varepsilon^{j-1} < \varepsilon^n(1-\varepsilon)^{-1}$ für alle n und p. Da E ein Banachraum ist, gibt es ein $x \in E$ mit $A^{-1}z_n \to x$, und man erhält $z_n = AA^{-1}z_n \to Ax$, d. h. $Ax = y$ oder $x = A^{-1}y$. Schließlich ist $|A^{-1}y| \leq \sum\limits_{j=1}^{\infty} \varepsilon^{j-1} = (1-\varepsilon)^{-1}$ für jedes $\varepsilon > 0$, d. h. $|A^{-1}y| \leq 1$. Also gilt $|A^{-1}y| \leq 1$ für alle y mit $|y| \leq r_0$, d. h. A^{-1} ist beschränkt mit $|A^{-1}| \leq r_0^{-1}$.

Aufgaben. 5.1. Es sei A der in Aufgabe 3.4 erklärte Operator in $C(M)$. Man zeige:

a) A ist genau dann invertierbar, wenn die Menge $\{x \mid x \in M, a(x) = 0\}$ keinen inneren Punkt hat.

b) A ist genau dann beschränkt invertierbar, wenn $a(x) \neq 0$ ist für alle $x \in M$ und $\sup\{|a(x)|^{-1}|x \in M\} < \infty$.

5.2. Es seien E und F Banachräume, $D(A)$ ein Teilraum von E und A ein Operator von $D(A)$ in F. Der Graph von A ist die Menge $G(A)$ aller Paare $(x, Ax) \in E \times F$ mit $x \in D(A)$. $E \times F$ ist ein Banachraum mit der Norm $|(x, y)| = |x| + |y|$. A heißt abgeschlossen, wenn $G(A)$ ein abgeschlossener Teilraum von $E \times F$ ist. Man zeige:

a) A ist genau dann abgeschlossen, wenn gilt: Ist (x_n) eine Folge in $D(A)$ mit Grenzwert $x \in E$ und hat auch $(A x_n)$ einen Grenzwert $y \in F$, so ist $x \in D(A)$ und $Ax = y$.

b) Ein beschränkter Operator A von $D(A)$ in F ist genau dann abgeschlossen, wenn $D(A)$ abgeschlossen ist.

c) Ist A invertierbar und abgeschlossen, so ist auch A^{-1} abgeschlossen.

d) Ist A abgeschlossen und $D(A)$ abgeschlossen, so ist A beschränkt (Banach's Satz vom abgeschlossenen Graphen). Anleitung: Man wendet Satz 5.1 auf den Operator $P \in \mathscr{B}(G(A), D(A))$ an, der durch $P(x, Ax) = x$ definiert ist.

e) Aus b), c) und d) folgt Satz 5.1.

5.3. Es sei A_γ mit $\operatorname{Re}\gamma < 1$ der in Aufgabe 3.7 erklärte beschränkte Operator in $E = C[0,1]$.

a) Für alle $\lambda \neq 0$ mit $\operatorname{Re}(\gamma + \lambda^{-1}) < 1$ ist $\lambda I - A_\gamma$ beschränkt invertierbar, $R(\lambda I - A_\gamma) = E$ und $(\lambda I - A_\gamma)^{-1} = \lambda^{-1} I + \lambda^{-2} A_{\gamma + \lambda^{-1}}$.

b) Für alle $\lambda \neq 0$ mit $\operatorname{Re}(\gamma + \lambda^{-1}) > 1$ ist $\alpha(\lambda I - A_\gamma) = 1$ und $R(\lambda I - A_\gamma) = E$.

c) Für alle λ auf der Kreislinie $\operatorname{Re}(\gamma + \lambda^{-1}) = 1$ außer für $\lambda = (1 - \gamma)^{-1}$ ist $\lambda I - A_\gamma$ invertierbar, aber nicht beschränkt invertierbar, und hat einen dichten Wertebereich. Für $\lambda = (1 - \gamma)^{-1}$ ist $\alpha(\lambda I - A_\gamma) = 1$ und der Wertebereich ist dicht.

d) Was ändert sich an diesen Ergebnissen, wenn $C[0,1]$ durch $C(0,1]$ ersetzt wird?

5.2 Der Defekt eines Operators. Es sei E′ der Dualraum des normierten Raumes E. Für jede Teilmenge $A \subset E$ definiert man den Annihilator oder Orthogonalraum $A^\perp \subset E'$ durch

$$A^\perp = \{u \,|\, u \in E',\, u(x) = 0 \quad \forall x \in A\}. \tag{5.2}$$

$A^\perp$ ist offenbar ein Teilraum von E′; ferner ist $A^\perp$ abgeschlossen, denn für eine Folge (u_n) in $A^\perp$ mit $u_n \to u$ gilt $0 = u_n(x) \to u(x)$, also $u(x) = 0$ für alle $x \in A$, d. h. $u \in A^\perp$. Aus der Definition folgen einige einfache Regeln, z. B.

$$\text{aus } A \subset B \quad \text{folgt} \quad B^\perp \subset A^\perp, \tag{5.3}$$

$$L(A)^\perp = A^\perp, \quad \bar{A}^\perp = A^\perp. \tag{5.4}$$

Darin ist $L(A)$ die lineare Hülle von A, d. h. der kleinste Teilraum von E, der A enthält. Die Aussage (5.3) und die erste Gleichung (5.4) sind evident. Aus $A \subset \bar{A}$ und (5.3) folgt $\bar{A}^\perp \subset A^\perp$. Ist $u \in A^\perp$, so ist $u(x) = 0$ für alle $x \in A$ und folglich auch für alle $x \in \bar{A}$, d. h. $u \in \bar{A}^\perp$. Also ist $A^\perp \subset \bar{A}^\perp$ und die zweite Gleichung (5.4) folgt. Schließlich gilt noch die Formel

$$\overline{L(A)} = \{x \,|\, x \in E,\, u(x) = 0 \quad \forall u \in A^\perp\}. \tag{5.5}$$

Zum Beweis bezeichnen wir den durch die rechte Seite von (5.5) definierten Teilraum von E mit B. Nach (5.4) ist $\overline{L(A)}^\perp = A^\perp$ und daher $u(x) = 0$ für $x \in \overline{L(A)}$ und $u \in A^\perp$, d. h. $\overline{L(A)} \subset B$. Gäbe es ein $x_0 \in B$, das nicht in $\overline{L(A)}$ liegt, so wäre $d(x_0, \overline{L(A)}) > 0$, und nach Aufgabe 3.8 gäbe es ein $u \in A^\perp$ mit $u(x_0) \neq 0$ im Widerspruch zur Definition von B. Also ist $\overline{L(A)} = B$. Nach (5.4) und (5.5) ist ein Teilraum A von E genau dann dicht, wenn $A^\perp = \{0\}$ ist.

Zwei abgeschlossene Teilräume M und N des Banachraumes E heißen komplementär, wenn jedes Element $x \in E$ eine eindeutige Zerlegung $x = x' + x''$ mit $x' \in M$ und $x'' \in N$ besitzt; man nennt dann N einen Komplementärraum von M und umgekehrt, und man schreibt $E = M \oplus N$. Nicht jeder abgeschlossene Teilraum M hat einen Komplementärraum; wir beweisen folgendes Kriterium:

Satz 5.2. *Ein abgeschlossener Teilraum M des Banachraumes E hat genau dann einen Komplementärraum, wenn es einen Operator $P \in \mathscr{B}(E)$ mit $P^2 = P$ gibt derart, daß $R(P) = M$ ist. $N = N(P)$ ist dann ein Komplementärraum von M.*

Beweis: 1. Existiert ein Operator P mit den genannten Eigenschaften, so hat jedes $x \in E$ die Zerlegung $x = x' + x''$ mit $x' = Px \in R(P) = M$ und $x'' = x - Px \in N(P)$. Die Zerlegung ist eindeutig, denn aus $x = x' + x''$ mit $x' \in M$, $x'' \in N(P)$ folgt $x' = Px$.

2. Gibt es einen Komplementärraum N von M, so definiert man einen Operator P von E in sich durch $Px = x'$ für alle $x = x' + x'' \in E$. Offenbar ist $R(P) = M, N(P) = N$ und $P^2 = P$; es bleibt zu zeigen, daß P beschränkt ist. Nach Aufgabe 5.2, d) genügt es zu zeigen, daß P abgeschlossen ist. Sei (x_n) eine konvergente Folge in E mit Grenzwert x und $x'_n = Px_n \to y \in E$. Da M abgeschlossen ist und $x'_n \in M$ für alle n, folgt $y \in M$, also $Py = y$. Andererseits gilt $x''_n = x_n - x'_n \to x - y, x''_n \in N$ für alle n, also $x - y \in N$, da N abgeschlossen ist. Daraus folgt $P(x - y) = Px - y = 0$, d. h. $Px = y$. Damit ist der Beweis vollständig.

Ein Operator $P \in \mathscr{B}(E)$ mit $P^2 = P$ heißt ein Projektor in E; insbesondere heißt der Operator P von Satz 5.2 der Projektor auf M in Richtung N. Mit P ist auch $Q = I - P$ ein Projektor, und zwar ist Q der Projektor auf N in Richtung M. Jeder endlich-dimensionale Teilraum M eines Banachraumes E besitzt einen Komplementärraum. Ist nämlich $x_1, \ldots, x_n$ eine Basis von M, so gibt es nach Aufgabe 3.17 Elemente $u_1, \ldots, u_n \in E'$ mit $u_j(x_k) = \delta_{jk}$, und man verifiziert leicht, daß durch

$$P(x) = \sum_{j=1}^{n} u_j(x)x_j \qquad \forall\, x \in E \tag{5.6}$$

ein Projektor in E definiert ist mit $R(P) = M$; nach Aufgabe 3.10 hat jeder Projektor auf M die Form (5.6).

Wir definieren die Kodimension oder den Defekt eines Teilraumes M durch codim $M = \dim M^\perp$.

Satz 5.3. *Ein abgeschlossener Teilraum M des Banachraumes E mit endlicher Kodimension besitzt einen Komplementärraum, und zwar ist die Dimension jedes Komplementärraumes gleich der Kodimension von M.*

Beweis: Ist $u_1, \ldots, u_n$ eine Basis von $M^\perp$, so ist M nach (5.5) gleich der Menge aller $x \in E$ mit $u_j(x) = 0$ für $j = 1, \ldots, n$. Da die u_j linear unabhängig sind, gibt es nach Aufgabe 3.17 Elemente $x_1, \ldots, x_n \in E$ mit $u_j(x_k) = \delta_{jk}$, und durch (5.6) ist ein Projektor P in E definiert mit $N(P) = M$. Also ist $Q = I - P$ ein Projektor in E mit $R(Q) = M$ und der Komplementärraum $N(Q) = R(P)$ hat die Dimension $n = \mathrm{codim}\, M$. Ist N ein beliebiger Komplementärraum von M, so zerlegen wir die Basiselemente x_j von $R(P)$ in $x_j = x'_j + x''_j$ mit $x'_j \in M, x''_j \in N$.

Die x''_j sind linear unabhängig, denn aus $\sum_{j=1}^{n} \alpha_j x''_j = 0$ folgt $\sum_{j=1}^{n} \alpha_j x_j = \sum_{j=1}^{n} \alpha_j x'_j \in R(P) \cap M = \{0\}$,

also $\sum_{j=1}^{n} \alpha_j x_j = 0$, und daher $\alpha_1 = \alpha_2 = \cdots = \alpha_n = 0$. Jedes Element z von N hat eine Zer-

legung $z = \sum_{j=1}^{n} \beta_j x_j + y$ mit $y \in M$, d. h. $z = \sum_{j=1}^{n} \beta_j x''_j + w$ mit $w = \sum_{j=1}^{n} \beta_j x'_j + y \in M$. Daraus folgt $w = 0$; die x''_j bilden also eine Basis von N und es gilt $\dim N = n = \mathrm{codim}\, M$.

Jedem Operator $A \in \mathscr{B}(\mathsf{E},\mathsf{F})$ ordnen wir durch

$$(A'v)(x) = v(Ax) \quad \text{für alle } x \in \mathsf{E} \text{ und } v \in \mathsf{F}' \tag{5.7}$$

einen Operator $A' \in \mathscr{B}(\mathsf{F}',\mathsf{E}')$ zu, den wir als den zu A **dualen Operator** bezeichnen. Es gilt

$$(\alpha A + \beta B)' = \alpha A' + \beta B', \quad |A'| = |A| \tag{5.8}$$

für $A, B \in \mathscr{B}(\mathsf{E},\mathsf{F})$ und

$$(BA)' = A'B' \tag{5.9}$$

für $A \in \mathscr{B}(\mathsf{E},\mathsf{F})$ und $B \in \mathscr{B}(\mathsf{F},\mathsf{G})$. Im Spezialfall $A \in \mathscr{B}(\mathsf{E})$ wurde die Konstruktion von A' und der Beweis der Eigenschaften (5.8), (5.9) schon in 3.6 durchgeführt. Wir überlassen es dem Leser, die Verallgemeinerung auf den vorliegenden Fall auszuführen. Aus der Definition des dualen Operators folgt

$$\begin{aligned} \mathsf{R}(A)^{\perp} &= \{v \mid v \in \mathsf{F}', v(Ax) = 0 \quad \forall x \in \mathsf{E}\} \\ &= \{v \mid v \in \mathsf{F}', A'v = 0\} = \mathsf{N}(A'). \end{aligned} \tag{5.10}$$

Wir definieren nun den **Defekt** $\beta(A)$ eines Operators $A \in \mathscr{B}(\mathsf{E},\mathsf{F})$ als die Kodimension seines Wertebereiches, also $\beta(A) = \dim \mathsf{R}(A)^{\perp}$. Aus (5.10) folgt dann unmittelbar die wichtige Formel

$$\beta(A) = \alpha(A'). \tag{5.11}$$

Aufgaben. 5.4. Es seien $\mathsf{M}_1, \ldots, \mathsf{M}_n$ abgeschlossene Teilräume des Banachraumes E und $\mathsf{M} = \sum\limits_{j=1}^{n} \mathsf{M}_j$ die Menge aller $x \in \mathsf{E}$, die sich als Summe $x = \sum\limits_{j=1}^{n} x_j$ mit $x_j \in \mathsf{M}_j$ schreiben lassen. Wir schreiben $\mathsf{M} = \mathsf{M}_1 \oplus \mathsf{M}_2 \oplus \cdots \oplus \mathsf{M}_n$ oder kurz $\mathsf{M} = \bigoplus\limits_{j=1}^{n} \mathsf{M}_j$, wenn M abgeschlossen ist und wenn für jedes $x \in \mathsf{M}$ die Summendarstellung eindeutig ist. Man zeige:

a) $\mathsf{M} = \bigoplus\limits_{j=1}^{n} \mathsf{M}_j$ gilt genau dann, wenn es Projektoren $\tilde{P}_j \in \mathscr{B}(\mathsf{M})$ gibt mit $\mathsf{R}(\tilde{P}_j) = \mathsf{M}_j$ und $\tilde{P}_j \tilde{P}_k = \delta_{jk} \tilde{P}_j$. Anleitung: Man wendet Aufgabe 5.2, d) auf den Operator A von M in $\mathsf{M}_1 \times \mathsf{M}_2 \times \cdots \times \mathsf{M}_n$ an, der durch $Ax = (x_1, \ldots, x_n)$ definiert ist.

b) Ist $\mathsf{M} = \bigoplus\limits_{j=1}^{n} \mathsf{M}_j$, so existiert für beliebige Indizes $1 \le j_1 < j_2 < \cdots < j_p \le n$ der Teilraum $\bigoplus\limits_{i=1}^{p} \mathsf{M}_{j_i}$ von M und hat die Dimension $\sum\limits_{i=1}^{p} \dim \mathsf{M}_{j_i}$. $\tilde{P}_j$ in a) ist der Projektor auf M_j in Richtung $\bigoplus\limits_{k \ne j} \mathsf{M}_k$.

c) $\mathsf{M} = \bigoplus\limits_{j=1}^{n} \mathsf{M}_j$ hat genau dann einen Komplementärraum, wenn es Projektoren $P_j \in \mathscr{B}(\mathsf{E})$ gibt mit $\mathsf{R}(P_j) = \mathsf{M}_j$ und $P_j P_k = \delta_{jk} P_j$.

5.5. Es sei N ein abgeschlossener Teilraum des Banachraumes E. Für jedes $x \in \mathsf{E}$ definiert man die **Restklasse** $\tilde{x} = \{y \mid y \in \mathsf{E}, y - x \in \mathsf{N}\}$. Die Menge aller Restklassen $\tilde{\mathsf{E}} = \{\tilde{x} \mid x \in \mathsf{E}\}$ heißt der **Quotientenraum** von E nach N; man schreibt auch $\tilde{\mathsf{E}} = \mathsf{E}/\mathsf{N}$. Zu zeigen ist:

a) $\tilde{\mathsf{E}}$ ist ein Banachraum, wenn die Linearkombination durch $\alpha \tilde{x} + \beta \tilde{y} = \widetilde{(\alpha x + \beta y)}$ und die Norm durch $|\tilde{x}| = \inf\{|x| \mid x \in \tilde{x}\}$ erklärt werden.

b) Ist $\mathsf{E} = \mathsf{N} \oplus \mathsf{M}$, so sind M und $\tilde{\mathsf{E}}$ isomorph; und zwar gibt es einen invertierbaren Operator $J \in \mathscr{B}(\mathsf{M}, \tilde{\mathsf{E}})$ mit $\mathsf{R}(J) = \tilde{\mathsf{E}}$.

c) Der Dualraum $\tilde{\mathsf{E}}'$ von $\tilde{\mathsf{E}}$ ist normisomorph zu $\mathsf{N}^{\perp}$.

d) Jedem Operator A von E in F mit $\mathsf{N}(A) \supset \mathsf{N}$ ist durch $\tilde{A}\tilde{x} = Ax$ ein Operator $\tilde{A}$ von $\tilde{\mathsf{E}}$ in F zugeordnet; A ist genau dann beschränkt, wenn $\tilde{A}$ beschränkt ist, und dann gilt $|A| = |\tilde{A}|$.

5.6. E und F seien Banachräume, $A \in \mathscr{B}(E, F)$. Man zeige:

a) $\overline{R(A')} \subset N(A)^\perp$ und $\alpha(A) \leq \beta(A')$.

b) A hat genau dann eine Inverse $A^{-1} \in \mathscr{B}(F, E)$, wenn A' eine Inverse $(A')^{-1} \in \mathscr{B}(E', F')$ hat, und zwar ist dann $(A^{-1})' = (A')^{-1}$. Anleitung: Man benutzt a), (5.10) und die Identität $u(A^{-1}y) = ((A')^{-1}u)(y)$ für $y \in R(A), u \in E'$.

c) Faßt man A als Element A_0 von $\mathscr{B}(E, R(A))$ auf, so ist $R(A_0') = R(A')$.

d) $R(A)$ ist genau dann abgeschlossen, wenn $R(A')$ abgeschlossen ist, und es gilt dann $R(A') = N(A)^\perp$. Anleitung: Mit Hilfe von c) und Aufgabe 5.5, d) (mit $N = N(A)$) reduziert man das Problem auf b).

5.7. Für $x \in E = C[0,1]$ und $\gamma \in C$ mit $\mathrm{Re}\,\gamma < 0$ sei $B_\gamma x(s) = s^{-\gamma} \int_s^1 t^{\gamma-1} x(t) \mathrm{d}t$ für $s \in (0,1]$ und $B_\gamma x(0) = -\gamma^{-1} x(0)$. Nach Aufgabe 3.19 ist $B_\gamma \in \mathscr{B}(E)$. Man zeige:

a) Für jedes $\lambda \in C$ ist $\lambda I - B_\gamma$ invertierbar.

b) Für alle $\lambda \neq 0$ mit $\mathrm{Re}(\gamma + \lambda^{-1}) < 0$ ist $R(\lambda I - B_\gamma) = E$ und $(\lambda I - B_\gamma)^{-1} = \lambda^{-1} I + \lambda^{-2} B_{\gamma + \lambda^{-1}}$.

c) Für alle $\lambda \neq 0$ mit $\mathrm{Re}(\gamma + \lambda^{-1}) > 0$ ist $\beta(\lambda I - B_\gamma) = 1$,

$$R(\lambda I - B_\gamma) = \{y \,|\, y \in E, \int_0^1 t^{\gamma + \lambda^{-1} - 1} y(t) \mathrm{d}t = 0\}$$

und $(\lambda I - B_\gamma)^{-1} = \lambda^{-1} I - \lambda^{-2} A_{1 - \gamma - \lambda^{-1}}$ mit dem Operator A_δ von Aufgabe 3.7.

5.3 Fredholm-Operatoren. Es seien E und F Banachräume [1]. Einen Operator $A \in \mathscr{B}(E, F)$ bezeichnen wir als F r e d h o l m - O p e r a t o r, wenn $R(A)$ abgeschlossen ist, und $\alpha(A)$ sowie $\beta(A)$ endlich sind. Die Differenz $\varkappa(A) = \alpha(A) - \beta(A)$ nennen wir den I n d e x des Operators A.

Satz 5.4. *Es sei $A \in \mathscr{B}(E, F)$ ein Fredholm-Operator, P und Q Projektoren in E bzw. F mit $R(P) = N(A)$ und $N(Q) = R(A)$. Dann gibt es einen eindeutig bestimmten Operator $\hat{A} \in \mathscr{B}(F, E)$ mit den Eigenschaften $\hat{A}A = I - P$, $A\hat{A} = I - Q$, $P\hat{A} = 0$, $\hat{A}Q = 0$.*

Bemerkung. Wie in 5.2 (insbesondere Satz 5.3) gezeigt wurde, gibt es solche Projektoren P und Q. Den Operator $\hat{A}$ nennen wir eine P s e u d o i n v e r s e von A oder genauer d i e Pseudo- inverse von A bezüglich der Projektoren P und Q. Ist $\alpha(A) = 0$, so ist $P = 0$, A ist beschränkt invertierbar nach Satz 5.1, und $\hat{A} = A^{-1}(I - Q)$.

B e w e i s : Es sei $A = N(P)$, also $E = N(A) \oplus A$, und A_0 die Einschränkung von A auf A. Wegen $AP = 0$ ist dann $A = A_0(I - P)$, und es gilt $A_0 \in \mathscr{B}(A, F)$, $R(A_0) = R(A)$ und $N(A_0) = \{0\}$; denn ein Element $a \in N(A_0)$ liegt sowohl in A als auch in $N(A)$. Nach Satz 5.1 hat A_0 eine beschränkte Inverse $A_0^{-1} \in \mathscr{B}(R(A), A)$. Wir setzen $\hat{A} = A_0^{-1}(I - Q) \in \mathscr{B}(F, A) \subset \mathscr{B}(F, E)$. Dann ist $\hat{A}A = A_0^{-1}(I - Q)A_0(I - P) = A_0^{-1}A_0(I - P) = I - P$ wegen $QA_0 = 0$; weiter ist $A\hat{A} = AA_0^{-1}(I - Q) = A_0 A_0^{-1}(I - Q) = I - Q$ und $P\hat{A} = PA_0^{-1}(I - Q) = 0$ wegen $R(A_0^{-1}) = A$; schließlich $\hat{A}Q = A_0^{-1}(Q - Q^2) = 0$. Damit ist die Existenz einer Pseudo- inversen von A bewiesen. Zum Beweis der Eindeutigkeit betrachtet man die Differenz B zweier Pseudoinversen von A bezüglich P und Q. Dann ist $BA = 0$ und $BQ = 0$, also $By' = 0$ für alle $y' \in R(A) = N(Q)$ und $By'' = 0$ für alle $y'' \in R(Q)$, also $By = 0$ für alle $y \in F$, d. h. $B = 0$.

Wir nennen einen Operator e n d l i c h - d i m e n s i o n a l, wenn sein Wertebereich endlich- dimensional ist. Die in Satz 5.4 vorkommenden Projektoren P und Q z. B. sind endlich- dimensional. Wir erweitern den Satz 5.4 nun zu einer Charakterisierung der Fredholm- Operatoren:

---

[1] Diese Voraussetzung gilt für den Rest des § 5 ohne weitere Erwähnung für die mit E, F, G bezeichneten Räume.

Satz 5.5. *Ein Operator* $A \in \mathcal{B}(E,F)$ *ist genau dann ein Fredholm-Operator, wenn es endlichdimensionale Operatoren* $P \in \mathcal{B}(E)$, $Q \in \mathcal{B}(F)$ *und ein* $\hat{A} \in \mathcal{B}(F,E)$ *gibt derart, daß gilt*

$$\hat{A}A = I - P, \qquad A\hat{A} = I - Q, \tag{5.12}$$

$$AP = 0, \quad QA = 0, \quad P\hat{A} = 0, \quad \hat{A}Q = 0. \tag{5.13}$$

Beweis: 1. Ist A ein Fredholm-Operator, so wähle man Projektoren P und Q in E bzw. F mit $R(P) = N(A)$ und $N(Q) = R(A)$. Dann gilt $AP = 0$ und $QA = 0$. $R(P)$ ist endlich-dimensional; $R(Q)$ ist Komplementärraum von $R(A)$, also endlich-dimensional nach Satz 5.3. Die Existenz von $\hat{A}$ und die restlichen Gleichungen (5.12), (5.13) folgen aus Satz 5.4.

2. Sind $P,Q,\hat{A}$ Operatoren mit den angegebenen Eigenschaften, so gilt $P - P^2 = P\hat{A}A = 0$, $Q - Q^2 = A\hat{A}Q = 0$, d. h. P und Q sind Projektoren in E bzw. F. Aus (5.12) folgt $N(A) \subset R(P)$ und $N(Q) \subset R(A)$; aus (5.13) folgt $R(P) \subset N(A)$ und $R(A) \subset N(Q)$. Also ist $N(A) = R(P)$ endlich-dimensional und $R(A) = N(Q)$ ist abgeschlossen und hat endliche Kodimension, d. h. A ist ein Fredholm-Operator. Der Beweis enthält die

Folgerung 1. *Die Operatoren* P *und* Q *in* (5.12) *und* (5.13) *sind Projektoren in* E *bzw.* F *mit* $R(P) = N(A)$, $N(Q) = R(A)$ *und* $\hat{A}$ *ist die Pseudoinverse von* A *bezüglich* P *und* Q.

Beachtet man die Symmetrie der Formeln (5.12) und (5.13) bezüglich A und $\hat{A}$, so erhält man unmittelbar:

Folgerung 2. *Die Pseudoinverse* $\hat{A}$ *von* A *bezüglich* P *und* Q *ist selbst ein Fredholm-Operator* ($\in \mathcal{B}(F,E)$) *und zwar ist* A *die Pseudoinverse von* $\hat{A}$ *bezüglich* Q *und* P. *Es gilt also*

$$R(Q) = N(\hat{A}), \qquad N(P) = R(\hat{A}), \tag{5.14}$$

$$\alpha(\hat{A}) = \beta(A), \qquad \beta(\hat{A}) = \alpha(A), \qquad \varkappa(\hat{A}) = -\varkappa(A). \tag{5.15}$$

Mit Hilfe von (5.9), (5.11) und Aufgabe 5.6 erhält man:

Folgerung 3. A *ist genau dann ein Fredholm-Operator, wenn der duale Operator* A' *ein Fredholm-Operator ist.* $(\hat{A})'$ *ist die Pseudoinverse von* A' *bezuglich der Projektoren* Q' *und* P'. *Außerdem gilt*

$$N(A') = R(A)^{\perp}, \qquad R(A') = N(A)^{\perp}. \tag{5.16}$$

und folglich

$$\alpha(A') = \beta(A), \qquad \beta(A') = \alpha(A), \qquad \varkappa(A') = -\varkappa(A). \tag{5.17}$$

Wir wollen nun die bisher gefundenen Eigenschaften der Fredholm-Operatoren als Aussagen über lineare Gleichungen in Banachräumen formulieren:

Folgerung 4. *Ein Fredholm-Operator* $A \in \mathcal{B}(E,F)$ *wird durch folgende zwei Eigenschaften charakterisiert:*

1. *Die Lösungsmannigfaltigkeiten* $N(A) \subset E$ *und* $N(A') \subset F'$ *der homogenen Gleichungen* $Ax = 0$ *bzw.* $A'v = 0$ *haben endliche Dimension* $\alpha(A)$ *bzw.* $\alpha(A')$.

2. *Für gegebene Elemente* $y \in F$ *und* $u \in E'$ *sind die inhomogenen Gleichungen* $Az = y$ *bzw.* $A'w = u$ *genau dann lösbar, wenn* $v(y) = 0$ *ist für alle* $v \in N(A')$ *bzw. wenn* $u(x) = 0$ *ist für alle* $x \in N(A)$. *Außerdem gilt:*

3. *Es gibt einen Operator* $\hat{A} \in \mathcal{B}(F,E)$ *derart, daß jede Lösung der inhomogenen Gleichungen in der Form* $z = x + \hat{A}y$ *mit* $x \in N(A)$ *bzw.* $w = v + \hat{A}'u$ *mit* $v \in N(A')$ *dargestellt werden kann.*

In dieser Form hat I. Fredholm als erster die Lösbarkeit einer gewissen Klasse von Funktionalgleichungen beschrieben [1]. Er betrachtete jedoch nur Operatoren mit Index Null, also mit $\alpha(A) = \alpha(A')$; außerdem ist A' in Fredholms Formulierung durch den zu A transponierten Operator A^T in bezug auf ein gewisses Dualsystem zu ersetzen [2]. Fredholm-Operatoren mit Index Null werden wir in 5.7 behandeln. Die Fredholmtheorie in einem Dualsystem wird in 5.8 dargestellt.

Aufgaben. 5.8. Es sei $A \in \mathscr{B}(E,F)$ ein invertierbarer Fredholm-Operator, Q ein Projektor in F mit $N(Q) = R(A)$ und $\hat{A}$ die Pseudoinverse von A bezüglich $P = 0$ und Q. Für jedes $B \in \mathscr{B}(E,F)$ mit $|B| < |\hat{A}|^{-1}$ ist $A + B$ ein invertierbarer Fredholm-Operator mit $\beta(A + B) = \beta(A)$.

5.9. In $E = l_p (1 \leq p \leq \infty)$ sei A definiert durch $Ax = (0, \xi_1, \xi_2, \ldots)$ für $x = (\xi_1, \xi_2, \ldots)$. Man zeige:

a) Für alle $\lambda \in C$ ist $\alpha(\lambda I - A) = 0$.

b) Für $|\lambda| > 1$ ist $R(\lambda I - A) = E$.

c) Für $|\lambda| < 1$ ist $\lambda I - A$ ein Fredholm-Operator mit $\beta(\lambda I - A) = 1$; man bestimme $R(\lambda I - A)^\perp$.

d) Für $|\lambda| = 1$ ist $\lambda I - A$ nicht Fredholm-Operator.

5.10. a) Es sei $A \in \mathscr{B}(E,F)$ ein Fredholm-Operator und $K \in \mathscr{B}(E,F)$ sei endlich-dimensional. Dann ist $A + K$ ein Fredholm-Operator mit $\varkappa(A + K) = \varkappa(A)$. Anleitung: Man benutzt die in Folgerung 4 enthaltene Charakterisierung der Fredholm-Operatoren.

b) Es sei λ_0 ein Pol der Resolvente des Operators $A \in \mathscr{B}(E)$ mit endlich-dimensionalem Residuum P. Dann ist $\lambda_0 I - A$ ein Fredholm-Operator vom Index Null. Anleitung: Mit Satz 4.13 zeigt man, daß $\lambda_0 I - A(I - P)$ regulär ist, dann benutzt man a).

5.4 Stabilität der Fredholm-Eigenschaften. Wir werden zeigen, daß $A + B$ ein Fredholm-Operator ist, wenn A ein Fredholm-Operator ist und wenn $|B|$ klein genug ist; außerdem haben $A + B$ und A denselben Index. Dazu benötigen wir den folgenden

Satz 5.6. *Es seien $A \in \mathscr{B}(F,G)$ und $B \in \mathscr{B}(E,F)$ Fredholm-Operatoren. Dann ist $AB \in \mathscr{B}(E,G)$ ein Fredholm-Operator mit* $\varkappa(AB) = \varkappa(A) + \varkappa(B)$, $\alpha(B) \leq \alpha(AB) \leq \alpha(A) + \alpha(B)$ *und* $\beta(A) \leq \beta(AB) \leq \beta(A) + \beta(B)$.

Beweis: Nach Satz 5.4 hat $N(B)$ einen Komplementärraum B, der durch B bijektiv auf $R(B)$ abgebildet wird. $N(AB)$ besteht aus allen $x \in E$ mit $Bx \in N(A)$; also ist $N(AB) = N(B) \oplus B_0$ mit $B_0 = \{x \mid x \in B, Bx \in N(A)\}$, und B_0 wird durch B bijektiv auf den endlich-dimensionalen Teilraum $M_1 = R(B) \cap N(A)$ von F abgebildet. Daraus folgt $\dim B_0 = \dim M_1 \leq \alpha(A)$ und

$$\alpha(B) \leq \alpha(AB) = \alpha(B) + \dim M_1 \leq \alpha(A) + \alpha(B). \tag{5.18}$$

Da M_1 in $R(B)$ enthalten und $R(B)$ abgeschlossen ist, gibt es einen abgeschlossenen Teilraum $A_1 \subset R(B)$ mit $R(B) = A_1 \ominus M_1$. Ferner gibt es einen endlich-dimensionalen Teilraum $M_2 \subset N(A)$ mit $N(A) = M_1 \oplus M_2$. Nach Definition von M_1 ist $R(B) \cap M_2 = \{0\}$; also ist $D = R(B) \oplus M_2$ ein abgeschlossener Teilraum von F. Wegen $R(B) \subset D$ hat D endliche Kodimension und folglich einen Komplementärraum D_1. Im Sinne von Aufgabe 5.4 ist also

$$F = A_1 \oplus M_1 \oplus M_2 \oplus D_1 \tag{5.19}$$

---

[1] Fredholm, I.: Acta Math. **27** (1903) 365–390.

[2] Es handelt sich im wesentlichen um das Dualsystem von 3.5 Beispiel 2 und um Operatoren der Form $A = I + K$ mit K wie in 3.5 Beispiel 3.

und $M_2 \oplus D_1$ ist Komplementärraum von $R(B)$. Nach Satz 5.3 folgt daraus $\dim M_2 + \dim D_1 = \beta(B)$ und

$$\dim D_1 \leq \beta(B). \tag{5.20}$$

Wegen $\dim M_1 + \dim M_2 = \dim N(A) = \alpha(A)$ ist außerdem

$$\dim M_1 - \dim D_1 = \alpha(A) - \beta(B). \tag{5.21}$$

Wir setzen nun $A = A_1 \oplus D_1$; nach (5.19) ist dann $F = A \oplus N(A)$, und A bildet A bijektiv auf $R(A)$ ab. $R(AB)$ ist das Bild des abgeschlossenen Teilraums A_1; denn zu jedem $y \in R(AB)$ gibt es ein $x \in R(B)$ mit $Ax = y$ und eine Zerlegung $x = x_1 + x_2$ mit $x_1 \in A_1$ und $x_2 \in M_1 \subset N(A)$, so daß $y = Ax_1$ ist. Da die Einschränkung von A auf A_1 beschränkt invertierbar ist (die Inverse ist die Einschränkung von $\hat{A}$ auf $R(AB)$), so ist $R(AB)$ abgeschlossen nach Satz 5.1. Es gilt $R(A) = R(AB) \oplus M_3$ mit $M_3 = AD_1$. Sei H ein Komplementärraum von $R(A)$. Dann ist $H \oplus M_3$ Komplementärraum von $R(AB)$ der Dimension $\dim H + \dim M_3 = \beta(A) + \dim D_1 < \infty$. Also hat AB endlichen Defekt, ist also ein Fredholm-Operator, und es gilt $\beta(A) \leq \beta(AB) = \beta(A) + \dim D_1 \leq \beta(A) + \beta(B)$ nach (5.20). Wegen (5.18) und (5.21) ist schließlich $\varkappa(AB) = \alpha(B) + \dim M_1 - \beta(A) - \dim D_1 = \varkappa(A) + \varkappa(B)$.

Hilfssatz. *Es sei $A \in \mathscr{B}(E, F)$ ein Fredholm-Operator mit $\beta(A) = 0$, P ein Projektor in E mit $R(P) = N(A)$ und $\hat{A}$ die Pseudoinverse von A bezüglich der Projektoren P und $Q = 0$. Für jeden Operator $B \in \mathscr{B}(E, F)$ mit $|B| < |\hat{A}|^{-1}$ ist dann $A + B$ ein Fredholm-Operator mit $\alpha(A + B) = \alpha(A)$ und $\beta(A + B) = 0$.*

Bemerkung. Wegen $Q = 0$ und (5.12) ist $\hat{A} \neq 0$, also $|\hat{A}| > 0$.

Beweis: Nach (5.12) und wegen $Q = 0$ ist $A\hat{A} = I$ und daher $A + B = A(I + \hat{A}B)$. Es gilt $|\hat{A}B| \leq |\hat{A}||B| < 1$; folglich ist $I + \hat{A}B = C$ reguläres Element der Banachalgebra $\mathscr{B}(E)$ nach Satz 4.4, also ein Fredholm-Operator mit $\alpha(C) = \beta(C) = 0$. Nach Satz 5.6 ist $A + B$ ein Fredholm-Operator mit $\beta(A + B) = 0$ und $\alpha(A + B) = \varkappa(A + B) = \varkappa(A) = \alpha(A)$.

Es seien E und M Banachräume; M habe endliche Dimension m. Das Produkt $\tilde{E} = E \times M$ ist ein Banachraum mit der üblichen Norm $|\tilde{x}| = |x| + |z|$ für $\tilde{x} = (x, z)$ mit $x \in E$, $z \in M$. Identifizieren wir E mit dem Teilraum aller Elemente $(x, 0), x \in E$ und M mit dem Teilraum aller Paare $(0, z), z \in M$, so sind E und M komplementäre Teilräume von $\tilde{E}$, also $\tilde{E} = E \oplus M$. Es sei F ein weiterer Banachraum, $A \in \mathscr{B}(E, F)$ und $C \in \mathscr{B}(M, F)$. Durch $\tilde{A}\tilde{x} = Ax + Cz$ ist dann ein Operator $\tilde{A} \in \mathscr{B}(\tilde{E}, F)$ definiert, und jeder beliebige Operator aus $\mathscr{B}(\tilde{E}, F)$ läßt sich in dieser Weise zerlegen. Wir schreiben $\tilde{A} = A \oplus C$ und nennen $\tilde{A}$ eine **m-dimensionale Erweiterung** von A.

Satz 5.7. *Der Operator $\tilde{A} \in \mathscr{B}(\tilde{E}, F)$ sei eine m-dimensionale Erweiterung des Operators $A \in \mathscr{B}(E, F)$. $\tilde{A}$ ist genau dann ein Fredholm-Operator, wenn A ein Fredholm-Operator ist, und es gilt $\varkappa(\tilde{A}) = \varkappa(A) + m$, $\alpha(A) \leq \alpha(\tilde{A}) \leq \alpha(A) + m$ und $\beta(\tilde{A}) \leq \beta(A) \leq \beta(\tilde{A}) + m$.*

Beweis: Es sei $\tilde{E} = E \oplus M$, $\dim M = m$ und $\tilde{A} = A \oplus C$.

1. Sei A ein Fredholm-Operator. Wir bezeichnen mit M_1 den Teilraum aller $z \in M$ mit $Cz \in R(A)$ und wählen einen zweiten Teilraum $M_2 \subset M$ so, daß $M = M_1 \oplus M_2$ ist. Dann ist $\dim M_1 + \dim M_2 = m$. Für ein $\tilde{x} = (x, z) \in N(\tilde{A})$ ist $\tilde{A}\tilde{x} = Ax + Cz = 0$, also $z \in M_1$ und $x = x_0 - \hat{A}Cz$ mit $x_0 \in N(A)$, d.h. es gilt $N(\tilde{A}) = N(A) \oplus M_3$ mit $M_3 = \{\tilde{x} = (-\hat{A}Cz, z) \mid z \in M_1\}$ und folglich

$$\alpha(A) \leq \alpha(\tilde{A}) = \alpha(A) + \dim M_3 = \alpha(A) + \dim M_1 \leq \alpha(A) + m.$$

Ferner ist $R(\tilde{A}) = R(A) \oplus M_4$ mit $M_4 = CM_2$ und $\dim M_4 = \dim M_2$. Also ist $R(\tilde{A})$ abgeschlossen und hat endliche Kodimension, d. h. $\tilde{A}$ ist ein Fredholm-Operator. Es gilt

$$\beta(\tilde{A}) = \beta(A) - \dim M_2 \leq \beta(A) \leq \beta(\tilde{A}) + m$$

und $\varkappa(\tilde{A}) = \alpha(A) + \dim M_1 - \beta(A) + \dim M_2 = \varkappa(A) + m$.

2. Ist $\tilde{A}$ ein Fredholm-Operator, so ist $N(A) \subset N(\tilde{A})$ und daher $\alpha(A) \leq \alpha(\tilde{A}) < \infty$. Wie in Teil 1 des Beweises zeigt man, daß jedes Element $y \in R(\tilde{A})$ eine eindeutige Zerlegung $y = y_1 + y_2$ hat mit $y_1 \in R(A)$ und $y_2 \in M_4$. Da $\dim M_4 \leq m$ ist, und $R(\tilde{A})$ abgeschlossen, so ist auch $R(A)$ abgeschlossen und hat endliche Kodimension. Also ist A ein Fredholm-Operator, und der Rest der Behauptung folgt aus Teil 1 des Beweises.

Wir kommen nun zu dem angekündigten Hauptergebnis des Abschnitts:

Satz 5.8. *Zu jedem Fredholm-Operator $A \in \mathscr{B}(E, F)$ gibt es eine Zahl $\gamma(A)$ derart, daß für jedes $B \in \mathscr{B}(E, F)$ mit $|B| < \gamma(A)$ der Operator $A + B$ ein Fredholm-Operator ist mit $\alpha(A + B) \leq \alpha(A)$, $\beta(A + B) \leq \beta(A)$ und $\varkappa(A + B) = \varkappa(A)$.*

Beweis: Sei $m = \beta(A)$, $\tilde{E} = E \oplus C^m$ und $\tilde{A} = A \oplus C$ mit einem Operator $C \in \mathscr{B}(C^m, F)$ derart, daß $R(C)$ Komplementärraum von $R(A)$, also $R(\tilde{A}) = R(A) \oplus R(C) = F$ ist. Nach Satz 5.7 ist $\tilde{A}$ ein Fredholm-Operator mit $\beta(\tilde{A}) = 0$ und $\alpha(\tilde{A}) = \varkappa(\tilde{A}) = \varkappa(A) + m = \alpha(A)$. $\tilde{A}$ hat eine Pseudoinverse $\check{A} \neq 0^{1)}$; wir setzen $\gamma(A) = |\check{A}|^{-1}$. Es sei $B \in \mathscr{B}(E, F)$ mit $|B| < \gamma(A)$ gegeben. Wir setzen $\tilde{B} = B \oplus 0$; dann ist $|\tilde{B}| = |B| < \gamma(A) = |\check{A}|^{-1}$ und folglich nach dem Hilfssatz $\tilde{A} + \tilde{B}$ ein Fredholm-Operator mit $\beta(\tilde{A} + \tilde{B}) = 0$ und $\alpha(\tilde{A} + \tilde{B}) = \alpha(\tilde{A}) = \alpha(A)$. Nun ist aber $\tilde{A} + \tilde{B}$ eine m-dimensionale Erweiterung von $A + B$. Nach Satz 5.7 ist daher $A + B$ ein Fredholm-Operator mit

$$\varkappa(A + B) = \varkappa(\tilde{A} + \tilde{B}) - m = \alpha(A) - \beta(A) = \varkappa(A), \quad \alpha(A + B) \leq \alpha(\tilde{A} + \tilde{B}) = \alpha(A)$$

und
$$\beta(A + B) \leq \beta(\tilde{A} + \tilde{B}) + m = \beta(A).$$

Damit ist der Satz bewiesen.

Der Beweis zeigt, daß die angegebene Schranke $\gamma(A)$ von der Wahl von C und $\check{A}$ abhängt. Es wäre nützlich, einen einfachen Weg zur Berechnung einer praktisch brauchbaren (oder gar der bestmöglichen) Schranke zu finden; das ist bisher nur für den Fall gelungen, daß E und F Hilberträume sind [2].

Aufgabe 5.11. a) Es sei $A \in \mathscr{B}(E)$ ein Fredholm-Operator; dann gibt es ein $\varrho > 0$ derart, daß $\alpha(A + \lambda I)$ und $\beta(A + \lambda I)$ konstant sind für $0 < |\lambda| < \varrho$. Anleitung: Die Restriktion A_0 von A auf den abgeschlossenen Teilraum $R_0 = \bigcap_{n=1}^{\infty} R(A^n)$ ist ein Fredholm-Operator aus $\mathscr{B}(R_0)$ mit $\beta(A_0) = 0$. Ist I_0 die Identität in R_0, so ist $\beta(A_0 + \lambda I_0) = 0$ und $\alpha(A_0 + \lambda I_0) = \alpha(A_0)$ für $|\lambda| < \varrho_0$ nach obigem Hilfssatz. Aus $N(A_0 + \lambda I_0) = N(A + \lambda I)$ für $\lambda \neq 0$ und Satz 5.8 folgt die Behauptung.

b) Für $A \in \mathscr{B}(E)$ sei $\Phi(A)$ die Menge aller $\lambda \in C$ derart, daß $\lambda I - A$ ein Fredholm-Operator ist. Man zeige: $\Phi(A)$ ist nicht leer, offen und Vereinigung von höchstens abzählbar vielen disjunkten zusammenhängenden offenen Mengen (Komponenten) $\Phi_n(A)$. Zu jedem $\Phi_n(A)$ gibt es ganze Zahlen $\alpha_n, \beta_n \geq 0$ derart, daß $\alpha(\lambda I - A) = \alpha_n$ und $\beta(\lambda I - A) = \beta_n$ ist für alle $\lambda \in \Phi_n(A)$ mit Ausnahme höchstens abzählbar vieler Stellen λ_{nj} ohne Häufungspunkt in $\Phi_n(A)$; für diese ist $\alpha(\lambda_{nj} I - A) = \alpha_n + \gamma_{nj}$, $\beta(\lambda_{nj} I - A) = \beta_n + \gamma_{nj}$ mit $\gamma_{nj} > 0$.

c) Ist $\lambda_0 \in \Phi(A)$ Randpunkt des Spektrums von A, so ist λ_0 isolierter Punkt des Spektrums und Ausnahmepunkt einer Komponente $\Phi_n(A)$ mit $\alpha_n = \beta_n = 0$, also insbesondere $\alpha(\lambda_0 I - A) > 0$.

---

[1] Vgl. die Bemerkung zu dem obigen Hilfssatz.
[2] Vgl. Neubauer, G.: Math. Annalen **160** (1965) 93 bis 130.

d) Zu jeder abgeschlossenen Menge Λ mit $\Lambda \subset \Phi(A)$ gibt es ein $\gamma > 0$ derart, daß $\Lambda \subset \Phi(A + B)$ ist für alle $B \in \mathscr{B}(\mathsf{E})$ mit $|B| < \gamma$.

5.5 Kompakte Operatoren. Ein Operator $K \in \mathscr{B}(\mathsf{E}, \mathsf{F})$ heißt **kompakt**, wenn er die abgeschlossene Einheitskugel $\overline{K(0,1)} \subset \mathsf{E}$ auf eine relativ kompakte Menge $\mathsf{B}(K) \subset \mathsf{F}$ abbildet, d. h. wenn $\overline{\mathsf{B}(K)}$ kompakt ist. Nach Aufgabe 2.23, b) ist eine äquivalente Definition: K heißt kompakt, wenn jede Folge (x_n) in E mit $|x_n| \leq 1$ eine Teilfolge (x_{n_j}) enthält derart, daß die Bildfolge $(K x_{n_j})$ in F konvergiert. Jeder endlich-dimensionale Operator ist kompakt; denn $\mathsf{B}(K)$ ist dann eine beschränkte Teilmenge des endlich-dimensionalen Raumes $\mathsf{R}(K)$, also relativ kompakt in $\mathsf{R}(K)$ nach Aufgabe 2.25, b) und auch relativ kompakt in F nach Aufgabe 2.23, b). Wir ziehen eine Reihe von Folgerungen aus der Definition:

Satz 5.9 (Schauder). *Der Operator* $K \in \mathscr{B}(\mathsf{E}, \mathsf{F})$ *ist genau dann kompakt, wenn der duale Operator* $K' \in \mathscr{B}(\mathsf{F}', \mathsf{E}')$ *kompakt ist.*

Beweis: 1. K sei kompakt und (v_n) eine Folge in F' mit $|v_n| \leq 1$. Wir betrachten die Folge als Teilmenge A des Banachraumes $C(\overline{\mathsf{B}(K)})$ aller stetigen komplexen Funktionen auf der kompakten Menge $\overline{\mathsf{B}(K)}$. Es gilt $|v_n(y) - v_n(y')| \leq |y - y'|$ für alle $y, y' \in \overline{\mathsf{B}(K)}$. Die Voraussetzungen des Satzes von Arzelà-Ascoli sind erfüllt (Aufgabe 2.25, f)); es gibt also eine Teilfolge (v_{n_j}), die in $C(\overline{\mathsf{B}(K)})$ konvergiert, d. h. zu jedem $\varepsilon > 0$ gibt es ein $n(\varepsilon)$ mit $|v_{n_j}(y) - v_{n_k}(y)| < \varepsilon$ für alle $y \in \overline{\mathsf{B}(K)}$ und für alle j, k mit $n_j \geq n(\varepsilon)$ und $n_k \geq n(\varepsilon)$. Daraus folgt $|K' v_{n_j} - K' v_{n_k}| = \sup\{|v_{n_j}(Kx) - v_{n_k}(Kx)| \mid x \in \mathsf{E}, |x| \leq 1\} \leq \varepsilon$, d. h. die Folge $(K' v_{n_j})$ konvergiert in E'; K' ist kompakt.

2. Ist K' kompakt, so auch $K'' \in \mathscr{B}(\mathsf{E}'', \mathsf{F}'')$ nach Teil 1 des Beweises. Die abgeschlossene Einheitskugel in E'' wird also durch K'' auf eine relativ kompakte Menge $\mathsf{B}(K'')$ in F'' abgebildet. Nach Aufgabe 2.23, c) ist $\mathsf{B}(K'')$ total beschränkt. Nach Satz 3.6 ist durch $\hat{x}(u) = u(x)$ ein Normisomorphismus $J: x \mapsto \hat{x}$ von E auf einen Teilraum $\hat{\mathsf{E}}$ von E'' erklärt. Für $\hat{x} \in \hat{\mathsf{E}}$ und $v \in \mathsf{F}'$ gilt dann nach Definition von K'' die Identität $(K''\hat{x})(v) = \hat{x}(K'v) = (K'v)(x) = v(Kx) = (J_1 Kx)(v)$, worin J_1 den Normisomorphismus von F auf einen Teilraum $\hat{\mathsf{F}}$ von F'' bezeichnet. Also ist $K''Jx = J_1 Kx$ für alle $x \in \mathsf{E}$, d. h. $\mathsf{B}(K)$ ist normisomorph zu einer Teilmenge von $\mathsf{B}(K'')$ und folglich total beschränkt. Da F ein Banachraum ist, ist $\overline{\mathsf{B}(K)}$ vollständig, also $\mathsf{B}(K)$ relativ kompakt nach Aufgabe 2.23, c). Damit ist der Beweis erbracht.

Satz 5.10. *Sind* $A, B \in \mathscr{B}(\mathsf{E}, \mathsf{F})$ *kompakt, so auch jede Linearkombination* $\alpha A + \beta B$. *Ist einer der Operatoren* $A \in \mathscr{B}(\mathsf{E}, \mathsf{F})$, $B \in \mathscr{B}(\mathsf{F}, \mathsf{G})$ *kompakt, so auch der Operator* $BA \in \mathscr{B}(\mathsf{E}, \mathsf{G})$.

Beweis: Ist (x_n) eine Folge in E mit $|x_n| \leq 1$, so kann man durch zweifache Auswahl eine Teilfolge (x_{n_j}) finden derart, daß die Folgen $(A x_{n_j})$ und $(B x_{n_j})$ in F konvergieren. Für $\alpha, \beta \in \mathsf{C}$ konvergiert dann auch die Folge $(\alpha A x_{n_j} + \beta B x_{n_j})$, d. h. $\alpha A + \beta B$ ist kompakt. Zum Beweis der zweiten Behauptung nehme man zuerst an, daß A kompakt ist. Es gibt dann eine Teilfolge (x_{n_j}), so daß $(A x_{n_j})$ in F konvergiert, also auch $(BA x_{n_j})$ in G, d. h. BA ist kompakt. Ist B kompakt, so auch B' nach Satz 5.9 und folglich $(BA)' = A'B'$, wie schon bewiesen. Nach Satz 5.9 ist also auch BA kompakt.

Satz 5.11. *Es sei K Grenzwert einer konvergenten Folge kompakter Operatoren* $K_n \in \mathscr{B}(\mathsf{E}, \mathsf{F})$. *Dann ist K kompakt.*

Beweis: Sei $\varepsilon > 0$ gegeben und n so groß gewählt, daß $|K - K_n| < \tfrac{1}{3}\varepsilon$ ist. Da $\mathsf{B}(K_n)$ total beschränkt ist, gibt es Elemente $x_1, \ldots, x_m \in \overline{K(0,1)} \subset \mathsf{E}$ derart, daß die offenen Kugeln vom Radius $\tfrac{1}{3}\varepsilon$ mit den Mittelpunkten $y_j = K_n x_j \in \mathsf{B}(K_n)$ die Menge $\mathsf{B}(K_n)$ überdecken. Zu jedem $x \in \overline{K(0,1)}$ gibt es also ein j mit $|K_n x - K_n x_j| < \tfrac{1}{3}\varepsilon$. Daraus folgt

$$|Kx - Kx_j| \le |Kx - K_n x| + |K_n x - K_n x_j| + |K_n x_j - Kx_j| < \varepsilon,$$

d. h. die offenen Kugeln vom Radius ε mit Mittelpunkten $Kx_j \in \mathsf{B}(K)$ überdecken $\mathsf{B}(K)$. Also ist $\mathsf{B}(K)$ total beschränkt. Da $\overline{\mathsf{B}(K)}$ auch vollständig ist, ist $\mathsf{B}(K)$ relativ kompakt nach Aufgabe 2.23, c), d. h. K ist kompakt.

Wir kommen nun zum Hauptergebnis dieses Abschnitts, einem Gegenstück zu Satz 5.8:

Satz 5.12. $A \in \mathscr{B}(\mathsf{E}, \mathsf{F})$ *sei ein Fredholm-Operator und* $K \in \mathscr{B}(\mathsf{E}, \mathsf{F})$ *sei kompakt. Dann ist* $A + K$ *ein Fredholm-Operator mit* $\varkappa(A + K) = \varkappa(A)$.

Bemerkung. Im Unterschied zu Satz 5.8 wird hier nicht vorausgesetzt, daß die „Störung" K klein ist. Andererseits wird auch keine Aussage über $\alpha(A + K)$ und $\beta(A + K)$ gemacht außer der, daß der Index sich nicht ändert. Es kann also z. B. $\alpha(A + K) > \alpha(A)$ sein, wie man aus folgendem trivialen Beispiel sieht: Es sei $\mathsf{E} = \mathsf{F} = \mathsf{C}$, $A = I$ und $K = -I$. Hier ist $\alpha(A) = 0$ und $\alpha(A + K) = 1$.

Beweis: Wir zeigen zuerst, daß $\alpha(A + K)$ endlich ist. Wäre das nicht der Fall, so könnte man mit Hilfe von Aufgabe 2.20, a) eine Folge (x_n) in $\mathsf{N}(A + K)$ finden mit den Eigenschaften $|x_n| = 1$ für alle n und $|x_n - x_m| \ge \frac{1}{2}$ für alle $n \ne m$. Sei $\hat{A}$ die Pseudoinverse von A bezüglich der Projektoren P und Q. P ist endlich-dimensional, also kompakt. Man kann eine Teilfolge (x_{n_j}) so auswählen, daß die Folgen (Kx_{n_j}) und (Px_{n_j}) konvergieren. Es sei $y = \lim Kx_{n_j}$; dann folgt $Ax_{n_j} \to -y$, $\hat{A}Ax_{n_j} = x_{n_j} - Px_{n_j} \to -\hat{A}y$, d. h. die Folge (x_{n_j}) ist konvergent. Das ist ein Widerspruch wegen $|x_{n_j} - x_{n_k}| \ge \frac{1}{2}$ für $j \ne k$. Also ist $\alpha(A + K) < \infty$, und $\mathsf{N}(A + K)$ besitzt einen Komplementärraum A. Wir zeigen nun, daß $\mathsf{R}(A + K)$ abgeschlossen ist. Sei (y_n) eine konvergente Folge in $\mathsf{R}(A + K)$ mit Grenzwert $y \in \mathsf{F}$. Dann gibt es eine Folge (x_n) in A mit $(A + K)x_n = y_n$. Die Folge (x_n) ist beschränkt. Wäre das nicht wahr, so gäbe es eine Teilfolge (x_{n_j}) mit $|x_{n_j}| \to \infty$. Wir setzen $z_j = |x_{n_j}|^{-1} x_{n_j}$; dann ist $|z_j| = 1$, $z_j \in \mathsf{A}$ und $Az_j + Kz_j = |x_{n_j}|^{-1} y_{n_j} \to 0$ für $j \to \infty$. Es gibt eine Teilfolge (z_{j_i}) derart, daß die Folgen (Kz_{j_i}) und (Pz_{j_i}) konvergieren; sei $w = \lim Kz_{j_i}$. Dann gilt $Az_{j_i} \to -w$, $\hat{A}Az_{j_i} = z_{j_i} - Pz_{j_i} \to -\hat{A}w$, d. h. (z_{j_i}) ist konvergent. Ist $z = \lim z_{j_i}$, so folgt $|z| = 1$, $z \in \mathsf{A}$ und $Az + Kz = 0$ im Widerspruch zur Definition von A. Also ist die Folge (x_n) beschränkt; sie enthält eine Teilfolge (x_{n_j}) derart, daß (Kx_{n_j}) und (Px_{n_j}) konvergieren. Wie oben folgt daraus, daß die Folge (x_{n_j}) konvergiert. Ist x der Grenzwert, so erhält man $Ax + Kx = y$, also $y \in \mathsf{R}(A + K)$, d. h. $\mathsf{R}(A + K)$ ist abgeschlossen. Der Defekt $\beta(A + K) = \alpha(A' + K')$ ist endlich, denn A' ist ein Fredholm-Operator, K' ist kompakt, und daher $\alpha(A' + K') < \infty$ wie anfangs gezeigt. Also ist $A + K$ ein Fredholm-Operator. Für jedes $\lambda \in \mathsf{R}$ ist dann auch $A + \lambda K$ ein Fredholm-Operator. Nach Satz 5.8 gibt es zu jedem $\lambda \in \mathsf{R}$ eine Zahl $\gamma(\lambda) > 0$ derart, daß $\varkappa(A + \mu K) = \varkappa(A + \lambda K)$ ist für alle μ mit $|\mu - \lambda| < \gamma(\lambda)$. Endlich viele dieser Intervalle überdecken die kompakte Menge $[0, 1] \subset \mathsf{R}$. Also ist $\varkappa(A + K) = \varkappa(A)$.

Aufgaben. 5.12. a) Ein Projektor ist genau dann kompakt, wenn er endlich-dimensional ist.

b) Ein kompakter Operator $K \in \mathscr{B}(\mathsf{E}, \mathsf{F})$ ist genau dann ein Fredholm-Operator, wenn E und F endlich-dimensional sind.

c) Zu $A \in \mathscr{B}(\mathsf{E}, \mathsf{F})$ gebe es ein $\hat{A} \in \mathscr{B}(\mathsf{F}, \mathsf{E})$ und kompakte Operatoren $P \in \mathscr{B}(\mathsf{E})$ und $Q \in \mathscr{B}(\mathsf{F})$ mit $\hat{A}A = I - P$, $A\hat{A} = I - Q$. Dann ist A ein Fredholm-Operator. Anleitung zu c): Man verwende den Beweis von Satz 5.12 mit $K = 0$.

5.13. Ein nicht-trivialer echter Teilraum $\mathscr{J}$ einer Banachalgebra $\mathscr{A}$ mit Eins heißt Linksideal (bzw. Rechtsideal) von $\mathscr{A}$, wenn AJ (bzw. JA) zu $\mathscr{J}$ gehört für jedes $J \in \mathscr{J}$ und $A \in \mathscr{A}$. Ist $\mathscr{J}$ zugleich Links- und Rechtsideal, so heißt $\mathscr{J}$ zweiseitiges Ideal von $\mathscr{A}$. Es ist zu zeigen:

a) ein Ideal enthält nur singuläre Elemente von $\mathscr{A}$.

b) Die abgeschlossene Hülle eines Ideals ist ein Ideal.

c) Ist $\mathscr{J}$ ein abgeschlossenes zweiseitiges Ideal, so ist der Quotientenraum $\tilde{\mathscr{A}} = \mathscr{A}/\mathscr{J}$ (vgl. Aufgabe 5.5) eine Banachalgebra, wenn die Multiplikation in $\tilde{\mathscr{A}}$ durch $\tilde{A}\tilde{B} = \widetilde{(AB)}$ erklärt wird. Ist I das Einselement von $\mathscr{A}$, so ist $\tilde{I}$ das Einselement von $\tilde{\mathscr{A}}$.

5.14. Es sei E ein unendlich-dimensionaler Banachraum. Im Sinne der Definitionen von Aufgabe 5.13 gilt:

a) die Menge der endlich-dimensionalen Operatoren in E ist ein zweiseitiges Ideal der Banachalgebra $\mathscr{B}(\mathsf{E})$; die abgeschlossene Hülle $\mathscr{K}_0(\mathsf{E})$ ist ein zweiseitiges abgeschlossenes Ideal.

b) die Menge $\mathscr{K}(\mathsf{E})$ der kompakten Operatoren in E ist ein zweiseitiges abgeschlossenes Ideal und enthält $\mathscr{K}_0(\mathsf{E})$.

c) Ein Element $\tilde{A}$ der Algebra $\mathscr{B}(\mathsf{E})/\mathscr{K}(\mathsf{E})$ (bzw. $\mathscr{B}(\mathsf{E})/\mathscr{K}_0(\mathsf{E})$) ist genau dann regulär, wenn jedes $A \in \tilde{A}$ ein Fredholm-Operator ist.

5.15. Es sei $K \in \mathscr{B}(\mathsf{E})$ Grenzwert einer Folge endlich-dimensionaler Operatoren K_n. Man beweise die Fredholm-Eigenschaften von $I + K$ mit Hilfe der Faktorisierung $I + K = (I + K - K_n)(I + (I + K - K_n)^{-1} K_n)$, wenn $|K - K_n| < 1$, und mit Aufgabe 5.10 (Methode von E. Schmidt).

5.6 Spektraltheorie in $\mathscr{B}(\mathsf{E})$. Wir kombinieren nun die Spektraltheorie des § 4 mit der Fredholmtheorie, indem wir beide auf die Banachalgebra $\mathscr{B}(\mathsf{E})$ anwenden. Ein Operator $A \in \mathscr{B}(\mathsf{E})$ heißt nach 4.2 regulär, wenn es ein $B \in \mathscr{B}(\mathsf{E})$ gibt mit $AB = BA = I$. Nach Satz 5.5 ist A genau dann regulär, wenn A ein Fredholm-Operator mit $\alpha(A) = \beta(A) = 0$ ist, oder mit anderen Worten: wenn $\mathsf{N}(A) = \{0\}$ und $\mathsf{R}(A) = \mathsf{E}$ ist. Wir erinnern an die Definition der Resolventenmenge $\mathsf{P}(A)$, der Resolvente $R(\lambda, A)$ und des Spektrums $\Sigma(A)$. Die Fredholmtheorie gibt Anlaß zu weiteren Definitionen. Wir nennen $\lambda \in \mathsf{C}$ einen **Fredholmpunkt** des Operators A, wenn $\lambda I - A$ ein Fredholm-Operator ist. Die Menge aller Fredholmpunkte von A bezeichnen wir mit $\Phi(A)$. Nach Satz 5.8 ist $\Phi(A)$ offen; es gilt $\mathsf{P}(A) \subset \Phi(A)$, wie schon gezeigt. Das Komplement $\Sigma_e(A)$ von $\Phi(A)$ heißt **wesentliches Spektrum** von A; $\Sigma_e(A)$ ist abgeschlossen und in $\Sigma(A)$ enthalten. Ist dim $\mathsf{E} = \infty$, so ist nach Aufgabe 5.14, c) $\Sigma_e(A)$ das Spektrum des durch A bestimmten Elements $\tilde{A}$ der Banachalgebra $\tilde{\mathscr{A}} = \mathscr{B}(\mathsf{E})/\mathscr{K}(\mathsf{E})$, also nicht leer nach Satz 4.9. Für einen kompakten Operator $K \in \mathscr{B}(\mathsf{E})$ ist $\tilde{K} = 0$ und folglich $\Sigma_e(K) = \{0\}$.

Wir klassifizieren die Punkte des Spektrums $\Sigma(A)$ in folgender Weise: Ist $\lambda \in \Sigma(A)$, so ist entweder $\mathsf{N}(\lambda I - A) \neq \{0\}$, oder $\mathsf{N}(\lambda I - A) = \{0\}$ aber $\mathsf{R}(\lambda I - A) \neq \mathsf{E}$. Im ersten Fall nennen wir λ einen **Eigenwert** von A, $\mathsf{N}(\lambda I - A)$ den **Eigenraum** von A zum Eigenwert λ und jedes nicht-triviale Element $x \in \mathsf{N}(\lambda I - A)$ ein **Eigenelement** von A zum Eigenwert λ. Die Dimension $\alpha(\lambda I - A)$ des Eigenraumes heißt die **geometrische Vielfachheit** des Eigenwerts λ. Die Menge aller Eigenwerte von A heißt das **Punktspektrum** von A und wird mit $\Sigma_p(A)$ bezeichnet. Ist $\mathsf{N}(\lambda I - A) = \{0\}$ und $\mathsf{R}(\lambda I - A)$ dicht, aber nicht gleich E, so heißt λ ein Punkt des **kontinuierlichen Spektrums** $\Sigma_c(A)$. Schließlich bleibt noch der Fall, daß $\mathsf{N}(\lambda I - A) = \{0\}$ und $\mathsf{R}(\lambda I - A)$ nicht dicht in E ist, also $\alpha(\lambda I - A) = 0$ und $\beta(\lambda I - A) > 0$; wir sagen dann, λ gehöre zum **Restspektrum** $\Sigma_r(A)$. Die drei Teile des Spektrums sind paarweise punktfremd und ihre Vereinigung ist das Spektrum. Diese Zerlegung induziert auch eine Zerlegung des wesentlichen Spektrums $\Sigma_e(A)$ und des nicht-wesentlichen Teils $\Sigma(A) \setminus \Sigma_e(A) = \Sigma(A) \cap \Phi(A)$ des Spektrums; und zwar ist jedes $\lambda \in \Sigma(A) \cap \Phi(A)$ entweder in $\Sigma_p(A)$ oder in $\Sigma_r(A)$. Das kontinuierliche Spektrum $\Sigma_c(A)$ gehört also ganz zu $\Sigma_e(A)$. Ferner ist $\partial \Sigma(A) \cap \Phi(A) \subset \Sigma_p(A)$ nach Aufgabe 5.11, c), und zwar besteht diese Menge nur aus isolierten Punkten des Spektrums.

Beispiel 1. Es sei dim $\mathsf{E} = \infty$ und A ein endlich-dimensionaler Operator in E. Nach Aufgabe 4.20, b) ist A algebraisch; also besteht $\Sigma(A)$ aus endlich vielen Polen $\lambda_1, \ldots, \lambda_n$ der Resolvente.

Da A kompakt ist, ist $\Sigma_e(A) = \{0\}$, also einer der Punkte λ_j, etwa λ_n, ist der Nullpunkt. $\lambda_1, \ldots, \lambda_{n-1}$ sind Randpunkte des Spektrums und Fredholmpunkte, also Eigenwerte endlicher geometrischer Vielfachheit. $\lambda_n = 0$ ist Eigenwert unendlicher geometrischer Vielfachheit, denn $N(A)$ hat endliche Kodimension.

Beispiel 2. Der Operator A_γ von Aufgabe 3.7 in $\mathsf{E} = \mathsf{C}[0,1]$. Nach Aufgabe 5.3 ist $\Sigma(A_\gamma)$ die abgeschlossene Kreisscheibe $\mathrm{Re}\,(\gamma + \lambda^{-1}) \geq 1$. das Innere gehört zum Punktspektrum, und zwar ist die geometrische Vielfachheit dieser Eigenwerte gleich 1. Das wesentliche Spektrum ist der Rand der Kreisscheibe; der Punkt $\lambda = (1-\gamma)^{-1}$ ist Eigenwert der geometrischen Vielfachheit 1, während alle anderen Punkte des Randes zum kontinuierlichen Spektrum gehören. Das Restspektrum ist leer.

Beispiel 3. Der Operator B_γ von Aufgabe 5.7 in $\mathsf{E} = \mathsf{C}[0,1]$. Hier ist $\Sigma(B_\gamma)$ die abgeschlossene Kreisscheibe $\mathrm{Re}\,(\gamma + \lambda^{-1}) \geq 0$, $\Sigma_p(B_\gamma)$ ist leer, und das Innere der Kreisscheibe gehört zum Restspektrum. Da es keine Eigenwerte gibt, ist der Rand der Kreisscheibe gleich $\Sigma_e(B_\gamma)$. Eine genauere Untersuchung zeigt, daß $\lambda = -\gamma^{-1}$ und $\lambda = 0$ zu $\Sigma_c(B_\gamma)$, die anderen Randpunkte zu $\Sigma_r(B_\gamma)$ gehören.

Zwischen den spektralen Eigenschaften eines Operators $A \in \mathscr{B}(\mathsf{E})$ und denen des dualen Operators $A' \in \mathscr{B}(\mathsf{E}')$ besteht ein enger Zusammenhang:

Satz 5.13. *Für jeden Operator* $A \in \mathscr{B}(\mathsf{E})$ *gilt* $\mathsf{P}(A) = \mathsf{P}(A')$ *und* $R(\lambda, A') = R(\lambda, A)'$ *für* $\lambda \in \mathsf{P}(A)$, *sowie* $\Phi(A) = \Phi(A')$, *also auch* $\Sigma(A) = \Sigma(A')$ *und* $\Sigma_e(A) = \Sigma_e(A')$. *Außerdem gelten die Inklusionen:*

$$\Sigma_c(A') \subset \Sigma_c(A) \subset \Sigma_c(A') \cup \Sigma_r(A'), \tag{5.22}$$

$$\Sigma_r(A) \subset \Sigma_p(A') \subset \Sigma_p(A) \cup \Sigma_r(A), \tag{5.23}$$

$$\Sigma_r(A') \subset \Sigma_p(A) \cup \Sigma_c(A), \tag{5.24}$$

$$\Sigma_p(A) \subset \Sigma_p(A') \cup \Sigma_r(A'). \tag{5.25}$$

Ist E *ein reflexiver Banachraum (vgl. 3.3), so ist* $\Sigma_c(A) = \Sigma_c(A')$ *und daher auch* $\Sigma_r(A') \subset \Sigma_p(A)$.

Beweis: Es gilt $(\lambda I - A)' = \lambda I - A'$; nach Aufgabe 5.6, b) ist daher $\lambda I - A$ genau dann regulär, wenn $\lambda I - A'$ regulär ist, und es gilt $R(\lambda, A') = R(\lambda, A)'$. Nach Folgerung 3 aus Satz 5.5 ist $\lambda I - A$ genau dann ein Fredholm-Operator, wenn $\lambda I - A'$ ein Fredholm-Operator ist; also ist $\Phi(A) = \Phi(A')$. Aus (5.11) folgt $\beta(\lambda I - A) = \alpha(\lambda I - A')$, und nach Aufgabe 5.6, a) ist $\alpha(\lambda I - A) \leq \beta(\lambda I - A')$. Zur Abkürzung setzen wir $\alpha = \alpha(\lambda I - A)$, $\alpha' = \alpha(\lambda I - A')$ und $\beta = \beta(\lambda I - A)$, $\beta' = \beta(\lambda I - A')$. Für $\lambda \in \Sigma_c(A')$ ist $\alpha' = \beta' = 0$, also auch $\alpha = \beta = 0$, d. h. $\lambda \in \Sigma_c(A)$. Für $\lambda \in \Sigma_c(A)$ ist $\alpha = \beta = 0$; daraus folgt aber nur $\alpha' = 0$, also $\lambda \in \Sigma_c(A') \cup \Sigma_r(A')$. Damit ist (5.22) bewiesen. Ist $\lambda \in \Sigma_r(A)$, so ist $\beta = \alpha' > 0$, d. h. $\lambda \in \Sigma_p(A')$; ist $\lambda \in \Sigma_p(A')$, so ist $\alpha' = \beta > 0$ und folglich $\lambda \in \Sigma_p(A) \cup \Sigma_r(A)$. Also gilt (5.23). Für $\lambda \in \Sigma_r(A')$ ist $\alpha' = \beta = 0$; daraus folgt $\lambda \in \Sigma_p(A) \cup \Sigma_c(A)$, d. h. (5.24). Für $\lambda \in \Sigma_p(A)$ ist $\alpha > 0$, also auch $\beta' > 0$, d.h. $\lambda \in \Sigma_p(A') \cup \Sigma_r(A')$. Damit sind alle Inklusionen bewiesen. Ist E reflexiv, so ist der biduale Raum E'' nach Satz 3.6 normisomorph zu E, und zwar entspricht jedem $x \in \mathsf{E}$ das Funktional $\hat{x} \in \mathsf{E}''$ mit $\hat{x}(u) = u(x)$. Dem Operator $A'' \in \mathscr{B}(\mathsf{E}'')$ entspricht dann wegen $(A''\hat{x})(u) = \hat{x}(A'u) = (A'u)(x) = u(Ax) = \widehat{Ax}(u)$ der Operator A. Insbesondere ist dann $\Sigma_c(A'') = \Sigma_c(A)$ und aus (5.22), angewandt auf A', folgt $\Sigma_c(A) = \Sigma_c(A'') \subset \Sigma_c(A')$, also $\Sigma_c(A) = \Sigma_c(A')$. Die letzte Behauptung des Satzes folgt damit aus (5.24).

Aufgaben. 5.16. Für den Operator A in l_p von Aufgabe 5.9 bestimme man die verschiedenen Teile des Spektrums. Dasselbe für A' im Falle $p < \infty$ (in diesem Fall ist $l'_p = l_{p'}$, $p' = p(p-1)^{-1}$ nach Aufgabe 3.2).

5.17. Eine Folge (x_n) in E heißt **singuläre Folge** für den Operator $A \in \mathscr{B}(\mathsf{E})$ und den Punkt $\lambda \in \mathsf{C}$, wenn $|x_n| = 1$ ist und $\lambda x_n - A x_n \to 0$ für $n \to \infty$. Eine singuläre Folge heißt **wesentlich singulär**, wenn sie keine konvergente Teilfolge enthält. Man zeige:

a) Ist λ ein Randpunkt von $\Sigma(A)$, so gibt es eine singuläre Folge für A und λ.

b) Ein Punkt λ liegt genau dann in $\Sigma(A)$, wenn es eine singuläre Folge entweder für A und λ oder für A' und λ gibt.

c) Ein Punkt λ liegt genau dann im wesentlichen Spektrum von A, wenn es eine wesentlich singuläre Folge entweder für A und λ oder für A' und λ gibt.

5.7 Das Spektrum eines kompakten Operators. Für kompakte Operatoren $K \in \mathscr{B}(\mathsf{E})$ kann man die Natur des Spektrums sehr genau beschreiben. Da der Fall $\dim \mathsf{E} < \infty$ schon durch Aufgabe 4.20 erledigt ist, setzen wir im folgenden $\dim \mathsf{E} = \infty$ voraus.

Satz 5.14 (F. Riesz)[1]. *Für einen kompakten Operator $K \in \mathscr{B}(\mathsf{E})$ ist $\Sigma_e(K) = \{0\}$, und $\Sigma(K) \cap \Phi(K)$ ist entweder leer oder besteht aus höchstens abzählbar vielen Eigenwerten $\lambda_1, \lambda_2, \ldots$, die sich nur bei Null häufen können. Jeder Eigenwert λ_j ist Pol der Resolvente mit endlichdimensionalem Residuum P_j. Für den dualen Operator K' ist P_j' das Residuum des Pols λ_j.*

Beweis: Nach Satz 5.12 ist $\lambda I - K$ ein Fredholm-Operator mit Index Null für jedes $\lambda \neq 0$. Der Nullpunkt gehört zum wesentlichen Spektrum nach Aufgabe 5.12, b); also ist $\Sigma_e(K) = \{0\}$. Für $\lambda \neq 0$ ist $\alpha(\lambda I - K) = \beta(\lambda I - K)$, also entweder $\alpha = \beta = 0$, d. h. $\lambda \in \mathsf{P}(K)$ oder $\alpha > 0$, d. h. $\lambda \in \Sigma_p(K)$. Jeder von Null verschiedene Punkt des Spektrums ist also ein Eigenwert. Sei λ_0 ein solcher Punkt und $A = K - \lambda_0 I$. Die Operatoren $A^2, A^3, \ldots$ sind Fredholm-Operatoren mit Index Null nach Satz 5.6; ihre Nullräume sind endlich-dimensional, und es gilt $\mathsf{N}(A^n) \subset \mathsf{N}(A^{n+1})$ für alle n. Ist diese Inklusion echt für $n = m$, so auch für alle $n < m$; dann gibt es nämlich ein $x \in \mathsf{N}(A^{m+1})$, das nicht zu $\mathsf{N}(A^m)$ gehört, und folglich ist $y = A^{m-n} x \in \mathsf{N}(A^{n+1})$ für $n < m$ aber nicht in $\mathsf{N}(A^n)$. Entweder gibt es also eine natürliche Zahl p derart, daß $\mathsf{N}(A^n) = \mathsf{N}(A^p)$ ist für alle $n \geq p$; oder die Inklusion $\mathsf{N}(A^n) \subset \mathsf{N}(A^{n+1})$ ist echt für alle n, und es gibt zu jedem n ein $x_n \in \mathsf{N}(A^{n+1})$ mit $|x_n| = 1$ und $d(x_n, \mathsf{N}(A^n)) \geq \frac{1}{2}$ nach Aufgabe 2.20, a). Wir zeigen, daß der zweite Fall nicht eintreten kann: Für $n > m$ wäre dann nämlich

mit
$$K x_n - K x_m = \lambda_0 x_n + A x_n - \lambda_0 x_m - A x_m = \lambda_0 (x_n - y)$$

$$y = x_m - \lambda_0^{-1} A x_n + \lambda_0^{-1} A x_m \in \mathsf{N}(A^n),$$

also
$$|K x_n - K x_m| \geq |\lambda_0| d(x_n, \mathsf{N}(A^n)) \geq \tfrac{1}{2} |\lambda_0|,$$

d. h. die Folge $(K x_n)$ enthält keine konvergente Teilfolge im Widerspruch zur Kompaktheit des Operators K. Es gibt also ein p mit $\mathsf{N}(A^n) = \mathsf{N}(A^p)$ für $n \geq p$. Da A^p ein Fredholm-Operator mit Index Null ist, ist $\mathsf{R}(A^p)$ ein abgeschlossener Teilraum von E mit endlicher Kodimension $\beta(A^p) = \alpha(A^p) = \dim \mathsf{N}(A^p)$. Es gilt $\mathsf{N}(A^p) \cap \mathsf{R}(A^p) = \{0\}$; denn ein Element y in diesem Durchschnitt ist von der Form $y = A^p x$ mit $A^p y = A^{2p} x = 0$, d. h. mit $x \in \mathsf{N}(A^{2p}) = \mathsf{N}(A^p)$, woraus $y = 0$ folgt. Also sind $\mathsf{N}(A^p)$ und $\mathsf{R}(A^p)$ komplementär: $\mathsf{E} = \mathsf{N}(A^p) \oplus \mathsf{R}(A^p)$ und es gibt einen Projektor P in E mit $\mathsf{R}(P) = \mathsf{N}(A^p)$ und $\mathsf{N}(P) = \mathsf{R}(A^p)$. P ist offenbar endlich-dimensional. Es gilt $A \mathsf{N}(A^p) \subset \mathsf{N}(A^{p-1}) \subset \mathsf{N}(A^p)$ und $A \mathsf{R}(A^p) = \mathsf{R}(A^{p+1}) \subset \mathsf{R}(A^p)$. Für jedes $x \in \mathsf{E}$ ist also in der Darstellung $A x = A P x + A(I - P)x$ der erste Summand aus $\mathsf{N}(A^p)$, der zweite aus $\mathsf{R}(A^p)$. Daraus folgt $P A x = A P x$ für jedes $x \in \mathsf{E}$, d. h. $P A = A P$. Der Operator $S = A P$ ist nilpotent mit $S^p = A^p P = 0$ und $S^{p-1} = A^{p-1} P \neq 0$. Der Operator $T = A(I - P)$ ist ein Fredholm-Operator mit $\mathsf{N}(T) = \mathsf{N}(A^p)$ und $\mathsf{R}(T) = \mathsf{R}(A^p)$;

---

[1] Riesz, F.: Acta Math. **41** (1917) 71 bis 98.

er hat also eine Pseudoinverse bezüglich der Projektoren P und $Q = P$. In der Terminologie von 4.6 ist T pseudoregulär bezüglich P. Nach Satz 4.13 ist λ_0 ein Pol der Ordnung p der Resolvente von K mit Residuum P. Jeder Punkt $\lambda_0 \neq 0$ des Spektrums von K ist also ein isolierter Punkt des Spektrums. Das Spektrum ist eine beschränkte Menge. Also kann nur der Nullpunkt Häufungspunkt des Spektrums sein. Die letzte Behauptung folgt aus $R(\lambda, K') = R(\lambda, K)'$ und der Definition des Residuums.

Für jeden Pol λ_j von $R(\cdot, K)$ definieren wir den verallgemeinerten Eigenraum $\mathsf{E}_j = P_j \mathsf{E}$ und nennen seine Dimension $n_j = \dim \mathsf{E}_j$ die algebraische Vielfachheit des Eigenwerts λ_j. Diese Begriffe sind wohl zu unterscheiden von dem Eigenraum $\mathsf{N}(\lambda_j I - K)$ und der geometrischen Vielfachheit $m_j = \dim \mathsf{N}(\lambda_j I - K)$. Ist p_j die Ordnung von λ_j als Pol der Resolvente, so hatte der Beweis gezeigt, daß $\mathsf{N}((\lambda_j I - K)^{p_j}) \neq \mathsf{N}((\lambda_j I - K)^{p_j - 1})$ ist; Eigenraum und verallgemeinerter Eigenraum sowie geometrische und algebraische Vielfachheit fallen also genau dann zusammen, wenn $p_j = 1$ ist. Nach Satz 4.12 gilt $P_j P_k = \delta_{jk} P_j$ für

$$j, k = 1, 2, \ldots ; \quad \text{mit Aufgabe 5.4 folgt daraus } \mathsf{E} = \bigoplus_{j=0}^{n} \mathsf{E}_j \text{ mit } \mathsf{E}_0 = P_0 \mathsf{E}, \; P_0 = I - \sum_{j=1}^{n} P_j \text{ für jedes}$$

n, das nicht größer als die Zahl der von Null verschiedenen Eigenwerte von K ist. K bildet jeden der Räume E_j in sich ab; seine Restriktion auf E_j hat das Spektrum $\Sigma_j(K) = \{\lambda_j\}$ für $j > 0$ und $\Sigma_0(K) = \{0, \lambda_{n+1}, \lambda_{n+2}, \ldots\}$ für $j = 0$ (vgl. Aufgabe 4.18). Dieser Zerlegung entspricht die Darstellung der Resolvente von K als Summe der Hauptteile zu den Polen $\lambda_1, \lambda_2, \ldots, \lambda_n$ und eines Restes, der in $\complement \Sigma_0(K)$ holomorph ist. Wir untersuchen nun die Struktur eines verallgemeinerten Eigenraums; dabei machen wir von der Kompaktheit von K keinen Gebrauch.

Satz 5.15. *Es sei λ_0 ein Pol der Ordnung p der Resolvente des Operators $K \in \mathscr{B}(\mathsf{E})$ mit endlichdimensionalem Residuum P. Dann ist $\lambda_0 I - K$ ein Fredholm-Operator vom Index Null. Sei $\mathsf{E}_0 = P \mathsf{E}$ der verallgemeinerte Eigenraum, n seine Dimension und m die Dimension des Eigenraums $\mathsf{N}(\lambda_0 I - K)$. Dann gibt es eine Basis $\{a_{jk}\}$; $k = 1, \ldots, n_j$; $j = 1, \ldots, m$ von E_0 mit*

$$(K - \lambda_0 I) a_{jk} = \begin{cases} 0 & \text{für} \quad k = 1 \\ a_{j, k-1} & \text{für} \quad k = 2, \ldots, n_j \end{cases} \tag{5.26}$$

und es gilt $\max \{n_j \,|\, j = 1, \ldots, m\} = p$ *und* $\displaystyle\sum_{j=1}^{m} n_j = n^{1)}$. *Der verallgemeinerte Eigenraum* $\mathsf{E}'_0 = P' \mathsf{E}'$ *für den dualen Operator besitzt eine entsprechende Basis $\{u_{jk}\}$ mit*

$$(K' - \lambda_0 I) u_{jk} = \begin{cases} 0 & \text{für} \quad k = 1 \\ u_{j, k-1} & \text{für} \quad k = 2, \ldots, n_j \end{cases} \tag{5.27}$$

und man kann diese so wählen, daß außerdem gilt

$$u_{l, n_l - h + 1}(a_{jk}) = \delta_{jl} \delta_{kh}. \tag{5.28}$$

Beweis: $A = K - \lambda_0 I$ ist Fredholm-Operator vom Index Null nach Aufgabe 5.10, b). Es sei $\mathsf{N}_j = \mathsf{N}(A^j)$, also $\mathsf{N}_p = \mathsf{E}_0$. Ist $p > 1$, so ist N_{p-1} echter Teilraum von N_p. Denn nach Satz 4.12 ist $A^{p-1} P \neq 0$; es gibt folglich ein $f \in \mathsf{E}$ mit $A^{p-1} P f \neq 0$, also $g = P f \in \mathsf{N}_p$ aber $g \notin \mathsf{N}_{p-1}$. Sei M_p ein Teilraum von N_p mit $\mathsf{N}_p = \mathsf{N}_{p-1} \oplus \mathsf{M}_p$. Wir setzen $\mathsf{N}_0 = \{0\}$ und behaupten, daß für $j = 1, 2, \ldots, p$ die Zerlegung

$$\mathsf{N}_j = \mathsf{N}_{j-1} \oplus \mathsf{M}_j \oplus A \mathsf{M}_{j+1} \oplus \cdots \oplus A^{p-j} \mathsf{M}_p \tag{5.29}$$

---

[1] Die Basis $\{a_{jk}\}$ ist so gewählt, daß die Matrix-Darstellung des Operators K in E_0 bezüglich dieser Basis die Jordansche Normalform hat.

mit geeigneten Teilräumen M_j von N_j gilt, wobei jedoch $\mathsf{M}_j = \{0\}$ für $j < p$ nicht ausgeschlossen ist. Für $j = p$ ist (5.29) schon bewiesen; wir zeigen, daß (5.29) für $j-1$ gilt, wenn es für j richtig ist. $\mathsf{N}_{j-2}, A\,\mathsf{M}_j, \ldots, A^{p-j+1}\mathsf{M}_p$ sind offenbar Teilräume von N_{j-1}. Ist ein Element $x \in \mathsf{N}_{j-1}$ als Summe von Elementen aus diesen Teilräumen darstellbar, so ist diese Darstellung eindeutig, d. h. ist $x_0 + \sum\limits_{k=j}^{p} A\, x_k = 0$ mit $x_0 \in \mathsf{N}_{j-2}$ und $x_k \in A^{k-j}\mathsf{M}_k$ für $k = j, \ldots, p$, so sind alle Summanden Null. Denn nach (5.29) ist $y = \sum\limits_{k=j}^{p} x_k$ aus dem Komplementärraum von N_{j-1} bezüglich N_j und andererseits in N_{j-1} wegen $x_0 \in \mathsf{N}_{j-2}$; also ist $y = 0$ und folglich $x_0 = 0$ und $x_j = x_{j+1} = \cdots = x_p = 0$ nach (5.29). Man kann also den Teilraum $\mathsf{N}_{j-2} \oplus A\,\mathsf{M}_j \oplus \cdots \oplus A^{p-j+1}\mathsf{M}_p$ von N_{j-1} bilden und einen Komplementärraum M_{j-1} finden (der auch trivial sein kann), so daß (5.29) für $j-1$ gilt. Zugleich ist bewiesen, daß $A^{k-j+1}\mathsf{M}_k$ dieselbe Dimension hat wie $A^{k-j}\mathsf{M}_k$, denn aus $A\,x_k = 0$, $x_k \in A^{k-j}\mathsf{M}_k$ folgt $x_k = 0$. Aus (5.29) erhält man die Zerlegung

$$\mathsf{E}_0 = \mathsf{M}_1 \oplus \mathsf{M}_2 \oplus A\,\mathsf{M}_2 \oplus \cdots \oplus \mathsf{M}_p \oplus A\,\mathsf{M}_p \oplus \cdots \oplus A^{p-1}\mathsf{M}_p.$$

Wählt man nun Basiselemente a_{jp}, $j = 1, \ldots, m_p$ von M_p, so bilden die $a_{j,p-k} = A^k a_{jp}$, $j = 1, \ldots, m_p$ eine Basis von $A^k\mathsf{M}_p$ für $k = 1, 2, \ldots, p-1$. Ebenso wählt man eine Basis $a_{j,p-1}$, $j = m_p + 1, \ldots, m_p + m_{p-1}$ von M_{p-1}, und erhält eine Basis $a_{j,p-1-k} = A^k a_{j,p-1}$ von $A^k\mathsf{M}_{p-1}$ usw. Setzt man nun $n_j = p$ für $j = 1, 2, \ldots, m_p$; $n_j = p-1$ für $j = m_p + 1, \ldots, m_p + m_{p-1}$ usw. und $m = m_1 + \cdots + m_p$, so hat man eine Basis von E_0 mit den Eigenschaften (5.26). Der Projektor P hat nun eine Darstellung $Px = \sum\limits_{j=1}^{m} \sum\limits_{k=1}^{n_j} v_{jk}(x)a_{jk}$ mit linear unabhängigen Elementen $v_{jk} \in \mathsf{E}'$, und es gilt $v_{lh}(a_{jk}) = \delta_{lj}\delta_{hk}$. Der duale Projektor P' hat die Darstellung $P'u = \sum\limits_{j=1}^{m} \sum\limits_{k=1}^{n_j} u(a_{jk})v_{jk}$, d. h. die v_{jk} bilden eine Basis des verallgemeinerten Eigenraums $\mathsf{E}_0' = P'\mathsf{E}'$ von K' zum Eigenwert λ_0. Schließlich gilt

$$A' v_{lh}(a_{jk}) = v_{lh}(A\,a_{jk}) = v_{lh}(a_{j,k-1}) = \delta_{lj}\delta_{h,k-1}.$$

Da $A' v_{lh}$ zu E_0' gehört, folgt daraus

$$A' v_{lh} = \begin{cases} 0 & \text{für} \quad h = n_l \\ v_{l,h+1} & \text{für} \quad h = 1, 2, \ldots, n_l - 1. \end{cases}$$

Setzt man nun $u_{jk} = v_{j,n_j-k+1}$, so erhält man die Gleichungen (5.27) und (5.28).

Aufgaben. 5.18. Sei K ein kompakter Operator in E.

a) Für jedes $\lambda \in \mathsf{P}(K)$ ist $R(\lambda, K) = \lambda^{-1}I + \lambda^{-2}K(\lambda)$ mit einem kompakten Operator $K(\lambda)$.

b) Für einen Eigenwert $\lambda_0 \neq 0$ von K hat jede Pseudoinverse $\hat{A}$ von $\lambda_0 I - K$ die Form $\hat{A} = \lambda_0^{-1}I + \lambda_0^{-2}K_0$ mit einem kompakten Operator K_0.

5.19. In $\mathsf{E} = \mathsf{C}[0,1]$ sei K ein Integraloperator $Kx(s) = \int\limits_0^1 K(s,t)x(t)\,dt$ mit stetigem Kern. Man zeige:

a) K ist kompakt. Anleitung: Man benutzt Aufgabe 2.25, f).

b) Es gibt eine Folge endlich-dimensionaler Operatoren K_n mit $K_n \to K$. Anleitung: Man ersetzt das Integral durch eine Summe.

c) Die Operatoren $K(\lambda)$ bzw. K_0 von Aufgabe 5.18 sind Integraloperatoren mit stetigem Kern.

5.20. Es werden Operatoren $A \in \mathscr{B}(l_p, l_q)$ der Form $Ax = \left(\sum\limits_{m=1}^{\infty} \alpha_{nm}\xi_m \right)$ betrachtet. Man zeige, daß A unter den folgenden Voraussetzungen kompakt ist:

a) Voraussetzungen von Aufgabe 3.3, a), falls $1 \leq q < \infty$; zusätzlich $|a_n|_{p'} \to 0$ für $n \to \infty$, falls $q = \infty$.

b) Voraussetzungen von Aufgabe 3.5 und entweder $\sum\limits_{m=1}^{\infty} (\beta_{nm})^{p'} \to 0$ für $n \to \infty$ oder $\sum\limits_{n=1}^{\infty} (\gamma_{nm})^{p} \to 0$ für $m \to \infty$. Hier ist $q = p$ und $1 < p < \infty$.

c) Voraussetzungen von Aufgabe 3.6 und zusätzlich $\sum\limits_{n=1}^{\infty} |\alpha_{nm}| \to 0$ für $m \to \infty$, falls $p = 1$; $\sum\limits_{m=1}^{\infty} |\alpha_{nm}| \to 0$ für $n \to \infty$, falls $p = \infty$; eine der beiden letzten Bedingungen, falls $1 < p < \infty$. Anleitung: In jedem Falle findet man eine Folge endlich-dimensionaler Operatoren A_j mit $A_j \to A$.

5.21. Es sei K ein kompakter Operator in E, und (A_n) eine Folge in $\mathscr{B}(E)$ mit $A_n \to K$. Man zeige:

a) Zu jeder abgeschlossenen Menge $\Gamma \subset P(K)$ gibt es ein n_0 mit $P(A_n) \supset \Gamma$ für alle $n \geq n_0$, und es gilt $R(\lambda, A_n) \to R(\lambda, K)$ gleichmäßig bezüglich λ in Γ.

b) Ist $\lambda_0 \neq 0$ Eigenwert von K, so gibt es Punkte $\lambda_n \in \Sigma(A_n)$ mit $\lambda_n \to \lambda_0$ für $n \to \infty$. Anleitung: Ist $\Gamma = \{\lambda \mid |\lambda - \lambda_0| = \varrho\}$ und ϱ so klein, daß kein anderer Punkt des Spektrums von K in oder innerhalb Γ liegt, so gilt $\dfrac{1}{2\pi i} \int_{\Gamma} U(R(\lambda, A_n)) d\lambda \to U(P)$ für jedes Funktional $U \in \mathscr{B}(E)'$, wenn P das Residuum des Pols λ_0 ist.

5.22. Sei $K \in \mathscr{B}(E)$; es gebe eine natürliche Zahl $m > 1$ derart, daß K^m kompakt ist. Dann gelten für K alle Aussagen von Satz 5.14. Anleitung: Man benutzt die Identität

$$\lambda^m I - K^m = (\lambda I - K)(\lambda^{m-1} I + \lambda^{m-2} K + \cdots + \lambda K^{m-2} + K^{m-1}).$$

5.23. Es sei $A = B + K$ mit $B, K \in \mathscr{B}(E)$ und K kompakt.

a) $\Sigma(A) \cap P(B)$ besteht aus höchstens abzählbar vielen Eigenwerten $\lambda_1, \lambda_2, \ldots$ von A, die sich nur am Rand von $P(B)$ häufen können.

b) Jeder der Eigenwerte λ_j ist Pol der Resolvente von A mit endlich-dimensionalem Residuum P_j.

c) Für den dualen Operator A' ist P_j' das Residuum des Pols λ_j. Anleitung: Man überträgt den Beweis von Satz 5.14.

5.8 Fredholmtheorie in $\mathscr{A}(E, F)$. Wir erinnern an die Definition eines Dualsystems $\langle E, F \rangle$ von Banachräumen E und F und der Banachalgebra $\mathscr{A}(E, F)$ aller Operatoren $A \in \mathscr{B}(E)$, die eine Transponierte $A^T \in \mathscr{B}(F)$ besitzen (vgl. 3.5 und 3.6). Der Sinn dieser Definitionen ist, daß F einen Ersatz für den dualen Raum E', und A^T einen Ersatz für A' darstellt; das kann besonders dann von Nutzen sein, wenn eine explizite Darstellung von E' schwierig zu behandeln oder gar unbekannt ist. In vielen Fällen wird es sogar gelingen, F = E zu wählen und der Theorie dadurch zusätzliche Symmetrie zu geben. Jedoch ist F in der Regel ein unvollkommener Ersatz für E': Ist M ein abgeschlossener echter Teilraum von E, so gibt es nach Aufgabe 3.8 ein $u \neq 0$ in E' mit $u(x) = 0$ für alle $x \in M$; es gibt aber nicht immer ein $y \neq 0$ in F mit $\langle x, y \rangle = 0$ für alle $x \in M$, wie das folgende Beispiel zeigt:

Beispiel 1. Wir betrachten das Dualsystem $\langle E, E \rangle$ mit $E = C[0,1]$ und $\langle x, y \rangle = \int_0^1 x(t) y(t) dt$.

Es sei $M = \{x \mid x \in E, x(0) = 0\}$, also ein abgeschlossener echter Teilraum von E. Wir definieren für jedes $s \in (0,1)$ eine Folge (x_n) in E durch $x_n(t) = \max\{0, n - n^2 |t - s|\}$. Für $n > s^{-1}$ ist $x_n \in M$. Für jedes $y \in E$ ist

$$\langle x_n, y \rangle = n \int_{s-\frac{1}{n}}^{s+\frac{1}{n}} (1 - n|t - s|) y(t) dt \to y(s).$$

Ist also y ein Element mit $\langle x, y \rangle = 0$ für alle $x \in M$, so folgt $y(s) = 0$ für alle $s \in (0,1)$, also $y = 0$. Der Teilraum M hat übrigens die Kodimension 1 und sein Orthogonalraum hat als Basis das Element $u \in E'$ definiert durch $u(x) = x(0)$.

Jedem Element $y \in \mathsf{F}$ ist durch $\hat{y}(x) = \langle x, y \rangle$ ein Element $\hat{y} \in \mathsf{E}'$ zugeordnet; ebenso jedem $x \in \mathsf{E}$ ein $\hat{x} \in \mathsf{F}'$ durch $\hat{x}(y) = \langle x, y \rangle$. Wir definieren Operatoren $J_1 \in \mathscr{B}(\mathsf{F}, \mathsf{E}')$ und $J_2 \in \mathscr{B}(\mathsf{E}, \mathsf{F}')$ durch $J_1 y = \hat{y}$ und $J_2 x = \hat{x}$; diese Operatoren sind invertierbar nach Definition des Dualsystems, aber im allgemeinen nicht beschränkt invertierbar. Für Mengen $\mathsf{A} \subset \mathsf{E}, \mathsf{B} \subset \mathsf{F}, \mathsf{M}_1 \subset \mathsf{E}'$, $\mathsf{M}_2 \subset \mathsf{F}'$ schreiben wir $\mathsf{B} \subset \mathsf{M}_1$ bzw. $\mathsf{A} \subset \mathsf{M}_2$, wenn $J_1 \mathsf{B} \subset \mathsf{M}_1$ bzw. $J_2 \mathsf{A} \subset \mathsf{M}_2$ gilt, d. h. wir identifizieren der Einfachheit halber die Elemente y bzw. x mit ihren Bildern $\hat{y}$ bzw. $\hat{x}$. In diesem Sinne folgen aus der Beziehung $\langle Ax, y \rangle = \langle x, A^{\mathsf{T}} y \rangle$ für jedes $A \in \mathscr{A}(\mathsf{E}, \mathsf{F})$ unmittelbar die Inklusionen

$$\mathsf{N}(A) \subset \mathsf{R}(A^{\mathsf{T}})^{\perp}, \qquad \mathsf{N}(A^{\mathsf{T}}) \subset \mathsf{R}(A)^{\perp} \tag{5.30}$$

und daraus die Ungleichungen

$$\alpha(A) \le \beta(A^{\mathsf{T}}), \qquad \alpha(A^{\mathsf{T}}) \le \beta(A). \tag{5.31}$$

Satz 5.16. *Es sei $A \in \mathscr{A}(\mathsf{E}, \mathsf{F})$; A und A^{T} seien Fredholm-Operatoren mit $\varkappa(A) = -\varkappa(A^{\mathsf{T}})$. Dann gilt $\mathsf{N}(A) = \mathsf{R}(A^{\mathsf{T}})^{\perp}$, $\mathsf{N}(A^{\mathsf{T}}) = \mathsf{R}(A)^{\perp}$, also auch $\alpha(A) = \beta(A^{\mathsf{T}})$, $\alpha(A^{\mathsf{T}}) = \beta(A)$, und es gibt Projektoren $P, Q \in \mathscr{A}(\mathsf{E}, \mathsf{F})$ mit $\mathsf{R}(P) = \mathsf{N}(A)$, $\mathsf{N}(P^{\mathsf{T}}) = \mathsf{R}(A^{\mathsf{T}})$, $\mathsf{N}(Q) = \mathsf{R}(A)$, $\mathsf{R}(Q^{\mathsf{T}}) = \mathsf{N}(A^{\mathsf{T}})$. Die Pseudoinverse $\hat{A}$ von A bezüglich P und Q gehört zu $\mathscr{A}(\mathsf{E}, \mathsf{F})$, und $(\hat{A})^{\mathsf{T}}$ ist die Pseudoinverse von A^{T} bezüglich Q^{T} und P^{T}.*

Beweis: Aus (5.31) folgt $\varkappa(A) = \alpha(A) - \beta(A) \le \beta(A^{\mathsf{T}}) - \alpha(A^{\mathsf{T}}) = -\varkappa(A^{\mathsf{T}}) = \varkappa(A)$; also ist $\alpha(A) = \beta(A^{\mathsf{T}})$ und $\alpha(A^{\mathsf{T}}) = \beta(A)$. Aus (5.30) folgt damit $\mathsf{N}(A) = \mathsf{R}(A^{\mathsf{T}})^{\perp}$ und $\mathsf{N}(A^{\mathsf{T}}) = \mathsf{R}(A)^{\perp}$. Wir setzen $n = \alpha(A)$ und wählen eine Basis $x_1, \ldots, x_n$ von $\mathsf{N}(A)$. Nach Aufgabe 3.17 gibt es Elemente $u_1, \ldots, u_n$ von F mit $\langle x_j, u_k \rangle = \delta_{jk}$. Durch $Px = \sum_{j=1}^{n} \langle x, u_j \rangle x_j$ ist dann ein Projektor P in E mit $\mathsf{R}(P) = \mathsf{N}(A)$ definiert; es gilt $P \in \mathscr{A}(\mathsf{E}, \mathsf{F})$ und $P^{\mathsf{T}} y = \sum_{j=1}^{n} \langle x_j, y \rangle u_j$, also $\mathsf{N}(P^{\mathsf{T}}) = \{y \mid \langle x_j, y \rangle = 0, j = 1, \ldots, n\} = \mathsf{R}(A^{\mathsf{T}})$ wegen $\mathsf{N}(A) = \mathsf{R}(A^{\mathsf{T}})^{\perp}$. Ebenso findet man einen Projektor $Q \in \mathscr{A}(\mathsf{E}, \mathsf{F})$ mit $\mathsf{N}(Q) = \mathsf{R}(A)$, $\mathsf{R}(Q^{\mathsf{T}}) = \mathsf{N}(A^{\mathsf{T}})$, und zwar ist $Qx = \sum_{j=1}^{m} \langle x, y_j \rangle v_j$ mit $m = \alpha(A^{\mathsf{T}})$; $y_1, \ldots, y_m$ eine Basis von $\mathsf{N}(A^{\mathsf{T}})$ und $v_1, \ldots, v_m \in \mathsf{E}$ mit $\langle v_j, y_k \rangle = \delta_{jk}$. Es sei $\hat{A}$ die Pseudoinverse von A bezüglich P und Q und $\widehat{A^{\mathsf{T}}}$ die Pseudoinverse von A^{T} bezüglich Q^{T} und P^{T}. Für $x \in \mathsf{E}$, $y \in \mathsf{F}$ sei $Ax = z$, $A^{\mathsf{T}} y = w$; daraus folgt $\hat{A}z = x - Px$, $\widehat{A^{\mathsf{T}}}w = y - Q^{\mathsf{T}} y$. Wegen $\langle Ax, y \rangle = \langle x, A^{\mathsf{T}} y \rangle$ ist also $\langle z, \widehat{A^{\mathsf{T}}}w + Q^{\mathsf{T}} y \rangle = \langle \hat{A}z + Px, w \rangle$ und wegen $Qz = 0$ und $P^{\mathsf{T}} w = 0$ folgt daraus $\langle \hat{A}z, w \rangle = \langle z, \widehat{A^{\mathsf{T}}}w \rangle$ für alle $z \in \mathsf{R}(A)$ und $w \in \mathsf{R}(A^{\mathsf{T}})$. Seien schließlich $u \in \mathsf{E}$, $v \in \mathsf{F}$ beliebig, $u = z + z_0$ mit $z \in \mathsf{R}(A) = \mathsf{N}(Q)$, $z_0 \in \mathsf{R}(Q) = \mathsf{N}(\hat{A})$, $v = w + w_0$ mit $w \in \mathsf{R}(A^{\mathsf{T}}) = \mathsf{N}(P^{\mathsf{T}})$, $w_0 \in \mathsf{R}(P^{\mathsf{T}}) = \mathsf{N}(\widehat{A^{\mathsf{T}}})$. Dann ist

$$\langle \hat{A}u, v \rangle = \langle \hat{A}z, w \rangle + \langle \hat{A}z, P^{\mathsf{T}} w_0 \rangle = \langle z, \widehat{A^{\mathsf{T}}}w \rangle = \langle u, \widehat{A^{\mathsf{T}}}v \rangle - \langle Qz_0, \widehat{A^{\mathsf{T}}}v \rangle = \langle u, \widehat{A^{\mathsf{T}}}v \rangle$$

wegen $P\hat{A} = 0$ und $Q^{\mathsf{T}} \widehat{A^{\mathsf{T}}} = 0$. Also ist $\hat{A} \in \mathscr{A}(\mathsf{E}, \mathsf{F})$ und $(\hat{A})^{\mathsf{T}} = \widehat{A^{\mathsf{T}}}$.

Folgerung. *$A \in \mathscr{A}(\mathsf{E}, \mathsf{F})$ ist genau dann regulär als Element dieser Algebra, wenn A regulär in $\mathscr{B}(\mathsf{E})$ und A^{T} regulär in $\mathscr{B}(\mathsf{F})$ ist, und zwar ist dann $(A^{-1})^{\mathsf{T}} = (A^{\mathsf{T}})^{-1}$.*

Wir zeigen nun durch ein Beispiel, daß die Voraussetzungen von Satz 5.16 nicht abgeschwächt werden können:

Beispiel 2. Es sei $\mathsf{E} = C[0,1]$ und $\langle \mathsf{E}, \mathsf{E} \rangle$ das Dualsystem von Beispiel 1, $\gamma \in \mathsf{C}$ mit $\operatorname{Re} \gamma < 0$ und $A_\gamma \in \mathscr{B}(\mathsf{E})$ definiert durch $A_\gamma x(s) = s^{\gamma-1} \int_0^s t^{-\gamma} x(t) \, dt$. Nach Aufgabe 3.19 ist $A_\gamma \in \mathscr{A}(\mathsf{E}, \mathsf{E})$ und $(A_\gamma)^{\mathsf{T}} = B_\gamma$ der Operator von Aufgabe 5.7. Für $\lambda \in \mathsf{C}$ betrachten wir die Operatoren

$\lambda I - A_\gamma$ *und* $(\lambda I - A_\gamma)^{\mathrm{T}} = \lambda I - B_\gamma$; die Resultate sind in 5.6 Beispiele 2 und 3 zusammengestellt. Wir zerlegen die komplexe Ebene in die Kreislinien

$$\Gamma_1 = \{\lambda \mid \lambda \neq 0, \operatorname{Re}(\gamma + \lambda^{-1}) = 0\}, \qquad \Gamma_2 = \{\lambda \mid \lambda \neq 0, \operatorname{Re}(\gamma + \lambda^{-1}) = 1\},$$

den Nullpunkt und drei offene Mengen Ω_0, Ω_1 und Ω_2 (vgl. Fig. 1). Die Ergebnisse können dann aus folgender Tabelle abgelesen werden:

λ	$\lambda I - A_\gamma$	$(\lambda I - A_\gamma)^{\mathrm{T}}$
Ω_0	regulär	regulär
Ω_1	regulär	Fredholm, $\alpha = 0$, $\beta = 1$
Ω_2	Fredholm, $\alpha = 1$, $\beta = 0$	Fredholm, $\alpha = 0$, $\beta = 1$
Γ_1	regulär	nicht Fredholm, $\alpha = 0$, $\beta \leq 1$
Γ_2	nicht Fredholm, $\alpha \leq 1$, $\beta = 0$	Fredholm, $\alpha = 0$, $\beta = 1$
0	nicht Fredholm, $\alpha = \beta = 0$	nicht Fredholm, $\alpha = \beta = 0$

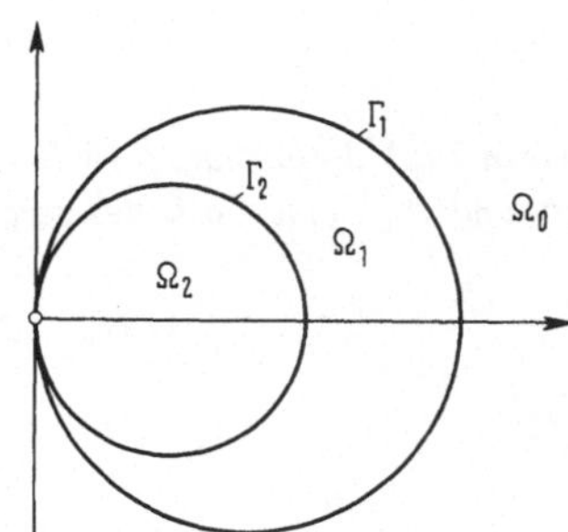

Figur 1

Im Falle $\varkappa(A) = \varkappa(A^{\mathrm{T}}) = 0$ erhält man aus Satz 5.16 die klassische Form der sogenannten Fredholmschen Alternative:

Satz 5.17 [1]. *Sei* $A \in \mathscr{A}(E, F)$; *A und A^{T} seien Fredholm-Operatoren mit Index Null. Dann gilt: Entweder haben die beiden homogenen Gleichungen $A x = 0$ und $A^{\mathrm{T}} y = 0$ nur die triviale Lösung $x = 0$ bzw. $y = 0$; oder diese beiden Gleichungen haben nicht-triviale Lösungsmannigfaltigkeiten $\mathsf{N}(A)$ bzw. $\mathsf{N}(A^{\mathrm{T}})$ endlicher und gleicher Dimension. Im ersten Fall sind die inhomogenen Gleichungen $A u = w$ und $A^{\mathrm{T}} v = z$ für beliebige $w \in E$ und $z \in F$ eindeutig lösbar; im zweiten Fall sind sie genau dann lösbar, wenn $\langle w, y \rangle = 0$ ist für alle $y \in \mathsf{N}(A^{\mathrm{T}})$ bzw. wenn $\langle x, z \rangle = 0$ ist für alle $x \in \mathsf{N}(A)$.*

5.9 Spektraltheorie in $\mathscr{A}(E, F)$. Für einen Operator $A \in \mathscr{A}(E, F)$ haben wir drei Arten von Spektren zu unterscheiden: Das Spektrum $\Sigma(A)$ von A als Element von $\mathscr{B}(E)$, das Spektrum $\Sigma(A^{\mathrm{T}})$ von $A^{\mathrm{T}} \in \mathscr{B}(F)$ und schließlich das Spektrum $\Sigma(A, \mathscr{A})$ von A als Element von $\mathscr{A}(E, F)$; entsprechend bezeichnen wir die Resolventenmenge von A als Element von $\mathscr{A}(E, F)$

---

[1] Vgl. die Bemerkungen über die Fredholmsche Entdeckung am Ende von 5.3. Für positive Dualsysteme ist der Satz in einer Mitteilung von H. Heuser (1966, nicht veröffentlicht) enthalten, für beliebige Dualsysteme $\langle E, E \rangle$ und Operatoren $A = I + K$ (K kompakt) in Wendland, W.: Math. Zeitschr. **101** (1967) 61 bis 64.

mit $P(A,\mathscr{A})$. Wegen $(\lambda I - A)^{\mathrm{T}} = \lambda I - A^{\mathrm{T}}$ erhalten wir aus der Folgerung zu Satz 5.16 unmittelbar

$$P(A,\mathscr{A}) = P(A) \cap P(A^{\mathrm{T}}) \tag{5.32}$$

und

$$R(\lambda, A^{\mathrm{T}}) = R(\lambda, A)^{\mathrm{T}} \quad \text{für} \quad \lambda \in P(A,\mathscr{A}). \tag{5.33}$$

Für die Spektren folgt daraus $\Sigma(A,\mathscr{A}) = \Sigma(A) \cup \Sigma(A^{\mathrm{T}})$. Außerdem gelten die Inklusionen:

$$\Sigma_p(A) \subset \Sigma(A^{\mathrm{T}}), \quad \Sigma_p(A^{\mathrm{T}}) \subset \Sigma(A); \tag{5.34}$$

denn für $\lambda \in \Sigma_p(A)$ ist $\alpha(\lambda I - A) > 0$ und daher $\beta(\lambda I - A^{\mathrm{T}}) > 0$ nach (5.31), also $\lambda \in \Sigma(A^{\mathrm{T}})$; für $\lambda \in \Sigma_p(A^{\mathrm{T}})$ ist $0 < \alpha(\lambda I - A^{\mathrm{T}}) \leq \beta(\lambda I - A)$, also $\lambda \in \Sigma(A)$.

Satz 5.18. *Es sei $K \in \mathscr{A}(\mathsf{E},\mathsf{F})$, K und K^{T} seien kompakte Operatoren. Dann ist $\Sigma(K) = \Sigma(K^{\mathrm{T}})$. Jeder Eigenwert $\lambda_0 \neq 0$ von K (und K^{T}) ist Pol der Resolvente von K als Element von $\mathscr{A}(\mathsf{E},\mathsf{F})$. Das Residuum P ist von der Form*

$$Px = \sum_{j=1}^{m} \sum_{k=1}^{n_j} \langle x, b_{j,n_j-k+1} \rangle a_{jk}, \tag{5.35}$$

worin $\{a_{jk}\}$ die in Satz 5.15 beschriebene Basis des verallgemeinerten Eigenraums $P\mathsf{E}$ von K ist, und $\{b_{jk}\}$ eine Basis des verallgemeinerten Eigenraums $P^{\mathrm{T}}\mathsf{F}$ von K^{T} mit den Eigenschaften

$$(K^{\mathrm{T}} - \lambda_0 I) b_{jk} = \begin{cases} 0 & \text{für} \quad k = 1 \\ b_{j,k-1} & \text{für} \quad k = 2,\ldots,n_j \end{cases} \tag{5.36}$$

und

$$\langle a_{jk}, b_{l,n_l-h+1} \rangle = \delta_{jl}\delta_{kh}. \tag{5.37}$$

Beweis: Nach Satz 5.14 besteht das Spektrum der Operatoren K und K^{T} aus von Null verschiedenen Eigenwerten, die nur den Häufungspunkt Null haben können, und der Null. Nach (5.34) ist jeder Eigenwert von K auch Eigenwert von K^{T} und umgekehrt; also ist $\Sigma(K) = \Sigma(K^{\mathrm{T}})$. Sei $\lambda_0 \neq 0$ ein Eigenwert, also ein Pol der Ordnung p der Resolvente von K mit Residuum P. Sei $A = K - \lambda_0 I$; dann ist $R(P) = N(A^p)$ der verallgemeinerte Eigenraum von K und $N(P) = R(A^p)$, wie im Beweis von Satz 5.14 gezeigt wurde. A und A^{T} sind Fredholm-Operatoren mit Index Null; dasselbe gilt also auch für A^p und $(A^{\mathrm{T}})^p = (A^p)^{\mathrm{T}}$. Nach Satz 5.16 ist $N((A^p)^{\mathrm{T}}) = R(A^p)^{\perp} = N(P)^{\perp}$. Wählen wir also in $R(P)$ die Basis $\{a_{jk}\}$ von Satz 5.15, so hat P die Darstellung (5.35) mit einer Basis $\{b_{jk}\}$ von $N((A^{\mathrm{T}})^p)$, die den Gleichungen (5.37) genügt. Daraus folgt $P \in \mathscr{A}(\mathsf{E},\mathsf{F})$, $R(P^{\mathrm{T}}) = N((A^p)^{\mathrm{T}})$ und $N(P^{\mathrm{T}}) = R((A^p)^{\mathrm{T}})$. In Satz 5.16, angewandt auf $B = A^p$, können wir also $Q = P$ setzen. Der Satz besagt dann, in der Terminologie von 4.6, daß B als Element von $\mathscr{A}(\mathsf{E},\mathsf{F})$ pseudoregulär bezüglich P ist. Sei $\hat{B}$ die Pseudoinverse; die Elemente $T = A(I-P)$, $L = \hat{B}A^{p-1}(I-P)$ und $R = (I-P)A^{p-1}\hat{B}$ genügen dann den Gleichungen $PT = TP = 0$, $LT = TR = I-P$ und $LP = PR = 0$. Daraus folgt, wie in 4.6 gezeigt wurde, daß T pseudoregulär bezüglich P ist. Außerdem ist $S = AP$ nilpotent mit $S^p = 0$ und $S^{p-1} \neq 0$. Nach Satz 4.13 ist λ_0 ein Pol der Ordnung p der Resolvente von K als Element der Algebra $\mathscr{A}(\mathsf{E},\mathsf{F})$, und P das Residuum. Nach (5.33) ist P^{T} das Residuum von $R(\lambda, K^{\mathrm{T}})$; also ist $P^{\mathrm{T}}\mathsf{F} = N((A^{\mathrm{T}})^p)$ der verallgemeinerte Eigenraum von K^{T} zum Eigenwert λ_0. Die Gleichungen (5.36) folgen nun aus (5.26) und (5.37).

Bisher haben wir nur für endlich-dimensionale Operatoren zeigen können, daß sie Eigenwerte haben, und wie man diese berechnen kann (vgl. Aufgabe 4.20). Andererseits gibt es kompakte Operatoren, die keinen Eigenwert besitzen, wie die folgenden Beispiele zeigen:

Beispiel 1. In l_p $(1 < p < \infty)$ sei K definiert durch $Kx = (0,\frac{1}{2}\xi_1,\frac{1}{3}\xi_2,\ldots)$. K ist kompakt nach Aufgabe 5.20, a). Ist λ ein Eigenwert von K und x ein Eigenelement, so ist $n\lambda\zeta_n = \xi_{n-1}$ für alle $n(\xi_0 = 0)$. Daraus folgt $x = 0$.

Beispiel 2. In $C[0,1]$ sei K definiert durch $Kx(s) = \int_0^s (s-t)x(t)\mathrm{d}t$. K ist kompakt nach Aufgabe 5.19. Ist x Eigenelement zum Eigenwert λ, so gilt $\lambda x(s) = \int_0^s (s-t)x(t)\mathrm{d}t$. Im Falle $\lambda = 0$ folgt $x = 0$ durch zweimalige Differentiation. Ist $\lambda \neq 0$, so ist x zweimal stetig differenzierbar, genügt der Differentialgleichung $x'' = \lambda^{-1}x$ und den Randbedingungen $x(0) = x'(0) = 0$. Daraus folgt $x = 0$.

Es sei H ein Hilbertraum. Für einen Operator $A \in \mathscr{B}(\mathsf{H})$ wurde in 3.8 der adjungierte Operator A^* erklärt. Nach 4.7 ist $\mathscr{B}(\mathsf{H})$ eine B*-Algebra mit der durch $A \mapsto A^*$ definierten Involution. Ein Operator $A \in \mathscr{B}(\mathsf{H})$ heißt **normal**, wenn A^* mit A vertauschbar ist.

Satz 5.19 (Hilbert). *Es sei $K \neq 0$ ein kompakter normaler Operator im Hilbertraum H. Dann hat K einen Eigenwert λ_0 mit $|\lambda_0| = |K|$.*

Beweis: K ist ein normales Element der B*-Algebra $\mathscr{B}(\mathsf{H})$. Nach Satz 4.16 ist der Spektralradius $r(K)$ gleich $|K| > 0$. Es gibt also einen Punkt $\lambda_0 \in \Sigma(K)$ mit $|\lambda_0| = |K|$; nach Satz 5.14 ist λ_0 ein Eigenwert von K.

Der Satz von Hilbert ist das wichtigste Kriterium für die Existenz von Eigenwerten. Wir wollen den Satz auch für Operatoren in Banachräumen benutzen, indem wir von dem Zusammenhang zwischen positiven Dualsystemen und Hilberträumen Gebrauch machen. Sei $\langle \mathsf{E}, \mathsf{E} \rangle$ ein positives Dualsystem. Der Banachraum E ist ein Prähilbertraum in bezug auf das Skalarprodukt $(\,\cdot\,,\,\cdot\,)$ und die zugehörige Norm $|\cdot|_2$. Wir können E also als dichten Teilraum eines Hilbertraums H auffassen (vgl. 3.9). Für jedes $A \in \mathscr{A}(\mathsf{E})(= \mathscr{A}(\mathsf{E},\mathsf{E}))$ ist der adjungierte Operator $A^* \in \mathscr{A}(\mathsf{E})$ erklärt; A heißt **normal**, wenn A^* mit A vertauschbar ist. Nach Satz 3.19 läßt sich jedes $A \in \mathscr{A}(\mathsf{E})$ eindeutig zu einem Operator $\tilde{A} \in \mathscr{B}(\mathsf{H})$ fortsetzen, dessen Norm $|\tilde{A}|$ nicht größer als die Norm $\mathbf{I}A\mathbf{I}$ von A in $\mathscr{A}(\mathsf{E})$ ist. Wir zeigen nun:

Satz 5.20. *Es sei $K \in \mathscr{A}(\mathsf{E})$; K und K^T seien kompakt. Dann ist $\Sigma(\tilde{K}) = \Sigma(K)$. Jeder Eigenwert $\lambda_0 \neq 0$ von K ist ein Eigenwert von $\tilde{K}$; die verallgemeinerten Eigenräume von K und $\tilde{K}$ sind identisch. Ist K normal und nicht gleich Null, so besitzt K mindestens einen von Null verschiedenen Eigenwert.*

Beweis: Für $\lambda \in \mathsf{P}(K)$ ist $R(\lambda,K) \in \mathscr{A}(\mathsf{E})$ nach Satz 5.18 und (5.32). Die Fortsetzung $\tilde{R}(\lambda,K) \in \mathscr{B}(\mathsf{H})$ ist nach Satz 3.19 die Inverse von $\lambda I - \tilde{K}$; also gilt $\mathsf{P}(K) \subset \mathsf{P}(\tilde{K})$ und $R(\lambda,\tilde{K}) = \tilde{R}(\lambda,K)$ für $\lambda \in \mathsf{P}(K)$. Jeder Eigenwert $\lambda_0 \neq 0$ von K ist nach Satz 5.18 Pol der Resolvente von K als Element von $\mathscr{A}(\mathsf{E})$. Durch Fortsetzung der Entwicklung (4.13) der Resolvente $R(\lambda,K)$ in der Nachbarschaft von λ_0 erhält man eine Entwicklung für $R(\lambda,\tilde{K})$, aus der folgt, daß λ_0 Pol der Resolvente von $\tilde{K}$ ist. Das Residuum $\tilde{P}$ ist die Fortsetzung des Residuums P von K. Aus (5.35) folgt, daß $\tilde{P}\mathsf{H}$ und $P\mathsf{E}$ identisch sind. Ist K normal, so auch $\tilde{K}$ nach Satz 3.19. Die Existenz eines Eigenwerts $\lambda_0 \neq 0$ folgt damit aus Satz 5.19.

Aufgaben.5.24. Es sei $K \in \mathscr{A}(\mathsf{E},\mathsf{F})$, es gebe eine Folge endlich-dimensionaler Operatoren $K_n \in \mathscr{A}(\mathsf{E},\mathsf{F})$ mit $\mathbf{I}K_n - K\mathbf{I} \to 0$ ($\mathbf{I}\cdot\mathbf{I}$ ist die Norm von $\mathscr{A}(\mathsf{E},\mathsf{F})$). Man zeige:

a) K und K^T sind kompakt.

b) Zu jeder abgeschlossenen Menge $\Gamma \subset \mathsf{P}(K)$ gibt es ein n_0 derart, daß $\mathsf{P}(K_n) \supset \Gamma$ für $n \geq n_0$, und es gilt $\mathbf{I}R(\lambda,K_n) - R(\lambda,K)\mathbf{I} \to 0$ gleichmäßig bezüglich λ in Γ.

c) Wählt man die Kreislinie Γ wie in Aufgabe 5.21, b), ist P_n die Summe der Residuen zu den Polen von $R(\lambda, K_n)$ innerhalb Γ und P das Residuum des Pols λ_0 von $R(\lambda, K)$, so streben diese Pole gegen λ_0 und es gilt $|P_n - P| \to 0$; für alle hinreichend großen n haben P_n und P die gleiche Dimension.

d) Die Integraloperatoren mit stetigem Kern in dem Dualsystem von 5.8 Beispiel 1 erfüllen die obigen Voraussetzungen.

e) Die Operatoren von Aufgabe 3.6 in dem Dualsystem $\langle l_p, l_q \rangle$ mit $\langle x, y \rangle = \sum\limits_{j=1}^{\infty} \xi_j \eta_j, \frac{1}{p} + \frac{1}{q} \geq 1$ (vgl. 3.5 Beispiel 4) genügen den obigen Voraussetzungen, falls außerdem die Bedingungen von Aufgabe 5.20, c) erfüllt sind.

§ 6 Kompakte Operatoren im Hilbertraum

6.1 Normale Operatoren. Es sei H ein Hilbertraum mit dem skalaren Produkt $(\cdot, \cdot)$ und der durch $|x| = (x, x)^{1/2}$ erklärten Norm. Wir setzen stets dim H $= \infty$ voraus. Zu jedem $A \in \mathscr{B}(\mathsf{H})$ ist der adjungierte Operator A^* erklärt; die Eigenschaften der Abbildung $A \mapsto A^*$ sind in Satz 3.17 zusammengestellt. A heißt normal, wenn A^* mit A vertauschbar ist. Für normale Operatoren gilt die Identität

$$|Ax| = |A^*x| \quad \text{für alle } x \in \mathsf{H}; \tag{6.1}$$

denn es ist $|Ax|^2 = (Ax, Ax) = (x, A^*Ax) = (x, AA^*x) = (A^*x, A^*x) = |A^*x|^2$. Wir erinnern an den Begriff der Orthogonalität im Hilbertraum: $x, y \in \mathsf{H}$ heißen orthogonal, in Zeichen $x \perp y$, wenn $(x, y) = 0$ ist; Teilmengen A, B von H heißen orthogonal, $\mathsf{A} \perp \mathsf{B}$, wenn $x \perp y$ ist für alle $x \in \mathsf{A}$ und $y \in \mathsf{B}$. Zu jedem $\mathsf{A} \subset \mathsf{H}$ ist der Orthogonalraum $\mathsf{A}^\perp = \{x \mid x \in \mathsf{H}, x \perp \mathsf{A}\}$ erklärt. Nach Satz 3.14 ist $\mathsf{H} = \mathsf{A} \oplus \mathsf{A}^\perp$ für jeden abgeschlossenen Teilraum A von H. Nach Satz 3.15 ist durch $(Ju)(x) = (x, u)$ eine bijektive isometrische und antilineare Abbildung J von H auf H′ definiert. Für jeden Teilraum A von H ist also $J\mathsf{A}^\perp = \mathsf{A}^\perp \subset \mathsf{H}'$ der Orthogonalraum im Sinne von 5.2. Daraus folgt, daß $\mathsf{A}^\perp$ und $\mathsf{A}^\perp$ gleiche Dimension haben; insbesondere ist

$$\beta(A) = \dim \mathsf{R}(A)^\perp \tag{6.2}$$

für jedes $A \in \mathscr{B}(\mathsf{H})$.

Satz 6.1. *Es sei $A \in \mathscr{B}(\mathsf{H})$ ein normaler Operator. Für jedes $\lambda \in \mathsf{C}$ ist $\mathsf{N}(\lambda I - A) = \mathsf{N}(\bar\lambda I - A^*)$; für $\lambda \neq \mu$ ist $\mathsf{N}(\lambda I - A) \perp \mathsf{N}(\mu I - A)$. Ist $\mathsf{A} = \mathsf{L}\{a_1, \ldots, a_n\}$ die lineare Hülle von endlich vielen Eigenelementen von A zu beliebigen Eigenwerten, so bildet A den Orthogonalraum $\mathsf{A}^\perp$ in sich ab.*

Beweis: Aus (6.1) folgt $\mathsf{N}(A) = \mathsf{N}(A^*)$. Ist $\lambda \in \mathsf{C}$, so gilt $(\lambda I - A)^* = \bar\lambda I - A^*$ nach Satz 3.17, und folglich ist $\lambda I - A$ normal. Daraus folgt $\mathsf{N}(\lambda I - A) = \mathsf{N}(\bar\lambda I - A^*)$. Ist $x \in \mathsf{N}(\lambda I - A)$, $y \in \mathsf{N}(\mu I - A)$ und $\lambda \neq \mu$, so gilt $\lambda(x, y) = (Ax, y) = (x, A^*y) = \mu(x, y)$, also $(x, y) = 0$, d.h. $\mathsf{N}(\lambda I - A) \perp \mathsf{N}(\mu I - A)$. Sei $z \in \mathsf{A}^\perp$; dann gilt für jedes Basiselement a von A die Gleichung $(Az, a) = (z, A^*a) = \bar\lambda(z, a) = 0$, also ist $Az \in \mathsf{A}^\perp$, wie behauptet.

Wir benutzen Satz 6.1 zur Untersuchung des Spektrums eines normalen Operators:

Satz 6.2. *Für einen normalen Operator $A \in \mathscr{B}(\mathsf{H})$ ist $\alpha(\lambda I - A) = \beta(\lambda I - A)$ für alle $\lambda \in \mathsf{C}$. Das Restspektrum $\Sigma_r(A)$ ist leer. Das nicht-wesentliche Spektrum $\Sigma(A) \cap \Phi(A)$ besteht aus höchstens abzählbar vielen Eigenwerten $\lambda_1, \lambda_2, \ldots$, die sich nur in Punkten des wesentlichen Spektrums häufen können. Jeder solche Eigenwert λ_0 ist Pol erster Ordnung der Resolvente mit einem Residuum der Form*

$$Px = \sum_{j=1}^{n} (x, a_j)a_j, \tag{6.3}$$

worin $a_1, \ldots, a_n$ eine orthonormale Basis des Eigenraumes $\mathsf{N}(\lambda_0 I - A)$ ist. Der verallgemeinerte Eigenraum $P\mathsf{H}$ ist mit dem Eigenraum identisch, die algebraische Vielfachheit ist gleich der geometrischen.

Beweis: Für jedes $\lambda \in \mathsf{C}$ gilt die Formel

$$\mathsf{R}(\lambda I - A)^{\perp} = \mathsf{N}(\lambda I - A)\,; \tag{6.4}$$

denn x ist genau dann in $\mathsf{R}(\lambda I - A)^{\perp}$, wenn $(x, \lambda y - A y) = (\bar\lambda x - A^* x, y) = 0$ ist für alle $y \in \mathsf{H}$, d. h. wenn x zu $\mathsf{N}(\bar\lambda I - A^*)$ gehört. Nach Satz 6.1 ist aber $\mathsf{N}(\bar\lambda I - A^*) = \mathsf{N}(\lambda I - A)$. Aus (6.2) und (6.4) folgt $\beta(\lambda I - A) = \alpha(\lambda I - A)$ für alle λ; also ist $\Sigma_r(A)$ leer. Ist λ_0 ein Fredholmpunkt von A, so ist $\mathsf{R}(\lambda_0 I - A)$ abgeschlossen, und aus Satz 3.14 und (6.4) folgt $\mathsf{R}(\lambda_0 I - A) = \mathsf{N}(\lambda_0 I - A)^{\perp}$. Entweder ist nun $\lambda_0 \in \mathsf{P}(A)$, oder λ_0 ist ein Eigenwert endlicher geometrischer Vielfachheit von A. Sei P der Projektor in H mit $P\mathsf{H} = \mathsf{N}(\lambda_0 I - A)$ und $\mathsf{N}(P) = \mathsf{R}(\lambda_0 I - A)$. Dann ist $A - \lambda_0 I$ pseudoregulär bezüglich P, also ist λ_0 nach Satz 4.13 Pol erster Ordnung der Resolvente von A mit dem Residuum P. Sei $a_1, \ldots, a_n$ eine orthonormale Basis von $P\mathsf{H}$; dann ist P von der Form $P x = \sum_{j=1}^{n} u_j'(x) a_j$ mit Elementen $u_j' \in \mathsf{N}(P)^{\perp}$ mit $u_j'(a_k) = \delta_{jk}$. Nach Satz 3.15 ist $u_j'(x) = (x, u_j)$ mit $u_j \in \mathsf{N}(P)^{\perp} = \mathsf{N}(\lambda_0 I - A)$ und $(a_k, u_j) = \delta_{jk}$; daraus folgt $u_j = a_j$ für alle j, d. h. P hat die Darstellung (6.3). Ein Häufungspunkt von Polen ist Punkt des Spektrums, aber kein Pol der Resolvente, gehört also zu $\Sigma_e(A)$. Für jede natürliche Zahl m liegen also nur endlich viele Pole in der Menge $\Phi_m = \{\lambda \mid d(\lambda, \Sigma_e(A)) > \tfrac{1}{m}\}$. Da alle Pole in $\Phi(A) = \bigcup_{m=1}^{\infty} \Phi_m$ liegen, sind sie abzählbar. Damit ist der Satz bewiesen.

Aufgaben. 6.1. Für jeden normalen Operator $A \in \mathscr{B}(\mathsf{H})$ gilt $|A| = \sup\{|Ax, x)\| \, | \, x \in \mathsf{H}, |x| \le 1\}$. Anleitung: Man benutzt Satz 4.16 und Aufgabe 5.17, a).

6.2. Man beweise nur mit Hilfe der Definition (K heißt kompakt, wenn jede beschränkte Folge (x_n) in H eine Teilfolge (x_{n_j}) enthält derart, daß $(K x_{n_j})$ konvergiert) die folgenden Kriterien: $K \in \mathscr{B}(\mathsf{H})$ ist genau dann kompakt, wenn eine der folgenden Bedingungen erfüllt ist:

a) $K^* K$ ist kompakt.

b) $K K^*$ ist kompakt.

c) K^* ist kompakt.

6.3. Es sei K ein kompakter Operator in dem separablen Hilbertraum H, (x_j) ein vollständiges Orthonormalsystem in H (vgl. Aufgabe 3.24) und P_n der durch $P_n x = \sum_{j=1}^{n} (x, x_j) x_j$ definierte Projektor für $n = 1, 2, \ldots$ Man zeige, daß die Folge der endlich-dimensionalen Operatoren $K_n = P_n K P_n$ in $\mathscr{B}(\mathsf{H})$ gegen K strebt. Anleitung: $K_n \to K$ gilt genau dann, wenn für jede beschränkte Folge (x_j) in H gilt $(K_j - K) x_j \to 0$ (Beweis !).

6.4. Es sei $A \in \mathscr{B}(\mathsf{H})$. Für jede orthonormale Folge (x_j) in H gelte $\sum_{j=1}^{\infty} |A x_j|^2 < \infty$. Dann ist A kompakt. Anleitung: Man beweise zuerst, daß A^* kompakt ist.

6.2 Der Spektralsatz für kompakte normale Operatoren. Aus Satz 5.14 wissen wir bereits, daß das Spektrum eines kompakten Operators K in H aus dem Nullpunkt und aus Eigenwerten $\lambda_1, \lambda_2, \ldots$ von endlicher algebraischer Vielfachheit besteht, die sich nur bei Null häufen können. Abweichend von der in § 5 üblichen Zählung soll in diesem § 6 jeder Eigenwert in der Folge (λ_j) so oft hintereinander vorkommen, wie seine algebraische Vielfachheit angibt; ist also d die algebraische Vielfachheit des Eigenwerts λ_0, so soll es einen

Index k geben derart, daß $\lambda_j = \lambda_0$ ist für $j = k, \ldots, k + d - 1$ und $\lambda_j \neq \lambda_0$ für alle anderen j. Außerdem wollen wir verlangen, daß $|\lambda_{j+1}| \leq |\lambda_j|$ ist für alle j; wir nennen die Folge (λ_j) dann die **geordnete Folge** der Eigenwerte von K. Da es verschiedene Eigenwerte gleichen Betrages geben kann, gibt es in der Regel mehrere Möglichkeiten, die Eigenwerte so zu ordnen. Ist K normal und ungleich Null, so ist die Folge nicht leer nach Satz 5.19. Ist die Folge unendlich, so gilt $\lambda_j \to 0$ für $j \to \infty$.

Satz 6.3 (Hilbert). *Es sei $K \neq 0$ ein kompakter normaler Operator in H und (λ_j) die geordnete Folge seiner Eigenwerte. Dann gibt es eine entsprechende orthonormale Folge von Eigenelementen a_j zu den Eigenwerten λ_j. Für jedes $x \in H$ gelten die Gleichungen*

$$x = x_0 + \sum_j (x, a_j) a_j \tag{6.5}$$

mit einem Element $x_0 \in N(K)$ und

$$Kx = \sum_j \lambda_j (x, a_j) a_j. \tag{6.6}$$

Beweis: Für jeden Eigenwert λ_0 von K ist nach Satz 6.2 die algebraische Vielfachheit gleich der geometrischen. Nach Satz 6.1 sind Eigenelemente zu verschiedenen Eigenwerten von K orthogonal. Man kann also, indem man in jedem Eigenraum eine orthonormale Basis wählt, der geordneten Folge der Eigenwerte (λ_j) eine orthonormale Folge (a_j) in H so zuordnen, daß a_j Eigenelement von K zum Eigenwert λ_j ist für $j = 1, 2, \ldots$ Für jede natürliche Zahl n sei $A_n = L\{a_1, \ldots, a_n\}$ und $P_n x = \sum_{j=1}^{n} (x, a_j) a_j$ der Projektor in H mit $P_n H = A_n$ und $N(P_n) = A_n^\perp$. Wir setzen $K_n = K P_n$, also

$$K_n x = \sum_{j=1}^{n} \lambda_j (x, a_j) a_j. \tag{6.7}$$

Es ist aber auch

$$P_n K x = \sum_{j=1}^{n} (Kx, a_j) a_j = \sum_{j=1}^{n} \lambda_j (x, a_j) a_j = K_n x,$$

also $K P_n = P_n K$. Außerdem gilt $P_n^* = P_n$. Daraus folgt

$$(K - K_n)(K - K_n)^* = (I - P_n) K K^* (I - P_n) = (I - P_n) K^* K (I - P_n) = (K - K_n)^*(K - K_n),$$

d. h. $K - K_n$ ist normal. Ferner ist $R(K - K_n) \subset A_n^\perp$ und $(K - K_n) y = K y$ für $y \in A_n^\perp$. Ist x Eigenelement von $K - K_n$ zum Eigenwert $\lambda \neq 0$, so folgt $x \in A_n^\perp$ und $Kx = \lambda x$, d. h. λ ist einer der Eigenwerte $\lambda_{n+1}, \lambda_{n+2}, \ldots$ von K. Der Spektralradius von $K - K_n$ ist $|\lambda_{n+1}|$, und mit Satz 4.16 folgt

$$|K - K_n| = |\lambda_{n+1}|. \tag{6.8}$$

Hat K nur endlich viele Eigenwerte, so ist $K = K_n$ für genügend großes n; gibt es unendlich viele Eigenwerte, so folgt $K_n \to K$ aus (6.8), und die Gleichung (6.6) ist bewiesen. Die Folge $(P_n x)$ ist konvergent nach Aufgabe 3.23. Es gilt also $P_n x \to y$ und daher $K P_n x = K_n x \to K y$. Andererseits folgt $K_n x \to K x$ aus (6.6). Also ist $x_0 = x - y \in N(K)$ und (6.5) ist bewiesen.

Folgerung 1. *Ist $N(K) = \{0\}$, so bilden die Eigenelemente von K ein vollständiges Orthonormalsystem, d. h. $L\{a_j\}$ ist dicht in H.*

Folgerung 2. *Ist (λ_j) eine beliebige Nullfolge komplexer Zahlen und (a_j) eine beliebige orthonormale Folge in H, so definiert die Gleichung (6.6) einen kompakten normalen Operator.*

Denn die durch (6.7) erklärten Operatoren K_n sind endlich-dimensional und normal, und aus (6.6) folgt (6.8), also $K_n \to K$. Folglich ist K normal und nach Satz 5.11 auch kompakt.

Folgerung 3. *Die Resolvente von K ist für alle $\lambda \in \mathsf{P}(K)$ durch*

$$R(\lambda, K)x = \lambda^{-1}x + \lambda^{-1}\sum_j \lambda_j(\lambda - \lambda_j)^{-1}(x, a_j)a_j \tag{6.9}$$

gegeben.

Zum Beweis dieser Formel hat man die Gleichung $\lambda y - Ky = x$ zu lösen. Aus dieser Gleichung folgt $\lambda(y, a_j) - (Ky, a_j) = (\lambda - \lambda_j)(y, a_j) = (x, a_j)$, und nach (6.6) ist $y = \lambda^{-1}x + \lambda^{-1}Ky = \lambda^{-1}x + \lambda^{-1}\sum_j \lambda_j(y, a_j)a_j$. Daraus erhält man (6.9) durch Einsetzen. Die Formel (6.9) zusammen mit Folgerung 2 zeigt, daß $R(\lambda, K) - \lambda^{-1}I$ kompakt und normal ist.

Aufgaben. 6.5. Ein normaler Operator $A \in \mathscr{B}(\mathsf{H})$ ist genau dann kompakt, wenn $\Sigma_e(A) = \{0\}$ ist.

6.6. Unter den Voraussetzungen von Satz 5.20 ist $\tilde{K}$ ein kompakter Operator in H. Anleitung: Man benutzt Aufgabe 6.2, a) und Aufgabe 6.5.

6.3 Symmetrische Operatoren. Ein Operator $A \in \mathscr{B}(\mathsf{H})$ heißt symmetrisch, wenn $A^* = A$ ist. Ein symmetrischer Operator ist also insbesondere normal. Ein Operator A ist genau dann symmetrisch, wenn die durch $S(x, y) = (Ax, y)$ auf $\mathsf{H} \times \mathsf{H}$ definierte Sesquilinearform symmetrisch ist; denn es gilt $\overline{S(y, x)} = \overline{(Ay, x)} = (x, Ay)$, und dies ist genau dann gleich $S(x, y)$ für alle $x, y \in \mathsf{H}$, wenn $A^* = A$ ist. Mit Aufgabe 3.20 folgt daraus:

Satz 6.4. *Ein Operator $A \in \mathscr{B}(\mathsf{H})$ ist genau dann symmetrisch, wenn (Ax, x) reell ist für alle $x \in \mathsf{H}$. Alle Eigenwerte eines symmetrischen Operators sind reell.*

Die zweite Behauptung folgt unmittelbar aus der ersten. Ein Operator A heißt nicht-negativ, wenn $(Ax, x) \geq 0$ ist für alle $x \in \mathsf{H}$. Ein nicht-negativer Operator ist also nach Satz 6.4 symmetrisch; seine Eigenwerte sind reell und nicht-negativ.

Satz 6.5. *Für jeden Operator $A \in \mathscr{B}(\mathsf{H})$ sind A^*A und AA^* nicht-negativ. Es gilt $\mathsf{N}(A^*A) = \mathsf{N}(A)$, $\mathsf{N}(AA^*) = \mathsf{N}(A^*)$ und $|A|^2 = r(A^*A)$.*

Beweis: Für jedes $x \in \mathsf{H}$ ist $(A^*Ax, x) = |Ax|^2 \geq 0$. Also ist A^*A nicht-negativ und $A^*Ax = 0$ genau dann, wenn $Ax = 0$ ist, d. h. $\mathsf{N}(A^*A) = \mathsf{N}(A)$. Ersetzt man A durch A^*, so folgt, daß AA^* nicht-negativ und $\mathsf{N}(AA^*) = \mathsf{N}(A^*)$ ist. Nach Satz 3.17 ist $|A|^2 = |A^*A|$ und dies ist gleich $r(A^*A)$ nach Satz 4.16, da A^*A normal ist.

Ein Projektor P in H heißt orthogonal, wenn $\mathsf{N}(P) = \mathsf{R}(P)^{\perp}$ ist. Nach Satz 3.14 gibt es zu jedem abgeschlossenen Teilraum A von H genau einen orthogonalen Projektor P mit $P\mathsf{H} = \mathsf{A}$.

Satz 6.6. *Ein Projektor P in H ist genau dann orthogonal, wenn er symmetrisch ist. Jeder orthogonale Projektor ist nicht-negativ; ist $P \neq 0$, so ist $|P| = 1$.*

Beweis: Ist P orthogonal, so ist $Px \perp (I - P)x$ für alle $x \in \mathsf{H}$ und daher $(Px, x) = (Px, Px + (I - P)x) = (Px, Px) \geq 0$; also ist P nicht-negativ und insbesondere symmetrisch. Sei P ein symmetrischer Projektor, $x \in P\mathsf{H}$ und $y \in \mathsf{N}(P)$. Dann ist $(x, y) = (Px, y) = (x, Py) = 0$, also $x \perp y$, d. h. P ist orthogonal. Aus $P^2 = P$ folgt $|P| \leq |P|^2$, also entweder $P = 0$ oder $|P| \geq 1$. Andererseits ist $|x|^2 = |Px|^2 + |(I - P)x|^2 \geq |Px|^2$ für alle $x \in \mathsf{H}$, also $|P| \leq 1$. Im Falle $P \neq 0$ ist folglich $|P| = 1$.

Wir betrachten nun einen kompakten symmetrischen Operator $K \neq 0$. Nach Satz 6.4 sind alle Eigenwerte von K reell. Wir können daher die geordnete Folge der Eigenwerte in die beiden monotonen Teilfolgen der positiven Eigenwerte λ_j^+ und der negativen Eigenwerte λ_j^-

zerlegen, und analog die orthonormale Folge der Eigenelemente in zwei orthonormale Folgen (a_j^+) und (a_j^-). Aus (6.6) wird dann

$$K x = \sum_j \lambda_j^+ (x,a_j^+)a_j^+ + \sum_j \lambda_j^- (x,a_j^-)a_j^- , \tag{6.10}$$

worin natürlich auch eine der Summen leer sein kann, und zwar ist die zweite Summe genau dann leer, wenn K nicht-negativ ist. Wir setzen $\lambda_j^+ = 0$ (bzw. $\lambda_j^- = 0$) für $j > n$, falls K nur n positive (bzw. negative) Eigenwerte hat, um die Formulierung des folgenden Satzes zu vereinfachen.

Satz 6.7 (Courant). *Es sei K ein kompakter symmetrischer Operator in* H. *Dann ist*

$$\lambda_1^+ = \sup \{(K x,x) \,|\, |x| \le 1\} \tag{6.11}$$

und

$$\lambda_1^- = \inf \{(K x,x) \,|\, |x| \le 1\} . \tag{6.12}$$

Für beliebige Elemente $x_1,\dots,x_{n-1} \in$ H sei

$$\lambda^+ (x_1,\dots,x_{n-1}) = \sup \{(K x,x) \,|\, |x| \le 1, x \perp x_j, j = 1,\dots,n-1\}$$

$$\lambda^- (x_1,\dots,x_{n-1}) = \inf \{(K x,x) \,|\, |x| \le 1, x \perp x_j, j = 1,\dots,n-1\} .$$

Dann gilt

$$\lambda_n^+ = \inf \{\lambda^+ (x_1,\dots,x_{n-1}) \,|\, x_1,\dots,x_{n-1} \in \text{H}\} \tag{6.13}$$

und

$$\lambda_n^- = \sup \{\lambda^- (x_1,\dots,x_{n-1}) \,|\, x_1,\dots,x_{n-1} \in \text{H}\} \tag{6.14}$$

für $n = 2,3,\dots$

Beweis: Aus (6.10) folgt

$$(K x,x) = \sum_j \lambda_j^+ |(x,a_j^+)|^2 + \sum_j \lambda_j^- |(x,a_j^-)|^2 . \tag{6.15}$$

Nach Aufgabe 3.23 ist $\sum_j |(x,a_j^+)|^2 + \sum_j |(x,a_j^-)|^2 \le |x|^2$. Existiert ein positiver Eigenwert, so folgt aus (6.15) die Abschätzung $(K x,x) \le \lambda_1^+ |x|^2 \le \lambda_1^+$ für alle $x \in$ H mit $|x| \le 1$. Andererseits ist $(K a_1^+,a_1^+) = \lambda_1^+$. Also gilt (6.11). Gibt es keinen positiven Eigenwert, so haben wir $\lambda_1^+ = 0$ zu setzen, und (6.11) folgt unmittelbar aus (6.15). Ebenso beweist man (6.12) durch Abschätzung von $(K x,x)$ nach unten. Nach Definition ist $\lambda^+ (x_1,\dots,x_{n-1}) \ge 0$ für alle $x_1,\dots,x_{n-1}$. Hat K genau m positive Eigenwerte, und ist $m < n$, so ist $\lambda_n^+ = 0$ und wir müssen zeigen, daß das Infimum in (6.13) gleich Null ist. Dazu wählen wir $x_j = a_j^+$ für $j = 1,\dots,m$; aus (6.15) folgt dann

$$\lambda^+ (x_1,\dots,x_{n-1}) = \sup \{\sum_j \lambda_j^- |(x,a_j^-)|^2 \,\Big|\, |x| \le 1, x \perp x_{m+1},\dots,x_{n-1}\} = 0 .$$

Also gilt (6.13). Hat K mindestens n positive Eigenwerte, und sind beliebige $x_1,\dots,x_{n-1} \in$ H gegeben, so kann man $x = \sum_{j=1}^n \alpha_j a_j^+$ so wählen, daß $x \perp x_j$ ist für $j = 1,\dots,n-1$ und $|x|^2 = \sum_{j=1}^n |\alpha_j|^2 = 1$. Für dieses x ist nach (6.15)

$$(K x,x) = \sum_{j=1}^n \lambda_j^+ |\alpha_j|^2 \ge \lambda_n^+ \sum_{j=1}^n |\alpha_j|^2 = \lambda_n^+ ,$$

also $\lambda^+ (x_1,\dots,x_{n-1}) \ge \lambda_n^+$ für alle $x_1,\dots,x_{n-1}$. Andererseits ist $\lambda^+ (a_1^+,\dots,a_{n-1}^+) = \lambda_n^+$ und folglich gilt (6.13). Der Beweis der Gleichung (6.14) verläuft analog.

Aufgabe 6.7. Es sei $K = K_1 + K_2$; K, K_1 und K_2 seien kompakte symmetrische Operatoren in H mit Eigenwerten λ_j^+, λ_j^- bzw. λ_{1j}^+, λ_{1j}^- bzw. λ_{2j}^+, λ_{2j}^- in der Numerierung von Satz 6.7. Dann gilt:

a) $\lambda_{j+k-1}^+ \leq \lambda_{1j}^+ + \lambda_{2k}^+$ und $\lambda_{j+k-1}^- \geq \lambda_{1j}^- + \lambda_{2k}^-$ für alle $j, k = 1, 2, \ldots$

b) Hat K_2 nur n positive bzw. nur m negative Eigenwerte, so ist $\lambda_{j+n}^+ \leq \lambda_{1j}^+$ bzw. $\lambda_{j+m}^- \geq \lambda_{1j}^-$ für alle j.

c) Es gilt $|\lambda_j^+ - \lambda_{1j}^+| \leq |K_2|$ und $|\lambda_j^- - \lambda_{1j}^-| \leq |K_2|$ für alle j.

d) Ist K_2 nicht-negativ, so hat man außerdem $\lambda_j^+ \geq \lambda_{1j}^+$ und $\lambda_j^- \geq \lambda_{1j}^-$ für alle j.

6.4 Singuläre Werte. Für einen kompakten Operator K in H ist der Operator K^*K nicht-negativ nach Satz 6.5 und kompakt nach Satz 5.10. Ein von Null verschiedener Eigenwert λ von K^*K ist positiv; die positive Quadratwurzel $\mu = \lambda^{1/2}$ nennen wir einen **singulären Wert** von K. Ist $K \neq 0$, so existiert mindestens ein singulärer Wert; denn K^*K ist dann nach Satz 6.5 nicht der Nulloperator und hat nach Satz 5.19 mindestens einen von Null verschiedenen Eigenwert.

Satz 6.8. *Es sei K ein kompakter Operator in H und (μ_j^2) die geordnete Folge der Eigenwerte von K^*K, also (μ_j) die Folge der singulären Werte von K. Dann gibt es orthonormale Folgen (a_j) und (b_j) in H mit den Eigenschaften $Kb_j = \mu_j a_j$ und $K^*a_j = \mu_j b_j$ für $j = 1, 2, \ldots$ und es gilt*

$$Kx = \sum_j \mu_j(x, b_j)a_j \tag{6.16}$$

für alle $x \in$ H.

Beweis: Nach Voraussetzung ist (μ_j^2) die geordnete Folge der Eigenwerte von K^*K. Sei (b_j) eine zugehörige orthonormale Folge von Eigenelementen von K^*K. Wir setzen $a_j = (\mu_j)^{-1}Kb_j$. Dann ist $K^*a_j = (\mu_j)^{-1}K^*Kb_j = \mu_j b_j$ und $(a_j, a_k) = (\mu_j)^{-1}(Kb_j, a_k) = (\mu_j)^{-1}(b_j, K^*a_k) = \mu_k(\mu_j)^{-1}(b_j, b_k) = \delta_{jk}$. Nach Satz 6.3 gibt es zu jedem $x \in$ H ein $x_0 \in N(K^*K)$ derart, daß $x = x_0 + \sum_j (x, b_j)b_j$ ist. Nach Satz 6.5 ist aber $N(K^*K) = N(K)$, also $Kx_0 = 0$. Daraus folgt $Kx = \sum_j (x, b_j)Kb_j = \sum_j \mu_j(x, b_j)a_j$.

Satz 6.9. *Für einen kompakten normalen Operator K gilt $\mu_j = |\lambda_j|$ für die geordneten Folgen der singulären und Eigenwerte von K, und die Elemente a_j und b_j in (6.16) können als Eigenelemente von K zu den Eigenwerten λ_j gewählt werden.*

Beweis: Ist $\lambda \neq 0$ ein Eigenwert von K und a ein zugehöriges Eigenelement, so folgt $K^*Ka = |\lambda|^2 a$ aus Satz 6.1, d. h. $|\lambda|$ ist singulärer Wert von K. Ist umgekehrt μ ein singulärer Wert von K, so sei E der endlich-dimensionale Raum der Eigenelemente von K^*K zum Eigenwert μ^2. Der Operator K bildet E in sich ab, denn für $a \in$ E ist $K^*KKa = KK^*Ka = \mu^2 Ka$, d. h. $Ka \in$ E. Als Operator in E ist K endlich-dimensional und hat daher einen Eigenwert λ_1 mit Eigenelement $a_1 \in$ E (vgl. Aufgabe 4.20). Daraus folgt $K^*Ka_1 = |\lambda_1|^2 a_1$ wie oben, also $|\lambda_1| = \mu$. Nach Satz 6.1 bildet K auch den Teilraum $E_1 = \{x \mid x \in E, x \perp a_1\}$ von E in sich ab. Ist $E_1 \neq \{0\}$, so hat K einen Eigenwert λ_2 mit $|\lambda_2| = \mu$ und Eigenelement $a_2 \in E_1$ usw. Die Vielfachheit von μ^2 als Eigenwert von K^*K ist also gleich der Summe der Vielfachheiten der Eigenwerte λ_j von K, für die $|\lambda_j| = \mu$ ist. Man kann daher die Eigenwerte von K so numerieren, daß $\mu_j = |\lambda_j|$ ist für alle j. Sei (a_j) eine zugehörige orthonormale Folge von Eigenelementen von K. Setzt man dann $b_j = \bar{\lambda}_j|\lambda_j|^{-1}a_j$, so haben diese Folgen alle in Satz 6.8 genannten Eigenschaften.

Die Darstellung (6.16) ist charakteristisch für die kompakten Operatoren im Hilbertraum. Wir können nämlich zeigen:

Satz 6.10. *Ein Operator K im Hilbertraum H ist genau dann kompakt, wenn er in der Form (6.16) dargestellt werden kann mit zwei orthonormalen Folgen (a_j) und (b_j) in H und einer Folge positiver Zahlen $\mu_1 \geq \mu_2 \geq \cdots$, welche entweder endlich oder eine unendliche Nullfolge ist. Die Menge $\mathscr{K}(\mathsf{H})$ der kompakten Operatoren in H und die abgeschlossene Hülle $\mathscr{K}_0(\mathsf{H})$ der Menge der endlich-dimensionalen Operatoren in $\mathscr{B}(\mathsf{H})$ sind identisch.*

Beweis: Jeder kompakte Operator K hat nach Satz 6.8 die Darstellung (6.16) mit den genannten Eigenschaften. Sei umgekehrt K ein Operator der Form (6.16). Ist die Folge (μ_j) und also auch die Summe in (6.16) endlich, so ist K ein endlich-dimensionaler Operator. Ist die Folge (μ_j) unendlich, so definieren wir endlich-dimensionale Operatoren K_n durch

$$K_n x = \sum_{j=1}^{n} \mu_j(x,b_j)a_j \text{ für } n = 1,2,\ldots \text{ Dann gilt } (K-K_n)x = \sum_{j=n+1}^{\infty} \mu_j(x,b_j)a_j \text{ für alle } x \in \mathsf{H} \text{ und}$$

daher

$$|(K-K_n)x|^2 = \sum_{j=n+1}^{\infty} \mu_j^2 |(x,b_j)|^2 \leq (\mu_{n+1})^2 \sum_{j=n+1}^{\infty} |(x,b_j)|^2 \leq (\mu_{n+1})^2 |x|^2$$

nach Aufgabe 3.23. Daraus folgt $|K - K_n| \leq \mu_{n+1} \to 0$ für $n \to \infty$, d. h. K gehört zu der Menge $\mathscr{K}_0(\mathsf{H})$ der Grenzwerte von Folgen endlich-dimensionaler Operatoren in $\mathscr{B}(\mathsf{H})$. Damit ist die Inklusion $\mathscr{K}(\mathsf{H}) \subset \mathscr{K}_0(\mathsf{H})$ bewiesen. Die entgegengesetzte Inklusion ist in Satz 5.11 enthalten.

Aufgabe 6.8. Für die singulären Werte $\mu_j(K)$ eines kompakten Operators K in H zeige man:

a) $\mu_1(K) = |K|$, $\mu_n(K) = \inf\{\mu(x_1,\ldots,x_{n-1})|x_j \in \mathsf{H}\}$ mit $\mu(x_1,x_2,\ldots,x_{n-1}) = \sup\{|Kx| \, | \, x \in \mathsf{H}, |x| \leq 1,$ $x \perp x_j, j = 1,2,\ldots,n-1\}$ für $n = 2,3,\ldots$

b) $\mu_{j+k-1}(K_1 + K_2) \leq \mu_j(K_1) + \mu_k(K_2)$ und $\mu_{j+k-1}(K_1 K_2) \leq \mu_j(K_1)\mu_k(K_2)$ für $j,k = 1,2,\ldots$

c) $|\mu_j(K_1) - \mu_j(K_2)| \leq |K_1 - K_2|$, $\mu_j(AK) \leq |A|\mu_j(K)$ und $\mu_j(KA) \leq |A|\mu_j(K)$ für alle j und $A \in \mathscr{B}(\mathsf{H})$.

6.5 Abschätzung der Eigenwerte durch die singulären Werte. Diese Abschätzung wurde zuerst von H. Weyl und unabhängig davon wenig später von S. H. Chang bewiesen[1]:

Satz 6.11. *Es sei K ein kompakter Operator im Hilbertraum H, (λ_j) bzw. (μ_j) die geordneten Folgen der Eigenwerte bzw. der singulären Werte von K. Für jede positive Zahl α und für $n = 1,2,\ldots$ gilt dann*

$$\sum_{j=1}^{n} |\lambda_j|^\alpha \leq \sum_{j=1}^{n} \mu_j^\alpha. \tag{6.17}$$

Bemerkung. Für normale Operatoren ist $|\lambda_j| = \mu_j$ nach Satz 6.9. Man könnte nun wegen (6.17) vermuten, daß für beliebige kompakte Operatoren $|\lambda_j| \leq \mu_j$ ist für alle j. Das ist jedoch nicht richtig: Ein Gegenbeispiel ist der durch die Matrix $\left(\begin{smallmatrix} 0 & 1 \\ 4 & 0 \end{smallmatrix}\right)$ dargestellte Operator im zweidimensionalen Hilbertraum C^2. Die Eigenwerte sind 2 und -2, die singulären Werte sind 4 und 1.

Zum Beweis der Abschätzung sind einige Vorbereitungen nötig:

Hilfssatz. *Es sei Φ eine in dem Intervall $[\alpha,\beta]$ stetige, reelle, monoton nicht abnehmende und konvexe Funktion. Für die Zahlen $\alpha_j, \beta_j \in [\alpha,\beta]$ $(j = 1,2,\ldots,n)$ sei $\alpha_1 \geq \alpha_2 \geq \cdots \geq \alpha_n$ und $\sum_{j=1}^{m} \alpha_j \leq \sum_{j=1}^{m} \beta_j$ für $m = 1,2,\ldots,n$. Dann gilt $\sum_{j=1}^{n} \Phi(\alpha_j) \leq \sum_{j=1}^{n} \Phi(\beta_j)$.*

---

[1] Weyl, H.: Proc. Nat. Acad. of Sciences **35** (1949) 408 bis 411; Chang, S. H.: Trans. Amer. Math. Soc. **67** (1949) 351 bis 367.

Beweis: Wir führen den Beweis nur für stetig differenzierbare Funktionen Φ [1]; für diese ist die Ableitung Φ' in $[\alpha, \beta]$ stetig, nicht-negativ und monoton nicht abnehmend. Für beliebige Zahlen $s, t \in [\alpha, \beta]$ ist $\Phi(t) - \Phi(s) \geq (t-s)\Phi'(s)$. Denn es gilt $\Phi(t) - \Phi(s) = (t-s)\Phi'(x)$ mit x zwischen s und t; ist $s < t$, so ist $\Phi'(x) \geq \Phi'(s)$ und die Behauptung folgt; ist $s > t$, so ist $\Phi'(x) \leq \Phi'(s)$ und daher $(t-s)\Phi'(x) \geq (t-s)\Phi'(s)$. Damit erhält man

$$\sum_{j=1}^{n} [\Phi(\beta_j) - \Phi(\alpha_j)] \geq \sum_{j=1}^{n} (\beta_j - \alpha_j)\Phi'(\alpha_j)$$

$$= \sum_{j=1}^{n} (\beta_j - \alpha_j)\Phi'(\alpha_n) + \sum_{m=1}^{n-1} \sum_{j=1}^{m} (\beta_j - \alpha_j)[\Phi'(\alpha_m) - \Phi'(\alpha_{m+1})] \geq 0,$$

da $\sum_{j=1}^{m} (\beta_j - \alpha_j) \geq 0$ ist für $m = 1,2,\ldots,n$ und $\Phi'(\alpha_m) - \Phi'(\alpha_{m+1}) \geq 0$ für $m = 1,2,\ldots,n-1$ nach Voraussetzung.

Satz 6.12. *Es sei K ein kompakter nicht-negativer Operator in H und P der orthogonale Projektor von H auf einen abgeschlossenen Teilraum A von H. Dann ist der Operator $L = PKP$ ebenfalls kompakt und nicht-negativ. Für die geordneten Folgen (λ_j) bzw. $(\tilde{\lambda}_j)$ der Eigenwerte von K bzw. von L gilt $\tilde{\lambda}_j \leq \lambda_j$ für alle j.*

Beweis: L ist kompakt nach Satz 5.10. Da P symmetrisch ist nach Satz 6.6, gilt $(Lx,x) = (PKPx,x) = (KPx,Px) \geq 0$ für alle $x \in H$, d. h. L ist nicht-negativ. L bildet den Teilraum A in sich und den Orthogonalraum $A^{\perp}$ auf die Null ab. Nach Satz 6.7 ist daher $\tilde{\lambda}_1 = \sup \{(Ly,y) \mid y \in A, |y| \leq 1\}$ und $\tilde{\lambda}_n$ ist für $n > 1$ das Infimum der Zahlen

$$\tilde{\lambda}(y_1,\ldots,y_{n-1}) = \sup \{(Ly,y) \mid y \in A, |y| \leq 1, y \perp y_j, j = 1,2,\ldots,n-1\}$$

genommen über alle $y_1,\ldots,y_{n-1} \in A$. Für $y \in A$ ist aber $(Ly,y) = (Ky,y)$ und daher $\tilde{\lambda}_1 \leq \sup \{(Kx,x) \mid x \in H, |x| \leq 1\} = \lambda_1$ nach Satz 6.7 sowie

$$\tilde{\lambda}(Px_1,\ldots,Px_{n-1}) = \sup \{(Ky,y) \mid y \in A, |y| \leq 1, (y,Px_j) = (y,x_j) = 0, j = 1,2,\ldots,n-1\}$$

$$\leq \sup \{(Kx,x) \mid x \in H, |x| \leq 1, x \perp x_j, j = 1,2,\ldots,n-1\} = \lambda(x_1,\ldots,x_{n-1})$$

für alle $x_1,\ldots,x_{n-1} \in H$, also

$$\tilde{\lambda}_n = \inf \{\tilde{\lambda}(Px_1,\ldots,Px_{n-1}) \mid x_j \in H\} \leq \inf \{\lambda(x_1,\ldots,x_{n-1}) \mid x_j \in H\} = \lambda_n.$$

Zur Vorbereitung des Beweises von Satz 6.11 betrachten wir noch den Spezialfall eines n-dimensionalen Teilraumes A in Satz 6.12. Sei $b_1, b_2, \ldots, b_n$ eine orthonormale Basis von A. Für jeden Operator A in H ist dann $PAPx = \sum_{j,k=1}^{n} (Ab_j, b_k)(x,b_j)b_k$, also $PAPx = \sum_{j=1}^{n} u_j(x)b_j$ mit Funktionalen u_j definiert durch $u_j(x) = \sum_{i=1}^{n} (Ab_i, b_j)(x, b_i)$. Nach Aufgabe 4.20 sind die von Null verschiedenen Eigenwerte von PAP Nullstellen des Polynoms

$$\Delta(\lambda) = \det(\lambda \delta_{jk} - u_j(b_k)) = \det(\lambda \delta_{jk} - (Ab_k, b_j)),$$

wobei die Ordnung jeder Nullstelle λ_0 von Δ gleich der algebraischen Vielfachheit des Eigenwerts λ_0 von PAP ist. Also gilt

---

[1] Diesen Beweis hat mir J. Weidmann mitgeteilt; im allgemeinen Fall benutzt man zusätzlich einen Satz über konvexe Funktionen. Einen anderen Beweis findet man bei Bos, W.: Math. Annalen **157** (1964) 276 und 277.

$$\prod_{j=1}^{n} \tilde{\lambda}_j = \det\left[(A\,b_j, b_k)\right], \tag{6.18}$$

wenn $(\tilde{\lambda}_j)$ die geordnete Folge der Eigenwerte des Operators PAP ist.

Beweis von Satz 6.11: Es seien $\lambda^{(1)}, \lambda^{(2)}, \ldots$ die voneinander und von Null verschiedenen Eigenwerte von K und $l_1, l_2, \ldots$ ihre algebraischen Vielfachheiten. Die Numerierung sei so gewählt, daß $|\lambda^{(1)}| \geq |\lambda^{(2)}| \geq \cdots$ ist. Zu jedem $\lambda^{(\nu)}$ gehört ein verallgemeinerter Eigenraum E_ν der Dimension l_ν, und die E_ν sind paarweise linear unabhängig nach Satz 4.12. In jedem verallgemeinerten Eigenraum E_ν gibt es nach Satz 5.15 eine Basis $a_j^{(\nu)}$, $j = 1, 2, \ldots, l_\nu$ mit $K\,a_j^{(\nu)} = \lambda^{(\nu)} a_j^{(\nu)} - \varepsilon_j^{(\nu)} a_{j-1}^{(\nu)}$, worin $\varepsilon_j^{(\nu)}$ entweder Null oder Eins ist. Wir setzen nun $\lambda_j = \lambda^{(1)}$ und $a_j = a_j^{(1)}$ für $j = 1, 2, \ldots, l_1$, dann $\lambda_{l_1+j} = \lambda_j^{(2)}$ und $a_{l_1+j} = a_j^{(2)}$ für $j = 1, 2, \ldots, l_2$ usw. Dann ist (λ_j) die geordnete Folge der Eigenwerte von K, die Elemente a_j sind linear unabhängig und es gilt $K\,a_j = \lambda_j a_j - \varepsilon_j a_{j-1}$ mit ε_j gleich Null oder Eins. Wir bilden nun Linearkombinationen $b_j = \sum\limits_{k=1}^{j} \alpha_{jk} a_k$ mit $\alpha_{jj} \neq 0$ derart, daß die Folge $\{b_j\}$ orthonormal ist. Dann gilt

$$K\,b_j = \lambda_j b_j + \sum_{k=1}^{j-1} \beta_{jk} b_k \tag{6.19}$$

für alle j mit geeigneten Koeffizienten β_{jk}. Für jedes n sei $\mathsf{L}_n = \mathsf{L}\{b_1, \ldots, b_n\}$ und P_n der orthogonale Projektor von H auf L_n. Es sei $(\tilde{\lambda}_j)$ die geordnete Folge der Eigenwerte des nichtnegativen Operators $P_n K^* K P_n$. Nach (6.18) mit $A = K^* K$ ist dann $\prod\limits_{j=1}^{n} \tilde{\lambda}_j = \det\left[(K^* K b_j, b_k)\right] = \det\left[(K b_j, K b_k)\right]$. Setzt man nun $\gamma_{jk} = \beta_{jk}$ für $k < j$, $\gamma_{jj} = \lambda_j$ und $\gamma_{jk} = 0$ für $k > j$, so ist $\det(\gamma_{jk}) = \prod\limits_{j=1}^{n} \lambda_j$ und aus (6.19) folgt

$$\prod_{j=1}^{n} \tilde{\lambda}_j = \det\left(\sum_{l=1}^{n} \gamma_{jl} \bar{\gamma}_{kl}\right) = |\det(\gamma_{jk})|^2 = \prod_{j=1}^{n} |\lambda_j|^2 .$$

Sind $\mu_1, \mu_2, \ldots$ die singulären Werte von K, so gilt $\tilde{\lambda}_j \leq \mu_j^2$ für $j = 1, 2, \ldots, n$ nach Satz 6.12. Also hat man $\prod\limits_{j=1}^{n} |\lambda_j| \leq \prod\limits_{j=1}^{n} \mu_j$ für $n = 1, 2, \ldots$ In dem Hilfssatz setzen wir nun $\Phi(x) = e^{\alpha x}$ mit $\alpha > 0$, $\alpha_j = \log|\lambda_j|$, $\beta_j = \log \mu_j$ und die Abschätzung (6.17) folgt.

6.6 Spezielle Klassen kompakter Operatoren. Die Menge aller kompakten Operatoren in H bezeichnen wir mit $\mathcal{K}(\mathsf{H})$. Es sei $K \in \mathcal{K}(\mathsf{H})$ mit singulären Werten μ_j. Für jedes $\alpha > 0$ sei

$$N_\alpha(K) = \left[\sum_j \mu_j^\alpha\right]^{1/\alpha} \tag{6.20}$$

und $\mathcal{C}_\alpha = \mathcal{C}_\alpha(\mathsf{H})$ die Klasse aller kompakten Operatoren in H mit $N_\alpha(K) < \infty$. Für $\alpha < \beta$ ist $[N_\beta(K)]^\beta \leq \mu_1^{\beta-\alpha} [N_\alpha(K)]^\alpha$ für jedes K, also $\mathcal{C}_\alpha \subset \mathcal{C}_\beta$. Die Vereinigung aller dieser Klassen enthält nicht alle kompakten Operatoren in H, d. h. es gibt Operatoren $K \in \mathcal{K}(\mathsf{H})$ mit $N_\alpha(K) = \infty$ für alle $\alpha > 0$. Zur Konstruktion eines solchen Operators wählt man eine monoton abnehmende Nullfolge positiver Zahlen μ_j mit $\sum\limits_{j=1}^{\infty} \mu_j^\alpha = \infty$ für jedes $\alpha > 0$, z. B. $\mu_j = [\log(1+j)]^{-1}$, und irgendwelche orthonormalen Folgen $(a_j), (b_j) \subset \mathsf{H}$. Dann stellt (6.16) einen kompakten Operator dar, der in keiner der Klassen $\mathcal{C}_\alpha$ liegt. Für $K \in \mathcal{C}_\alpha$ gehört auch der adjungierte Operator K^* zu $\mathcal{C}_\alpha$ und es gilt

$$N_\alpha(K^*) = N_\alpha(K), \tag{6.21}$$

denn K und K^* haben nach Satz 6.8 dieselben singulären Werte.

Satz 6.13. *Es sei* $K \in \mathscr{C}_\alpha(\mathsf{H})$, (λ_j) *die geordnete Folge der Eigenwerte von* K. *Dann gilt* $\sum_j |\lambda_j|^\alpha \leq [N_\alpha(K)]^\alpha < \infty$, $\mu_n \leq N_\alpha(K) n^{-1/\alpha}$ *und* $|\lambda_n| \leq N_\alpha(K) n^{-1/\alpha}$ *für* $n = 1, 2, \ldots$

Beweis: Die erste Behauptung folgt unmittelbar aus (6.17). Aus (6.20) erhält man

$$[N_\alpha(K)]^\alpha \geq \sum_{j=1}^n \mu_j^\alpha \geq n\,\mu_n^\alpha,$$

also $n^{1/\alpha} \mu_n \leq N_\alpha(K)$ für alle n. Ebenso folgt die letzte Behauptung

aus der Ungleichung $[N_\alpha(K)]^\alpha \geq \sum_{j=1}^n |\lambda_j|^\alpha$.

Die Operatoren der Klasse $\mathscr{C}_2(\mathsf{H})$ spielen in den Anwendungen eine besonders wichtige Rolle; wir nennen sie **Hilbert-Schmidt-Operatoren** und charakterisieren sie auf folgende Weise:

Satz 6.14. *Ein Operator* $K \in \mathscr{K}(\mathsf{H})$ *ist genau dann ein Hilbert-Schmidt-Operator, wenn*

$$\sum_{j=1}^\infty |K x_j|^2 < \infty \text{ ist für jede orthonormale Folge } (x_j) \subset \mathsf{H}.$$

Beweis: a) Sei $K \in \mathscr{C}_2$ und (x_j) eine orthonormale Folge. Nach (6.16) ist dann

$$\sum_{j=1}^\infty |K x_j|^2 = \sum_{j=1}^\infty \sum_k \mu_k^2 |(x_j, b_k)|^2 = \sum_k \mu_k^2 \sum_{j=1}^\infty |(x_j, b_k)|^2 \leq \sum_k \mu_k^2 < \infty,$$

denn es gilt $\sum_{j=1}^\infty |(x_j, b_k)|^2 \leq |b_k|^2 = 1$ nach Aufgabe 3.23.

b) Ist $\sum_{j=1}^\infty |K x_j|^2 < \infty$ für jede orthonormale Folge (x_j), so setze man die Folge (b_j) von Satz 6.8 ein. Man findet dann $\sum_j |K b_j|^2 = \sum_j \mu_j^2 < \infty$, also $K \in \mathscr{C}_2$.

Aus Aufgabe 6.4 folgt übrigens, daß die Bedingung von Satz 6.14 Hilbert-Schmidt-Operatoren nicht nur in $\mathscr{K}(\mathsf{H})$, sondern auch in $\mathscr{B}(\mathsf{H})$ charakterisiert.

Satz 6.15. *Ein Operator* $K \in \mathscr{K}(\mathsf{H})$ *gehört genau dann zu der Klasse* $\mathscr{C}_1(\mathsf{H})$, *wenn er sich als Produkt* $K = LM$ *zweier Hilbert-Schmidt-Operatoren* L *und* M *darstellen läßt.*

Beweis: a) Ist $K = LM$ mit $L, M \in \mathscr{C}_2$, so ist auch $L^* \in \mathscr{C}_2$. Für beliebige orthonormale Folgen $(x_j), (y_j) \subset \mathsf{H}$ gilt dann

$$\left(\sum_{j=1}^\infty |(K x_j, y_j)| \right)^2 = \left(\sum_{j=1}^\infty |(M x_j, L^* y_j)| \right)^2 \leq \sum_{j=1}^\infty |M x_j|^2 \sum_{j=1}^\infty |L^* y_j|^2 < \infty$$

nach Satz 6.14. Setzt man nun die Folgen (b_j) und (a_j) von Satz 6.8 ein, so folgt $\sum_j |(K b_j, a_j)| = \sum_j \mu_j < \infty$, also $K \in \mathscr{C}_1$.

b) Ist $K \in \mathscr{C}_1$, so definiert man kompakte Operatoren L und M durch $Lx = \sum_j \mu_j^{1/2} (x, a_j) a_j$

und $M x = \sum_j \mu_j^{1/2} (x, b_j) a_j$ mit den in (6.16) vorkommenden Zahlen μ_j und Elementen a_j, b_j. L und M haben beide die singulären Werte $\mu_j^{1/2}$, gehören folglich zu $\mathscr{C}_2$, und es gilt $K = LM$. Wir nennen $\mathscr{C}_1(\mathsf{H})$ die **Spurklasse**, weil man für die Operatoren dieser Klasse durch

$$\operatorname{spur} K = \sum_j \lambda_j \tag{6.22}$$

eine **Spur** definieren kann. Darin ist (λ_j) die geordnete Folge der Eigenwerte von K. Da die Reihe nach Satz 6.13 absolut konvergiert, kommt es aber in (6.22) auf die Reihenfolge der Eigenwerte nicht an. Für die Spur gilt der Satz:

Satz 6.16. *Für jeden Operator* $K \in \mathscr{C}_1(\mathsf{H})$ *ist* spur $K = \sum_j \mu_j(a_j, b_j)$ *mit den Bezeichnungen von Satz 6.8.*

Der Beweis dieses Satzes ist ziemlich schwierig und nicht kurz[1]; wir geben daher hier nur den einfachen Beweis für endlich-dimensionale Operatoren. Ist K endlich-dimensional, so auch K^*K; folglich hat K nur endlich viele singuläre Werte $\mu_1, \mu_2, \ldots, \mu_n$. Nach (6.16) ist also $K x = \sum_{j=1}^{n} \mu_j(x, b_j) a_j$. Wie im Beweis von (6.18) zeigt man, daß die von Null verschiedenen Eigenwerte von K Nullstellen des Polynoms $\Delta(\lambda) = \det(\lambda \delta_{jk} - \mu_j(a_k, b_j))$ sind, wobei die Ordnung jeder Nullstelle λ_0 von Δ gleich der algebraischen Vielfachheit von λ_0 als Eigenwert von K ist. Also findet man spur $K = \sum_{j=1}^{n} \lambda_j = \sum_{j=1}^{n} \mu_j(a_j, b_j)$ durch Ausrechnung des Koeffizienten von λ^{n-1} in $\Delta(\lambda)$. Man vergleiche hiermit auch die Definition einer Spur für endlich-dimensionale Operatoren in Aufgabe 4.20.

Aufgaben. 6.9. H sei ein separabler Hilbertraum. Man zeige:

a) Für Operatoren $K, L \in \mathscr{C}_2(\mathsf{H})$ und für jedes vollständige Orthonormalsystem $(x_j) \subset \mathsf{H}$ (vgl. Aufgabe 3.24) konvergiert die Reihe $(K, L) = \sum_{j=1}^{\infty} (K x_j, L x_j)$ und hat einen von der Wahl der Folge (x_j) unabhängigen Wert.

b) Es gilt $(K, K) = [N_2(K)]^2$ für jedes $K \in \mathscr{C}_2(\mathsf{H})$.

c) $\mathscr{C}_2(\mathsf{H})$ ist ein Hilbertraum mit dem Skalarprodukt (K, L).

d) Für $K \in \mathscr{C}_1(\mathsf{H})$ und für jedes vollständige Orthonormalsystem (x_j) ist spur $K = \sum_{j=1}^{\infty} (K x_j, x_j)$.

6.10. Für $K, L \in \mathscr{C}_\alpha(\mathsf{H})$, $B \in \mathscr{B}(\mathsf{H})$ und $\lambda \in \mathsf{C}$ gilt:

a) $\lambda K \in \mathscr{C}_\alpha$, $N_\alpha(\lambda K) = |\lambda| N_\alpha(K)$.

b) $K + L \in \mathscr{C}_\alpha$, $N_\alpha(K + L) \leq 2^{1/\alpha} N_\alpha(K) + 2^{1/\alpha} N_\alpha(L)$ für $\alpha \geq 1$ und $[N_\alpha(K + L)]^\alpha \leq 2[N_\alpha(K)]^\alpha + 2[N_\alpha(L)]^\alpha$ für $0 < \alpha \leq 1$.

c) $KB, BK \in \mathscr{C}_\alpha$ und $N_\alpha(KB) \leq |B| N_\alpha(K)$, $N_\alpha(BK) \leq |B| N_\alpha(K)$.

d) Für $K \in \mathscr{C}_\alpha$, $L \in \mathscr{C}_\beta$ gilt $KL \in \mathscr{C}_\gamma$ mit $\frac{1}{\gamma} = \frac{1}{\alpha} + \frac{1}{\beta}$ und $N_\gamma(KL) \leq 2^{1/\gamma} N_\alpha(K) N_\beta(L)$. Anleitung: Man benutzt Aufgabe 6.8.

---

[1] Vollständige Beweise findet man bei Dunford-Schwartz: Linear Operators II, Ch. XI. New York und London 1963 und bei Weidmann, J.: Math. Annalen **158** (1965) 69 bis 78.

III   Integraloperatoren in Räumen stetiger Funktionen

Wir beginnen die Untersuchung von Integraloperatoren mit der Einschränkung, daß zunächst nur Integraloperatoren in Räumen stetiger Funktionen betrachtet werden sollen. Dazu wird in § 7 die Integration stetiger Funktionen bezüglich eines positiven Maßes auf einer m-dimensionalen Mannigfaltigkeit eingeführt und es werden damit Integraloperatoren mit stetigem Kern definiert. In § 8 wird für eine kompakte Mannigfaltigkeit M mit positivem Maß μ eine Klasse von Operatoren beschrieben, für welche die Fredholmtheorie in bezug auf das Dualsystem $\langle C(M), C(M)\rangle$ mit $\langle f, g\rangle = \mu(fg)$ gültig ist. Man erhält hier die Ergebnisse der klassischen Theorie einschließlich der Sätze über die Entwicklung nach Eigenfunktionen eines normalen Integraloperators. Der § 9 enthält Anwendungen dieser Ergebnisse auf Rand- und Eigenwertprobleme für gewöhnliche und partielle Differentialgleichungen. In § 10 wird die Theorie auf nicht-kompakte Mannigfaltigkeiten ausgedehnt. Ist das Maß μ beschränkt, so gibt es keine wesentlichen Änderungen: Man benutzt dasselbe Dualsystem wie in § 8, worin C(M) der Raum der beschränkten stetigen Funktionen auf M ist. Ist das Maß unbeschränkt, so arbeitet man mit dem Dualsystem $\langle C(M), C(M, \mu)\rangle$, worin $C(M, \mu)$ der Teilraum der absolut bezüglich μ integrierbaren Funktionen aus C(M) ist. Als Anwendung werden einige singuläre Rand- und Eigenwertprobleme behandelt.

§ 7   Integration auf Mannigfaltigkeiten

7.1 Hilfsmittel. Wir stellen in diesem vorbereitenden Abschnitt einige Definitionen und Sätze aus der Differential- und Integralrechnung zusammen, die im folgenden benötigt werden.

Wir betrachten stetige Abbildungen des Raumes R^m in den Raum R^n; in beiden Räumen legen wir dabei den euklidischen Abstand $|x - y|$ als Metrik zugrunde. Es sei A eine Teilmenge von R^m; mit $C(A, R^n)$ bezeichnen wir die Menge aller stetigen Funktionen auf A mit Werten in R^n. Für $f \in C(A, R^n)$ bezeichnen wir mit $f(A)$ das Bild in R^n und allgemeiner mit $f(A_1)$ das Bild einer Teilmenge A_1 von A bei der Abbildung f. Ist $f(A) \subset B$, so schreiben wir auch $f \in C(A, B)$. Für $f \in C(A, B)$ und $g \in C(B, R^p)$ definieren wir die Komposition $h = g \circ f \in C(A, R^p)$ durch $h(x) = g(f(x))$ für alle $x \in A$. Ist f eine bijektive Abbildung, entspricht also jedem Punkt $y \in f(A)$ genau ein Punkt $x \in A$ mit $y = f(x)$, so ist die inverse Abbildung f^{-1} von $f(A)$ auf A durch $x = f^{-1}(y)$ für alle $y \in f(A)$ erklärt. Eine bijektive stetige Abbildung f heißt topologisch, wenn die inverse Abbildung f^{-1} stetig ist. Wir bezeichnen mit $T(A, B)$ die Menge aller topologischen Abbildungen von A auf B; für $f \in T(A, B)$ ist $f^{-1} \in T(B, A)$ und $f^{-1} \circ f$ bzw. $f \circ f^{-1}$ ist die identische Abbildung von A bzw. B auf sich.

Satz 7.1 (Brouwer). *Es sei* $A \subset R^m$ *eine offene Menge, f eine topologische Abbildung von* A *auf eine Menge* $B \subset R^n$. *Dann ist $n \geq m$. B ist genau dann offen, wenn $n = m$ ist.*

Der Beweis erfordert Hilfsmittel der algebraischen Topologie; wir verweisen auf die einschlägige Literatur [1].

Sei $A \subset R^m$, x innerer Punkt von A und $f \in C(A, R^n)$. f heißt an der Stelle x differenzierbar, wenn es eine Matrix M von n Zeilen und m Spalten gibt derart, daß der Ausdruck $|h|^{-1} |f(x + h) - f(x) - Mh|$, definiert für alle $h \neq 0$ in einer Kugel $K(0, \varrho) \subset R^m$, für $h \to 0$ gegen Null strebt. Die Matrix M ist dann eindeutig bestimmt; wir bezeichnen sie mit $Df(x)$

---

[1] Vgl. z. B. Schubert, H.: Topologie. Stuttgart 1969, S. 272.

und nennen sie die **Ableitung** von f an der Stelle x [1]. Die **Spalten** $D_1 f(x), \ldots, D_m f(x)$ der Matrix $Df(x)$ heißen **partielle Ableitungen** von f an der Stelle x. Ist $f = (f_1, \ldots, f_n)$ mit $f_j \in C(A, R)$, so ist f genau dann an der Stelle x differenzierbar, wenn alle f_j es sind; die Ableitungen $Df_j(x)$ sind die **Zeilen** der Matrix $Df(x)$; die partiellen Ableitungen $D_k f_j$ von f_j sind die **Elemente** der Matrix $Df(x)$. Sei A offen. Eine Abbildung $f \in C(A, R^n)$ heißt in A **stetig differenzierbar**, wenn f an jeder Stelle $x \in A$ differenzierbar und die Ableitung Df in A stetig ist; Df ist dann Element von $C(A, R^{nm})$. f ist genau dann in A stetig differenzierbar, wenn die partiellen Ableitungen $D_j f(x) = \lim_{\lambda \to 0} \lambda^{-1}[f(x + \lambda e_j) - f(x)]$ [2] für alle $x \in A$ und alle j existieren und $D_j f \in C(A, R^n)$ ist. Wir bezeichnen mit $D_k D_j f(x)$ die partiellen Ableitungen der $D_j f$, falls sie existieren, mit $D_l D_k D_j f(x)$ die partiellen Ableitungen dritter Ordnung usw. Mit $C^q(A, R^n)$ bezeichnen wir die Menge aller $f \in C(A, R^n)$, deren partielle Ableitungen aller Ordnungen bis zur q-ten einschließlich für alle $x \in A$ existieren und in A stetig sind; die Werte $D_{j_1} \ldots D_{j_p} f(x)$ hängen von der **Reihenfolge** der Indizes $j_1, \ldots, j_p$ nicht ab. Ist $f \in C^q(A, B)$, B eine offene Menge in R^n und $g \in C^q(B, R^p)$, so ist $h = g \circ f \in C^q(A, R^p)$ und für die Ableitungen gilt

$$D h(x) = D g(f(x)) D f(x) \tag{7.1}$$

für alle $x \in A$. Man beachte, daß die Zahl n der Spalten von Dg mit der Zahl der Zeilen von Df übereinstimmt, daß das Produkt der Matrizen also erklärt ist. Ist $q > 1$, so folgen aus (7.1) entsprechende Formeln für die höheren partiellen Ableitungen von h.

Sind A und B offene Mengen in R^m, f eine topologische Abbildung von A auf B, die außerdem in A stetig differenzierbar ist, so braucht die inverse Abbildung f^{-1} nicht differenzierbar zu sein. Ein Gegenbeispiel ist: $m = 1$, $A = B = (-1, 1)$ und $f(x) = x^3$. Ist f^{-1} in B stetig differenzierbar, und ist Df^{-1} die Ableitung von f^{-1}, so folgt aus (7.1)

$$D f^{-1}(f(x)) D f(x) = I \tag{7.2}$$

für alle $x \in A$, d. h. $Df^{-1}(f(x))$ ist die zu $Df(x)$ inverse Matrix. Insbesondere ist $\det Df^{-1}(f(x)) \cdot \det Df(x) = 1$, d. h. $\det Df(x) \neq 0$ für alle $x \in A$. Ist umgekehrt A eine offene Menge in R^m, $f \in C^q(A, R^m)$ und x_0 ein Punkt in A mit $\det Df(x_0) \neq 0$, so folgt aus dem Satz über implizit definierte Funktionen [3], daß es eine Kugel $K(x_0, \varrho) \subset A$ gibt, die durch f topologisch auf die offene Menge $B = f(K(x_0, \varrho)) \subset R^m$ abgebildet wird, und daß $f^{-1} \in C^q(B, K(x_0, \varrho))$ ist. Wir nennen eine solche Abbildung eine **topologische C^q-Abbildung** und bezeichnen mit $T^q(A, B)$ die Menge aller topologischen C^q-Abbildungen von A auf B. Für $f \in T^q(A, B)$ ist offenbar $f^{-1} \in T^q(B, A)$.

Sei $m < n$; eine **Projektion** p von R^n auf R^m ist definiert durch $p(x) = (\xi_{j_1}, \ldots, \xi_{j_m})$ für $x = (\xi_1, \ldots, \xi_n)$, worin $1 \leq j_1 < j_2 < \cdots < j_m \leq n$ eine Auswahl von m der Zahlen $1, 2, \ldots, n$ ist. Offenbar ist $p \in C^q(R^n, R^m)$ für jedes q. Der **Rang** einer Matrix ist die maximale Zahl linear unabhängiger Zeilen oder, was dasselbe ist, die maximale Zahl linear unabhängiger Spalten der Matrix. Hat A n Zeilen und m Spalten, so ist also rang $A \leq \min\{n, m\}$. Sei A

---

[1] $Df(x)$ wird auch als **Funktionalmatrix** von f an der Stelle x bezeichnet; statt $Df(x)$ sind auch Symbole wie $\dfrac{df(x)}{dx}$, $\dfrac{\partial f}{\partial x}(x)$ oder $f'(x)$ üblich.

[2] e_k ist der k-te Einheitsvektor in R^m.

[3] Diesen Satz und die anderen hier zitierten Sätze findet man z. B. in Erwe, F.: Differential- und Integralrechnung I und II. Mannheim 1962, oder in Grauert, H.; Lieb, I.: Differential- und Integralrechnung I. Heidelberg 1967, bzw. Grauert, H.; Fischer, W.: Differential- und Integralrechnung II. Heidelberg 1968.

eine offene Menge in R^m und $f \in C^q(\mathsf{A}, \mathsf{R}^n)$. Ist rang $\mathrm{D}f(x_0) = m$ für einen Punkt $x_0 \in \mathsf{A}$ (also $n \geq m$), so gibt es m linear unabhängige Zeilen $\mathrm{D}f_j(x_0)$ von $\mathrm{D}f(x_0)$, d. h. es gibt eine Projektion p von R^n auf R^m derart, daß $\tilde{f} = p \circ f \in C^q(\mathsf{A}, \mathsf{R}^m)$ die Ableitung $\mathrm{D}\tilde{f}(x_0)$ mit $\det \mathrm{D}\tilde{f}(x_0) \neq 0$ hat. Es gibt also eine Kugel $\mathsf{K}(x_0, \varrho) \subset \mathsf{A}$ derart, daß $\tilde{f}$ eine topologische C^q-Abbildung von $\mathsf{K}(x_0, \varrho)$ auf eine offene Menge von R^m ist. Das benutzen wir zum Beweis des folgenden

Satz 7.2. *Es seien* A, B *offene Mengen in* R^m, $n \geq m$, $\mathsf{M} \subset \mathsf{R}^n$ *und* f *bzw.* g *topologische Abbildungen von* A *bzw.* B *auf* M *mit* $f \in C^q(\mathsf{A}, \mathsf{M})$, $g \in C^q(\mathsf{B}, \mathsf{M})$. *Für jedes* $x \in \mathsf{A}$ *bzw.* B *sei* rang $\mathrm{D}f(x) = m$ *bzw.* rang $\mathrm{D}g(x) = m$. *Dann gilt* $g^{-1} \circ f \in T^q(\mathsf{A}, \mathsf{B})$.

Beweis: Offenbar ist $h = g^{-1} \circ f \in T(\mathsf{A}, \mathsf{B})$; es bleibt zu zeigen, daß h und h^{-1} q mal stetig differenzierbar sind. Es genügt, das für h zu beweisen. Sei $x_0 \in \mathsf{A}$, $f(x_0) = z_0 \in \mathsf{M}$ und $h(x_0) = y_0 \in \mathsf{B}$. Wegen rang $\mathrm{D}g(y_0) = m$ gibt es eine Projektion p von R^n auf R^m derart, daß $\tilde{g} = p \circ g$ eine Kugel $\mathsf{K}(y_0, \varrho) \subset \mathsf{B}$ topologisch auf eine offene Menge $\mathsf{D} \subset \mathsf{R}^m$ abbildet, die $p(z_0)$ enthält, und daß $\tilde{g}^{-1} \in C^q(\mathsf{D}, \mathsf{B})$ ist. Dann gibt es aber auch eine Kugel $\mathsf{K}(x_0, \sigma) \subset \mathsf{A}$, die durch $\tilde{f} = p \circ f$ in D abgebildet wird. Für $x \in \mathsf{K}(x_0, \sigma)$ sei $z = f(x)$, $y = h(x)$, also auch $z = g(y)$ und folglich $p(z) = \tilde{f}(x) = \tilde{g}(y)$, d. h. $y = \tilde{g}^{-1}(\tilde{f}(x))$. Auf $\mathsf{K}(x_0, \sigma)$ ist also $h = \tilde{g}^{-1} \circ \tilde{f} \in C^q(\mathsf{K}(x_0, \sigma), \mathsf{B})$, wie behauptet.

Wir setzen den Begriff des **Riemann-Integrals** für reelle Funktionen auf R^m als bekannt voraus. Eine beschränkte Menge $\mathsf{A} \subset \mathsf{R}^m$ heißt **Jordan-meßbar**, wenn die charakteristische Funktion ξ_A, definiert durch $\xi_\mathsf{A}(x) = 1$ für $x \in \mathsf{A}$ und gleich Null sonst, Riemann-integrierbar ist. Der **Jordan-Inhalt** $|\mathsf{A}|$ ist das Integral von ξ_A. **Intervalle**

$$\mathsf{Q} = \prod_{j=1}^{m} [\alpha_j, \beta_j) = \{x \mid \alpha_j < \xi_j < \beta_j, j = 1, 2, \ldots, m\}$$

sind Jordan-meßbar, und es ist $|\mathsf{Q}| = \prod\limits_{j=1}^{m} (\beta_j - \alpha_j)$. Für eine Kugel $\mathsf{K}(x, \varrho) \subset \mathsf{R}^m$ ist

$$|\mathsf{K}(x, \varrho)| = \frac{1}{m} \omega_m \varrho^m, \qquad \omega_m = 2\pi^{m/2} \left[\Gamma\left(\frac{m}{2}\right) \right]^{-1} \quad {}^{1)} \tag{7.3}$$

Für jede Jordan-meßbare Menge A sind auch $\bar{\mathsf{A}}$ und $\partial \mathsf{A}$ Jordan-meßbar und $|\bar{\mathsf{A}}| = |\mathsf{A}|$, $|\partial \mathsf{A}| = 0$. Ist A kompakt und Jordan-meßbar, so ist jede Funktion $f \in C(\mathsf{A}, \mathsf{R})$ über A Riemann-integrierbar; für das Integral gilt

$$\left| \int\limits_\mathsf{A} f(x)\,\mathrm{d}x \right| \leq \int\limits_\mathsf{A} |f(x)|\,\mathrm{d}x \leq |\mathsf{A}| \max \{|f(x)| \mid x \in \mathsf{A}\}. \tag{7.4}$$

Ist $\mathsf{A} \subset \mathsf{B}$, B offen, und h eine topologische C^1-Abbildung von B auf eine offene Menge $h(\mathsf{B}) \subset \mathsf{R}^m$, so ist $h(\mathsf{A})$ kompakt und Jordan-meßbar; für jede auf $h(\mathsf{A})$ stetige Funktion f gilt

$$\int\limits_{h(\mathsf{A})} f(y)\,\mathrm{d}y = \int\limits_\mathsf{A} f(h(x)) |\det \mathrm{D}h(x)|\,\mathrm{d}x. \tag{7.5}$$

Insbesondere ist also $|h(\mathsf{A})| = \int\limits_\mathsf{A} |\det \mathrm{D}h(x)|\,\mathrm{d}x$.

Aufgabe 7.1. Sei $\mathsf{A} \subset \mathsf{R}^m$ kompakt und Jordan-meßbar. Für eine Funktion $f \in C(\mathsf{A}, \mathsf{R}^n)$ definiert man das Integral

$$\int\limits_\mathsf{A} f(x)\,\mathrm{d}x = \left(\int\limits_\mathsf{A} f_1(x)\,\mathrm{d}x, \ldots, \int\limits_\mathsf{A} f_n(x)\,\mathrm{d}x \right) \in \mathsf{R}^n.$$

${}^{1)}$ Γ ist die **Eulersche** Γ-**Funktion** mit $\Gamma(m + 1) = m!$.

Mit $|x|_p = \left[\sum\limits_{j=1}^{n}(\xi_j)^p\right]^{1/p}$ für $1 \le p < \infty$ und $|x|_\infty = \max\{|\xi_j| \,|\, j = 1,\ldots,n\}$ gilt dann

$$\left|\int\limits_A f(x)\,dx\right|_p \le \int\limits_A |f(x)|_p\,dx \le |A| \max\{|f(x)|_p \,|\, x \in A\}$$

für $1 \le p \le \infty$. Anleitung: für $a = (\alpha_1,\ldots,\alpha_n) \in \mathsf{R}^n$ betrachtet man das Integral der Funktion $(a,f) = \sum\limits_{j=1}^{n}\alpha_j f_j \in C(\mathsf{A},\mathsf{R})$.

7.2 Mannigfaltigkeiten. Wir betrachten eine Teilmenge M des Raumes R^n als metrischen Raum mit der induzierten Metrik. Eine Teilmenge A von M ist genau dann offen, wenn sie darstellbar ist als Durchschnitt einer offenen Teilmenge B von R^n mit M: Ist nämlich $A = B \cap M$ und B offen in R^n, so ist A offen in M. Ist A offen in M, so gibt es zu jedem $x \in A$ eine Kugel $K(x,\varrho) \subset \mathsf{R}^n$ mit $K(x,\varrho) \cap M \subset A$. Die Vereinigung B aller dieser Kugeln ist offen in R^n und $B \cap M$ ist gleich A. Ebenso ist A genau dann abgeschlossene Menge in M, wenn $A = B \cap M$ ist mit einer abgeschlossenen Menge $B \subset \mathsf{R}^n$. Eine Teilmenge V von M heißt U m g e b u n g des Punktes $x \in M$, wenn x innerer Punkt von V ist. Eine Menge M in R^n heißt m-d i m e n s i o n a l e t o p o l o g i s c h e Mannigfaltigkeit, wenn jeder Punkt $x \in M$ eine offene Umgebung V besitzt, die sich topologisch auf eine offene Menge des R^m abbilden läßt. Nach Satz 7.1 ist das nur möglich, wenn $m \le n$ ist. Jede offene Menge M des R^n ist eine n-dimensionale topologische Mannigfaltigkeit; als Umgebung V kann man nämlich für jeden Punkt die Menge M selbst nehmen und als Abbildung die identische Abbildung von M auf sich.

Ein Tripel (V,Ω,h) bestehend aus offenen Mengen $V \subset M$, $\Omega \subset \mathsf{R}^m$ und einer Abbildung $h \in T(\Omega, V)$ heißt K o o r d i n a t e n s y s t e m der Mannigfaltigkeit M; die Komponenten der Vektoren $t = h^{-1}(x) \in \mathsf{R}^m$ sind die K o o r d i n a t e n der Punkte $x \in V$. Da mit V und h auch $\Omega = h^{-1}(V)$ gegeben ist, sprechen wir im folgenden von dem Koordinatensystem (V,h). Ist W eine offene Teilmenge von V, so ist auch (W,h) ein Koordinatensystem, worin man die Restriktion der Abbildung h auf $h^{-1}(W)$ der Einfachheit halber wieder mit h bezeichnet. Eine endliche oder unendliche Folge von Koordinatensystemen (V_j,h_j) heißt K o o r d i n a t e n - ü b e r d e c k u n g von M, wenn (V_j) eine Überdeckung von M, d. h. wenn $M = \bigcup\limits_{j} V_j$ ist. Eine Überdeckung heißt l o k a l - e n d l i c h, wenn jede kompakte Teilmenge von M nur mit endlich vielen der V_j einen nicht-leeren Durchschnitt hat. Ist M selbst kompakt, so besteht eine lokal-endliche Koordinatenüberdeckung aus endlich vielen Koordinatensystemen. Ist W_j offen, $\overline{W_j} \subset V_j$ für alle j und $M = \bigcup\limits_{j} W_j$, so nennt man die Koordinatenüberdeckung $\mathscr{W} = ((W_j,h_j))$ eine S c h r u m p f u n g der Koordinatenüberdeckung $\mathscr{V} = ((V_j,h_j))$.

Satz 7.3. *Jede topologische Mannigfaltigkeit M besitzt eine lokal-endliche Koordinatenüber-deckung $\mathscr{V} = ((V_j,h_j))$ derart, daß jede der Mengen V_j relativ kompakt ist. Zu jeder Koordinatenüberdeckung von M gibt es eine Schrumpfung.*

B e w e i s : 1. Wir zeigen zunächst, daß es eine Folge (A_j) von relativ kompakten offenen Mengen in M gibt mit $\bar{A}_j \subset A_{j+1}$ für alle j und $\bigcup\limits_{j=1}^{\infty} A_j = M$. Ist M eine abgeschlossene Teil-menge von R^n, so kann man $A_j = M \cap K(0,j)$ wählen; diese A_j sind beschränkt und daher relativ kompakt als Teilmengen von R^n nach Aufgabe 2.25, b); da M abgeschlossen ist, sind sie auch relativ kompakt als Teilmengen von M nach Aufgabe 2.23, b). Ist M nicht abge-schlossen in R^n, so sei $M_0 = \overline{M}\backslash M$ die Menge der Randpunkte von M, die nicht zu M gehören. Man setzt $A_j = \{x \mid x \in M, |x| < j, d(x,M_0) > \tfrac{1}{j}\}$; da jeder Häufungspunkt einer

Folge (x_i) aus A_j in M liegt, ist A_j relativ kompakt in M. Die übrigen Eigenschaften der Folge sind evident.

2. Wir setzen $A_0 = A_{-1} = \emptyset$ und konstruieren eine Koordinatenüberdeckung $\mathscr{V} = ((V_j, h_j))$ und eine aufsteigende Folge von Indizes (k_j) mit $k_1 = 0$ derart, daß für jedes j die Mengen $V_{k_j+1}, \ldots, V_{k_{j+1}}$ eine Überdeckung der kompakten Menge $\bar{A}_j \backslash A_{j-1}$ bilden und in der offenen Menge $A_{j+1} \backslash \bar{A}_{j-2}$ enthalten sind. Die Existenz von $\mathscr{V}$ ist evident; ebenso die Überdeckungseigenschaft $\bigcup_j V_j = M$. Ist K eine kompakte Teilmenge von M, so überdecken endlich viele der Mengen A_j die Menge K; wegen $\bar{A}_j \subset A_{j+1}$ gibt es dann eine Menge A_j, die K enthält, und folglich ist $K \cap V_i$ leer für alle $i > k_{j+2}$, d. h. die Überdeckung $\mathscr{V}$ ist lokal-endlich. Als Teilmengen kompakter Mengen sind die V_i relativ kompakt.

3. Sei $\mathscr{V} = ((V_j, h_j))$ eine Koordinatenüberdeckung von M. Zur Konstruktion einer Schrumpfung von $\mathscr{V}$ genügt es zu zeigen, daß man jeweils eine der Mengen V_j durch eine offene Teilmenge W_j mit $\bar{W}_j \subset V_j$ ersetzen kann, ohne die Überdeckungseigenschaft zu stören. Dazu betrachtet man die abgeschlossenen Mengen $\complement V_j$ und $D_j = \bigcap_{i \neq j} \complement V_i$, die nach Voraussetzung einen leeren Durchschnitt haben. Nach Aufgabe 2.11, d) gibt es punktfremde offene Mengen W_j und B_j mit $D_j \subset W_j$ und $\complement V_j \subset B_j$. Dann ist $V_1, \ldots, V_{j-1}, W_j, V_{j+1}, \ldots$ eine Überdeckung von M und es gilt $W_j \subset \complement B_j \subset V_j$, also auch $\bar{W}_j \subset \complement B_j \subset V_j$. Damit ist die Existenz einer Schrumpfung bewiesen.

Beispiel. Gegeben sei eine Funktion $f \in C^q(\mathsf{R}^n, \mathsf{R}^r)$ mit $q \geq 1$, $r < n$; es sei $M = \{x \mid x \in \mathsf{R}^n, f(x) = 0\}$ und rang $Df(x) = r$ für alle $x \in M$. Setzt man $m = n - r$, so ist M eine m-dimensionale topologische Mannigfaltigkeit: Sei $x_0 \in M$; wegen rang $Df(x_0) = r$ gibt es Indizes $j_1, j_2, \ldots, j_r$ derart, daß die Spalten $D_{j_1} f(x_0), \ldots, D_{j_r} f(x_0)$ der Matrix $Df(x_0)$ linear unabhängig sind. Wir können durch Umnumerieren der Komponenten von x erreichen, daß die Spalten $D_1 f(x_0), \ldots, D_r f(x_0)$ linear unabhängig sind. Wir setzen dann $x = (s, t)$ mit $s \in \mathsf{R}^r$, $t \in \mathsf{R}^m$, $x_0 = (s_0, t_0)$ und $f(x) = g(s, t)$. Dann ist $g(s_0, t_0) = 0$, $g \in C^q(\mathsf{R}^n, \mathsf{R}^r)$ und die Matrix mit den Spalten $D_1 g(s_0, t_0), \ldots, D_r g(s_0, t_0)$ hat eine von Null verschiedene Determinante. Nach dem Satz über implizit definierte Funktionen gibt es offene Umgebungen $\Phi \subset \mathsf{R}^r$ von s_0 und $\Omega \subset \mathsf{R}^m$ von t_0 und eine Funktion $v \in C^q(\Omega, \Phi)$ mit $v(t_0) = s_0$ derart, daß $s = v(t)$ für jedes $t \in \Omega$ die eindeutige Lösung der Gleichung $g(s, t) = 0$ mit $s \in \Phi$ ist. Setzen wir nun $h(t) = (v(t), t)$ für $t \in \Omega$, so ist $h \in C^q(\Omega, \mathsf{R}^n)$, $h(t_0) = x_0$, $h(\Omega) = M \cap (\Phi \times \Omega) = V$ und $h^{-1}(x) = t$ für $x = (s, t) \in V$, d. h. (V, h) ist ein Koordinatensystem mit $x_0 \in V$.

Das Beispiel gibt Anlaß zu einer neuen Definition: (V, h) heißt ein C^q-Koordinatensystem der m-dimensionalen Mannigfaltigkeit, wenn $h \in C^q(h^{-1}(V), \mathsf{R}^n)$ ist und rang $Dh(t) = m$ für alle $t \in h^{-1}(V)$. Eine Mannigfaltigkeit M heißt C^q-Mannigfaltigkeit, wenn zu jedem Punkt $x \in M$ ein C^q-Koordinatensystem (V, h) mit $x \in V$ existiert. Für die Mannigfaltigkeit des Beispiels haben wir das gerade nachgewiesen. Eine topologische Mannigfaltigkeit bezeichnen wir im folgenden als C^0-Mannigfaltigkeit.

Satz 7.4. *Für je zwei C^q-Koordinatensysteme (V, h), (W, k) mit nicht-leerem Durchschnitt $D = V \cap W$ ist $k^{-1} \circ h \in T^q(h^{-1}(D), k^{-1}(D))$. Jede C^q-Mannigfaltigkeit besitzt eine lokalendliche Überdeckung $\mathscr{V} = \{(V_j, h_j)\}$ aus C^q-Koordinatensystemen derart, daß jede der Mengen V_j relativ kompakt ist. Man kann außerdem erreichen, daß alle Ableitungen der Ordnung $\leq q$ von h_j in $h_j^{-1}(V_j)$ beschränkt sind.*

Beweis: Die erste Behauptung folgt unmittelbar aus Satz 7.2. Benutzt man bei der Konstruktion einer Koordinatenüberdeckung von M nach Satz 7.3 nur C^q-Koordinatensysteme, so erhält man die verlangte Überdeckung $\mathscr{V}$. Die letzte Behauptung folgt durch Übergang zu einer Schrumpfung von $\mathscr{V}$ nach Satz 7.3.

Wir beenden diesen Abschnitt mit einigen Bemerkungen zum Begriff der Mannigfaltigkeit. Der Raum R^n spielt in unserer Definition eine recht untergeordnete Rolle: Er dient eigentlich nur dazu, die Formulierung zu vereinfachen und für M eine Metrik zu liefern. Wir sagen, die Mannigfaltigkeit sei in den Raum R^n eingebettet. In der Topologie wählt man eine andere Definition; dort bezeichnet man als *m*-dimensionale topologische Mannigfaltigkeit einen separierten topologischen Raum M mit abzählbarer Basis, in dem jeder Punkt eine offene Umgebung besitzt, die sich topologisch auf eine offene Menge des R^m abbilden läßt (vgl. Aufgabe 7.2). Man zeigt dann, daß man M als Teilmenge eines euklidischen Raumes R^n genügend großer Dimension auffassen, daß man also M in den R^n einbetten kann [1]. Eine C^q-Mannigfaltigkeit wird definiert durch die zusätzliche Forderung, daß die Koordinatensysteme die als erste Behauptung in Satz 7.4 genannte Eigenschaft haben.

Aufgaben. 7.2. Ein **topologischer Raum** ist eine Menge M, in der gewisse Teilmengen A als **offene Mengen** ausgezeichnet sind derart, daß Satz 2.1 gilt. Ein topologischer Raum heißt **separiert**, wenn zu jedem Paar von Punkten $x, y \in$ M mit $x \neq y$ punktfremde offene Mengen A, B existieren mit $x \in$ A und $y \in$ B. M hat eine **abzählbare Basis**, wenn es eine Folge (A_j) von offenen Mengen in M gibt derart, daß jede offene Menge A $\subset$ M als Vereinigung von Mengen aus dieser Folge darstellbar ist. Man zeige, daß eine C^0-Mannigfaltigkeit a) separabel (vgl. 2.9) und b) ein separierter topologischer Raum mit abzählbarer Basis ist.

7.3. a) M ist genau dann eine in den R^n eingebettete *m*-dimensionale C^q-Mannigfaltigkeit, wenn folgendes gilt: Jeder Punkt $x \in$ M besitzt eine offene Umgebung U $\subset R^n$, zu der eine offene Menge $\Omega \subset R^n$, eine Abbildung $g \in T^q(\Omega, U)$ und eine Projektion p von R^n auf R^m existiert derart, daß M $\cap$ U $= (g \circ p)(\Omega)$ ist.

b) In einer C^1-Mannigfaltigkeit gibt es eine Koordinatenüberdeckung $((V_j, h_j))$ derart, daß positive Konstanten γ_j, γ'_j existieren mit $\gamma_j |s-t| \leq |h_j(s) - h_j(t)| \leq \gamma'_j |s-t|$ für alle $s, t \in h_j^{-1}(V_j)$ und für alle j.

7.3 Berandete Mannigfaltigkeiten. Die abgeschlossene Einheitskugel $\overline{K(0,1)} \subset R^n$ ist keine Mannigfaltigkeit; da nämlich jeder innere Punkt eine offene Umgebung V besitzt, die zugleich offene Menge des R^n ist, müßte n die Dimension der Mannigfaltigkeit sein; für einen Randpunkt von $\overline{K(0,1)}$ gibt es aber keine solche Umgebung und folglich nach Satz 7.1 auch keine Umgebung, die sich topologisch auf eine offene Menge des R^n abbilden läßt. Diesen Übelstand beseitigen wir durch die Einführung eines neuen Begriffs: Eine Teilmenge M des R^n heißt eine *m*-**dimensionale berandete** C^0-**Mannigfaltigkeit**, wenn jeder Punkt $x \in$ M eine offene Umgebung V besitzt, die sich topologisch entweder auf eine offene Menge des R^m oder auf eine offene Menge des Halbraumes $R^m_+ = \{t \mid t \in R^m, \tau_m \geq 0\}$ abbilden läßt. Wir erinnern daran, daß jede offene Menge des Halbraumes R^m_+ sich als Durchschnitt von R^m_+ mit einer offenen Menge des R^m darstellen läßt. Eine offene Menge V $\subset$ M und eine topologische Abbildung h einer offenen Menge des R^m oder des R^m_+ auf V bilden ein Koordinatensystem von M. Ein Punkt $x_0 \in$ V, dessen Urbild $h^{-1}(x_0) = t_0$ Randpunkt von R^m_+ ist, heißt **Randpunkt von M.** Diese Definition ist von der Wahl des Koordinatensystems unabhängig: Sei (W, k) ein anderes Koordinatensystem mit $x_0 \in$ W; wäre $s_0 = k^{-1}(x_0)$ nicht Randpunkt von R^m_+, so hätte s_0 eine offene Umgebung $\Omega \subset k^{-1}(W)$, die zugleich offene Menge des R^m ist und durch k auf eine offene Umgebung U $\subset$ V $\cap$ W von x_0 abgebildet

---

[1] Vgl. z. B. de R h a m, G.: Variétés Différentiables. Paris 1960, oder B o s, W.: Archiv der Mathematik **16** (1965) 232 bis 234.

wird. Also wäre $h^{-1} \circ k$ eine topologische Abbildung von Ω auf eine offene Menge Φ des Raumes R^m_+, die s_0 in den Randpunkt t_0 von R^m_+ überführt. Φ wäre also keine offene Menge des R^m im Widerspruch zu Satz 7.1. Die Menge aller Randpunkte von M heißt R a n d der Mannigfaltigkeit und wird mit dM bezeichnet. Der Rand dM ist nicht identisch mit dem Rand ∂M von M als Teilmenge von R^n, wie das folgende Beispiel zeigt.

Beispiel 1. Die Halbkugel $\mathsf{M} = \mathsf{R}^m_+ \cap \mathsf{K}(0,1)$ ist eine m-dimensionale berandete C^0-Mannigfaltigkeit, und zwar genügt hier ein einziges Koordinatensystem (M,i) zur Beschreibung von M, worin i die identische Abbildung von M auf sich ist. Der Rand dM besteht demnach aus den Punkten $x \in \mathsf{M}$ mit $\xi_m = 0$, während $\partial\mathsf{M} = \mathsf{dM} \cup (\mathsf{R}^m_+ \cap \partial\mathsf{K}(0,1))$ ist.

Der Begriff eines C^q-K o o r d i n a t e n s y s t e m s (V,h) ist derselbe wie in 7.2, falls $h^{-1}(\mathsf{V})$ offene Menge des R^m ist. Enthält V Randpunkte von M, so muß man folgendes verlangen: Es gibt eine offene Menge Ω des R^m derart, daß $h^{-1}(\mathsf{V}) = \Omega \cap \mathsf{R}^m_+$ ist, h ist definiert in Ω, es gilt $h \in C^q(\Omega, \mathsf{R}^n)$ und rang $\mathsf{D}h(t) = m$ für alle $t \in \Omega$. Eine b e r a n d e t e C^q-M a n n i g f a l - t i g k e i t ist eine berandete Mannigfaltigkeit, in der zu jedem Punkt x ein C^q-Koordinatensystem (V,h) mit $x \in \mathsf{V}$ existiert. Kann man für jedes $x \in \mathsf{M}$ das Koordinatensystem (V,h) mit $x \in \mathsf{V}$ so wählen, daß es C^q-Koordinatensystem für jedes q ist, so heißt M eine berandete C^∞-Mannigfaltigkeit. Die Halbkugel von Beispiel 1 ist eine berandete C^∞-Mannigfaltigkeit. Da C^q-Mannigfaltigkeiten im Sinne von 7.2 zugleich berandete C^q-Mannigfaltigkeiten ohne Randpunkte sind, sprechen wir im folgenden nur noch von C^q-Mannigfaltigkeiten und fügen falls nötig die Erläuterung „mit Rand" oder „ohne Rand" hinzu. Der Satz 7.4 bleibt gültig für C^q-Mannigfaltigkeiten mit Rand; jedoch muß man in der ersten Behauptung $h^{-1}(\mathsf{D})$ und $k^{-1}(\mathsf{D})$ durch geeignete offene Mengen des R^m ersetzen, falls $q \geq 1$ ist und D Randpunkte von M enthält. Der Satz bleibt auch gültig im Falle $q = \infty$.

Beispiel 2. Es sei $f \in C^q(\mathsf{R}^m, \mathsf{R})$, $q \geq 1$, $\mathsf{M} = \{x \mid x \in \mathsf{R}^m, f(x) \leq 0\}$ und die Ableitung $\mathsf{D}f(x)$ sei nicht gleich Null (habe den Rang 1) für alle $x \in \mathsf{R}^m$ mit $f(x) = 0$. Wir zeigen, daß M eine m-dimensionale C^q-Mannigfaltigkeit mit Rand $\mathsf{dM} = \{x \mid x \in \mathsf{R}^m, f(x) = 0\}$ ist. Ist $x_0 \in \mathsf{M}$ mit $f(x_0) < 0$, so gibt es ein $\varrho > 0$ derart, daß $f(x) < 0$ ist für alle $x \in \mathsf{K}(x_0, \varrho) = \mathsf{V}$ und (V, i) mit der identischen Abbildung i von V auf sich ist ein C^∞-Koordinatensystem. Für einen Punkt $x_0 \in \mathsf{M}$ mit $f(x_0) = 0$ ist mindestens eine der partiellen Ableitungen $\mathsf{D}_j f(x_0)$ nach Voraussetzung von Null verschieden. Der Einfachheit halber setzen wir voraus, daß $\mathsf{D}_m f(x_0) < 0$ ist; wir können das immer durch eine Umnumerierung der Komponenten von x und, falls nötig, durch Ersetzung von ξ_m durch $-\xi_m$ erreichen. Sei nun $x = (y,z)$ mit $y \in \mathsf{R}^{m-1}$, $z \in \mathsf{R}$, $x_0 = (y_0, z_0)$ und $f(x) = g(y,z)$. Dann ist $g(y_0, z_0) = 0$, $g \in C^q(\mathsf{R}^m, \mathsf{R})$ und $\mathsf{D}_m g(y_0, z_0) < 0$. Nach dem Satz über implizit definierte Funktionen gibt es offene Umgebungen $\Omega \subset \mathsf{R}^{m-1}$ von y_0 und $\Phi \subset \mathsf{R}$ von z_0 und eine Funktion $v \in C^q(\Omega, \Phi)$ mit $v(y_0) = z_0$ derart, daß $z = v(y)$ für jedes $y \in \Omega$ die eindeutige Lösung der Gleichung $g(y,z) = 0$ mit $z \in \Phi$ ist. Daraus folgt, daß der Durchschnitt V von M mit der offenen Menge $\mathsf{U} = \Omega \times \Phi \subset \mathsf{R}^m$ aus allen $x = (y,z) \in \mathsf{U}$ mit $z \geq v(y)$ besteht. Durch $h^{-1}(x) = (y, z - v(y))$ ist also eine topologische Abbildung von U auf eine offene Menge $\Psi \subset \mathsf{R}^m$ definiert, die V in die offene Menge $\mathsf{R}^m_+ \cap \Psi$ von R^m_+ und x_0 in den Randpunkt $(y_0, 0)$ von R^m_+ überführt. Die inverse Abbildung h von Ψ auf U ist nun durch

$$h(t) = (\tau_1, \dots, \tau_{m-1}, \tau_m + v(\tau_1, \dots, \tau_{m-1})) \tag{7.6}$$

für alle $t = (\tau_1, \dots, \tau_m) \in \Psi$ definiert. Es gilt $h \in C^q(\Psi, \mathsf{U})$ und rang $\mathsf{D}h(t) = m$ für alle $t \in \Psi$, d. h. (V, h) ist ein C^q-Koordinatensystem und $x_0 \in \mathsf{V}$ ist ein Randpunkt von M. Aus dem Beispiel in 7.2 folgt übrigens, daß dM eine $(m-1)$-dimensionale C^q-Mannigfaltigkeit ohne Rand ist (vgl. Aufgabe 7.4).

Die spezielle Mannigfaltigkeit des Beispiels 2 bezeichnen wir als C^q-Bereich in R^m. Die abgeschlossene Einheitskugel $\overline{\mathsf{K}(0,1)}$ ist ein C^∞-Bereich in R^m: Man erhält sie, indem man $f(x) = |x|^2 - 1$ setzt in Beispiel 2; denn es gilt $f \in C^\infty(\mathsf{R}^m, \mathsf{R})$ und $Df(x) = 2x \neq 0$ für $|x| = 1$. Der Rand, die Einheitssphäre $\partial \mathsf{K}(0,1)$, ist eine $(m-1)$-dimensionale C^∞-Mannigfaltigkeit ohne Rand.

Aufgaben. 7.4. Es sei M eine m-dimensionale C^q-Mannigfaltigkeit mit Rand ($0 \leq q \leq \infty$). Man zeige, daß der Rand dM eine $(m-1)$-dimensionale C^q-Mannigfaltigkeit ohne Rand ist.

7.5. a) Der Kegel ohne Spitze $\mathsf{M} = \{x \mid x \in \mathsf{R}^m, \xi_1^2 + \cdots + \xi_{m-1}^2 \leq \xi_m^2, \xi_m > 0\}$ ist eine C^∞-Mannigfaltigkeit mit Rand.

b) Der Kegel $\mathsf{M}_0 = \mathsf{M} \cup \{0\}$ ist eine C^0-Mannigfaltigkeit mit Rand.

c) Der Doppelkegel $\mathsf{D} = \{x \mid x \in \mathsf{R}^m, \xi_1^2 + \cdots + \xi_{m-1}^2 \leq \xi_m^2\}$ ist keine C^0-Mannigfaltigkeit.

7.4 Zerlegung der Einheit. Es sei M eine C^q-Mannigfaltigkeit und $l \leq q$. Eine Funktion f auf M mit Werten in R^p heißt l mal stetig differenzierbar, in Zeichen $f \in C^l(\mathsf{M}, \mathsf{R}^p)$, wenn für jedes C^q-Koordinatensystem (V, h) von M gilt $f \circ h \in C^l(h^{-1}(\mathsf{V}), \mathsf{R}^p)$. Ist $l \geq 1$, M eine Mannigfaltigkeit mit Rand und enthält V Randpunkte von M, so ist $h^{-1}(\mathsf{V}) = \mathsf{R}^m_+ \cap \Omega$, Ω eine offene Menge des R^m, auf der h erklärt ist. In diesem Fall verlangen wir, daß f auf $h(\Omega)$ definiert und $f \circ h \in C^l(\Omega, \mathsf{R}^p)$ ist. Aus Satz 7.4 folgt, daß es genügt, die Differenzierbarkeit der Funktionen $f \circ h_j$ für eine Überdeckung von M durch C^q-Koordinatensysteme (V_j, h_j) nachzuprüfen. Mit $C^0(\mathsf{M}, \mathsf{R}^p)$ oder $C(\mathsf{M}, \mathsf{R}^p)$ bezeichnen wir die Menge der stetigen Funktionen auf M mit Werten in R^p. Als Träger einer Funktion $f \in C(\mathsf{M}, \mathsf{R}^p)$ bezeichnen wir die Menge [1]

$$\operatorname{trg} f = \overline{\{x \mid x \in \mathsf{M}, f(x) \neq 0\}}. \tag{7.7}$$

Der Träger ist also abgeschlossen, und sein Komplement ist die größte offene Menge in M, auf der f überall Null ist. Ist A eine Teilmenge von M, so bezeichnen wir mit $C_0^l(\mathsf{A}, \mathsf{R}^p)$ die Menge aller Funktionen $f \in C^l(\mathsf{M}, \mathsf{R}^p)$ mit kompaktem Träger in A, d. h. es sei $\operatorname{trg} f$ kompakt und in A enthalten. Wir wollen solche Funktionen konstruieren und beginnen dazu mit dem einfachen Fall $\mathsf{M} = \mathsf{R}^m$ und $p = 1$:

Hilfssatz. *Es sei* A *eine offene Menge in* R^m *und* K *eine kompakte Menge, die in* A *enthalten ist. Dann gibt es eine Funktion* $f \in C_0^\infty(\mathsf{A}, \mathsf{R})$ *mit* $f(x) \geq 0$ *für alle* $x \in \mathsf{A}$ *und* $f(x) > 0$ *für alle* $x \in \mathsf{K}$.

Beweis: 1. Es gibt eine relativ kompakte offene Menge B mit $\mathsf{K} \subset \mathsf{B}$ und $\bar{\mathsf{B}} \subset \mathsf{A}$. Da A offen ist, gibt es nämlich zu jedem $x \in \mathsf{K}$ eine Kugel $\mathsf{K}(x, \varrho)$ mit $\overline{\mathsf{K}(x, \varrho)} \subset \mathsf{A}$. Endlich viele dieser Kugeln $\mathsf{K}(x_1, \varrho_1), \ldots, \mathsf{K}(x_n, \varrho_n)$ überdecken K, da K kompakt ist. Die Vereinigung $\mathsf{B} = \bigcup_{i=1}^n \mathsf{K}(x_i, \varrho_i)$ ist offen und enthält K. $\bar{\mathsf{B}} = \bigcup_{i=1}^n \overline{\mathsf{K}(x_i, \varrho_i)}$ ist kompakt nach Aufgabe 2.22, e) und in A enthalten nach Konstruktion.

2. Es gibt eine Funktion $g \in C_0(\mathsf{A}, \mathsf{R})$ mit $g(x) \geq 0$ für alle $x \in \mathsf{A}$ und $g(x) > 0$ für alle $x \in \mathsf{B}$. Nach Satz 2.6 kann man z. B. $g(x) = d(x, \complement \mathsf{B})$ setzen.

3. Für $\varepsilon > 0$ definieren wir eine Funktion $\delta_\varepsilon \in C_0^\infty(\mathsf{R}^m, \mathsf{R})$ durch

$$\delta_\varepsilon(x) = \begin{cases} \gamma(\varepsilon) \exp\left\{-(\varepsilon^2 - |x|^2)^{-1}\right\} & \text{für } |x| < \varepsilon \\ 0 & \text{für } |x| \geq \varepsilon, \end{cases} \tag{7.8}$$

---

[1] $\overline{\{\ \}}$ bezeichnet die abgeschlossene Hülle der Menge $\{\ \}$ in M.

worin $\gamma(\varepsilon) > 0$ so gewählt sei, daß außerdem

$$\int_{\mathsf{R}^m} \delta_\varepsilon(x)\mathrm{d}x = 1 \qquad (7.9)$$

ist. Damit definieren wir eine reelle Funktion g_ε auf R^m durch $g_\varepsilon(x) = \int_{\mathsf{R}^m} \delta_\varepsilon(x-y)g(y)\mathrm{d}y$, worin g die in Teil 2 des Beweises konstruierte Funktion ist. Man verifiziert leicht, daß g_ε beliebig oft differenzierbar ist; außerdem ist offenbar $g_\varepsilon(x) \geq 0$ für alle $x \in \mathsf{R}^m$. Ist $d(x, \mathrm{trg}\,g) > \varepsilon$, so ist $g_\varepsilon(x) = 0$, also ist $\mathrm{trg}\,g_\varepsilon$ enthalten in der kompakten Menge $\mathsf{K}_\varepsilon = \{x \mid x \in \mathsf{R}^m, d(x, \mathrm{trg}\,g) \leq \varepsilon\}$ und folglich kompakt. Für $\varepsilon < \varepsilon_0 = \inf\{|x-y| \mid x \in \mathrm{trg}\,g, y \in \complement \mathsf{A}\}$ ist $\mathsf{K}_\varepsilon \subset \mathsf{A}$ und daher $g_\varepsilon \in C_0^\infty(\mathsf{A}, \mathsf{R})$. Für $x \in \mathsf{B}$ ist schließlich $\delta_\varepsilon(x-y)g(y) > 0$ für alle y in einer offenen Umgebung von x und daher $g_\varepsilon(x) > 0$. Die Funktion $f = g_\varepsilon$ hat also die gewünschten Eigenschaften.

Es sei M eine C^q-Mannigfaltigkeit. Eine **Zerlegung der Einheit auf** M ist eine Folge (e_j) von Funktionen auf M mit den Eigenschaften:

(7.10) $e_j \in C_0^q(\mathsf{M}, \mathsf{R})$, $e_j(x) \geq 0$ für alle $x \in \mathsf{M}$.

(7.11) Für jede kompakte Menge $\mathsf{K} \subset \mathsf{M}$ ist $\mathsf{K} \cap \mathrm{trg}\,e_j$ nur für endlich viele j nicht leer.

(7.12) $\sum_j e_j(x) = 1$ für alle $x \in \mathsf{M}$.

Man beachte, daß diese Summe wegen (7.11) für jedes $x \in \mathsf{M}$ nur endlich viele von Null verschiedene Summanden enthält. Ist $\mathscr{V} = ((\mathsf{V}_j, h_j))$ eine Koordinatenüberdeckung von M und $e_j \in C_0^q(\mathsf{V}_j, \mathsf{R})$ für alle j, so heißt (e_j) eine der Überdeckung $\mathscr{V}$ **untergeordnete Zerlegung der Einheit**.

Satz 7.5. *Es sei* M *eine* C^q-*Mannigfaltigkeit* ($q \geq 0$) *und* $\mathscr{V} = ((\mathsf{V}_j, h_j))$ *eine lokal-endliche Überdeckung von* M *durch* C^q-*Koordinatensysteme derart, daß alle* V_j *relativ kompakt sind. Dann gibt es eine der Überdeckung untergeordnete Zerlegung der Einheit.*

Beweis: Die Existenz einer Überdeckung $\mathscr{V}$ der verlangten Art folgt aus Satz 7.4; nach Satz 7.3 gibt es zu $\mathscr{V}$ eine Schrumpfung $\mathscr{W} = ((\mathsf{W}_j, h_j))$. Für jedes j ist also $\overline{\mathsf{W}}_j$ kompakt und in V_j enthalten. Nach dem Hilfssatz gibt es eine nicht-negative Funktion $f_j \in C_0^\infty(h_j^{-1}(\mathsf{V}_j), \mathsf{R})$, die auf $h_j^{-1}(\overline{\mathsf{W}}_j)$ positiv ist. Durch $g_j(x) = f_j(h_j^{-1}(x))$ ist dann eine nicht-negative Funktion $g_j \in C_0^q(\mathsf{V}_j, \mathsf{R})$ erklärt, die auf W_j positiv ist (man beachte, daß zwar $g_j \circ h_j$ beliebig oft, jedoch $g_j \circ h_k$ für $k \neq j$ im allgemeinen nur q mal stetig differenzierbar ist). Ist $q \geq 1$ und enthält V_j Randpunkte, so muß man etwas anders vorgehen: Es gibt dann eine offene Menge Ω_j in R^m mit $h_j^{-1}(\mathsf{V}_j) = \mathsf{R}_+^m \cap \Omega_j$ und es gilt $h_j \in C^q(\Omega_j, \mathsf{R}^n)$. Man wählt nun nach dem Hilfssatz eine nicht-negative Funktion $f_j \in C_0^\infty(\Omega_j, \mathsf{R})$, die auf $h_j^{-1}(\overline{\mathsf{W}}_j)$ positiv ist und definiert $g_j \in C_0^q(h_j(\Omega_j), \mathsf{R})$ durch $g_j(x) = f_j(h_j^{-1}(x))$ für $x \in h_j(\Omega_j)$. Jede kompakte Menge K in M hat nur mit endlich vielen der V_j einen nicht-leeren Durchschnitt; folglich sind nur endlich viele der Funktionen g_j nicht identisch Null auf K. Für jedes $x \in \mathsf{M}$ ist $g(x) = \sum_j g_j(x)$ eine endliche Summe und definiert eine Funktion $g \in C^q(\mathsf{M}, \mathsf{R})$. Da jedes x in mindestens einer der Mengen W_j liegt, ist $g(x)$ positiv für alle $x \in \mathsf{M}$. Die Funktionen e_j definiert durch $e_j(x) = [g(x)]^{-1} g_j(x)$ bilden nun offenbar die gesuchte Zerlegung der Einheit.

Aufgabe 7.6. Mit Hilfe der Definition (7.8) und der Eigenschaft (7.9) der Funktionen δ_ε beweise man:
a) Für jede Funktion $f \in C(\mathsf{R}^m, \mathsf{R}^p)$ sei $f_\varepsilon(x) = \int_{\mathsf{R}^m} \delta_\varepsilon(x-y)f(y)\mathrm{d}y$. Dann ist $f_\varepsilon \in C^\infty(\mathsf{R}^m, \mathsf{R}^p)$ und es gilt $f_\varepsilon(x) \to f(x)$ für $\varepsilon \to 0$ gleichmäßig bezüglich x in jeder beschränkten Teilmenge von R^m.
b) Sei $\mathsf{A} \subset \mathsf{R}^m$ kompakt und Jordan-meßbar, $g \in C(\mathsf{A}, \mathsf{R})$ und $\int_{\mathsf{A}} g(x)f(x)\mathrm{d}x \geq 0$ (bzw. $= 0$) für alle

$f \in C_0(A,R)$ mit $f(x) \geq 0$ für alle $x \in A$. Dann ist $g(x) \geq 0$ (bzw. $= 0$) für alle $x \in \overline{A^0}$ ($\overline{A^0}$ ist die abgeschlossene Hülle des Inneren von A).

7.5 Maße auf Mannigfaltigkeiten. Wir erinnern an die Definition des Raumes $C(M)$ aller komplexen stetigen und beschränkten Funktionen f auf dem metrischen Raum M und an die Definition der Norm in $C(M)$

$$\|f\| = \sup\{|f(x)| \mid x \in M\}\,^{1)}. \tag{7.13}$$

Nach Satz 2.14 ist $C(M)$ ein (komplexer) Banachraum; nach 4.1 Beispiel 1 ist $C(M)$ eine kommutative Banachalgebra mit Eins und nach 4.7 eine B*-Algebra mit der Involution $f \mapsto \bar{f}$, worin $\bar{f}$ die zu f konjugiert komplexe Funktion bedeutet. Mit $|f|$ bezeichnen wir im folgenden die Funktion mit den Werten $|f(x)|$; für $f \in C(M)$ sind dann $\bar{f}$ und $|f|$ Elemente von $C(M)$ und es gilt $\|\bar{f}\| = \||f|\| = \|f\|$. Wir schreiben $f \geq 0$, wenn $f(x)$ reell und $f(x) \geq 0$ ist für alle $x \in M$, und $f \leq g$, wenn $g - f \geq 0$ ist. In diesem Sinne ist also $|f| \geq 0$ für jedes $f \in C(M)$ und $f \leq |f|$ für jede reelle Funktion.

Es sei $C_0(M)$ die Menge aller Funktionen $f \in C(M)$ mit kompaktem Träger. Ist M kompakt, so ist $C_0(M) = C(M)$; ist M nicht kompakt, so enthält $C_0(M)$ die Funktion 1 nicht, ist also eine echte Teilmenge von $C(M)$. $C_0(M)$ ist ein komplexer linearer Raum, also ein Teilraum von $C(M)$; denn für $f, g \in C_0(M)$ und $\alpha, \beta \in C$ ist der Träger von $\alpha f + \beta g$ in der kompakten Menge $\operatorname{trg} f \cup \operatorname{trg} g$ enthalten, also kompakt. Für jede Teilmenge A von M definieren wir $C_0(A)$ als die Menge aller Funktionen $f \in C_0(M)$ mit $\operatorname{trg} f \subset A$ und zeigen wie oben, daß $C_0(A)$ ein Teilraum von $C(M)$ ist. Für $f \in C_0(A)$ und $g \in C(M)$ ist $fg \in C_0(A)$ und $\operatorname{trg}(fg) \subset \operatorname{trg} f$.

Ein Maß auf dem metrischen Raum M ist ein lineares Funktional μ auf $C_0(M)$ mit der Eigenschaft, daß für jede relativ kompakte Teilmenge A von M das Funktional μ auf $C_0(A)$ beschränkt ist; das bedeutet: Zu jeder relativ kompakten Teilmenge A von M gibt es eine Zahl $\gamma(A) > 0$ mit

$$|\mu(f)| \leq \gamma(A)\|f\| \quad \text{für alle} \quad f \in C_0(A). \tag{7.14}$$

Das Maß μ heißt beschränkt, wenn man $\gamma(A)$ in (7.14) durch eine von A unabhängige Zahl γ ersetzen kann, d. h. wenn μ Element des dualen Raumes $C_0(M)'$ von $C_0(M)$ ist; die kleinste Zahl γ mit dieser Eigenschaft ist die Norm $\|\mu\|$ von μ als Element von $C_0(M)'$. Nach dem Satz von Hahn-Banach (Satz 3.4) kann man ein beschränktes Maß μ zu einem Element $u \in C(M)'$ mit $\|u\| = \|\mu\|$ fortsetzen.

Ein Maß μ auf M heißt nicht-negativ, wenn $\mu(f) \geq 0$ ist für alle $f \in C_0(M)$ mit $f \geq 0$; μ heißt positiv, wenn $\mu(f) > 0$ ist für alle $f \in C_0(M)$ mit $f \geq 0$ und $f \neq 0$.

Beispiel 1. Es sei M ein separabler metrischer Raum, $\{x_n\}$ eine abzählbare dichte Teilmenge von M und (α_n) eine Folge komplexer Zahlen mit $\sum_{x_n \in A} |\alpha_n| = \gamma(A) < \infty$ für jede relativ kompakte Teilmenge A von M. Durch $\mu(f) = \sum_{n=1}^{\infty} \alpha_n f(x_n)$ ist dann ein Maß auf M erklärt, und zwar gilt (7.14) mit den angegebenen Konstanten $\gamma(A)$. Ist $\gamma = \sum_{n=1}^{\infty} |\alpha_n| < \infty$, so ist μ beschränkt und $\|\mu\| \leq \gamma$. Ist $\alpha_n \geq 0$ für alle n, so ist das Maß nicht-negativ. Sind alle α_n positiv, so ist μ positiv; denn aus $f \geq 0$ und $\mu(f) = 0$ folgt $f(x_n) = 0$ für alle n und daraus $f = 0$.

---

[1] Wir bezeichnen die Norm in $C(M)$ hier und im folgenden durch Doppelstriche $\|\cdot\|$ und mit $|f|$ die reelle Funktion mit den Werten $|f(x)|$ für jedes $f \in C(M)$.

Beispiel 2. Es sei Ω eine offene Menge des R^m, aufgefaßt als m-dimensionale Mannigfaltigkeit ohne Rand. Wir definieren das Riemann-Maß μ auf Ω durch das Riemann-Integral $\mu(f) = \int_\Omega f(x)\,dx$ für $f \in C_0(\Omega)$. Da trg f kompakt ist, kann man den Integrationsbereich Ω durch ein kompaktes Intervall $Q = \prod_{j=1}^{m} [\alpha_j, \beta_j]$ ersetzen, das trg f enthält, indem man $f(x) = 0$ setzt für alle $x \in \complement\, \Omega$. Ist $A \subset \Omega$ relativ kompakt, so kann man ein Intervall $Q(A) \supset A$ finden. Für alle $f \in C_0(A)$ ist dann $|\mu(f)| = |\int_{Q(A)} f(x)\,dx| \leq |Q(A)|\,\|f\|$ nach Aufgabe 7.1, d. h. die Bedingung (7.14) ist erfüllt. Ist Ω beschränkt, so gibt es ein Intervall $Q \supset \Omega$, d. h. μ ist beschränkt. Das Riemann-Maß ist positiv; denn aus $f \geq 0$ und $f(x_0) > 0$ für ein $x_0 \in \Omega$ folgt $f(x) \geq \frac{1}{2} f(x_0)$ für $x \in K(x_0, \varrho)$ mit geeignetem $\varrho > 0$, und daraus $\mu(f) > 0$.

Satz 7.6. *Es sei* M *eine Mannigfaltigkeit und* $\mathscr{V} = ((V_j, h_j))$ *eine lokal-endliche Koordinatenüberdeckung von* M, *in der alle* V_j *relativ kompakt sind. Für jedes* j *sei ein beschränktes Maß* μ_j *auf* V_j *gegeben, und es sei* $\mu_j(f) = \mu_i(f)$ *für alle* $f \in C_0(V_j \cap V_i)$ *und für alle* i, j. *Dann gibt es genau ein Maß* μ *auf* M *mit* $\mu(f) = \mu_j(f)$ *für alle* $f \in C_0(V_j)$ *und für alle* j.

Beweis: 1. Nach Satz 7.5 gibt es eine der Überdeckung $\mathscr{V}$ untergeordnete Zerlegung der Einheit (e_j); für jedes j ist also $e_j \in C_0(V_j)$ und daher auch $e_j f \in C_0(V_j)$ für jedes $f \in C_0(M)$. Wegen (7.11) sind für jedes $f \in C_0(M)$ nur endlich viele der Funktionen $e_j f$ nicht identisch Null, und wegen (7.12) ist $f = \sum_j e_j f$. Ist μ ein Maß auf M mit $\mu(f) = \mu_j(f)$ für alle $f \in C_0(V_j)$ und für alle j, so folgt

$$\mu(f) = \sum_j \mu_j(e_j f) \tag{7.15}$$

für jedes $f \in C_0(M)$, und hierin ist die Zahl der von Null verschiedenen Summanden endlich (aber von f abhängig). Also ist μ eindeutig bestimmt.

2. Für den Beweis der Existenz eines Maßes mit den verlangten Eigenschaften gehen wir von der Formel (7.15) aus und definieren damit offenbar ein lineares Funktional μ auf $C_0(M)$. Ist A eine relativ kompakte Teilmenge von M, so gibt es nach (7.11) einen Index $n_0 = n_0(A)$ derart, daß $\bar{A} \cap$ trg e_j leer ist für $j > n_0$. Für $f \in C_0(A)$ folgt daher

$$|\mu(f)| \leq \sum_{j=1}^{n_0} |\mu_j(e_j f)| \leq \sum_{j=1}^{n_0} \|\mu_j\|\,\|f\| = \gamma(A)\,\|f\|$$

aus (7.15); denn nach (7.10) und (7.12) ist $0 \leq e_j \leq 1$, also $\|e_j\| \leq 1$ und $\|e_j f\| \leq \|f\|$ für alle j. Damit ist (7.14) nachgewiesen, d. h. μ ist ein Maß auf M. Für $f \in C_0(V_i)$ ist $e_j f \in C_0(V_j \cap V_i)$ und daher

$$\mu(f) = \sum_j \mu_j(e_j f) = \sum_j \mu_i(e_j f) = \mu_i(\sum_j e_j f) = \mu_i(f),$$

wie behauptet.

Beispiel 3. Es sei M eine C^q-Mannigfaltigkeit ($q \geq 0$) mit oder ohne Rand. Wir benutzen Satz 7.6 zur Konstruktion von Maßen auf M. Nach Satz 7.4 gibt es eine lokal-endliche Überdeckung $\mathscr{V} = ((V_j, h_j))$ von M aus C^q-Koordinatensystemen mit V_j relativ kompakt für alle j. Wir setzen außerdem voraus, daß die Mengen $h_j^{-1}(V_j)$ in R^m bzw. R^m_+ relativ kompakt sind; das kann man dadurch erreichen, daß man $\mathscr{V}$ durch eine Schrumpfung ersetzt. Mit Funktionen $\sigma_j \in C_0(V_j)$ setzen wir

$$\mu_j(f) = \sum_i \int_{h_i^{-1}(V_i \cap V_j)} f(h_i(t)) \sigma_i(h_i(t))\,dt \tag{7.16}$$

für $f \in C_0(V_j)$. Da V_j relativ kompakt ist, haben nur endlich viele V_i einen nicht-leeren Durchschnitt mit V_j; die Summe enthält also nur endlich viele von Null verschiedene Summanden. Der Integrationsbereich $h_i^{-1}(V_i \cap V_j)$ ist eine relativ kompakte offene Menge in R^m oder R^m_+, und der Integrand hat einen in dieser Menge enthaltenen kompakten Träger. Wie in Beispiel 2 können wir den Integrationsbereich durch ein kompaktes Intervall ersetzen und erhalten eine Schranke $\gamma \| f \|$ für jedes der Integrale, also auch für $|\mu_j(f)|$, d. h. μ_j ist ein beschränktes Maß auf V_j. Für $f \in C_0(V_j \cap V_k)$ kann man in (7.16) die Integrationsbereiche $h_i^{-1}(V_i \cap V_j)$ durch $h_i^{-1}(V_i \cap V_k)$ ersetzen, da der Träger der Integranden in $h_i^{-1}(V_i \cap V_j \cap V_k)$ enthalten ist. Also ist $\mu_j(f) = \mu_k(f)$ für alle $f \in C_0(V_j \cap V_k)$ und Satz 7.6 liefert die Existenz eines eindeutig bestimmten Maßes μ auf M, das auf V_j mit μ_j übereinstimmt.

Die Maße von Beispiel 3 nennen wir Maße mit stetiger Dichte, aus folgendem Grund: Ist $q \geq 1$, so ist $h_{ij} = h_i^{-1} \circ h_j \in T^q(h_j^{-1}(V_i \cap V_j), h_i^{-1}(V_i \cap V_j))$ und folglich nach (7.5)

$$\int\limits_{h_i^{-1}(V_i \cap V_j)} f(h_i(t))\sigma_i(h_i(t))\mathrm{d}t = \int\limits_{h_j^{-1}(V_i \cap V_j)} f(h_j(s))\sigma_i(h_j(s))\,|\det \mathrm{D}h_{ij}(s)|\,\mathrm{d}s\,.$$

Aus (7.16) wird damit

$$\mu_j(f) = \int\limits_{h_j^{-1}(V_j)} f(h_j(t))\varrho_j(t)\mathrm{d}t \tag{7.17}$$

mit
$$\varrho_j(t) = \sum_i \sigma_i(h_j(t))\,|\det \mathrm{D}h_{ij}(t)|$$

für $t \in h_j^{-1}(V_j)$. Die Funktionen ϱ_j sind stetig in $h_j^{-1}(V_j)$, sie genügen den Gleichungen

$$\varrho_j(t) = \varrho_i(h_{ij}(t))\,|\det \mathrm{D}h_{ij}(t)| \tag{7.18}$$

für alle $t \in h_j^{-1}(V_i \cap V_j)$, wie man mit Hilfe von (7.1) zeigen kann. Ein Funktionensystem mit der Transformationseigenschaft (7.18) heißt eine Dichte auf M. Für jede Dichte auf M definiert (7.17) ein Maß nach Satz 7.6; denn aus (7.18) folgt $\mu_j(f) = \mu_i(f)$ für $f \in C_0(V_j \cap V_i)$.

Aufgaben. 7.7. Es sei M ein metrischer Raum. Man zeige:

a) Der Teilraum $C_0(A)$ von $C(M)$ ist genau dann abgeschlossen, wenn $\overline{A^0}$ (die abgeschlossene Hülle des Inneren von A) kompakt und in A enthalten ist.

b) $C_0(A)$ ist genau dann ein zweiseitiges Ideal der Algebra $C(M)$ (vgl. die Definition in Aufgabe 5.13), wenn A innere Punkte besitzt und wenn im Fall, daß M kompakt ist, A nicht gleich M ist.

c) $C_0(M)$ ist genau dann dicht in $C(M)$, wenn M kompakt ist. Anleitung: Ist M nicht kompakt, so ist die Funktion 1 nicht Element von $\overline{C_0(M)}$.

7.8. Es sei μ ein nicht-negatives Maß auf M, $\| f \|_p = [\mu(|f|^p)]^{1/p}$ für $1 \leq p < \infty$ und $\| f \|_\infty = \| f \|$ für $f \in C_0(M)$. Für $f,g \in C_0(M)$ beweise man die Ungleichungen:

a) $|\mu(f)| \leq \mu(|f|)$.

b) $\mu(|fg|) \leq \| f \|_p \| g \|_{p'}$ mit $p' = p(p-1)^{-1}$ für $1 \leq p \leq \infty$.

c) $\| f + g \|_p \leq \| f \|_p + \| g \|_p$ für $1 \leq p \leq \infty$. Anleitung: Vgl. Aufgabe 7.1 für a), Aufgabe 2.4 für b) und 2.1 Beispiel 2 für c).

7.9. Es sei $M = \{x \mid x \in R^m, g(x) \leq 0\}$ ein C^q-Bereich in R^m, definiert mit Hilfe einer Funktion $g \in C^q(R^m, R)$ mit $q \geq 1$ nach 7.3, Beispiel 2. Für $x \in \mathrm{d}M$ definiert man die äußere Normale $n(x) = |\mathrm{D}g(x)|^{-1}\mathrm{D}g(x) = (n_1(x), \ldots, n_m(x))$. Man zeige:

a) Für $f \in C_0(M)$ existiert das Riemann-Integral $\int\limits_M f(x)\mathrm{d}x$ und definiert ein positives Maß mit stetiger Dichte auf M.

b) Es gibt ein eindeutig bestimmtes positives Maß ω mit stetiger Dichte auf $\mathrm{d}M$ derart, daß $\int\limits_M \mathrm{D}_j f(x)\mathrm{d}x = \omega(n_j f)$ ist für jede stetig differenzierbare Funktion $f \in C_0(M)$ und $j = 1,2,\ldots,m$

(Satz von Stokes). Anleitung: Man benutzt die Koordinatenüberdeckung von 7.3 Beispiel 2, eine untergeordnete Zerlegung der Einheit (e_j) und wendet partielle Integration (in lokalen Koordinaten) auf die Integrale $\int\limits_M D_j f(x) e_i(x) \mathrm{d}x$ an.

7.6 Integration stetiger Funktionen. Es sei μ ein nicht-negatives Maß auf der Mannigfaltigkeit M. Eine stetige (nicht notwendig beschränkte) komplexe Funktion f auf M heißt bezüglich μ integrierbar, wenn es eine Zerlegung der Einheit (e_j) auf M gibt, für die

$$\sum_j \mu(e_j|f|) < \infty \tag{7.19}$$

ist ($|f|$ ist die stetige Funktion mit den Werten $|f(x)|$). Das Integral der Funktion f bezüglich μ und bezüglich der Zerlegung (e_j) wird durch

$$\int\limits_M f(x)\mathrm{d}\mu(x) = \sum_j \mu(e_j f) \tag{7.20}$$

erklärt. Die Reihe ist absolut konvergent, denn nach Aufgabe 7.8, a) und wegen $e_j \geq 0$ gilt $|\mu(e_j f)| \leq \mu(e_j|f|)$ für alle j. Ist M kompakt, so besteht jede Zerlegung der Einheit nach (7.11) nur aus endlich vielen Funktionen e_j. Jede stetige komplexe Funktion f auf M ist also integrierbar; außerdem ist sie Element von $C_0(M)$, und aus (7.12) folgt $\int\limits_M f(x)\mathrm{d}\mu(x) = \mu(f)$.

Im allgemeinen Fall müssen wir noch beweisen, daß die Definition des Integrals (7.20) sinnvoll, d. h. von der Wahl der Zerlegung unabhängig ist:

Satz 7.7 *Es sei μ ein nicht-negatives Maß und f eine stetige komplexe Funktion auf* M. *Ist f bezüglich μ integrierbar, so gilt (7.19) für jede Zerlegung der Einheit auf* M *und das Integral (7.20) ist von der Wahl der Zerlegung unabhängig. f ist genau dann in bezug auf μ integrierbar, wenn $|f|$ es ist; für die Integrale gilt*

$$\left| \int\limits_M f(x)\mathrm{d}\mu(x) \right| \leq \int\limits_M |f(x)|\mathrm{d}\mu(x). \tag{7.21}$$

Jede Funktion $f \in C_0(M)$ ist bezüglich μ integrierbar und das Integral ist gleich $\mu(f)$. μ ist genau dann beschränkt, wenn die konstante Funktion $g = 1$ bezüglich μ integrierbar ist. In diesem Falle ist jedes $f \in C(M)$ bezüglich μ integrierbar und es gilt

$$\int\limits_M |f(x)|\mathrm{d}\mu(x) \leq \|\mu\| \, \|f\|, \quad \int\limits_M \mathrm{d}\mu(x) = \|\mu\|. \tag{7.21'}$$

Beweis: Es seien (e_j) und (e'_j) Zerlegungen der Einheit auf M und $\sum_j \mu(e_j|f|) < \infty$. Für jedes j sind nach (7.11) nur endlich viele der Funktionen $e'_i e_j |f|$ nicht identisch Null, und wegen $\sum_i e'_i = 1$ ist $\mu(e_j|f|) = \sum_i \mu(e'_i e_j |f|)$. Also gilt $\sum_j \sum_i \mu(e'_i e_j |f|) = \sum_j \mu(e_j|f|) < \infty$. Da alle Summanden nicht-negativ sind, kann man in der Doppelsumme in beliebiger Reihenfolge summieren und findet so

$$\sum_i \mu(e'_i|f|) = \sum_i \sum_j \mu(e'_i e_j |f|) = \sum_j \mu(e_j|f|) < \infty.$$

Wegen $|\mu(e'_i e_j f)| \leq \mu(e'_i e_j |f|)$ kann man auch in der Summe $\sum_{i,j} \mu(e'_i e_j f)$ in beliebiger Reihenfolge summieren; man erhält

$$\sum_j \mu(e_j f) = \sum_j \sum_i \mu(e'_i e_j f) = \sum_i \sum_j \mu(e'_i e_j f) = \sum_i \mu(e'_i f),$$

d. h. das Integral (7.20) ist von der Wahl der Zerlegung unabhängig. Die zweite Behauptung des Satzes ist evident; die Ungleichung (7.21) folgt aus $|\mu(e_j f)| \leq \mu(e_j|f|)$ durch Summation. Für $f \in C_0(M)$ ist $e_j f = 0$ für fast alle j und daher $\mu(f) = \sum_j \mu(e_j f) = \int\limits_M f(x)\mathrm{d}\mu(x)$. Ist μ

beschränkt, so gilt $\sum\limits_{j=1}^{n} \mu(e_j|f|) = \mu\left(\sum\limits_{j=1}^{n} e_j|f|\right) \le \|\mu\| \, \|f\|$ für jedes $f \in C(M)$ und für $n = 1,2,\ldots$ nach Definition von $\|\mu\|$ (vgl. (7.14)); also ist f bezüglich μ integrierbar und die Ungleichung in (7.21′) gilt. Für $f = 1$ erhält man insbesondere $\int\limits_M d\mu(x) \le \|\mu\|$. Ist umgekehrt $g = 1$ bezüglich μ integrierbar, so ist

$$|\mu(f)| = |\sum\limits_j \mu(e_jf)| \le \|f\| \sum\limits_j \mu(e_j) = \|f\| \int\limits_M d\mu(x)$$

für jedes $f \in C_0(M)$, d. h. μ ist beschränkt und $\|\mu\| \le \int\limits_M d\mu(x)$; also gilt $\|\mu\| = \int\limits_M d\mu(x)$.

Sind f und g bezüglich μ integrierbar und $\alpha, \beta \in C$, so zeigt die Abschätzung

$$\mu(e_j|\alpha f + \beta g|) \le \mu(e_j[|\alpha|\,|f| + |\beta|\,|g|]) = |\alpha|\mu(e_j|f|) + |\beta|\mu(e_j|g|),$$

daß $\alpha f + \beta g$ integrierbar ist, und die Gleichung

$$\int\limits_M [\alpha f(x) + \beta g(x)] d\mu(x) = \alpha \int\limits_M f(x) d\mu(x) + \beta \int\limits_M g(x) d\mu(x) \qquad (7.22)$$

folgt aus der Definition des Integrals. Ist $f \in C(M)$ und g bezüglich μ integrierbar, so ist wegen $|fg| \le \|f\|\,|g|$ auch $\mu(e_j|fg|) \le \|f\|\mu(e_j|g|)$ für alle j, und folglich fg integrierbar mit

$$|\int\limits_M f(x)g(x)d\mu(x)| \le \|f\| \int\limits_M |g(x)|d\mu(x). \qquad (7.23)$$

Darüber hinaus zeigen wir:

Satz 7.8. *Es sei μ ein nicht-negatives Maß und g eine stetige Funktion auf* M. *Das durch $v(f) = \mu(fg)$ für $f \in C_0(M)$ erklärte Maß v auf* M *ist genau dann beschränkt, wenn g bezüglich μ integrierbar ist. Ist das der Fall, so ist durch $u(f) = \int\limits_M f(x)g(x)d\mu(x)$ ein beschränktes lineares Funktional u auf* C(M) *erklärt. Seine Einschränkung auf* $C_0(M)$ *ist das Maß v. Es gilt $\|u\| = \|v\| = \int\limits_M |g(x)|d\mu(x)$.*

Beweis: Ist g integrierbar, so folgt aus (7.22) und (7.23), daß u ein beschränktes lineares Funktional auf $C(M)$ ist mit $\|u\| \le \int\limits_M |g(x)|d\mu(x)$. Für $f \in C_0(M)$ ist $u(f) = \mu(fg) = v(f)$ nach Satz 7.7. Also ist v ein beschränktes Maß auf M mit $\|v\| \le \|u\|$. Sei (e_j) eine Zerlegung der Einheit auf M und $\delta > 0$. Für die Funktion $f = \bar{g}(\delta + |g|)^{-1} \sum\limits_{j=1}^{n} e_j \in C_0(M)$ ist $\|f\| \le 1$ und daher

$$\|v\| \ge v(f) = \sum\limits_{j=1}^{n} \mu(e_j|g|^2(\delta + |g|)^{-1})$$

$$= \sum\limits_{j=1}^{n} \mu(e_j|g|) - \delta \sum\limits_{j=1}^{n} \mu(e_j|g|(\delta + |g|)^{-1})$$

$$\ge \sum\limits_{j=1}^{n} \mu(e_j|g|) - \delta \sum\limits_{j=1}^{n} \mu(e_j).$$

Mit $\delta \to 0$ erhält man $\|v\| \ge \sum\limits_{j=1}^{n} \mu(e_j|g|)$ für alle n. Ist g integrierbar, so folgt $\|v\| \ge \int\limits_M |g(x)|d\mu(x)$ durch Grenzübergang $n \to \infty$ und damit $\|u\| = \|v\| = \int\limits_M |g(x)|d\mu(x)$; ist umgekehrt v beschränkt, so folgt die Integrierbarkeit von g.

Aufgaben.7.10. Es sei μ ein nicht-negatives Maß auf M. Eine stetige Funktion f auf M ist genau dann bezüglich μ integrierbar, wenn es eine Folge (f_n) in $C_0(M)$ und eine bezüglich μ integrierbare nicht-negative stetige Funktion g gibt mit $f_n(x) \to f(x)$ gleichmäßig bezüglich x auf jeder kompakten Menge $K \subset M$ und mit $|f_n| \le g$ für alle n. Es gilt dann $\mu(f_n) \to \int\limits_M f(x)\,\mathrm{d}\mu(x)$.

7.11. Es sei μ ein nicht-negatives Maß auf M. Ist f stetig und $|f|^p$ integrierbar $(1 \le p < \infty)$, so setze man $\|f\|_p = \{\int\limits_M |f(x)|^p \,\mathrm{d}\mu(x)\}^{1/p}$. Man zeige:

a) Sind $|f|^p$ und $|g|^{p'}$ integrierbar $(1 < p < \infty, p' = p(p-1)^{-1})$, so auch fg, und es gilt $\int\limits_M |f(x)g(x)|\,\mathrm{d}\mu(x) \le \|f\|_p \|g\|_{p'}$.

b) Sind $|f|^p$ und $|g|^p$ integrierbar, so auch $|f+g|^p$, und es gilt $\|f+g\|_p \le \|f\|_p + \|g\|_p$.

c) Ist $f \in C(M)$ integrierbar, so auch $|f|^p$, und es gilt $\|f\|_p \le (\|f\|)^{1/p'}(\|f\|_1)^{1/p}$ für $1 < p < \infty$. Anleitung: Man benutzt die Aufgaben 7.8 und 7.10.

7.7 Integraloperatoren mit stetigem Kern. Es sei μ ein nicht-negatives Maß auf der Mannigfaltigkeit M und K eine stetige komplexe Funktion auf M $\times$ M. Wir wollen untersuchen, unter welchen Voraussetzungen durch

$$K f(x) = \int\limits_M K(x,y)f(y)\,\mathrm{d}\mu(y) \tag{7.24}$$

ein beschränkter linearer Operator K im Banachraum C(M) definiert ist. Ist M kompakt, so bedarf es keiner weiteren Voraussetzungen: Nach Aufgabe 2.22, f) ist nämlich auch M $\times$ M kompakt und nach Aufgabe 2.24, b) ist $K(\cdot,\cdot)$ gleichmäßig stetig. Zu jedem $\varepsilon > 0$ gibt es also ein $\delta > 0$ mit $|K(x,y) - K(x',y)| < \varepsilon$ für alle $x,x',y \in M$ mit $|x-x'| < \delta$. Andererseits gilt nach (7.22) und (7.23) die Abschätzung

$$|K f(x) - K f(x')| \le \|f\| \int\limits_M |K(x,y) - K(x',y)|\,\mathrm{d}\mu(y) \tag{7.25}$$

und es folgt $|K f(x) - K f(x')| < \varepsilon \|\mu\| \|f\|$ für alle $x,x' \in M$ mit $|x-x'| < \delta$, d. h. Kf ist stetig. Nach (7.22) ist K ein linearer Operator in C(M). Ferner erhält man aus (7.23) die Ungleichung

$$|K f(x)| \le \|f\| \int\limits_M |K(x,y)|\,\mathrm{d}\mu(y). \tag{7.26}$$

Ist γ eine Schranke der Funktion $|K|$, so folgt daraus $\|Kf\| \le \gamma \|\mu\| \|f\|$; also ist K ein beschränkter Operator. Im allgemeinen Fall gilt:

Satz 7.9. *Es sei μ ein nicht-negatives Maß auf der Mannigfaltigkeit* M. *Die komplexe Funktion K sei auf* M $\times$ M *stetig; für jedes $x \in$ M sei $K(x,\cdot)$ bezüglich μ integrierbar und*

$$\sup\left\{\int\limits_M |K(x,y)|\,\mathrm{d}\mu(y) \,\middle|\, x \in M\right\} < \infty. \tag{7.27}$$

Zu jedem $\varepsilon > 0$ und $x \in$ M gebe es ein $\delta(x) > 0$ mit

$$\int\limits_M |K(x,y) - K(x',y)|\,\mathrm{d}\mu(y) < \varepsilon \tag{7.28}$$

für alle $x' \in$ M mit $|x-x'| < \delta(x)$. Dann definiert (7.24) *einen beschränkten linearen Operator K in* C(M) *mit*

$$\|K\| = \sup\left\{\int\limits_M |K(x,y)|\,\mathrm{d}\mu(y) \,\middle|\, x \in M\right\}. \tag{7.29}$$

Beweis: Für jedes $f \in$ C(M) und $x \in$ M ist die Funktion $K(x,\cdot)f$ bezüglich μ integrierbar nach Satz 7.8 und die Ungleichungen (7.25) und (7.26) gelten. Aus (7.25) und (7.28) folgt $|K f(x) - K f(x')| < \varepsilon \|f\|$ für alle $x' \in$ M mit $|x'-x| < \delta(x)$, d. h. Kf ist stetig. Aus (7.26) und (7.27) folgt, daß $K f$ beschränkt ist, also $K f \in$ C(M) und $\|Kf\| \le \gamma \|f\|$, wenn γ das Supremum in (7.27) ist, d. h. K ist ein beschränkter, und nach (7.22) auch linearer Operator in $C(M)$ mit $\|K\| \leq \gamma$. Nach Definition von γ gibt es zu jedem $\varepsilon > 0$ ein $x \in M$ mit $\int_M |K(x,y)| \, d\mu(y) \geq \gamma - \frac{\varepsilon}{2}$. Nach Satz 7.8 gibt es ein $f \in C(M)$ mit $\|f\| = 1$ und $|Kf(x)| \geq \int_M |K(x,y)| \, d\mu(y) - \frac{\varepsilon}{2}$; für dieses f ist also $\|Kf\| \geq \gamma - \varepsilon$. Daraus folgt $\|K\| \geq \gamma - \varepsilon$ für beliebiges $\varepsilon > 0$, d. h. $\|K\| \geq \gamma$. Damit ist auch (7.29) bewiesen.

Zusatz. *Die Voraussetzung* (7.28) *in Satz 7.9 kann ersetzt werden durch die folgende Bedingung: Zu jeder kompakten Teilmenge* K *von* M *und zu jedem* $\varepsilon > 0$ *gibt es eine Funktion* $g \in C_0(M)$ *derart, daß gilt*

$$\int_M |K(x,y)| \, |1 - g(y)| \, d\mu(y) < \varepsilon \quad \text{für alle} \quad x \in K. \tag{7.30}$$

Beweis: 1. Die Bedingung des Zusatzes sei erfüllt. Zu gegebenem $x_0 \in M$ und $\eta > 0$ wählen wir $\varrho > 0$ so klein, daß $K = \{x \,|\, x \in M, |x - x_0| \leq \varrho\}$ eine kompakte Teilmenge von M ist, und benutzen (7.30) für dieses K mit $\varepsilon = \frac{1}{4}\eta$. Dann ist

$$\int_M |K(x_0,y) - K(x,y)| \, d\mu(y) \leq \int_M |K(x_0,y) - K(x,y)| \, |g(y)| \, d\mu(y)$$
$$+ \int_M |K(x_0,y)| \, |1 - g(y)| \, d\mu(y) + \int_M |K(x,y)| \, |1 - g(y)| \, d\mu(y).$$

Sei $A = \operatorname{trg} g$ und $\gamma(A)$ wie in (7.14) erklärt; man wählt $\delta \leq \varrho$ so, daß $|K(x_0,y) - K(x,y)| |g(y)| < \eta [2\gamma(A)]^{-1}$ ist für alle $y \in M$ und für $|x - x_0| < \delta$; dann ist das erste Integral $\leq \frac{1}{2}\eta$. Die beiden letzten Integrale sind $< \frac{1}{4}\eta$ nach Voraussetzung. Also ist $\int_M |K(x_0,y) - K(x,y)| \, d\mu(y) < \eta$ für alle $x \in M$ mit $|x - x_0| < \delta$.

2. Die Voraussetzungen von Satz 7.9 seien erfüllt. Ist K eine kompakte Teilmenge von M und $\eta > 0$, so setze man $\varepsilon = \frac{1}{2}\eta$ in (7.28); die Kugeln $M \cap K(x, \delta(x))$ mit $x \in K$ bilden eine offene Überdeckung von K. Da K kompakt ist, gibt es endlich viele Punkte $x_1, \ldots, x_r \in K$ derart, daß

$$\min \left\{ \int_M |K(x,y) - K(x_j,y)| \, d\mu(y) \,\Big|\, j = 1, \ldots, r \right\} < \frac{1}{2}\eta$$

ist für alle $x \in K$. Sei (e_i) eine Zerlegung der Einheit auf M und $g_n = \sum_{i=1}^{n} e_i \in C_0(M)$ für $n = 1, 2, \ldots$ Dann ist $0 \leq g_n \leq 1$, und nach Definition des Integrals gilt $\int_M |K(x_j,y)| (1 - g_n(y)) \, d\mu(y) \to 0$ für $n \to \infty$ und für alle j. Wir wählen n_0 so groß, daß diese Integrale $< \frac{1}{2}\eta$ sind für $n = n_0$ und alle j. Für jedes $x \in K$ und geeignetes j ist dann mit $g = g_{n_0}$

$$\int_M |K(x,y)| \, |1 - g(y)| \, d\mu(y) \leq \int_M |K(x,y) - K(x_j,y)| \, d\mu(y) + \int_M |K(x_j,y)| (1 - g(y)) \, d\mu(y) < \eta.$$

Damit ist der Zusatz bewiesen.

Beispiel. Es sei $M = R^m$ und μ das Riemann-Maß definiert durch $\mu(f) = \int_{R^m} f(x) \, dx$ für $f \in C_0(R^m)$. Das Integral (7.20) ist in diesem Fall das absolut konvergente uneigentliche Riemann-Integral über R^m; wir bezeichnen es mit $\int_{R^m} f(x) \, dx$. Sei k eine stetige integrierbare Funktion. Wir setzen $K(x,y) = k(x - y)$, also $Kf(x) = \int_{R^m} k(x - y) f(y) \, dy$. Die Voraussetzung (7.27) ist erfüllt; und zwar ist $\int_{R^m} |k(x - y)| \, dy = \int |k(z)| \, dz$ von x unabhängig. Ist $K \subset R^m$ kompakt, so gilt $K \subset K(0, \varrho)$ für geeignetes $\varrho > 0$. Wir setzen

$$g_n(x) = \begin{cases} 1 & \text{für} \quad |x| \leq n \\ 1 + n - |x| & \text{für} \quad n \leq |x| \leq n + 1 \\ 0 & \text{für} \quad |x| \geq n + 1. \end{cases}$$

Für $x \in K$ ist dann

$$\int\limits_{R^m} |k(x-y)| |1-g_n(y)| \, dy \leq \int\limits_{|y| \geq n} |k(x-y)| \, dy \leq \int\limits_{|z| \geq n-\varrho} |k(z)| \, dz \to 0 \quad \text{für} \quad n \to \infty \, .$$

Zu jedem $\varepsilon > 0$ kann also $g = g_n$ so gewählt werden, daß (7.30) erfüllt ist. Aus Satz 7.9 und dem Zusatz folgt, daß K ein beschränkter linearer Operator in $C(R^m)$ ist mit $\|K\| = \int\limits_{R^m} |k(z)| \, dz$.

Aufgaben. 7.12. a) Ist M kompakt, so ist jeder Integraloperator mit stetigem Kern ein kompakter Operator in $C(M)$. Anleitung: Man benutzt (7.25) und den Satz von Arzelà-Ascoli (vgl. Aufgabe 2.25, f)).

b) Der Operator K des obigen Beispiels ist nicht kompakt (wenn er nicht Null ist). Anleitung: Man betrachtet eine Folge von Funktionen der Form $f(x) = \exp\left\{ i \sum\limits_{j=1}^{m} \alpha_j \xi_j \right\}$ mit reellen α_j.

c) Sei M nicht kompakt. K genüge den Voraussetzungen von Satz 7.9. Zu jedem $\varepsilon > 0$ gebe es eine kompakte Teilmenge A von M mit $\int\limits_{M} |K(x,y)| \, d\mu(y) < \varepsilon$ für alle $x \in M \backslash A$. Dann ist K kompakt.

d) Man zeige am Beispiel eines Kerns der Form $K(x,y) = a(x)b(y)$, daß die Bedingung c) nicht notwendig für die Kompaktheit von K ist.

7.13. Es sei $M = (\alpha, \beta) \subset R$ ($\alpha = -\infty$ und $\beta = \infty$ zugelassen), $\mu(f) = \int\limits_{\alpha}^{\beta} f(x) \, dx$ und $K(x,y) = a(x)b(y)$ für $x \leq y$ und $K(x,y) = b(x)a(y)$ für $y \leq x$ mit stetigen Funktionen a, b derart, daß $A(x) = \int\limits_{\alpha}^{x} |a(y)| \, dy$ und $B(x) = \int\limits_{x}^{\beta} |b(y)| \, dy$ existieren und die Funktionen bA und aB beschränkt sind. Man zeige:

a) Die Voraussetzungen von Satz 7.9 sind erfüllt.

b) Streben bA und aB gegen Null für $x \to \alpha$ und für $x \to \beta$, so ist K kompakt.

7.8 Approximation stetiger Funktionen. Für eine stetige komplexe Funktion f auf der Mannigfaltigkeit M definieren wir den Stetigkeitsmodul $\omega(f,\delta)$ durch

$$\omega(f,\delta) = \sup\left\{ |f(x)-f(x')| \mid x, x' \in M, |x-x'| \leq \delta \right\} \, . \tag{7.31}$$

Die Funktion $\delta \mapsto \omega(f,\delta)$ ist nicht-negativ und nicht-abnehmend, d.h. es gilt $0 \leq \omega(f,\delta) \leq \omega(f,\delta')$ für $\delta \leq \delta'$. Ist f beschränkt, also $f \in C(M)$, so ist $\omega(f,\delta) \leq 2\|f\|$ für jedes $\delta > 0$; ist umgekehrt $\omega(f,\delta) < \infty$ für ein $\delta > 0$, und M beschränkt als Teilmenge des R^n, so ist f beschränkt. Wir sagen, f sei lokal konstant, wenn $\omega(f,\delta) = 0$ ist für ein $\delta > 0$. Eine Funktion ist genau dann gleichmäßig stetig, wenn $\omega(f,\delta)$ gegen Null strebt für $\delta \to 0$. Ist M eine beschränkte Teilmenge des R^n, so ist jede gleichmäßig stetige Funktion auf M beschränkt; ist M nicht beschränkt, so ist z. B. $f(x) = |x|$ gleichmäßig stetig und nicht beschränkt.

Für eine Teilmenge A von M erklären wir den Durchmesser $d(A) = \sup\{|x-x'| \mid x, x' \in A\}$; dieser ist genau dann endlich, wenn A als Teilmenge des R^n beschränkt ist. Insbesondere ist $d(A) < \infty$ für eine kompakte Menge A. Es sei $\mathscr{Z} = (e_j)$ eine Zerlegung der Einheit auf M. Wir erklären die Feinheit der Zerlegung $\mathscr{Z}$ durch

$$\eta(\mathscr{Z}) = \sup\{d(\operatorname{trg} e_j) \mid e_j \in \mathscr{Z}\} \, . \tag{7.32}$$

Zu jedem $\delta > 0$ gibt es stets eine Zerlegung der Einheit mit $\eta(\mathscr{Z}) \leq \delta$; wir können nämlich bei der Konstruktion einer Zerlegung nach Satz 7.5 von einer Koordinatenüberdeckung $\mathscr{V} = ((V_j, h_j))$ ausgehen, für die $d(\operatorname{trg} V_j) \leq \delta$ ist für alle j.

Satz 7.10. *Es sei $\delta > 0$ und $\mathscr{Z} = (e_j)$ eine Zerlegung der Einheit auf M der Feinheit $\eta(\mathscr{Z}) \leq \delta$. Für beliebige $x_j \in \operatorname{trg} e_j$ und für $f \in C(M)$ setzen wir $f_\delta = \sum\limits_{j} f(x_j)e_j$. Dann ist $f_\delta \in C(M)$, $\|f_\delta\| \leq \|f\|$ und $\|f-f_\delta\| \leq \omega(f,\delta)$.*

Beweis: Für jede kompakte Menge $K \subset M$ sind nur endlich viele der Funktionen e_j nicht identisch Null in K; die Summe $f_\delta(x) = \sum_j f(x_j)e_j(x)$ ist also endlich für alle $x \in K$ und stellt eine stetige Funktion f_δ dar. Es gilt $|f_\delta(x)| \le \sum_j |f(x_j)|e_j(x) \le \|f\|$, also $f_\delta \in C(M)$ und $\|f_\delta\| \le \|f\|$. Für alle $x \in M$ ist

$$|[f(x)-f(x_j)]e_j(x)| \le e_j(x) \sup\{|f(x)-f(x_j)| \mid x \in \operatorname{trg} e_j\} \le e_j(x)\omega(f,\delta)$$

nach Definition des Stetigkeitsmoduls und wegen $d(\operatorname{trg} e_j) \le \delta$. Aus $f(x) = \sum_j f(x)e_j(x)$ folgt damit

$$|f(x)-f_\delta(x)| = |\sum_j [f(x)-f(x_j)]e_j(x)| \le \omega(f,\delta) \sum_j e_j(x) = \omega(f,\delta).$$

Also ist $\|f-f_\delta\| \le \omega(f,\delta)$ wie behauptet.

Aufgaben. 7.14. Es sei M eine C^q-Mannigfaltigkeit ($q \ge 1$). Man beweise: Eine komplexe Funktion f auf M ist genau dann lokal konstant, wenn sie stetig differenzierbar ist (im Sinne der Definition in 7.4) und $Df(x) = 0$ für alle $x \in M$.

7.15. Es sei $M = [0,1]$. Für $n = 2,3,\dots$ und $j = 0,1,\dots,n$ setze man $e_j^n(x) = \max\{0, 1-|nx-j|\}$ (Zeichnung!). Man zeige:

a) $\mathscr{Z}^n = (e_0^n,\dots,e_n^n)$ ist eine Zerlegung der Einheit mit $\eta(\mathscr{Z}^n) = \frac{2}{n}$.

b) Durch $P_n f = \sum_{j=0}^{n} f(\frac{j}{n})e_j^n$ ist ein beschränkter linearer Operator in $C[0,1]$ definiert mit $\|P_n\| = 1$ und $P_n f \to f$ für $n \to \infty$ und jedes $f \in C[0,1]$.

c) Für einen Integraloperator K der Form $Kf(x) = \int_0^1 K(x,y)f(y)\,dy$ mit stetigem Kern sei $K_n = KP_n$. Dann gilt $K_n f \to Kf$ für jedes $f \in C[0,1]$ aber nicht notwendig auch $\|K_n - K\| \to 0$. Anleitung: Als Gegenbeispiel wählt man den Kern $K(x,y) = 1$ und benutzt, daß $\|K_n - K\| \to 0$ genau dann gilt, wenn $(K_n - K)f_n \to 0$ für jede beschränkte Folge (f_n) in $C[0,1]$ (Beweis!).

§ 8 Integraloperatoren auf kompakten Mannigfaltigkeiten

8.1 Stetige Kerne. Es sei M eine kompakte Mannigfaltigkeit und μ ein positives Maß auf M. Durch

$$\langle f,g \rangle = \int_M f(x)g(x)\,d\mu(x) \tag{8.1}$$

ist dann eine beschränkte Bilinearform $\langle \cdot,\cdot \rangle$ auf $C(M) \times C(M)$ erklärt; wegen $C(M) = C_0(M)$ können wir auch $\langle f,g \rangle = \mu(fg)$ schreiben. Es gilt $|\langle f,g \rangle| \le \|\mu\|\,\|f\|\,\|g\|$, d. h. $\|\mu\|$ ist eine Schranke der Bilinearform. Die Form hat auch die Eigenschaften (3.12) und (3.13); ist nämlich $\langle f_0,g \rangle = 0$ für ein f_0 und alle $g \in C(M)$, so setzt man $g = \bar{f}_0$ und erhält $\langle f_0,\bar{f}_0 \rangle = \mu(|f_0|^2) = 0$. Daraus folgt $f_0 = 0$ nach Definition eines positiven Maßes, d. h. (3.12) ist bewiesen. (3.13) folgt aus (3.12) wegen $\langle f,g \rangle = \langle g,f \rangle$. Durch (8.1) ist also ein Dualsystem $\langle C(M),C(M) \rangle$ erklärt, das wir im folgenden mit (M,μ) bezeichnen, um die Abhängigkeit von μ hervorzuheben. Das Dualsystem ist positiv im Sinne von 3.9 in bezug auf die isometrische Involution $f \mapsto \bar{f}$. Die positive Sesquilinearform $(\cdot,\cdot)$ auf $C(M) \times C(M)$ ist durch

$$(f,g) = \langle f,\bar{g} \rangle = \mu(f\bar{g}) \tag{8.2}$$

definiert. Die Algebra $\mathscr{A}(C(M))$ aller Operatoren $A \in \mathscr{B}(C(M))$, die einen in bezug auf die Form $\langle \cdot,\cdot \rangle$ transponierten Operator $A^T \in \mathscr{B}(C(M))$ haben, bezeichnen wir mit $\mathscr{A}(M,\mu)$. Wir erinnern an die Definition der Norm in $\mathscr{A}(M,\mu)$

$$|A| = \max\{\|A\|, \|A^T\|\}. \tag{8.3}$$

Weiterhin bezeichnen wir mit $\mathscr{E}(M,\mu)$ die Menge aller endlich-dimensionalen Operatoren in $\mathscr{A}(M,\mu)$; das sind nach Aufgabe 3.18 die Operatoren der Form

$$Af = \sum_{j=1}^{n} \langle f, b_j \rangle a_j \tag{8.4}$$

mit Funktionen $a_j, b_j \in C(M)$. Es sei $\mathscr{K}_0(M,\mu)$ die abgeschlossene Hülle von $\mathscr{E}(M,\mu)$, also die Menge aller $K \in \mathscr{A}(M,\mu)$, die Grenzwert einer Folge (A_j) aus $\mathscr{E}(M,\mu)$ sind. Schließlich sei $\mathscr{K}(M,\mu)$ die Menge aller kompakten Operatoren in $\mathscr{A}(M,\mu)$, deren Transponierte K^T ebenfalls kompakt ist[1]. Aus den Aufgaben 5.14 und 5.24 folgt, daß

$$\mathscr{E}(M,\mu) \subset \mathscr{K}_0(M,\mu) \subset \mathscr{K}(M,\mu) \tag{8.5}$$

ist, und daß alle drei Mengen zweiseitige Ideale der Banachalgebra $\mathscr{A}(M,\mu)$ sind; die Ideale $\mathscr{K}_0$ und $\mathscr{K}$ sind außerdem abgeschlossen. Wir definieren schließlich noch die Menge $\mathscr{K}_\infty(M,\mu)$ aller Integraloperatoren mit stetigem Kern

$$Kf(x) = \int_M K(x,y)f(y)\,\mathrm{d}\mu(y) \tag{8.6}$$

in $C(M)$. Nach Satz 7.9 ist ein solcher Operator beschränkt und es gilt

$$\|K\| = \max\left\{ \int_M |K(x,y)|\,\mathrm{d}\mu(y) \,\middle|\, x \in M \right\}, \tag{8.7}$$

und zwar dürfen wir „max" statt „sup" schreiben, da das Integral eine stetige Funktion auf M ist (das folgt aus (7.28)) und da M kompakt ist. Wir zeigen:

Satz 8.1. *Jeder Operator* $K \in \mathscr{K}_\infty(M,\mu)$ *hat eine Transponierte* $K^T \in \mathscr{K}_\infty(M,\mu)$ *mit dem Kern*

$$K^T(x,y) = K(y,x). \tag{8.8}$$

Der Kern eines Operators $K \in \mathscr{K}_\infty(M,\mu)$ *ist durch* K *eindeutig bestimmt.* $\mathscr{K}_\infty(M,\mu)$ *ist eine Teilalgebra von* $\mathscr{A}(M,\mu)$, *und zwar ist*

$$\mathscr{E}(M,\mu) \subset \mathscr{K}_\infty(M,\mu) \subset \mathscr{K}_0(M,\mu). \tag{8.9}$$

Die Operatoren $\alpha K + \beta L$ *und* $M = LK$ *haben die Kerne* $\alpha K(x,y) + \beta L(x,y)$ *und*

$$M(x,y) = \int_M L(x,z)K(z,y)\,\mathrm{d}\mu(z). \tag{8.10}$$

Beweis: Ein Operator der Form (8.4) ist ein Integraloperator mit dem stetigen Kern $A(x,y) = \sum_{j=1}^{n} a_j(x)b_j(y)$. Aus (8.4) folgt $A^T f = \sum_{j=1}^{n} \langle a_j, f \rangle b_j$, d. h. A^T hat den Kern $A^T(x,y) = A(y,x)$. Sei $K \in \mathscr{K}_\infty(M,\mu)$; da der Kern eine gleichmäßig stetige Funktion auf M^2 ist, gibt es zu jedem $\varepsilon > 0$ ein $\delta > 0$ derart, daß der Stetigkeitsmodul $\omega(K(\cdot,y),\delta)$ von $K(\cdot,y)$ kleiner als ε ist für jedes $y \in M$. Nach Satz 7.10 gibt es dann eine Zerlegung der Einheit $e_1,\ldots,e_n$ auf M und Punkte $x_j \in \mathrm{trg}\, e_j$ derart, daß gilt

$$\left| K(x,y) - \sum_{j=1}^{n} e_j(x)K(x_j,y) \right| < \varepsilon \quad \text{für alle} \quad x,y \in M. \tag{8.11}$$

Der Kern $K_\varepsilon(x,y) = \sum_{j=1}^{n} e_j(x)K(x_j,y)$ erzeugt einen Operator $K_\varepsilon \in \mathscr{E}(M,\mu)$. Aus (8.7) folgt $\|K - K_\varepsilon\| < \varepsilon\|\mu\|$ und ebenso $\|\tilde{K} - K_\varepsilon^T\| < \varepsilon\|\mu\|$, wenn $\tilde{K}$ der Integraloperator mit dem stetigen Kern (8.8) ist. Damit ist (8.9) bewiesen und zugleich gezeigt, daß $\tilde{K} = K^T$ die Transponierte von K ist. Sind K und L Integraloperatoren und $\alpha, \beta \in C$, so erzeugt der Kern

---

[1] Diese Definitionen sind zu unterscheiden von denen in Aufgabe 5.14: Es gilt $\mathscr{K}(M,\mu) \subset \mathscr{K}(C(M))$ bzw. $\mathscr{K}_0(M,\mu) \subset \mathscr{K}_0(C(M))$, und diese Inklusionen sind echt.

$\alpha K(x,y) + \beta L(x,y)$ nach (7.22) den Operator $\alpha K + \beta L$. Erzeugen die Kerne $K_1(x,y)$ und $K_2(x,y)$ denselben Operator, so erzeugt $K_3(x,y) = K_1(x,y) - K_2(x,y)$ den Nulloperator. Aus (8.7) folgt dann $\int_M |K_3(x,y)| \, d\mu(y) = 0$ für jedes $x \in M$. Da das Maß μ positiv ist, folgt daraus $K_3(x,y) = 0$ für alle $x,y \in M$. Zum Beweis der Formel (8.10) braucht man wegen

$$LKf(x) = \int_M L(x,z) \{ \int_M K(z,y)f(y) \, d\mu(y) \} \, d\mu(z)$$

nur zu zeigen, daß man in einem solchen Doppelintegral die Reihenfolge der Integrationen vertauschen kann. Es genügt, für jede auf $M \times M$ stetige Funktion K die Formel

$$\int_M \{ \int_M K(x,y) \, d\mu(y) \} \, d\mu(x) = \int_M \{ \int_M K(x,y) \, d\mu(x) \} \, d\mu(y) \tag{8.12}$$

zu beweisen. Sind J und J' die beiden Integrale in (8.12) und J_ε und J'_ε die entsprechenden Integrale für die Funktion $K_\varepsilon(x,y) = \sum_{j=1}^{n} e_j(x) K(x_j, y)$, so ist erstens $J_\varepsilon = J'_\varepsilon$ und zweitens $|J - J_\varepsilon| < \varepsilon \|\mu\|^2$ und $|J' - J'_\varepsilon| < \varepsilon \|\mu\|^2$ nach (7.23) und (8.11) für jedes $\varepsilon > 0$, also $|J - J'| < 2\varepsilon \|\mu\|^2$ für jedes $\varepsilon > 0$, d. h. $J = J'$.

Aufgaben. 8.1. Es seien $a_j, b_j \in C(M)$ gegeben mit $\sum_{j=1}^{\infty} \|a_j\| \mu(|b_j|) < \infty$ und $\sum_{j=1}^{\infty} \mu(|a_j|) \|b_j\| < \infty$.

a) Durch $Kf = \sum_{j=1}^{\infty} \langle f, b_j \rangle a_j$ ist ein Operator $K \in \mathscr{K}_0(M, \mu)$ definiert.

b) Am Beispiel $M = [0,1]$, $\mu(f) = \int_0^1 f(x) \, dx$ zeige man, daß die in a) definierten Operatoren nicht notwendig zu $\mathscr{K}_\infty(M, \mu)$ gehören.

8.2. Es sei M die Einheitskreislinie in der Ebene R^2, also $C(M)$ die Menge aller komplexen stetigen und 2π-periodischen Funktionen auf R. Wir definieren μ durch $\mu(f) = \int_0^{2\pi} f(x) \, dx$. Es seien $\lambda_0, \lambda_1, \lambda_{-1}, \lambda_2, \lambda_{-2}, \ldots$ komplexe Zahlen mit $\lambda_m \to 0$ für $|m| \to \infty$ und $\sum_{m=-\infty}^{\infty} |\lambda_m - \lambda_{m+1}| < \infty$. Man zeige:

a) Die Funktionen $k_n(x) = \frac{1}{2\pi} \sum_{m=-n}^{n} \lambda_m e^{imx}$ streben für $x \neq 0 \pmod{2\pi}$ gegen eine dort stetige Funktion $k(x)$. Anleitung: Man beweist und benutzt die Identität

$$k_n(x) = \sum_{m=-n}^{n-1} (\lambda_m - \lambda_{m+1}) s_m(x) + \lambda_n s_n(x) - \lambda_{-n} s_{-n-1}(x)$$

mit $s_m(x) = \frac{1}{2\pi} (e^{ix} - 1)^{-1} e^{i(m+1)x}$.

b) Es gelte außerdem $\lambda_m \log(1 + |m|) \to 0$ für $|m| \to \infty$ und $\sum_{m=-\infty}^{\infty} |\lambda_m - \lambda_{m+1}| \log(1 + |m|) < \infty$. Dann konvergieren die Operatoren $K_{(n)} \in \mathscr{K}_\infty(M, \mu)$ mit den Kernen $k_n(x-y)$ in $\mathscr{A}(M, \mu)$ gegen einen Operator $K \in \mathscr{K}_0(M, \mu)$.

8.3. $\mathscr{K}_\infty(M, \mu)$ ist ein zweiseitiges Ideal der Algebra $\mathscr{A}(M, \mu)$, d. h. für $K \in \mathscr{K}_\infty(M, \mu)$ und $A \in \mathscr{A}(M, \mu)$ sind AK und KA in $\mathscr{K}_\infty(M, \mu)$. Anleitung: Man benutzt die Approximation (8.11) für den stetigen Kern.

8.2 Polare Kerne. Aufgrund von Satz 8.1 und der nachfolgenden Aufgaben wird man vermuten, daß alle Operatoren aus $\mathscr{K}_0(M, \mu)$ Integraloperatoren sind, wenn auch nicht mit stetigem Kern. Das ist tatsächlich so, und es gilt außerdem $\mathscr{K}_0(M, \mu) = \mathscr{K}(M, \mu)$, wie wir in § 12 zeigen werden (Satz 12.6). Hier müssen wir uns vorläufig damit begnügen, eine Klasse unstetiger Kerne zu betrachten, die für die Anwendungen von großer Bedeutung ist und die sich mit den bereitgestellten elementaren Hilfsmitteln leicht behandeln läßt. Wir nennen sie polare Kerne und definieren sie durch folgende Eigenschaften:

$K(x,y)$ ist definiert für alle $x,y \in M$ mit $x \neq y$ und stellt eine auf dieser Menge stetige Funktion dar. Die Grenzwerte $\qquad(8.13)$

$$k(x) = \lim_{n\to\infty} \int_M \eta_n(|x-y|)\, |K(x,y)|\, d\mu(y) \qquad (8.14)$$

und

$$k^T(x) = \lim_{n\to\infty} \int_M \eta_n(|x-y|)\, |K(y,x)|\, d\mu(y) \qquad (8.14')$$

mit

$$\eta_n(t) = \begin{cases} 0 & \text{für} \quad 0 \le t \le \frac{1}{2n} \\ 2nt-1 & \text{für} \quad \frac{1}{2n} \le t \le \frac{1}{n} \\ 1 & \text{für} \quad \frac{1}{n} \le t < \infty \end{cases} \qquad (8.15)$$

existieren für alle $x \in M$ gleichmäßig bezüglich x.

Die Definition ist symmetrisch in den beiden Variablen des Kerns: Mit $K(x,y)$ ist also auch der transponierte Kern $K^T(x,y) = K(y,x)$ polar. Die Funktionen η_n sind auf $[0,\infty)$ stetig, und die Folge (η_n) ist nicht-abnehmend, d. h. es ist $\eta_n(t) \le \eta_{n+1}(t)$ für alle n und t. Da η_n für $t \le \frac{1}{2n}$ gleich Null ist, ist für jeden polaren Kern durch

$$K_n(x,y) = \eta_n(|x-y|) K(x,y) \qquad (8.16)$$

eine Folge stetiger Kerne definiert. Setzen wir

$$k_n(x) = \int_M |K_n(x,y)|\, d\mu(y) \qquad (8.17)$$

und

$$k_n^T(x) = \int_M |K_n(y,x)|\, d\mu(y), \qquad (8.17')$$

so sind k_n und k_n^T stetige nicht-negative Funktionen auf M. Wegen $|K_n(x,y)| \le |K_{n+1}(x,y)|$ für alle $x,y \in M$ sind die Folgen (k_n) und (k_n^T) nicht-abnehmend und konvergieren wegen (8.14) und (8.14') gleichmäßig gegen k bzw. k^T. Die Funktionen k und k^T sind also auch stetig.

Satz 8.2. *Für jeden polaren Kern $K(x,y)$ konvergiert die Folge der durch (8.16) erklärten Operatoren $K_n \in \mathcal{K}_\infty(M,\mu)$ in $\mathcal{A}(M,\mu)$ gegen einen Operator $K \in \mathcal{K}_0(M,\mu)$. Wir sagen, der Kern erzeuge den Operator K. Der transponierte Kern erzeugt den transponierten Operator K^T. Es gilt*

$$\|K\| = \max\{k(x)\,|\,x \in M\} \qquad (8.18)$$

$$\|K^T\| = \max\{k^T(x)\,|\,x \in M\}. \qquad (8.18')$$

Der Kern $K(x,y)$ ist für alle $x,y \in M$ mit $x \neq y$ durch den Operator K eindeutig bestimmt. Sind $K(x,y)$ und $L(x,y)$ polar und $\alpha, \beta \in C$, so ist auch der Kern $\alpha K(x,y) + \beta L(x,y)$ polar und erzeugt den Operator $\alpha K + \beta L$.

Beweis: Für die Kerne (8.16) und für $p > q$ gilt

$$|K_p(x,y) - K_q(x,y)| = [\eta_p(|x-y|) - \eta_q(|x-y|)]\,|K(x,y)| = |K_p(x,y)| - |K_q(x,y)|.$$

Mit (8.7) und (8.17) folgt daraus

$$\|K_p - K_q\| = \max\{|k_p(x) - k_q(x)|\,|\,x \in M\} \qquad (8.19)$$

und dies gilt offensichtlich auch für $p \le q$. Nach (8.14) strebt die rechte Seite in (8.19) gegen Null für $p,q \to \infty$; also konvergiert die Folge (K_n) in $\mathcal{B}(C(M))$. Ebenso zeigt man mit Hilfe von (8.14'), daß (K_n^T) in $\mathcal{B}(C(M))$ konvergiert. Also ist die Folge (K_n) in $\mathcal{A}(M,\mu)$ konvergent.

Der Grenzwert K gehört zu $\mathcal{K}_0(M,\mu)$ wegen (8.9) und weil $\mathcal{K}_0(M,\mu)$ abgeschlossen ist. Nach (8.7) und (8.17) ist $\|K_n\| = \max\{k_n(x) \mid x \in M\}$. Die rechte Seite ist die Norm $\|k_n\|$ des Elementes k_n von $C(M)$; wegen $k_n \to k$ in $C(M)$ folgt $\|K\| = \lim\|K_n\| = \lim\|k_n\| = \|k\| = \max\{k(x)\mid x\in M\}$. Ebenso beweist man (8.18′). Die letzte Behauptung folgt unmittelbar aus den Definitionen. Die Eindeutigkeit des Kerns beweist man so: Ist K der Nulloperator, so ist $k(x) = 0$ für alle $x \in M$ nach (8.18). Wegen $k_n(x) \le k(x)$ ist auch $k_n(x) = 0$ für alle $x \in M$ und für alle n. Nach Satz 8.1 ist daher $K_n(x,y) = 0$ für alle x, y und n, d. h. $K(x,y) = 0$ für $x \ne y$.

Wir schreiben

$$Kf(x) = \int K(x,y)f(y)\,\mathrm{d}\mu(y) \tag{8.20}$$

für den durch Satz 8.2 erklärten Operator K und verzichten hier und im folgenden auf die Angabe des Integrationsbereiches M. Die Formel (8.20) ist nach Satz 8.2 eine Abkürzung für

$$Kf(x) = \lim_{n\to\infty} \int K_n(x,y)f(y)\,\mathrm{d}\mu(y), \tag{8.20′}$$

was man bei den folgenden Betrachtungen stets beachten muß.

Wir haben noch nicht gezeigt, daß es für ein gegebenes Dualsystem (M,μ) einen nicht-trivialen polaren Kern gibt. Man wird erwarten, daß wenigstens die stetigen Kerne polar sind. Das ist aber nicht immer der Fall: Der Kern $K(x,y) = 1$ ist nach (8.14) genau dann polar, wenn der Grenzwert $\varphi(x) = \lim_{n\to\infty} \int \eta_n(|x-y|)\,\mathrm{d}\mu(y)$ für alle $x \in M$ und gleichmäßig bezüglich x existiert. Nach Aufgabe 8.6 folgt daraus $\varphi(x) = \mu(1)$ für alle x. Die Bedingung lautet also

$$\lim_{n\to\infty} \int [1 - \eta_n(|x-y|)]\,\mathrm{d}\mu(y) = 0 \tag{8.21}$$

gleichmäßig für alle $x \in M$. Es gibt Maße, die dieser Bedingung nicht genügen; für die in 7.5 Beispiel 3 konstruierten Maße mit stetiger Dichte ist (8.21) dagegen erfüllt (vgl. Aufgabe 8.6). Im folgenden werden wir (8.21) stets voraussetzen.

Satz 8.3. *Die Bedingung* (8.21) *sei erfüllt. Dann ist jeder für $x \ne y$ stetige und auf dieser Menge beschränkte Kern polar. Insbesondere ist jeder stetige Kern polar, und die Definitionen* (8.6) *und* (8.20′) *liefern denselben Operator.*

Beweis: Ist $K(x,y)$ stetig und beschränkt für $x \ne y$, so sind nur noch die Bedingungen (8.14) und (8.14′) nachzuprüfen. Ist $|K(x,y)| \le \gamma$, so folgt für $p > q$ die Abschätzung

$$0 \le k_p(x) - k_q(x) \le \gamma \int [\eta_p(|x-y|) - \eta_q(|x-y|)]\,\mathrm{d}\mu(y)$$

für die durch (8.17) definierten Funktionen k_n und damit aus (8.21) die gleichmäßige Konvergenz der Folge (k_n). Der Beweis von (8.14′) geht analog. Ist der Kern stetig, so folgt

$$\left| \int K(x,y)f(y)\,\mathrm{d}\mu(y) - \int K_n(x,y)f(y)\,\mathrm{d}\mu(y) \right| \le \int |K(x,y) - K_n(x,y)|\,|f(y)|\,\mathrm{d}\mu(y)$$
$$\le \gamma\|f\| \int [1 - \eta_n(|x-y|)]\,\mathrm{d}\mu(y)$$

und damit aus (8.21) die Behauptung.

Beispiel 1. Es sei $M = [0,1]$ und $\mu(f) = \int_0^1 f(x)\,\mathrm{d}x$. $K(x,y)$ sei stetig für $0 \le y \le x \le 1$ und gleich Null für $0 \le x < y \le 1$. Nach Satz 8.3 ist dieser Kern polar. Der Operator K ist darstellbar in der Form

$$Kf(x) = \int_0^x K(x,y)f(y)\,\mathrm{d}y.$$

Beispiel 2. Es sei $\Omega \subset R^m$ offen und $M = \bar{\Omega}$ kompakt und Jordan-meßbar, z. B. ein C^q-Bereich mit $q \geq 1$ (vgl. Aufgabe 7.9), ϱ eine auf M stetige positive Funktion, und $\mu(f) = \int f(x)\varrho(x)\mathrm{d}x$. Der Kern $K(x,y)$ sei stetig für $x \neq y$ und es gelte $|K(x,y)| \leq \gamma|x-y|^{\alpha-m}$ mit positiven Zahlen α und γ. Ein solcher Kern ist polar, denn für $p > q$ gilt

$$0 \leq \int [\eta_p(|x-y|) - \eta_q(|x-y|)]\,|K(x,y)|\varrho(y)\mathrm{d}y$$

$$\leq \int_{(2p)^{-1} \leq |x-y| \leq q^{-1}} \gamma|x-y|^{\alpha-m}\varrho(y)\mathrm{d}y \leq \gamma \frac{\omega_m}{\alpha} q^{-\alpha} \max\{\varrho(y) \mid y \in M\}$$

mit ω_m wie in (7.3); daraus folgt (8.14). Ebenso beweist man (8.14').

Aufgaben. 8.4. Es sei $M = [0,1]$ und $\mu(f) = \int_0^1 f(x)\mathrm{d}x$. Man untersuche, welche der folgenden Kerne polar sind. Wir setzen $K(x,y) = 0$ für $y \geq x$ in allen drei Fällen und für $y < x$:

a) $K(x,y) = x^{-1-\beta}y^\beta$ mit $\beta \geq 0$.

b) $K(x,y) = x^{-1}\left(\dfrac{x-y}{x}\right)^{1/x}$

c) $K(x,y) = x(x-y)^{x-1}$.

8.5. a) Der Operator K von Aufgabe 8.2, b) hat den polaren Kern $K(x,y) = k(x-y)$.

b) Für jede natürliche Zahl n hat K^n den polaren Kern $K^{(n)}(x,y) = \dfrac{1}{2\pi} \sum_{m=-\infty}^{\infty} (\lambda_m)^n e^{im(x-y)}$.

c) Man kann die λ_m so wählen, daß keiner der Kerne $K^{(n)}(x,y)$ stetig ist.

d) Ist $|\lambda_m - \lambda_{m+1}| \leq \gamma(1+|m|)^{-1-\alpha}$ mit $0 < \alpha < 1$, so ist $|k(x-y)| \leq \gamma'|x-y|^{\alpha-1}$ mit einer geeigneten Zahl $\gamma' > 0$ für alle x,y mit $|x-y| \leq \pi$ und $x \neq y$.

8.6. Es sei M eine kompakte Mannigfaltigkeit und μ ein nicht-negatives Maß auf M.

a) Der Grenzwert $\varphi(x) = \lim_{n \to \infty} \int \eta_n(|x-y|)\mathrm{d}\mu(y)$ existiere für alle $x \in M$ gleichmäßig bezüglich x. Dann ist $\varphi(x) = \mu(1)$ für alle $x \in M$. Anleitung: Gibt es ein $x_0 \in M$ mit $\varphi(x_0) = \mu(1) - 2\varepsilon < \mu(1)$, so gibt es eine unendliche Folge paarweise verschiedener Punkte $x_j \in M$ mit $\varphi(x_j) \leq \mu(1) - \varepsilon$; daraus ergibt sich ein Widerspruch.

b) Das Maß von 7.5 Beispiel 1 (mit $\alpha_j \geq 0$ für alle j) erfüllt die Bedingung a) nicht.

c) Ein Maß mit stetiger Dichte (vgl. 7.5 Beispiel 3) genügt der Voraussetzung a).

8.7. In Beispiel 2 sei $L(x,y)$ ein weiterer Kern, der ebenfalls stetig ist für $x \neq y$ und der der Abschätzung $|L(x,y)| \leq \gamma'|x-y|^{\beta-m}$ genügt mit positiven Zahlen β und γ'.

a) Man definiere $M(x,y) = \lim_{p \to \infty} \int L_p(x,z)K_p(z,y)\varrho(z)\mathrm{d}z$ und beweise die Existenz dieses Grenzwertes für $x \neq y$.

b) Es gilt $|M(x,y)| \leq \gamma''|x-y|^{\alpha+\beta-m}$, falls $\alpha + \beta < m$ ist, $|M(x,y)| \leq \gamma''\log(1 + |x-y|^{-1})$, falls $\alpha + \beta = m$ ist, und $|M(x,y)| \leq \gamma''$ im Falle $\alpha + \beta > m$. Anleitung: Man benutzt Aufgabe 7.8, b) im Falle $\alpha + \beta > m$ und elementare Umformungen des Integrals in den anderen Fällen.

8.3 Die Faltung polarer Kerne. Als Faltung zweier Kerne $L(x,y)$ und $K(x,y)$ bezeichnet man den Kern (8.10). Sind beide Kerne stetig, so auch ihre Faltung nach Satz 8.1. Wir wollen zeigen, daß die Faltung polarer Kerne polar ist, daß also die Menge der Operatoren mit polarem Kern eine Teilalgebra von $\mathscr{A}(M,\mu)$ ist.

Satz 8.4. *Es seien K und L Integraloperatoren mit polarem Kern in $\mathscr{A}(M,\mu)$; M sei kompakt, und das positive Maß μ genüge der Bedingung (8.21). Dann hat auch der Operator $M = LK$ einen polaren Kern, und zwar ist für $x \neq y$*

$$M(x,y) = \lim_{p,q \to \infty} \int L_p(x,z)K_q(z,y)\mathrm{d}\mu(z). \tag{8.22}$$

Für jedes $\delta > 0$ ist die Konvergenz in (8.22) gleichmäßig bezüglich x, y für $|x - y| \geq \delta$.

Beweis: 1. Sei $\delta > 0$ gegeben; wir zeigen, daß der Grenzwert (8.22) für $|x - y| \geq \delta$ existiert und daß die Konvergenz gleichmäßig ist. Sei r eine natürliche Zahl mit $r \geq \frac{2}{\delta}$; wir benutzen die „Zerlegung der Einheit" $1 = \eta_r(|x - z|) + [1 - \eta_r(|x - z|)]$. Damit ist

$$\int L_p(x, z) K_q(z, y) \, d\mu(z) = \int \eta_r(|x - z|) L_p(x, z) K_q(z, y) \, d\mu(z)$$
$$+ \int L_p(x, z) [1 - \eta_r(|x - z|)] K_q(z, y) \, d\mu(z).$$

Im ersten Integral ist $\eta_r(|x - z|) L_p(x, z)$ stetig als Funktion beider Variablen und unabhängig von p, nämlich gleich $L_r(x, z)$, für $p \geq 2r$. Für $p, p' \geq 2r$ und $q > q'$ ist also

$$|\int \eta_r(|x - z|) L_p(x, z) K_q(z, y) \, d\mu(z) - \int \eta_r(|x - z|) L_{p'}(x, z) K_{q'}(z, y) \, d\mu(z)|$$
$$\leq \int |L_r(x, z)| [|K_q(z, y)| - |K_{q'}(z, y)|] \, d\mu(z)$$
$$\leq \gamma_r [k_q^{\mathrm{T}}(y) - k_{q'}^{\mathrm{T}}(y)]$$

mit einer Schranke γ_r von $|L_r(x, z)|$. Die rechte Seite strebt gleichmäßig gegen Null für $q, q' \to \infty$, da $K(x, y)$ polar ist. Mit dem zweiten Integral verhält es sich ähnlich: $1 - \eta_r(|x - z|)$ ist Null für $|x - z| \geq \frac{1}{r}$. Für $|x - z| \leq \frac{1}{r}$ ist aber $|z - y| \geq |x - y| - |x - z| \geq \delta - \frac{1}{r} \geq \frac{1}{2}\delta$; der Faktor $[1 - \eta_r(|x - z|)] K_q(z, y)$ ist also stetig als Funktion aller drei Variablen und unabhängig von q, nämlich gleich $[1 - \eta_r(|x - z|)] K_r(z, y)$, für $q \geq 2r$. Für $p > p'$ und $q, q' \geq 2r$ ist also

$$|\int L_p(x, z) [1 - \eta_r(|x - z|)] K_q(z, y) \, d\mu(z) - \int L_{p'}(x, z) [1 - \eta_r(|x - z|)] K_{q'}(z, y) \, d\mu(z)|$$
$$\leq \int [|L_p(x, z)| - |L_{p'}(x, z)|] |K_r(z, y)| \, d\mu(z)$$
$$\leq \gamma_r' [l_p(x) - l_{p'}(x)]$$

mit einer Schranke γ_r' von $|K_r(z, y)|$. Da $L(x, y)$ polar ist, strebt dieser Ausdruck gleichmäßig gegen Null für $p, p' \to \infty$. Damit ist (8.22) bewiesen.

2. $M(x, y)$ ist polar: Die Stetigkeit des Kerns für $x \neq y$ folgt aus (8.22). Zum Beweis von (8.14) betrachten wir für $n > m \geq 4r$ und beliebige p, q den Ausdruck

$$\int [\eta_n(|x - y|) - \eta_m(|x - y|)] |\int L_p(x, z) K_q(z, y) \, d\mu(z)| \, d\mu(y)$$
$$\leq \int |L_p(x, z)| [\eta_r(|x - z|) + 1 - \eta_r(|x - z|)] \{\int [\eta_n(|x - y|) - \eta_m(|x - y|)] |K_q(z, y)| \, d\mu(y)\} \, d\mu(z).$$

Der Träger des Integranden im inneren Integral ist in der Menge $\{y \mid y \in M, |x - y| \leq \frac{1}{m}\}$ enthalten. Für $|x - y| \leq \frac{1}{m}$ ist $\eta_r(|x - z|) |K_q(z, y)| \leq \eta_r(|x - z|) |K(z, y)| \leq \gamma_r''$, denn für $|x - z| \geq \frac{1}{2r}$ ist $|z - y| \geq |z - x| - |x - y| \geq \frac{1}{2r} - \frac{1}{m} > \frac{1}{4r}$. Also gilt

$$\int [\eta_n(|x - y|) - \eta_m(|x - y|)] |\int L_p(x, z) K_q(z, y) \, d\mu(z)| \, d\mu(y)$$
$$\leq \gamma_r'' \int |L_p(x, z)| \, d\mu(z) \int [\eta_n(|x - y|) - \eta_m(|x - y|)] \, d\mu(y)$$
$$+ \int |L_p(x, z)| [1 - \eta_r(|x - z|)] k_q(z) \, d\mu(z) \tag{8.23}$$
$$\leq \gamma_r'' \|L\| \int [\eta_n(|x - y|) - \eta_m(|x - y|)] \, d\mu(y) + \|K\| \, \|L - L_r\|$$

für $p \geq 2r$. Aus (8.22) folgt

$$M_n(x, y) = \lim_{p, q \to \infty} \eta_n(|x - y|) \int L_p(x, z) K_q(z, y) \, d\mu(z) \tag{8.24}$$

für jedes n gleichmäßig bezüglich $x, y \in M$. Damit erhält man aus (8.23)

$$m_n(x) - m_m(x) = \int [\eta_n(|x - y|) - \eta_m(|x - y|)] |M(x, y)| \, d\mu(y)$$
$$\leq \gamma_r'' \|L\| \int [\eta_n(|x - y|) - \eta_m(|x - y|)] \, d\mu(y) + \|K\| \, \|L - L_r\|.$$

Sei $\varepsilon > 0$ gegeben; man wählt r so groß, daß $\|K\| \, \|L - L_r\| < \frac{\varepsilon}{2}$ ist, dann bei festem r die Zahl m_0 so groß, daß erstens $m_0 \geq 4r$ und zweitens

$$\gamma_r'' \| L \| \int \left[\eta_n(|x-y|) - \eta_m(|x-y|) \right] d\mu(y) < \tfrac{\varepsilon}{2}$$

ist für alle $x \in$ M und $n > m \geq m_0$. Das ist möglich wegen (8.21). Es folgt $0 \leq m_n(x) - m_m(x) < \varepsilon$ für alle x, d. h. (8.14) ist für den Kern $M(x,y)$ bewiesen. Der Beweis von (8.14') ist analog zu führen.

3. Der polare Kern $M(x,y)$ erzeugt nach Satz 8.2 einen Operator $M \in \mathcal{K}_0(M,\mu)$, und es gilt $M_n \to M$ in $\mathcal{A}(M,\mu)$ für $n \to \infty$. Andererseits gilt $L_p K_q \to LK$ und $(L_p K_q)_n \to M_n$ für jedes n und $p,q \to \infty$ nach (8.24). Schließlich erhält man aus (8.23) für $n \to \infty$ die Ungleichung

$$\| L_p K_q - (L_p K_q)_m \| \leq \gamma_r'' \| L \| \zeta_m + \| K \| \| L - L_r \|$$

mit $\zeta_m = \max \{ \int [1 - \eta_m(|x-y|)] d\mu(y) \mid x \in M \}$ für $p \geq 2r$ und $m \geq 4r$. Nach (8.21) ist (ζ_m) eine Nullfolge. Zu $\varepsilon > 0$ kann man also erst r, dann bei festem r die Zahl $m_0 \geq 4r$ so groß wählen, daß $\| L_p K_q - (L_p K_q)_m \| < \tfrac{\varepsilon}{4}$ ist für alle $m \geq m_0$, für $p \geq 2r$ und alle q. Nun wählt man $m \geq m_0$ so, daß $\| M_m - M \| < \tfrac{\varepsilon}{4}$ ist, dann $p \geq 2r$ und q so, daß $\| L_p K_q - LK \| < \tfrac{\varepsilon}{4}$ und $\| (L_p K_q)_m - M_m \| < \tfrac{\varepsilon}{4}$ ist; es folgt $\| M - LK \| < \varepsilon$ also $M = LK$. Damit ist der Beweis beendet.

In den Anwendungen spielen meistens gewisse spezielle Typen polarer Kerne eine Rolle; wir geben hierfür zwei Beispiele:

Beispiel 1. Es sei M eine kompakte C^q-Mannigfaltigkeit mit $q \geq 1$ und μ ein positives Maß mit stetiger Dichte auf M. Nach Aufgabe 7.3, b) (die auch für C^q-Mannigfaltigkeiten mit Rand richtig bleibt) gibt es eine Überdeckung von M durch endlich viele C^q-Koordinatensysteme $(V_1,h_1),\dots,(V_k,h_k)$ und positive Zahlen γ, γ' derart, daß

$$\gamma |s-t| \leq | h_j(s) - h_j(t) | \leq \gamma' |s-t| \tag{8.25}$$

für alle $s,t \in h_j^{-1}(V_j)$ und für $j = 1,\dots,k$ gilt. Nach Satz 7.4 können wir außerdem erreichen, daß alle Ableitungen der Ordnung $\leq q$ von h_j in $h_j^{-1}(V_j)$ beschränkt sind. Das Maß μ ist nach Satz 7.6 eindeutig durch seine Werte auf $C_0(V_j)$ bestimmt, und diese sind nach (7.17) von der Form

$$\mu(f) = \int\limits_{h_j^{-1}(V_j)} f(h_j(t)) \varrho_j(t) \, dt \tag{8.26}$$

für $f \in C_0(V_j)$ mit Funktionen ϱ_j, die in $h_j^{-1}(V_j)$ stetig und beschränkt und nach Aufgabe 7.6, b) nicht-negativ sind. Für solche Dualsysteme (M,μ), und nur für solche, und für jedes $\alpha > 0$ definieren wir $\mathcal{K}_\alpha = \mathcal{K}_\alpha(M,\mu)$ als die Menge aller Operatoren mit Kern $K(x,y)$, der für $x \neq y$ stetig ist und folgender Abschätzung genügt:

$$|K(x,y)| \leq \begin{cases} \gamma(K) |x-y|^{\alpha-m}, & \text{falls } \alpha < m \\ \gamma(K) \log(1 + |x-y|^{-1}), & \text{falls } \alpha = m. \end{cases} \tag{8.27}$$

Hierin ist $\gamma(K)$ eine positive nur von K abhängige Zahl. Ist $\alpha > m$, so sei der Kern überall stetig; es ist also $\mathcal{K}_\alpha = \mathcal{K}_\infty$ für $\alpha > m$. Wir zeigen, daß diese Kerne polar sind und folglich die Inklusionen

$$\mathcal{K}_\infty \subset \mathcal{K}_\beta \subset \mathcal{K}_\alpha \subset \mathcal{K}_0 \quad \text{für} \quad 0 < \alpha < \beta \tag{8.28}$$

gelten. Außerdem ist

$$LK \in \mathcal{K}_{\alpha+\beta} \quad \text{für} \quad K \in \mathcal{K}_\alpha, \quad L \in \mathcal{K}_\beta. \tag{8.29}$$

Um zu beweisen, daß die Operatoren aus $\mathcal{K}_\alpha$ polar sind, genügt es wegen (8.28), den Fall $\alpha < m$ zu betrachten. $(V_1,\dots,V_k)$ ist eine offene Überdeckung von M; es gibt daher nach Satz 2.17 ein $\delta > 0$ derart, daß für jedes $x \in$ M die Umgebung $V(x) = \{y \mid y \in M, |x-y| < \delta\}$ von x in einer der Mengen V_j enthalten ist. Für $p' > p > \delta^{-1}$ ist der Kern $|K_{p'}(x,y)| - |K_p(x,y)|$ gleich Null für $|x-y| \geq p^{-1}$. Setzt man $s = h_j^{-1}(x)$, so ist $|K_{p'}(h_j(s),h_j(t))| - |K_p(h_j(s),h_j(t))|$ Null für $|h_j(s) - h_j(t)| \geq p^{-1}$, also nach (8.25) für $|s-t| \geq (\gamma p)^{-1}$, und im übrigen nicht größer als $\gamma(K)|h_j(s)-h_j(t)|^{\alpha-m} \leq \gamma(K)|\gamma(s-t)|^{\alpha-m}$ mit $\alpha > 0$. Ist γ'' eine gemeinsame Schranke der Funktionen ϱ_j, so folgt

$$0 \leq k_{p'}(x)-k_p(x) \leq \gamma(K)\gamma'' \int\limits_{|s-t|\leq(\gamma p)^{-1}} |\gamma(s-t)|^{\alpha-m}\,\mathrm{d}t \leq \gamma(K)\gamma''\gamma^{-m}\frac{\omega_m}{\alpha}\,p^{-\alpha}.$$

Damit ist (8.14) bewiesen, und zugleich auch (8.14'), da $K(y,x)$ derselben Abschätzung genügt wie $K(x,y)$. Der Kern ist also polar. Zum Beweis von (8.29) braucht man wegen Satz 8.4 nur noch nachzuweisen, daß der Kern $M(x,y)$ des Operators $M = LK$ der Abschätzung (8.27) mit $\alpha + \beta$ anstelle von α genügt. Wir führen den Beweis nur für den Fall $\alpha + \beta < m$ durch. Wegen (8.22) braucht man die Abschätzung nur für den Ausdruck

$$|\int [L_{p'}(x,z)K_{p'}(z,y) - L_p(x,z)K_p(z,y)]\,\mathrm{d}\mu(z)|$$

zu beweisen. Außerdem genügt es offenbar, diesen Ausdruck für $|x-y| < \delta$ abzuschätzen; er ist nicht größer als

$$\int |L_{p'}(x,z)-L_p(x,z)|\,|K_{p'}(z,y)|\,\mathrm{d}\mu(z) + \int |L_p(x,z)|\,|K_{p'}(z,y)-K_p(z,y)|\,\mathrm{d}\mu(z).$$

Für $|x-y| < \delta$ und $p' > p > \delta^{-1}$ kann man in beiden Integralen für jedes x die Integration auf eine der Mengen V_j beschränken. Man setzt $x = h_j(s)$, $y = h_j(t)$, $z = h_j(r)$ und $\mathsf{A}_j = \{r \mid r \in h_j^{-1}(\mathsf{V}_j), |h_j(s)-h_j(r)| \leq p^{-1}\} \subset \mathsf{R}^m$ und erhält als Schranke des ersten Integrals

$$\gamma'' \int\limits_{\mathsf{A}_j} \gamma(L)\gamma(K)|h_j(s)-h_j(r)|^{\beta-m}|h_j(r)-h_j(t)|^{\alpha-m}\,\mathrm{d}r$$
$$\leq \gamma''\gamma^{\alpha+\beta-2m}\gamma(L)\gamma(K) \int\limits_{|s-r|\leq(\gamma p)^{-1}} |s-r|^{\beta-m}|r-t|^{\alpha-m}\,\mathrm{d}r$$
$$\leq \gamma_1|s-t|^{\alpha+\beta-m} \leq \gamma_1(\gamma')^{m-\alpha-\beta}|x-y|^{\alpha+\beta-m}$$

nach Aufgabe 8.7, b) und nach (8.25) mit einer von j, p und p' nicht abhängigen Zahl γ_1. Dieselbe Abschätzung kann man auch für das andere Integral durchführen, womit (8.27) nachgewiesen ist.

Beispiel 2. Es sei (M,μ) das Dualsystem von Beispiel 1. Wir betrachten die $(m+1)$-dimensionale Mannigfaltigkeit $\mathsf{Z} = \mathsf{M} \times [0,T]$ mit dem Maß ν definiert durch

$$\nu(f) = \int\limits_0^T \{ \int\limits_\mathsf{M} f(x,t)\,\mathrm{d}\mu(x)\}\,\mathrm{d}t$$

für $f \in \mathsf{C}(\mathsf{Z})$, und Kerne $K(x,s,y,t)$ auf Z^2, die für $(x,s) \neq (y,t)$ stetig sind, gleich Null für $t \geq s$ und für $t < s$ einer Abschätzung

$$|K(x,s,y,t)| \leq \gamma(K)(s-t)^{\alpha-\frac{m}{2}-1} \exp\left\{ -\gamma'(K)\frac{|x-y|^2}{s-t}\right\} \tag{8.30}$$

mit $\alpha > 0$ und passenden positiven Konstanten $\gamma(K)$, $\gamma'(K)$ genügen. Ist $\alpha > \frac{1}{2}$, so gehört der Kern zur Klasse $\mathscr{K}_{2\alpha-1-\varepsilon}(\mathsf{Z},\nu)$, die in Beispiel 1 definiert wurde, für jedes ε mit $0 < \varepsilon < 2\alpha-1$, wie man leicht zeigen kann. Für $\alpha \leq \frac{1}{2}$ gehört der Kern nicht notwendig zu einer dieser Klassen; man nehme z. B. die rechte Seite in (8.30) als Kern und setze $|x-y|^2 = s-t$. Dennoch ist der Kern polar; bezeichnen wir mit $\mathscr{P}_\alpha = \mathscr{P}_\alpha(\mathsf{Z},\nu)$ die Menge aller Operatoren mit solchem Kern, so ist

$$\mathscr{P}_\beta \subset \mathscr{P}_\alpha \subset \mathscr{K}_0 \quad \text{für} \quad 0 < \alpha < \beta \tag{8.31}$$

und es gilt

$$LK \in \mathscr{P}_{\alpha+\beta} \quad \text{für} \quad K \in \mathscr{P}_\alpha, \quad L \in \mathscr{P}_\beta. \tag{8.32}$$

Den Beweis überlassen wir dem Leser (mit Anleitung, vgl. Aufgabe 8.10).

Aufgaben. 8.8. Man führe den Beweis von (8.29) für die nicht im Text behandelten Fälle durch. Anleitung: Vgl. Aufgabe 8.7.

8.9. Es sei $M = [0,1]$ und $\mu(f) = \int_0^1 f(x)\,dx$. Für jedes $\alpha > 0$ sei $K_\alpha(x,y) = [\Gamma(\alpha)]^{-1}(x-y)^{\alpha-1}$ für $y < x$ (Γ die Eulersche Γ-Funktion) und $K_\alpha(x,y) = 0$ für $y \geq x$. Für den Operator $K_\alpha \in \mathscr{K}_\alpha$ zeige man:

a) Für alle $\alpha, \beta > 0$ ist $K_\alpha K_\beta = K_{\alpha+\beta}$.

b) Das Spektrum $\Sigma(K_\alpha)$ von K_α besteht nur aus dem Nullpunkt.

c) Man berechne die Resolvente.

8.10. Für die Operatoren von Beispiel 2 zeige man:

a) Sie sind polar in bezug auf das Dualsystem (Z, ν), und (8.31) gilt.

b) Es gilt (8.32). Anleitung: Man beweist zuerst die Identität

$$\int_{R^m} \exp\left\{ -\frac{|x-z|^2}{\varepsilon} - \frac{|z-y|^2}{\eta} \right\}\,dz = \left(\frac{\pi \varepsilon \eta}{\varepsilon + \eta} \right)^{m/2} \exp\left\{ -\frac{|x-y|^2}{\varepsilon + \eta} \right\}$$

für positive Zahlen ε, η und $x, y \in R^m$. Damit und mit Aufgabe 8.9 führt man den Beweis wie in Beispiel 1.

c) Ein Operator $K \in \mathscr{P}_\alpha$ hat das Spektrum $\Sigma(K) = \{0\}$.

8.11. Es sei (M, μ) das Dualsystem von Beispiel 1. Für jedes γ mit $0 < \gamma \leq 1$ sei $C^\gamma(M)$ die Menge aller Funktionen $f \in C(M)$, die einer Hölder-Bedingung $|f(x) - f(x')| \leq \delta |x - x'|^\gamma$ genügen. Für jedes γ mit $0 < \gamma \leq 1$ und $\gamma < \alpha$ sei $\mathscr{K}_\alpha^\gamma = \mathscr{K}_\alpha^\gamma(M, \mu)$ die Menge aller Operatoren $K \in \mathscr{K}_\alpha$, zu denen es einen Operator $M \in \mathscr{K}_{\alpha-\gamma}$ gibt mit $|K(x,y) - K(x',y)| \leq |x - x'|^\gamma [M(x,y) + M(x',y)]$ für alle $x, x', y \in M$. Man zeige:

a) Für $K \in \mathscr{K}_\alpha^\gamma$ und $f \in C(M)$ ist $Kf \in C^\gamma(M)$.

b) Für $K \in \mathscr{K}_\alpha$ und $L \in \mathscr{K}_\beta^\gamma$ ist $LK \in \mathscr{K}_{\alpha+\beta}^\gamma$.

c) Für das Dualsystem von 8.2 Beispiel 2 ist $K(x,y) = |x - y|^{\alpha-m}$ Kern eines Operators $K \in \mathscr{K}_\alpha^\gamma$ für jedes γ mit $0 < \gamma \leq 1$ und $\gamma < \alpha$.

8.4 Resolvente und Eigenwerte. Über die Resolvente, das Spektrum und die verallgemeinerten Eigenräume der Operatoren $K \in \mathscr{K}(M, \mu)$ wurden in § 5 sehr vollständige Aussagen gemacht; man findet sie in den Sätzen 5.14, 5.15 und 5.18 zusammengestellt. Da (M, μ) ein positives Dualsystem ist findet auch der Satz 5.20 hier Anwendung; seine letzte Aussage ist das einzige uns bisher bekannte Kriterium für die Existenz eines von Null verschiedenen Eigenwerts. Nach Aufgabe 5.18, a) ist für $\lambda \in P(K)$ die Resolvente von der Form

$$R(\lambda, K) = \lambda^{-1} I + \lambda^{-2} K(\lambda) \quad \text{mit} \quad K(\lambda) \in \mathscr{K}(M, \mu); \tag{8.33}$$

denn nach Aufgabe 5.18, a) ist $K(\lambda)$ kompakt, nach Satz 5.18 ist $\lambda \in P(K^T)$, nach (5.33) ist $K^T(\lambda) = K(\lambda)^T$ und nach Aufgabe 5.18, a) ist dieser Operator ebenfalls kompakt. Für einen Eigenwert $\lambda_0 \neq 0$ von K gilt entsprechend

$$\widehat{(\lambda_0 I - K)} = \lambda_0^{-1} I + \lambda_0^{-2} K_0 \quad \text{mit} \quad K_0 \in \mathscr{K}(M, \mu) \tag{8.34}$$

für die Pseudoinverse von $\lambda_0 I - K$ in bezug auf geeignet gewählte Projektoren $P, Q \in \mathscr{E}(M, \mu)$; und zwar wählt man diese nach Satz 5.16. Dann ist $K_0 \in \mathscr{A}(M, \mu)$ und $\lambda_0^{-1} I + \lambda_0^{-2} K_0^T$ ist die Pseudoinverse von $\lambda_0 I - K^T$ in bezug auf Q^T und P^T, also K_0^T kompakt nach Aufgabe 5.18, b). Für die in diesem Paragraphen definierten speziellen Mengen von Operatoren gilt darüber hinaus:

Satz 8.5. *Gehört K zu einer der Teilmengen $\mathscr{E}$, $\mathscr{K}_\infty$, $\mathscr{K}_0$, $\mathscr{K}_\alpha$ von $\mathscr{K}(M, \mu)$ oder zu $\mathscr{P}_\alpha(Z, \nu)$, so auch die Operatoren $K(\lambda)$ in (8.33) für jedes $\lambda \in P(K)$ und K_0 in (8.34).*

Beweis: Nach Definition der Resolvente ist (8.33) gleichbedeutend mit

$$K(\lambda) - K = \lambda^{-1} K K(\lambda) = \lambda^{-1} K(\lambda) K. \tag{8.35}$$

Gehört K zu einem der zweiseitigen Ideale $\mathscr{E}$, $\mathscr{K}_\infty$ und $\mathscr{K}_0$, so folgt dasselbe für $K(\lambda)$ unmittelbar aus (8.35). Für $K \in \mathscr{K}_\alpha$ setzt man die erste der Gleichungen wiederholt in sich selbst ein und erhält

$$K(\lambda) = K + \lambda^{-1}K^2 + \cdots + \lambda^{1-n}K^n + \lambda^{-n}K^nK(\lambda) \tag{8.35'}$$

für $n = 2,3,\ldots$ Nach (8.29) ist $K^j \in \mathscr{K}_{j\alpha}$; wählt man also $n > \frac{m}{\alpha}$, so ist $K^n \in \mathscr{K}_\infty$ und folglich $K(\lambda) \in \mathscr{K}_\alpha$. Für $K \in \mathscr{P}_\alpha$ schließt man ebenso mit Hilfe von (8.32) und mit $n > \frac{m-2}{2\alpha}$. Nach Definition der Pseudoinversen von $\lambda_0 I - K$ zu den Projektoren P und Q ist (8.34) gleichbedeutend mit

$$K_0 - K = \lambda_0^{-1}K_0K - \lambda_0 P = \lambda_0^{-1}KK_0 - \lambda_0 Q. \tag{8.36}$$

Wegen $P, Q \in \mathscr{E}$ folgt daraus die Behauptung über K_0 wie vorher für $K(\lambda)$.

Es sei $\lambda_0 \neq 0$ ein Eigenwert von $K \in \mathscr{K}(M,\mu)$, also ein Pol der Resolvente von K. Bezeichnen wir mit p die Ordnung des Pols und mit d die geometrische Vielfachheit des Eigenwerts λ_0 (die in Satz 5.15 mit m bezeichnet wurde), so hat der Hauptteil $S(\lambda)$ der Resolvente nach den Sätzen 4.12, 5.15 und 5.18 die Form

$$S(\lambda)f = \sum_{q=1}^{p} (\lambda - \lambda_0)^{-q} \sum_{j=1}^{d} \sum_{k=q}^{n_j} \langle f, b_{j,n_j-k+1} \rangle a_{j,k-q+1}. \tag{8.37}$$

Wir benutzen diese Darstellung im Beweis des folgenden Kriteriums für die Existenz eines von Null verschiedenen Eigenwertes, das eng mit einem Satz von Jentzsch zusammenhängt [1].

Satz 8.6. *Der Operator* $K \in \mathscr{K}(M,\mu)$ *habe die Eigenschaften:*
a) $Kf \geq 0$ *für jedes* $f \in C(M)$ *mit* $f \geq 0$.
b) *Es gibt ein* $f_0 \in C(M)$ *mit* $f_0 \geq 0, f_0 \neq 0$ *und* $Kf_0 \geq \gamma f_0$ *mit* $\gamma > 0$.
Dann hat K *den Eigenwert* $\lambda_0 = r(K) \geq \gamma$ *und ein Eigenelement* $a \geq 0$ *zum Eigenwert* λ_0.

Beweis: 1. Aus a) folgt

$$|Kf| \leq K|f| \quad \text{für alle} \quad f \in C(M). \tag{8.38}$$

Für jedes $x \in M$ ist nämlich nach a) ein nicht-negatives Maß v_x auf M durch $v_x(f) = Kf(x)$ erklärt. Nach Aufgabe 7.8, a) folgt daraus $|Kf(x)| = |v_x(f)| \leq v_x(|f|) = K|f|(x)$, d. h. $|Kf| \leq K|f|$. Übrigens folgt a) aus (8.38), d. h. die beiden Bedingungen sind äquivalent.

2. Nach Satz 4.6 und nach Definition des Spektralradius $r(K)$ ist $R(\lambda, K) = \sum_{n=0}^{\infty} \lambda^{-n-1}K^n$ für $|\lambda| > r(K)$ konvergent und definiert nach den Sätzen 4.9 und 4.11 eine dort holomorphe Funktion mit Werten in $\mathscr{A}(M,\mu)$. Für jedes $f \in C(M)$ und $x \in M$ ist durch $U(A) = Af(x)$ ein Funktional $U \in \mathscr{A}(M,\mu)'$ erklärt. Nach Satz 4.8 definiert daher

$$R(\lambda, K)f(x) = \sum_{n=0}^{\infty} \lambda^{-n-1}K^nf(x) \tag{8.39}$$

eine komplexe holomorphe Funktion für $|\lambda| > r(K)$. Aus der Voraussetzung b) folgt $K^nf_0 \geq \gamma^n f_0$ für alle n und $f_0(x_0) > 0$ für ein geeignetes $x_0 \in M$. Die Reihe (8.39) divergiert also für $f = f_0$, $x = x_0$ und $\lambda = \gamma$, d. h. es gilt $r(K) \geq \gamma$.

3. Nach Satz 4.11 gibt es einen Punkt $\lambda_1 \in \Sigma(K)$ mit $|\lambda_1| = r(K) = \lambda_0$. Nach Satz 5.14 ist λ_1 ein Eigenwert von K. Sei f_1 ein Eigenelement von K zum Eigenwert λ_1 und $x_1 \in M$ mit $f_1(x_1) \neq 0$. Mit K genügt auch K^n für jedes n der Voraussetzung a); also ist auch (8.38) auf

---

[1] Jentzsch, R.: J. f. d. reine und angewandte Math. **141** (1912) 235 bis 244; vgl. auch Aufgabe 8.14.

K^n anwendbar, und folglich ist $0 < |\lambda_1^{-1} f_1(x_1)| = |\lambda_1^{-n-1} K^n f_1(x_1)| \leq \lambda_0^{-n-1} K^n |f_1|(x_1)$. Die Reihe (8.39) divergiert also für $f = |f_1|$, $x = x_1$ und $\lambda = \lambda_0$. Da jeder Summand für $\lambda > \lambda_0$ positiv ist, folgt $\lim\limits_{\lambda \to \lambda_0+} R(\lambda, K)|f_1|(x_1) = +\infty$, d. h. λ_0 ist ein Pol der Resolvente von K.

4. Für $f \geq 0$ und $\lambda > \lambda_0$ ist $R(\lambda, K)f \geq 0$. Sei p die Ordnung des Pols λ_0; durch Grenzübergang $\lambda \to \lambda_0+$ in $(\lambda - \lambda_0)^p R(\lambda, K)f$ folgt aus der Darstellung (8.37) des Hauptteils der Resolvente die Ungleichung $\sum\limits_{nj=p} \langle f, b_{j,1} \rangle a_{j,1} \geq 0$. Wäre der stetige Kern $A(x,y) = \sum\limits_{nj=p} a_{j,1}(x) b_{j,1}(y)$ negativ für $x = x_0$, $y = y_0$, so auch für $x = x_0$, $|y - y_0| \leq \varrho$ mit geeignetem $\varrho > 0$. Setzt man $f(y) = 1 - \eta_n(|y - y_0|)$ mit $n > \varrho^{-1}$, so erhält man $\sum\limits_{nj=p} \langle f, b_{j,1} \rangle a_{j,1}(x_0) = \int A(x_0, y) f(y) \mathrm{d}\mu(y) < 0$, da das Maß μ positiv ist, also einen Widerspruch. Es ist also $A(x,y) \geq 0$ und $A(x_0, y_0) > 0$ für geeignete $x_0, y_0 \in M$, da sonst p nicht die Ordnung des Pols wäre. Setzen wir nun $a(x) = \int A(x,y) \mathrm{d}\mu(y)$, so ist $a \geq 0$, $a(x_0) > 0$, und a ist Eigenelement von K zum Eigenwert λ_0.

Aufgaben. 8.12. Für $K \in \mathscr{K}(M,\mu)$ zeige man:

a) Für eine natürliche Zahl $n \geq 2$ sei $\lambda^n \in P(K^n)$; dann ist $\lambda \in P(K)$ und $R(\lambda, K) = (\lambda^{n-1} I + \lambda^{n-2} K + \cdots + \lambda K^{n-2} + K^{n-1}) R(\lambda^n, K^n)$.

b) Es sei $\omega = \exp\left(\dfrac{2\pi i}{n}\right)$ und $\omega^j \lambda \in P(K)$ für $j = 0, 1, \ldots, n-1$; dann ist $\lambda^n \in P(K^n)$ und $R(\lambda^n, K^n) = \dfrac{1}{n} \lambda^{1-n} \sum\limits_{j=0}^{n-1} \omega^j R(\omega^j \lambda, K)$.

c) Eine Zahl $\mu_0 \neq 0$ ist genau dann Eigenwert von K^n, wenn mindestens eine der n-ten Wurzeln von μ_0 Eigenwert von K ist.

d) Der Projektor P von K^n zum Eigenwert $\lambda_0^n \neq 0$ ist die Summe der Projektoren P_j von K zu den Eigenwerten $\omega^j \lambda_0$, $j = 0, 1, \ldots, n-1$.

8.13. a) Es sei $K \in \mathscr{K}_\infty(M,\mu)$ mit Kern $K(x,y) \geq 0$ für alle $x, y \in M$ und mit $K(x_0, x_0) > 0$ für ein $x_0 \in M$. Dann ist Satz 8.6 anwendbar.

b) Es sei K ein Integraloperator mit polarem Kern $K(x,y) \geq 0$ für $x \neq y$. Es gebe ein n derart, daß K^n der obigen Voraussetzung a) genügt. Dann ist Satz 8.6 auf K anwendbar. Anleitung: Man benutzt Aufgabe 8.12.

8.14 (Satz von Jentzsch). Für den Operator $K \in \mathscr{K}(M,\mu)$ gelte $Kf(x) > 0$ für alle $x \in M$ für jede Funktion $f \in C(M)$ mit $f \geq 0$ und $f \neq 0$. Man zeige:

a) Satz 8.6 ist anwendbar.

b) $\lambda_0 = r(K)$ ist Pol erster Ordnung der Resolvente von K und Eigenwert der (algebraischen und geometrischen) Vielfachheit 1. Anleitung: Man benutzt (5.37).

c) Für jeden anderen Eigenwert λ von K gilt $|\lambda| < \lambda_0$. Anleitung: Man benutzt die Gleichung $PQ = QP = 0$ für Projektoren zu verschiedenen Eigenwerten (Satz 4.12).

8.15. Man zeige, daß der Operator K von Aufgabe 8.2, b) das Spektrum $\Sigma(K) = \{0, \lambda_0, \lambda_1, \lambda_{-1}, \lambda_2, \lambda_{-2}, \ldots\}$ hat. Der Operator $K(\lambda)$ in (8.33) hat den polaren Kern

$$K(x, y, \lambda) = \frac{\lambda}{2\pi} \sum_{m=-\infty}^{\infty} (\lambda - \lambda_m)^{-1} \lambda_m e^{im(x-y)}$$

(vgl. Aufgabe 8.5, a)). Ist $\tilde{\lambda} \neq 0$ ein Eigenwert von K, also $\tilde{\lambda} = \lambda_m$ für mindestens ein m, so ist $\tilde{\lambda}$ Pol erster Ordnung der Resolvente und $\{e^{imx} \mid \lambda_m = \tilde{\lambda}\}$ ist eine Basis des Eigenraumes.

8.5 Ein Approximationsverfahren. Für die Anwendungen der Integraloperatoren benötigt man oft ein praktisch brauchbares Verfahren zur approximativen Berechnung der Lösung der Integralgleichung $\lambda f - Kf = g$ für gegebenes λ und g, also der Resolvente von K, oder der

Eigenwerte und Eigenfunktionen des Integraloperators K. Wir bezeichnen ein Verfahren als **praktisch brauchbar**, wenn es lediglich die Berechnung (bzw. Approximation) endlich vieler Integrale und die Lösung algebraischer Gleichungen erfordert. Für Operatoren $K \in \mathcal{K}_0$ gibt es ein solches Verfahren: Nach Definition von $\mathcal{K}_0$ gibt es zu jedem $\varepsilon > 0$ einen Operator

$$K_\varepsilon \in \mathscr{E}(M,\mu) \text{ mit Kern } K_\varepsilon(x,y) = \sum_{j=1}^{n} a_j(x)b_j(y) \text{ derart, daß } |K_\varepsilon - K| < \varepsilon \text{ ist. Nach Aufgabe}$$

5.24 sind die Resolvente, die Eigenwerte und die verallgemeinerten Eigenfunktionen von K_ε Approximationen der entsprechenden Größen für K; die Berechnung der Lösung der Integralgleichung $\lambda f - K_\varepsilon f = g$ bzw. der Eigenwerte und verallgemeinerten Eigenfunktionen von K_ε erfordert nach Aufgabe 4.20 die Berechnung der endlich vielen Integrale $\langle a_j, b_k \rangle$ und $\langle g, b_j \rangle$ und die Lösung algebraischer Gleichungen. Dennoch ist dieses Verfahren nicht sonderlich praktisch: Es erfordert die Konstruktion des approximierenden Operators K_ε, für die kein allgemein anwendbares Rezept gegeben werden kann. Ist $K \in \mathcal{K}_\infty$, so kann man K_ε nach (8.11) finden; hat K einen polaren Kern, so approximiert man K zunächst nach Satz 8.2 durch einen der Operatoren $K_n \in \mathcal{K}_\infty$, dann K_n durch ein $K_\varepsilon \in \mathscr{E}$.

Wir wollen im folgenden ein anderes Verfahren beschreiben, das auf beliebige kompakte Operatoren in $C(M)$ anwendbar ist. Wir erinnern an die Definition (7.31) des Stetigkeitsmoduls $\omega(f,\delta)$ einer Funktion $f \in C(M)$ und beweisen zunächst den folgenden

Hilfssatz. *Es sei* M *eine kompakte Mannigfaltigkeit,* K *ein kompakter Operator in* $C(M)$. *Es gibt dann eine nur von K abhängige nicht-negative und nicht-abnehmende Funktion $\omega(K, \cdot)$ auf* $[0, \infty)$ *mit $\omega(K,\delta) \to 0$ für $\delta \to 0$ derart, daß $\omega(Kf,\delta) \leq \|f\| \omega(K,\delta)$ ist für jedes $f \in C(M)$ und für jedes $\delta \geq 0$.*

Beweis: Wir definieren $\omega(K, \cdot)$ *durch*

$$\omega(K,\delta) = \sup \{\omega(Kf,\delta) \mid f \in C(M), \|f\| \leq 1\}. \tag{8.40}$$

Dann ist $\omega(K, \cdot)$ offenbar nicht-negativ, nicht-abnehmend und beschränkt. Wegen $\omega(\lambda f,\delta) = \lambda \omega(f,\delta)$ für $\lambda \geq 0$ ist $\omega(Kf,\delta) = \|f\| \omega(\|f\|^{-1} Kf,\delta) \leq \|f\| \omega(K,\delta)$ für jedes $f \in C(M)$ mit $\|f\| > 0$ und jedes $\delta \geq 0$; für $f = 0$ ist die Behauptung trivial. Es bleibt zu zeigen, daß $\omega(K,\delta)$ gegen Null strebt für $\delta \to 0$. Nach Definition eines kompakten Operators bildet K die abgeschlossene Einheitskugel $\overline{K(0,1)} \subset C(M)$ auf eine relativ kompakte Menge $B(K) \subset C(M)$ ab. Nach Aufgabe 2.25, f) gibt es zu beliebigem $\varepsilon > 0$ ein $\delta_0 > 0$ derart, daß $|g(x) - g(x')| < \varepsilon$ ist für alle $x, x' \in M$ mit $|x - x'| < \delta_0$ und für alle $g \in B(K)$; also ist $\omega(Kf,\delta) \leq \varepsilon$ für alle $f \in \overline{K(0,1)}$ und alle $\delta \leq \delta_0$, d. h. $\omega(K,\delta) \leq \varepsilon$ für $\delta \leq \delta_0$, wie behauptet.

Wir formulieren nun das Approximationsverfahren: Zu gegebenem $\delta > 0$ gibt es eine Zerlegung der Einheit $\mathscr{Z} = (e_1, \dots, e_n)$ der Feinheit $\eta(\mathscr{Z}) \leq \delta$ auf der kompakten Mannigfaltigkeit M; man wählt Punkte $x_j \in \text{trg } e_j$ und definiert einen Operator T_δ in $C(M)$ durch

$$T_\delta f = \sum_{j=1}^{n} f(x_j)e_j. \tag{8.41}$$

Nach Satz 7.10 ist

$$\|T_\delta\| \leq 1 \quad \text{und} \quad \|T_\delta f - f\| \leq \omega(f,\delta). \tag{8.42}$$

Für einen kompakten Operator K in $C(M)$, für $\lambda \in P(K)$ und $g \in C(M)$ soll die Gleichung $\lambda f - Kf = g$ gelöst werden. Man ersetzt K durch $K_\delta = K T_\delta$ und erhält eine andere Gleichung $\lambda f_\delta - K_\delta f_\delta = g$, oder ausführlich

$$\lambda f_\delta - \sum_{j=1}^{n} f_\delta(x_j) K e_j = g. \tag{8.43}$$

Die Lösung f_δ ist wegen $\lambda \neq 0$ vollständig bekannt, wenn die Zahlen $f_\delta(x_j)$ bekannt sind. Man berechnet sie aus dem System linearer Gleichungen

$$\lambda f_\delta(x_k) - \sum_{j=1}^{n} f_\delta(x_j) K e_j(x_k) = g(x_k), \qquad (8.44)$$

das man aus (8.43) für $x = x_k$ erhält. Wir werden zeigen, daß die Gleichungen (8.44) eindeutig lösbar sind, falls δ klein genug gewählt wird, und werden den Fehler $\| f_\delta - f \|$ abschätzen.

Satz 8.7. *Es sei* M *eine kompakte Mannigfaltigkeit,* $\mathfrak{L} = (e_1, \ldots, e_n)$ *eine Zerlegung der Einheit auf* M *mit* $\eta(\mathfrak{L}) \leq \delta$ *und* $x_j \in \operatorname{trg} e_j$ *für* $j = 1, \ldots, n$. K *sei ein kompakter Operator in* C(M) *und* $\omega(K, \cdot)$ *die durch (8.40) definierte Funktion. Für jedes* $g \in$ C(M) *und für jedes* $\lambda \in$ P(K) *mit*

$$\omega(K, \delta) \| R(\lambda, K) K \| < |\lambda| \qquad (8.45)$$

sind die Gleichungen (8.44) eindeutig lösbar. Für die durch (8.43) erklärte Funktion $f_\delta \in$ C(M) *und für* $f = R(\lambda, K) g$ *gilt dann*

$$\| f_\delta - f \| \leq \| R(\lambda, K) K \| [|\lambda| - \omega(K, \delta) \| R(\lambda, K) K \|]^{-1} [\omega(g, \delta) + \| f \| \omega(K, \delta)]. \quad (8.46)$$

Beweis: Wir nehmen zunächst an, daß die Gleichungen (8.44) für ein gegebenes $g \in$ C(M) lösbar sind. Sei $f_\delta(x_1), \ldots, f_\delta(x_n)$ die Lösung, und $f_\delta \in$ C(M) durch (8.43) erklärt. Mit Hilfe von (8.41) schreiben wir (8.43) in der Form $\lambda f_\delta - K f_\delta = g + K(T_\delta f_\delta - f_\delta)$. Wegen $\lambda \in$ P(K) erhalten wir

$$f_\delta = R(\lambda, K) g + R(\lambda, K) K (T_\delta f_\delta - f_\delta). \qquad (8.47)$$

Mit (8.42) folgt daraus die Abschätzung

$$\| f_\delta \| \leq \| R(\lambda, K) g \| + \| R(\lambda, K) K \| \omega(f_\delta, \delta). \qquad (8.48)$$

Andererseits folgt aus (8.43) mit Benutzung des Hilfssatzes und mit (8.42)

$$|\lambda| \omega(f_\delta, \delta) \leq \omega(g, \delta) + \omega(K T_\delta f_\delta, \delta) \leq \omega(g, \delta) + \omega(K, \delta) \| f_\delta \|.$$

Setzt man hierin (8.48) ein, so erhält man schließlich

$$[|\lambda| - \omega(K, \delta) \| R(\lambda, K) K \|] \omega(f_\delta, \delta) \leq \omega(g, \delta) + \| R(\lambda, K) g \| \omega(K, \delta). \qquad (8.49)$$

Ist $g = 0$, so verschwindet die rechte Seite, und wegen der Voraussetzung (8.45) ist $\omega(f_\delta, \delta) = 0$, folglich $f_\delta = 0$ nach (8.48). Die linearen Gleichungen (8.44) haben also für $g = 0$ nur die triviale Lösung, sind folglich für jedes $g \in$ C(M) eindeutig lösbar. Mit $f = R(\lambda, K) g$ folgt $\| f_\delta - f \| \leq \| R(\lambda, K) K \| \omega(f_\delta, \delta)$ aus (8.47), und mit (8.49) daraus die Ungleichung (8.46).

Die rechte Seite in (8.46) strebt gegen Null für $\delta \to 0$ bei festem g und λ, und zwar gleichmäßig bezüglich λ in jeder kompakten Teilmenge von P(K). Daraus folgt, daß man mit Hilfe des beschriebenen Verfahrens auch die Eigenwerte und die verallgemeinerten Eigenfunktionen von K approximieren kann:

Satz 8.8. *Unter den Voraussetzungen von Satz 8.7 sei* $\lambda_0 \neq 0$ *ein Eigenwert von* K *und* P *der zugehörige Projektor. Sei* $\varrho > 0$ *kleiner als der Abstand der anderen Punkte des Spektrums von* λ_0. *Zu jedem* ε *mit* $0 < \varepsilon < \varrho$ *gibt es dann ein* $\delta_0 > 0$ *derart, daß für* $\delta \leq \delta_0$ *alle* λ *mit* $\varepsilon \leq |\lambda - \lambda_0| \leq \varrho$ *zur Resolventenmenge* P(K_δ) *des Operators* $K_\delta = K T_\delta$ *gehören. Ist* P_δ *die Summe der Projektoren zu den Eigenwerten von* K_δ, *die in der Kreisscheibe* $|\lambda - \lambda_0| < \varepsilon$ *liegen, so gilt*

$$\| P_\delta g - P g \| \leq \gamma [\omega(g, \delta) + \| g \| \omega(K, \delta)] \qquad (8.50)$$

für alle $g \in$ C(M) *mit einer von* δ *und* g *unabhängigen Zahl* γ. *Ist* δ *hinreichend klein, so besitzt* K_δ *mindestens einen Eigenwert* λ *mit* $|\lambda - \lambda_0| < \varepsilon$.

Beweis: Wie schon im Beweis von Satz 8.6 gezeigt, ist $R(\,\cdot\,,K)g(x)$ für jedes $g \in C(M)$ und jedes $x \in M$ eine komplexe holomorphe Funktion auf $P(K)$. Ist $\lambda_0 \neq 0$ ein Eigenwert von K mit Projektor P, so ist λ_0 Pol der Funktion $R(\,\cdot\,,K)g(x)$ mit Residuum $Pg(x)$, also

$$Pg(x) = \frac{1}{2\pi i} \int\limits_{|\lambda - \lambda_0| = \eta} R(\lambda,K)g(x)\mathrm{d}\lambda \tag{8.51}$$

für jedes $\eta \leq \varrho$. Sei ε mit $0 < \varepsilon < \varrho$ gegeben und $\Lambda = \{\lambda \,|\, \varepsilon \leq |\lambda - \lambda_0| \leq \varrho\}$; wir wählen $\delta_0 > 0$ so klein, daß

$$\omega(K,\delta_0) \max\{\|R(\lambda,K)K\| \,|\, \lambda \in \Lambda\} \leq \tfrac{1}{2}(|\lambda_0| - \varrho) = \sigma$$

ist (es gilt $\varrho < |\lambda_0|$, da der Nullpunkt zu $\Sigma(K)$ gehört). Wegen $\min\{|\lambda| \,|\, \lambda \in \Lambda\} = 2\sigma$ ist nun (8.45) für alle $\lambda \in \Lambda$ und $\delta \leq \delta_0$ erfüllt; nach Satz 8.7 ist also $\Lambda \subset P(K_\delta)$ für $\delta \leq \delta_0$ und es gilt

$$\|R(\lambda,K_\delta)g - R(\lambda,K)g\| \leq \gamma\varepsilon^{-1}[\omega(g,\delta) + \|g\|\omega(K,\delta)] \tag{8.52}$$

mit $\gamma = \varepsilon\sigma^{-1} \max\{\|R(\lambda,K)K\|(1 + \|R(\lambda,K)\|) \,|\, \lambda \in \Lambda\}$ für $\lambda \in \Lambda$, $\delta \leq \delta_0$ und jedes $g \in C(M)$. Für $x \in M$ ist $R(\,\cdot\,,K_\delta)g(x)$ eine komplexe holomorphe Funktion auf $P(K_\delta)$. Ist P_δ die Summe der Residuen der Pole von $R(\,\cdot\,,K_\delta)$ in $|\lambda - \lambda_0| < \varepsilon$, (falls es solche gibt, und $P_\delta = 0$ sonst) so gilt

$$P_\delta g(x) = \frac{1}{2\pi i} \int\limits_{|\lambda - \lambda_0| = \varepsilon} R(\lambda,K_\delta)g(x)\mathrm{d}\lambda$$

und mit (8.51) und (8.52) erhält man

$$|P_\delta g(x) - Pg(x)| = \frac{1}{2\pi} \Big| \int\limits_{|\lambda - \lambda_0| = \varepsilon} [R(\lambda,K_\delta)g(x) - R(\lambda,K)g(x)]\mathrm{d}\lambda \Big|$$

$$\leq \frac{1}{2\pi} \int\limits_{|\lambda - \lambda_0| = \varepsilon} \|R(\lambda,K_\delta)g - R(\lambda,K)g\| \,|\mathrm{d}\lambda|$$

$$\leq \gamma[\omega(g,\delta) + \|g\|\omega(K,\delta)].$$

Daraus folgt (8.50). Es gibt ein $g \in C(M)$ mit $Pg \neq 0$. Ist δ so klein, daß die rechte Seite in (8.50) kleiner als $\|Pg\|$ ist, so ist $P_\delta g \neq 0$; also gibt es mindestens einen Eigenwert λ von K_δ mit $|\lambda - \lambda_0| < \varepsilon$.

Beispiel. Wir wenden das Verfahren auf den Operator K von Aufgabe 8.2, b) an. Es sei n eine natürliche Zahl, $\delta = \dfrac{\pi}{n}$ und

$$e(x) = \begin{cases} [\cos(nx)]^2 & \text{für} \quad |x| \leq \dfrac{\pi}{2n} \,(\mathrm{mod}\, 2\pi) \\ 0 & \text{sonst.} \end{cases}$$

Die Funktionen $e_j(x) = e\left(x - \dfrac{j\pi}{2n}\right)$, $j = 1,2,\ldots,4n$ bilden eine Zerlegung der Einheit $\mathscr{Z}$ auf M mit $\eta(\mathscr{Z}) = \delta$. Dazu wählen wir die Punkte $x_j = \dfrac{j\pi}{2n} \in \mathrm{trg}\, e_j$. Man berechnet $Ke(x) = \dfrac{1}{4n} \sum\limits_{m=-\infty}^{\infty} \lambda_m \gamma_{mn} \mathrm{e}^{\mathrm{i}mx}$ mit

$$\gamma_{mn} = \begin{cases} 1 & \text{für} \quad m = 0 \\[2mm] \dfrac{1}{2} & \text{für} \quad m = \pm 2n \\[2mm] \dfrac{2n}{\pi m} \sin\left(\dfrac{\pi m}{2n}\right) \dfrac{4n^2}{4n^2 - m^2} & \text{sonst} \end{cases}$$

und daraus $Ke_j(x) = Ke(x-x_j)$. Mit

$$f_{mn} = \frac{1}{4n} \sum_{j=1}^{4n} e^{-imx_j} f_\delta(x_j)$$

kann man nun die Gleichung (8.43) in der Form

$$\lambda f_\delta(x) - \sum_{m=-\infty}^{\infty} \lambda_m \gamma_{mn} f_{mn} e^{imx} = g(x) \tag{8.53}$$

schreiben. Man multipliziert mit $\frac{1}{4n} e^{-im'x}$, setzt $x = x_j$ und summiert über j. Mit Hilfe der Identität

$$\frac{1}{4n} \sum_{j=1}^{4n} e^{i(m-m')x_j} = \begin{cases} 1 & \text{für} \quad m-m' = 0 \,(\text{mod}\,4n) \\ 0 & \text{sonst} \end{cases}$$

erhält man

$$(\lambda - \lambda_{mn}) f_{mn} = g_{mn} \tag{8.54}$$

mit
$$\lambda_{mn} = \sum_{j=-\infty}^{\infty} \lambda_{m+4nj} \gamma_{m+4nj,n}$$

und
$$g_{mn} = \frac{1}{4n} \sum_{j=1}^{4n} e^{-imx_j} g(x_j)\,.$$

Da f_{mn}, g_{mn} und λ_{mn} bezüglich m periodisch sind mit der Periode $4n$, brauchen wir (8.54) nur für $|m| \le 2n$ zu betrachten. Ist $\lambda \ne \lambda_{mn}$ für $|m| \le 2n$, so folgt aus (8.53) und (8.54) die Lösung

$$f_\delta(x) = \lambda^{-1} g(x) + \lambda^{-1} \sum_{m=-\infty}^{\infty} (\lambda - \lambda_{mn})^{-1} \lambda_m \gamma_{mn} g_{mn} e^{imx}$$

Also ist $\sum(K_\delta) = \{0, \lambda_{0,n}, \lambda_{1,n}, \lambda_{-1,n}, \dots, \lambda_{2n,n}\}$ und zu jedem λ_{mn} gehört die Eigenfunktion $a_{mn}(x) = \sum_{j=-\infty}^{\infty} \lambda_{m+4nj} \gamma_{m+4nj,n} e^{i(m+4nj)x}$. Nach Satz 8.8 sind die λ_{mn} und a_{mn} Approximationen für gewisse Eigenwerte und zugehörige Eigenfunktionen von K. Wir zeigen, daß $\lambda_{mn} \to \lambda_m$ und $a_{mn}(x) \to \lambda_m e^{imx}$ gilt für $n \to \infty$: Aus der Definition der Zahlen γ_{mn} folgt nämlich $|\gamma_{mn} - 1| \le 4\frac{m^2}{n^2}$ für $|m| \le n$ und $|\gamma_{mn}| \le 4n^2 |m|^{-1} (|m| + 2n)^{-1}$ für $|m| \ge 2n$. Damit erhält man nach kurzer Rechnung

$$|\lambda_{mn} - \lambda_m| \le 4\frac{m^2}{n^2} |\lambda_m| + \max\left\{|\lambda_j| \,\Big|\, |j| \ge 3n\right\}$$

und
$$|a_{mn}(x) - \lambda_m e^{imx}| \le 4\frac{m^2}{n^2} |\lambda_m| + \max\left\{|\lambda_j| \,\Big|\, |j| \ge 3n\right\}$$

für $|m| \le n$ und für alle x. Diese Ungleichungen bestätigen unsere Behauptung. Sie zeigen aber außerdem, daß die Abschätzungen von Satz 8.8 in gewissen Fällen sehr pessimistisch sind. Setzt man z. B. $\lambda_{\pm 1} = 1$ und $\lambda_m = 0$ für $|m| \ne 1$, so ist $K(x,y) = \frac{1}{\pi} \cos(x-y)$ stetig differenzierbar und folglich $\gamma_1 \delta \le \omega(K; \delta) \le \gamma_2 \delta$ nach Aufgabe 8.16, b). Die Fehlerabschätzung (8.50) für die Eigenfunktionen liefert damit eine Schranke von der Größenordnung δ, während unsere obige Abschätzung zeigt, daß der Fehler von der Ordnung δ^2 ist.

Aufgaben. 8.16. a) Für $K \in \mathscr{K}_\alpha^\gamma$ (vgl. Aufgabe 8.11) gilt $\omega(K, \delta) \le \gamma_1 \delta^\gamma$ mit einer positiven Konstanten γ_1 für die durch (8.40) definierte Funktion $\omega(K, \cdot)$.

b) Ist der Kern $K(x,y)$ stetig differenzierbar und nicht konstant als Funktion von x, so ist $\gamma_1 \delta \le \omega(K, \delta) \le \gamma_2 \delta$ mit zwei positiven Konstanten γ_1, γ_2.

8.17. Man wende das Approximationsverfahren auf den Operator K von Aufgabe 8.2, b) an, diesmal jedoch mit der Zerlegung der Einheit $\tilde{e}_j(x) = \tilde{e}\left(x - \dfrac{j\pi}{2n}\right)$, $j = 1,2,\ldots,4n$ mit $\tilde{e}(x) = 1 - \dfrac{2n}{\pi}|x|$ für $|x| \le \dfrac{\pi}{2n}$ (mod 2π) und $\tilde{e}(x) = 0$ sonst. Man vergleiche das Ergebnis mit dem obigen Beispiel.

8.6 Entwicklung nach Eigenfunktionen. Wie schon erwähnt, ist (M,μ) ein positives Dualsystem in bezug auf die Involution $f \mapsto \bar{f}$; die positive Sesquilinearform $(\,\cdot\,,\cdot\,)$ ist durch (8.2), die zugehörige Hilbertnorm $\|\cdot\|_2$ durch

$$\|f\|_2 = [\mu(|f|^2)]^{1/2} \tag{8.55}$$

erklärt. $C(M)$ ist ein Prähilbertraum mit dem Skalarprodukt $(\,\cdot\,,\cdot\,)$ und dichter Teilraum eines Hilbertraumes H. Wir werden in Kapitel IV zeigen, daß man die Elemente von H als Funktionen auf M auffassen kann [1]; im folgenden brauchen wir eine solche Darstellung nicht. Wir machen lediglich von den abstrakten Eigenschaften des Raumes H Gebrauch.

Durch (3.34) ist jedem Operator $A \in \mathscr{A}(M,\mu)$ der adjungierte Operator $A^* \in \mathscr{A}(M,\mu)$ zugeordnet. Für einen Integraloperator K mit stetigem oder polarem Kern $K(x,y)$ ist K^* nach (3.34) und Satz 8.2 ebenfalls ein Integraloperator, und zwar mit dem Kern

$$K^*(x,y) = \overline{K(y,x)}. \tag{8.56}$$

A heißt nach 5.9 normal, wenn $AA^* = A^*A$ ist. Ist $K \in \mathscr{K}(M,\mu)$ normal und ungleich Null, so besitzt K einen von Null verschiedenen Eigenwert nach Satz 5.20. Wir erinnern an den Begriff der geordneten Folge der Eigenwerte, der in 6.2 für Operatoren im Hilbertraum eingeführt wurde. Wir verwenden ihn hier für normale Operatoren in $\mathscr{K}(M,\mu)$:

Satz 8.9. *Es sei* $K \in \mathscr{K}(M,\mu)$ *normal und nicht gleich Null, und* (λ_j) *die geordnete Folge der Eigenwerte von* K. *Dann gibt es eine Folge von Eigenfunktionen* $a_j \in C(M)$ *zu den Eigenwerten* λ_j *mit* $(a_j,a_k) = \delta_{jk}$. *Für jedes* $f \in C(M)$ *gilt (im Sinne der Gleichheit in* H)

$$Kf = \sum_j \lambda_j(f,a_j)a_j \tag{8.57}$$

und

$$K(\lambda)f = \lambda \sum_j \lambda_j(\lambda - \lambda_j)^{-1}(f,a_j)a_j \tag{8.58}$$

für jedes $\lambda \in P(K)$; *beide Reihen konvergieren im Sinne der Norm* $\|\cdot\|_2$.

Beweis: Nach Satz 3.19 hat K eine eindeutige normale Fortsetzung $\tilde{K} \in \mathscr{B}(H)$; nach Satz 5.20 sind die Spektren von K und $\tilde{K}$ und die verallgemeinerten Eigenräume zu den von Null verschiedenen Eigenwerten identisch. Nach Aufgabe 6.6 ist $\tilde{K}$ kompakt; wir können also den Spektralsatz von Hilbert (Satz 6.3) anwenden und erhalten die Existenz der Folge (a_j) und die Gleichung (8.57). Die Gleichung (8.58) folgt aus (6.9) und der Definition (8.33) von $K(\lambda)$.

Wir wollen nun zeigen, daß in gewissen Fällen die Reihen (8.57) und (8.58) im Sinne der Norm $\|\cdot\|$, also gleichmäßig bezüglich x, konvergieren:

Satz 8.10. *Es sei eine der drei folgenden Bedingungen erfüllt:*

(8.59)   *Es gibt eine Konstante* γ *derart, daß* $\sum_j |\lambda_j a_j(x)|^2 \le \gamma$ *ist für alle* $x \in M$.

(8.59′)   *Es gibt eine Folge von Operatoren* $K_n \in \mathscr{K}_\infty(M,\mu)$ *mit* $\|K - K_n\| \to 0$ *und eine Konstante* γ *derart, daß* $\int |K_n(x,y)|^2 \, d\mu(y) \le \gamma$ *ist für alle* n *und für alle* $x \in M$.

---

[1] H ist normisomorph zu dem in 11.1 bzw. 12.1 erklärten Lebesgue-Raum $L_2(M,\mathscr{A},\mu)$.

(8.59″) *Es gilt* $K \in \mathcal{K}_\alpha(M, \mu)$ *mit* $\alpha > \frac{m}{2}$.

Dann konvergieren die Reihen (8.57) und (8.58) in C(M), *also im Sinne der Norm* $\|\cdot\|$, *und die Gleichungen gelten für alle* $x \in M$.

Beweis: 1. Ist (8.59″) erfüllt, so setze man $K_n(x,y) = \eta_n(|x-y|)K(x,y)$. Nach Satz 8.2 gilt dann $\|K-K_n\| \to 0$. Ferner ist $\int |K_n(x,y)|^2 \, d\mu(y) \leq \int |K(x,y)|^2 \, d\mu(y)$ für alle n; dieser Ausdruck ist aber nach Satz 8.4 und (8.29) gleich $M(x,x)$, wenn $M(x,y)$ der Kern des Operators $M = KK^* \in \mathcal{K}_\infty$ ist. Also gilt (8.59′) für den Operator K.

2. Ist (8.59′) erfüllt, so gilt $K_n a_j \to K a_j = \lambda_j a_j$ für $n \to \infty$ und für jedes j. Für jedes $x \in M$ und natürliche Zahlen p und n ist

$$\sum_{j=1}^{p} |K_n a_j(x)|^2 = \sum_{j=1}^{p} |(\overline{K_n(x,\cdot)}, a_j)|^2 \leq \int |K_n(x,y)|^2 \, d\mu(y) \leq \gamma$$

mit Benutzung der Besselschen Ungleichung (Aufgabe 3.23, a)). Für $n \to \infty$ folgt daraus $\sum_{j=1}^{p} |\lambda_j a_j(x)|^2 \leq \gamma$ für alle p, d. h. es gilt (3.59).

3. Ist (8.59) erfüllt, so konvergiert die Reihe (8.57) absolut und gleichmäßig bezüglich x; es ist nämlich

$$\left(\sum_{j=n}^{n+p} |\lambda_j (f, a_j) a_j(x)| \right)^2 \leq \sum_{j=n}^{n+p} |\lambda_j a_j(x)|^2 \sum_{j=n}^{n+p} |(f, a_j)|^2 \leq \gamma \sum_{j=n}^{n+p} |(f, a_j)|^2$$

und die Reihe $\sum_j |(f, a_j)|^2$ konvergiert infolge der Besselschen Ungleichung. Ist nun $g \in$ C(M) die Summe der Reihe in (8.57), so ist $\|Kf - g\|_2 = 0$ nach Satz 8.9, also $Kf = g$ wie behauptet. Die absolute und gleichmäßige Konvergenz der Reihe (8.58) folgt aus der von (8.57). Damit ist der Satz bewiesen.

Beispiel. Wir betrachten den Operator K von Aufgabe 8.2, b). Wie in Aufgabe 8.5, b) zeigt man leicht, daß K normal ist. Nach Aufgabe 8.15 hat er die Eigenwerte λ_m mit den Eigenfunktionen e^{imx}. Aus den von Null verschiedenen Zahlen λ_m kann man die geordnete Folge der Eigenwerte bilden; die nach Satz 8.9 zugehörige orthonormale Folge von Eigenfunktionen wird aus den Funktionen $(2\pi)^{-1/2} e^{imx}$ gebildet. Wir können zum Nachweis der Bedingung (8.59) offenbar auf diese Umordnung verzichten: Die Bedingung (8.59) ist genau dann erfüllt, wenn $\sum_{m=-\infty}^{\infty} |\lambda_m|^2 < \infty$ ist.

Aufgaben. 8.18. Es sei $K \in \mathcal{K}(M,\mu)$ nicht notwendig normal, (μ_j) die geordnete Folge der singulären Werte von K, (a_j) und (b_j) die zugehörigen orthonormalen Folgen in H nach Satz 6.8. Man zeige:
a) Die a_j und b_j gehören zu C(M).
b) Es sei entweder $\sum_j |\mu_j a_j(x)|^2 \leq \gamma$ für alle $x \in M$, oder es gelte (8.59′) bzw. (8.59″); dann ist $Kf(x) = \sum_j \mu_j (f, b_j) a_j(x)$ für jedes $f \in$ C(M) und $x \in M$ und die Reihe konvergiert absolut und gleichmäßig.

8.19. Es sei $M = [0,1]$, $\mu(f) = \int_0^1 f(x) \, dx$ und

$$K_1(x,y) = \begin{cases} (1-x)y & \text{für} \quad y \leq x \\ x(1-y) & \text{für} \quad y \geq x, \end{cases}$$

$$K_2(x,y) = \begin{cases} 1-x & \text{für} \quad y \leq x \\ 1-y & \text{für} \quad y \geq x. \end{cases}$$

Man berechne die Eigenwerte und Eigenfunktionen der Operatoren K_1 und K_2 und beweise die absolute und gleichmäßige Konvergenz der Reihen (8.57) und (8.58) ohne Benutzung von Satz 8.10.

8.7 Bilinearentwicklung des Kerns. Die Gleichung (8.57) legt die Vermutung nahe, daß für einen normalen Operator $K \in \mathcal{K}_\infty$ bzw. für seinen stetigen Kern und für alle $x, y \in M$ die Entwicklung

$$K(x,y) = \sum_j \lambda_j a_j(x) \overline{a_j(y)} \tag{8.60}$$

gilt. Es ist leicht, sich davon zu überzeugen, daß das nicht für jeden stetigen Kern wahr ist: Als Gegenbeispiel betrachte man das Dualsystem von Aufgabe 8.2 und eine stetige 2π-periodische Funktion k, deren Fourierreihe nicht für alle x konvergiert[1]. Der stetige Kern $K(x,y) = k(x-y)$ erzeugt dann offenbar einen normalen Operator $K \in \mathcal{K}_\infty$ und (8.60) ist gerade die Fourier-Entwicklung von $k(x-y)$, also nicht für alle x und y gültig. Wir wollen im folgenden zeigen, daß die Entwicklung (8.60) für nicht-negative Operatoren $K \in \mathcal{K}_\infty$ gilt (Definition folgt). Diese Tatsache ist zuerst von J. Mercer bewiesen worden[2]. Wir nennen einen Operator $A \in \mathcal{A}(M, \mu)$ symmetrisch, wenn $A^* = A$ ist; das ist offenbar genau dann der Fall, wenn die Fortsetzung $\tilde{A} \in \mathcal{B}(H)$ symmetrisch ist. Mit Satz 6.4 schließt man daraus, daß A genau dann symmetrisch ist, wenn (Af, f) reell ist für alle $f \in C(M)$. Alle Eigenwerte eines symmetrischen Operators sind reell. Ein Integraloperator mit polarem Kern ist nach (8.56) genau dann symmetrisch, wenn $K(x,y) = \overline{K(y,x)}$ ist für alle $x \neq y$. Ein Operator $A \in \mathcal{A}(M, \mu)$ heißt nicht-negativ, wenn $(Af, f) \geq 0$ ist für alle $f \in C(M)$. Ein nicht-negativer Operator ist also insbesondere symmetrisch; seine Eigenwerte sind sämtlich nicht-negativ. Für einen normalen Operator $K \in \mathcal{K}(M, \mu)$ folgt aus (8.57) die Gleichung

$$(Kf, f) = \sum_j \lambda_j |(f, a_j)|^2 \tag{8.61}$$

für alle $f \in C(M)$. Sie zeigt, daß ein normaler Operator $K \in \mathcal{K}(M, \mu)$ genau dann symmetrisch bzw. nicht-negativ ist, wenn seine Eigenwerte sämtlich reell bzw. nicht-negativ sind. Für einen Integraloperator gibt es kein einfaches Kriterium, das die Eigenschaft „nicht-negativ" des Operators aus einer Eigenschaft des Kerns abzulesen gestattet. Insbesondere ist es nicht wahr, daß ein nicht-negativer Kern einen nicht-negativen Operator erzeugt oder umgekehrt; Gegenbeispiele findet man leicht durch geeignete Wahl der Zahlen λ_m in Aufgabe 8.2. Zum Beweis des Satzes von Mercer benötigen wir den folgenden

Hilfssatz. *Für einen nicht-negativen Operator* $K \in \mathcal{K}_\infty(M, \mu)$ *ist* $K(x,x) \geq 0$ *für alle* $x \in M$.

Beweis: Nach Voraussetzung ist $(Kf, f) \geq 0$ für alle f. Es genügt daher, zu jedem $x_0 \in M$ eine Folge (f_n) in $C(M)$ mit $(Kf_n, f_n) \to K(x_0, x_0)$ anzugeben. Mit den durch (8.15) definierten Funktionen η_n setzen wir $g_n(x) = 1 - \eta_n(|x - x_0|)$. Dann ist $\mu(g_n) > 0$ und die Funktionen $f_n = [\mu(g_n)]^{-1} g_n$ haben die Eigenschaften $f_n \geq 0$, $f_n(x) = 0$ für $|x - x_0| \geq \frac{1}{n}$ und $\mu(f_n) = 1$. Daraus folgt

$$|(Kf_n, f_n) - K(x_0, x_0)| = |\iint [K(x,y) - K(x_0, x_0)] f_n(x) f_n(y) \, d\mu(x) \, d\mu(y)|$$
$$\leq \max \{ |K(x,y) - K(x_0, x_0)| \, | \, |x - x_0| \leq \tfrac{1}{n}, |y - x_0| \leq \tfrac{1}{n} \} \to 0$$

für $n \to \infty$. Damit ist der Hilfssatz bewiesen.

Wir zitieren ferner den bekannten

Satz von Dini[3]. *Es sei* M *ein kompakter metrischer Raum,* $f_1, f_2, \ldots$ *seien stetige nicht-negative*

---

[1] Die Konstruktion einer solchen Funktion findet man z. B. bei Fejér, L.: J. f. d. reine und angewandte Math. **137** (1910) 1 bis 5.

[2] Mercer, J.: Phil. Trans. Royal Soc. London **209** A (1909) 415 bis 446.

[3] Vgl. z. B. Schubert, H.: Topologie. 2. Auflage. Stuttgart 1969, S. 140.

Funktionen auf M. *Die Reihe* $\sum_{j=1}^{\infty} f_j(x)$ *sei konvergent für jedes* $x \in$ M *und ihre Summe sei stetig auf* M. *Dann konvergiert die Reihe gleichmäßig bezüglich* x *auf* M.

Satz 8.11 (Mercer). *Es sei* $K \in \mathscr{K}_{\infty}(M,\mu)$ *ein nicht-negativer Operator. Dann gilt die Entwicklung* (8.60) *für alle* $x, y \in$ M *und die Reihe ist absolut und gleichmäßig konvergent.*

Beweis: Für jedes n sei $A_n(x,y) = \sum_{j=1}^{n} \lambda_j a_j(x)\overline{a_j(y)}$. Nach Voraussetzung ist $\lambda_j \geq 0$ für alle j.

Aus (8.61) folgt $((K-A_n)f,f) = \sum_{j=n+1}^{\infty} \lambda_j |(f,a_j)|^2 \geq 0$ für alle f, d. h. $K-A_n$ ist nicht-negativ. Nach dem Hilfssatz ist folglich $A_n(x,x) = \sum_{j=1}^{n} \lambda_j |a_j(x)|^2 \leq K(x,x)$ für alle x und für $n = 1, 2, \ldots$ Die Reihe $\sum_j \lambda_j |a_j(x)|^2$ ist also für alle $x \in$ M konvergent; aber die Gleichmäßigkeit der Konvergenz ist noch nicht bewiesen. Aus der Abschätzung

$$\left(\sum_{j=n}^{n+p} |\lambda_j a_j(x)\overline{a_j(y)}|\right)^2 \leq \sum_{j=n}^{n+p} \lambda_j |a_j(x)|^2 \sum_{k=n}^{n+p} \lambda_k |a_k(y)|^2 \leq \max\{K(x,x) \mid x \in M\} \sum_{j=n}^{n+p} \lambda_j |a_j(x)|^2 \qquad (8.62)$$

folgt, daß die Reihe $L(x,y) = \sum_j \lambda_j a_j(x)\overline{a_j(y)}$ für alle $(x,y) \in$ M^2 konvergiert, und zwar gleichmäßig bezüglich y bei festem x. Für jedes $x_0 \in$ M ist also durch $h(y) = \overline{K(x_0,y)} - \overline{L(x_0,y)}$ eine Funktion $h \in C(M)$ definiert mit der Eigenschaft, daß $(h,a_j) = \overline{Ka_j(x_0)} - \lambda_j \overline{a_j(x_0)} = 0$ ist für alle j. Daraus folgt $\int L(x_0,y)h(y)\mathrm{d}\mu(y) = 0$ und $Kh(x_0) = \int K(x_0,y)h(y)\mathrm{d}\mu(y) = 0$ nach Satz 8.10, also $(h,h) = 0$, d. h. $h(y) = 0$ für alle $y \in$ M. Da x_0 beliebig gewählt werden kann, ist damit die Gleichung (8.60) bewiesen. Insbesondere ist $\sum_j \lambda_j |a_j(x)|^2 = K(x,x)$. Nach dem Satz von Dini ist die Reihe $\sum_j \lambda_j |a_j(x)|^2$ gleichmäßig konvergent, und aus (8.62) folgt nun, daß die Reihe in (8.60) absolut und bezüglich beider Variablen gleichmäßig konvergiert. Setzt man $x = y$ in (8.60) und integriert, so erhält man

$$\sum_j \lambda_j = \int K(x,x)\mathrm{d}\mu(x). \qquad (8.63)$$

Da für einen nicht-negativen Operator nach Satz 6.9 die singulären Werte mit den Eigenwerten identisch sind, so ist damit zugleich gezeigt, daß ein nicht-negativer Operator $K \in \mathscr{K}_{\infty}$ (genauer: seine Fortsetzung $\tilde{K} \in \mathscr{B}(H)$) zur Spurklasse gehört. Die Gleichung (8.63) ist für diese Operatoren eine weitere Definition der Spur. Ist K ein (nicht notwendig normaler) Operator aus $\mathscr{K}_{\alpha}(M,\mu)$ mit $\alpha > \frac{m}{2}$, so ist KK^* ein nicht-negativer Operator aus $\mathscr{K}_{\infty}$; seine Eigenwerte $(\mu_j)^2$ sind die Quadrate der singulären Werte von K. Aus (8.63) folgt daher, daß K zur Hilbert-Schmidt-Klasse gehört. Ist $K \in \mathscr{K}_{\alpha}(M,\mu)$ mit $\alpha > \frac{m}{2p}$, so ist $(KK^*)^p$ ein nicht-negativer Operator aus $\mathscr{K}_{\infty}$ mit den Eigenwerten $(\mu_j)^{2p}$ und folglich $\tilde{K} \in \mathscr{C}_{2p}(H)$. Mit Hilfe von Satz 6.13 erhält man also:

Satz 8.12. *Es sei* $K \in \mathscr{K}_{\alpha}(M,\mu)$ *mit* $\alpha > \frac{m}{2p}$, p *eine natürliche Zahl, und* $\lambda_1, \lambda_2, \ldots$ *die geordnete Folge der Eigenwerte von* K. *Dann ist* $\gamma = \left\{\sum_j |\lambda_j|^{2p}\right\}^{\frac{1}{2p}} < \infty$ *und* $|\lambda_n| \leq \gamma n^{-\frac{1}{2p}}$ *für* $n = 1, 2, \ldots$

Aufgaben. 8.20. a) Für einen nicht-negativen Operator $K \in \mathscr{K}_{\infty}$ und für jedes $\lambda \in P(K)$ hat der Kern des Operators $K(\lambda)$ die Darstellung $K(x,y,\lambda) = \lambda \sum_j \lambda_j (\lambda - \lambda_j)^{-1} a_j(x)\overline{a_j(y)}$ und die Reihe ist absolut und gleichmäßig konvergent.

b) Für einen normalen Operator $K \in \mathscr{K}_{\alpha}$ mit $\alpha > \frac{m}{2}$ und für jedes $\lambda \in P(K)$ gilt $K(x,y,\lambda) = K(x,y) + \sum_j \lambda_j^2 (\lambda - \lambda_j)^{-1} a_j(x)\overline{a_j(y)}$ und die Reihe ist absolut und gleichmäßig konvergent. Anleitung: Man betrachtet den Operator KK^*.

8.21. Es sei k eine stetige und 2π-periodische Funktion mit nicht-negativen Fourier-Koeffizienten $\lambda_m = \dfrac{1}{2\pi} \int\limits_0^{2\pi} k(x)\mathrm{e}^{-imx}\,\mathrm{d}x$. Dann gilt $k(x) = \sum\limits_{m=-\infty}^{\infty} \lambda_m \mathrm{e}^{imx}$ für alle x und die Reihe konvergiert absolut und gleichmäßig.

8.8 Die Fredholmschen Determinanten. Für Integralgleichungen mit stetigem Kern ist der von I. Fredholm[1] zuerst gefundene Lösungsweg zweifellos der kürzeste. Für beliebige Punkte $x_1, \dots, x_n, y_1, \dots, y_n \in M$ definiert man die Ausdrücke

$$K\left(\begin{smallmatrix} x_1, \dots, x_n \\ y_1, \dots, y_n \end{smallmatrix}\right) = \det\left(K(x_j, y_k)\right)_{j,k=1,2,\dots,n} \tag{8.64}$$

und mit einer komplexen Variablen ζ die Reihen

$$D(\zeta) = 1 + \sum_{n=1}^{\infty} \frac{(-\zeta)^n}{n!} \int \cdots \int K\left(\begin{smallmatrix} z_1, \dots, z_n \\ z_1, \dots, z_n \end{smallmatrix}\right) \mathrm{d}\mu(z_1) \dots \mathrm{d}\mu(z_n) \tag{8.65}$$

und

$$D\left(\begin{smallmatrix} x_1, \dots, x_p \\ y_1, \dots, y_p \end{smallmatrix}; \zeta\right) = K\left(\begin{smallmatrix} x_1, \dots, x_p \\ y_1, \dots, y_p \end{smallmatrix}\right) + \sum_{n=1}^{\infty} \frac{(-\zeta)^n}{n!} \int \cdots \int K\left(\begin{smallmatrix} x_1, \dots, x_p, z_1, \dots, z_n \\ y_1, \dots, y_p, z_1, \dots, z_n \end{smallmatrix}\right) \mathrm{d}\mu(z_1) \cdots \mathrm{d}\mu(z_n) \tag{8.66}$$

für $p = 1, 2, \dots$ Diese Reihen konvergieren gleichmäßig bezüglich ζ in jeder beschränkten Teilmenge der komplexen Ebene und gleichmäßig bezüglich der Variablen $x_1, \dots, x_p, y_1, \dots, y_p$ in M^{2p}. Wir nennen sie Fredholmsche Determinanten der Ordnung Null bzw. p. Für den Konvergenzbeweis benötigt man die Hadamardsche Ungleichung

$$\left| \det\left(\alpha_{jk}\right)_{j,k=1,\dots,n} \right|^2 \le \prod_{j=1}^{n} \sum_{k=1}^{n} |\alpha_{jk}|^2 \,.$$

Ist $\gamma = \max\{|K(x,y)| \mid x, y \in M\}$, so liefert sie für die Determinanten (8.64) die Abschätzung $|K\left(\begin{smallmatrix} x_1, \dots, x_n \\ y_1, \dots, y_n \end{smallmatrix}\right)| \le \gamma^n n^{n/2}$. Wegen $n! > \left(\frac{n}{e}\right)^n$ haben nun die Koeffizienten der Reihe (8.65) die Schranke $\left[e\mu(1)\gamma n^{-1/2}\right]^n$ und die der Reihen (8.66) sind kleiner als $\left[e\mu(1)n^{-1}\right]^n \left[(n+p)^{1/2}\gamma\right]^{n+p}$. Nach dem Konvergenzkriterium für Potenzreihen folgt daraus, daß beide Reihen ganze holomorphe Funktionen der Variablen ζ darstellen. Da die Schranken von den Variablen x_j und y_j nicht abhängen, ist auch bewiesen, daß die Konvergenz bezüglich dieser Variablen gleichmäßig ist. Die Reihen (8.66) stellen also stetige Funktionen der Variablen $x_1, \dots, x_p, y_1, \dots, y_p$ dar; außerdem folgt, daß man die Reihen (8.66) gliedweise bezüglich dieser Variablen integrieren darf. Schließlich darf man nach (8.12) die Integrationen in den Koeffizienten von (8.65) und (8.66) in beliebiger Reihenfolge ausführen. Unter Ausnutzung dieser Regeln erhält man aus (8.66) durch Entwicklung der Determinanten nach den Elementen der ersten Reihe nach kurzer Rechnung die Formel

$$D\left(\begin{smallmatrix} x_1, \dots, x_p \\ y_1, \dots, y_p \end{smallmatrix}; \zeta\right) - \zeta \int K(x_1, z) D\left(\begin{smallmatrix} z, \; x_2, \dots, x_p \\ y_1, y_2, \dots, y_p \end{smallmatrix}; \zeta\right) \mathrm{d}\mu(z) = \sum_{j=1}^{p} (-1)^{j+1} K(x_1, y_j) D\left(\begin{smallmatrix} x_2, \dots, x_p \\ y_1, \dots [y_j] \dots, y_p \end{smallmatrix}; \zeta\right). \tag{8.67}$$

Darin bedeutet $y_1, \dots [y_j] \dots, y_p$, daß die Variable y_j aus dem p-Tupel $y_1, \dots, y_p$ wegzulassen ist. Ersetzt man in den obigen Formeln den Kern $K(x,y)$ durch den transponierten Kern, so erhält man analoge Ausdrücke $K^{\mathrm{T}}\left(\begin{smallmatrix} x_1, \dots, x_n \\ y_1, \dots, y_n \end{smallmatrix}\right), D^{\mathrm{T}}(\zeta)$ und $D^{\mathrm{T}}\left(\begin{smallmatrix} x_1, \dots, x_p \\ y_1, \dots, y_p \end{smallmatrix}; \zeta\right)$, die sich leicht auf die bisherigen zurückführen lassen; es ist nämlich $K^{\mathrm{T}}\left(\begin{smallmatrix} x_1, \dots, x_n \\ y_1, \dots, y_n \end{smallmatrix}\right) = K\left(\begin{smallmatrix} y_1, \dots, y_n \\ x_1, \dots, x_n \end{smallmatrix}\right)$ und daher

$$D^{\mathrm{T}}(\zeta) = D(\zeta), \quad D^{\mathrm{T}}\left(\begin{smallmatrix} x_1, \dots, x_p \\ y_1, \dots, y_p \end{smallmatrix}; \zeta\right) = D\left(\begin{smallmatrix} y_1, \dots, y_p \\ x_1, \dots, x_p \end{smallmatrix}; \zeta\right). \tag{8.68}$$

---

[1] Fredholm, I.: Acta Math. **27** (1903) 365 bis 390.

Schreibt man nun das Analogon von Gleichung (8.67) für den transponierten Kern auf, so folgt mit Hilfe von (8.68) die neue Gleichung

$$D\begin{pmatrix} x_1,\ldots,x_p \\ y_1,\ldots,y_p \end{pmatrix};\zeta) - \zeta \int D\begin{pmatrix} x_1,x_2,\ldots,x_p \\ z,\ y_2,\ldots,y_p \end{pmatrix};\zeta) K(z,y_1)\,\mathrm{d}\mu(z) = \sum_{j=1}^{p}(-1)^{j+1} D\begin{pmatrix} x_1,\ldots,[x_j],\ldots,x_p \\ y_2,\ldots\ldots\ldots,y_p \end{pmatrix};\zeta) K(x_j,y_1). \tag{8.67'}$$

Eine weitere Formel erhält man aus (8.66), indem man die Variablen y_j mit x_j identifiziert und über M integriert, nämlich

$$\int \cdots \int D\begin{pmatrix} z_1,\ldots,z_p \\ z_1,\ldots,z_p \end{pmatrix};\zeta)\,\mathrm{d}\mu(z_1)\ldots\mathrm{d}\mu(z_p) = \left(-\frac{\mathrm{d}}{\mathrm{d}\zeta}\right)^{p} D(\zeta). \tag{8.69}$$

In diesen Formeln ist die Fredholmsche Theorie für den Operator K enthalten, wie wir nun zeigen wollen:

Satz 8.13. *Jeder Punkt $\lambda \in \mathbf{C}$ mit $\lambda \neq 0$ und $D(\lambda^{-1}) \neq 0$ gehört zu $\mathbf{P}(K)$; der Kern des Operators $K(\lambda)$ ist durch $K(x,y,\lambda) = [D(\lambda^{-1})]^{-1} D\begin{pmatrix} x \\ y \end{pmatrix};\lambda^{-1})$ gegeben. Jeder Punkt $\lambda_0 \in \mathbf{C}$ mit $\lambda_0 \neq 0$ und $D(\lambda_0^{-1}) = 0$ ist Eigenwert von K. Die geometrische Vielfachheit d des Eigenwertes λ_0 ist die kleinste Zahl derart, daß $\delta = D\begin{pmatrix} \tilde{x}_1,\ldots,\tilde{x}_d \\ \tilde{y}_1,\ldots,\tilde{y}_d \end{pmatrix}\lambda_0^{-1}) \neq 0$ ist für geeignete Punkte $\tilde{x}_j,\tilde{y}_j \in \mathbf{M}$. Eine Basis $\varphi_1,\ldots,\varphi_d$ bzw. $\psi_1,\ldots,\psi_d$ des Eigenraumes von K bzw. K^{T} ist gegeben durch*

$$\varphi_j(x) = (-1)^{j+1}\delta^{-1} D\begin{pmatrix} x,\ \tilde{x}_1,\ldots,[\tilde{x}_j],\ldots,\tilde{x}_d \\ \tilde{y}_1,\tilde{y}_2,\ldots\ldots\ldots,\tilde{y}_d \end{pmatrix};\lambda_0^{-1}) \tag{8.70}$$

$$\psi_j(x) = (-1)^{j+1}\delta^{-1} D\begin{pmatrix} \tilde{x}_1,\tilde{x}_2,\ldots\ldots\ldots,\tilde{x}_d \\ x,\ \tilde{y}_1,\ldots,[\tilde{y}_j],\ldots,\tilde{y}_d \end{pmatrix};\lambda_0^{-1}). \tag{8.70'}$$

Beweis: Für $p = 1$ reduzieren sich die Gleichungen (8.67) und (8.67') auf

$$D\begin{pmatrix} x \\ y \end{pmatrix};\zeta) - \zeta \int K(x,z) D\begin{pmatrix} z \\ y \end{pmatrix};\zeta)\,\mathrm{d}\mu(z) = D(\zeta) K(x,y) \tag{8.71}$$

und

$$D\begin{pmatrix} x \\ y \end{pmatrix};\zeta) - \zeta \int D\begin{pmatrix} x \\ z \end{pmatrix};\zeta) K(z,y)\,\mathrm{d}\mu(z) = D(\zeta) K(x,y). \tag{8.71'}$$

Ist nun $\lambda \neq 0$, $\zeta = \lambda^{-1}$ und $D(\lambda^{-1}) \neq 0$, so sei $K(\lambda)$ der Operator mit dem stetigen Kern $K(x,y,\lambda) = [D(\lambda^{-1})]^{-1} D\begin{pmatrix} x \\ y \end{pmatrix};\lambda^{-1})$. Nach (8.10) bedeuten dann die Gleichungen (8.71), (8.71') dasselbe wie $K(\lambda) - K = \lambda^{-1} K K(\lambda) = \lambda^{-1} K(\lambda) K$, d. h. $\lambda^{-1} I + \lambda^{-2} K(\lambda)$ ist die Inverse von $\lambda I - K$. Ist $\lambda_0 \neq 0$ und $\zeta_0 = \lambda_0^{-1}$ eine Nullstelle der Ordnung n von $D(\cdot)$, so ist $D^{(n)}(\lambda_0^{-1}) \neq 0$ und daher nach (8.69)

$$\int \cdots \int D\begin{pmatrix} z_1,\ldots,z_n \\ z_1,\ldots,z_n \end{pmatrix};\lambda_0^{-1})\,\mathrm{d}\mu(z_1)\ldots\mathrm{d}\mu(z_n) \neq 0.$$

Also ist $D\begin{pmatrix} x_1,\ldots,x_n \\ y_1,\ldots,y_n \end{pmatrix};\lambda_0^{-1})$ nicht für alle Werte der Variablen x_j und y_j gleich Null, und es gibt einen Index $d \leq n$ derart, daß $D\begin{pmatrix} x_1,\ldots,x_p \\ y_1,\ldots,y_p \end{pmatrix}\lambda_0^{-1})$ für $p < d$ identisch verschwindet, nicht aber für $p = d$. Es gibt also Punkte $\tilde{x}_1,\ldots,\tilde{x}_d,\tilde{y}_1,\ldots,\tilde{y}_d \in \mathbf{M}$ mit $\delta = D\begin{pmatrix} \tilde{x}_1,\ldots,\tilde{x}_d \\ \tilde{y}_1,\ldots,\tilde{y}_d \end{pmatrix};\lambda_0^{-1}) \neq 0$; aus (8.66) folgt, daß die $\tilde{x}_j$ paarweise verschieden sind, und ebenso die Punkte $\tilde{y}_j$. Die Definitionen (8.70), (8.70') liefern Funktionen $\varphi_j,\psi_j \in \mathbf{C}(\mathbf{M})$ mit $\varphi_j(\tilde{x}_k) = \delta_{jk}$ und $\psi_j(\tilde{y}_k) = \delta_{jk}$ für $j,k = 1,\ldots,d$. Die Funktionen φ_j sind also linear unabhängig und ebenso die Funktionen ψ_j. Aus (8.67), (8.67') mit $p = d$ folgt $\varphi_j - \lambda_0^{-1} K \varphi_j = 0$ und $\psi_j - \lambda_0^{-1} K^{\mathsf{T}} \psi_j = 0$ für $j = 1,2,\ldots,d$. Es bleibt zu zeigen, daß die φ_j eine Basis von $\mathbf{N}(\lambda_0 I - K)$ und die ψ_j eine Basis von $\mathbf{N}(\lambda_0 I - K^{\mathsf{T}})$ bilden. Dazu definiert man

$$M(x,y) = \delta^{-1} D\begin{pmatrix} x,\tilde{x}_1,\ldots,\tilde{x}_d \\ y,\tilde{y}_1,\ldots,\tilde{y}_d \end{pmatrix};\lambda_0^{-1}). \tag{8.72}$$

Aus (8.67), (8.67') mit $p = d + 1$ folgen die Gleichungen

$$M(x,y) - \lambda_0^{-1} \int K(x,z) M(z,y)\,\mathrm{d}\mu(z) = K(x,y) - \sum_{j=1}^{d} K(x,\tilde{y}_j)\psi_j(y) \tag{8.73}$$

$$M(x,y) - \lambda_0^{-1} \int M(x,z) K(z,y)\,\mathrm{d}\mu(z) = K(x,y) - \sum_{j=1}^{d} \varphi_j(x) K(\tilde{x}_j,y). \tag{8.73'}$$

Ist nun φ eine Lösung der homogenen Gleichung $\lambda_0\varphi - K\varphi = 0$, so folgt aus (8.73′)

$$0 = M(\varphi - \lambda_0^{-1}K\varphi) = K\varphi - \sum_{j=1}^{d} K\varphi(\tilde{x}_j)\varphi_j = \lambda_0\left[\varphi - \sum_{j=1}^{d}\varphi(\tilde{x}_j)\varphi_j\right], \quad \text{d. h.} \quad \varphi = \sum_{j=1}^{d}\varphi(\tilde{x}_j)\varphi_j.$$

Ebenso erhält man $\psi = \sum_{j=1}^{d}\psi(\tilde{y}_j)\psi_j$ aus (8.73) für jede Lösung der Gleichung $\lambda_0\psi - K^{\mathrm{T}}\psi = 0$. Damit ist der Satz bewiesen.

Gleichzeitig haben wir in (8.73) und (8.73′) ein Mittel zum erneuten Beweis der Fredholmschen Alternative:

Satz 8.14. *Die Gleichungen $\lambda_0 f - Kf = h$ bzw. $\lambda_0 g - K^{\mathrm{T}}g = k$ sind genau dann lösbar, wenn $\langle h, \psi_j\rangle = 0$ bzw. $\langle k, \varphi_j\rangle = 0$ ist für $j = 1,\ldots,d$. Dann sind $f = \lambda_0^{-1}h + \lambda_0^{-2}Mh$ bzw. $g = \lambda_0^{-1}k + \lambda_0^{-2}M^{\mathrm{T}}k$ Lösungen der inhomogenen Gleichungen, worin M der Operator mit dem Kern (8.72) ist.*

Beweis: Die Notwendigkeit der Bedingungen $\langle h, \psi_j\rangle = 0$ und $\langle k, \varphi_j\rangle = 0$ ist bekannt. Sind sie erfüllt, so folgt aus (8.73) $Mh - \lambda_0^{-1}KMh = Kh$, d. h. $(\lambda_0 I - K)(\lambda_0^{-1}h + \lambda_0^{-2}Mh) = h$. Ebenso folgt $(\lambda_0 I - K^{\mathrm{T}})(\lambda_0^{-1}k + \lambda_0^{-2}M^{\mathrm{T}}k) = k$ aus (8.73′).

Aufgaben. 8.22. Es seien K und L Integraloperatoren mit stetigem Kern und $M = KL$. Man zeige, daß dann

$$M\left(\begin{smallmatrix}x_1;\ldots;x_n\\y_1;\ldots;y_n\end{smallmatrix}\right) = \frac{1}{n!}\int\cdots\int K\left(\begin{smallmatrix}x_1;\ldots;x_n\\z_1;\ldots;z_n\end{smallmatrix}\right)L\left(\begin{smallmatrix}z_1;\ldots;z_n\\y_1;\ldots;y_n\end{smallmatrix}\right)\,\mathrm{d}\mu(z_1)\ldots\mathrm{d}\mu(z_n)$$

ist (vgl. (8.64)) und folgere daraus, daß die Operatoren KL und LK dieselbe Fredholmsche Determinante der Ordnung Null und dasselbe Spektrum haben.

8.23. a) Ein Operator $K \in \mathscr{K}_\infty(\mathrm{M},\mu)$ ist genau dann n-dimensional, wenn $K\left(\begin{smallmatrix}x_1;\ldots;x_p\\y_1;\ldots;y_p\end{smallmatrix}\right)$ identisch Null ist für $p > n$, nicht aber für $p = n$.

b) Für einen n-dimensionalen Operator K ist auch $K(\lambda)$ n-dimensional für alle $\lambda \in \mathrm{P}(K)$.

8.24. Es sei $\mathrm{M} = [0,1]$, $\mu(f) = \int_0^1 f(x)\,\mathrm{d}x$ und $K(x,y) = 4x^2 y + 4 - 6x$. Für diesen Operator berechne man die Fredholmschen Determinanten, die Eigenwerte, die Eigenfunktionen und den Kern (8.72) für jeden Eigenwert.

8.25. Es sei $K^n(\cdot,\cdot)$ der Kern des Operators K^n für $n = 1,2,\ldots$ und $r(K)$ der Spektralradius von K. Man zeige, daß für $|\zeta| \le [r(K)]^{-1}$ die Formel $D'(\zeta) = -D(\zeta)\sum_{n=1}^{\infty}\zeta^{n-1}\int K^n(x,x)\,\mathrm{d}\mu(x)$ gilt.

8.26. Es sei $K \in \mathscr{K}_\infty$ ein nicht-negativer Operator und (λ_j) die geordnete Folge seiner Eigenwerte. Man beweise die Darstellung $D(\zeta) = \prod_{j=1}^{\infty}(1 - \lambda_j\zeta)$ der Fredholmschen Determinante der Ordnung Null von K. Anleitung: Man benutzt den Satz von Mercer (Satz 8.11) und Aufgabe 8.25.

§ 9 Anwendungen

9.1 Ein Randwertproblem für eine gewöhnliche Differentialgleichung zweiter Ordnung. Die Differentialgleichung ist

$$u'' + p_1 u' + p_2 u = q \tag{9.1}$$

im Intervall $[0,1]$ mit Koeffizienten p_1, p_2 und q aus $\mathrm{C}[0,1]$. Wir suchen eine in $[0,1]$ zweimal stetig differenzierbare Lösung u, die den Randbedingungen

$$u(0) = u_0, \quad u(1) = u_1 \tag{9.2}$$

genügt. Ist u eine Lösung des Problems und $f = -u'' = p_1 u' + p_2 u - q$, so gilt

$$u(x) = u_0 + u'(0)x - \int_0^x (x-y)f(y)\mathrm{d}y$$

$$u(x) = u_1 + u'(1)(x-1) + \int_x^1 (x-y)f(y)\mathrm{d}y$$

und $u'(0) - u'(1) = \int_0^1 f(y)\mathrm{d}y$. Man eliminiert $u'(0)$ und $u'(1)$ aus diesen Gleichungen und erhält

$$u(x) = h(x) + \int_0^1 G(x,y)f(y)\mathrm{d}y \tag{9.3}$$

mit

$$G(x,y) = \begin{cases} (1-x)y & \text{für } y \leq x \\ x(1-y) & \text{für } y \geq x \end{cases}$$

und $h(x) = u_0(1-x) + u_1 x$. Berechnet man nun $f = p_1 u' + p_2 u - q$ aus (9.3), so findet man die Integralgleichung

$$f - Kf = g \tag{9.4}$$

mit dem Kern

$$K(x,y) = \begin{cases} y[p_2(x)(1-x) - p_1(x)] & \text{für } y \leq x \\ (1-y)[p_2(x)x + p_1(x)] & \text{für } y > x \end{cases}$$

und mit $g = p_1 h' + p_2 h - q$, wenn man das Dualsystem (M, μ) mit $M = [0,1]$ und $\mu(f) = \int_0^1 f(x)\mathrm{d}x$ zugrunde legt. Ist andererseits $f \in C[0,1]$ eine Lösung der Gleichung (9.4), so ist die durch (9.3) erklärte Funktion u eine zweimal stetig differenzierbare Lösung der Differentialgleichung (9.1) mit den Randwerten (9.2). Das Randwertproblem (9.1), (9.2) und die Integralgleichung (9.4) sind äquivalent.

Der Operator K gehört offenbar zur Klasse $\mathscr{K}_1(M, \mu)$; die Fredholmsche Alternative ist also anwendbar. Entweder ist die Gleichung (9.4) für jedes $g \in C[0,1]$ lösbar, und daher auch das Randwertproblem (9.1), (9.2) für jedes $q \in C[0,1]$ und beliebige Randwerte u_0, u_1, oder die homogene Gleichung $\varphi - K\varphi = 0$ hat eine nicht-triviale Lösung $\varphi \in C[0,1]$. Im zweiten Fall ist

$$v(x) = \int_0^1 G(x,y)\varphi(y)\mathrm{d}y \tag{9.5}$$

eine nicht-triviale Lösung des homogenen Randwertproblems

$$v'' + p_1 v' + p_2 v = 0, \quad v(0) = v(1) = 0 \tag{9.6}$$

und zwar ist $v \neq 0$ wegen $v'' = -\varphi$. Für jede nicht-triviale Lösung v des Problems (9.6) ist $\varphi = -v''$ ebenfalls nicht identisch Null und Lösung der Integralgleichung $\varphi - K\varphi = 0$. Da das Problem (9.6) höchstens eine linear unabhängige Lösung besitzt, gilt dasselbe für die Gleichung $\varphi - K\varphi = 0$ und also auch für die transponierte Gleichung $\psi - K^T\psi = 0$. Wir schreiben diese Gleichung ausführlich auf:

$$\psi(x) = \int_0^x (1-x)[p_2(y)y + p_1(y)]\psi(y)\mathrm{d}y + \int_x^1 x[p_2(y)(1-y) - p_1(y)]\psi(y)\mathrm{d}y.$$

Eine Lösung $\psi \in C[0,1]$ hat offenbar die Randwerte $\psi(0) = \psi(1) = 0$ und ist stetig differenzierbar; für die Ableitung ψ' gilt

$$\psi'(x) - p_1(x)\psi(x) = -\int_0^1 [p_1(y) + yp_2(y)]\psi(y)\mathrm{d}y + \int_x^1 p_2(y)\psi(y)\mathrm{d}y.$$

Also ist ψ Lösung des transponierten homogenen Randwertproblems

$$[\psi'-p_1\psi]' + p_2\psi = 0, \quad \psi(0) = \psi(1) = 0. \tag{9.7}$$

Im zweiten Fall der Fredholmschen Alternative ist die Gleichung (9.4) genau dann lösbar, wenn $\langle g,\psi\rangle = \langle p_1 h' + p_2 h - q,\psi\rangle = 0$ ist. Wegen (9.7) ist

$$\langle p_2 h,\psi\rangle = \langle h,p_2\psi\rangle = \langle h,[p_1\psi - \psi']'\rangle = h(0)\psi'(0) - h(1)\psi'(1) - \langle h',p_1\psi - \psi'\rangle$$
$$= u_0\psi'(0) - u_1\psi'(1) - \langle p_1 h',\psi\rangle - \langle h'',\psi\rangle.$$

Da $h'' = 0$ ist, erhält man $\langle q,\psi\rangle = u_0\psi'(0) - u_1\psi'(1)$ als Lösbarkeitsbedingung. Damit ist gezeigt:

Satz 9.1. *Entweder hat das Randwertproblem (9.1), (9.2) für beliebiges $q \in C[0,1]$ und beliebige Randwerte u_0, u_1 eine eindeutige Lösung u, oder das homogene Problem (9.6) und das transponierte homogene Problem (9.7) besitzen je eine linear unabhängige Lösung v bzw. ψ. Im zweiten Fall hat das Problem (9.1), (9.2) genau dann eine Lösung, wenn $\int_0^1 q(x)\psi(x)\mathrm{d}x = u_0\psi'(0) - u_1\psi'(1)$ ist.*

Aufgaben. 9.1. Der Koeffizient p_1 sei reell, stetig differenzierbar und $p_1' = p_2$. Man zeige, daß dann in Satz 9.1 der erste Fall der Alternative vorliegt.

9.2. a) Für beliebiges $q \in C[0,1]$ und Zahlen $\psi_1,\psi_2 \in C$ hat die Differentialgleichung $[\psi'-p_1\psi]' + p_2\psi = q$ genau eine Lösung ψ mit $\psi(0) = \psi_1$, $\psi'(0) = \psi_2$.

b) Sind v und ψ nicht-triviale Lösungen der Probleme (9.6) und (9.7), so gibt es eine Funktion $k \in C[0,1]$ mit $k(x) \neq 0$ für alle $x \in [0,1]$ derart, daß $\psi = kv$ ist.

9.2 Das reguläre Sturm-Liouville-Problem. Es handelt sich um ein Eigenwertproblem für eine gewöhnliche Differentialgleichung zweiter Ordnung, das durch die klassischen Arbeiten von Ch. Sturm und J. Liouville[1] bekannt und berühmt geworden ist:

$$\left.\begin{array}{l} -u'' + qu = \lambda ru \\ \cos\alpha\, u(0) - \sin\alpha\, u'(0) = 0 \\ \cos\beta\, u(1) + \sin\beta\, u'(1) = 0 \end{array}\right\} \tag{9.8}$$

Darin ist q eine reelle, r eine positive Funktion aus $C[0,1]$, α und β reelle Zahlen mit $0 \leq \alpha < \pi$, $0 \leq \beta < \pi$ und λ ein komplexer Parameter. Eine Lösung des Problems ist eine im Intervall $[0,1]$ zweimal stetig differenzierbare Funktion u, die der Differentialgleichung und den beiden Randbedingungen genügt. Eine Zahl λ heißt Eigenwert des Problems (9.8), wenn es zu diesem λ eine nicht-triviale Lösung u gibt; u heißt dann Eigenfunktion zum Eigenwert λ.

Wir wollen zunächst zeigen, daß alle Eigenwerte reell sind. Ist λ ein Eigenwert und u eine zugehörige Eigenfunktion, so gilt

$$\lambda\int_0^1 |u(x)|^2 r(x)\mathrm{d}x = \int_0^1 \overline{u(x)}[-u''(x) + q(x)u(x)]\mathrm{d}x$$
$$= \int_0^1 [|u'(x)|^2 + q(x)|u(x)|^2]\mathrm{d}x + \cot\alpha|u(0)|^2 + \cot\beta|u(1)|^2, \tag{9.9}$$

falls α und β positiv sind. Ist $\alpha = 0$ bzw. $\beta = 0$, so ist der vorletzte bzw. der letzte Summand durch Null zu ersetzen. In jedem Falle folgt, daß λ reell ist. Mit Hilfe von (9.9) kann man

---

[1] Sturm, Ch.: J. de Math. (1) **1** (1836) 106 bis 186 und Liouville, J.: J. de Math. (1) **2** (1837) 16 bis 35.

auch zeigen, daß die Menge der Eigenwerte nach unten beschränkt ist (vgl. Aufgabe 9.3). Ist $q \geq 0$, $\alpha \leq \frac{\pi}{2}$ und $\beta \leq \frac{\pi}{2}$, so folgt aus (9.9), daß alle Eigenwerte nicht-negativ sind.

Wir definieren ein Dualsystem (M, μ) mit $\mathsf{M} = [0,1]$ und $\mu(f) = \int_0^1 f(x) r(x) \mathrm{d}x$; wir werden zeigen, daß das Problem (9.8) einer Integralgleichung mit einem Integraloperator aus $\mathscr{K}_\infty(\mathsf{M}, \mu)$ äquivalent ist. Für jedes $\lambda \in \mathsf{C}$ seien $a(\cdot, \lambda)$ und $b(\cdot, \lambda)$ die Lösungen der Differentialgleichung in (9.8) mit den Anfangswerten

$$a(0,\lambda) = \sin \alpha, \quad a'(0,\lambda) = \cos \alpha$$
$$b(1,\lambda) = \sin \beta, \quad b'(1,\lambda) = -\cos \beta, \tag{9.10}$$

d. h. a erfüllt die Randbedingung am linken Ende des Intervalls und b die am rechten. Die Zahl λ ist genau dann ein Eigenwert, wenn die Lösungen a und b linear abhängig sind, d. h. wenn die Wronski-Determinante $\Delta(\lambda) = b(x,\lambda) a'(x,\lambda) - a(x,\lambda) b'(x,\lambda)$ (die im vorliegenden Fall von x nicht abhängt) gleich Null ist. Für jedes $\lambda \in \mathsf{C}$ mit $\Delta(\lambda) \neq 0$, also insbesondere für jedes nicht-reelle λ, ist der Kern

$$G(x,y,\lambda) = \begin{cases} [\Delta(\lambda)]^{-1} b(x,\lambda) a(y,\lambda) & \text{für } y \leq x \\ [\Delta(\lambda)]^{-1} a(x,\lambda) b(y,\lambda) & \text{für } y \geq x \end{cases} \tag{9.11}$$

erklärt und definiert einen Operator $G(\lambda) \in \mathscr{K}_\infty(\mathsf{M}, \mu)$. Für den in bezug auf das Skalarprodukt $(f,g) = \mu(f\bar{g})$ adjungierten Operator $G^*(\lambda)$ gilt

$$G^*(\lambda) = G(\bar{\lambda}) ; \tag{9.12}$$

insbesondere ist $G(\lambda)$ symmetrisch für reelle λ. Aus (9.10) folgt nämlich $a(x,\bar{\lambda}) = \overline{a(x,\lambda)}$ und $b(x,\bar{\lambda}) = \overline{b(x,\lambda)}$ und daraus $G(x,y,\bar{\lambda}) = \overline{G(x,y,\lambda)} = \overline{G(y,x,\lambda)}$. Wir stellen nun den Zusammenhang zwischen dem Operator $G(\lambda)$ und dem Problem (9.8) her:

Satz 9.2. *Es sei* $\mathsf{D}(L)$ *der lineare Raum aller in* $[0,1]$ *zweimal stetig differenzierbaren Funktionen, welche die beiden Randbedingungen in (9.8) erfüllen, und* $Lu = r^{-1}\{-u'' + qu\}$ *für* $u \in \mathsf{D}(L)$. *Für jedes* λ, *das nicht Eigenwert des Problems (9.8) ist, bildet der Operator* $L - \lambda I$ *den Raum* $\mathsf{D}(L)$ *bijektiv auf* $\mathsf{C}[0,1]$ *ab und hat die Inverse* $G(\lambda)$.

Beweis: 1. Es sei λ nicht Eigenwert, also $\Delta(\lambda) \neq 0$, und $f \in \mathsf{C}[0,1]$. Aufgrund der Definition von $G(\lambda)$ rechnet man leicht nach, daß die Funktion $u = G(\lambda)f$ zu $\mathsf{D}(L)$ gehört und $Lu - \lambda u = f$ ist.

2. Für jedes $u \in \mathsf{D}(L)$ ist $f = Lu - \lambda u \in \mathsf{C}[0,1]$ und daher $v = G(\lambda)f \in \mathsf{D}(L)$ und $Lv - \lambda v = f$ nach 1. Die Differenz $w = u - v$ liegt dann ebenfalls in $\mathsf{D}(L)$ und es gilt $Lw - \lambda w = 0$. Da λ nicht Eigenwert ist, muß $w = 0$ sein, also $v = u$. Damit ist der Satz bewiesen.

Die Eigenwerte des Problems (9.8) sind die Eigenwerte des Operators L; ihre Gesamtheit $\Sigma(L)$ ist das Spektrum, $\mathsf{P}(L) = \complement \Sigma(L)$ die Resolventenmenge von L. Für $\lambda, \mu \in \mathsf{P}(L)$ gilt die Resolventengleichung

$$G(\lambda) - G(\mu) = (\lambda - \mu) G(\lambda) G(\mu). \tag{9.13}$$

Sie folgt aus Satz 9.2 und der Identität $(L - \lambda I)[G(\lambda)f - G(\mu)f] = (\lambda - \mu)G(\mu)f$. Vertauscht man λ und μ in (9.13), so erhält man $G(\lambda)G(\mu) = G(\mu)G(\lambda)$; setzt man $\mu = \bar{\lambda}$ und benutzt (9.12), so folgt, daß $G(\lambda)$ n o r m a l ist für jedes $\lambda \in \mathsf{P}(L)$. Nun kann man zeigen:

Satz 9.3. *Das Problem (9.8) hat eine in bezug auf das Skalarprodukt* $(f,g) = \int_0^1 f(x)\overline{g(x)}r(x)\mathrm{d}x$ *orthonormale unendliche Folge von Eigenfunktionen* $a_j \in \mathsf{D}(L)$ *zu Eigenwerten* λ_j *mit* $\lambda_1 < \lambda_2 < \cdots$

und $\lambda_j \to \infty$ für $j \to \infty$. Für jedes $u \in D(L)$ gilt die absolut und gleichmäßig konvergente Entwicklung

$$u(x) = \sum_{j=1}^{\infty} (u, a_j) a_j(x) . \tag{9.14}$$

Beweis: Sei $\lambda \in P(L)$. Der normale Operator $G(\lambda) \in \mathscr{K}_{\infty}(M, \mu)$ besitzt nach Satz 8.9 eine orthonormale Folge von Eigenfunktionen $a_j \in C[0,1]$ zu Eigenwerten $v_j \neq 0$. Nun ist $a_j = v_j^{-1} G(\lambda) a_j \in D(L)$ und $La_j - \lambda a_j = v_j^{-1} a_j$ nach Satz 9.2, d. h. a_j ist Eigenfunktion von L zum Eigenwert $\lambda_j = \lambda + v_j^{-1}$; a_j ist proportional zu der durch (9.10) definierten Funktion $a(\cdot, \lambda_j)$. Also hat jeder Eigenwert λ_j die Vielfachheit Eins. Die Eigenwerte λ_j sind reell. Nach Aufgabe 9.3 ist die Menge der Eigenwerte nach unten beschränkt; sie hat keinen endlichen Häufungspunkt, da die v_j sich nur bei Null häufen können. Also kann man die λ_j so numerieren, daß $\lambda_1 < \lambda_2 < \cdots$ ist. Nach Satz 8.10 gilt nun

$$G(\lambda) f(x) = \sum_j (\lambda_j - \lambda)^{-1} (f, a_j) a_j(x) \tag{9.15}$$

für jedes $f \in C[0,1]$, und die Reihe konvergiert absolut und gleichmäßig in $[0,1]$. Setzt man $f = Lu - \lambda u$ mit $u \in D(L)$, so ist $(f, a_j) = (f, (\lambda_j - \bar{\lambda}) G(\bar{\lambda}) a_j) = (\lambda_j - \lambda)(G(\lambda) f, a_j) = (\lambda_j - \lambda)(u, a_j)$. Damit folgt (9.14) aus (9.15). Es bleibt zu beweisen, daß es unendlich viele Eigenwerte gibt. Wäre das falsch, so folgte $G(x, y, \lambda) = \sum_{j=1}^{n} (\lambda_j - \lambda)^{-1} a_j(x) \overline{a_j(y)}$ aus (9.15) und der Kern wäre stetig differenzierbar. Nach (9.11) ist aber die Ableitung $D_1 G(x, y, \lambda)$ an den Stellen $x = y$ unstetig. Es gibt also unendlich viele Eigenwerte, und aus $(\lambda_j - \lambda)^{-1} \to 0$ folgt $\lambda_j \to \infty$. Damit ist der Satz bewiesen.

Die Reihenentwicklung (9.14) ist das Hauptergebnis der Sturm-Liouville-Theorie. Die Gültigkeit der Entwicklung kann für eine wesentlich größere Klasse von Funktionen bewiesen werden (vgl. Aufgabe 9.4).

Aufgaben. 9.3. a) Zu jedem $\varepsilon > 0$ gibt es eine Zahl $\gamma(\varepsilon)$ derart, daß $|u(x)|^2 \leq \varepsilon \int_0^1 |u'(y)|^2 dy + \gamma(\varepsilon) \int_0^1 |u(y)|^2 r(y) dy$ ist für jede in $[0,1]$ stetig differenzierbare Funktion u und alle $x \in [0,1]$.

b) Mit Hilfe von (9.9) und a) zeige man, daß die Menge der Eigenwerte von L nach unten beschränkt ist.

9.4. a) Für $\lambda \in P(L)$ gilt $G(x, y, \lambda) = \sum_{j=1}^{\infty} (\lambda_j - \lambda)^{-1} a_j(x) \overline{a_j(y)}$ für alle $x, y \in [0,1]$ und die Reihe ist absolut und gleichmäßig konvergent.

b) Ist $u \in C[0,1]$ und $\sum_{j=1}^{\infty} \lambda_j |(u, a_j)|^2$ konvergent, so gilt die Entwicklung (9.14) und ist absolut und gleichmäßig konvergent.

c) Es sei u stetig differenzierbar in $[0,1]$; ist $\alpha = 0$ in (9.8), so sei $u(0) = 0$; ist $\beta = 0$ in (9.8), so sei $u(1) = 0$. Dann konvergiert die Reihe $\sum_{j=1}^{\infty} \lambda_j |(u, a_j)|^2$. Anleitung: Man konstruiert eine Folge (u_n) in $D(L)$ mit $u_n(x) \to u(x)$ gleichmäßig in $[0,1]$ und $\int_0^1 |u_n'(x)|^2 dx \leq \gamma$.

9.3 Randwertprobleme der Potentialtheorie. Es sei $\Omega \subset \mathbb{R}^m$ ($m \geq 2$) eine offene Menge. Eine komplexe Funktion u heißt in Ω harmonisch, wenn $u \in C^2(\Omega)$ ist [1] und der Laplaceschen Differentialgleichung $\Delta u = 0$ genügt. Das Dirichlet-Problem besteht darin, eine

---

[1] Mit $C^q(\Omega)$ bezeichnen wir hier und im folgenden die Menge der in Ω erklärten q mal stetig differenzierbaren komplexen Funktionen.

Funktion $u \in C(\bar{\Omega})$ zu finden, die in Ω harmonisch ist und auf dem Rand $\partial\Omega$ vorgeschriebene Randwerte u_0 annimmt. Ist Ω beschränkt, so hat das Dirichlet-Problem höchstens eine Lösung. Das folgt aus dem Maximumprinzip [1]: Ist u in der beschränkten offenen Menge Ω harmonisch und in $\bar{\Omega}$ stetig, so ist

$$|u(x)| \le \max \{|u(y)| \mid y \in \partial\Omega\} \quad \text{für alle} \quad x \in \bar{\Omega}. \tag{9.16}$$

Ist Ω nicht beschränkt, so muß man zusätzlich fordern:

$$u(x) \to 0 \quad \text{für} \quad |x| \to \infty. \tag{9.17}$$

Zum Beweis der Eindeutigkeit in diesem Falle betrachtet man wie üblich die Differenz $w = u - v$ zweier Lösungen des Dirichlet-Problems mit denselben Randwerten. Dann ist w in Ω harmonisch, in $\bar{\Omega}$ stetig, auf $\partial\Omega$ gleich Null und strebt gegen Null für $|x| \to \infty$. Ist $\varepsilon > 0$ gegeben, so wähle man ϱ so groß, daß $|w(x)| \le \varepsilon$ ist für alle $x \in \Omega$ mit $|x| \ge \varrho$. Wendet man das Maximumprinzip nun auf die Menge $\Omega_\varrho = \Omega \cap K(0,\varrho)$ an, so folgt $|w(x)| \le \varepsilon$ für alle $x \in \Omega_\varrho$, also für alle $x \in \Omega$ und jedes $\varepsilon > 0$, d. h. w ist identisch Null.

Das Neumann-Problem wollen wir nur für C^1-Bereiche in R^m (vgl. 7.3 Beispiel 2) formulieren. Es sei $\Omega = \{x \mid g(x) < 0\}$ mit einer reellen Funktion $g \in C^1(\mathsf{R}^m)$. Für alle $x \in \Gamma = \{x \mid g(x) = 0\}$ sei die Ableitung $\mathrm{D}g(x)$ von Null verschieden, und Ω sei beschränkt. Ω ist eine nicht-kompakte m-dimensionale C^∞-Mannigfaltigkeit ohne Rand, die wir mit dem Riemann-Maß (7.5 Beispiel 2) versehen. $\bar{\Omega}$ ist eine kompakte m-dimensionale C^1-Mannigfaltigkeit mit Rand Γ (7.3 Beispiel 2), und Γ eine kompakte $(m-1)$-dimensionale C^1-Mannigfaltigkeit ohne Rand nach Aufgabe 7.4 (vgl. auch das Beispiel in 7.2); wir versehen $\bar{\Omega}$ mit dem Riemann-Maß und Γ mit dem positiven Maß ω von Aufgabe 7.9.

Die äußere Normale $n(x)$ wird für jedes $x \in \Gamma$ durch

$$n(x) = |\mathrm{D}g(x)|^{-1}\mathrm{D}g(x) \tag{9.18}$$

erklärt. Für eine Funktion $u \in C^1(\Omega)$, deren Ableitung $\mathrm{D}u$ stetig auf $\bar{\Omega}$ fortgesetzt werden kann, erklärt man die (äußere) Normalableitung $\partial_+ u$ durch $\partial_+ u(x) = (\mathrm{D}u(x), n(x))$ für $x \in \Gamma$ [2]. Wir benötigen jedoch eine allgemeinere Definition: Wir sagen, eine Funktion $u \in C^1(\Omega)$ habe eine Normalableitung, falls die Funktion $w = (\mathrm{D}u, \mathrm{D}g)$ stetig auf $\bar{\Omega}$ fortgesetzt werden kann. Die (äußere) Normalableitung $\partial_+ u$ wird dann für $x \in \Gamma$ durch

$$\partial_+ u(x) = |\mathrm{D}g(x)|^{-1} \lim \{(\mathrm{D}u(y), \mathrm{D}g(y)) \mid y \in \Omega, y \to x\} \tag{9.19}$$

erklärt. Das Neumann-Problem besteht darin, eine in Ω harmonische Funktion $u \in C(\Omega)$ zu finden, die auf Γ eine vorgeschriebene Normalableitung $\partial_+ u$ hat. Das Problem hat offenbar nicht nur eine Lösung: Mit u ist auch $u + c$ eine Lösung, wenn c eine lokal konstante Funktion ist, d. h. wenn $\mathrm{D}c$ in Ω überall gleich Null ist. Umgekehrt ist die Differenz zweier Lösungen des Neumann-Problems lokal konstant. Das folgt aus der bekannten Identität

$$\int_\Gamma \overline{u(x)}\, \partial_+ u(x)\, \mathrm{d}\omega(x) = \int_\Omega |\mathrm{D}u(x)|^2\, \mathrm{d}x, \tag{9.20}$$

die für jede in Ω harmonische Funktion $u \in C(\Omega)$ gilt, die eine Normalableitung $\partial_+ u$ hat. Darin ist ω das in Aufgabe 7.9, b) definierte positive Maß auf Γ. Das Integral auf der rechten

---

[1] Einen Beweis für reelle harmonische Funktionen, den man fast unverändert auch auf komplexe Funktionen anwenden kann, findet man bei Hellwig, G.: Partielle Differentialgleichungen. Stuttgart 1960, S. 42. Wir zitieren auch im folgenden aus diesem Buch.

[2] $(\cdot,\cdot)$ ist das sesquilineare skalare Produkt in C^m, also $(x,y) = \sum_{j=1}^{m} \xi_j \bar{\eta}_j$.

Seite ist als uneigentliches Integral, also im Sinne von Satz 7.7 definiert; seine Existenz ist im Beweis der Formel (9.20) enthalten. Eine Anleitung zum Beweis findet man in Aufgabe 9.5. Für harmonische Funktionen, deren Ableitung Du stetig auf $\bar{\Omega}$ fortsetzbar ist, folgt (9.20) direkt aus Aufgabe 7.9, b).

Das Neumann-Problem für die unbeschränkte Menge $\Phi = \complement\,\bar{\Omega}$ bezeichnen wir als das äußere Neumann-Problem für die Fläche Γ. Hier ist eine in Φ harmonische Funktion $u \in C(\bar{\Phi})$ gesucht, deren (innere) Normalableitung

$$\partial_- u(x) = |Dg(x)|^{-1} \lim \{(Du(y), Dg(y)) \mid y \in \Phi, y \to x\} \tag{9.21}$$

auf dem Rand Γ vorgeschrieben ist, und die der Bedingung (9.17) genügt. Die Lösung dieses Problems ist ebenfalls bis auf Addition einer in Φ lokal konstanten Funktion eindeutig. Das folgt aus der Identität

$$- \int\limits_\Gamma \overline{u(x)}\,\partial_- u(x)\,\mathrm{d}\omega(x) = \int\limits_\Phi |Du(x)|^2\,\mathrm{d}x, \tag{9.22}$$

deren Beweis in Aufgabe 9.7 angedeutet ist.

Aufgaben. 9.5. Es sei $u \in C(\bar{\Omega}) \cap C^2(\Omega)$ mit Normalableitung $\partial_+ u$ auf Γ und $\int\limits_\Omega |\Delta u(x)|\,\mathrm{d}x$ existiere. Man zeige:

a) $\int\limits_\Omega |Du(x)|^2\,\mathrm{d}x$ existiert und es gilt

$$\int\limits_\Omega \{\bar{u}\Delta u + |Du|^2\}\,\mathrm{d}x = \int\limits_\Gamma \bar{u}\,\partial_+ u\,\mathrm{d}\omega\,.$$

b) Genügt v denselben Bedingungen wie u, so ist $\int\limits_\Omega \{\bar{u}\Delta v - v\Delta\bar{u}\}\,\mathrm{d}x = \int\limits_\Gamma \{\bar{u}\partial_+ v - v\partial_+\bar{u}\}\,\mathrm{d}\omega$ und

c) $\int\limits_\Omega \{u\Delta\bar{v} + (Du, Dv)\}\,\mathrm{d}x = \int\limits_\Gamma u\partial_+\bar{v}\,\mathrm{d}\omega\,.$

Anleitung: a) Es sei (ψ_n) eine nicht-abnehmende Folge nicht-negativer Funktionen aus $C^1(\mathbb{R})$ mit $\psi_n(t) = 1$ für $t \le -\dfrac{1}{n}$ und $\psi_n(t)' = 0$ für $t \ge -\dfrac{1}{2n}$. Man wendet den Satz von Stokes (Aufgabe 7.9, b)) auf die Funktionen $\psi_n(g)\bar{u}D_j u$ an, summiert über j und macht den Grenzübergang $n \to \infty$.

b) Man bildet den Imaginärteil von Formel a) und ersetzt dann u durch $u + e^{i\alpha}v$ mit geeignetem reellen α.

c) Man bildet den Realteil von Formel a), ersetzt u durch $u + e^{i\alpha}v$ und benutzt b).

9.6. Ist u in $\{0 < |x| < \varrho\}$ harmonisch, in $\{0 < |x| \le \varrho\}$ stetig und gilt $|x|^{m-2}u(x) \to 0$ für $x \to 0$, falls $m \ge 3$, bzw. $(\log|x|^{-1})^{-1}u(x) \to 0$ für $x \to 0$ im Falle $m = 2$, so kann man $u(0)$ so erklären, daß u in $K(0,\varrho)$ harmonisch ist. Anleitung: Es genügt, den Beweis für reelle u zu führen. Man verwendet das Poissonsche Integral und das Maximumprinzip für reelle harmonische Funktionen (vgl. G. Hellwig, l. c., S. 38 und 42).

9.7. a) Die Kelvin-Transformation $v(x) = |x|^{2-m}u(|x|^{-2}x)$ macht aus einer in $\{0 < |x| < \varrho\}$ harmonischen Funktion u eine in $\{\varrho^{-1} < |x| < \infty\}$ harmonische Funktion v und umgekehrt.

b) Ist u in $\{\varrho < |x| < \infty\}$ harmonisch und gilt $u(x) \to 0$ für $|x| \to \infty$, falls $m \ge 3$, bzw. $(\log|x|)^{-1}u(x) \to 0$ für $|x| \to \infty$ im Falle $m = 2$, so gibt es eine Zahl γ derart, daß $|x|^{m-1}|u(x) - \gamma|x|^{2-m}|$ und $|x|^m|D(u(x) - \gamma|x|^{2-m})|$ für $|x| \to \infty$ beschränkt bleiben.

c) Man beweise die Identität (9.22) mit Hilfe von b) und (9.20).

9.4 Potentiale von Flächenbelegungen. Wir beschränken uns im folgenden auf den Fall $m \ge 3$ und definieren das **Potential einer einfachen Belegung** der Fläche Γ mit der **Dichte** f durch

$$Ef(x) = \frac{2}{(m-2)\omega_m} \int_\Gamma |x-y|^{2-m} f(y)\,d\omega(y) \tag{9.23}$$

und das Potential einer Doppelbelegung durch

$$Ff(x) = -\frac{2}{\omega_m} \int_\Gamma |x-y|^{-m}(x-y,n(y))f(y)\,d\omega(y) \tag{9.24}$$

für alle $x \in \mathbb{R}^m \backslash \Gamma$. Darin ist $\omega_m = 2\pi^{m/2}[\Gamma(\frac{m}{2})]^{-1}$ die Oberfläche der Einheitssphäre in $\mathbb{R}^m$. In beiden Integralen sei $f \in C(\Gamma)$; dann bestätigt man leicht durch Differenzieren, daß Ef und Ff sowohl in Ω als auch in $\Phi = \complement\bar{\Omega}$ harmonisch sind. Beide Funktionen streben gegen Null für $|x| \to \infty$. Im folgenden interessiert uns vor allem das Verhalten der Potentiale bei Annäherung an die Fläche Γ. Zunächst definieren wir zwei Integraloperatoren S und K in $C(\Gamma)$ mit den Kernen

$$S(x,y) = \frac{2}{(m-2)\omega_m}|x-y|^{2-m} \tag{9.25}$$

und

$$K(x,y) = \frac{2}{\omega_m}|x-y|^{-m}(x-y,n(y)) \tag{9.26}$$

für $x,y \in \Gamma$ mit $x \neq y$. Da Γ eine kompakte C^1-Mannigfaltigkeit ist, und ω ein positives Maß mit stetiger Dichte, sind die Klassen $\mathscr{K}_\alpha(\Gamma,\omega)$ von 8.3 Beispiel 1 erklärt. Der Operator S gehört offenbar zu $\mathscr{K}_1(\Gamma,\omega)$ (man beachte, daß Γ die Dimension $m-1$ hat). Um eine ähnliche Aussage für den Operator K machen zu können, brauchen wir eine zusätzliche Annahme:

Satz 9.4. *Es gebe eine offene Umgebung U von Γ in $\mathbb{R}^m$, in der die Ableitung der Funktion g einer gleichmäßigen Hölder-Bedingung $|Dg(x)-Dg(x')| \leq \gamma|x-y|^\alpha$ mit Exponent $\alpha \in (0,1]$ genügt (das ist z. B. dann der Fall, wenn $g \in C^q(\mathbb{R}^m)$ ist mit $q \geq 2$). Dann gehört der durch (9.26) erklärte Operator K zu $\mathscr{K}_\alpha(\Gamma,\omega)$.*

Beweis: Nach Voraussetzung ist $Dg(x) \neq 0$ für $x \in \Gamma$. Daher gibt es eine positive Zahl γ_1 und eine offene Menge U_1 mit $\Gamma \subset \mathsf{U}_1 \subset \mathsf{U}$ derart, daß $|Dg(x)| > \gamma_1$ ist für alle $x \in \mathsf{U}_1$. In U_1 definiert man $n(x)$ durch (9.18); dann gilt

$$|n(x)-n(y)| \leq \gamma'|x-y|^\alpha \tag{9.27}$$

für alle $x,y \in \mathsf{U}_1$ mit $\gamma' = 2\gamma\gamma_1^{-1}$. Da Γ kompakt ist, gibt es eine Zahl $\delta > 0$ derart, daß für jedes $x \in \Gamma$ die offene Kugel $K(x,\delta)$ in U_1 enthalten ist. Für $x,y \in \Gamma$ mit $|x-y| \geq \delta$ ist $|K(x,y)| \leq \frac{2}{\omega_m}|x-y|^{1-m} \leq \gamma''|x-y|^{\alpha+1-m}$ mit $\gamma'' = \frac{2}{\omega_m}\delta^{-\alpha}$. Für $x,y \in \Gamma$ mit $|x-y| < \delta$ setzen wir $z(\tau) = \tau x + (1-\tau)y$ für $0 \leq \tau \leq 1$ und $\varphi(\tau) = g(z(\tau))$. Dann ist $\varphi(0) = \varphi(1) = 0$ und folglich nach dem Satz von Rolle $\varphi'(\tau_0) = (x-y,Dg(z(\tau_0))) = 0$ für ein $\tau_0 \in (0,1)$. Es gibt also ein $z \in \mathsf{U}_1$ mit $|z-y| \leq |x-y|$ und $(x-y,n(z)) = 0$. Mit (9.27) folgt daraus

$$|(x-y,n(y))| = |(x-y,n(y)-n(z))| \leq |x-y|\,|n(y)-n(z)| \leq \gamma'|x-y|^{1+\alpha}$$

und damit $|K(x,y)| \leq \frac{2}{\omega_m}\gamma'|x-y|^{\alpha+1-m}$.

Mit Hilfe der Operatoren S und K kann man nun das Randverhalten der Potentiale Ef und Ff beschreiben: Für jedes $f \in C(\Gamma)$ ist das Potential Ef stetig in $\mathbb{R}^m$, wenn man $Ef(x) = Sf(x)$ setzt für $x \in \Gamma$. Die Funktion Ff kann stetig auf $\bar{\Omega}$ fortgesetzt werden, indem man ihr auf Γ die Randwerte

$$F_+f = f - Kf \tag{9.28}$$

gibt. Ebenso kann man Ff zu einer stetigen Funktion auf Φ fortsetzen mit den Randwerten

$$F_- f = -f - Kf \qquad (9.28')$$

auf Γ. Das Potential Ef besitzt ferner als Funktion in Ω die äußere Normalableitung

$$\partial_+ Ef = f + K^{\mathrm{T}} f \qquad (9.29)$$

im Sinne der Definition (9.19) und als Funktion in Φ die durch (9.21) erklärte innere Normalableitung

$$\partial_- Ef = -f + K^{\mathrm{T}} f \,, \qquad (9.29')$$

darin ist K^{T} der zu K transponierte Operator. Zum Beweis der Stetigkeit von Ef in $\mathbb{R}^m$ benutzt man die Gleichung

$$Ef(x) = \lim_{n \to \infty} \frac{2}{(m-2)\omega_m} \int_{\Gamma} \eta_n(|x-y|)|x-y|^{2-m} f(y) \, \mathrm{d}\omega(y)$$

mit den durch (8.15) definierten Funktionen η_n, wobei der Grenzübergang bezüglich x in $\mathbb{R}^m$ gleichmäßig ist. Für $x \in \Gamma$ ist daher $Ef(x) = Sf(x)$ nach Definition (8.20') eines Operators mit polarem Kern. Die Formeln (9.28) bis (9.29') werden in jedem Lehrbuch der Potentialtheorie bewiesen [1]; wir begnügen uns daher mit einer Anleitung zum Beweis in Aufgabe 9.9.

Es sei nun $\mathsf{F}(\Omega)$ der lineare Raum aller in Ω harmonischen und in $\bar{\Omega}$ stetigen Funktionen u, die auf Γ eine Normalableitung $\partial_+ u$ besitzen; die Randwerte von u auf Γ bezeichnen wir mit u_+. Analog definieren wir $\mathsf{F}(\Phi)$ als den Raum aller in Φ harmonischen und in $\bar{\Phi}$ stetigen Funktionen u, die auf Γ Randwerte u_- und die Normalableitung $\partial_- u$ besitzen, jedoch mit der zusätzlichen Bedingung $u(x) \to 0$ für $|x| \to \infty$. Aus (9.20) bzw. (9.22) folgt

$$\left.\begin{aligned} (\partial_+ u, u_+) &\geq 0 \quad \text{für jedes } u \in \mathsf{F}(\Omega), \\ (\partial_+ u, u_+) &= 0 \quad \text{genau dann, wenn } \partial_+ u = 0 \text{ ist}; \end{aligned}\right\} \qquad (9.30)$$

und

$$\left.\begin{aligned} (\partial_- u, u_-) &\leq 0 \quad \text{für jedes } u \in \mathsf{F}(\Phi), \\ (\partial_- u, u_-) &= 0 \quad \text{genau dann, wenn } \partial_- u = 0 \text{ ist}. \end{aligned}\right\} \qquad (9.30')$$

Darin ist $(\,\cdot\,,\,\cdot\,)$ die positive Sesquilinearform des Dualsystems (Γ, ω). Ein Operator $A \in \mathscr{A}(\Gamma,\omega)$ heißt **positiv**, wenn $(Af,f) > 0$ ist für alle $f \in \mathsf{C}(\Gamma)$ mit Ausnahme der trivialen Funktion $f = 0$. Wir können nun das Hauptresultat dieses Abschnitts beweisen:

Satz 9.5 (Plemelj) [2]. *Der Operator S ist positiv in bezug auf das Dualsystem (Γ,ω), und es gilt $KS = SK^{\mathrm{T}}$. Alle Eigenwerte des Operators K sind reell und im Intervall $[-1,1]$ enthalten. Für jeden von Null verschiedenen Eigenwert λ von K bildet S den Eigenraum $\mathsf{N}(\lambda I - K^{\mathrm{T}})$ von K^{T} bijektiv auf $\mathsf{N}(\lambda I - K)$ ab.*

Beweis: Für $f \in \mathsf{C}(\Gamma)$ kann $u = Ef$ als Element von $\mathsf{F}(\Omega)$ und als Element von $\mathsf{F}(\Phi)$ aufgefaßt werden. Aus (9.29) und (9.30) folgt $(f + K^{\mathrm{T}}f, Sf) \geq 0$ und aus (9.29') und (9.30') folgt $(f - K^{\mathrm{T}}f, Sf) \geq 0$. Also ist $(f, Sf) \geq 0$ und gleich Null genau dann, wenn sowohl $f + K^{\mathrm{T}}f = 0$ als auch $f - K^{\mathrm{T}}f = 0$, d. h. wenn $f = 0$ ist. Also ist S positiv. Wegen $(f + K^{\mathrm{T}}f, Sf) = (f, Sf) + (SK^{\mathrm{T}}f, f) \geq 0$ für alle f ist SK^{T} symmetrisch, also $(SK^{\mathrm{T}})^* = KS = SK^{\mathrm{T}}$. Für einen Eigenwert λ von K^{T} mit Eigenfunktion f ist $(1 + \lambda)(f, Sf) \geq 0$ und $(1 - \lambda)(f, Sf) \geq 0$, also $-1 \leq \lambda \leq 1$. Aus $K^{\mathrm{T}}f = \lambda f$ folgt $SK^{\mathrm{T}}f = KSf = \lambda Sf$, also $S\mathsf{N}(\lambda I - K^{\mathrm{T}}) \subset \mathsf{N}(\lambda I - K)$. Ist $\lambda \neq 0$, so haben

---

[1] Vgl. z. B. Günter, N. M.: Potentialtheorie. Leipzig 1957, S. 47 und S. 56. Dort ist $m = 3$, aber der Beweis läßt sich leicht auf den allgemeinen Fall übertragen.

[2] Plemelj, J.: Potentialtheoretische Untersuchungen, Preisschrift der Fürstlich Jablonowskischen Gesellschaft. Leipzig 1911, S. 28. Hier findet man den Beweis der ersten Behauptung im Fall $m = 2$.

beide Räume endliche und gleiche Dimension nach Satz 5.17, und S bildet eine Basis von $N(\lambda I - K^T)$ auf eine Basis von $N(\lambda I - K)$ ab; denn aus $Sf = 0$ folgt $f = 0$. Damit ist der Satz bewiesen.

Aufgaben. 9.8. a) Für $u, v \in F(\Omega)$ gilt: $(u_+, \partial_+ v) = (\partial_+ u, v_+)$; $E \partial_+ u(x) + F u_+(x) = 2u(x)$ für $x \in \Omega$ bzw. $= 0$ für $x \in \Phi$; $S \partial_+ u = u_+ + K u_+$.

b) Für $u, v \in F(\Phi)$ gilt: $(u_-, \partial_- v) = (\partial_- u, v_-)$; $E \partial_- u(x) + F u_-(x) = -2u(x)$ für $x \in \Phi$ bzw. $= 0$ für $x \in \Omega$; $S \partial_- u = -u_- + K u_-$.

Anleitung (zu a)): Die erste Behauptung folgt aus Aufgabe 9.5, b); nun setzt man $v(x) = \dfrac{2}{(m-2)\omega_m} |x-y|^{2-m}$ und ersetzt Ω durch $\Omega \backslash \overline{K(y,\varepsilon)}$, falls $y \in \Omega$; dann Grenzübergang $\varepsilon \to 0$. Die dritte Behauptung folgt aus der zweiten mit (9.28) und (9.29).

9.9. a) Man beweise (9.28) und (9.28′) mit Hilfe einer geeigneten Koordinatenüberdeckung von Γ (vgl. 7.3 Beispiel 2) und einer untergeordneten Zerlegung der Einheit.

b) Mit U_1 wie im Beweis von Satz 9.4 definiere man $w(x) = (D E f(x), n(x)) - F f(x)$ für $x \in U_1 \backslash \Gamma$, $w(x) = K^T f(x) + K f(x)$ für $x \in \Gamma$ und beweise, daß w in U_1 stetig ist, d. h. daß (9.29) und (9.29′) gelten.

9.5 Lösung der Randwertprobleme.

Wir beginnen mit einer genaueren Betrachtung der Mengen Ω und Φ; dabei machen wir dieselben Voraussetzungen wie in 9.4, also insbesondere die von Satz 9.4. Eine nicht-leere, zugleich offene und abgeschlossene Teilmenge des metrischen Raumes $\bar{\Omega}$ heißt eine K o m p o n e n t e von $\bar{\Omega}$. Aus der Definition folgt, daß $\bar{\Omega}$ selbst eine Komponente ist, daß die Vereinigung zweier Komponenten eine Komponente ist, und daß das Komplement einer Komponente sowie der Durchschnitt zweier Komponenten entweder leer oder eine Komponente ist. Eine Komponente heißt z u s a m m e n h ä n g e n d, wenn sie keine Komponente als echte Teilmenge enthält. Zwei zusammenhängende Komponenten haben also einen leeren Durchschnitt. Der Raum $\bar{\Omega}$ ist darstellbar als Vereinigung zusammenhängender Komponenten $\bar{\Omega}_1, \bar{\Omega}_2, \ldots, \bar{\Omega}_p$, deren Anzahl p endlich ist, da $\bar{\Omega}$ kompakt ist, und da die $\bar{\Omega}_j$ eine offene Überdeckung von $\bar{\Omega}$ bilden. Im Falle $p = 1$ ist $\bar{\Omega} = \bar{\Omega}_1$ zusammenhängend.

Der metrische Raum $\Phi = \complement \Omega$ ist nicht kompakt; wählt man jedoch $\varrho > 0$ so, daß die Kugel $K(0, \varrho)$ die Menge $\bar{\Omega}$ enthält, so ist $\bar{\Phi}_\varrho = \overline{K(0,\varrho)} \cap \Phi$ kompakt und folglich zerlegbar in endlich viele zusammenhängende Komponenten. Wir bezeichnen mit $\bar{\Phi}_{\varrho 0}$ diejenige Komponente, die den Rand der Kugel $K(0, \varrho)$ enthält, und mit $\bar{\Phi}_1, \ldots, \bar{\Phi}_q$ die restlichen Komponenten (falls es solche gibt), die offenbar von ϱ unabhängig sind. Dann sind $\bar{\Phi}_0 = [\complement K(0,\varrho)] \cup \bar{\Phi}_{\varrho 0}$ und $\bar{\Phi}_1, \ldots, \bar{\Phi}_q$ die zusammenhängenden Komponenten von Φ; q ist eine natürliche Zahl oder Null. Die Komponenten $\bar{\Phi}_1, \ldots, \bar{\Phi}_q$ sind kompakt; $\bar{\Phi}_0$ ist nicht kompakt. Fig. 2 zeigt

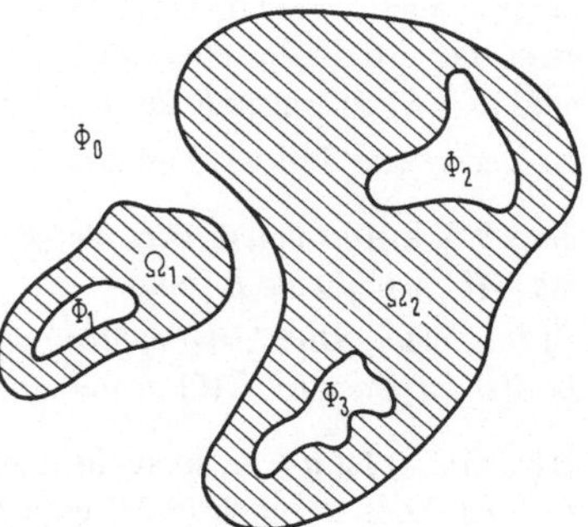

Figur 2

für $m = 2$ eine Konfiguration mit $p = 2$ und $q = 3$. Die Ränder $\partial\bar\Omega_1,\ldots,\partial\bar\Omega_p$ bzw. $\partial\bar\Phi_0,\partial\bar\Phi_1,\ldots,\partial\bar\Phi_q$ bilden zwei, im allgemeinen verschiedene, Zerlegungen des Randes $\Gamma = \partial\bar\Omega$ in paarweise disjunkte aber im allgemeinen nicht zusammenhängende Komponenten.

Satz 9.6. a) *$\lambda = -1$ ist Eigenwert der geometrischen Vielfachheit p des Operators K; die Funktionen $\varphi_j \in \mathsf{C}(\Gamma)$ definiert durch $\varphi_j = 1$ auf $\partial\bar\Omega_j$ und $\varphi_j = 0$ sonst, bilden eine Basis des Eigenraumes $\mathsf{N}(-I-K)$.*

b) *$\lambda = 1$ ist genau dann Eigenwert von K, wenn $q > 0$ ist, und zwar ist q dann die geometrische Vielfachheit; die Funktionen $\psi_j \in \mathsf{C}(\Gamma)$, definiert durch $\psi_j = 1$ auf $\partial\bar\Phi_j$ und $\psi_j = 0$ sonst, für $j = 1,2,\ldots,q$ bilden eine Basis des Eigenraumes $\mathsf{N}(I-K)$.*

Beweis: a) Für $j = 1,2,\ldots,p$ sei $v_j \in \mathsf{F}(\Omega)$ definiert durch $v_j = 1$ auf $\bar\Omega_j$ und $v_j = 0$ sonst; v_j hat die Randwerte $v_{j+} = \varphi_j$ und die Normalableitung $\partial_+ v_j = 0$. Nach Aufgabe 9.8, a) folgt daraus $v_j = \frac{1}{2}F\varphi_j$. Für die Randwerte gilt also nach (9.28) die Gleichung $v_{j+} = \varphi_j = \frac{1}{2}\varphi_j - \frac{1}{2}K\varphi_j$, d. h. $\varphi_j \in \mathsf{N}(-I-K)$. Umkehrung: Ist $\varphi \in \mathsf{N}(-I-K)$, so gibt es nach Satz 9.5 ein $f \in \mathsf{N}(-I-K^\mathsf{T})$ mit $Sf = \varphi$. Durch $u = Ef$ ist eine Funktion $u \in \mathsf{F}(\Omega)$ erklärt mit Normalableitung $\partial_+ u = f + K^\mathsf{T}f = 0$ nach (9.29). Also ist u lokal konstant in Ω nach (9.20), d. h. konstant in jeder zusammenhängenden Komponente $\bar\Omega_j$ nach Aufgabe 9.10. Mit den oben definierten Funktionen v_j und geeigneten Konstanten α_j gilt $u = \sum_{j=1}^{p} \alpha_j v_j$ und daher $u_+ = Sf = \varphi = \sum_{j=1}^{p} \alpha_j \varphi_j$.

b) Der Beweis des zweiten Teils des Satzes verläuft analog: Hier betrachtet man Funktionen aus $\mathsf{F}(\Phi)$ und ihre Randwerte und benutzt (9.28'), (9.29') und (9.22). Die einzige Abweichung besteht darin, daß eine lokal konstante Funktion aus $\mathsf{F}(\Phi)$ in $\bar\Phi_0$ gleich Null ist.

Nach diesen Vorbereitungen können wir die vier Randwertprobleme der Potentialtheorie leicht behandeln. Wir beginnen mit den Neumann-Problemen:

Satz 9.7. a) *Das innere Neumann-Problem $u \in \mathsf{F}(\Omega)$, $\partial_+ u = h$ besitzt genau dann eine Lösung, wenn $\langle\varphi_j,h\rangle = 0$ ist für $j = 1,2,\ldots,p$ mit den in Satz 9.6, a) definierten Funktionen φ_j. Die Lösung ist eindeutig bis auf Addition einer beliebigen lokal konstanten Funktion.*

b) *Das äußere Neumann-Problem: $u \in \mathsf{F}(\Phi)$, $\partial_- u = h$ besitzt genau dann eine Lösung, wenn $\langle\psi_j,h\rangle = 0$ ist für $j = 1,2,\ldots,q$ mit den in Satz 9.6, b) definierten Funktionen ψ_j. Die Lösung ist eindeutig bis auf Addition einer lokal konstanten Funktion.*

Beweis: a) Ist u eine Lösung des inneren Neumann-Problems, so folgt $\langle\varphi_j,h\rangle = (\partial_+ u, v_{j+}) = (u_+, \partial_+ v_j) = 0$ nach Aufgabe 9.8, a) für $j = 1,\ldots,p$. Die Bedingungen sind also notwendig; sie sind auch hinreichend: Erfüllt h die Bedingungen, so hat die Integralgleichung $f + K^\mathsf{T}f = h$ nach der Fredholmschen Alternative (Satz 5.17) und wegen Satz 9.6 eine Lösung $f \in \mathsf{C}(\Gamma)$, und $u = Ef$ ist wegen (9.29) Lösung des Problems. Die Eindeutigkeitsaussage folgt aus (9.20).

b) Der zweite Teil wird analog bewiesen; der Lösungsansatz ist derselbe.

Satz 9.8. a) *Das innere Dirichlet-Problem: $u \in \mathsf{C}(\bar\Omega)$, harmonisch in Ω, $u_+ = h$ besitzt für jedes $h \in \mathsf{C}(\Gamma)$ genau eine Lösung.*

b) *Das äußere Dirichlet-Problem: $u \in \mathsf{C}(\bar\Phi)$, harmonisch in Φ, $u(x) \to 0$ für $|x| \to \infty$, und $u_- = h$ besitzt für jedes $h \in \mathsf{C}(\Gamma)$ genau eine Lösung.*

Beweis: a) Ist $q = 0$, so sucht man die Lösung des inneren Dirichlet-Problems in der Form $u = Ff$. Dies ist nach (9.28) eine Lösung, falls $f - Kf = h$ ist, und diese Gleichung hat im

Falle $q = 0$ nach Satz 9.6, b) und der Fredholmschen Alternative genau eine Lösung. Ist $q > 0$ und $a_1, \ldots, a_q$ eine reelle Basis von $N(I - K^T)$, z. B. die nach Satz 9.5 durch $S a_j = \psi_j$ bestimmte Basis, so setzt man

$$u = Ff + \sum_{j=1}^{q} \alpha_j E a_j \tag{9.31}$$

und hat nach (9.28) die Gleichung $f - Kf = h - \sum_{j=1}^{q} \alpha_j S a_j$ zu lösen. Das ist nach Satz 5.17

möglich, falls $\langle h, a_i \rangle = \sum_{j=1}^{q} \alpha_j \langle S a_j, a_i \rangle$ ist für $i = 1, \ldots, q$. Dieses Gleichungssystem zur Bestimmung der Zahlen α_j ist gewiß dann lösbar, wenn die homogenen Gleichungen $\sum_{j=1}^{q} \alpha_j \langle S a_j, a_i \rangle = 0$ nur die triviale Lösung $\alpha_j = 0$ für alle j besitzen; mit $a = \sum_{j=1}^{p} \alpha_j a_j$ folgt $(S a, a) = 0$ aus diesen Gleichungen, also $a = 0$ nach Satz 9.5, und daraus $\alpha_j = 0$ für alle j. Damit ist die Existenz einer Lösung gezeigt. Die Eindeutigkeit folgt aus dem Maximumprinzip (9.16).

b) Zur Lösung des äußeren Dirichlet-Problems macht man den analogen Ansatz $u = Ff + \sum_{j=1}^{p} \beta_j E b_j$ mit einer reellen Basis $b_1, \ldots, b_p$ von $N(-I - K^T)$.

Aufgaben. 9.10. Eine Funktion $f \in C(\bar{\Omega}) \cap C^1(\Omega)$ heißt lokal konstant, wenn die Ableitung Df in Ω überall gleich Null ist. Man zeige: Eine Funktion ist genau dann lokal konstant, wenn sie in jeder zusammenhängenden Komponente von $\bar{\Omega}$ konstant ist. Anleitung: Man konstruiert die zusammenhängenden Komponenten mit Hilfe einer geeigneten Koordinatenüberdeckung von $\bar{\Omega}$.

9.11. Die Randwertprobleme der Potentialtheorie in der Ebene ($m = 2$) sollen nach dem Muster der Abschnitte 9.4 und 9.5 behandelt werden. Anleitung: Man definiert Ff und den Operator K wie in 9.4, $Ef(x) = \dfrac{1}{\pi} \int_{\Gamma} \log \dfrac{\gamma}{|x - y|} f(y) \, d\omega(y)$ und $Sf(x) = Ef(x)$ für $x \in \Gamma$. Man zeigt zunächst, daß die positive Konstante γ so gewählt werden kann, daß Satz 9.5 gilt.

9.12. Für eine Lösung u des inneren (bzw. äußeren) Dirichlet-Problems mit Randwerten h sind die folgenden drei Aussagen äquivalent:

a) $u \in F(\Omega)$ (bzw. $u \in F(\Phi)$);

b) $u = Ef$ mit $f \in C(\Gamma)$;

c) $h = Sk$ mit $k \in C(\Gamma)$.

9.13. Mit den Methoden von 9.3, 9.4 und 9.5 sind das „dritte" innere Randwertproblem: $u \in F(\Omega)$, $\partial_+ u + \sigma u_+ = h$ und das dritte äußere Randwertproblem $u \in F(\Phi)$, $\partial_- u - \sigma u_- = h$, zu lösen. Darin sind $\sigma \in C(\Gamma)$ mit $\sigma \geq 0$ und $h \in C(\Gamma)$ gegeben.

9.6 Das Eigenwertproblem der Schwingungsgleichung. Für jedes $y \in \Omega$ sei $H(\cdot, y)$ die Lösung des inneren Dirichlet-Problems mit den Randwerten $h(x) = [(m-2)\omega_m]^{-1} |x - y|^{2-m}$ für $x \in \Gamma$. Nach Satz 9.8, a) existiert diese Lösung und ist eindeutig bestimmt; wir zeigen, daß $H(\cdot, y) \in F(\Omega)$ ist. Nach Aufgabe 9.12 ist das der Fall, wenn h in der Form $h = Sg$ mit $g \in C(\Gamma)$ geschrieben werden kann. Zunächst gilt: $h - Kh = Sk$ mit $k(x) = \omega_m^{-1} |x - y|^{-m}(x - y, n(x))$, denn h ist Randwert u_- einer Funktion $u \in F(\Phi)$ mit $\partial_- u = -k$ (vgl. Aufgabe 9.8, b)). Die Gleichung $f - K^T f = k$ hat eine Lösung f, da

$$\langle \psi_j, k \rangle = \omega_m^{-1} \int_{\Gamma} |x - y|^{-m}(x - y, n(x)) \psi_j(x) \, d\omega(x) = \tfrac{1}{2} F \psi_j(y) = 0$$

ist für $j = 1, \ldots, q$ und für alle $y \in \Omega$ mit den in Satz 9.6, b) definierten Funktionen ψ_j. Daraus folgt $Sf - KSf = Sk$ und schließlich $h = Sf + \sum_{j=1}^{q} \alpha_j \psi_j = S\left(f + \sum_{j=1}^{q} \alpha_j a_j\right)$ mit geeigneten

Konstanten α_j und der durch $Sa_j = \psi_j$ erklärten Basis $a_1, \ldots, a_q$ von $\mathsf{N}(I - K^{\mathsf{T}})$.

Die Greensche Funktion für das Gebiet Ω wird nun durch

$$G(x,y) = \frac{1}{(m-2)\omega_m} |x-y|^{2-m} - H(x,y) \tag{9.32}$$

für $y \in \Omega$ und $x \in \bar{\Omega}$ mit $x \neq y$ definiert. Nach Konstruktion ist $G(x,y) = 0$ für $x \in \Gamma$, $y \in \Omega$, und $G(\cdot, y)$ besitzt eine Normalableitung $\partial_+ G(\cdot, y)$ auf Γ. Wir beweisen nun die Gleichung

$$G(x,y) = G(y,x). \tag{9.33}$$

Für zwei verschiedene Punkte $y, z \in \Omega$ und hinreichend kleines positives ε wenden wir Aufgabe 9.8, a) auf den C^1-Bereich $\bar{\Omega} \backslash (\mathsf{K}(y,\varepsilon) \cup \mathsf{K}(z,\varepsilon))$ und die Funktionen $u = G(\cdot, y)$ und $v = G(\cdot, z)$ an. Da die Randwerte u_+, v_+ auf Γ gleich Null sind, bleiben nur Integrale über $\partial \mathsf{K}(y,\varepsilon)$ und $\partial \mathsf{K}(z,\varepsilon)$ übrig. Auswertung dieser Integrale mit Hilfe von (9.32) und Grenzübergang $\varepsilon \to 0$ liefert die Gleichung $G(z,y) = G(y,z)$. Damit ist (9.33) bewiesen.

Wir setzen G zu einer stetigen Funktion auf der Menge $\{(x,y) | x, y \in \bar{\Omega}, x \neq y\}$ fort, indem wir $G(x,y) = 0$ setzen für alle $x \in \bar{\Omega}$ und $y \in \Gamma$ mit $x \neq y$. Es gilt

$$0 \leq G(x,y) \leq \frac{1}{(m-2)\omega_m} |x-y|^{2-m}. \tag{9.34}$$

Nach dem Maximumprinzip für reelle harmonische Funktionen ist nämlich $H(x,y) \geq 0$, weil die Randwerte dieser Funktion nicht-negativ sind; ebenso ist $G(x,y) \geq 0$, da $G(\cdot, y)$ in $\Omega \backslash \overline{\mathsf{K}(y,\varepsilon)}$ harmonisch ist und nicht-negative Randwerte hat, wenn ε klein genug ist; man kann nämlich ε so wählen, daß $G(x,y) \geq 0$ ist für alle $x \in \mathsf{K}(y,\varepsilon)$. Aus (9.34) folgt, daß die Greensche Funktion Kern eines Operators $G \in \mathscr{K}_2(\bar{\Omega}, \mu)$ ist, wenn μ das Riemann-Maß auf $\bar{\Omega}$ bezeichnet. Da der Kern reell ist, und wegen (9.33), ist der Operator G außerdem symmetrisch in bezug auf das Dualsystem $(\bar{\Omega}, \mu)$. Wir können nun die wichtigste Eigenschaft der Greenschen Funktion beweisen:

Satz 9.9. *Für jedes $f \in \mathsf{C}(\bar{\Omega})$ ist $u = Gf \in \mathsf{C}(\bar{\Omega}) \cap C^1(\Omega)$ mit Randwerten Null auf Γ. Ist f außerdem in Ω hölderstetig, so ist $u \in C^2(\Omega)$, $\Delta u = -f$ und die Funktion u ist durch diese Eigenschaften eindeutig bestimmt.*

Beweis: G ist ein beschränkter Operator in $\mathsf{C}(\bar{\Omega})$, also $u = Gf \in \mathsf{C}(\bar{\Omega})$ für jedes $f \in \mathsf{C}(\bar{\Omega})$. Für $x \in \Gamma$ ist $G(x,y) = 0$ für alle $y \neq x$ und folglich $u(x) = 0$. Wir setzen nun die Zerlegung (9.32) der Greenschen Funktion in die Definition von u ein und erhalten eine Zerlegung $u = v - w$ mit

$$v(x) = \frac{1}{(m-2)\omega_m} \int_{\bar{\Omega}} |x-y|^{2-m} f(y) \, dy \tag{9.35}$$

und

$$w(x) = \int_{\bar{\Omega}} H(x,y) f(y) \, dy.$$

Offenbar gilt $w \in C^2(\Omega)$ und $\Delta w = 0$. Es bleibt zu zeigen, daß $v \in C^1(\Omega)$ und für hölderstetiges f auch $v \in C^2(\Omega)$ und $\Delta v = -f$ ist. Beweise dieser Aussagen findet man bei G. Hellwig, l. c., S. 162 und in Aufgabe 9.14. Die Eindeutigkeit folgt aus dem Maximumprinzip (9.16).

Mit Hilfe der Greenschen Funktion behandeln wir das Eigenwertproblem für den Operator $-\Delta$ in Ω mit der Randbedingung $u_+ = 0$ auf Γ. Wir wählen folglich als Definitionsbereich des Operators $-\Delta$ den Teilraum

$$D(\Omega) = \{u \mid u \in C(\bar{\Omega}) \cap C^2(\Omega), u = 0 \quad \text{auf} \quad \Gamma\} \tag{9.36}$$

von $C(\bar{\Omega})$ und suchen die Eigenwerte von $-\Delta$, d. h. die Zahlen λ, für welche die Differentialgleichung $\Delta u + \lambda u = 0$ eine nicht-triviale Lösung $u \in D(\Omega)$ hat. Diese Differentialgleichung, ergänzt durch eine homogene Randbedingung, beschreibt freie Schwingungen in der Mechanik und Elektrodynamik und spielt auch in der Theorie der Wärmeleitung eine wichtige Rolle. Man nennt sie die Schwingungsgleichung[1].

Wir benutzen im folgenden das Skalarprodukt $(\cdot, \cdot)$ des Dualsystems $(\bar{\Omega}, \mu)$ und die zugehörige Norm $\| \cdot \|_2$.

Satz 9.10. *Der Operator* $-\Delta$ *in* $D(\Omega)$ *besitzt unendlich viele Eigenwerte* $\lambda_1, \lambda_2, \ldots$, *die alle positiv sind (wir ordnen sie gemäß* $\lambda_1 \leq \lambda_2 \leq \cdots$ *und lassen jeden Eigenwert in der Folge so oft vorkommen, wie seine geometrische Vielfachheit angibt), und eine zugehörige orthonormale Folge von Eigenfunktionen* $a_j \in D(\Omega)$. *Es gilt* $\lambda_j \to \infty$ *für* $j \to \infty$ *und*

$$\lambda_n \geq \gamma n^{1/2p} \quad \text{mit } \gamma > 0 \text{ und } p \text{ ganz, } p > \tfrac{m}{4}. \tag{9.37}$$

Beweis: Ist $u \in D(\Omega)$ und $\Delta u + \lambda u = 0$, so folgt $u = \lambda Gu$ aus Satz 9.9. Der Wert $\lambda = 0$ ist also nicht Eigenwert von $-\Delta$, und jeder Eigenwert $\lambda \neq 0$ ist reziproker Wert eines Eigenwerts von G, also reell. Ist $\lambda < 0$, so gilt für die Differentialgleichung $\Delta u + \lambda u = 0$ das Maximumprinzip (9.16)[2]; eine Lösung $u \in D(\Omega)$ ist also identisch Null. Alle Eigenwerte von $-\Delta$ sind folglich positiv. Ist umgekehrt $v \neq 0$ ein Eigenwert von G mit Eigenfunktion $u \in C(\bar{\Omega})$, so ist nach Satz 9.9 zunächst $u \in C^1(\Omega)$, also u hölderstetig in Ω, daher auch $u \in D(\Omega)$, und u ist Eigenfunktion von $-\Delta$ zum Eigenwert $\lambda = v^{-1}$. Nach Satz 8.9 besitzt G zu der geordneten Folge seiner Eigenwerte v_j eine entsprechende orthonormale Folge von Eigenfunktionen $a_j \in C(\bar{\Omega})$. Wie schon gezeigt, gilt $a_j \in D(\Omega)$ und die a_j sind Eigenfunktionen von $-\Delta$ zu den Eigenwerten $\lambda_j = v_j^{-1}$. Es gibt unendlich viele Eigenwerte λ_j; wäre das nicht wahr, so folgte $G(x, y) = \sum_j \lambda_j a_j(x) \overline{a_j(y)}$ aus (8.57) und die Greensche Funktion wäre in ganz $\bar{\Omega}^2$ stetig, im Widerspruch zu (9.32). Schließlich folgt (9.37) aus Satz 8.12.

Satz 9.11. *Es sei* $h \in C(\bar{\Omega})$ *in* Ω *hölderstetig und* $\lambda \in C$. *Die inhomogene Gleichung* $\Delta u + \lambda u + h = 0$ *besitzt genau dann eine Lösung* $u \in D(\Omega)$, *wenn* $(h, a_j) = 0$ *ist für alle* j *mit* $\lambda_j = \lambda$. *Die Lösung hat die Form*

$$u = \sum_{\lambda_j = \lambda} \alpha_j a_j + \sum_{\lambda_j \neq \lambda} (\lambda_j - \lambda)^{-1} (h, a_j) a_j \tag{9.38}$$

mit beliebigen Konstanten α_j, *und die Reihe konvergiert im Sinne der Norm* $\| \cdot \|_2$. *Für* $m = 3$ *konvergiert die Reihe gleichmäßig in* $\bar{\Omega}$.

Beweis: Nach Satz 9.9 ist $u \in D(\Omega)$ genau dann eine Lösung der Gleichung $\Delta u + \lambda u + h = 0$, wenn $u = \lambda Gu + Gh$ ist. Nach der Fredholmschen Alternative hat diese Gleichung genau dann eine Lösung, wenn $\langle Gh, \bar{a}_j \rangle = (h, Ga_j) = \lambda_j^{-1}(h, a_j) = 0$ ist für alle j mit $\lambda_j = \lambda$. Für die Lösung gilt $(u, a_j) = \lambda(Gu, a_j) + (Gh, a_j) = \lambda \lambda_j^{-1}(u, a_j) + \lambda_j^{-1} h, a_j)$, also $(\lambda_j - \lambda)(u, a_j) = (h, a_j)$. Die Reihenentwicklung (9.38) folgt damit aus (8.57), indem man K durch G, f durch $\lambda u + h$ und λ_j durch λ_j^{-1} ersetzt. Die gleichmäßige Konvergenz der Reihe im Falle $m = 3$ folgt aus Satz 8.10 wegen $G \in \mathcal{K}_2(\bar{\Omega}, \mu)$.

---

[1] Eine umfassende Darstellung ihrer Eigenschaften findet man bei Müller, C.: Grundprobleme der mathematischen Theorie elektromagnetischer Schwingungen. Berlin 1957.
[2] Vgl. Hellwig, G.: l. c., S. 86.

Aufgaben. 9.14. Es sei $f \in C(\bar{\Omega})$ und v durch (9.35) erklärt.

a) Man beweise $v \in C^1(\Omega)$ und $D_j v(x) = -(\omega_m)^{-1} \int_{\bar{\Omega}} (x_j - y_j)|x-y|^{-m} f(y) \, dy$.

b) Ist f in Ω hölderstetig, so beweise man $v \in C^2(\Omega)$ und

$$D_k D_j v(x) = \int_{\bar{\Omega} \setminus K(x,\varepsilon)} S_{jk}(x-y) f(y) \, dy + \int_{K(x,\varepsilon)} S_{jk}(x-y)[f(y)-f(x)] \, dy - \frac{1}{m} \delta_{jk} f(x)$$

mit beliebigem $\varepsilon < d(x, \Gamma)$ und mit $S_{jk}(x) = \omega_m^{-1}[m x_j x_k |x|^{-m-2} - \delta_{jk}|x|^{-m}]$.

Anleitung: Man stellt v als $\lim_{n \to \infty} v_n$ dar mit $v_n(x) = \dfrac{1}{(m-2)\omega_m} \int_{\bar{\Omega}} |x-y|^{2-m} \eta_n(|x-y|) f(y) \, dy$ und η_n nach (8.15); dann zeigt man $D_j v_n \to D_j v$ gleichmäßig in $\bar{\Omega}$. Analog verfährt man bei b).

9.15. a) Man konstruiere die Neumannsche Funktion $N(\cdot, \cdot)$ mit den Eigenschaften: $N(x,y) = (m-2)^{-1} \omega_m^{-1} |x-y|^{2-m} - M(x,y)$ für $x \in \bar{\Omega}$, $y \in \Omega$ mit $M(\cdot, y) \in F(\Omega)$, $\partial_{1+} N(x,y) = \sum_{j=1}^{p} \alpha_j \varphi_j(x)$, $\int_{\Gamma} N(x,y) \varphi_j(x) \, d\omega(x) = 0$ für alle $y \in \Omega$ (vgl. Satz 9.7, a)) und zeige, daß sie eindeutig bestimmt ist.

b) Es gilt $N(x,y) = N(y,x)$ für alle $x, y \in \Omega$.

c) Das innere Neumann-Problem: $u \in F(\Omega)$, $\partial_+ u = h$ sei lösbar. Dann ist $u(x) = \int_{\Gamma} N(x,y) h(y) \, d\omega(y)$ die durch $\langle \varphi_j, u_+ \rangle = 0$, $j = 1, \ldots, p$ eindeutig bestimmte Lösung.

d) Der Operator $-\Delta$ mit Definitionsbereich $D_1(\Omega) = \{u \mid u \in C(\bar{\Omega}) \cap C^2(\Omega), \partial_+ u = 0\}$ hat unendlich viele Eigenwerte $0 = \lambda_1 = \cdots = \lambda_p < \lambda_{p+1} \leq \cdots$ mit $\lambda_j \to \infty$ für $j \to \infty$ und eine entsprechende orthonormale Folge von Eigenfunktionen $a_j \in D_1(\Omega)$. Für $j > p$ ist λ_j^{-1} Eigenwert und a_j Eigenfunktion des Operators $N \in \mathcal{K}_2(\bar{\Omega}, \mu)$ mit dem Kern $N(x,y)$.

e) Satz 9.11 gilt mit $D_1(\Omega)$ anstatt $D(\Omega)$.

9.7 Die Ausstrahlungsprobleme der Schwingungsgleichung. Die inneren Randwertprobleme für die Schwingungsgleichung $\Delta u + \lambda u = 0$, also die Frage nach Lösungen $u \in C(\bar{\Omega}) \cap C^2(\Omega)$ dieser Gleichung mit gegebenen Randwerten $u_+ = h$ für das Dirichlet-Problem bzw. mit $\partial_+ u = h$ für das Neumann-Problem unterscheiden sich wenig von den entsprechenden inneren Problemen der Potentialtheorie. Bei der Formulierung der äußeren Randwertprobleme lassen wir uns von physikalischen Vorstellungen leiten: In der Akustik beschreibt eine Lösung der Schwingungsgleichung in Φ die Ausbreitung von Druck- und Dichteschwingungen der Luft mit einer der Zahl $\varkappa = \sqrt{\lambda}$ proportionalen Frequenz (λ und $\varkappa$ positiv). Die natürliche Randbedingung für solche Lösungen ist die zuerst von A. Sommerfeld formulierte Ausstrahlungsbedingung, die wir nach F. Rellich in der Form

$$\lim_{\varrho \to \infty} \int_{|x|=\varrho} |\partial_+ u(x) - i\varkappa u(x)|^2 \, d\omega_\varrho(x) = 0 \tag{9.39}$$

schreiben. Darin ist $\partial_+ u(x) = \varrho^{-1}(Du(x), x)$ die äußere Normalableitung von u auf der Sphäre $\{|x| = \varrho\}$ und $d\omega_\varrho$ das Oberflächenmaß dieser Sphäre. Im folgenden betrachten wir auch komplexe $\lambda \neq 0$; die Zahl $\varkappa = \sqrt{\lambda}$ legen wir durch die Bedingungen

$$\varkappa = \sqrt{\lambda}, \quad \operatorname{Im}\varkappa \geq 0, \quad \varkappa > 0 \quad \text{falls} \quad \lambda > 0 \tag{9.40}$$

fest. Wir setzen voraus, daß Φ zusammenhängend ist (im allgemeinen Fall kann man ein Randwertproblem für Φ zerlegen in ein äußeres Problem für die unbeschränkte zusammenhängende Komponente Φ_0 und innere Probleme für die beschränkten Komponenten $\Phi_1, \ldots, \Phi_q$). Das äußere Dirichlet-Problem besteht nun darin, eine Lösung $u \in C(\bar{\Phi}) \cap C^2(\Phi)$ der Schwingungsgleichung mit vorgeschriebenen Randwerten $u_- = h$ auf $\Gamma = \partial \Phi$ zu finden, die der Ausstrahlungsbedingung (9.39) genügt. Für das äußere Neumann-Problem definieren wir $F_\varkappa(\Phi)$ als die Menge aller Lösungen $u \in C(\bar{\Phi}) \cap C^2(\Phi)$ der Schwingungsgleichung mit $\lambda = \varkappa^2$, welche auf Γ eine Normalableitung $\partial_- u$ besitzen und der Bedingung (9.39) genügen; ist $h \in C(\Gamma)$ gegeben, so ist ein $u \in F_\varkappa(\Phi)$ mit $\partial_- u = h$ zu finden.

Beide äußeren Probleme sind eindeutig lösbar. Die Eindeutigkeit folgt aus

Satz 9.12. (Rellich)[1]. *Es sei* $v \equiv C^2(\Phi)$ *eine Lösung der Schwingungsgleichung, die der Bedingung* (9.39) *genügt. Für jedes* $\varrho > 0$ *mit* $K(0,\varrho) \supset \bar\Omega$ *sei* $\Phi_\varrho = \Phi \cap K(0,\varrho)$ *und es gelte*

$$\int_{\Phi_\varrho} \{\bar v \Delta v + |Dv|^2\}\,dx = \int_{|x|=\varrho} \bar v\,\partial_+ v\,d\omega_\varrho\,. \tag{9.41}$$

Dann ist v *identisch Null in* Φ.

Zur Anwendung dieses Satzes bezeichne man mit v die Differenz zweier Lösungen u_1, u_2 des Randwertproblems; dann genügt v der Bedingung (9.39), denn es gilt $|\partial_+ v - i\varkappa v|^2 \leq 2|\partial_+ u_1 - i\varkappa u_1|^2 + 2|\partial_+ u_2 - i\varkappa u_2|^2$. Handelt es sich um das Neumann-Problem, so ist $\partial_- v = 0$ auf Γ, und (9.41) folgt aus Aufgabe 9.5, a) (angewandt auf Φ_ϱ). Für das Dirichlet-Problem folgt (9.41) aus Aufgabe 9.16. Der Satz von Rellich liefert also die Eindeutigkeit in beiden Fällen. Die Existenz der Lösung werden wir mit Hilfe der Fredholm-Theorie beweisen.

Mit der durch (9.40) festgelegten Zahl $\varkappa$ definieren wir

$$S_\varkappa(r) = \frac{i}{2}\left(\frac{\varkappa}{2\pi r}\right)^{\frac{n-2}{2}} H^{(1)}_{\frac{m-2}{2}}(\varkappa r) \quad \text{für} \quad r > 0\,; \tag{9.42}$$

darin ist $H^{(1)}_\nu$ die erste Hankelfunktion, deren Eigenschaften wir als bekannt voraussetzen[2] und im folgenden benutzen. Für $m = 3$ ist $S_\varkappa(r) = \frac{1}{2\pi r}\,e^{i\varkappa r}$; in diesem Fall lassen sich die folgenden Angaben besonders leicht nachprüfen. Zunächst genügt $H^{(1)}_\nu(z)$ der Besselschen Differentialgleichung $Z'' + \frac{1}{z}Z' + \left(1 - \frac{\nu^2}{z^2}\right)Z = 0$, $S_\varkappa$ folglich der Differentialgleichung $S_\varkappa'' + \frac{m-1}{r}S_\varkappa' + \varkappa^2 S_\varkappa = 0$ und $S_\varkappa(|x-y|)$ ist für festes $y \in R^m$ und für alle $x \neq y$ Lösung der Schwingungsgleichung. Folglich stellen auch die Integrale

$$E_\varkappa f(x) = \int_\Gamma S_\varkappa(|x-y|)f(y)\,d\omega(y) \tag{9.43}$$

$$F_\varkappa f(x) = \int_\Gamma S_\varkappa'(|x-y|)\,|x-y|^{-1}(x-y,n(y))f(y)\,d\omega(y) \tag{9.44}$$

mit $f \in C(\Gamma)$ für $x \in \Omega$ und für $x \equiv \Phi$ Lösungen der Schwingungsgleichung dar. Wir nennen $E_\varkappa f$ bzw. $F_\varkappa f$ das **Potential einer einfachen** bzw. einer **Doppelbelegung** der Fläche Γ mit der Dichte f, da sich diese Ausdrücke für $\varkappa = 0$ auf (9.23) bzw. (9.24) reduzieren. Aus der Potenzreihendarstellung der Hankelfunktion folgt nämlich

$$S_\varkappa(r) = \frac{2}{(m-2)\omega_m}\,r^{2-m} + \varkappa T_\varkappa(r)\,, \tag{9.45}$$

worin $T_\varkappa$ beliebig oft differenzierbar ist und den Abschätzungen

$$T_\varkappa(r) = O(r^{3-m})\,, \qquad T_\varkappa'(r) = O(r^{3-m})\,, \qquad T_\varkappa''(r) = O(r^{2-m}) \tag{9.45'}$$

---

[1] Rellich, F.: Eigenwerttheorie partieller Differentialgleichungen, Math. Inst. Univ. Göttingen 1952/53; vgl. auch Hellwig, G.: Partielle Differentialgleichungen. Stuttgart 1960, S. 104.
[2] Vgl. Magnus, W.; Oberhettinger, F.; Soni, R.: Formulas and theorems for the special functions of Mathematical Physics. Berlin-Heidelberg-New York 1966, Ch. III.

für $r \to 0+$ genügt [1]. Wie in 9.4 folgt daraus, daß $E_\varkappa f$ in R^m stetig ist mit Randwerten $S_\varkappa f$ auf Γ; darin ist $S_\varkappa \in \mathscr{K}_1(\Gamma,\omega)$ der Integraloperator mit dem Kern $S_\varkappa(|x-y|)$. Aus (9.45') und (9.28), (9.28') folgt, daß $F_\varkappa f$ sich stetig auf $\bar\Omega$ und auf Φ fortsetzen läßt mit Randwerten

$$F_\varkappa f_+ = f - K_\varkappa f \tag{9.46}$$

$$F_\varkappa f_- = -f - K_\varkappa f. \tag{9.46'}$$

Darin ist $K_\varkappa \in \mathscr{K}_\alpha(\Gamma,\omega)$ der Operator mit dem Kern

$$K_\varkappa(x,y) = -S'_\varkappa(|x-y|)|x-y|^{-1}(x-y,n(y)). \tag{9.47}$$

Ebenso erhält man aus (9.29), (9.29') die Formeln

$$\cdot\,\partial_+ E_\varkappa f = f + K_\varkappa^{\mathsf{T}} f \tag{9.48}$$

$$\partial_- E_\varkappa f = -f + K_\varkappa^{\mathsf{T}} f. \tag{9.48'}$$

Aus der asymptotischen Darstellung von $H_\nu^{(1)}(z)$ für $z \to \infty$ folgen die Abschätzungen

$$S_\varkappa(r) = O(r^{\frac{1-m}{2}}) \tag{9.49}$$

$$S'_\varkappa(r) - i\varkappa S_\varkappa(r) = O(r^{-\frac{m+1}{2}}) \tag{9.49'}$$

$$S''_\varkappa(r) - i\varkappa S'_\varkappa(r) = O(r^{-\frac{m+1}{2}}) \quad \text{für} \quad r \to \infty. \tag{9.49''}$$

Damit erhält man erstens $E_\varkappa f(x) \to 0$ und $F_\varkappa f(x) \to 0$ für $|x| \to \infty$ und zweitens, daß $E_\varkappa f$ und $F_\varkappa f$ der Ausstrahlungsbedingung (9.39) genügen. Für jedes $f \in \mathsf{C}(\Gamma)$ ist also insbesondere $E_\varkappa f \in \mathsf{F}_\varkappa(\Phi)$.

In der Potentialtheorie war der Satz von Plemelj (Satz 9.5) der Schlüssel zur Lösung der Randwertprobleme. Leider gilt das Analogon dieses Satzes für die Schwingungsgleichung nicht; statt dessen haben wir den

Satz 9.13. *Für die Operatoren $S_\varkappa$ und $K_\varkappa$ gilt $K_\varkappa S_\varkappa = S_\varkappa K_\varkappa^{\mathsf{T}}$ und $\mathsf{N}(S_\varkappa) = \mathsf{N}(I - K_\varkappa^{\mathsf{T}})$. Für jeden von Null und Eins verschiedenen Eigenwert μ von $K_\varkappa$ bildet $S_\varkappa$ den Eigenraum $\mathsf{N}(\mu I - K_\varkappa^{\mathsf{T}})$ von $K_\varkappa^{\mathsf{T}}$ bijektiv auf $\mathsf{N}(\mu I - K_\varkappa)$ ab.*

Beweis: Es sei $\mathsf{F}_\varkappa(\Omega)$ die Menge aller Lösungen $u \in C(\bar\Omega) \cap C^2(\Omega)$ der Schwingungsgleichung, die auf Γ eine Normalableitung $\partial_+ u$ haben. Für $u,v \in \mathsf{F}_\varkappa(\Omega)$ folgt $\int_\Gamma \{u_+ \partial_+ v - v_+ \partial_+ u\}\, d\omega = 0$ aus Aufgabe 9.5, b). Setzt man hier $v(x) = S_\varkappa(|x-y|)$ mit $y \in \Phi$, so erhält man $F_\varkappa u_+(y) + E_\varkappa \partial_+ u(y) = 0$ für alle $y \in \Phi$ und daraus $-u_+ - K_\varkappa u_+ + S_\varkappa \partial_+ u = 0$ mit Hilfe von (9.46'). Setzt man hier nun $u = E_\varkappa f$, so ist $u \in \mathsf{F}_\varkappa(\Omega)$ mit $u_+ = S_\varkappa f$ und $\partial_+ u = f + K_\varkappa^{\mathsf{T}} f$ nach (9.48), und es folgt $K_\varkappa S_\varkappa f - S_\varkappa K_\varkappa^{\mathsf{T}} f = 0$ für alle $f \in \mathsf{C}(\Gamma)$, also $K_\varkappa S_\varkappa = S_\varkappa K_\varkappa^{\mathsf{T}}$. Für $f \in \mathsf{N}(S_\varkappa)$ ist $u = E_\varkappa f \in \mathsf{F}_\varkappa(\Phi)$ mit Randwert $u_- = 0$ auf Γ, also $u = 0$ nach dem Eindeutigkeitssatz für das äußere Dirichlet-Problem und folglich $\partial_- u = -f + K_\varkappa^{\mathsf{T}} f = 0$ nach (9.48'), d. h. $f \in \mathsf{N}(I - K_\varkappa^{\mathsf{T}})$. Umgekehrt folgt aus $f - K_\varkappa^{\mathsf{T}} f = 0$, daß $u = E_\varkappa f$ Lösung des äußeren Neumann-Problems mit $\partial_- u = 0$ ist. Nach dem Eindeutigkeitssatz ist $u = 0$, also $u_- = S_\varkappa f = 0$. Damit ist $\mathsf{N}(S_\varkappa) = \mathsf{N}(I - K_\varkappa^{\mathsf{T}})$ bewiesen. Für $\mu \neq 0$ haben $\mathsf{N}(\mu I - K_\varkappa)$ und $\mathsf{N}(\mu I - K_\varkappa^{\mathsf{T}})$ endliche und gleiche Dimension nach der Fredholmschen Alternative. Für $f \in \mathsf{N}(\mu I - K_\varkappa^{\mathsf{T}})$ ist $g = S_\varkappa f \in \mathsf{N}(\mu I - K_\varkappa)$, denn $(\mu I - K_\varkappa)g = S_\varkappa(\mu I - K_\varkappa^{\mathsf{T}})f = 0$. Ist außerdem $\mu \neq 1$, so ist $S_\varkappa f \neq 0$ für $f \neq 0$, denn aus $S_\varkappa f = 0$ folgt $f = K_\varkappa^{\mathsf{T}} f = \mu f$, d. h. $f = 0$. Also bildet $S_\varkappa$ den Raum $\mathsf{N}(\mu I - K_\varkappa^{\mathsf{T}})$ bijektiv auf $\mathsf{N}(\mu I - K_\varkappa)$ ab.

---

[1] $f(r) = O(g(r))$ für $r \to 0 +$ mit $g(r) > 0$ bedeutet $\limsup\limits_{r \to 0+} |f(r)|[g(r)]^{-1} < \infty$.

Satz 9.14. *Das äußere Dirichlet-Problem der Schwingungsgleichung hat für beliebige Randwerte* $h \in C(\Gamma)$ *genau eine Lösung.*

Beweis: Analog zum Beweis von Satz 9.8, b) setzt man $u = F_\varkappa f + \sum\limits_{j=1}^{d} \beta_j E_\varkappa c_j$ mit Funktionen $f, c_1, \ldots, c_d \in C(\Gamma)$, $d = \dim N(I + K_\varkappa)$ und Konstanten β_j. Nach (9.46') ist u Lösung, falls $-f - K_\varkappa f + \sum\limits_{j=1}^{d} \beta_j S_\varkappa c_j = h$ ist, und nach der Fredholmschen Alternative hat diese Gleichung eine Lösung f, falls $\langle h, b_k \rangle = \sum\limits_{j=1}^{d} \beta_j \langle S_\varkappa c_j, b_k \rangle$ ist für eine Basis $b_1, \ldots, b_d$ von $N(I + K_\varkappa^T)$. Nun ist aber $S_\varkappa^T = S_\varkappa$, also $\langle S_\varkappa c_j, b_k \rangle = \langle c_j, S_\varkappa b_k \rangle$ und die Funktionen $a_k = S_\varkappa b_k$ bilden nach Satz 9.13 eine Basis von $N(I + K_\varkappa)$. Setzt man also $c_j = \bar{a}_j$, so sind die Gleichungen $\sum\limits_{j=1}^{d} \beta_j (a_k, a_j) = \langle h, b_k \rangle$ zu lösen und das ist möglich, denn aus $\sum\limits_{j=1}^{d} \beta_j (a_k, a_j) = 0$ für $k = 1, \ldots, d$ folgt $\sum\limits_{j=1}^{d} \bar{\beta}_j a_j = 0$, also $\beta_j = 0$ für alle j. Damit ist die Existenz einer Lösung gezeigt; die Eindeutigkeit hatten wir schon nachgewiesen.

Der Schlüssel zur Lösung des äußeren Neumann-Problems ist der folgende

Hilfssatz. *Die Normale* $n(\cdot)$ *der Fläche* Γ *genüge einer Lipschitz-Bedingung* $|n(x) - n(y)| \leq \gamma |x - y|$[1]. *Es sei* $f \in C(\Gamma)$ *und* $F_\varkappa f(x) = 0$ *für alle* $x \in \Omega$. *Dann ist* $f = 0$.

Beweis: Wir setzen $u = F_\varkappa f$, $v = Ff$ und $w = F_\varkappa f - Ff$, also $u = v + w$. Dann ist

$$w(x) = \varkappa \int_\Gamma T_\varkappa'(|x - y|)|x - y|^{-1}(x - y, n(y)) f(y) \, d\omega(y)$$

nach (9.44), (9.45) und aus (9.45') folgt, daß w in R^m stetig ist. Für $x \in \Omega \cup \Phi$ gilt

$$Dw(x) = \varkappa \int_\Gamma \{ T_\varkappa'(|x-y|)|x-y|^{-1} n(y) + [T_\varkappa''(|x-y|)|x-y|^{-2}$$
$$- T_\varkappa'(|x-y|)|x-y|^{-3}](x-y)(x-y, n(y)) \} f(y) \, d\omega(y).$$

Da nach (9.45') der Integrand eine Schranke der Form const. $\cdot |x - y|^{2-m} |f(y)|$ hat, kann man Dw stetig auf R^m fortsetzen. Insbesondere gilt $\partial_+ w = \partial_- w$ auf Γ. Da $v(x) = -w(x)$ ist für alle $x \in \Omega$, existiert auch $\partial_+ v = -\partial_+ w$. Nach einem bekannten Satz der Potentialtheorie hat dann v auch als Funktion in Φ eine Normalableitung $\partial_- v$ und zwar ist $\partial_- v = \partial_+ v$[2]. Also hat u die Normalableitung $\partial_- u = \partial_- v + \partial_- w = 0$. Nach dem Eindeutigkeitssatz für das äußere Neumann-Problem ist $u = 0$ in Φ, also in $\Phi \cup \Omega$ und aus (9.46) und (9.46') folgt $u_+ = f - K_\varkappa f = 0$, $u_- = -f - K_\varkappa f = 0$, d. h. $f = 0$.

Satz 9.15. *Die Normale* $n(\cdot)$ *der Fläche* Γ *genüge einer Lipschitz-Bedingung. Dann hat das äußere Neumann-Problem* $u \in F_\varkappa(\Phi)$, $\partial_- u = h$ *für beliebiges* $h \in C(\Gamma)$ *genau eine Lösung.*

Beweis: Die Eindeutigkeit der Lösung ist schon bewiesen; zum Beweis der Existenz einer Lösung machen wir den Ansatz

$$u(x) = E_\varkappa f(x) + \sum_{j=1}^{d} \alpha_j S_\varkappa(|x - x_j|)$$

---

[1] Wir verlangen also $\alpha = 1$ in den Voraussetzungen von Satz 9.4; das ist z. B. dann der Fall, wenn $\bar\Omega$ ein C^2-Bereich ist.

[2] Vgl. Günter, N. M.: Potentialtheorie. Leipzig 1957, S. 70, Satz 1. Der Satz setzt die Lipschitz-Bedingung für $n(\cdot)$ voraus.

mit $f \in \mathsf{C}(\Gamma)$, $d = \dim \mathsf{N}(I - K_x^\mathsf{T})$, $x_j \in \Omega$ und $\alpha_j \in \mathsf{C}$. Es gilt $u \in \mathsf{F}_x(\Phi)$, und die Randbedingung $\partial_- u = h$ ist der Gleichung

$$f(x) - K_x^\mathsf{T} f(x) = -h(x) + \sum_{j=1}^{d} \alpha_j \partial_- S_x(|x - x_j|) \quad \text{für alle} \quad x \in \Gamma$$

äquivalent; nach der Fredholmschen Alternative ist sie genau dann lösbar, wenn für eine Basis $a_1, \ldots, a_d$ von $\mathsf{N}(I - K_x)$ die Gleichungen

$$\langle h, a_k \rangle - \sum_{j=1}^{d} \alpha_j \int_\Gamma \partial_- S_x(|x - x_j|) a_k(x) \mathrm{d}\omega(x) = \langle h, a_k \rangle + \sum_{j=1}^{d} \alpha_j F_x a_k(x_j) = 0$$

für $k = 1, \ldots, d$ gelten. Man kann die Punkte $x_j \in \Omega$ so wählen, daß $\det(F_x a_k(x_j)) \neq 0$, das Gleichungssystem also lösbar ist. Andernfalls wären die Funktionen $F_x a_k$ in Ω linear abhängig; es gäbe Konstanten $\alpha_1, \ldots, \alpha_d$, die nicht alle Null sind, derart, daß $F_x a = 0$ ist in Ω für $a = \sum_{j=1}^{d} \alpha_j a_j$. Nach dem obigen Hilfssatz folgt daraus $a = 0$ im Widerspruch zur linearen Unabhängigkeit der Funktionen a_j. Damit ist die Existenz der Lösung bewiesen.

Aufgaben. 9.16 (Nur für Kenner des Lebesgue-Integrals). Es sei $\Phi \subset \mathsf{R}^m$ eine offene Menge, $u \in C^2(\Phi)$; zu jedem $\varepsilon > 0$ gebe es eine kompakte Teilmenge $\mathsf{A} \subset \Phi$ mit $|u(x)| \leq \varepsilon$ für alle $x \in \Phi \backslash \mathsf{A}$; das Integral $\int_\Phi |u| |\Delta u| \mathrm{d}x$ existiere. Man zeige:

a) $\int_\Phi |Du|^2 \mathrm{d}x$ existiert und ist gleich $-\int_\Phi \bar{u} \Delta u \, \mathrm{d}x$.

b) Enthält Φ die Sphäre $\{|x| = \varrho\}$, so ist $\displaystyle\int_{\Phi \cap K(0,\varrho)} \{\bar{u} \Delta u + |Du|^2\} \mathrm{d}x = \int_{|x| = \varrho} \bar{u} \partial_+ u \, \mathrm{d}\omega_\varrho.$

Anleitung: Man beweist a) zuerst für reelles u, indem man $u_n = \psi_n(u)$ setzt mit den ungeraden Funktionen ψ_n auf R definiert durch $\psi_n(t) = 0$ für $0 \leq t \leq \dfrac{1}{2n}$, $\psi_n(t) = n\left(t - \dfrac{1}{2n}\right)^2$ für $\dfrac{1}{2n} \leq t \leq \dfrac{1}{n}$ und

$\psi_n(t) = t - \dfrac{3}{4n}$ für $t \geq \dfrac{1}{n}$. Dann hat u_n einen kompakten Träger und es gilt $\int_\Phi \{u_n \Delta u_n + |Du_n|^2\} \mathrm{d}x = 0$; nun Grenzübergang $n \to \infty$, wobei man benutzt, daß die Menge $\{x | x \in \Phi, u(x) = 0, Du(x) \neq 0\}$ das Lebesgue-Maß Null hat. Als Folgerung erhält man $\int_\Phi |Du_n - Du|^2 \mathrm{d}x \to 0$ für $n \to \infty$. Genügt $w = u + iv$ den obigen Voraussetzungen, so auch die reellen Funktionen u und v. Aus $\int_\Phi (Du_n +$ $iDv_n, Dw) \mathrm{d}x = -\int_\Phi (u_n - iv_n) \Delta w \, \mathrm{d}x$ folgt nun die Behauptung a) für w durch Grenzübergang.

9.17. Für das innere Neumann-Problem der Schwingungsgleichung zeige man:

a) Die Dimension d des Teilraums $\mathsf{N}_x(\Omega) = \{u | u \in \mathsf{F}_x(\Omega), \partial_+ u = 0\}$ von $\mathsf{F}_x(\Omega)$ ist gleich $\dim \mathsf{N}(I + K_x)$. Ist $a_1, \ldots, a_d$ eine Basis von $\mathsf{N}(I + K_x)$, so bilden die Funktionen $u_j = F_x a_j$ eine Basis von $\mathsf{N}_x(\Omega)$.

b) Nur für abzählbar viele positive Werte von $\varkappa$ ist $\mathsf{N}_x(\Omega) \neq \{0\}$.

c) Das innere Neumann-Problem $u \in \mathsf{F}_x(\Omega)$, $\partial_+ u = h$ ist genau dann lösbar, wenn $\langle h, a_j \rangle = 0$ ist für $j = 1, \ldots, d$. Anleitung zu a): Für $v \in \mathsf{F}_x(\Phi)$ ist $E_x \partial_- v(x) + F_x v_-(x) = 0$ für alle $x \in \Omega$ (vgl. Aufgabe 9.8, b)).

§ 10 Integraloperatoren auf nicht kompakten Mannigfaltigkeiten

10.1 Dualsysteme und stetige Kerne. Es sei M eine nicht kompakte Mannigfaltigkeit und μ ein positives Maß auf M. Ist μ beschränkt, so kann man durch

$$\langle f, g \rangle = \int f(x) g(x) \mathrm{d}\mu(x) \tag{10.1}$$

wie in 8.1 ein Dualsystem $\langle \mathsf{C}(\mathsf{M}), \mathsf{C}(\mathsf{M}) \rangle$ definieren; denn die Bilinearform $\langle \cdot, \cdot \rangle$ ist nach

Satz 7.7 auf $C(M) \times C(M)$ definiert und beschränkt mit Schranke $\|\mu\|$. Ist μ nicht beschränkt, so ist $\langle f,g\rangle$ nicht für alle $f,g \in C(M)$ definiert, z. B. nicht für $f = g = 1$. Für eine bezüglich μ integrierbare Funktion g und für jedes $f \in C(M)$ ist $\langle f,g\rangle$ nach Satz 7.8 erklärt. Es liegt also nahe, die Menge $C(M,\mu)$ aller auf M stetigen und bezüglich μ integrierbaren Funktionen zu betrachten. Nach (7.21) und (7.22) ist diese Menge ein linearer Raum und

$$\|g\|_1 = \int |g(x)|\,\mathrm{d}\mu(x) \tag{10.2}$$

definiert eine Norm $\|\cdot\|_1$ auf $C(M,\mu)$ (vgl. auch Aufgabe 7.11); jedoch ist $C(M,\mu)$ nicht vollständig in bezug auf diese Norm, und seine vollständige Hülle enthält nicht nur stetige Funktionen, wie man leicht zeigen kann. Wir betrachten daher im folgenden den Raum $C_1(M,\mu)$ aller Funktionen aus $C(M)$, die bezüglich μ integrierbar sind, und definieren

$$|g| = \max\{\|g\|,\|g\|_1\} \tag{10.3}$$

für $g \in C_1(M,\mu)$. Da $\|\cdot\|$ und $|\cdot\|_1$ Normen auf $C_1(M,\mu)$ sind, ist auch $|\cdot|$ eine Norm; diese Norm verwenden wir im folgenden.

Satz 10.1. *Der Raum $C_1(M,\mu)$ mit der Norm (10.3) ist vollständig. Durch die Bilinearform (10.1) sind Dualsysteme $\langle C(M),C_1(M,\mu)\rangle$, $\langle C_1(M,\mu),C(M)\rangle$ und $\langle C_1(M,\mu),C_1(M,\mu)\rangle$ erklärt, von denen das dritte in bezug auf die Involution $f \mapsto \bar f$ positiv ist.*

Bemerkung. Ist μ beschränkt, so ist $C_1(M,\mu) = C(M)$ und die Normen $\|\cdot\|$ und $|\cdot|$ auf $C(M)$ sind äquivalent; und zwar ist $\|f\| \leq |f| \leq (1 + \|\mu\|)\|f\|$ für alle $f \in C(M)$.

Beweis: Es sei (g_n) eine Cauchyfolge in $C_1(M,\mu)$, also $|g_n - g_m| \to 0$ für $n,m \to \infty$. Dann ist (g_n) auch Cauchyfolge in $C(M)$, folglich konvergent in $C(M)$; es gibt also ein $g \in C(M)$ mit $\|g_n - g\| \to 0$ für $n \to \infty$. Sei (e_j) eine Zerlegung der Einheit auf M; für jedes k und n ist dann

$$\mu\left(\sum_{j=1}^k e_j|g_n|\right) \leq \|g_n\|_1 \leq |g_n| \leq \gamma$$

mit einer von k und n unabhängigen Zahl γ. Durch Grenzübergang $n \to \infty$ bei festem k folgt $\mu\left(\sum\limits_{j=1}^k e_j|g|\right) \leq \gamma$ für alle k und daraus $\sum\limits_{j=1}^\infty \mu(e_j|g|) \leq \gamma$, d. h. g ist bezüglich μ integrierbar. Sei nun $\varepsilon > 0$ gegeben und $n(\varepsilon)$ so gewählt, daß $|g_n - g_m| < \varepsilon$ ist für $n,m \geq n(\varepsilon)$, folglich $\mu\left(\sum\limits_{j=1}^k e_j|g_n - g_m|\right) \leq \|g_n - g_m\|_1 < \varepsilon$ für alle k. Durch Grenzübergang $m \to \infty$ folgt $\mu\left(\sum\limits_{j=1}^k e_j|g_n - g|\right) \leq \varepsilon$ und daraus mit $k \to \infty$ die Ungleichung $\|g_n - g\|_1 \leq \varepsilon$ für $n \geq n(\varepsilon)$, d. h. $\|g_n - g\|_1 \to 0$ für $n \to \infty$. Zusammen mit $\|g_n - g\| \to 0$ hat man also $|g_n - g| \to 0$; der Raum $C_1(M,\mu)$ ist vollständig. Nach Satz 7.8 ist $\langle f,g\rangle$ für $f \in C(M)$ und $g \in C_1(M,\mu)$ erklärt, und es gilt

$$|\langle f,g\rangle| \leq \|f\|\,\|g\|_1 \leq \|f\|\,|g|. \tag{10.4}$$

Nach (7.22) ist $\langle\cdot,\cdot\rangle$ linear in bezug auf jede seiner beiden Variablen, also eine beschränkte Bilinearform auf $C(M) \times C_1(M,\mu)$. Ist $\langle f_0,g\rangle = 0$ für ein $f_0 \in C(M)$ und alle $g \in C_1(M,\mu)$, so setze man $g = \sum\limits_{j=1}^k e_j\bar f_0$; man erhält $\mu\left(\sum\limits_{j=1}^k e_j|f_0|^2\right) = 0$, also $\sum\limits_{j=1}^k e_j|f_0|^2 = 0$, da μ positiv ist. Für $k \to \infty$ folgt $|f_0|^2 = 0$, d. h. $f_0 = 0$. Ist $\langle f,g_0\rangle = 0$ für ein $g_0 \in C_1(M,\mu)$ und alle $f \in C(M)$, so setzt man $f = \bar g_0$ und erhält $\int |g_0(x)|^2\,\mathrm{d}\mu(x) = 0$, also $\mu\left(\sum\limits_{j=1}^k e_j|g_0|^2\right) = 0$ für alle k und daraus $g_0 = 0$ wie oben. Damit ist gezeigt, daß $\langle C(M),C_1(M,\mu)\rangle$ ein Dualsystem ist. Wegen $\langle f,g\rangle = \langle g,f\rangle$ ist durch $\langle\cdot,\cdot\rangle$ auch das Dualsystem $\langle C_1(M,\mu),C(M)\rangle$ erklärt. Durch

Einschränkung erhält man schließlich das Dualsystem $\langle C_1(M,\mu), C_1(M,\mu)\rangle$, das offenbar positiv ist in bezug auf die isometrische Involution $f \mapsto \bar{f}$.

Wir betrachten nun Integraloperatoren der Form

$$Kf(x) = \int K(x,y)f(y)\,\mathrm{d}\mu(y) \tag{10.5}$$

mit stetigem Kern. Unter den Voraussetzungen von Satz 7.9 ist K ein beschränkter Operator in $C(M)$. Wir wollen untersuchen, unter welchen zusätzlichen Annahmen K einen in bezug auf das Dualsystem $\langle C(M), C_1(M,\mu)\rangle$ transponierten Operator hat und insbesondere, ob dies der Integraloperator

$$K^{\mathrm{T}}f(x) = \int K(y,x)f(y)\,\mathrm{d}\mu(y) \tag{10.5'}$$

mit dem transponierten Kern ist. Es liegt nahe, zu vermuten, daß dazu der transponierte Kern ebenfalls den Voraussetzungen von Satz 7.9 genügen muß. Wir machen daher die folgenden in bezug auf die beiden Variablen des Kerns symmetrischen Annahmen

(10.6) Die komplexe Funktion K sei auf $M \times M$ stetig; für jedes $x \in M$ seien $K(x,\cdot)$ und $K(\cdot,x)$ bezüglich μ integrierbar, und die durch

$$k(x) = \int |K(x,y)|\,\mathrm{d}\mu(y), \qquad k^{\mathrm{T}}(x) = \int |K(y,x)|\,\mathrm{d}\mu(y)$$

auf M erklärten Funktionen k und k^{T} seien beschränkt.

(10.7) Für jede Zerlegung der Einheit (e_j) auf M konvergieren nach (10.6) die Integrale

$$\int |K(x,y)| \sum_{j=1}^{n} e_j(y)\,\mathrm{d}\mu(y)$$

$$\int |K(y,x)| \sum_{j=1}^{n} e_j(y)\,\mathrm{d}\mu(y)$$

gegen $k(x)$ bzw. $k^{\mathrm{T}}(x)$ für jedes $x \in M$ und für $n \to \infty$. Die Konvergenz sei gleichmäßig bezüglich x in jeder kompakten Teilmenge von M.

Dies sind die Voraussetzungen von Satz 7.9 für K und für K^{T}; dabei ist (10.7) der Voraussetzung (7.30) äquivalent, wie man leicht zeigt. Aus (10.6) und (10.7) folgt, daß k und k^{T} Funktionen aus $C(M)$ sind; nach Satz 7.9 sind K und K^{T} beschränkte Operatoren in $C(M)$ mit $\|K\| = \|k\|$ und $\|K^{\mathrm{T}}\| = \|k^{\mathrm{T}}\|$. Wir definieren wie üblich

$$\mathbf{I}K\mathbf{I} = \max\left\{\|K\|, \|K^{\mathrm{T}}\|\right\}. \tag{10.8}$$

Satz 10.2. *Unter den Voraussetzungen* (10.6) *und* (10.7) *sind K und K^{T} beschränkte Operatoren sowohl in* $C(M)$ *als auch in* $C_1(M,\mu)$. *Es gilt*

$$\mathbf{I}Kf\mathbf{I} \leq \mathbf{I}K\mathbf{I}\,\mathbf{I}f\mathbf{I}, \qquad \mathbf{I}K^{\mathrm{T}}f\mathbf{I} \leq \mathbf{I}K\mathbf{I}\,\mathbf{I}f\mathbf{I} \tag{10.9}$$

für alle $f \in C_1(M,\mu)$, und

$$\langle Kf, g\rangle = \langle f, K^{\mathrm{T}}g\rangle \tag{10.10}$$

für alle $f \in C(M)$, $g \in C_1(M,\mu)$ und für alle $f \in C_1(M,\mu)$, $g \in C(M)$.

Beweis: Es sei (e_j) eine Zerlegung der Einheit auf M, $f \in C(M)$ und $f_n = \sum_{j=1}^{n} e_j f$ für $n = 1,2,\dots$ Dann gilt

$$Kf_n(x) \to Kf(x) \tag{10.11}$$

gleichmäßig bezüglich x in jeder kompakten Teilmenge von M; denn es ist $|Kf_n(x) - Kf(x)| \leq$

$\|f\| \int |K(x,y)| \sum_{j=n+1}^{\infty} e_j(y)\,\mathrm{d}\mu(y)$ und die rechte Seite strebt gegen Null für $n \to \infty$ nach (10.7) und zwar gleichmäßig bezüglich x in jeder kompakten Teilmenge von M. Aus (10.11) folgt

$$\langle Kf_n, g \rangle \to \langle Kf, g \rangle \tag{10.12}$$

für jedes $g \in C_1(M, \mu)$. Denn mit $g_p = \sum\limits_{j=1}^{p} e_j g$ ist $\|g - g_p\|_1 \to 0$ für $p \to \infty$ und daher

$|\langle Kf_n - Kf, g - g_p \rangle| \leq 2\|K\|\,\|f\|\,\|g - g_p\|_1 < \frac{\varepsilon}{2}$ für $p \geq p(\varepsilon)$ und für alle n. Für festes $p \geq p(\varepsilon)$ ist aber $|\langle Kf_n - Kf, g_p \rangle| < \frac{\varepsilon}{2}$ für hinreichend großes n nach (10.11); also gilt (10.12). Sei nun $f \in C_1(M, \mu)$. Aus (10.11) folgt

$$\sum_{j=1}^{p} \mu(e_j | Kf|) = \lim_{n \to \infty} \int |Kf_n(x)| \sum_{j=1}^{p} e_j(x) \mathrm{d}\mu(x)$$
$$\leq \lim_{n \to \infty} \int \left\{ \int |K(x,y)| \, |f_n(y)| \, \mathrm{d}\mu(y) \right\} \sum_{j=1}^{p} e_j(x) \mathrm{d}\mu(x)$$

für jedes p. Hierin kann man die Reihenfolge der Integrationen vertauschen; denn der Integrand ist gleich Null außerhalb der kompakten Teilmenge A × A von M × M, wenn A der kompakte Träger von $\sum\limits_{j=1}^{\max\{n,p\}} e_j$ ist, und μ ist ein beschränktes Maß auf A. Man kann also (8.12) anwenden. Es folgt

$$\sum_{j=1}^{p} \mu(e_j | Kf|) \leq \lim_{n \to \infty} \int |f_n(y)| \left\{ \int |K(x,y)| \sum_{j=1}^{p} e_j(x) \mathrm{d}\mu(x) \right\} \mathrm{d}\mu(y)$$
$$\leq \lim_{n \to \infty} \int |f_n(y)| \, k^{\mathrm{T}}(y) \mathrm{d}\mu(y) \leq \|K^{\mathrm{T}}\| \, \|f\|_1 .$$

Also ist Kf bezüglich μ integrierbar und

$$\|Kf\|_1 \leq \|K^{\mathrm{T}}\| \, \|f\|_1 . \tag{10.13}$$

Andererseits ist $Kf \in C(M)$ und $\|Kf\| \leq \|K\| \, \|f\|$, also $Kf \in C_1(M, \mu)$ und $|Kf| \leq |K| \, |f|$. Da K^{T} denselben Voraussetzungen genügt wie K, und da $|K^{\mathrm{T}}| = |K|$ ist, folgt die zweite Ungleichung (10.9) aus der ersten. Für $f \in C(M)$, $g \in C_1(M, \mu)$ und beliebige natürliche Zahlen n, p erhält man die Gleichung $\langle Kf_n, g_p \rangle = \langle f_n, K^{\mathrm{T}} g_p \rangle$ durch Vertauschung der Integrationen wie oben. Für $p \to \infty$ gilt $\|g_p - g\|_1 \to 0$; wendet man (10.13) auf K^{T} an, so folgt auch $\|K^{\mathrm{T}} g_p - K^{\mathrm{T}} g\|_1 \to 0$. Mit (10.4) erhält man daraus $\langle Kf_n, g_p \rangle \to \langle Kf_n, g \rangle$ und $\langle f_n, K^{\mathrm{T}} g_p \rangle \to \langle f_n, K^{\mathrm{T}} g \rangle$, also $\langle Kf_n, g \rangle = \langle f_n, K^{\mathrm{T}} g \rangle$. Für $n \to \infty$ strebt $\langle f_n, K^{\mathrm{T}} g \rangle$ gegen $\langle f, K^{\mathrm{T}} g \rangle$ nach Definition des Integrals. Mit (10.12) folgt also $\langle Kf, g \rangle = \langle f, K^{\mathrm{T}} g \rangle$ für alle $f \in C(M)$ und $g \in C_1(M, \mu)$. Ersetzt man hierin K durch K^{T} und vertauscht die Variablen in $\langle \cdot, \cdot \rangle$, so erhält man $\langle Kg, f \rangle = \langle g, K^{\mathrm{T}} f \rangle$. Damit ist der Satz bewiesen.

Aufgaben. 10.1. Unter den Voraussetzungen von Satz 10.2 beweise man, daß $\|K^{\mathrm{T}}\| = \sup \{ \|Kf\|_1 \,|\, f \in C_1(M, \mu), \|f\|_1 \leq 1 \}$ ist. Anleitung: Ist (y_j) eine Folge aus M mit $k^{\mathrm{T}}(y_j) \to \|K^{\mathrm{T}}\|$, so betrachte man die Funktionen $f_{nj} \in C_1(M, \mu)$ definiert durch $f_{nj}(x) = 1 - \eta_n(|x - y_j|)$ mit den durch (8.15) erklärten Funktionen η_n.

10.2. Es sei $\mathcal{M} = \mathcal{M}(M, \mu)$ die Menge aller Integraloperatoren K, deren Kern die Voraussetzungen von Satz 10.2 erfüllt und die folgende weitere: Zu jeder kompakten Teilmenge A von M gibt es eine Konstante γ (abhängig von K und A) derart, daß $|K(x,y)| \leq \gamma$ und $|K(y,x)| \leq \gamma$ ist für alle $x \in$ A und $y \in$ M. Man zeige, daß $\mathcal{M}$ eine normierte Algebra ist mit der Norm $|\cdot|$, und daß der Kern des Produkts $M = LK$ durch die Faltung $M(x,y) = \int L(x,z) K(z,y) \mathrm{d}\mu(z)$ definiert ist. Anleitung: Man benutzt die Identität $Mf(x) = \langle L(x, \cdot), Kf \rangle$ und (10.10) zum Beweis der Faltungsgleichung, dann verifiziert man (7.27) und (7.28) für $M(x,y)$ und $M(y,x)$, schließlich $M \in \mathcal{M}(M, \mu)$.

10.3. Es seien $a_1, \ldots, a_n$ bzw. $b_1, \ldots, b_n$ linear unabhängige Funktionen auf M. Der Kern $K(x,y) = \sum\limits_{j=1}^{n} a_j(x) b_j(y)$ genügt genau dann den Voraussetzungen von Satz 10.2, wenn $a_j, b_j \in C_1(M, \mu)$ ist für alle j.

10.2 Kompakte Integraloperatoren. Es sei $\mathscr{B}(M,\mu)$ die Menge aller beschränkten Operatoren in $C(M)$, deren Restriktion auf $C_1(M,\mu)$ auch ein beschränkter Operator in diesem Raum ist. Wir erklären $\mathscr{A}(M,\mu)$ als die Menge aller Operatoren $A \in \mathscr{B}(M,\mu)$, die in bezug auf die Bilinearform $\langle \cdot , \cdot \rangle$ einen transponierten Operator $A^{\mathrm{T}} \in \mathscr{B}(M,\mu)$ besitzen, d. h. es sei $\langle Af,g \rangle = \langle f, A^{\mathrm{T}} g \rangle$ für alle $f \in C(M)$, $g \in C_1(M,\mu)$ und für alle $f \in C_1(M,\mu)$, $g \in C(M)$. Die Norm $\| \cdot \|$ sei in $\mathscr{A}(M,\mu)$ durch (10.8) erklärt. Dann ist $\mathscr{A}(M,\mu)$ eine Banachalgebra mit Eins, und zwar kann man zeigen, daß $\mathscr{A}(M,\mu)$ der Durchschnitt der Banachalgebren $\mathscr{A}(C(M)$, $C_1(M,\mu))$ und $\mathscr{A}(C_1(M,\mu),C(M))$ ist (vgl. Aufgabe 10.4). Ein endlich-dimensionaler Operator A in $C(M)$ gehört nach Aufgabe 3.18 genau dann zu $\mathscr{A}(M,\mu)$ wenn er die Form $Af = \sum_{j=1}^{n} \langle f,b_j \rangle a_j$ hat mit $a_j,b_j \in C_1(M,\mu)$; die Menge dieser Operatoren bezeichnen wir mit $\mathscr{E}(M,\mu)$. Ein Integraloperator K mit stetigem Kern, der den Voraussetzungen (10.6) und (10.7) genügt, gehört nach Satz 10.2 zu $\mathscr{A}(M,\mu)$; die Menge dieser Operatoren bezeichnen wir mit $\mathscr{A}_\infty(M,\mu)$. Es sei $\mathscr{A}_0(M,\mu)$ die abgeschlossene Hülle von $\mathscr{A}_\infty(M,\mu)$, also die Menge aller Operatoren $A \in \mathscr{A}(M,\mu)$, die Grenzwert einer Folge (A_n) aus $\mathscr{A}_\infty(M,\mu)$ sind. Insbesondere definieren wir Integraloperatoren mit polarem Kern wörtlich wie in 8.2: Der für $x \neq y$ definierte stetige Kern $K(x,y)$ heißt **polar**, wenn für jedes n der Kern

$$K_n(x,y) = \eta_n(|x-y|)K(x,y) \tag{10.14}$$

mit der durch (8.15) erklärten Funktion η_n den Voraussetzungen (10.6) und (10.7) genügt, also einen Operator $K_n \in \mathscr{A}_\infty(M,\mu)$ erzeugt, und wenn die Funktionen

$$k_n(x) = \int |K_n(x,y)| \, d\mu(y) \tag{10.15}$$

$$k_n^{\mathrm{T}}(x) = \int |K_n(y,x)| \, d\mu(y) \tag{10.15'}$$

für $n \to \infty$ gleichmäßig bezüglich x in M (also in $C(M)$) gegen Grenzwerte $k(x)$ bzw. $k^{\mathrm{T}}(x)$ konvergieren. Der Satz 8.2 ist übertragbar, d. h. es gilt:

Satz 10.3. *Für jeden polaren Kern $K(x,y)$ konvergiert die Folge der Operatoren $K_n \in \mathscr{A}_\infty(M,\mu)$ mit den Kernen (10.14) in $\mathscr{A}(M,\mu)$ gegen einen Operator $K \in \mathscr{A}_0(M,\mu)$; der transponierte Kern erzeugt den transponierten Operator K^{T}. Es gilt*

$$\|K\| = \sup \{k(x) \mid x \in M\} \tag{10.16}$$

$$\|K^{\mathrm{T}}\| = \sup \{k^{\mathrm{T}}(x) \mid x \in M\} . \tag{10.16'}$$

Der Kern $K(x,y)$ ist für $x \neq y$ durch den Operator K eindeutig bestimmt. Sind $K(x,y)$ und $L(x,y)$ polar und $\alpha,\beta \in C$, so ist auch der Kern $\alpha K(x,y) + \beta L(x,y)$ polar und erzeugt den Operator $\alpha K + \beta L$.

Der Beweis ist wörtlich derselbe wie für Satz 8.2! Die Operatoren K mit polarem Kern schreiben wir im folgenden in der Form (10.5). Eine gewisse Vorsicht ist dabei angebracht, da nicht jeder stetige Kern polar ist; auch die Übertragung von Satz 8.4 ist nur unter zusätzlichen Annahmen möglich. Beide Fragen werden in Aufgabe 10.6 behandelt.

Beispiel 1. Es sei $M = R^m$ und μ das Riemann-Maß. Die Funktion k sei stetig in $R^m \backslash \{0\}$ und $\int |k(x)| dx = \lim\limits_{n \to \infty \frac{1}{n} \leq |x| \leq n} \int |k(x)| dx$ sei endlich. Das Beispiel in 7.7 zeigt, daß für jedes n der Kern $K_n(x,y) = \eta_n(|x-y|)k(x-y)$ den Voraussetzungen (10.6) und (10.7) genügt. Es gilt

$$k_n(x) = \int \eta_n(|x-y|)|k(x-y)| \, dy = \int \eta_n(|z|)|k(z)| \, dz = k_n^{\mathrm{T}}(x) .$$

Die beiden Funktionen sind konstant und streben gleichmäßig in $\mathbf{R}^m$ gegen $\int |k(x)|\,\mathrm{d}x$. Der Kern $k(x-y)$ ist also polar und erzeugt einen Operator $K \in \mathcal{A}_0(\mathsf{M},\mu)$ mit $\|K\| = |K| = \int |k(x)|\,\mathrm{d}x$.

Mit $\mathcal{K}(\mathsf{M},\mu)$ bezeichnen wir die Menge aller Operatoren $K \in \mathcal{A}(\mathsf{M},\mu)$ mit der Eigenschaft, daß K und K^{T} kompakte Operatoren in $\mathbf{C}(\mathsf{M})$ sind. Nach den Sätzen 5.10 und 5.11 ist $\mathcal{K}(\mathsf{M},\mu)$ ein abgeschlossenes zweiseitiges Ideal der Algebra $\mathcal{A}(\mathsf{M},\mu)$. Es sei $\mathcal{K}_\infty(\mathsf{M},\mu)$ der Durchschnitt von $\mathcal{K}(\mathsf{M},\mu)$ und $\mathcal{A}_\infty(\mathsf{M},\mu)$. Die endlich-dimensionalen Operatoren $K \in \mathcal{E}(\mathsf{M},\mu)$ gehören zu $\mathcal{K}_\infty(\mathsf{M},\mu)$[1]. Es sei $A \in \mathcal{A}_\infty(\mathsf{M},\mu)$ ein Integraloperator mit der Eigenschaft, daß es zu jedem $\varepsilon > 0$ eine kompakte Teilmenge A von M gibt derart, daß $k(x) < \varepsilon$ und $k^{\mathrm{T}}(x) < \varepsilon$ ist für alle $x \in \mathsf{M}\backslash\mathsf{A}$. Nach Aufgabe 7.12, c) gehört dann K zu $\mathcal{K}_\infty(\mathsf{M},\mu)$. Ist K ein Integraloperator mit polarem Kern, so folgt aus $k(x) < \varepsilon$ und $k^{\mathrm{T}}(x) < \varepsilon$ auch $k_n(x) < \varepsilon$ und $k_n^{\mathrm{T}}(x) < \varepsilon$ für alle $x \in \mathsf{M}\backslash\mathsf{A}$ und für alle n. Die Operatoren K_n gehören also zu $\mathcal{K}_\infty(\mathsf{M},\mu)$, und folglich ihr Grenzwert K zu $\mathcal{K}(\mathsf{M},\mu)$. Damit haben wir das Kriterium:

Satz 10.4. *Es sei* $K \in \mathcal{A}_0(\mathsf{M},\mu)$ *ein Integraloperator mit polarem Kern oder* $K \in \mathcal{A}_\infty(\mathsf{M},\mu)$. *Zu jedem* $\varepsilon > 0$ *gebe es eine kompakte Teilmenge* A *von* M *derart, daß* $k(x) < \varepsilon$ *und* $k^{\mathrm{T}}(x) < \varepsilon$ *ist für alle* $x \in \mathsf{M}\backslash\mathsf{A}$. *Dann gehört* K *zu* $\mathcal{K}(\mathsf{M},\mu)$.

Bemerkung. Die Bedingung des Satzes ist nicht notwendig: Der Operator mit dem stetigen Kern $K(x,y) = a(x)b(y)$ mit $a,b \in \mathbf{C}_1(\mathsf{M},\mu)$ gehört zu $\mathcal{K}_\infty(\mathsf{M},\mu)$; aber $k(x) = |a(x)|\,\|b\|_1$ und $k^{\mathrm{T}}(x) = |b(x)|\,\|a\|_1$ erfüllen nicht notwendig die Voraussetzung des Satzes.

Beispiel 2. Es sei K der Operator von Beispiel 1, $q \in \mathbf{C}(\mathbf{R}^m)$ mit $q(x) \to 0$ für $|x| \to \infty$. Mit L bezeichnen wir den Integraloperator mit dem polaren Kern $L(x,y) = q(x)k(x-y)$ und zeigen, daß L zu $\mathcal{K}(\mathsf{M},\mu)$ gehört, Es gilt $l(x) = |q(x)| \int |k(z)|\,\mathrm{d}z$ und

$$l^{\mathrm{T}}(x) = \int |q(y)|\,|k(y-x)|\,\mathrm{d}y \le \|q\| \int\limits_{|y| \le \varrho} |k(y-x)|\,\mathrm{d}y + \sup \{|q(y)| \,\big|\, |y| \ge \varrho\} \int |k(z)|\,\mathrm{d}z \,.$$

Sei $\varepsilon > 0$ gegeben und $\varrho > 0$ so gewählt, daß $l(x) < \frac{\varepsilon}{2}$ ist für $|x| \ge \varrho$. Dann ist $l^{\mathrm{T}}(x) \le \frac{\varepsilon}{2} + \|q\| \int\limits_{|z| \ge |x|-\varrho} |k(z)|\,\mathrm{d}z < \varepsilon$ für $|x| \ge \varrho_1$, wenn $\varrho_1 > \varrho$ so groß gewählt wird, daß $\|q\| \int\limits_{|z| \ge \varrho_1 - \varrho} |k(z)|\,\mathrm{d}z < \frac{\varepsilon}{2}$ ist. Nach Satz 10.4 ist also $L \in \mathcal{K}(\mathsf{M},\mu)$.

Satz 10.5. *Ein Operator* $K \in \mathcal{K}(\mathsf{M},\mu)$ *ist auch kompakt als Operator in* $\mathbf{C}_1(\mathsf{M},\mu)$; *seine Spektren in den beiden Räumen* $\mathbf{C}(\mathsf{M})$ *und* $\mathbf{C}_1(\mathsf{M},\mu)$ *und die verallgemeinerten Eigenräume zu jedem von Null verschiedenen Eigenwert sind identisch.*

Beweis: Jedem $g \in \mathbf{C}_1(\mathsf{M},\mu)$ ist nach Satz 7.8 durch $\hat{g}(f) = \langle f,g \rangle$ eindeutig ein Funktional $\hat{g} \in \mathbf{C}(\mathsf{M})'$ zugeordnet. Die Abbildung $g \mapsto \hat{g}$ von $\mathbf{C}_1(\mathsf{M},\mu)$ in den Raum $\mathbf{C}(\mathsf{M})'$ ist isometrisch in bezug auf die Norm $\|\cdot\|_1$, d. h. es ist $\|\hat{g}\| = \|g\|_1$. Für $K \in \mathcal{A}(\mathsf{M},\mu)$ ist $\langle Kf,g \rangle = \langle f,K^{\mathrm{T}}g \rangle$ für alle $f \in \mathbf{C}(\mathsf{M})$ und $g \in \mathbf{C}_1(\mathsf{M},\mu)$, also $\widehat{K^{\mathrm{T}}g}(f) = \hat{g}(Kf) = K'\hat{g}(f)$, worin K' der zu K duale Operator in $\mathbf{C}(\mathsf{M})'$ ist, d. h. es ist $\widehat{K^{\mathrm{T}}g} = K'\hat{g}$ und folglich

$$\|K^{\mathrm{T}}g\|_1 = \|K'\hat{g}\| \tag{10.17}$$

für alle $g \in \mathbf{C}_1(\mathsf{M},\mu)$. Sei nun $K \in \mathcal{K}(\mathsf{M},\mu)$ und (g_n) eine Folge in $\mathbf{C}_1(\mathsf{M},\mu)$ mit $|g_n| \le 1$, also auch $\|g_n\| \le 1$ für alle n. Da K^{T} in $\mathbf{C}(\mathsf{M})$ kompakt ist, gibt es eine Teilfolge (g_{n_j}) derart, daß $(K^{\mathrm{T}}g_{n_j})$ in $\mathbf{C}(\mathsf{M})$ konvergiert. Es gilt $\|\hat{g}_{r_j}\| = \|g_{n_j}\|_1 \le 1$, und K' ist kompakt nach Satz 5.9; also gibt es eine Teilfolge (g_{n_j}) von (g_{r_j}) derart, daß $(K'\hat{g}_{n_j})$ in $\mathbf{C}(\mathsf{M})'$ konvergiert. Wegen

---

[1] In § 12 wird gezeigt, daß $\mathcal{K}(\mathsf{M},\mu)$ die abgeschlossene Hülle von $\mathcal{E}(\mathsf{M},\mu)$ ist (Satz 12.6); also ist auch $\mathcal{K}_\infty(\mathsf{M},\mu) = \mathcal{K}(\mathsf{M},\mu)$.

(10.17) ist dann $(K^T g_{n'_j})$ Cauchyfolge im Sinne der Norm $\|\cdot\|_1$; da diese Folge außerdem in $C(M)$ konvergiert, konvergiert sie in $C_1(M,\mu)$. Also ist K^T kompakt als Operator in $C_1(M,\mu)$. Da mit K auch K^T zu $\mathscr{K}(M,\mu)$ gehört, ist auch $K = (K^T)^T$ kompakt in $C_1(M,\mu)$. Für jedes $\lambda \neq 0$ sind $A = \lambda I - K$ und $A^T = \lambda I - K^T$ Fredholm-Operatoren vom Index Null in $C(M)$ und in $C_1(M,\mu)$ nach Satz 5.12. Seien N bzw. N_1 die Nullräume von A in $C(M)$ bzw. in $C_1(M,\mu)$ und N^T bzw. N_1^T die Nullräume von A^T. Nach der Fredholmschen Alternative (Satz 5.17), angewandt auf das Dualsystem $\langle C(M), C_1(M,\mu)\rangle$ ist $\dim N = \dim N_1^T < \infty$; für das Dualsystem $\langle C_1(M,\mu), C(M)\rangle$ erhält man ebenso $\dim N_1 = \dim N^T < \infty$. Andererseits ist aber offenbar $N_1 \subset N$ und $N_1^T \subset N^T$, also $\dim N = \dim N_1^T \leq \dim N^T = \dim N_1 \leq \dim N$, d. h. die Dimensionen der vier Räume sind gleich und insbesondere ist $N = N_1$ und $N^T = N_1^T$. Damit ist der Satz bewiesen.

Nach Satz 10.5 kann man die Fredholmsche Alternative auf Operatoren der Form $\lambda I - K$ mit $\lambda \neq 0$ und $K \in \mathscr{K}(M,\mu)$ anwenden, wie wir das im Beweis des Satzes auch schon getan haben; dabei kann man von Eigenwerten, Eigenfunktionen und verallgemeinerten Eigenfunktionen der Operatoren K und K^T sprechen, ohne angeben zu müssen, in welchem der Räume $C(M)$ oder $C_1(M,\mu)$ die Operatoren betrachtet werden. Wie im Fall kompakter Mannigfaltigkeiten gilt

$$R(\lambda, K) = \lambda^{-1} I + \lambda^{-2} K(\lambda) \quad \text{mit} \quad K(\lambda) \in \mathscr{K}(M,\mu) \tag{10.18}$$

für $\lambda \in P(K)$; für einen Eigenwert $\lambda_0 \neq 0$ von K ist

$$\widehat{(\lambda_0 I - K)} = \lambda_0^{-1} I + \lambda_0^{-2} K_0 \quad \text{mit} \quad K_0 \in \mathscr{K}(M,\mu) \tag{10.18'}$$

die Pseudoinverse von $\lambda_0 I - K$ in bezug auf die nach Satz 5.16 gewählten Projektoren $P, Q \in \mathscr{E}(M,\mu)$. Daraus folgt:

Satz 10.6. *Es sei* $K \in \mathscr{K}(M,\mu)$, $\lambda \neq 0$ *und* $g \in C_1(M,\mu)$. *Ist die Gleichung* $\lambda f - Kf = g$ *lösbar, so gehört jede Lösung zu* $C_1(M,\mu)$.

Beweis: Ist $\lambda \in P(K)$, so ist die Gleichung eindeutig lösbar und $f = \lambda^{-1} g + \lambda^{-2} K(\lambda) g \in C_1(M,\mu)$ ist nach (10.18) die Lösung. Ist λ_0 Eigenwert und die Gleichung lösbar, so ist $f_0 = \lambda_0^{-1} g + \lambda_0^{-2} K_0 g \in C_1(M,\mu)$ nach (10.18') eine Lösung. Für jede andere Lösung f ist $f - f_0 \in N(\lambda_0 I - K) \subset C_1(M,\mu)$ nach Satz 10.5, also $f \in C_1(M,\mu)$.

Der Satz 8.6 bleibt wörtlich gültig für nicht kompakte Mannigfaltigkeiten; man überzeugt sich davon durch erneutes Lesen des Beweises. Auch die an diesen Satz anschließenden Kriterien der Aufgaben 8.13 und 8.14 sind anwendbar.

Aufgaben. 10.4. a) Für $A \in \mathscr{A}_1 = \mathscr{A}(C(M), C_1(M,\mu))$ ist

$$\sup \{\|A^T g\|_1 \mid g \in C_1(M,\mu), \|g\|_1 \leq 1\} = \|A\|.$$

Anleitung: Man benutzt Satz 7.8 und die Folge (f_n) aus dem Beweis des Hilfssatzes in 8.7.

b) Sei $\mathscr{A}_2 = \mathscr{A}(C_1(M,\mu), C(M))$, $|\cdot|_1$ und $|\cdot|_2$ die Normen in $\mathscr{A}_1$ und $\mathscr{A}_2$ im Sinne von Satz 3.8. Jedes $A \in \mathscr{A}(M,\mu)$ ist Element von $\mathscr{A}_1$ und von $\mathscr{A}_2$ und es gilt $\max\{\|A\|, \|A^T\|\} = \max\{|A|_1, |A|_2\}$.

c) Es sei $A_1 \in \mathscr{A}_1$; die Restriktion A_2 von A_1 auf $C_1(M,\mu)$ sei Element von $\mathscr{A}_2$. Dann ist A_1^T die Restriktion von A_2^T auf $C_1(M,\mu)$, also $A_1 \in \mathscr{A}(M,\mu)$.

10.5. Es sei $\tilde{\mathscr{A}}_\infty(M,\mu)$ die Menge aller Operatoren $A \in \mathscr{A}_\infty(M,\mu)$, deren Kern in $M \times M$ beschränkt ist. Man zeige, daß $\tilde{\mathscr{A}}_\infty(M,\mu)$ ein zweiseitiges Ideal von $\mathscr{A}_0(M,\mu)$ ist. Anleitung: Für $L \in \tilde{\mathscr{A}}_\infty$ und $K \in \mathscr{A}_\infty$ wiederholt man die Schlußweise von Aufgabe 10.2; für das Produkt KL folgt die Behauptung dann durch Transposition.

10.6. Es gelte $\int [1 - \eta_n(|x - y|)]\, d\mu(y) \to 0$ gleichmäßig bezüglich x in M (vgl. (8.21)). Man zeige:

a) Jeder Operator $A \in \tilde{\mathscr{A}}_\infty(\mathsf{M}, \mu)$ (vgl. Aufgabe 10.5) hat einen polaren Kern.

b) Sind A und B Operatoren mit polarem Kern derart, daß $A_n, B_n \in \tilde{\mathscr{A}}_\infty(\mathsf{M}, \mu)$ ist für alle n (vgl. (10.14)), so ist AB ein Operator derselben Art. Anleitung: Man überträgt den Beweis von Satz 8.4.

c) Es sei $\mathsf{M} = \mathsf{R}^m$, μ das Riemann-Maß und $\mathscr{A}_\alpha$ für $\alpha > 0$ die Menge der Operatoren, deren Kern K stetig ist für $x \neq y$ (im Falle $\alpha > m$ stetig in $\mathsf{M} \times \mathsf{M}$) und der folgenden Abschätzung genügt:

$$\gamma(K)^{-1} \exp\{\gamma'(K)|x-y|\}|K(x,y)| \leq |x-y|^{\alpha-m},$$

falls $\alpha < m$; $\leq \log(1 + |x-y|^{-1})$, falls $\alpha = m$; und ≤ 1, falls $\alpha > m$, mit passenden positiven Zahlen $\gamma(K)$, $\gamma'(K)$. Man zeige $\mathscr{A}_\alpha \subset \mathscr{A}_0(\mathsf{M}, \mu)$ und $KL \in \mathscr{A}_{\alpha+\beta}$ für $K \in \mathscr{A}_\alpha$, $L \in \mathscr{A}_\beta$.

10.7. a) Es sei $K \in \mathscr{K}(\mathsf{M}, \mu)$, (f_n) eine beschränkte Folge aus $\mathsf{C}(\mathsf{M})$ (bzw. aus $\mathsf{C}_1(\mathsf{M}, \mu)$) und $f_n(x) \to f(x)$ für $n \to \infty$ gleichmäßig bezüglich x in jeder kompakten Teilmenge von M. Dann ist $f \in \mathsf{C}(\mathsf{M})$ (bzw. aus $\mathsf{C}_1(\mathsf{M}, \mu)$) und es gilt $\|Kf_n - Kf\| \to 0$ (bzw. $\mathbf{I}Kf_n - Kf\mathbf{I} \to 0$) für $n \to \infty$.

b) Es sei $K \in \mathscr{K}(\mathsf{M}, \mu)$; es gebe eine stetige Funktion F auf $\mathsf{M} \times \mathsf{M}$ derart, daß $Kf(x) = \int F(x,y)f(y)\mathrm{d}\mu(y)$ ist für alle $f \in \mathsf{C}_0(\mathsf{M})$. Dann ist $K \in \mathscr{K}_\infty(\mathsf{M}, \mu)$ und F ist der erzeugende Kern. Anleitung: Man benutzt Satz 7.8, um (10.6) für den Kern F zu beweisen; dann zeigt man (10.7) und (10.5) für alle $f \in \mathsf{C}(\mathsf{M})$ mit Hilfe von a).

10.8. Der Operator K genüge den Voraussetzungen von Satz 10.4. Man zeige:

a) Es gibt Folgen von Operatoren $K_n \in \mathscr{K}_\infty(\mathsf{M}, \mu)$ mit Kernen $K_n \in \mathsf{C}_0(\mathsf{M} \times \mathsf{M})$ und $A_n \in \mathscr{E}(\mathsf{M}, \mu)$ mit $\mathbf{I}K_n - K\mathbf{I} \to 0$ und $\mathbf{I}A_n - K\mathbf{I} \to 0$ für $n \to \infty$.

b) Es sei $\lambda \in \mathsf{P}(K)$ und $g \in \mathsf{C}(\mathsf{M})$. Man zeige, daß die Lösung der Gleichung $\lambda f - Kf = g$ auf folgende Weise approximiert werden kann: Man approximiert K in $\mathscr{A}(\mathsf{M}, \mu)$ durch einen Operator K_0 mit Kern aus $\mathsf{C}_0(\mathsf{M} \times \mathsf{M})$ nach a), dann die Lösung der Gleichung $\lambda f_0 - K_0 f_0 = g$ nach Satz 8.7.

10.3 Entwicklung nach Eigenfunktionen und Bilinearentwicklung stetiger Kerne. Nach Satz 10.1 ist $\langle \mathsf{C}_1(\mathsf{M}, \mu), \mathsf{C}_1(\mathsf{M}, \mu)\rangle$ ein positives Dualsystem in bezug auf die Involution $f \mapsto \bar{f}$, also ein Prähilbertraum mit dem Skalarprodukt

$$(f,g) = \langle f, \bar{g}\rangle \tag{10.19}$$

und dichter Teilraum eines Hilbertraumes H. Wie in 8.6 können wir auf n o r m a l e Operatoren $K \in \mathscr{K}(\mathsf{M}, \mu)$ den Satz 5.20 und den Spektralsatz von Hilbert (Satz 6.3) anwenden; wir erhalten Satz 8.9 für den vorliegenden Fall, jedoch ist $\mathsf{C}(\mathsf{M})$ in der Aussage des Satzes durch $\mathsf{C}_1(\mathsf{M}, \mu)$ zu ersetzen. Bei der Übertragung des Satzes 8.10 ist es sinnvoll, nach Bedingungen für die gleichmäßige Konvergenz der Reihen in einer Teilmenge A von M zu suchen. Wir fassen das Ergebnis in einem Satz zusammen. Die Beweise können fast wörtlich aus 8.6 übernommen werden.

Satz 10.7. *Es sei $K \in \mathscr{K}(\mathsf{M}, \mu)$ normal und nicht Null, und (λ_j) die geordnete Folge der Eigenwerte von K. Dann gibt es eine Folge von Eigenfunktionen $a_j \in \mathsf{C}_1(\mathsf{M}, \mu)$ zu den Eigenwerten λ_j mit $(a_j, a_k) = \delta_{jk}$. Für jedes $f \in \mathsf{C}_1(\mathsf{M}, \mu)$ gilt (im Sinne der Gleichheit in H)*

$$Kf = \sum_j \lambda_j (f, a_j) a_j \tag{10.20}$$

und

$$K(\lambda)f = \lambda \sum_j \lambda_j (\lambda - \lambda_j)^{-1} (f, a_j) a_j \tag{10.21}$$

für jedes $\lambda \in \mathsf{P}(K)$; beide Reihen konvergieren im Sinne der Hilbertnorm $(\|f\|_2 = (f,f)^{1/2})$. Für eine Teilmenge A von M sei mit einer Konstanten γ eine der folgenden drei Bedingungen erfüllt:

$$(10.22) \quad \sum_j |\lambda_j a_j(x)|^2 \leq \gamma \text{ für alle } x \in \mathsf{A}.$$

(10.22′) *Es gibt eine Folge von Operatoren $K_n \in \mathscr{K}_\infty(M,\mu)$ mit $\|K_n - K\| \to 0$ für $n \to \infty$ und $\int |K_n(x,y)|^2 \, d\mu(y) \le \gamma$ für alle n und für alle $x \in A$.*

(10.22″) *K hat einen polaren Kern und es gilt $\int |K(x,y)|^2 \, d\mu(y) \le \gamma$ für alle $x \in A$.*

Dann konvergieren die Reihen in (10.20) und (10.21) absolut und gleichmäßig bezüglich x in A, und die Gleichungen gelten punktweise für alle $x \in A$.

Als Beispiel betrachten wir einen normalen Operator $K \in \mathscr{K}_\infty(M,\mu)$, dessen Kern in $M \times M$ beschränkt ist. Wir setzen $K_n = K$ für alle n in (10.22′) und finden $\int |K_n(x,y)|^2 \, d\mu(y) \le \|K\| \sup \{|K(x,y)| \mid x, y \in M\}$ für alle $x \in M$. Die Reihen (10.20) und (10.21) konvergieren also absolut und gleichmäßig in M.

Wir beweisen nun eine Verallgemeinerung des Satzes von Mercer (Satz 8.11):

Satz 10.8. *Es sei $K \in \mathscr{K}_\infty(M,\mu)$ ein nicht-negativer Operator. Dann gilt*

$$K(x,y) = \sum_j \lambda_j a_j(x)\overline{a_j(y)} \tag{10.23}$$

für alle $x, y \in M$, und die Reihe konvergiert absolut und gleichmäßig in jeder kompakten Teilmenge von $M \times M$.

Beweis: Wir übertragen den Beweis von Satz 8.11, soweit möglich. Aus (10.20) folgt

$$(Kf,f) = \sum_j \lambda_j |(f,a_j)|^2 \tag{10.24}$$

für alle $f \in C_1(M,\mu)$. Da K nicht-negativ ist, folgt $\lambda_j > 0$ für alle j aus (10.24), indem man $f = a_j$ setzt. Für jedes n sei $A_n(x,y) = \sum_{j=1}^n \lambda_j a_j(x)\overline{a_j(y)}$; dann ist $((K-A_n)f,f) = \sum_{j=n+1}^\infty \lambda_j |(f,a_j)|^2 \ge 0$ für alle $f \in C_1(M,\mu)$, also $K - A_n$ nicht-negativ. Der Hilfssatz aus 8.7 gilt auch hier und liefert die Ungleichung

$$\sum_{j=1}^n \lambda_j |a_j(x)|^2 \le K(x,x) \tag{10.25}$$

für alle $x \in M$ und $n = 1, 2, \dots$. Die Reihe $\sum_j \lambda_j |a_j(x)|^2$ konvergiert also für jedes $x \in M$. Sei A eine kompakte Teilmenge von M. Dann gilt

$$\left(\sum_{j=n}^{n+p} |\lambda_j a_j(x)\overline{a_j(y)}|\right)^2 \le \sum_{j=n}^{n+p} \lambda_j |a_j(x)|^2 \sum_{k=n}^{n+p} \lambda_k |a_k(y)|^2 \le \max\{K(y,y)\mid y \in A\} \sum_{j=n}^{n+p} \lambda_j |a_j(x)|^2 \tag{10.26}$$

für alle $x \in M$, $y \in A$ und für alle natürlichen Zahlen n und p. Die Reihe $L(x,y) = \sum_j \lambda_j a_j(x)\overline{a_j(y)}$ konvergiert also für alle $x, y \in M$ und zwar gleichmäßig bezüglich y in jeder kompakten Teilmenge von M bei festem $x \in M$. Für $f \in C_0(M)$ gilt daher $\int L(x,y) f(y) \, d\mu(y) = \sum_j \lambda_j (f,a_j) a_j(x)$ für alle $x \in M$. Andererseits folgt $\sum_j |\lambda_j a_j(x)|^2 \le \lambda_1 \sum_j \lambda_j |a_j(x)|^2 \le \lambda_1 K(x,x)$ aus (10.25). Die Bedingung (10.22) ist also für jede kompakte Teilmenge von M erfüllt; nach Satz 10.7 gilt (10.20) punktweise für alle $x \in M$, und folglich ist

$$\int [K(x,y) - L(x,y)] f(y) \, d\mu(y) = 0 \tag{10.27}$$

für alle $f \in C_0(M)$ und $x \in M$. Es sei (e_j) eine Zerlegung der Einheit auf M. Wir setzen $f(y) = \overline{[K(x,y)-L(x,y)]} \sum_{j=1}^n e_j(y)$ in (10.27) und erhalten $|K(x,y)-L(x,y)|^2 \sum_{j=1}^n e_j(y) = 0$ für alle n und daraus (10.23) für alle $x, y \in M$ durch Grenzübergang $n \to \infty$. Also ist auch $\sum_j \lambda_j |a_j(x)|^2 = K(x,x)$ für alle $x \in M$; nach dem in 8.7 zitierten Satz von Dini konvergiert diese Reihe gleichmäßig in jeder kompakten Teilmenge A von M. Aus (10.26) folgt damit die absolute und gleichmäßige Konvergenz der Reihe (10.23) in A × A, also in jeder kompakten Teilmenge von M × M.

Folgerung 1. *Für jedes $\lambda \in P(K)$ gilt $K(\lambda) \in \mathscr{K}_\infty(M,\mu)$. Ist $K(x,y,\lambda)$ der Kern von $K(\lambda)$, so gilt*

$$K(x,y,\lambda) = \lambda \sum_j \lambda_j (\lambda - \lambda_j)^{-1} a_j(x) \overline{a_j(y)} \tag{10.28}$$

für alle $x, y \in M$ und die Reihe konvergiert absolut und gleichmäßig in jeder kompakten Teilmenge von M × M.

Beweis: Für $\lambda \in P(K)$ ist $\delta = d(\lambda, \Sigma(K)) > 0$ und daher

$$|\lambda_j(\lambda - \lambda_j)^{-1} a_j(x)\overline{a_j(y)}| \leq \delta^{-1}|\lambda_j a_j(x)\overline{a_j(y)}|$$

für alle j. Die Konvergenz der Reihe (10.28) folgt damit aus Satz 10.8. Sei $K(x,y,\lambda)$ die Summe der Reihe; für jedes $f \in C_0(M)$ folgt dann $\int K(x,y,\lambda) f(y) \mathrm{d}\mu(y) = \lambda \sum_j \lambda_j(\lambda - \lambda_j)^{-1}(f,a_j)a_j(x)$
$= K(\lambda) f(x)$ mit Benutzung von (10.21). Die Gleichung (10.21) gilt punktweise für alle $x \in M$, da die Voraussetzung (10.22) für jede kompakte Teilmenge A von M erfüllt ist. Der Rest der Behauptung folgt nun aus Aufgabe 10.7, b).

Folgerung 2. *Ist die nicht-negative Funktion $x \mapsto K(x,x)$ bezüglich μ integrierbar, so gilt*

$$\sum_j \lambda_j = \int K(x,x) \mathrm{d}\mu(x). \tag{10.29}$$

Beweis: Aus (10.25) folgt $\sum_{j=1}^{n} \lambda_j \leq \int K(x,x) \mathrm{d}\mu(x)$ für alle n; also ist die Reihe $\sum_j \lambda_j$ konvergent und $\sum_j \lambda_j \leq \int K(x,x)\mathrm{d}\mu(x)$. Mit einer Zerlegung der Einheit (e_j) auf M folgt andererseits

$\int K(x,x) \sum_{j=1}^{n} e_j(x) \mathrm{d}\mu(x) \leq \sum_j \lambda_j$ für alle n aus (10.23), und daraus $\int K(x,x)\mathrm{d}\mu(x) \leq \sum_j \lambda_j$ durch Grenzübergang. Damit ist (10.29) bewiesen.

Aufgaben. 10.9. Es sei $K \in \mathscr{K}(M,\mu)$ ein normaler Operator und $K \neq 0$. Man zeige:
a) Gibt es eine stetige, nicht-negative und bezüglich μ integrierbare Funktion g auf M, mit der eine der folgenden Bedingungen erfüllt ist, so konvergieren die Reihen (10.20) und (10.21) im Sinne der Norm $\|\cdot\|_1$: 1. K hat einen polaren Kern, und es gilt $\int |K(x,y)|^2 \mathrm{d}\mu(y) \leq [g(x)]^2$ für alle $x \in M$. 2. Es gibt eine Folge von Operatoren $K_n \in \mathscr{K}_\infty(M,\mu)$ mit $\|K_n - K\| \to 0$ für $n \to \infty$ und $\int |K_n(x,y)|^2 \mathrm{d}\mu(y) \leq [g(x)]^2$ für alle n und alle $x \in M$. 3. $\sum_j |\lambda_j a_j(x)|^2 \leq [g(x)]^2$ für alle $x \in M$.
b) Ist $\sum_j |\lambda_j|^2 \|a_j\|_1^2 < \infty$, so konvergieren die Reihen (10.20) und (10.21) im Sinne der Norm $\|\cdot\|_1$.
c) Ist $g \in C_1(M,\mu)$ in a), so konvergieren die Reihen in $C_1(M,\mu)$.

10.10. Es sei $K \in \mathscr{K}(M,\mu)$ ein normaler Operator. Für die Eigenwerte λ_j und Eigenfunktionen a_j von K gelte $\sum_j |\lambda_j| \|a_j\| \|a_j\|_1 < \infty$. Zu beweisen ist:
a) Es gilt $\sum_j |\lambda_j| < \infty$.
b) Für die von den Kernen $A_n(x,y) = \sum_{j=1}^{n} \lambda_j a_j(x)\overline{a_j(y)}$ erzeugten Operatoren $A_n \in \mathscr{E}(M,\mu)$ gilt $\|A_n - K\| \to 0$ für $n \to \infty$.
c) Für $f \in C(M)$ gelten die Gleichungen (10.20) und (10.21) punktweise für alle $x \in M$ und die Reihen konvergieren in $C(M)$.
d) Für $f \in C_1(M,\mu)$ konvergieren die Reihen (10.20) und (10.21) in $C_1(M,\mu)$.

10.4 Ein singuläres Sturm-Liouville-Problem. Es sei q eine positive stetige Funktion auf $[0, \infty)$ mit $q(x) \to \infty$ für $x \to \infty$. Wir betrachten die Differentialgleichung

$$-u'' + qu = \lambda u \qquad (10.30)$$

und suchen Lösungen mit den Eigenschaften

$$u \in C^2[0, \infty) \cap C[0, \infty), \quad u(0) = 0. \qquad (10.31)$$

Es handelt sich also um das Eigenwertproblem für den Differentialoperator $L = -\dfrac{d^2}{dx^2} + q(x)$, dessen Definitionsbereich durch (10.31) beschrieben ist. Zur Konstruktion einer Greenschen Funktion für diesen Operator betrachten wir Lösungen der Differentialgleichung (10.30) mit $\lambda = 0$. Zunächst definieren wir eine Lösung v durch

$$v(0) = 0, \quad v'(0) = 1, \quad v'' = qv \quad \text{in} \quad [0, \infty). \qquad (10.32)$$

Dann ist $v(x) > 0$ für alle $x > 0$; gäbe es nämlich positive Nullstellen von v, so auch eine kleinste x_0, so daß also $v(x) > 0$ wäre für $0 < x < x_0$. Aus (10.32) folgt aber $v'(x) = 1 + \int\limits_0^x q(y)v(y)\,dy \geq 1$ für $x \leq x_0$ und daraus $v(x) \geq x$ im Widerspruch zur Annahme $v(x_0) = 0$. Also gilt

$$v(x) \geq x, \quad v'(x) \geq 1 \quad \text{für alle} \quad x \geq 0. \qquad (10.33)$$

Zu jedem $\varrho > 0$ definieren wir

$$x_\varrho = \inf\{x \mid q(x) \geq \varrho^2\}. \qquad (10.34)$$

Diese Zahlen existieren wegen $q(x) \to \infty$ für $x \to \infty$; es ist $x_\varrho \leq x_\sigma$ für $\varrho < \sigma$ und $x_\varrho \to \infty$ für $\varrho \to \infty$. Wir beweisen die Ungleichung

$$v(x) \geq \tfrac{1}{2} v(x') e^{\varrho(x-x')} \quad \text{für} \quad x \geq x' \geq x_\varrho. \qquad (10.35)$$

Aus (10.32) folgt

$$v(x) = v(x') + (x-x')v'(x') + \int\limits_{x'}^{x} (x-y)q(y)v(y)\,dy$$

und weiter mit (10.33) und (10.34)

$$v(x) \geq v(x') + \varrho^2 \int\limits_{x'}^{x} (x-y)v(y)\,dy$$

für $x \geq x' \geq x_\varrho$. Als erste Approximation erhält man daraus $v(x) \geq v(x')$; setzt man diese ein, so folgt $v(x) \geq v(x')\left\{1 + \dfrac{1}{2!}\varrho^2(x-x')^2\right\}$ usw. Nach N Schritten hat man

$$v(x) \geq v(x') \sum_{n=0}^{N} \frac{1}{(2n)!} \left[\varrho(x-x')\right]^{2n}$$

und für $N \to \infty$ erhält man $v(x) \geq v(x') \cosh\left[\varrho(x-x')\right] \geq \tfrac{1}{2}v(x')e^{\varrho(x-x')}$. Aus (10.35) folgt durch Integration bezüglich x'

$$\int\limits_{x_\varrho}^{x} v(y)\,dy \leq \frac{2}{\varrho} v(x) \quad \text{für} \quad x > x_\varrho. \qquad (10.36)$$

Wir definieren nun eine Funktion w durch

$$w(x) = v(x) \int\limits_{x}^{\infty} \left[v(y)\right]^{-2} dy \quad \text{für} \quad x > 0. \qquad (10.37)$$

Das Integral existiert, und zwar ist $\int\limits_x^\infty [v(y)]^{-2}\,\mathrm{d}y \le \int\limits_x^\infty y^{-2}\,\mathrm{d}y = x^{-1}$ nach (10.33), also

$$0 < w(x) < x^{-1}v(x) \quad\text{für}\quad x > 0\,. \tag{10.38}$$

Daraus folgt, daß w in der Umgebung des linken Intervallendes beschränkt ist. Mit (10.35) erhält man die Abschätzung $\int\limits_x^\infty [v(y)]^{-2}\,\mathrm{d}y \le 4[v(x)]^{-2}\int\limits_x^\infty e^{-2\varrho(y-x)}\,\mathrm{d}y = \dfrac{2}{\varrho}[v(x)]^{-2}$, also

$$w(x) \le \frac{2}{\varrho v(x)} \quad\text{für}\quad x \ge x_\varrho\,. \tag{10.39}$$

Mit (10.35) folgt daraus

$$\int\limits_x^\infty w(y)\,\mathrm{d}y \le \frac{4}{\varrho^2 v(x)} \quad\text{für}\quad x \ge x_\varrho\,. \tag{10.40}$$

Schließlich erhält man $w \in C^2[0,\infty)$ aus (10.37) durch Differenzieren, sowie die Gleichungen

$$wv' - vw' = 1\,, \quad w'' = qw\,, \tag{10.41}$$

d. h. v und w sind linear unabhängige Lösungen der Differentialgleichung (10.30) mit $\lambda = 0$.

Satz 10.9. *Es sei* $D(L)$ *der lineare Raum aller Funktionen* $u \in C^2[0,\infty) \cap C[0,\infty)$ *mit* $-u'' + qu \in C[0,\infty)$ *und* $u(0) = 0$, L *der durch* $Lu = -u'' + qu$ *definierte Differentialoperator mit Definitionsbereich* $D(L)$. *Der Operator* L *bildet* $D(L)$ *bijektiv auf* $C[0,\infty)$ *ab, und zwar ist*

$$u(x) = w(x)\int\limits_0^x v(y)\,f(y)\,\mathrm{d}y + v(x)\int\limits_x^\infty w(y)\,f(y)\,\mathrm{d}y \tag{10.42}$$

die eindeutige Lösung $u \in D(L)$ *der Gleichung* $Lu = f$ *für jedes* $f \in C[0,\infty)$.

Beweis: 1. Für jedes $f \in C[0,\infty)$ existiert das uneigentliche Integral in (10.42) wegen (10.40). Aus (10.42) und den Eigenschaften von v und w folgt $u \in C^2[0,\infty)$, $-u'' + qu = f$ und $u(0) = 0$. Für $x \ge x_\varrho$ ist

$$|u(x)| \le \|f\|\left\{w(x)\int\limits_0^x v(y)\,\mathrm{d}y + v(x)\int\limits_x^\infty w(y)\,\mathrm{d}y\right\}$$

$$\le \|f\|\left\{\frac{2}{\varrho v(x)}\left[\int\limits_0^{x_\varrho} v(y)\,\mathrm{d}y + \frac{2}{\varrho}v(x)\right] + \frac{4}{\varrho^2}\right\}$$

wegen (10.36), (10.39) und (10.40), also

$$|u(x)| \le \|f\|\left\{\frac{8}{\varrho^2} + \frac{2}{\varrho x}\int\limits_0^{x_\varrho} v(y)\,\mathrm{d}y\right\} \quad\text{für}\quad x \ge x_\varrho$$

mit (10.33). Daraus folgt $u(x) \to 0$ für $x \to \infty$; insbesondere ist $u \in C[0,\infty)$, also $u \in D(L)$ und $Lu = f$.

2. Sei $u \in D(L)$ und $Lu = f$; es ist zu zeigen, daß u durch (10.42) dargestellt wird. Sei u_1 die durch (10.42) dargestellte Funktion. Wie bereits gezeigt, ist $u_1 \in D(L)$ und $Lu_1 = f$. Setzt man $u_2 = u - u_1$, so ist $u_2 \in D(L)$ und $Lu_2 = 0$, also $u_2 = cv$ nach (10.32). Wegen $u_2 \in C[0,\infty)$ und (10.33) folgt $c = 0$, also $u = u_1$. Der Satz 10.9 besagt, daß der Integraloperator mit dem Kern

$$K(x,y) = \begin{cases} w(x)v(y) & \text{für} \quad y \le x \\ v(x)w(y) & \text{für} \quad y \ge x \end{cases} \tag{10.43}$$

der zu L inverse Operator ist. Wir untersuchen im folgenden diesen Operator.

Satz 10.10. *Es sei* $M = [0, \infty)$ *und* μ *das Riemann-Maß auf* M. *Der durch* (10.43) *erklärte Kern erzeugt einen symmetrischen Operator* $K \in \mathscr{K}_\infty(M, \mu)$. *Die Eigenwerte von* K *sind reell, ungleich Null und einfach; die Eigenfunktionen gehören zu* $D(L) \cap C_1(M, \mu)$. *Die geordnete Folge* (v_j) *der Eigenwerte und die zugehörige orthonormale Folge* (a_j) *der Eigenfunktionen sind unendlich. Die Zahlen* $\lambda_j = v_j^{-1}$ *und die Funktionen* a_j *sind die sämtlichen Eigenwerte und Eigenfunktionen des Operators* L. *Für jedes* $u \in D(L)$ *mit* $Lu \in C_1(M, \mu)$ *gilt*

$$u(x) = \sum_{j=1}^{\infty} (u, a_j) a_j(x) \tag{10.44}$$

für alle $x \in M$, *und die Reihe konvergiert gleichmäßig in* M.

Beweis: Der Kern K ist stetig, reell und symmetrisch. Es gilt

$$k(x) = k^{\mathsf{T}}(x) = w(x) \int_0^x v(y)\,dy + v(x) \int_x^\infty w(y)\,dy \le \frac{8}{\varrho^2} + \frac{2}{\varrho x} \int_0^{x_\varrho} v(y)\,dy \quad \text{für} \quad x \ge x_\varrho,$$

wie bereits im Beweis von Satz 10.9 gezeigt wurde. Zu $\varepsilon > 0$ wähle man $\varrho = 4\varepsilon^{-1/2}$, dann $\beta \ge x_\varrho$ so groß, daß $\dfrac{2}{\varrho \beta} \int_0^{x_\varrho} v(y)\,dy < \dfrac{\varepsilon}{2}$ ist. Für alle $x \ge \beta$ ist dann $k(x) = k^{\mathsf{T}}(x) < \varepsilon$. Insbesondere genügt der Kern der Voraussetzung (10.6). Zum Nachweis von (10.7) wähle man eine Zerlegung der Einheit (e_j) auf M und ein kompaktes Intervall $[0, a]$. Zu jedem $\varepsilon > 0$ gibt es nach (10.40) ein $x_0 > a$ mit $v(x_0) \int_{x_0}^\infty w(y)\,dy < \varepsilon$; ferner gibt es ein n_0 derart, daß $e_j(x) = 0$ ist für $j \ge n_0$ und $x \in [0, x_0]$. Daraus folgt $\int |K(x, y)| \sum_{j=n}^\infty e_j(y)\,dy \le v(x) \int_{x_0}^\infty w(y)\,dy < \varepsilon$ für $n \ge n_0$ und alle $x \in [0, a]$. Also ist $K \in \mathscr{A}_\infty(M, \mu)$ und nach Satz 10.4 auch $K \in \mathscr{K}_\infty(M, \mu)$. Aus $Kf = 0$ folgt $f = LKf = 0$ nach Satz 10.9, d. h. Null ist nicht Eigenwert von K. Da K symmetrisch ist, sind alle Eigenwerte reell. Sei v ein Eigenwert und a eine zugehörige Eigenfunktion. Nach Satz 10.5 ist $a \in C_1(M, \mu)$, und nach Satz 10.9 ist $a \in D(L)$ und $La = v^{-1}a$. Ist λ Eigenwert von L und $a \in D(L)$ eine zugehörige Eigenfunktion, so folgt $\lambda Ka = a$, also $\lambda \ne 0$ und $Ka = \lambda^{-1}a$. Jede Eigenfunktion von L ist konstantes Vielfaches der Lösung u von (10.30), die durch $u(0) = 0$, $u'(0) = 1$ erklärt ist. Also sind alle Eigenräume von L und von K eindimensional. Die Voraussetzung (10.22″) von Satz 10.7 ist erfüllt mit $A = M$; denn der Kern K ist offenbar polar und außerdem beschränkt. Es gilt nämlich $0 \le K(x, y) = K(y, x) \le v(x)w(x) \le \frac{2}{\varrho}$ für $y \le x$ und $x \ge x_\varrho$ nach (10.39). Daraus folgt

$$\int |K(x, y)|^2\,dy \le k(x) \sup\{|K(x, y)| \mid x, y \in M\} \le \gamma$$

für alle $x \in M$. Nach Satz 10.7 gilt also für jedes $f \in C_1(M, \mu)$ und für alle $x \in M$ die gleichmäßig konvergente Entwicklung

$$Kf(x) = \sum_j v_j(f, a_j) a_j(x). \tag{10.45}$$

Wäre die Folge (v_j) endlich, so wäre $K(x, y) = \sum_j v_j a_j(x)\overline{a_j(y)}$ stetig differenzierbar in $M \times M$, was offenbar nicht wahr ist. Setzt man $u = Kf$, so folgt (10.44) aus (10.45) wegen $v_j(f, a_j) = (f, Ka_j) = (Kf, a_j) = (u, a_j)$. Damit ist der Satz bewiesen.

Aufgaben. 10.11. a) Für $u \in D(L) \cap C_1(M, \mu)$ ist $\int_0^\infty \bar{u}\{-u'' + qu\}\,dx = \int_0^\infty \{|u'|^2 + q|u|^2\}\,dx$.

b) Alle Eigenwerte von L und K sind positiv.

c) Für jedes $\lambda \in \mathsf{P}(L)$ ist die Reihe $G(x,y,\lambda) = \sum_{j=1}^{\infty} (\lambda_j - \lambda)^{-1} a_j(x)\overline{a_j(y)}$ in jeder kompakten Teilmenge von $\mathsf{M} \times \mathsf{M}$ gleichmäßig konvergent und definiert den Kern eines Operators $G(\lambda) \in \mathcal{K}_\infty(\mathsf{M},\mu)$.

d) Es gilt $G(\lambda) = (L - \lambda I)^{-1}$. Anleitung: Man benutzt Satz 10.8 und Folgerung 1 für c) und (8.35) für d).

10.12. Für jedes $u \in \mathsf{D}(L)$ mit $Lu \in \mathsf{C}_1(\mathsf{M},\mu)$ gilt $u'(x) = \sum_{j=1}^{\infty} (u,a_j)a_j'(x)$ für alle $x \in \mathsf{M}$ und die Reihe konvergiert gleichmäßig in jedem Intervall $[0,\beta]$. Anleitung: Man setzt $Lu = f$, $f_n = \sum_{j=1}^{n} v_j^{-1}(u,a_j)a_j$ und differenziert die Gleichung $u_1(x) = Kf_a(x)$.

10.13. Es sei $q(x) = \frac{1}{4}x^2 + \frac{1}{2}$ in (10.30). Man zeige:

a) L hat die Eigenwerte $\lambda_j = 2j$, $j = 1,2,\ldots$ und Eigenfunktionen der Form $a_j(x) = p_j(x)e^{-x^2/4}$ mit ungeraden Polynomen p_j vom Grade $2j-1$ (Hermitesche Polynome).

b) Das Integral $\int_0^\infty K(x,x)\,dx$ existiert nicht.

10.5 Der Differentialoperator $-\Delta + q$ **auf** R^m. Wir betrachten zunächst den Laplace-Operator Δ mit dem Definitionsbereich

$$\mathsf{D}(\Delta) = \left\{ u \ \middle| \ \begin{array}{l} u \in \mathsf{C}(\mathsf{R}^m) \cap C^2(\mathsf{R}^m) \\ \mathsf{D}_j u \in \mathsf{C}(\mathsf{R}^m) \quad \text{für} \quad j = 1,2,\ldots,m \\ \Delta u \in \mathsf{C}(\mathsf{R}^m), \ \Delta u \ \text{hölderstetig in } \mathsf{R}^m \end{array} \right\} \tag{10.46}$$

Der Operator Δ bildet $\mathsf{D}(\Delta)$ auf einen Teilraum von $\mathsf{C}(\mathsf{R}^m)$ ab; wir werden zeigen, daß für jedes $\lambda \in \mathsf{C}\backslash[0,\infty)$ der Operator $-\Delta - \lambda I$ den Raum $\mathsf{D}(\Delta)$ bijektiv auf den Teilraum aller hölderstetigen Funktionen in $\mathsf{C}(\mathsf{R}^m)$ abbildet, und daß der Integraloperator $G_0(\lambda)$ mit dem Kern

$$G_0(x,y;\lambda) = \tfrac{1}{2}S_\varkappa(|x-y|) \tag{10.47}$$

der zu $-\Delta - \lambda I$ inverse Operator ist. Darin ist $\varkappa = \sqrt{\lambda}$ mit $\operatorname{Im}\varkappa > 0$ und $S_\varkappa$ ist die durch (9.42) erklärte Funktion.

Satz 10.11. *Es sei* $\mathsf{M} = \mathsf{R}^m$ *und* μ *das Riemann-Maß auf* R^m. *Für jedes* $\lambda \in \mathsf{C}\backslash[0,\infty)$ *erzeugt der Kern* (10.47) *einen Operator* $G_0(\lambda) \in \mathcal{A}_0(\mathsf{M},\mu)$. *Für hölderstetige Funktionen* $f \in \mathsf{C}(\mathsf{R}^m)$ *ist* $u = G_0(\lambda)f \in \mathsf{D}(\Delta)$ *und* $-\Delta u - \lambda u = f$, *und zwar ist* $G_0(\lambda)f$ *die einzige Lösung dieser Gleichung in* $\mathsf{D}(\Delta)$.

Beweis: Der erste Teil der Behauptung folgt aus Aufgabe 10.14: Nach a) ist $G_0(\lambda) \in \mathcal{A}_2 \subset \mathcal{A}_0(\mathsf{M},\mu)$; nach b) ist $u = G_0(\lambda)f \in \mathsf{C}(\mathsf{R}^m) \cap C^1(\mathsf{R}^m)$ und $\mathsf{D}_j u \in \mathsf{C}(\mathsf{R}^m)$ für $j = 1,2,\ldots,m$ und für $f \in \mathsf{C}(\mathsf{R}^m)$; für hölderstetiges f ist $u \in C^2(\mathsf{R}^m)$ nach d), $-\Delta u - \lambda u = f$ und folglich $u \in \mathsf{D}(\Delta)$. Sei nun $f \in \mathsf{C}(\mathsf{R}^m)$ hölderstetig, $u \in \mathsf{D}(\Delta)$ und $-\Delta u - \lambda u = f$. Wie schon gezeigt, ist dann $v = u - G_0(\lambda)f \in \mathsf{D}(\Delta)$ und $\Delta v + \lambda v = 0$. Es bleibt zu zeigen, daß $v = 0$ ist. Sei $g \in \mathsf{C}_0(\mathsf{R}^m)$ hölderstetig und $w = G_0(\lambda)g$, also $w \in \mathsf{D}(\Delta)$ und $-\Delta w - \lambda w = g$. Wir beweisen die Gleichung $\int v(x)g(x)\,dx = 0$: Für genügend große positive ϱ ist

$$\int vg\,dx = -\int_{|x|<\varrho} v(\Delta w + \lambda w)\,dx = \int_{|x|=\varrho} (w\partial_+ v - v\partial_+ w)\,d\omega_\varrho$$

nach Aufgabe 9.5, b). Das letzte Integral strebt gegen Null für $\varrho \to \infty$, da v und $\mathsf{D}v$ beschränkt sind und w und $\partial_+ w$ nach Aufgabe 10.14, c) durch $\gamma e^{-\gamma'\varrho}$ abgeschätzt werden können. Also ist $\int vg\,dx = 0$. Setzt man nun $g(x) = \{\int[1-\eta_n(|x-x_0|)]\,dx\}^{-1}[1-\eta_n(|x-x_0|)]$ mit der durch (8.15) definierten Funktion η_n und mit $x_0 \in \mathsf{R}^m$, so folgt $v(x_0) = 0$ durch Grenzübergang $n \to \infty$, also $v = 0$. Damit ist der Satz bewiesen.

Aus Satz 10.11 folgt die Identität

$$G_0(\lambda) - G_0(\mu) = (\lambda - \mu) G_0(\lambda) G_0(\mu) \tag{10.48}$$

für alle $\lambda, \mu \in C\backslash[0, \infty)$. Ist nämlich $f \in C(R^m)$ und $v = G_0(\lambda)f - G_0(\mu)f$, so ist $v \in C(R^m) \cap C^1(R^m)$ und $D_j v \in C(R^m)$ nach Aufgabe 10.14, b) sowie $v \in C^2(R^m)$ und $\Delta v = \mu G_0(\mu)f - \lambda G_0(\lambda)f$ nach Aufgabe 10.14, e), d. h. $v \in D(\Delta)$ und $-\Delta v - \lambda v = (\lambda - \mu) G_0(\mu)f$. Aus Satz 10.11 folgt nun $v = (\lambda - \mu) G_0(\lambda) G_0(\mu)f$, d. h. es gilt (10.48).

Satz 10.12. *Für* $\lambda \in C\backslash[0, \infty)$ *sind durch*

$$D(L_0) = \{u \mid u = G_0(\lambda)f, f \in C(R^m)\} \tag{10.49}$$

und

$$L_0 u = \lambda u + f \quad \text{für} \quad u = G_0(\lambda)f \tag{10.50}$$

ein Teilraum $D(L_0)$ *von* $C(R^m)$ *und ein Operator* L_0 *mit Definitionsbereich* $D(L_0)$ *erklärt, die beide von* λ *unabhängig sind. Es gilt* $G_0(\lambda) = (L_0 - \lambda I)^{-1}$ *für alle* $\lambda \in C\backslash[0, \infty)$. *Für* $u \in D(L_0) \cap C^2(R^m)$, *insbesondere also für* $u \in D(\Delta)$, *ist* $L_0 u = -\Delta u$.

Beweis: $D(L_0)$ ist von λ unabhängig: Für $\lambda, \mu \in C\backslash[0, \infty)$ und $g \in C(R^m)$ ist nämlich $G_0(\mu)g = G_0(\lambda)g - (\lambda - \mu) G_0(\lambda) G_0(\mu)g = G_0(\lambda)f$ mit $f = g - (\lambda - \mu) G_0(\mu)g \in C(R^m)$ nach (10.48), d. h. es ist $\{G_0(\mu)g \mid g \in C(R^m)\} \subset \{G_0(\lambda)f \mid f \in C(R^m)\}$. Vertauschung von λ und μ liefert die entgegengesetzte Inklusion, also die Gleichheit der Räume. Nach Satz 10.11 ist $D(\Delta) \subset D(L_0)$. Jeder der Operatoren $G_0(\lambda)$ bildet $C(R^m)$ bijektiv auf $D(L_0)$ ab, d. h. $G_0(\lambda)f = 0$ impliziert $f = 0$. Das folgt unmittelbar aus Aufgabe 10.16, c). Also existiert $[G_0(\lambda)]^{-1}$, und durch (10.50) ist der Operator $L_0 = \lambda I + [G_0(\lambda)]^{-1}$ von $D(L_0)$ in $C(R^m)$ erklärt. L_0 hängt von λ nicht ab: Ist $u = G_0(\lambda)f = G_0(\mu)g$, so ist $f = g - (\lambda - \mu) G_0(\mu)g$, wie schon gezeigt, also $\lambda u + f = \mu u + g$. Aus (10.50) folgt $G_0(\lambda) = (L_0 - \lambda I)^{-1}$. Für $u \in C^1(R^m)$ definiert man

$$\Delta^* u(x) = \lim_{\varrho \to 0} \frac{m}{\omega_m \varrho^m} \int_{|x-y|=\varrho} \partial_+ u(y) \, d\omega_\varrho(y), \tag{10.51}$$

falls dieser Grenzwert existiert [1]; darin ist $\partial_+ u(y) = \varrho^{-1}(Du(y), y - x)$ die äußere Normalableitung von u auf der Sphäre $\partial K(x, \varrho)$ und ω_ϱ das Oberflächenmaß dieser Sphäre. Nach Aufgabe 10.16 ist nun einerseits $\Delta^* u = \Delta u$ für $u \in C^2(R^m)$ und andererseits $L_0 u = -\Delta^* u$ für $u \in D(L_0)$. Damit ist auch die letzte Behauptung bewiesen. Sie besagt, daß L_0 eine Erweiterung des Operators $-\Delta$ mit Definitionsbereich $D(\Delta)$ ist.

Wir definieren die Resolventenmenge $P(L_0)$ von L_0 wie für beschränkte Operatoren in $C(R^m)$ als Menge aller $\lambda \in C$ derart, daß $\lambda I - L_0$ eine Inverse $(\lambda I - L_0)^{-1} = R(\lambda, L_0) \in \mathscr{B}(C(R^m))$ besitzt; wir nennen $R(\lambda, L_0)$ die Resolvente und $\Sigma(L_0) = \complement P(L_0)$ das Spektrum von L_0. Nach Satz 10.12 gilt $\{C\backslash[0, \infty)\} \subset P(L_0)$ und $R(\lambda, L_0) = -G_0(\lambda)$ für $\lambda \in C\backslash[0, \infty)$; das Spektrum $\Sigma(L_0)$ ist also eine Teilmenge der positiven reellen Achse $[0, \infty)$. Wir zeigen, daß $P(L_0) = C\backslash[0, \infty)$ ist, also $\Sigma(L_0) = [0, \infty)$. Für die Resolvente $R(\lambda, L_0)$ gilt nämlich Satz 4.7 unverändert, wie man leicht zeigt. Wäre $\lambda_0 \in [0, \infty)$ ein Punkt der Resolventenmenge, so wäre $R(\cdot, L_0)$ an der Stelle λ_0 stetig. Nach Aufgabe 10.15 ist aber

$$\|G_0(\varrho e^{i\varphi})\| = \varrho^{-1} \delta(\varphi) \quad \text{für} \quad \varrho > 0, \quad 0 < \varphi < 2\pi \tag{10.52}$$

mit einer in $(0, 2\pi)$ positiven stetigen Funktion δ und

$$\delta(\varphi) \to \infty \quad \text{für} \quad \varphi \to 0+ \quad \text{und für} \quad \varphi \to 2\pi-. \tag{10.52'}$$

---

[1] Vgl. Müller, C.: Grundprobleme der mathematischen Theorie elektromagnetischer Schwingungen. Berlin 1957, S. 16.

Im Falle $\lambda_0 > 0$ erhält man damit einen Widerspruch aus $\|R(\lambda_0 e^{i\varphi}, L_0)\| \to \infty$ für $\varphi \to 0+$, und im Falle $\lambda_0 = 0$ aus $\|R(-\varrho, L_0)\| \to \infty$ für $\varrho \to 0+$.

Für $q \in \mathsf{C}(\mathsf{R}^m)$ (nicht notwendig reell) definieren wir den Operator L_q mit Definitionsbereich $\mathsf{D}(L_q) = \mathsf{D}(L_0)$ durch $L_q u = L_0 u + qu$. Wir wollen versuchen, auch für diesen Operator Aussagen über das Spektrum und die Resolvente zu machen.

Satz 10.13. *Es sei* $q \in \mathsf{C}(\mathsf{R}^m)$, L_q *der durch* $L_q u = L_0 u + qu$ *für* $u \in \mathsf{D}(L_0)$ *definierte Operator und* δ *die in* (10.52) *enthaltene Funktion. Die offene Menge*

$$\Lambda = \{\lambda = \varrho e^{i\varphi} \mid \varrho > \|q\|\,\delta(\varphi), 0 < \varphi < 2\pi\} \tag{10.53}$$

gehört zur Resolventenmenge $\mathsf{P}(L_q)$. *Für* $\lambda \in \Lambda$ *ist* $R(\lambda, L_q) = -G_q(\lambda)$ *ein Integraloperator mit polarem Kern (also aus* $\mathscr{A}_0(\mathsf{M},\mu)$) *und zwar ist*

$$G_q(\lambda) = \sum_{n=0}^{\infty} \left[-G_0(\lambda)q\right]^n G_0(\lambda)\,; \tag{10.54}$$

die Reihe konvergiert in $\mathscr{A}(\mathsf{M},\mu)$, *also im Sinne der Norm* $\| \cdot \|$.

Beweis: Zur Konstruktion des Operators $G_q(\lambda) = -R(\lambda, L_q)$ ist die Gleichung $L_q u - \lambda u = f$ zu lösen; darin ist $f \in \mathsf{C}(\mathsf{R}^m)$ gegeben und $u \in \mathsf{D}(L_0)$ gesucht. Nach Definition von L_q lautet die Gleichung $L_0 u - \lambda u = f - qu$; für $\lambda \in \mathsf{P}(L_0)$ ist sie also der Gleichung

$$u + G_0(\lambda)qu = G_0(\lambda)f \tag{10.55}$$

äquivalent. Für den Integraloperator $K = -G_0(\lambda)q$ mit dem polaren Kern $G_0(x,y,\lambda)q(y)$ ist offenbar $\|K\| \le \|q\|\,\|G_0(\lambda)\|$ und $\|K^{\mathsf{T}}\| \le \|q\|\,\|G_0(\lambda)^{\mathsf{T}}\|$. Nach Aufgabe 10.15, a) ist aber $\|G_0(\lambda)^{\mathsf{T}}\| = \|G_0(\lambda)\|$, also $\|K\| \le \|q\|\,\|G_0(\lambda)\|$; mit (10.52) folgt daraus $\|K\| \le \varrho^{-1}\|q\|\,\delta(\varphi)$ für $\lambda = \varrho e^{i\varphi}$. Für $\lambda \in \Lambda$ ist nun $\|K\| < 1$, d. h. $I - K$ ist regulär als Element der Algebra $\mathscr{A}(\mathsf{M},\mu)$ nach Satz 4.4, und die Inverse ist durch die in $\mathscr{A}(\mathsf{M},\mu)$ konvergente Reihe $\sum_{n=0}^{\infty} K^n$ gegeben. Die Gleichung (10.55) hat also die eindeutige Lösung $u = \sum_{n=0}^{\infty} K^n G_0(\lambda)f = G_0(\lambda)\sum_{n=0}^{\infty}(K^{\mathsf{T}})^n f \in \mathsf{D}(L_0)$, d. h. es gilt $\lambda \in \mathsf{P}(L_q)$ und $G_q(\lambda)$ wird durch (10.54) dargestellt. Es bleibt zu zeigen, daß $G_q(\lambda)$ ein Integraloperator mit polarem Kern ist. Wir setzen wieder $K = -G_0(\lambda)q$. Nach Aufgabe 10.14, a) ist $K \in \mathscr{A}_2$ und folglich $K^n \in \mathscr{A}_{2n}$ nach Aufgabe 10.6, c).

Sei $n_0 = [\frac{m}{2}]$ die größte ganze Zahl $\le \frac{m}{2}$. Dann ist $A_1 = \sum_{n=0}^{n_0} K^n G_0(\lambda) \in \mathscr{A}_2$, $A_2 = K^{n_0+1} \in \mathscr{A}_{m+1} \subset \tilde{\mathscr{A}}_\infty(\mathsf{M},\mu)$ und $A_3 = G_q(\lambda) - A_1 = A_2 \sum_{j=0}^{\infty} K^j G_0(\lambda) \in \tilde{\mathscr{A}}_\infty(\mathsf{M},\mu)$ nach Aufgabe 10.5; also hat $G_q(\lambda) = A_1 + A_3$ einen polaren Kern nach Aufgabe 10.6.

Zusatz. *Es gelte zusätzlich* $q(x) \to 0$ *für* $|x| \to \infty$ *in Satz 10.13. Dann besteht der Durchschnitt* $\Sigma(L_q) \cap \mathsf{P}(L_0)$ *aus höchstens abzählbar vielen Eigenwerten endlicher algebraischer Vielfachheit von* L_q, *die sich nur auf* $[0,\infty)$ *häufen können.*

Beweis: Sei $\alpha \in \Lambda$; nach (10.54) ist $G_q(\alpha) = G_0(\alpha) - G_q(\alpha)q G_0(\alpha)$. Nach 10.2 Beispiel 2 ist $q G_0(\alpha) \in \mathscr{K}(\mathsf{M},\mu)$, also $G_q(\alpha) = G_0(\alpha) + K$ mit $K \in \mathscr{K}(\mathsf{M},\mu)$. Nach Aufgabe 5.23 besteht $\Sigma(G_q(\alpha)) \cap \mathsf{P}(G_0(\alpha))$ aus höchstens abzählbar vielen Eigenwerten $\mu_1, \mu_2, \ldots$ von $G_q(\alpha)$, die sich nur am Rand von $\mathsf{P}(G_0(\alpha))$ häufen können, und jeder Punkt μ_j ist Pol der Resolvente von $G_q(\alpha)$ mit endlich-dimensionalem Residuum. Nach Aufgabe 10.17 wird durch die Abbildung $\mu \to \lambda = \alpha + \mu^{-1}$ die Menge $\Sigma(G_q(\alpha))$ auf $\Sigma(L_q)$, $\mathsf{P}(G_0(\alpha))$ auf $\mathsf{P}(L_0)\backslash\{\alpha\}$ also $\Sigma(G_q(\alpha)) \cap \mathsf{P}(G_0(\alpha))$ auf $\Sigma(L_q) \cap \mathsf{P}(L_0)$ abgebildet; dabei geht der Rand von $\mathsf{P}(G_0(\alpha))$ in die

Halbgerade $[0, \infty)$ über. Die Eigenwerte μ_j werden nach Aufgabe 10.17, f) in Eigenwerte λ_j endlicher algebraischer Vielfachheit von L_q übergeführt. Damit ist der Zusatz bewiesen.

Aufgaben. 10.14. Es sei $\lambda \in \mathbb{C}\backslash[0, \infty)$, $\varkappa = \sqrt{\lambda}$ mit Im $\varkappa > 0$ und $S_\varkappa(r)$ durch (9.42) erklärt. Man zeige:

a) Die Kerne $G_0(x, y, \lambda) = \frac{1}{2} S_\varkappa(|x-y|)$ und $G_j(x, y, \lambda) = \frac{1}{2} S'_\varkappa(|x-y|)(x_j - y_j)|x-y|^{-1}$ erzeugen Operatoren $G_0(\lambda) \in \mathscr{A}_2$ und $G_j(\lambda) \in \mathscr{A}_1$ im Sinne von Aufgabe 10.6, c).

b) Für $f \in \mathsf{C}(\mathsf{R}^m)$ sei $u = G_0(\lambda)f$. Dann ist $u \in \mathsf{C}(\mathsf{R}^m) \cap C^1(\mathsf{R}^m)$ und $D_j u = G_j(\lambda)f \in \mathsf{C}(\mathsf{R}^m)$ für $j = 1, 2, \ldots, m$.

c) Ist $f \in \mathsf{C}_0(\mathsf{R}^m)$ in b), so gibt es (von λ und f abhängige) positive Zahlen γ, γ' derart, daß $|u(x)| \le \gamma e^{-\gamma'|x|}$ und $|D_j u(x)| \le \gamma e^{-\gamma'|x|}$ ist für alle $x \in \mathsf{R}^m$ und $j = 1, 2, \ldots, m$.

d) Ist f hölderstetig in R^m, so ist $u \in C^2(\mathsf{R}^m)$ und $\Delta u = -\lambda u - f$.

e) Für $\lambda, \mu \in \mathbb{C}\backslash[0, \infty)$ sei $v = G_0(\lambda)f - G_0(\mu)f$. Dann ist $v \in C^2(\mathsf{R}^m)$ und $\Delta v = \mu G_0(\mu)f - \lambda G_0(\lambda)f$. Anleitung: Man benutzt (9.45), (9.45') und die asymptotische Entwicklung der Hankelfunktion $H_\nu^{(1)}$ (vgl. Fußnote 2 auf Seite 141 sowie Aufgabe 9.14).

10.15. Es sei $\lambda = \varrho e^{i\varphi}$ mit $\varrho > 0$ und $0 < \varphi < 2\pi$. Für den Operator $G_0(\lambda)$ von Aufgabe 10.14 zeige man:

a) $\| G_0(\lambda) \| = \| G_0(\lambda)^{\mathsf{T}} \| = \varrho^{-1} \delta(\varphi)$ mit einer in $(0, 2\pi)$ positiven stetigen Funktion δ.

b) Es gilt $\delta(\varphi) \to \infty$ für $\varphi \to 0+$ und für $\varphi \to 2\pi-$.

c) Für $m = 3$ ist $\delta(\varphi) = \left[\sin \dfrac{\varphi}{2} \right]^{-2}$; für $m = 5$ ist $S_\varkappa(r) = \dfrac{1}{4\pi^2 r^3} e^{i\varkappa r}(1 - i\varkappa r)$ und

$$\left| \delta(\varphi) - \frac{2}{3} \left[\sin \frac{\varphi}{2} \right]^{-3} \right| \le \frac{1}{3} \left[\sin \frac{\varphi}{2} \right]^{-2}$$

10.16. Für den durch (10.51) definierten Operator Δ^* zeige man:

a) Ist u zweimal stetig differenzierbar in einer Umgebung von $x \in \mathsf{R}^m$, so ist $\Delta^* u(x) = \Delta u(x)$.

b) Sei $\Omega = \mathsf{K}(x_0, \varrho_0)$, $f \in \mathsf{C}(\bar{\Omega})$ und $u(y) = \dfrac{1}{(m-2)\omega_m} \int_\Omega |y-z|^{2-m} f(z) \, dz$. Dann ist $\Delta^* u(x) = -f(x)$ für alle $x \in \Omega$. Anleitung: Aus Aufgabe 9.14 folgt $u \in C^1(\Omega)$; man beweist die Formel $\int\limits_{|x-y|=\varrho} \partial_+ u(y) \, d\omega_\varrho(y) = - \int\limits_{|x-z|<\varrho} f(z) \, dz$ für $x \in \Omega$ und $\varrho < \varrho_0 - |x - x_0|$, und damit die Behauptung.

c) Für $\lambda \in \mathbb{C}\backslash[0, \infty)$ und $f \in \mathsf{C}(\mathsf{R}^m)$ sei $u = G_0(\lambda)f$ (vgl. Aufgabe 10.14). Dann ist $\Delta^* u(x) = -\lambda u(x) - f(x)$ für alle $x \in \mathsf{R}^m$.

10.17. Unter den Voraussetzungen von Satz 10.13 gilt:

a) Für $\lambda, \mu \in \mathsf{P}(L_q)$ gilt die Resolventengleichung $G_q(\lambda) - G_q(\mu) = (\lambda - \mu) G_q(\lambda) G_q(\mu)$.

b) $G_q(\cdot)$ ist eine in $\mathsf{P}(L_q)$ holomorphe Funktion mit Werten in $\mathscr{A}_0(\mathsf{M}, \mu)$.

c) Sei $\alpha \in \mathsf{P}(L_q)$; dann ist $\mathsf{P}(G_q(\alpha)) = \{(\lambda - \alpha)^{-1} \mid \lambda \in \mathsf{P}(L_q), \lambda \ne \alpha\}$ und $R(\mu, G_q(\alpha)) = \mu^{-1}I + \mu^{-2}G_q(\alpha + \mu^{-1})$ für $\mu \in \mathsf{P}(G_q(\alpha))$ (hier ist zu beachten, daß der Nullpunkt nicht zu $\mathsf{P}(G_q(\alpha))$ gehört).

d) $\lambda_0 \in \Sigma(L_q)$ ist genau dann ein Pol von $G_q(\cdot)$, wenn $\mu_0 = (\lambda_0 - \alpha)^{-1}$ ein Pol von $R(\cdot, G_q(\alpha))$ ist.

e) Ist P das Residuum des Pols λ_0 von $G_q(\cdot)$, so ist $-P$ das Residuum des Pols μ_0 von $R(\cdot, G_q(\alpha))$, folglich $\mathsf{R}(P) \subset \mathsf{D}(L_0)$.

f) Jede (verallgemeinerte) Eigenfunktion von $G_q(\alpha)$ zum Eigenwert μ_0 ist eine (verallgemeinerte) Eigenfunktion von L_q zum Eigenwert λ_0 und umgekehrt.

IV Integraloperatoren in Funktionenräumen

In diesem Kapitel werden einige Begriffe und Resultate der Integrationstheorie benötigt, deren Darstellung und Begründung den Rahmen dieses Buches sprengen würde. Wir müssen daher auf die einschlägige Literatur verweisen, z. B.

Bourbaki, N.: Éléments de mathématique, Livre VI Intégration. Paris 1952

Dunford, N.; Schwartz, J. T.: Linear operators, Part I. New York 1958

Hewitt, E.; Stromberg, K.: Real and abstract analysis. Berlin-Heidelberg-New York 1965

Zur Bequemlichkeit des Lesers zitieren wir ausschließlich nach dem Buch von Hewitt und Stromberg und verwenden auch im wesentlichen dieselben Bezeichnungen. Wir zitieren folgendermaßen: [10.15] bedeutet § 10, Absatz 15 des genannten Buches.

§ 11 Operatoren in Lebesgue-Räumen

11.1 Lebesgue-Räume. Es sei $(X, \mathscr{A}, \mu)$ ein Maßraum, d. h. X eine nicht-leere Menge (ohne Topologie), $\mathscr{A}$ eine σ-Algebra von Teilmengen von X und μ eine σ-additive Funktion auf $\mathscr{A}$ mit Werten in $[0, \infty]$. Der Maßraum sei σ-endlich, d. h. es gebe eine Folge von Mengen $A_n \in \mathscr{A}$ mit $\mu(A_n) < \infty$ und $\bigcup\limits_{n=1}^{\infty} A_n = X$; für solche Maßräume sind die Begriffe „μ-Null-menge" und „lokale μ-Nullmenge" gleichbedeutend [20.12]. Der Maßraum und das Maß heißen **endlich**, wenn $\mu(X) < \infty$ ist; wegen $\mu(A) \leq \mu(X)$ für alle $A \in \mathscr{A}$ nennt man ein solches Maß auch **beschränkt**. Der Maßraum heißt **vollständig**, wenn jede Teilmenge einer μ-Nullmenge zu $\mathscr{A}$ gehört und folglich auch μ-Nullmenge ist. Im folgenden werden wir nur σ-endliche vollständige Maßräume betrachten. Das Standard-Beispiel ist der **Lebesgue**-sche **Maßraum** $(\mathsf{R}^m, \mathscr{M}_m, \lambda_m)$; er ist eindeutig dadurch bestimmt (vgl. [10.36] und [10.39]), daß $\mathscr{M}_m$ alle Jordan-meßbaren Teilmengen A von R^m enthält und daß für diese Mengen $\lambda_m(A) = |A|$ der Jordan-Inhalt ist (vgl. 7.1).

Zwei komplexe Funktionen f, g auf X heißen **äquivalent**, wenn die Menge $\{x \mid x \in X, f(x) \neq g(x)\}$ eine μ-Nullmenge ist, oder kurz wenn $f = g$ ist μ-fast überall (μ-f. ü.). Ist eine der äquivalenten Funktionen μ-meßbar, so auch die andere [11.23]. Für μ-meßbare Funktionen sind die Ausdrücke

$$\| f \|_p = \left\{ \int\limits_X |f(x)|^p \, d\mu(x) \right\}^{1/p}, \quad 0 < p < \infty \tag{11.1}$$

$$\| f \|_\infty = \inf \{ \gamma \mid |f(x)| \leq \gamma \;\; \mu\text{-f. ü.} \}^{\,1)} \tag{11.1'}$$

definiert (nicht-negativ reell oder ∞); sind f und g äquivalent, so ist $\| f \|_p = \| g \|_p$ für alle $p \in (0, \infty]$. Für jedes $p \in [1, \infty]$ ist die Menge $L_p(X, \mathscr{A}, \mu)$ aller Äquivalenzklassen meßbarer Funktionen mit $\| f \|_p < \infty$ ein Banachraum mit der Norm $\| \cdot \|_p$ ([13.11] bzw. [20.14]); diese Räume heißen **Lebesgue-Räume** [2)]. Wir werden im folgenden mit den Elementen von $L_p(X, \mathscr{A}, \mu)$ so rechnen, als seien es komplexe Funktionen, indem wir die Äquivalenz-

---

[1)] Diesen Ausdruck bezeichnen wir auch mit $\mu - \sup \{ |f(x)| \mid x \in X \}$; das Infimum in (11.1') ist tatsächlich ein Minimum, d. h. es gilt $|f(x)| \leq \| f \|_\infty \mu$-f. ü. [20.14].

[2)] Für $0 < p < 1$ ist $L_p(X, \mathscr{A}, \mu)$ ein linearer Raum, aber $\| \cdot \|_p$ keine Norm (vgl. [13.9] und [13.25]).

klassen durch einen ihrer Repräsentanten ersetzen. Statt $L_p(X, \mathscr{A}, \mu)$ schreiben wir oft $L_p(X)$ oder L_p, wenn keine Verwechslung möglich ist.

Jedem $p \in [1, \infty]$ ist durch die Vorschrift $\frac{1}{p} + \frac{1}{p'} = 1$ eine Zahl $p' \in [1, \infty]$ zugeordnet (insbesondere $p' = \infty$ für $p = 1$ und $p' = 1$ für $p = \infty$). Die Abbildung $p \mapsto p'$ ist eine Involution von $[1, \infty]$ auf sich, d. h. es gilt $p'' = p$ für alle $p \in [1, \infty]$. Zwischen den Räumen L_p und $L_{p'}$ besteht eine enge Beziehung, die für das Folgende sehr wichtig ist. Für $f \in L_p$ und $g \in L_{p'}$ ist fg integrierbar und es gilt die **Höldersche Ungleichung** [13.4] und [20.13]

$$\int_X |f(x)g(x)| \, \mathrm{d}\mu(x) \le \|f\|_p \|g\|_{p'} \, . \tag{11.2}$$

Daraus folgt, daß für jedes $g \in L_{p'}$ durch

$$u_g(f) = \int_X f(x)g(x)\mathrm{d}\mu(x) \quad \text{für alle} \quad f \in L_p \tag{11.3}$$

ein Funktional $u_g \in L'_p$, dem zu L_p dualen Raum, erklärt ist. Für $1 \le p < \infty$ ist jedes Element $u \in L'_p$ von dieser Form und es gilt $\|u_g\| = \|g\|_{p'}$, d. h. die Abbildung $g \mapsto u_g$ ist eine Normisomorphie von $L_{p'}$ auf L'_p ([15.12] bzw. [20.20]). Die Räume L_p mit $1 < p < \infty$ sind reflexiv, denn L''_p ist normisomorph zu $L_{p''} = L_p$. Für $p = \infty$ gilt ebenfalls $\|u_g\| = \|g\|_1$ [20.24], aber im allgemeinen kann nicht jedes Element von L'_∞ in der Form (11.3) dargestellt werden [20.25]. Eine genaue Beschreibung von L'_∞ findet man in [20.35]. L_2 ist ein Hilbertraum mit dem Skalarprodukt $(f, g) = \int_X f(x)\overline{g(x)}\mathrm{d}\mu(x)$. Die Formel $\|u_g\| = \|g\|_{p'}$ notieren wir für späteren Gebrauch in der Form

$$\|g\|_{p'} = \sup \{ |\int_X f(x)g(x)\,\mathrm{d}\mu(x)| \,\big|\, f \in L_p(X), \ \|f\|_p \le 1 \} \, . \tag{11.3'}$$

Für zwei Maßräume $(X, \mathscr{A}, \mu)$, $(Y, \mathscr{B}, \nu)$ ist der **Produktraum** $(X \times Y, \mathscr{A} \times \mathscr{B}, \mu \times \nu)$ erklärt, und zwar ist $\mathscr{A} \times \mathscr{B}$ die kleinste σ-Algebra von Teilmengen von $X \times Y$, die alle Produkte $A \times B$ mit $A \in \mathscr{A}$, $B \in \mathscr{B}$ enthält; diese Produkte nennen wir **meßbare Rechtecke**[1]. Das Maß $\mu \times \nu$ auf $\mathscr{A} \times \mathscr{B}$ ist eindeutig bestimmt durch die Vorschrift $(\mu \times \nu)(A \times B) = \mu(A)\nu(B)$ für alle meßbaren Rechtecke mit der Konvention, daß $\mu(A)\nu(B) = 0$ gesetzt wird, falls eine der Zahlen $\mu(A)$, $\nu(B)$ gleich Null und die andere ∞ ist [21.11]. Der Produktraum ist σ-endlich [21.10]. Für jedes $F \in \mathscr{A} \times \mathscr{B}$ gilt

$$(\mu \times \nu)(F) = \inf \left\{ \sum_{j=1}^\infty \mu(A_j)\nu(B_j) \,\Big|\, F \subset \bigcup_{j=1}^\infty (A_j \times B_j), A_j \in \mathscr{A}, B_j \in \mathscr{B} \right\}, \tag{11.4}$$

d. h. jedes F läßt sich durch eine abzählbare Vereinigung meßbarer Rechtecke dem Maß nach von außen beliebig gut approximieren [10.36]. Der Produktraum ist im allgemeinen nicht vollständig; wir benutzen daher stets die **Vervollständigung** $(X \times Y, \overline{\mathscr{A} \times \mathscr{B}}, \overline{\mu \times \nu})$ des Produktraums [21.14], die sowohl σ-endlich als auch vollständig ist. Jede Menge $E \in \overline{\mathscr{A} \times \mathscr{B}}$ ist von der Form $E = F \cup N$ mit $F \subset \mathscr{A} \times \mathscr{B}$ und einer Teilmenge N einer $(\mu \times \nu)$-Nullmenge, und es ist $\overline{\mu \times \nu}(E) = (\mu \times \nu)(F)$ [11.21]. Für zwei Lebesguesche Maßräume $(R^m, \mathscr{M}_m, \lambda_m)$ und $(R^n, \mathscr{M}_n, \lambda_n)$ ist $(R^{m+n}, \mathscr{M}_{m+n}, \lambda_{m+n})$ die Vervollständigung des Produktraums.

Zum Vergleich von Teilmengen A, B einer Menge X dient die **symmetrische Differenz** $A \triangle B = (A \cup B) \backslash (A \cap B)$. Sind ξ_A und ξ_B die charakteristischen Funktionen von A und B, so gilt

$$\xi_{A \triangle B} = |\xi_A - \xi_B| \, . \tag{11.5}$$

---

[1] $\mathscr{A} \times \mathscr{B}$ ist also **nicht** das Produkt der Mengen $\mathscr{A}$ und $\mathscr{B}$.

Für einen Maßraum $(X, \mathscr{A}, \mu)$ hat

$$\mu(A \triangle B) = \int_X |\xi_A(x) - \xi_B(x)| \, d\mu(x) = \|\xi_A - \xi_B\|_1$$

offenbar die Eigenschaft

$$\mu(A_1 \triangle A_2) \leq \mu(A_1 \triangle A_3) + \mu(A_3 \triangle A_2). \tag{11.6}$$

Hilfssatz 1. *Zu jeder Menge* $E \in \overline{\mathscr{A} \times \mathscr{B}}$ *mit* $\overline{\mu \times \nu}(E) < \infty$ *und jedem* $\varepsilon > 0$ *gibt es endlich viele disjunkte meßbare Rechtecke* $A_j \times B_j$ *mit* $\mu(A_j) < \infty$, $\nu(B_j) < \infty$ *für* $j = 1, \dots, n$ *derart, daß*

$$\overline{\mu \times \nu}(E \triangle \bigcup_{j=1}^{n} (A_j \times B_j)) < \varepsilon \text{ ist.}$$

Beweis: E ist von der Form $E = F \cup N$ mit $F \in \mathscr{A} \times \mathscr{B}$, $(\mu \times \nu)(F) = \overline{\mu \times \nu}(E) < \infty$ und einer $\overline{\mu \times \nu}$-Nullmenge N. Daraus folgt $E \triangle F = E \backslash F \subset N$, also $\overline{\mu \times \nu}(E \triangle F) = 0$. Zu $\varepsilon > 0$ gibt es nach (11.4) meßbare Rechtecke $A_j \times B_j$ derart, daß $F \subset \bigcup_{j=1}^{\infty} (A_j \times B_j) = H$ und $(\mu \times \nu)(H)$ $\leq \sum_{j=1}^{\infty} \mu(A_j)\nu(B_j) < (\mu \times \nu)(F) + \frac{1}{2}\varepsilon$, also $(\mu \times \nu)(F \triangle H) = (\mu \times \nu)(H) - (\mu \times \nu)(F) < \frac{1}{2}\varepsilon$. Nun wählt man m so, daß $\sum_{j=m+1}^{\infty} \mu(A_j)\nu(B_j) < \frac{\varepsilon}{2}$ ist und setzt $K = \bigcup_{j=1}^{m} (A_j \times B_j)$. Dann ist $(\mu \times \nu)(H \triangle K) < \frac{\varepsilon}{2}$ und mit (11.6) folgt

$$\overline{\mu \times \nu}(E \triangle K) \leq \overline{\mu \times \nu}(E \triangle F) + (\mu \times \nu)(F \triangle H) + (\mu \times \nu)(H \triangle K) < \varepsilon.$$

Es bleibt nur noch zu bemerken, daß man K auch als endliche Vereinigung disjunkter meßbarer Rechtecke $A_j' \times B_j'$ darstellen kann. Wegen $\mu(A_j')\nu(B_j') < \infty$ sind entweder beide Zahlen $\mu(A_j'), \nu(B_j')$ endlich oder eine ist Null und die andere ∞; nach Verabredung ist dann $\mu(A_j')\nu(B_j') = 0$. Wenn man alle Rechtecke $A_j' \times B_j'$ vom Maß Null wegläßt, so sind alle Anforderungen des Satzes erfüllt.

Für $f \in L_1(X, \mathscr{A}, \mu)$ und $A \in \mathscr{A}$ definiert man

$$\int_A f(x)\,d\mu(x) = \int_X \xi_A(x) f(x)\,d\mu(x).$$

Aus (11.5) folgt damit

$$|\int_A f(x)\,d\mu(x) - \int_B f(x)\,d\mu(x)| \leq \int_{A \triangle B} |f(x)|\,d\mu(x). \tag{11.7}$$

Zur Vereinfachung schreiben wir oft $\int_A f\,d\mu$ statt $\int_A f(x)\,d\mu(x)$.

Hilfssatz 2. *Es sei* $f \in L_1(X \times Y, \overline{\mathscr{A} \times \mathscr{B}}, \overline{\mu \times \nu})$ *und* $E \in \overline{\mathscr{A} \times \mathscr{B}}$. *Zu jedem* $\varepsilon > 0$ *gibt es dann disjunkte meßbare Rechtecke* $A_j \times B_j$ *mit* $\mu(A_j) < \infty$, $\nu(B_j) < \infty$ *für* $j = 1, \dots, n$ *derart, daß* $|\int_E f\,d\overline{\mu \times \nu} - \int_K f\,d\overline{\mu \times \nu}| < \varepsilon$ *ist mit* $K = \bigcup_{j=1}^{n} (A_j \times B_j)$.

Beweis: Es sei (D_n) eine Folge aus $\overline{\mathscr{A} \times \mathscr{B}}$ mit $\overline{\mu \times \nu}(D_n) < \infty$, $D_n \subset D_{n+1}$ für alle n und $\bigcup_{n=1}^{\infty} D_n = X \times Y$. Damit gilt $\int_{E \cap D_n} f\,d\overline{\mu \times \nu} \to \int_E f\,d\overline{\mu \times \nu}$ [12.32]; also gibt es ein n_0 derart, daß $|\int_{E \cap D_{n_0}} f\,d\overline{\mu \times \nu} - \int_E f\,d\overline{\mu \times \nu}| < \frac{\varepsilon}{2}$ ist. Wir setzen $E_0 = E \cap D_{n_0}$; E_0 hat endliches Maß. Sei $\delta > 0$ so gewählt, daß $\int_M |f|\,d\overline{\mu \times \nu} < \frac{\varepsilon}{2}$ ist für alle $M \in \overline{\mathscr{A} \times \mathscr{B}}$ mit $\overline{\mu \times \nu}(M) < \delta$ [12.34]. Nach Hilfssatz 1 gibt es disjunkte meßbare Rechtecke $A_j \times B_j$ mit $\mu(A_j) < \infty$, $\nu(B_j) < \infty$ für $j = 1, \dots, n$ derart, daß $\overline{\mu \times \nu}(E_0 \triangle K) < \delta$ ist für $K = \bigcup_{j=1}^{n} (A_j \times B_j)$. Mit (11.7) folgt

$$\left|\int\limits_{E_0} f\,\mathrm{d}\overline{\mu\times\nu} - \int\limits_{K} f\,\mathrm{d}\overline{\mu\times\nu}\right| \le \int\limits_{E_0\triangle K} |f|\,\mathrm{d}\overline{\mu\times\nu} < \tfrac{\varepsilon}{2}$$

und daraus die Behauptung.

Aufgaben. 11.1. a) Die Relation $A \sim B$ definiert durch $\mu(A\triangle B) = 0$ ist eine Äquivalenzrelation in $\mathscr{A}$.

b) Die Menge $\mathscr{M}$ aller Äquivalenzklassen $[A]$ von Mengen $A \in \mathscr{A}$ von endlichem Maß ist ein metrischer Raum mit der Metrik $d([A],[B]) = \mu(A\triangle B)$.

c) $\mathscr{M}$ ist ein vollständiger metrischer Raum und isometrisch zu der Menge aller charakteristischen Funktionen $\xi_A \in L_1(X,\mathscr{A},\mu)$ mit der Metrik $\|\xi_A - \xi_B\|_1$.

11.2. Der Maßraum $(X,\mathscr{A},\mu)$ heißt **separabel**, wenn der metrische Raum $\mathscr{M}$ von Aufgabe 11.1, b) separabel ist.

a) Sind die Maßräume $(X,\mathscr{A},\mu)$ und $(Y,\mathscr{B},\nu)$ separabel, so auch $(X \times Y, \overline{\mathscr{A} \times \mathscr{B}}, \overline{\mu \times \nu})$. Anleitung: Hilfssatz 1.

b) Für $1 \le p < \infty$ ist der Banachraum $L_p(X,\mathscr{A},\mu)$ genau dann separabel, wenn der Maßraum $(X,\mathscr{A},\mu)$ separabel ist. Anleitung: Die Menge der Funktionen ξ_A mit $A \in \mathscr{A}$, $\mu(A) < \infty$ ist total in L_p (vgl. Aufgabe 2.21 und [13.20]).

c) Man konstruiere einen nicht separablen Maßraum $(X,\mathscr{A},\mu)$ mit $\mu(X) = 1$ als Produkt der Maßräume $(X_\alpha,\mathscr{A}_\alpha,\mu_\alpha)$, $\alpha \in \mathbb{R}$ mit $X_\alpha = \{0,1\}$, $\mathscr{A}_\alpha$ besteht aus den vier Teilmengen von X_α und μ_α ist definiert durch $\mu_\alpha(\{0\}) = \mu_\alpha(\{1\}) = \tfrac{1}{2}$ für alle $\alpha \in \mathbb{R}$ (Definition des Produkts: [22.7] und [22.8]). Anleitung: Man finde ein $\varepsilon > 0$ und Mengen $A_\alpha \in \mathscr{A}$ für $\alpha \in \mathbb{R}$ mit $\mu(A_\alpha \triangle A_\beta) > \varepsilon$ für $\alpha \ne \beta$.

11.3. Es sei K eine $\overline{\mu \times \nu}$-meßbare komplexe Funktion auf $X \times Y$ und $\int\limits_{A\times B} K(x,y)\,\mathrm{d}\overline{\mu \times \nu}(x,y) = 0$ für alle $A \in \mathscr{A}$, $B \in \mathscr{B}$ mit $\mu(A) < \infty$, $\nu(B) < \infty$. Dann ist $K(x,y) = 0$ $\overline{\mu \times \nu}$-f.ü. Anleitung: Setze $f(x,y) = \xi_{A_0}(x)\xi_{B_0}(y)\,\mathrm{Re}\,K(x,y)$ mit $A_0 \in \mathscr{A}$, $B_0 \in \mathscr{B}$, $\mu(A_0) < \infty$, $\nu(B_0) < \infty$. Dann ist $f \in L_1(X \times Y)$ und $\int\limits_{A\times B} f(x,y)\,\mathrm{d}\overline{\mu \times \nu}(x,y) = 0$ für alle $A \in \mathscr{A}$, $B \in \mathscr{B}$. Nun wende man Hilfssatz 2 an. Dasselbe für den Imaginärteil.

11.4. Man konstruiere eine Funktion $f \in L_p(X)$ mit $f(x) > 0$ μ-f.ü. Anleitung: Es gibt eine Folge disjunkter Mengen $A_n \in \mathscr{A}$ mit $\mu(A_n) < \infty$ und $\bigcup\limits_{n=1}^{\infty} A_n = X$.

11.5. Für drei Maßräume $(X,\mathscr{A},\mu)$, $(Y,\mathscr{B},\nu)$, $(Z,\mathscr{C},\pi)$ ist $(X \times Y \times Z, \overline{\mathscr{A} \times \mathscr{B} \times \mathscr{C}}, \overline{\mu \times \nu \times \pi})$ von der Reihenfolge der Produktbildung unabhängig, also z. B. gleich $((X \times Y) \times Z, \overline{\mathscr{A} \times \mathscr{B} \times \mathscr{C}}, \overline{\mu \times \nu \times \pi})$. Anleitung: [22.5].

11.2 Operatoren von L_q in L_p. Für zwei (σ-endliche vollständige) Maßräume $(X, \mathscr{A}, \mu)$, $(Y, \mathscr{B}, \nu)$ und Zahlen $p, q \in [1, \infty]$ betrachten wir lineare Operatoren von $L_q(Y, \mathscr{B}, \nu)$ in $L_p(X, \mathscr{A}, \mu)$ oder kurz von $L_q(Y)$ in $L_p(X)$, die durch ein Integral

$$Kf(x) = \int\limits_{Y} K(x,y)f(y)\,\mathrm{d}\nu(y) \quad \text{für alle} \quad f \in L_q(Y) \tag{11.8}$$

dargestellt werden können; und zwar setzen wir folgendes voraus:

(11.9) $K(\cdot,\cdot)$ ist eine $\overline{\mu \times \nu}$-meßbare komplexe Funktion auf $X \times Y$.

Daraus folgt bereits, daß für jedes $f \in L_q(Y)$ die Funktion $K(x,\cdot)\,f$ für μ-fast alle $x \in X$ ν-meßbar ist ([11.17] und [21.16]).

(11.10) Für jedes $f \in L_q(Y)$ gibt es eine (i. allg. von f abhängige) μ-Nullmenge A_f derart, daß $K(x,\cdot)\,f$ bezüglich ν integrierbar ist für alle $x \in X\backslash A_f$.

(11.11) Die Funktion $K\,f$ definiert durch (11.8) für $x \in X\backslash A_f$ und durch $K\,f(x) = 0$ für $x \in A_f$ (genauer: ihre Äquivalenzklasse) ist Element von $L_p(X)$.

Diese Definition von Kf ist offenbar von der Auswahl des Repräsentanten der Äquivalenzklasse f unabhängig. Wir haben also eine Abbildung K von $L_q(Y)$ in $L_p(X)$ definiert. Die Abbildung ist linear, d. h. für $\alpha, \beta \in C$ und $f, g \in L_q(Y)$ gilt $K(\alpha f + \beta g) = \alpha Kf + \beta Kg$ μ-f.ü., nämlich für alle $x \in X\backslash(A_f \cup A_g)$ [12.27]. Eine Funktion K mit den Eigenschaften (11.9), (11.10) und (11.11) nennen wir einen Kern bezüglich p und q, den zugehörigen Operator K einen Integraloperator von $L_q(Y)$ in $L_p(X)$; wir sagen auch, der Kern K erzeuge den Operator K.

Satz 11.1. *Jeder Kern mit den Eigenschaften* (11.9), (11.10) *und* (11.11) *erzeugt einen beschränkten Operator von* $L_q(Y)$ *in* $L_p(X)$.

Beweis: Der Definitionsbereich des Operators K ist $L_q(Y)$, also abgeschlossen. Es genügt daher zu zeigen, daß der Operator K abgeschlossen ist, d. h. für jede Folge (f_n) aus $L_q(Y)$ mit $f_n \to f \in L_q(Y)$ und $Kf_n \to g \in L_p(X)$ ist $Kf = g$; nach dem Satz vom abgeschlossenen Graphen ist dann K beschränkt (Aufgabe 5.2). Aus dem Beweis der Vollständigkeit der Lebesgue-Räume [13.11] sieht man, daß die Folge (f_n) eine Teilfolge (f_{n_j}) enthält mit den Eigenschaften: a) $f_{n_j}(y) \to f(y)$ ν-f.ü.

b) $|f_{n_j}(y)| \le h(y)$ ν-f.ü. mit einem $h \in L_q(Y)$ und

c) $Kf_{n_j}(x) \to g(x)$ μ-f.ü.

Es gibt also eine μ-Nullmenge A derart, daß für alle $x \in X\backslash A$ die Integrale $\int\limits_Y K(x,y) f_{n_j}(y) \mathrm{d}\nu(y)$ endliche Werte haben und gegen $g(x)$ konvergieren, und daß auch $\int\limits_Y |K(x,y)| h(y) \mathrm{d}\nu(y)$ endlich ist. Für jedes $x \in X\backslash A$ gilt $K(x,y) f_n(y) \to K(x,y) f(y)$ und $|K(x,y) f_{n_j}(y)| \le |K(x,y)| h(y)$ für ν-fast alle y und folglich

$$\int\limits_Y K(x,y) f_{n_j}(y) \mathrm{d}\nu(y) \to \int\limits_Y K(x,y) f(y) \mathrm{d}\nu(y)$$

nach dem Satz von Lebesgue [12.30]. Also ist $Kf(x) = g(x)$ μ-f.ü., d. h. $Kf = g$.

Einen Kern K, für den auch $K_a(x,y) = |K(x,y)|$ den Voraussetzungen von Satz 11.1 genügt, nennen wir einen absoluten Kern bezüglich p und q; für die beiden Operatoren K und K_a gilt offenbar $\|K\| \le \|K_a\|$. Einfache Beispiele zeigen, daß nicht jeder Kern ein absoluter Kern ist, und zwar auch dann nicht, wenn der Operator K kompakt ist (Aufgabe 11.6). Die Menge aller Operatoren von $L_q(Y)$ in $L_p(X)$, die von absoluten Kernen erzeugt werden, bezeichnen wir mit $\mathscr{A}_{pq}(X,Y)$. Die Definition dieser Klasse von Operatoren (allgemeiner für Orlicz-Räume [13.36]) und die drei folgenden Sätze stammen von A. C. Zaanen[1].

Satz 11.2. *Eine* $\overline{\mu \times \nu}$*-meßbare komplexe Funktion K auf $X \times Y$ erzeugt genau dann einen Operator $K \in \mathscr{A}_{pq}(X,Y)$, wenn*

$$\int\limits_{X \times Y} |g(x) K(x,y) f(y)| \mathrm{d}\overline{\mu \times \nu}(x,y) < \infty \tag{11.12}$$

ist für alle $g \in L_{p'}(X)$ und $f \in L_q(Y)$[2]. Für zwei solche Kerne K_1, K_2 und $\alpha, \beta \in C$ hat auch $K = \alpha K_1 + \beta K_2$ die Eigenschaft (11.12) *und es gilt $K = \alpha K_1 + \beta K_2$ für die zugehörigen Operatoren. Erzeugen die Kerne K_1 und K_2 denselben Operator, so sind sie äquivalent.*

Beweis: Ist K ein absoluter Kern bezüglich p und q, so ist

$$K_a|f| = \int\limits_Y |K(\cdot,y) f(y)| \mathrm{d}\nu(y) \in L_p(X) \text{ . für } f \in L_q(Y) \quad \text{und} \quad \||K_a|f|\|_p \le \|K_a\| \|f\|_q \,;$$

---

[1] Zaanen, A. C.: Linear Analysis. Groningen 1953, Ch. 9, § 7 und Ch. 13, § 3.
[2] Der Integrand ist $\overline{\mu \times \nu}$-meßbar [11.17].

mit (11.2) und dem Satz von F u b i n i [21.16] folgt daraus

$$\int\limits_{X\times Y} |g(x)K(x,y)f(y)|\,\mathrm{d}\,\overline{\mu\times\nu}\,(x,y) = \int\limits_{X} |g(x)|K_a|f|(x)\,\mathrm{d}\mu(x) \leq \|K_a\|\,\|f\|_q\|g\|_{p'}\,. \qquad (11.13)$$

Ist die Bedingung (11.12) erfüllt, so sind nach dem Satz von F u b i n i [21.17] auch die Integrale

$$\int\limits_{Y} g(x)|K(x,y)|\,f(y)\,\mathrm{d}\,\nu(y) \quad \text{und} \quad \int\limits_{Y} g(x)K(x,y)f(y)\,\mathrm{d}\,\nu(y)$$

für μ-fast alle x endlich und stellen Funktionen aus $L_1(X)$ dar. Sei (A_n) eine Folge aus $\mathscr{A}$ mit $\mu(A_n) < \infty$ und $\bigcup\limits_{n=1}^{\infty} A_n = X$. Setzen wir $g = \xi_{A_n}$, so konvergieren für $n \to \infty$ die Integrale μ-f.ü. gegen

$$h(x) = \int\limits_{Y} |K(x,y)|\,f(y)\,\mathrm{d}\,\nu(y) \quad \text{bzw.} \quad k(x) = \int\limits_{Y} K(x,y)f(y)\,\mathrm{d}\,\nu(y)\,.$$

Die Funktionen h und k sind also μ-f.ü. endlich und μ-meßbar [11.24]. Außerdem gilt $gh \in L_1(X)$ und $gk \in L_1(X)$ für alle $g \in L_{p'}(X)$. Daraus folgt $h \in L_p(X)$ und $k \in L_p(X)$ ([15.14] für $1 < p' < \infty$, [20.15] für $p' = 1$, trivial für $p' = \infty$). Dies gilt für alle $f \in L_q(Y)$, d. h. K ist ein absoluter Kern bezüglich p und q. Die Linearkombination $\alpha K_1 + \beta K_2$ zweier absoluter Kerne erfüllt (11.12) und stellt den Operator $\alpha K_1 + \beta K_2$ dar [12.27]. Ist $K_1 = K_2$, so erzeugt die Differenz K der Kerne den Nulloperator, und daher ist

$$0 = \int\limits_{X} g(x)Kf(x)\,\mathrm{d}\mu(x) = \int\limits_{X\times Y} g(x)K(x,y)f(y)\,\mathrm{d}\,\overline{\mu\times\nu}\,(x,y)$$

für alle $g \in L_{p'}(X)$, $f \in L_q(Y)$. Setzt man $g = \xi_A, f = \xi_B$ mit $A \in \mathscr{A}, B \in \mathscr{B}, \mu(A) < \infty, \nu(B) < \infty$, so folgt $\int\limits_{A\times B} K(x,y)\,\mathrm{d}\,\overline{\mu\times\nu}\,(x,y) = 0$ für alle A, B und daraus $K(x,y) = 0\ \overline{\mu\times\nu}$-f.ü. (Aufgabe 11.3).

Für $K \in \mathscr{A}_{pq}(X,Y)$ definieren wir

$$\|K\|_{pq} = \sup\left\{ \int\limits_{X\times Y} |g(x)K(x,y)f(y)|\,\mathrm{d}\,\overline{\mu\times\nu}\,(x,y) \,\Big|\, g \in L_{p'}(X), \|g\|_{p'} \leq 1,\ f \in L_q(Y),\ \|f\|_q \leq 1 \right\}.$$
$$(11.14)$$

Nach (11.13) ist $\|K\|_{pq} \leq \|K_a\|$. Andererseits ist

$$\|K_a f\|_p \leq \|K_a|f|\|_p = \sup \left\{ \int\limits_{X} |g(x)|K_a|f|(x)\,\mathrm{d}\mu(x) \,\Big|\, g \in L_{p'}(X), \|g\|_{p'} \leq 1 \right\} \leq \|K\|_{pq}$$

für alle $f \in L_q(Y)$ mit $\|f\|_q \leq 1$ nach (11.3'), (11.13) und (11.14); also gilt $\|K_a\| \leq \|K\|_{pq}$ und damit

$$\|K\| \leq \|K_a\| = \|K\|_{pq}\,. \qquad (11.14')$$

Satz 11.3. *$\mathscr{A}_{pq}(X,Y)$ mit der Norm $\|\cdot\|_{pq}$ ist ein Banachraum.*

B e w e i s : Nach Satz 11.2 ist $\mathscr{A}_{pq}(X,Y)$ ein komplexer Vektorraum, und aus $K = 0$ folgt $\|K\|_{pq} = 0$. Zum Beweis der Umkehrung wählen wir Funktionen $g_0 \in L_{p'}(X)$, $f_0 \in L_q(Y)$ mit $\|g_0\|_{p'} \leq 1$, $\|f_0\|_q \leq 1$ und $g_0(x) > 0$ μ-f.ü., $f_0(y) > 0$ ν-f.ü. (Aufgabe 11.4). Dann ist

$$\int\limits_{X\times Y} |K(x,y)|g_0(x)f_0(y)\,\mathrm{d}\,\overline{\mu\times\nu}\,(x,y) \leq \|K\|_{pq} \qquad (11.15)$$

und aus $\|K\|_{pq} = 0$ folgt $K(x,y) = 0\ \overline{\mu\times\nu}$-f.ü., also $K =.0$. Die übrigen Normeigenschaften von $\|\cdot\|_{pq}$ sind evident. Sei (K_n) eine Cauchyfolge in $\mathscr{A}_{pq}(X,Y)$; nach (11.15) ist dann durch $F_n(x,y) = K_n(x,y)g_0(x)f_0(y)$ eine Cauchyfolge (F_n) in $L_1(X\times Y)$ erklärt. Es gibt eine Teilfolge (F_{n_j}), die punktweise $\overline{\mu\times\nu}$-f.ü. konvergiert [13.11]; also konvergiert auch die Folge

$(K_{n_j}(x,y))\,\mu \times v$-f.ü. und die Grenzfunktion K ist $\overline{\mu \times v}$-meßbar [11.24]. Nach Voraussetzung gibt es zu jedem $\varepsilon > 0$ ein n_0 derart, daß

$$\int\limits_{X \times Y} |g(x)[K_n(x,y)-K_m(x,y)]f(y)|\,\mathrm{d}\overline{\mu \times v}(x,y) \le \varepsilon$$

ist für $m, n \ge n_0$ und für alle $g \in L_{p'}(X)$, $f \in L_q(Y)$ mit $\|g\|_{p'} \le 1$, $\|f\|_q \le 1$. Wir setzen $n = n_j$ und machen den Grenzübergang $j \to \infty$. Nach dem Lemma von Fatou [12.23] folgt
$\int\limits_{X \times Y} |g(x)[K(x,y)-K_m(x,y)]f(y)|\,\mathrm{d}\overline{\mu \times v}(x,y) \le \varepsilon$ und daraus $\|K-K_m\|_{pq} \le \varepsilon$ für $m \ge n_0$,
d. h. $K \in \mathcal{A}_{pq}(X,Y)$ und $K_m \to K$.

Für $K \in \mathcal{A}_{pq}(X,Y)$ definieren wir den transponierten Operator K^T durch seinen Kern

$$K^T(y,x) = K(x,y). \tag{11.16}$$

Aus Satz 11.2 und aus (11.14) folgt unmittelbar:

Folgerung. *Für $K \in \mathcal{A}_{pq}(X,Y)$ ist $K^T \in \mathcal{A}_{q'p'}(Y,X)$ und umgekehrt, und es gilt*

$$\|K\|_{pq} = \|K^T\|_{q'p'}. \tag{11.16'}$$

Nach (11.3') ist für jedes $p \in [1,\infty]$ durch

$$\langle f,g \rangle = \int\limits_X f(x)g(x)\,\mathrm{d}\mu(x) \tag{11.17}$$

für $f \in L_p(X)$, $g \in L_{p'}(X)$ ein Dualsystem $\langle L_p, L_{p'} \rangle$ erklärt. Für $p \in [1,\infty)$ kann man $L_{p'}$ mit L'_p identifizieren; $\langle L_p, L_{p'} \rangle$ ist dann ein natürliches Dualsystem im Sinne von 3.5 Beispiel 1. Für $K \in \mathcal{A}_{pq}(X,Y)$ gilt nach dem Satz von Fubini

$$\langle Kf,g \rangle = \langle f, K^T g \rangle \tag{11.18}$$

für alle $f \in L_q(Y)$ und $g \in L_{p'}(X)$, wodurch die Bezeichnung „transponierter Operator" gerechtfertigt ist; diese Beziehung unterscheidet sich von (3.14) dadurch, daß sich das Symbol $\langle \cdot, \cdot \rangle$ auf der linken Seite auf das Dualsystem $\langle L_p, L_{p'} \rangle$ und auf der rechten Seite auf $\langle L_q, L_{q'} \rangle$ bezieht. Für $p \in [1,\infty)$ kann man K^T mit dem zu K dualen Operator K' (vgl. (5.7)) identifizieren; für $p = \infty$ ist $L_1(X)$ nach (11.3') normisomorph zu einem abgeschlossenen Teilraum von $L_\infty(X)'$ und K^T kann als die Einschränkung des dualen Operators K' auf $L_1(X)$ aufgefaßt werden.

Wir betrachten nun drei Maßräume $(X, \mathcal{A}, \mu)$, $(Y, \mathcal{B}, v)$, $(Z, \mathcal{C}, \pi)$ und die vollständigen Produkte von je zweien bzw. allen drei Räumen (Aufgabe 11.5).

Satz 11.4. *Für $K \in \mathcal{A}_{pq}(X,Y)$, $L \in \mathcal{A}_{qr}(Y,Z)$ ist $M = KL \in \mathcal{A}_{pr}(X,Z)$, $\|M\|_{pr} \le \|K\|_{pq}\|L\|_{qr}$ und M hat den Kern*

$$M(x,z) = \int\limits_Y K(x,y)L(y,z)\,\mathrm{d}v(y) \qquad \overline{\mu \times \pi}\text{-}f.\ddot{u}. \tag{11.19}$$

Beweis: Wir gehen aus von der Abschätzung

$$\int\limits_X |g(x)|\left\{\int\limits_Y |K(x,y)|\left[\int\limits_Z |L(y,z)f(z)|\,\mathrm{d}\pi(z)\right]\mathrm{d}v(y)\right\}\mathrm{d}\mu(x) \le \|K\|_{pq}\|L\|_{qr}\|g\|_{p'}\|f\|_r$$

für alle $g \in L_{p'}(X)$ und $f \in L_r(Z)$, die aus (11.14') und (11.2) folgt. Nach dem Satz von Fubini existiert das Integral

$$\int\limits_{X \times Z} g(x)\left\{\int\limits_Y K(x,y)L(y,z)\,\mathrm{d}v(y)\right\}f(z)\,\mathrm{d}\overline{\mu \times \pi}(x,z),$$

d. h. mit der Abkürzung (11.19) ist $g(x)M(x,z)f(z)$ $\overline{\mu \times \pi}$-f.ü. endlich und meßbar. Setzt man für f und g überall positive Funktionen aus $L_r(Z)$ bzw. $L_{p'}(X)$ (Aufgabe 11.4), so folgt, daß M $\overline{\mu \times \pi}$-f.ü. endlich und meßbar ist [11.17] und der Abschätzung

$$\int\limits_{X\times Z} |g(x)M(x,z)f(z)|\,\mathrm{d}\overline{\mu\times\pi}(x,z) \le \|K\|_{pq}\|L\|_{qr}\|g\|_{p'}\|f\|_r$$

für alle $g \in L_{p'}(X)$ und $f \in L_r(Z)$ genügt. Nach Satz 11.2 ist folglich $M \in \mathscr{A}_{pr}(X,Z)$ für den von dem Kern M erzeugten Operator und $\|M\|_{pr} \le \|K\|_{pq}\|L\|_{qr}$ nach (11.14). Schließlich folgt $Mf = KLf$ für alle $f \in L_r(Z)$ aus dem Satz von Fubini, d. h. $M = KL$.

Der Leser sollte diesen Satz mit Satz 8.4 vergleichen, der eine analoge Aussage für eine andere Klasse von Kernen enthält. Der durch die Integrationstheorie ermöglichte obige Beweis unterscheidet sich sehr vorteilhaft von dem mühsamen Operieren mit der gleichmäßigen Konvergenz im Beweis von Satz 8.4.

Aufgaben. 11.6. Es sei $(X,\mathscr{A},\mu) = (Y,\mathscr{B},v) = ([0,1],\mathscr{A}_\lambda,\lambda)$ worin $\mathscr{A}_\lambda$ die σ-Algebra der Lebesgue-meßbaren Teilmengen von $[0,1]$ ist und λ die Restriktion des Lebesgue-Maßes auf $\mathscr{A}_\lambda$ (vgl. [11.37]).

Wir schreiben $L_p[0,1]$ statt $L_p([0,1],\mathscr{A}_\lambda,\lambda)$. Sei $K(x,y) = \sum\limits_{n=1}^{\infty} \varphi_n(x)\psi_n(y)$ mit $\varphi_n = n^\alpha \xi_{(\frac{1}{n+1},\frac{1}{n}]}$, $\alpha > 0$ und $\psi_n(y) = e^{2\pi i n y}$. Man zeige:

a) K ist $\overline{\lambda \times \lambda}$-meßbar.

b) Ist $\alpha < \frac{3}{2}$, $1 \le p \le 2$, $p(\alpha - \frac{1}{2}) < 1$ und $q \in [2,\infty]$, so ist K ein Kern bezüglich p und q.

c) Ist $\alpha \le 1$, $2 \le p \le \frac{2}{\alpha}$ und $q \in [2,\infty]$, so ist K ein Kern bezüglich p und q.

d) K ist genau dann ein absoluter Kern bezüglich p und q, wenn $\alpha < 1$ und $1 \le p < \frac{1}{\alpha}$ ist ($q \in [1,\infty]$ ist beliebig).

e) In den Fällen b) und d) sowie im Fall $\alpha < 1$, $2 \le p < \frac{2}{\alpha}$, $q \in [2,\infty]$ ist der Operator K kompakt. Anleitung: Die Funktionen ψ_n bilden ein Orthonormalsystem im Hilbertraum $L_2[0,1]$; man benutzt die Besselsche Ungleichung (Aufgabe 3.23) und die Ungleichung $\|f\|_{P_1} \le \|f\|_{P_2}$ für $p_1 \le p_2$.

11.7. a) Es sei $X = Y = R^m$ mit dem Lebesgue-Maß, $p,q \in (1,\infty)$, $\alpha \in (0,m)$ und $\frac{1}{p} = \frac{1}{q} - \frac{\alpha}{m}$. Der durch $K(x,y) = |x-y|^{\alpha-m}$ für $x,y \in R^m$ definierte Kern erzeugt einen Operator $K \in \mathscr{A}_{pq}$ (Ungleichung von Sobolev). Anleitung: Im Fall $m = 1$ nimmt man den Beweis aus: Hardy-Littlewood-Pólya, Inequalities 2. ed., Cambridge 1952, S. 288. Nun benutzt man die Charakterisierung (11.12) der Operatoren aus $\mathscr{A}_{pq}$ und die Ungleichung $|x-y| \ge m^{1/2}\prod\limits_{j=1}^{m} |\xi_j - \eta_j|^{1/m}$ für $x = (\xi_1,\ldots,\xi_m), y = (\eta_1,\ldots,\eta_m)$ zum Beweis des allgemeinen Falles mittels Induktion bezüglich m.

b) Es sei $\beta \in (0,m)$, $a \in L_{p_0}(R^m)$, $b \in L_{q_0}(R^m)$ mit $\frac{1}{p'} + \frac{1}{p_0} < 1$, $\frac{1}{q} + \frac{1}{q_0} < 1$ und $\frac{1}{p} = \frac{1}{q} + \frac{1}{p_0} + \frac{1}{q_0} - \frac{\beta}{m}$; dann erzeugt der Kern $K(x,y) = a(x)b(y)|x-y|^{\beta-m}$ einen Operator $K \in \mathscr{A}_{pq}$ und es gilt $\|K\|_{pq} \le \gamma\|a\|_{p_0}\|b\|_{q_0}$ mit einer von a und b unabhängigen Zahl $\gamma > 0$. Anleitung: Für $f \in L_p$, $g \in L_q$ ist $fg \in L_r$ mit $\frac{1}{r} = \frac{1}{p} + \frac{1}{q}$ ($p,q,r \in (0,\infty]$).

11.3 Hille-Tamarkin-Operatoren. Die Charakterisierung (11.12) der Operatoren $K \in \mathscr{A}_{pq}(X,Y)$ ist nur von beschränktem praktischen Nutzen, da sie noch zwei willkürliche Funktionen $f \in L_q(Y)$, $g \in L_{p'}(X)$ enthält und ihre Verifizierung eine Abschätzung erfordert. Wir untersuchen nun eine Klasse von Operatoren, für die diese Abschätzung ohne Schwierigkeit möglich ist; sie wurde für die speziellen Lebesgue-Räume $L_p(R, \mathscr{M}_1, \lambda)$ von E. Hille und J. D. Tamarkin in Annals of Math. **35**, 445−455 (1934) definiert.

Für zwei Maßräume $(X,\mathscr{A},\mu)$, $(Y,\mathscr{B},v)$ und $p,q \in [1,\infty]$ sei $\mathscr{H}_{pq}(X,Y)$ die Menge aller Integraloperatoren K von $L_q(Y)$ in $L_p(X)$ mit $\overline{\mu\times v}$-meßbarem Kern derart, daß $k(x) = \|K(x,\cdot)\|_{q'} < \infty$ ist für μ-fast alle $x \in X$ und $k \in L_p(X)$. Wir setzen

$$|K|_{pq} = \|k\|_p; \tag{11.20}$$

für $p < \infty$ und $q > 1$ ist also

$$|K|_{pq} = \left\{ \int\limits_X \left[\int\limits_Y |K(x,y)|^{q'} \mathrm{d}v(y) \right]^{p/q'} \mathrm{d}\mu(x) \right\}^{1/p}. \tag{11.20'}$$

In den Spezialfällen $p = \infty$ und $q = 1$ ist die Norm (11.1') bezüglich einer oder beider Variablen zu verwenden; insbesondere ist

$$\mathbf{I}K\mathbf{I}_{\infty 1} = \overline{\mu \times v} - \sup \{|K(x,y)| \mid x \in \mathsf{X}, y \in \mathsf{Y}\}$$

(vgl. die Fußnote 1 auf S. 161).

Satz 11.5. $\mathscr{H}_{pq}(\mathsf{X},\mathsf{Y})$ *ist ein Banachraum mit der Norm* $\mathbf{I} \cdot \mathbf{I}_{pq}$. *Ist* $K \in \mathscr{H}_{pq}(\mathsf{X},\mathsf{Y})$ *oder* $K^{\mathsf{T}} \in \mathscr{H}_{q'p'}(\mathsf{Y},\mathsf{X})$, *so ist* $K \in \mathscr{A}_{pq}(\mathsf{X},\mathsf{Y})$ *und* $\|K\|_{pq} \leq \mathbf{I}K\mathbf{I}_{pq}$ *bzw.* $\|K\|_{pq} \leq \mathbf{I}K^{\mathsf{T}}\mathbf{I}_{q'p'}$.

Beweis: Sei $K \in \mathscr{H}_{pq}(\mathsf{X},\mathsf{Y})$; für $f \in \mathsf{L}_q(\mathsf{Y})$ und $g \in \mathsf{L}_{p'}(\mathsf{X})$ ist dann

$$\int_{\mathsf{X}} |g(x)| \left\{ \int_{\mathsf{Y}} |K(x,y)f(y)| \, \mathrm{d}v(y) \right\} \mathrm{d}\mu(x) \leq \int_{\mathsf{X}} |g(x)| k(x) \mathrm{d}\mu(x) \|f\|_q$$
$$\leq \|g\|_{p'} \|k\|_p \|f\|_q = \mathbf{I}K\mathbf{I}_{pq} \|g\|_{p'} \|f\|_q .$$

Nach dem Satz von Fubini existiert dann auch das Integral (11.12) und ist gleich dem obigen Integral. Nach Satz 11.2 ist also $K \in \mathscr{A}_{pq}(\mathsf{X},\mathsf{Y})$ und $\|K\|_{pq} \leq \mathbf{I}K\mathbf{I}_{pq}$ nach (11.14). Für $K^{\mathsf{T}} \in \mathscr{H}_{q'p'}(\mathsf{Y},\mathsf{X})$ ist $K^{\mathsf{T}} \in \mathscr{A}_{q'p'}(\mathsf{Y},\mathsf{X})$, wie schon bewiesen, also $K \in \mathscr{A}_{pq}(\mathsf{X},\mathsf{Y})$ nach der Folgerung aus Satz 11.3 und $\|K\|_{pq} = \|K^{\mathsf{T}}\|_{q'p'} \leq \mathbf{I}K^{\mathsf{T}}\mathbf{I}_{q'p'}$. Für $K_1, K_2 \in \mathscr{H}_{pq}(\mathsf{X},\mathsf{Y})$ und $\alpha, \beta \in \mathsf{C}$ sei $K(x,y) = \alpha K_1(x,y) + \beta K_2(x,y)$. Dann ist

$$k(x) = \|K(x,\cdot)\|_{q'} \leq |\alpha| \, \|K_1(x,\cdot)\|_{q'} + |\beta| \, \|K_2(x,\cdot)\|_{q'} = |\alpha| k_1(x) + |\beta| k_2(x) < \infty$$

für μ-fast alle $x \in \mathsf{X}$. k ist μ-meßbar [21.16] und es folgt $\|k\|_p \leq |\alpha| \, \|k_1\|_p + |\beta| \, \|k_2\|_p$. Also ist $\mathscr{H}_{pq}(\mathsf{X},\mathsf{Y})$ ein komplexer Vektorraum, und die Funktion $\mathbf{I} \cdot \mathbf{I}_{pq}$ genügt der Dreiecksungleichung. Die anderen Normeigenschaften von $\mathbf{I} \cdot \mathbf{I}_{pq}$ sind evident. Sei (K_n) eine Cauchyfolge in $\mathscr{H}_{pq}(\mathsf{X},\mathsf{Y})$; dann ist (K_n) auch Cauchyfolge in $\mathscr{A}_{pq}(\mathsf{X},\mathsf{Y})$, also konvergent nach Satz 11.3. Ist $K \in \mathscr{A}_{pq}(\mathsf{X},\mathsf{Y})$ der Grenzwert, so gibt es eine Teilfolge (K_{n_j}) mit $K_{n_j}(x,y) \to K(x,y)$ $\overline{\mu \times v}$-f.ü. nach dem Beweis von Satz 11.3. Zu jedem $\varepsilon > 0$ gibt es ein n_0 mit $\mathbf{I}K_n - K_m\mathbf{I}_{pq} < \varepsilon$ für alle $n,m \geq n_0$. Für $p < \infty, q > 1$ ist also

$$\int_{\mathsf{X}} \left[\int_{\mathsf{Y}} |K_n(x,y) - K_m(x,y)|^{q'} \mathrm{d}v(y) \right]^{p/q'} \mathrm{d}\mu(x) < \varepsilon^p$$

für $n,m \geq n_0$. Wir setzen $n = n_j$ und machen den Grenzübergang $j \to \infty$. Nach dem Lemma von Fatou [12.23] ist

$$\left[\int_{\mathsf{Y}} |K(x,y) - K_m(x,y)|^{q'} \mathrm{d}v(y) \right]^{p/q'} \leq \liminf_{j \to \infty} \left[\int_{\mathsf{Y}} |K_{n_j}(x,y) - K_m(x,y)|^{q'} \mathrm{d}v(y) \right]^{p/q'}$$

für μ-fast alle x und auf beiden Seiten stehen μ-meßbare Funktionen ([21.16] und [11.12]). Nun wendet man das Lemma von Fatou noch einmal an und findet

$$\int_{\mathsf{X}} \left[\int_{\mathsf{Y}} |K(x,y) - K_m(x,y)|^{q'} \mathrm{d}v(y) \right]^{p/q'} \mathrm{d}\mu(x) \leq \liminf_{j \to \infty} \int_{\mathsf{X}} \left[\int_{\mathsf{Y}} |K_{n_j}(x,y) - K_m(x,y)|^{q'} \mathrm{d}v(y) \right]^{p/q'} \mathrm{d}\mu(x) \leq \varepsilon^p ,$$

also $K \in \mathscr{H}_{pq}(\mathsf{X},\mathsf{Y})$ und $\mathbf{I}K - K_m\mathbf{I}_{pq} \leq \varepsilon$ für $m \geq n_0$, d.h. $K_m \to K$ in $\mathscr{H}_{pq}(\mathsf{X},\mathsf{Y})$. In den Sonderfällen $p = \infty$ und $q = 1$ ist der Beweis ähnlich aber noch einfacher.

Für $q = p'$ ist $\mathscr{H}_{pp'}(\mathsf{X},\mathsf{Y}) = \mathsf{L}_p(\mathsf{X} \times \mathsf{Y})$ ein Lebesgue-Raum; insbesondere ist $\mathscr{H}_{22}(\mathsf{X},\mathsf{Y})$ ein Hilbertraum. Die Operatoren aus $\mathscr{H}_{22}(\mathsf{X},\mathsf{Y})$ heißen Hilbert-Schmidt-Operatoren; man kann sie auf einfache Weise abstrakt charakterisieren (vgl. Aufgabe 11.11). Ist $q' \leq p$ und $K^{\mathsf{T}} \in \mathscr{H}_{q'p'}(\mathsf{Y},\mathsf{X})$, so ist $K \in \mathscr{H}_{pq}(\mathsf{X},\mathsf{Y})$ und $\mathbf{I}K\mathbf{I}_{pq} \leq \mathbf{I}K^{\mathsf{T}}\mathbf{I}_{q'p'}$; für $q' \geq p$ gilt die entgegengesetzte Inklusion und Ungleichung (Aufgabe 11.9).

Eine komplexe Funktion f auf X heißt eine μ-Treppenfunktion, wenn sie μ-meßbar ist und nur endlich viele Werte annimmt. Sind $\alpha_1, \alpha_2, \ldots, \alpha_n$ die voneinander und von Null verschiedenen Werte von f und $\mathsf{A}_j = \{x \mid x \in \mathsf{X}, f(x) = \alpha_j\}$, so sind die Mengen $\mathsf{A}_j \in \mathscr{A}$ paarweise disjunkt und es gilt $f = \sum\limits_{j=1}^{n} \alpha_j \xi_{\mathsf{A}_j}$. Jede μ-Treppenfunktion ist Element von $\mathsf{L}_\infty(\mathsf{X})$; für

$p \in [1,\infty)$ gilt $f \in \mathsf{L}_p(\mathsf{X})$ genau dann, wenn $\mu(\mathsf{A}_j) < \infty$ ist für $j = 1,2,\dots,n$. Die Menge $\mathscr{T}(\mathsf{X})$ aller μ-Treppenfunktionen ist dicht in $\mathsf{L}_\infty(\mathsf{X})$ [11.35]; für $p \in [1,\infty)$ ist $\mathscr{T}(\mathsf{X}) \cap \mathsf{L}_p(\mathsf{X})$ dicht in $\mathsf{L}_p(\mathsf{X})$ [13.20]. In der Menge $\mathscr{T}(\mathsf{X} \times \mathsf{Y})$ aller $\overline{\mu \times \nu}$-Treppenfunktionen interessieren uns besonders die Funktionen der Form $f = \sum\limits_{j=1}^{n} \alpha_j \xi_{\mathsf{A}_j \times \mathsf{B}_j}$ mit $\mathsf{A}_j \in \mathscr{A}$, $\mathsf{B}_j \in \mathscr{B}$, worin die meßbaren

Rechtecke $\mathsf{A}_j \times \mathsf{B}_j$ paarweise disjunkt und alle α_j von Null (aber nicht notwendig voneinander) verschieden sind. Diese speziellen Treppenfunktionen nennen wir Rechteck-Treppenfunktionen und bezeichnen ihre Gesamtheit mit $\mathscr{T}(\mathsf{X},\mathsf{Y})$. Für $p < \infty$, $q > 1$ ist

$$f = \sum_{j=1}^{n} \alpha_j \xi_{\mathsf{A}_j \times \mathsf{B}_j} \text{ genau dann Kern eines Operators } F \in \mathscr{H}_{pq}(\mathsf{X},\mathsf{Y}), \text{ wenn } \mu(\mathsf{A}_j) < \infty \text{ und}$$

$v(\mathsf{B}_j) < \infty$ ist für $j = 1,\dots,n$. Wegen $f(x,y) = \sum\limits_{j=1}^{n} \alpha_j \xi_{\mathsf{A}_j}(x) \xi_{\mathsf{B}_j}(y)$ sind diese Operatoren endlich-dimensional, also kompakt (vgl. 5.5).

Hilfssatz. *Es sei $p \in [1,\infty)$, $q \in (1,\infty]$, $K \in \mathscr{H}_{pq}(\mathsf{X},\mathsf{Y})$, (K_n) eine Folge $\overline{\mu \times \nu}$-meßbarer Funktionen mit $|K_n(x,y)| \le |K(x,y)|$ für alle n und $K_n(x,y) \to K(x,y)$ $\overline{\mu \times \nu}$-f.ü. Dann gilt $K_n \in \mathscr{H}_{pq}(\mathsf{X},\mathsf{Y})$ für alle n und $\|K_n - K\|_{pq} \to 0$ für $n \to \infty$.*

Beweis: Aus den Voraussetzungen folgt $K_n \in \mathscr{H}_{pq}(\mathsf{X},\mathsf{Y})$ und $|K_n(x,y) - K(x,y)| \le 2|K(x,y)|$ sowie $|K_n(x,y) - K(x,y)| \to 0$ $\overline{\mu \times \nu}$-f.ü. Dann gilt dasselbe auch ν-f.ü. für μ-fast alle $x \in \mathsf{X}$ [21.15]. Nach dem Satz von Lebesgue [12.24] strebt daher

$$h_n(x) = \left[\int\limits_{\mathsf{Y}} |K_n(x,y) - K(x,y)|^{q'} \, d\nu(y)\right]^{p/q'}$$

μ-f.ü. gegen Null und es gilt

$$h_n(x) \le 2^p \left[\int\limits_{\mathsf{Y}} |K(x,y)|^{q'} \, d\nu(y)\right]^{p/q'} = h(x)$$

μ-f.ü. mit $h \in \mathsf{L}_1(\mathsf{X})$. Daraus folgt $\int\limits_{\mathsf{X}} h_n(x) d\mu(x) \to 0$ nach dem Satz von Lebesgue, also $\|K_n - K\|_{pq} \to 0$.

Satz 11.6. *Für $p \in [1,\infty)$, $q \in (1,\infty]$ ist jedes $K \in \mathscr{H}_{pq}(\mathsf{X},\mathsf{Y})$ ein kompakter Operator von $\mathsf{L}_q(\mathsf{Y})$ in $\mathsf{L}_p(\mathsf{X})$ und zwar ist K im Fall $q' \le p$ Grenzwert in $\mathscr{H}_{pq}(\mathsf{X},\mathsf{Y})$ einer Folge endlich-dimensionaler Operatoren mit Kernen aus $\mathscr{T}(\mathsf{X},\mathsf{Y})$; im Fall $p \le q'$ ist K^{T} Grenzwert in $\mathscr{H}_{q'p'}(\mathsf{Y},\mathsf{X})$ einer Folge von Operatoren mit Kernen aus $\mathscr{T}(\mathsf{Y},\mathsf{X})$.*

Beweis: 1. Es sei $q' \le p$, $K \in \mathscr{H}_{pq}(\mathsf{X},\mathsf{Y})$, $\mathsf{A}_n \in \mathscr{A}$, $\mathsf{B}_n \in \mathscr{B}$ mit $\mu(\mathsf{A}_n) < \infty$, $\nu(\mathsf{B}_n) < \infty$ und $\bigcup\limits_{n=1}^{\infty} \mathsf{A}_n = \mathsf{X}$, $\bigcup\limits_{n=1}^{\infty} \mathsf{B}_n = \mathsf{Y}$. Setzt man $K_n(x,y) = K(x,y)$ für $x \in \bigcup\limits_{m=1}^{n} \mathsf{A}_m$, $y \in \bigcup\limits_{m=1}^{n} \mathsf{B}_m$, $K_n(x,y) = 0$ für alle anderen $(x,y) \in \mathsf{X} \times \mathsf{Y}$, so sind die Voraussetzungen des obigen Hilfssatzes erfüllt. Also gilt $K_n \in \mathscr{H}_{pq}(\mathsf{X},\mathsf{Y})$ und $\|K_n - K\|_{pq} \to 0$. Es genügt also, Operatoren K zu approximieren, deren Kern außerhalb eines Rechtecks $\mathsf{A} \times \mathsf{B}$ mit $\mu(\mathsf{A}) < \infty$, $\nu(\mathsf{B}) < \infty$ identisch Null ist. Für einen solchen Kern gibt es eine Folge von $\overline{\mu \times \nu}$-Treppenfunktionen $T_n = \sum\limits_j \alpha_{nj} \xi_{\mathsf{E}_{nj}}$ mit $|T_n(x,y)| \le |K(x,y)|$ und $T_n(x,y) \to K(x,y)$ $\overline{\mu \times \nu}$-f.ü. [11.35]. Daraus folgt $\mathsf{E}_{nj} \subset \mathsf{A} \times \mathsf{B}$ für alle n und j, und aus dem Hilfssatz $T_n \in \mathscr{H}_{pq}(\mathsf{X},\mathsf{Y})$ und $\|T_n - K\|_{pq} \to 0$. Es bleibt zu zeigen, daß ein Operator T mit dem Kern $T = \sum\limits_j \alpha_j \xi_{\mathsf{E}_j}$ mit $\mathsf{E}_j \subset \mathsf{A} \times \mathsf{B}$ für alle j durch Operatoren mit Kern aus $\mathscr{T}(\mathsf{X},\mathsf{Y})$ approximiert werden kann. Es genügt offenbar, den Fall $T = \xi_{\mathsf{E}}$ zu betrachten. Nach 11.1 Hilfssatz 1 gibt es zu jedem $\varepsilon > 0$ endlich viele disjunkte meßbare Rechtecke $A_j \times B_j$ mit $\mu(A_j) < \infty$, $\nu(B_j) < \infty$ für $j = 1, 2, \ldots, n$ derart, daß $\overline{\mu \times \nu}\left(E \triangle \bigcup_{j=1}^{n}(A_j \times B_j)\right) < \varepsilon$ ist. Wir dürfen offenbar $B_j \subset B$ für alle j voraussetzen; mit $R(x,y) = \sum_{j=1}^{n} \xi_{A_j}(x)\xi_{B_j}(y)$ ist dann $\int_Y |\xi_E(x,y) - R(x,y)|\,d\nu(y) \leq \nu(B)$ für alle x und daher

$$\mathbf{I}\xi_E - R\mathbf{I}_{pq} = \left\{ \int_X \left[\int_Y |\xi_E(x,y) - R(x,y)|\,d\nu(y)\right]^{p/q'} d\mu(x)\right\}^{1/p}$$

$$\leq \{\nu(B)^{p/q'-1}\|\xi_E - R\|_1\}^{1/p} < \nu(B)^{1/q'-1/p}\varepsilon^{1/p}.$$

Es gibt also eine Folge endlich-dimensionaler Operatoren R_n mit Kernen aus $\mathcal{T}(X,Y)$ und $\mathbf{I}R_n - K\mathbf{I}_{pq} \to 0$ also auch $\|R_n - K\| \to 0$ für $n \to \infty$. Nach Satz 5.11 ist K kompakt.

2. Im Fall $q' \geq p$ ist $K^T \in \mathcal{H}_{q'p'}(Y,X)$ nach Aufgabe 11.9. Nach Teil 1 des Beweises gibt es eine Folge endlich-dimensionaler Operatoren R_n^T mit Kernen aus $\mathcal{T}(Y,X)$ und mit $\mathbf{I}R_n^T - K^T\mathbf{I}_{q'p'} \to 0$. Nach Satz 11.5 ist $R_n \in \mathcal{A}_{pq}(X,Y)$ und $\|R_n - K\|_{pq} \to 0$, also auch $\|R_n - K\| \to 0$, d. h. K ist kompakt.

Ist $p = \infty$ oder $q = 1$, so gilt die Aussage von Satz 11.6 nicht, wie die folgende Aufgabe zeigt.

Aufgaben. 11.8. Es sei $X = Y = [0,1]$ mit dem Lebesgue-Maß wie in Aufgabe 11.6.

a) Für $q \in [1,\infty]$ ist durch $Kf(x) = x^{-1}\int_0^x y^{1/q}f(y)\,dy$ ein Operator $K \in \mathcal{H}_{\infty q}$ erklärt, der nicht kompakt ist. Anleitung: Sei $f_n(x) = 2^{n/q}$ für $0 \leq x \leq 2^{-n}$, $f_n(x) = 0$ für $2^{-n} < x \leq 1$; die Folge (Kf_n) enthält keine konvergente Teilfolge.

b) Setze

$$K(x,y) = \sum_{n=1}^{\infty} 2^{-n}\left[\varphi_{2n-1}(x)\varphi_{2n-1}(y) - \varphi_{2n}(x)\varphi_{2n}(y)\right]$$

mit $\varphi_{2n-i}(x) = \sqrt{2}\sin(2n\pi x)$ für $0 \leq x \leq \frac{1}{2}$, $\varphi_{2n-i}(x) = (-1)^i 2^n$ für $1 - 2^{-2n} \leq x \leq 1 - 2^{-2n-1}$ und $\varphi_{2n-i}(x) = 0$ sonst ($i = 0,1$; $n = 1,2,\ldots$). Für $1 \leq p \leq 2$ ist $K \in \mathcal{H}_{p1}$ und K ist nicht kompakt (J. v. Neumann). Anleitung: Betrachte die Folge $\psi_n = 2^n(\varphi_{2n-1} - \varphi_{2n})$.

c) Für den Kern $K(x,y) = |x-y|^{\beta-1}$, $0 < \beta < 1$ ist $K \in \mathcal{H}_{pq}$ genau dann, wenn $\frac{1}{q} < \beta$, und $K^T \in \mathcal{H}_{q'p'}$ genau dann, wenn $\frac{1}{p'} < \beta$ ist.

11.9. a) Es sei $r \in [1,\infty]$ und $L \in \mathcal{H}_{1r'}(Y,X)$; dann ist $L \in \mathcal{H}_{r\infty}(X,Y)$ und $\mathbf{I}L\mathbf{I}_{r\infty} \leq \mathbf{I}L^T\mathbf{I}_{1r'}$.

b) Es sei $1 \leq q' \leq p \leq \infty$ und $K^T \in \mathcal{H}_{q'p'}(Y,X)$; dann ist $K \in \mathcal{H}_{pq}(X,Y)$ und $\mathbf{I}K\mathbf{I}_{pq} \leq \mathbf{I}K^T\mathbf{I}_{q'p'}$.

c) Es sei $1 \leq p \leq q' \leq \infty$ und $K \in \mathcal{H}_{pq}(X,Y)$; dann ist $K^T \in \mathcal{H}_{q'p'}(Y,X)$ und $\mathbf{I}K^T\mathbf{I}_{q'p'} \leq \mathbf{I}K\mathbf{I}_{pq}$.

Anleitung: a) $\mathbf{I}L\mathbf{I}_{r\infty} = \sup\{\int_X |g(x)|[\int_Y |L(x,y)|\,d\nu(y)]\,d\mu(x) \mid g \in L_{r'}(X), \|g\|_{r'} \leq 1\}$.

b) Für $p < \infty$ setze $L(x,y) = |K(x,y)|^{q'}$ und $r = \frac{p}{q'}$ in a).

c) Setze $K = L^T$.

11.10. Es sei $\mathcal{B}_{pq}(X,Y)$ der Banachraum der beschränkten Operatoren von $L_q(Y)$ in $L_p(X)$. Für $K \in \mathcal{B}_{pq}(X,Y)$, $L \in \mathcal{B}_{qr}(Y,Z)$ betrachten wir das Produkt $M = KL \in \mathcal{B}_{pr}(X,Z)$ unter zusätzlichen Voraussetzungen über K und L:

a) Für $K \in \mathcal{H}_{pq}$, $L \in \mathcal{A}_{qr}$ ist $M \in \mathcal{H}_{pr}$ und $\mathbf{I}M\mathbf{I}_{pr} \leq \mathbf{I}K\mathbf{I}_{pq}\|L\|_{qr}$.

b) Für $K \in \mathcal{A}_{pq}$, $L^T \in \mathcal{H}_{r'q'}$ ist $M^T \in \mathcal{H}_{r'p'}$ und $\mathbf{I}M^T\mathbf{I}_{r'p'} \leq \|K\|_{pq}\mathbf{I}L^T\mathbf{I}_{r'q'}$. Anleitung: Man benutzt Satz 11.4, (11.3') und (11.14).

c) Für $p,r \in [1,\infty)$, $q \in (1,\infty]$, $K \in \mathcal{H}_{pq}$, $L \in \mathcal{B}_{qr}$ ist $M \in \mathcal{H}_{pr}$ und $\mathbf{I}M\mathbf{I}_{pr} \leq \mathbf{I}K\mathbf{I}_{pq}\|L\|$. Anleitung: Es gibt genau ein $L^T \in \mathcal{B}_{r'q'}$ mit $\langle Lf,g\rangle = \langle f,L^T g\rangle$ für alle $f \in L_r$, $g \in L_{q'}$; es gilt $Mf(x) = \langle K(x,\cdot), Lf\rangle$ μ-f.ü.; mit Satz 11.6 zeige, daß $M(x,\cdot) = L^T K(x,\cdot)$ Kern eines Operators aus $\mathcal{H}_{pr}$ ist.

d) Für $p,r \in (1,\infty]$, $q \in [1,\infty)$, $K \in \mathcal{B}_{pq}$, $L^T \in \mathcal{H}_{r'q'}$ ist $M^T \in \mathcal{H}_{r'p'}$ und $\mathbf{I}M^T\mathbf{I}_{r'p'} \leq \|K\|\,\mathbf{I}L^T\mathbf{I}_{r'q'}$. Anleitung: Zeige $M^T = L^T K^T$ und benutze c).

11.11. Charakterisierung der Hilbert-Schmidt-Operatoren (vgl. Satz 6.14).

a) Für $K \in \mathcal{H}_{22}(X,Y)$ und für jedes Orthonormalsystem (f_n) in $L_2(Y)$ gilt $\sum_{n=1}^{\infty} \| Kf_n \|_2^2 \leq |K|_{22}^2$. Anleitung: Aufgabe 3.23, a).

b) Es seien H_0 und H Hilberträume und K ein beschränkter Operator von H_0 in H mit $\sum_{n=1}^{\infty} \| Kf_n \|^2 < \infty$ für jedes Orthonormalsystem (f_n) in H_0. Dann gibt es Orthonormalsysteme (a_j) in H, (b_j) in H_0 und Zahlen $\mu_j > 0$ mit $\sum_j \mu_j^2 < \infty$ derart, daß $Kf = \sum_j \mu_j(f, b_j)a_j$ ist für alle $f \in H_0$; K ist kompakt und es gilt $\sum_j \mu_j^2 = \max\left\{ \sum_{n=1}^{\infty} \| Kf_n \|^2 \right\}$ genommen über alle Orthonormalsysteme in H_0. Anleitung: Definiere $K^* \in \mathcal{B}(H, H_0)$ durch $(Kf, g) = (f, K^*g)$ für alle $f \in H_0$, $g \in H$. K^*K ist ein nicht-negativer kompakter Operator in H_0 (Aufgabe 6.4); nun überträgt man den Beweis von Satz 6.8.

c) Ist $H = L_2(X)$, $H_0 = L_2(Y)$ in b), so ist $K \in \mathcal{H}_{22}(X,Y)$, $K(x,y) = \sum_j \mu_j a_j(x) \overline{b_j(y)}$ im Sinne der Konvergenz in $\mathcal{H}_{22}(X,Y)$ und $|K|_{22}^2 = \sum_j \mu_j^2$.

11.12. Es sei K der Operator von Aufgabe 11.7, b).

a) Ist zusätzlich $\frac{1}{q} < \frac{\ell}{m}$ und $q_0 < \infty$, so ist $K \in \mathcal{H}_{pq}$ und $|K|_{pq} \leq \gamma \|a\|_{p_0} \|b\|_{q_0}$ mit einer von a und b unabhängigen Zahl $\gamma > 0$.

b) Ist $\frac{1}{p'} < \frac{\ell}{m}$ und $p_0 < \infty$, so ist $K^T \in \mathcal{H}_{q'p'}$ und $|K^T|_{q'p'} \leq \gamma \|a\|_{p_0} \|b\|_{q_0}$. Anleitung: Aufgabe 11.7, a).

11.4 Weitere Kriterien für Beschränktheit und Kompaktheit. Die in Satz 11.5 angegebenen Kriterien für die Beschränktheit eines Integraloperators sind nur hinreichend. Als Beispiel eines Operators $K \in \mathcal{A}_{pq}$, für den weder $K \in \mathcal{H}_{pq}$ noch $K^T \in \mathcal{H}_{q'p'}$ gilt, nehmen wir den Operator von Aufgabe 11.8, c) im Fall $1 < q < p < \infty$ mit $\beta = \frac{1}{q} - \frac{1}{p}$; hier gilt $K \in \mathcal{A}_{pq}$ nach Aufgabe 11.7, a). Ebenso gibt Satz 11.6 nur ein hinreichendes Kriterium für die Kompaktheit. Notwendige und hinreichende Kriterien sind nur für Spezialfälle bekannt; es gibt aber wesentlich verbesserte hinreichende Kriterien, wie z. B. das folgende:

Satz 11.7[1]. *Es sei $K_1 \in \mathcal{H}_{rs}(X,Y)$ oder $K_1^T \in \mathcal{H}_{s'r'}(Y,X)$ und $K_2 \in \mathcal{H}_{uv}(X,Y)$ oder $K_2^T \in \mathcal{H}_{v'u'}(Y,X)$ mit $\frac{1}{r} + \frac{1}{u} = \frac{1}{p}$, $\frac{1}{s'} + \frac{1}{v'} = \frac{1}{q'}$, $\frac{1}{r} + \frac{1}{v'} \leq 1$ und $\frac{1}{u} + \frac{1}{s'} \leq 1$. Dann erzeugt der Kern $K(x,y) = K_1(x,y)K_2(x,y)$ einen Operator $K \in \mathcal{A}_{pq}(X,Y)$ mit $\|K\|_{pq} \leq \gamma_1 \gamma_2$, worin $\gamma_1 = |K_1|_{rs}$ oder $\gamma_1 = |K_1^T|_{s'r'}$ und $\gamma_2 = |K_2|_{uv}$ oder $\gamma_2 = |K_2^T|_{v'u'}$. Sind außerdem r, s', u, v' endlich (also auch p und q'), so ist K kompakt und Grenzwert in $\mathcal{A}_{pq}(X,Y)$ einer Folge endlich-dimensionaler Operatoren mit Kernen aus $\mathcal{T}(X,Y)$.*

Beweis: Nach Voraussetzung ist

$$\frac{1}{r} \leq \frac{1}{v} = \frac{1}{s'} + \frac{1}{q}, \qquad \frac{1}{s'} \leq \frac{1}{u'} = \frac{1}{r} + \frac{1}{p'}$$

und daher

$$\max\left\{\frac{1}{r}, \frac{1}{s'}\right\} \leq \min\left\{\frac{1}{v}, \frac{1}{u'}\right\} = \min\left\{\frac{1}{s'} + \frac{1}{q}, \frac{1}{r} + \frac{1}{p'}\right\}. \tag{11.21}$$

Schließen wir zunächst die beiden Extremfälle $\max\{\frac{1}{r}, \frac{1}{s'}\} = 1$ und $\min\{\frac{1}{v}, \frac{1}{u'}\} = 0$ aus, so gibt es ein $w \in (1, \infty)$ mit $\max\{\frac{1}{r}, \frac{1}{s'}\} \leq \frac{1}{w} \leq \min\{\frac{1}{v}, \frac{1}{u'}\}$. Wir setzen nun

$$\alpha = \begin{cases} p'(\frac{1}{w} - \frac{1}{r}) & \text{falls} \quad p' < \infty \\ \frac{1}{2} & \text{falls} \quad p' = \infty \end{cases}, \qquad \beta = \begin{cases} q(\frac{1}{w} - \frac{1}{s'}) & \text{falls} \quad q < \infty \\ \frac{1}{2} & \text{falls} \quad q = \infty \end{cases},$$

---

[1] Der Spezialfall $p = q$, $K_1 \in \mathcal{H}_{\infty p}$, $K_2^T \in \mathcal{H}_{\infty p'}$ wurde dem Verf. von T. Kato mitgeteilt (unveröffentlicht).

also $\alpha, \beta \in [0,1]$. Für $f \in L_q(Y)$, $g \in L_{p'}(X)$ mit $\|f\|_q \leq 1$, $\|g\|_{p'} \leq 1$ erhalten wir mit Hilfe der Hölderschen Ungleichung

$$\int\limits_{X \times Y} |g(x) K(x,y) f(y)| \, d\overline{\mu \times \nu}(x,y)$$
$$= \int\limits_{X \times Y} |g(x)|^{\alpha} |K_1(x,y)| \, |f(y)|^{\beta} |g(x)|^{1-\alpha} |K_2(x,y)| \, |f(y)|^{1-\beta} d\overline{\mu \times \nu}(x,y)$$
$$\leq \left\{ \int\limits_{X \times Y} |g(x)|^{w\alpha} |K_1(x,y)|^{w} |f(y)|^{w\beta} d\overline{\mu \times \nu}(x,y) \right\}^{1/w} \times$$
$$\left\{ \int\limits_{X \times Y} |g(x)|^{w'(1-\alpha)} |K_2(x,y)|^{w'} |f(y)|^{w'(1-\beta)} d\overline{\mu \times \nu}(x,y) \right\}^{1/w'}.$$

Die Zahlen

$$\frac{1}{a'} = \frac{w\alpha}{p'}, \qquad \frac{1}{b} = \frac{w\beta}{q}, \qquad \frac{1}{c'} = \frac{w'(1-\alpha)}{p'}, \qquad \frac{1}{d} = \frac{w'(1-\beta)}{q}$$

liegen im Intervall $[0,1]$, es gilt

$$|g|^{w\alpha} \in L_{a'}(X), \quad |f|^{w\beta} \in L_b(Y), \quad |g|^{w'(1-\alpha)} \in L_{c'}(X), \quad |f|^{w'(1-\beta)} \in L_d(Y)$$

und die Normen dieser Funktionen sind kleiner oder gleich Eins. Mit $K_3(x,y) = |K_1(x,y)|^{w}$, $K_4(x,y) = |K_2(x,y)|^{w'}$ erhalten wir

$$\int\limits_{X \times Y} |g(x) K(x,y) f(y)| \, d\overline{\mu \times \nu}(x,y) \leq (\|K_3\|_{ab})^{1/w} (\|K_4\|_{cd})^{1/w'}$$

und diese Schranke ist endlich: Ist z. B. $K_1 \in \mathcal{H}_{rs}$, $K_2 \in \mathcal{H}_{uv}$, so ist $\|K_3\|_{ab} \leq \mathbf{I} K_3 \mathbf{I}_{ab} = (\mathbf{I} K_1 \mathbf{I}_{rs})^{w}$ und $\|K_4\|_{cd} \leq \mathbf{I} K_4 \mathbf{I}_{cd} = (\mathbf{I} K_2 \mathbf{I}_{uv})^{w'}$ wegen $\frac{1}{a} = \frac{w}{r}$, $\frac{1}{b'} = \frac{w}{s'}$, $\frac{1}{c} = \frac{w'}{u}$, $\frac{1}{d'} = \frac{w'}{v'}$. Nach Satz 11.2 und (11.14) ist also $K \in \mathcal{A}_{pq}$ und $\|K\|_{pq} \leq \mathbf{I} K_1 \mathbf{I}_{rs} \mathbf{I} K_2 \mathbf{I}_{uv}$. Im Fall $K_1^{\mathrm{T}} \in \mathcal{H}_{s'r'}$ und (oder) $K_2^{\mathrm{T}} \in \mathcal{H}_{v'u'}$ schließt man analog. Ist $\max\{\frac{1}{r}, \frac{1}{s'}\} = 1$, so folgt $v = u' = 1$ aus (11.21), also $K_2 = \mathcal{H}_{\infty 1}$ und $|K(x,y)| \leq |K_1(x,y)| \, \mathbf{I} K_2 \mathbf{I}_{\infty 1} \, \overline{\mu \times \nu}$-f.ü. Wegen $r = p$, $s = q$ ist dann entweder $K \in \mathcal{H}_{pq}$ oder $K^{\mathrm{T}} \in \mathcal{H}_{q'p'}$ und die Behauptung folgt aus Satz 11.5. Im Fall $\min\{\frac{1}{v}, \frac{1}{u'}\} = 0$ kommt man zu demselben Resultat. Sind r, s', u und v' endlich und außerdem $s' \leq r$ und $v' \leq u$, so ist $K_1 \in \mathcal{H}_{rs}$ und $K_2 \in \mathcal{H}_{uv}$ nach Aufgabe 11.9, b). Nach Satz 11.6 gibt es Folgen (K_{1n}) aus $\mathcal{H}_{rs}$ und (K_{2n}) aus $\mathcal{H}_{uv}$ mit Kernen aus $\mathcal{T}(X,Y)$ derart, daß $\mathbf{I} K_{1n} - K_1 \mathbf{I}_{rs} \to 0$ und $\mathbf{I} K_{2n} - K_2 \mathbf{I}_{uv} \to 0$ für $n \to \infty$. Mit $K_n(x,y) = K_{1n}(x,y) K_{2n}(x,y)$ ist dann

$$K_n(x,y) - K(x,y) = \left[K_{1n}(x,y) - K_1(x,y) \right] K_{2n}(x,y) + K_1(x,y) \left[K_{2n}(x,y) - K_2(x,y) \right]$$

und daher

$$\|K_n - K\|_{pq} \leq \mathbf{I} K_{1n} - K_1 \mathbf{I}_{rs} \mathbf{I} K_{2n} \mathbf{I}_{uv} + \mathbf{I} K_1 \mathbf{I}_{rs} \mathbf{I} K_{2n} - K_2 \mathbf{I}_{uv} \to 0$$

für $n \to \infty$ wie behauptet. Ist $s' > r$ und (oder) $v' > u$, so ist $K_1^{\mathrm{T}} \in \mathcal{H}_{s'r'}$ und (oder) $K_2^{\mathrm{T}} \in \mathcal{H}_{v'u'}$ nach Aufgabe 11.9, c), und man schließt weiter mit Hilfe von Satz 11.6 wie vorher.

Beispiel 1. Der Operator K von Aufgabe 11.7, b) mit $p_0 < \infty$ und $q_0 < \infty$; in Aufgabe 11.12 wurde gezeigt, daß K kompakt ist, falls $\frac{1}{q} < \frac{\beta}{m}$ oder $\frac{1}{p'} < \frac{\beta}{m}$ ist. Mit Satz 11.7 kann man auch ohne diese zusätzlichen Annahmen nachweisen, daß K kompakt ist: Wir setzen

$$K_1(x,y) = |a(x)|^{\delta} |b(y)|^{\varepsilon} |x-y|^{\beta_1 - m}$$
$$K_2(x,y) = a(x) |a(x)|^{-\delta} b(y) |b(y)|^{-\varepsilon} |x-y|^{\beta_2 - m}$$

mit $\delta, \varepsilon \in (0,1)$, $\beta_1, \beta_2 \in (0,m)$, $\beta_1 + \beta_2 = \beta + m$. Dann ist $|a|^{\delta} \in L_{p_1}$, $a|a|^{-\delta} \in L_{p_2}$, $|b|^{\varepsilon} \in L_{q_1}$, $b|b|^{-\varepsilon} \in L_{q_2}$ mit $p_1, p_2, q_1, q_2 \in (1,\infty)$ und $\frac{1}{p_1} + \frac{1}{p_2} = \frac{1}{p_0} < \frac{1}{p}$, $\frac{1}{q_1} + \frac{1}{q_2} = \frac{1}{q_0} < \frac{1}{q}$, (vgl. Aufgabe 11.7, b)). Wir wählen ε und δ so, daß $\frac{1}{p_2} + \frac{1}{q_1} < 1$ und $\frac{1}{p_1} + \frac{1}{q_2} < 1$ ist (z. B. $\varepsilon = \delta = \frac{1}{2}$); dann gilt

$$\frac{1}{p} - \frac{1}{q} < \min\left\{\frac{1}{p_0} + \frac{1}{q_0}, \frac{1}{q'} + \frac{1}{p_1}, \frac{1}{p} + \frac{1}{q_2}, \frac{1}{p} + \frac{1}{q'} - \frac{1}{p_2} - \frac{1}{q_1}\right\}$$

$$= \min\left\{\frac{1}{p_1} + \frac{1}{q_1}, \frac{1}{p} - \frac{1}{p_2}\right\} + \min\left\{\frac{1}{p_2} + \frac{1}{q_2}, \frac{1}{q'} - \frac{1}{q_1}\right\}$$

und man kann $r, v' \in (1, \infty)$ so wählen, daß

$$\frac{1}{p_1} < \frac{1}{r} < \min\left\{\frac{1}{p_1} + \frac{1}{q_1}, \frac{1}{p} - \frac{1}{p_2}\right\}$$

$$\frac{1}{q_2} < \frac{1}{v'} < \min\left\{\frac{1}{p_2} + \frac{1}{q_2}, \frac{1}{q'} - \frac{1}{q_1}\right\}$$

und $\frac{1}{p} - \frac{1}{q} \le \frac{1}{r} + \frac{1}{v'} \le 1$ ist. Nun setzt man

$$\frac{\beta_1}{m} = \frac{1}{q} + \frac{1}{p_1} + \frac{1}{q_1} + \frac{1}{v'} - \frac{1}{r}$$

$$\frac{\beta_2}{m} = \frac{1}{p'} + \frac{1}{p_2} + \frac{1}{q_2} + \frac{1}{r} - \frac{1}{v'} ;$$

wegen $\frac{1}{p} = \frac{1}{q} + \frac{1}{p_0} + \frac{1}{q_0} - \frac{\beta}{m}$ ist dann $\beta_1, \beta_2 \in (\beta, m)$ und $\beta_1 + \beta_2 = \beta + m$. Schließlich sei

$$\frac{1}{u} = \frac{1}{p} - \frac{1}{r} = 1 + \frac{1}{p_2} + \frac{1}{q_2} - \frac{\beta_2}{m} - \frac{1}{v'}$$

$$\frac{1}{s'} = \frac{1}{q'} - \frac{1}{v'} = 1 + \frac{1}{p_1} + \frac{1}{q_1} - \frac{\beta_1}{m} - \frac{1}{r} .$$

Dann ist

$$\frac{1}{s'} > \max\left\{1 - \frac{\beta_1}{m}, \frac{1}{q_1}\right\}, \quad \frac{1}{u} > \max\left\{1 - \frac{\beta_2}{m}, \frac{1}{p_2}\right\}$$

und daher $K_1 \in \mathcal{H}_{rs}$, $K_2^{\mathrm{T}} \in \mathcal{H}_{v'u'}$ nach Aufgabe 11.12. Satz 11.7 ist anwendbar wegen

$$\frac{1}{r} + \frac{1}{v'} \le 1, \quad \frac{1}{u} + \frac{1}{s'} = \frac{1}{p} + \frac{1}{q'} - \frac{1}{r} - \frac{1}{v'} \le 1 ;$$

also ist K kompakt.

Aus Satz 11.7 erhält man ein besonders handliches Kriterium für die Beschränktheit bzw. Kompaktheit eines Operators durch den Ansatz

$$K_1(x,y) = |K(x,y)|^\alpha, \quad K_2(x,y) = K(x,y)|K(x,y)|^{-\alpha} \tag{11.22}$$

mit $0 < \alpha < 1$; ist K $\overline{\mu \times \nu}$-meßbar, so auch K_1 und K_2 [11.17]. Wir betrachten zunächst den Fall $p, q \in (1, \infty)$; dann gibt es ein $w \in [1, \infty)$ mit $\max\left\{\frac{1}{p}, \frac{1}{q'}\right\} < \frac{1}{w} \le \frac{1}{p} + \frac{1}{q'}$. Wir setzen

$$\alpha = \left(\frac{1}{w} - \frac{1}{p}\right)\left(\frac{2}{w} - \frac{1}{p} - \frac{1}{q'}\right)^{-1}, \quad s' = \frac{w}{\alpha}, \quad u = \frac{w}{1-\alpha},$$

$$z = \left(\frac{1}{p} + \frac{1}{q'} - \frac{1}{w}\right)^{-1}, \quad r = \frac{z}{\alpha}, \quad v' = \frac{z}{1-\alpha}.$$

Dann ist $\alpha \in (0,1)$, $w < z \le \infty$, $w < s' < r \le \infty$, $w < u < v' \le \infty$, $\frac{1}{r} + \frac{1}{v'} < 1$, $\frac{1}{u} + \frac{1}{s'} \le 1$ und man berechnet leicht $\frac{1}{r} + \frac{1}{u} = \frac{1}{p}$ und $\frac{1}{s'} + \frac{1}{v'} = \frac{1}{q'}$. Aus (11.22) folgt

$$\|K_1\|_{rs} = (\|K\|_{zw'})^\alpha, \quad \|K_2^{\mathrm{T}}\|_{v'u'} = (\|K^{\mathrm{T}}\|_{zw'})^{1-\alpha}.$$

Ist nun $K \in \mathscr{H}_{zw'}$ und $K^{\mathrm{T}} \in \mathscr{H}_{zw'}$, so ist $K \in \mathscr{A}_{pq}$ nach Satz 11.7 und

$$\|K\|_{pq} \leq \max\left\{\,|K|_{zw'}, |K^{\mathrm{T}}|_{zw'}\,\right\}.$$

Im Grenzfall $\frac{1}{w} = \max\{\frac{1}{p}, \frac{1}{q'}\}$, insbesondere wenn eine der Zahlen p, q (oder beide) gleich Eins oder ∞ ist, bleibt die Aussage offenbar auch richtig, und zwar folgt sie dann aus Satz 11.5. Wir haben also bewiesen:

Satz 11.8. *Es sei* $K \in \mathscr{H}_{zw'}(\mathsf{X}, \mathsf{Y})$, $K^{\mathrm{T}} \in \mathscr{H}_{zw'}(\mathsf{Y}, \mathsf{X})$ *mit* $\max\{\frac{1}{p}, \frac{1}{q'}\} \leq \frac{1}{w} \leq \frac{1}{p} + \frac{1}{q'}$ *und* $\frac{1}{z} = \frac{1}{p} + \frac{1}{q'} - \frac{1}{w}$. *Dann ist* $K \in \mathscr{A}_{pq}(\mathsf{X}, \mathsf{Y})$ *mit* $\|K\|_{pq} \leq \max\{\,|K|_{zw'}, |K^{\mathrm{T}}|_{zw'}\,\}$. *Sind z und w endlich, so ist K kompakt und Grenzwert in* $\mathscr{A}_{pq}(\mathsf{X}, \mathsf{Y})$ *einer Folge endlich-dimensionaler Operatoren mit Kernen aus* $\mathscr{T}(\mathsf{X}, \mathsf{Y})$.

Beispiel 2. Es sei λ_m das Lebesgue-Maß auf R^m, X und Y λ_m-meßbare Teilmengen von R^m, $w \in [1, \infty)$ und $k \in \mathsf{L}_w(\mathsf{R}^m)$. Wir setzen $K(x, y) = k(x - y)$; dieser Kern ist λ_{2m}-meßbar [21.31] und es gilt

$$\left[\int_{\mathsf{Y}} |K(x, y)|^w \, dy\right]^{1/w} \leq \|k\|_w, \quad \left[\int_{\mathsf{X}} |K(x, y)|^w \, dx\right]^{1/w} \leq \|k\|_w$$

für alle $x, y \in \mathsf{R}^m$. Ist $\frac{1}{w} = \frac{1}{p} + \frac{1}{q'}$ (also auch $q \leq p$), so folgt $K \in \mathscr{H}_{\infty w'}(\mathsf{X}, \mathsf{Y})$, $K^{\mathrm{T}} \in \mathscr{H}_{\infty w'}(\mathsf{Y}, \mathsf{X})$ und damit $K \in \mathscr{A}_{pq}(\mathsf{X}, \mathsf{Y})$ und $\|K\|_{pq} \leq \|k\|_w$ aus Satz 11.8. Ist $\max\{\frac{1}{p}, \frac{1}{q'}\} \leq \frac{1}{w} < \frac{1}{p} + \frac{1}{q'}$, $\lambda_m(\mathsf{X}) < \infty$ und $\lambda_m(\mathsf{Y}) < \infty$, so folgt $K \in \mathscr{H}_{zw'}(\mathsf{X}, \mathsf{Y})$, $K^{\mathrm{T}} \in \mathscr{H}_{zw'}(\mathsf{Y}, \mathsf{X})$ mit $z = (\frac{1}{p} + \frac{1}{q'} - \frac{1}{w})^{-1} < \infty$; nach Satz 11.8 ist $K \in \mathscr{A}_{pq}(\mathsf{X}, \mathsf{Y})$, $\|K\|_{pq} \leq \|k\|_w [\max\{\lambda_m(\mathsf{X}), \lambda_m(\mathsf{Y})\}]^{1/z}$ und K ist kompakt. Insbesondere ist der Operator von Aufgabe 11.8, c) kompakt, falls $\beta > \frac{1}{q} - \frac{1}{p}$ ist.

Beispiel 3. Es sei $\mathsf{X} = \mathsf{Y} = (0, \infty)$ mit dem Lebesgue-Maß λ, $w \in [1, \infty)$ und $K(x, y) = k(x + y)$ mit einer λ-meßbaren Funktion k derart, daß $h(x) = \left\{\int_x^\infty |k(t)|^w \, dt\right\}^{1/w} < \infty$ ist für jedes $x > 0$. Man sieht leicht, daß K λ_2-meßbar ist ([21.31] und die Abbildung $(x, y) \mapsto (x, -y)$ von R^2 auf sich). Mit p, q, z wie in Satz 11.8 sind die Voraussetzungen dieses Satzes genau dann erfüllt, wenn $h \in \mathsf{L}_z(0, \infty)$ ist; dann ist $K \in \mathscr{A}_{pq}$ und $\|K\|_{pq} \leq \|h\|_z$. Im Fall $z < \infty$ ist K kompakt.

Aufgaben. 11.13. Es sei $\mathsf{X} = \mathsf{Y} = (0, \infty)$ mit dem Lebesgue-Maß.

a) Ist $q \leq p, \frac{1}{r} = \frac{1}{p} + \frac{1}{q'}$ und $k \in \mathsf{L}_r(0, \infty)$, so erzeugt der Kern $K(x, y) = y^{-1/r}(\frac{x}{y})^{1/q'} k(\frac{x}{y})$ einen Operator $K \in \mathscr{A}_{pq}$ mit $\|K\|_{pq} \leq \|k\|_r$. Anleitung: Man benutzt die Abbildung $x \mapsto \log x$ von $(0, \infty)$ auf R und Beispiel 2.

b) Die Kerne $K(x, y) = (x + y)^{\alpha - 1}(xy)^{-\alpha/2}$; $L(x, y) = x^{\beta - 1} y^{-\beta}$ für $y \leq x$, $L(x, y) = 0$ für $y > x$; $M(x, y) = x^{\gamma - 1} y^{-\gamma}$ für $y \geq x$, $M(x, y) = 0$ für $y < x$ erzeugen Operatoren aus $\mathscr{A}_{pp}$, falls $\alpha < \min\{\frac{2}{p}, \frac{2}{p'}\}$ bzw. $\beta < \frac{1}{p'}$ bzw. $\gamma > \frac{1}{p'}$.

11.14. Es sei K $\overline{\mu \times \nu}$-meßbar, $0 < \alpha < 1$ und

$$\int_{\mathsf{X} \times \mathsf{Y}} |K(x, y)|^{2\alpha} |K(x, z)|^{2 - 2\alpha} \, d\overline{\mu \times \nu}(x, y) \leq \gamma^2$$

für ν-fast alle $z \in \mathsf{Y}$; dann ist $K \in \mathscr{A}_{22}(\mathsf{X}, \mathsf{Y})$ und $\|K\|_{22} \leq \gamma$ (K. O. Friedrichs). Anleitung: In Satz 11.7 setze $r = \nu' = \infty$ und $K_1(x, y) = [k(x)]^{-1/2} |K(x, y)|^\alpha$ mit $k(x) = \int_{\mathsf{Y}} |K(x, y)|^{2\alpha} \, d\nu(y)$.

11.15. a) Für $p \in [1, \infty]$ ist $\mathscr{A}_{p\infty} = \mathscr{H}_{p\infty}$ und $\|K\|_{p\infty} = |K|_{p\infty}$ für alle $K \in \mathscr{A}_{p\infty}$.

b) Für $q \in [1, \infty]$ ist $K \in \mathscr{A}_{1q}$ genau dann, wenn $K^{\mathrm{T}} \in \mathscr{H}_{q'\infty}$, und dann gilt $\|K\|_{1q} = |K^{\mathrm{T}}|_{q'\infty}$.

c) Aus $K \in \mathscr{A}_{p_0 \infty} \cap \mathscr{A}_{1 q_0}$ folgt $K \in \mathscr{A}_{pq}$ für alle Paare p, q mit $\frac{q_0}{q} + \frac{p_0'}{p'} = 1, q_0 \leq q \leq \infty$ und $\|K\|_{pq} \leq (\|K\|_{p_0 \infty})^{\alpha} (\|K\|_{1 q_0})^{1 - \alpha}$ mit $\alpha = \frac{p_0'}{p'}$. Anleitung: Man benutzt a), b) und Satz 11.7 mit dem Ansatz (11.22).

11.5 Spektraltheorie der Hille-Tamarkin-Operatoren in L_p. Im folgenden sei $(Y, \mathscr{B}, v) = (X, \mathscr{A}, \mu)$ und $q = p$. Wir betrachten die Banachalgebra $\mathscr{B}(L_p)$ der beschränkten Operatoren in $L_p = L_p(X, \mathscr{A}, \mu)$; die Norm in $\mathscr{B}(L_p)$ bezeichnen wir wie bisher mit $\|\cdot\|$. In 11.2 wurde die Menge $\mathscr{A}_{pp}$ der Integraloperatoren mit absolutem Kern in L_p erklärt. Nach Satz 11.3 und Satz 11.4 ist $\mathscr{A}_{pp}$ eine Banachalgebra mit der durch (11.14) erklärten Norm $\|\cdot\|_{pp}$. Ferner ist die Menge $\mathscr{H}_{pp}$ der Hille-Tamarkin-Operatoren in L_p eine Banachalgebra mit der Norm $|\cdot|_{pp}$ nach Satz 11.5 und Aufgabe 11.10, a). Für $p = \infty$ ist $\mathscr{A}_{\infty\infty} = \mathscr{H}_{\infty\infty}$ und $\|\cdot\|_{\infty\infty} = |\cdot|_{\infty\infty}$ nach Aufgabe 11.15, a). Im allgemeinen gilt

$$\mathscr{H}_{pp} \subset \mathscr{A}_{pp} \subset \mathscr{B}(L_p) \tag{11.23}$$

und diese Einbettungen sind stetig nach Satz 11.5 bzw. nach (11.14′). Das Einselement I von $\mathscr{B}(L_p)$ gehört genau dann zu $\mathscr{A}_{pp}$, wenn das Maß μ rein atomar und folglich L_p entweder endlich-dimensional ist oder normisomorph zu dem Folgenraum l_p (Aufgabe 11.16); dieser Spezialfall sei im folgenden ausgeschlossen. Für $p \in [1, \infty)$ ist L'_p normisomorph zu $L_{p'}$; daher ist jeder endlich-dimensionale Operator A in L_p ein Integraloperator mit einem Kern der Form $A(x, y) = \sum_{j=1}^{n} a_j(x) b_j(y)$ mit $a_j \in L_p$, $b_j \in L_{p'}$, gehört also zu $\mathscr{H}_{pp}$. Für $p = \infty$ ist das genau dann der Fall, wenn A einen in bezug auf das Dualsystem $\langle L_\infty, L_1 \rangle$ transponierten Operator $A^T \in \mathscr{B}(L_1)$ besitzt (Aufgabe 3.18).

Für $p \in (1, \infty)$ ist jeder Operator $K \in \mathscr{H}_{pp}$ kompakt nach Satz 11.6, und zwar ist K Grenzwert endlich-dimensionaler Operatoren in $\mathscr{A}_{pp}$. Die Sätze des Abschnitts 5.7 sind also anwendbar und liefern vollständige Auskunft über das Spektrum und die verallgemeinerten Eigenräume von K. Dabei kann man den dualen Operator K' mit dem transponierten Operator $K^T \in \mathscr{A}_{p'p'}$ identifizieren. Für $\lambda \in P(K)$ ist

$$R(\lambda, K) = \lambda^{-1} I + \lambda^{-2} K(\lambda) \quad \text{mit} \quad K(\lambda) \in \mathscr{H}_{pp}. \tag{11.24}$$

Denn nach Aufgabe 11.10, c) ist $KL \in \mathscr{H}_{pp}$ für $K \in \mathscr{H}_{pp}$ und $L \in \mathscr{B}(L_p)$, d. h. $\mathscr{H}_{pp}$ ist ein Rechtsideal der Algebra $\mathscr{B}(L_p)$, und der durch (11.24) erklärte Operator $K(\lambda) \in \mathscr{B}(L_p)$ genügt der Gleichung $K(\lambda) = K + \lambda^{-1} KK(\lambda)$; also ist $K(\lambda) \in \mathscr{H}_{pp}$. Für jeden Eigenwert $\lambda_0 \neq 0$ von K ist $\lambda_0 I - K$ ein Fredholm-Operator vom Index Null nach Satz 5.12 und hat eine Pseudoinverse

$$\widehat{(\lambda_0 I - K)} = \lambda_0^{-1} I + \lambda_0^{-2} K_0 \quad \text{mit} \quad K_0 \in \mathscr{H}_p \tag{11.24′}$$

bezüglich endlich-dimensionaler Projektoren P und Q in L_p nach Satz 5.5. K_0 genügt der Gleichung $K_0 = K + \lambda_0^{-1} KK_0 - \lambda_0 Q$ und es gilt $Q \in \mathscr{H}_{pp}$, wie schon erwähnt; daraus folgt $K_0 \in \mathscr{H}_{pp}$.

Für $p = 1$ gilt die obige Überlegung nicht, da nicht jeder Operator $K \in \mathscr{H}_{11}$ kompakt ist (Aufgabe 11.8, b)). Dagegen führt der folgende Satz hier zum Ziel.

Satz 11.9. *Für $K \in \mathscr{H}_{11}$ ist K^2 kompakt und $K^2 L \in \mathscr{H}_{11}$ für jedes $L \in \mathscr{B}(L_1)$.*

Beweis: Es sei $K \in \mathscr{H}_{11}$ und $k(x) = \|K(x, \cdot)\|_\infty$; dann ist $k \in L_1$. Zu jedem $\varepsilon > 0$ gibt es also ein $A \in \mathscr{A}$ mit $\mu(A) < \infty$ und $\int_{X \setminus A} k(x) d\mu(x) < \varepsilon$. Setzt man nun $K_1(x, y) = \xi_A(x) K(x, y)$, so ist $K_1 \in \mathscr{H}_{11}$ und $|K - K_1|_{11} < \varepsilon$. Für jedes $n \in \mathbb{N}$ sei $E_n = \{(x, y)) \| K_1(x, y) | > n\}$ und $E_n(y) = \{x | (x, y) \in E_n\}$ für jedes $y \in X$. Dann ist $E_n \in \mathscr{A} \times \mathscr{A}$, $E_n(y) \in \mathscr{A}$ für μ-fast alle $y \in X$ [21.16] und

$$n\mu(E_n(y)) \leq \int_{E_n(y)} |K_1(x, y)| d\mu(x) \leq |K|_{11}.$$

Nach [12.34] gibt es ein $\delta > 0$ derart, daß $\int_E k(x) d\mu(x) < \varepsilon$ ist für alle $E \in \mathscr{A}$ mit $\mu(E) < \delta$. Wählen wir also n so, daß $n^{-1} \|K\|_{11} < \delta$ ist, und setzen wir $K_2(x,y) = [1 - \zeta_{E_n}(x,y)] K_1(x,y)$, so ist $K_2 \in \mathscr{H}_{11}$, $|K_2(x,y)| \leq n$ für alle $x, y \in X$, $K_2(x,y) = 0$ für $x \in X \backslash A$ und

$$\int_{X \times X} |K_1(x,y) - K_2(x,y)| \, |f(y)| \, d\overline{\mu \times \mu}(x,y) = \int_X \left\{ \int_{E_n(y)} |K_1(x,y)| d\mu(x) \right\} |f(y)| d\mu(y)$$

$$\leq \int_X \left\{ \int_{E_n(y)} k(x) d\mu(x) \right\} |f(y)| d\mu(y) < \varepsilon \|f\|_1$$

für alle $f \in L_1$. Mit (11.14) folgt daraus $\|K_1 - K_2\|_{11} < \varepsilon$, also $\|K - K_2\|_{11} < 2\varepsilon$ und $\|K_2 - K_2^2\|_{11} \leq 4 \|K\|_{11} \varepsilon$. Der Kern K_2 erzeugt offenbar auch Operatoren $K_3 \in \mathscr{H}_{1 \infty}(X, A)$ und $K_4 \in \mathscr{H}_{\infty 1}(A, X)$ derart, daß $K_3 K_4 = K_2^2$ ist (darin steht A für den restringierten Maß-raum $(A, \mathscr{A}_A, \mu_A)$, vgl. [11.37]). Nach Satz 11.6 gibt es zu jedem $\eta > 0$ einen endlich-dimensionalen Operator $K_5 \in \mathscr{H}_{1 \infty}(X, A)$ mit $\|K_3 - K_5\|_{1 \infty} < \eta$; also ist $K_6 = K_5 K_4 \in \mathscr{H}_{11}$ endlich-dimensional, und nach Satz 11.4 ist

$$\|K_2^2 - K_6\|_{11} = \|(K_3 - K_5) K_4\|_{11} \leq \|K_3 - K_5\|_{1 \infty} \|K_4\|_{\infty 1} < \|K_4\|_{\infty 1} \eta.$$

Also ist K^2 Grenzwert in $\mathscr{A}_{11}$ einer Folge endlich-dimensionaler Operatoren und folglich kompakt. Für $L \in \mathscr{B}(L_1)$ zeigt man nun $K^2 L \in \mathscr{H}_{11}$ wie in Aufgabe 11.10, c), was dem Leser überlassen werden soll.

Satz 11.10. *Es sei $p \in [1, \infty)$ und $K \in \mathscr{H}_{pp}$. Dann gelten für K alle Aussagen der Sätze 5.14 und 5.15, wobei der duale Operator K' (bzw. P_j') durch den zu K in bezug auf das Dualsystem $\langle L_p, L_{p'} \rangle$ transponierten Operator $K^T \in \mathscr{A}_{p'p'}$ (bzw. P_j^T) ersetzt werden kann. Für jedes $\lambda \in P(K)$ hat die Resolvente die Form (11.24), und für jeden Eigenwert $\lambda_0 \neq 0$ hat jede Pseudo-inverse von $\lambda_0 I - K$ die Form (11.24').*

Beweis: Der Fall $p \in (1, \infty)$ wurde schon am Anfang des Abschnitts erledigt. Für $p = 1$ ist K^2 kompakt nach Satz 11.9 und folglich $R(\lambda^2, K^2)$ nach Satz 5.14 holomorph als Funktion von λ für $\lambda \neq 0$ bis auf Pole $\lambda_1, \lambda_2, \ldots$, die sich nur bei Null häufen können, und deren Residuen endlich-dimensionale Operatoren sind. Dasselbe gilt also auch für $R(\lambda, K) = (\lambda I + K) R(\lambda^2, K^2)$, wobei man benutzt, daß nach Satz 4.12 der Hauptteil eines Pols von $R(\lambda^2, K^2)$ endlich-dimensionale Koeffizienten hat. Für $\lambda \in P(K)$ gilt $R(\lambda, K) = \lambda^{-1} I + \lambda^{-2} K(\lambda)$ mit $K(\lambda) = K + \lambda^{-1} K K(\lambda)$; daraus folgt $K(\lambda) = K + \lambda^{-1} K^2 + \lambda^{-2} K^2 K(\lambda) \in \mathscr{H}_{11}$ nach Satz 11.9. Wir können den dualen Operator K' mit dem transponierten Operator $K^T \in \mathscr{A}_{\infty \infty}$ identifizieren. Nach Satz 5.13 ist dann $P(K^T) = P(K)$ und $R(\lambda, K^T) = R(\lambda, K)^T$ und folglich jeder Pol $\lambda_0 \neq 0$ von $R(\lambda, K)$ mit Residuum P_0 auch Pol von $R(\lambda, K^T)$ mit Residuum P_0^T. Daraus folgt $N(\lambda_0 I - K) \subset P_0 L_1$, also $\alpha(\lambda_0 I - K) < \infty$ und $\beta(\lambda_0 I - K) = \alpha(\lambda_0 I - K^T) < \infty$. Für eine Folge (f_n) aus $R(\lambda_0 I - K)$ mit $f_n \to f \in L_1$ streben die Elemente $(\lambda_0 I + K) f_n \in R(\lambda_0^2 I - K^2)$ gegen $(\lambda_0 I + K) f$. Nach Satz 5.12 ist $\lambda_0^2 I - K^2$ ein Fredholm-Operator, also $R(\lambda_0^2 I - K^2)$ abgeschlossen, d. h. $(\lambda_0 I + K) f = (\lambda_0^2 I - K^2) g$ und daher $f = (\lambda_0 I - K) g + h$ mit $h \in N(\lambda_0 I + K)$. Wegen $h = (2\lambda_0)^{-1}(\lambda_0 I - K) h$ ist $f \in R(\lambda_0 I - K)$, also $R(\lambda_0 I - K)$ abge-schlossen, d. h. $\lambda_0 I - K$ ein Fredholm-Operator. Ist $\lambda_0^{-1} I + \lambda_0^{-2} K_0$ eine Pseudoinverse von $\lambda_0 I - K$, so gilt $K_0 = K + \lambda_0^{-1} K K_0 - \lambda_0 Q$ mit einem endlich-dimensionalen Projektor $Q \in \mathscr{H}_{11}$; daraus folgt $K_0 = K + \lambda_0^{-1} K^2 + \lambda_0^{-2} K^2 K_0 - K Q - \lambda_0 Q \in \mathscr{H}_{11}$ nach Satz 11.9.

Ganz anders liegen die Dinge im Fall $p = \infty$. Aus Beispielen sieht man, daß die Aussagen von Satz 5.14 für $K \in \mathscr{H}_{\infty \infty}$ nicht allgemein gelten: Der Operator $K \in \mathscr{H}_{\infty \infty}$ von Aufgabe 11.8, a) (mit $q = \infty$) hat die überabzählbar vielen Eigenwerte $\lambda_\alpha = (1 + \alpha)^{-1}, \alpha \in C, \mathrm{Re}\, \alpha \geq 0$ mit den Eigenelementen $f_\alpha(x) = x^\alpha$; insbesondere ist also weder K noch eine Potenz von K kompakt. Eine weitere Schwierigkeit rührt daher, daß der duale Raum L_∞' im allgemeinen nicht norm-isomorph zu L_1 ist, und folglich das Dualsystem $\langle L_\infty, L_1 \rangle$ nicht das natürliche Dualsystem.

Es gibt daher Operatoren $A \in \mathscr{B}(\mathsf{L}_\infty)$, zu denen kein transponierter Operator $A^{\mathsf{T}} \in \mathscr{B}(\mathsf{L}_1)$ gefunden werden kann. Es sei $\mathscr{A}(\mathsf{L}_\infty, \mathsf{L}_1)$ die in 3.6 definierte Banachalgebra aller Operatoren $A \in \mathscr{B}(\mathsf{L}_\infty)$, die eine Transponierte $A^{\mathsf{T}} \in \mathscr{B}(\mathsf{L}_1)$ besitzen.

Satz 11.11. *Für jedes $A \in \mathscr{A}(\mathsf{L}_\infty, \mathsf{L}_1)$ ist $\|A^{\mathsf{T}}\| = \|A\|$, d. h. $\|\cdot\|$ ist die Norm in $\mathscr{A}(\mathsf{L}_\infty, \mathsf{L}_1)$. A ist genau dann ein Fredholm-Operator, wenn A^{T} ein Fredholm-Operator ist, und zwar ist dann $\varkappa(A) = -\varkappa(A^{\mathsf{T}})$ und Satz 5.16 ist anwendbar. $\mathscr{A}(\mathsf{L}_\infty, \mathsf{L}_1)$ ist eine abgeschlossene Teilalgebra von $\mathscr{B}(\mathsf{L}_\infty)$ und enthält $\mathscr{H}_{\infty\infty}(= \mathscr{A}_{\infty\infty})$ und das Einselement I von $\mathscr{B}(\mathsf{L}_\infty)$. Für $K \in \mathscr{H}_{\infty\infty}$, $A \in \mathscr{A}(\mathsf{L}_\infty, \mathsf{L}_1)$ ist $KA \in \mathscr{H}_{\infty\infty}$ und $|KA|_{\infty\infty} \le |K|_{\infty\infty}\|A\|$. Ist $\lambda_0 I - K$ mit $K \in \mathscr{H}_{\infty\infty}$ ein Fredholm-Operator, so ist $\lambda_0 \neq 0$ und die Pseudoinverse von $\lambda_0 I - K$ bezüglich zweier Projektoren $P, Q \in \mathscr{A}(\mathsf{L}_\infty, \mathsf{L}_1)$ (vgl. Satz 5.16) ist von der Form $\lambda_0^{-1} I + \lambda_0^{-2} K_0$ mit $K_0 \in \mathscr{H}_{\infty\infty}$.*

Beweis: Für $A \in \mathscr{A}(\mathsf{L}_\infty, \mathsf{L}_1)$ ist $A^{\mathsf{T}} \in \mathscr{A}(\mathsf{L}_1, \mathsf{L}_\infty)$ und A ist der zu A^{T} transponierte Operator in bezug auf das natürliche Dualsystem $\langle \mathsf{L}_1, \mathsf{L}_\infty \rangle$, kann also mit $(A^{\mathsf{T}})'$ identifiziert werden. Nach Satz 3.9 ist daher $\|A\| = \|A^{\mathsf{T}}\|$. Nach Folgerung 3 aus Satz 5.5 ist A^{T} genau dann ein Fredholm-Operator, wenn $A = (A^{\mathsf{T}})'$ ein Fredholm-Operator ist, und zwar ist dann $\varkappa(A) = -\varkappa(A^{\mathsf{T}})$. Nach Satz 3.8 ist $\mathscr{A}(\mathsf{L}_\infty, \mathsf{L}_1)$ eine Banachalgebra, Teilalgebra von $\mathscr{B}(\mathsf{L}_\infty)$ mit der induzierten Norm, also abgeschlossen, und enthält das Einselement I von $\mathscr{B}(\mathsf{L}_\infty)$. Nach Satz 11.2 und Aufgabe 11.15, a) ist $\mathscr{H}_{\infty\infty} = \mathscr{A}_{\infty\infty} \subset \mathscr{A}(\mathsf{L}_\infty, \mathsf{L}_1)$. Sei $K \in \mathscr{H}_{\infty\infty}$, $A \in \mathscr{A}(\mathsf{L}_\infty, \mathsf{L}_1)$ und $\varphi \in \mathsf{L}_1$ mit $\varphi(x) > 0$ μ-f.ü. Wir setzen $\tilde{K}(x,y) = \varphi(x)K(x,y)$; dieser Kern erzeugt offenbar einen Operator $\tilde{K} \in \mathscr{H}_{1\infty}$. Nach Satz 11.6 gibt es eine Folge endlich-dimensionaler Operatoren $\tilde{K}_n \in \mathscr{H}_{1\infty}$ mit $|\tilde{K}_n - \tilde{K}|_{1\infty} \to 0$ für $n \to \infty$. Die Kerne der Operatoren $\tilde{K}_n A = \tilde{M}_n$ sind dann gegeben durch $\tilde{M}_n(x, \cdot) = A^{\mathsf{T}} \tilde{K}_n(x, \cdot)$ für μ-fast alle $x \in \mathsf{X}$. Daraus folgt $|\tilde{M}_n - \tilde{M}_m|_{1\infty} \le \|A^{\mathsf{T}}\| \, |\tilde{K}_n - \tilde{K}_m|_{1\infty} \to 0$ für $n, m \to \infty$; also ist $\tilde{M} = \tilde{K} A \in \mathscr{H}_{1\infty}$. Für jedes $f \in \mathsf{L}_\infty$ ist $\tilde{M} f(x) = \langle \tilde{M}(x, \cdot), f \rangle = \langle \tilde{K}(x, \cdot), Af \rangle = \varphi(x) \langle A^{\mathsf{T}} K(x, \cdot), f \rangle = \varphi(x) K A f(x)$ für μ-fast alle $x \in \mathsf{X}$, wobei die Ausnahmemenge von f nicht abhängt. Also ist $M = KA$ ein Integraloperator mit dem $\overline{\mu \times \mu}$-meßbaren Kern $M(x, \cdot) = A^{\mathsf{T}} K(x, \cdot) = [\varphi(x)]^{-1} \tilde{M}(x, \cdot)$. Es folgt $\|M(x, \cdot)\|_1 = \|A^{\mathsf{T}} K(x, \cdot)\|_1 \le \|A^{\mathsf{T}}\| \, \|K(x, \cdot)\|_1$ μ-f.ü. und daraus $M \in \mathscr{H}_{\infty\infty}$ mit $|M|_{\infty\infty} \le \|A\| \, |K|_{\infty\infty}$. Ist $A = \lambda_0 I - K$ mit $K \in \mathscr{H}_{\infty\infty}$ ein Fredholm-Operator, so kann man nach Satz 5.16 endlich-dimensionale Projektoren $P, Q \in \mathscr{A}(\mathsf{L}_\infty, \mathsf{L}_1)$ finden derart, daß A eine Pseudoinverse $\hat{A} \in \mathscr{A}(\mathsf{L}_\infty, \mathsf{L}_1)$ bezüglich P und Q besitzt. Wäre $\lambda_0 = 0$, so folgte $A\hat{A} = -K\hat{A} = I - Q$, also $I = Q - K\hat{A} \in \mathscr{H}_{\infty\infty}$ im Widerspruch zu Aufgabe 11.16. Also ist $\lambda_0 \neq 0$ und $\hat{A} = \lambda_0^{-1} I + \lambda_0^{-2} K_0$ mit $K_0 = K + \lambda_0^{-1} K K_0 - \lambda_0 Q \in \mathscr{H}_{\infty\infty}$.

Ist $K \in \mathscr{H}_{\infty\infty}$ kompakt, oder gibt es ein $m \in \mathsf{N}$ derart, daß K^m kompakt ist, so gelten alle Aussagen von Satz 11.10 für K; das beweist man durch Übertragung des Beweises von Satz 11.10 (vgl. auch Aufgabe 5.22) und mit Hilfe von Satz 11.11. Ein hinreichendes Kriterium dafür, daß K^2 kompakt ist, findet man in Aufgabe 11.17.

Aufgaben. 11.16. Eine Menge $\mathsf{A} \in \mathscr{A}$ heißt ein **Atom**, wenn für jedes $\mathsf{B} \in \mathscr{A}$ mit $\mathsf{B} \subset \mathsf{A}$ entweder $\mu(\mathsf{B}) = 0$ oder $\mu(\mathsf{B}) = \mu(\mathsf{A})$ ist. Der Maßraum $(\mathsf{X}, \mathscr{A}, \mu)$ heißt **rein atomar**, wenn jede Menge $\mathsf{A} \in \mathscr{A}$ mit $\mu(\mathsf{A}) > 0$ ein Atom enthält. Man zeige:

a) Ist der Maßraum (σ-endlich und) rein atomar, so ist $\mathsf{L}_p(\mathsf{X}, \mathscr{A}, \mu)$ entweder endlich-dimensional oder normisomorph zu l_p.

b) Ist der Maßraum nicht rein atomar und $\mu(\mathsf{X}) > 0$, so ist $\mathsf{L}_p(\mathsf{X}, \mathscr{A}, \mu)$ unendlich-dimensional.

c) Im Fall b) gibt es ein $\mathsf{A} \in \mathscr{A}$ mit $\mu(\mathsf{A}) > 0$ derart, daß $\mathsf{D} = \{(x,x) \mid x \in \mathsf{A}\}$ eine $\overline{\mu \times \mu}$-Nullmenge ist.

d) Im Fall b) ist das Einselement I von $\mathscr{B}(\mathsf{L}_p)$ nicht darstellbar als Integraloperator mit absolutem Kern. Anleitung: Ist $I = K$, so folgt $K(x,y) \ge 0$ $\overline{\mu \times \mu}$-f.ü. aus 11.1 Hilfssatz 2; durch $\pi(\mathsf{E}) =$

$\int\limits_{E} K(x,y)\mathrm{d}\,\overline{\mu \times \mu}(x,y)$ erklärt man ein in bezug auf $\overline{\mu \times \mu}$ absolutstetiges Maß π auf $\mathscr{A} \times \mathscr{A}$ [19.19];
andererseits ist $\pi(\mathsf{E}) = \mu(p(\mathsf{E}))$ mit $p(\mathsf{E}) = \{x \mid (x,x) \in \mathsf{E}\}$; mit c) erhält man einen Widerspruch.

11.17. a) $K \in \mathscr{H}_{\infty\infty}$ sei Grenzwert in $\mathscr{H}_{\infty\infty}$ einer Folge (K_n) mit $|K_n(x,y)| \leq \gamma_n < \infty$ für alle x,y und $K_n(x,y) = 0$ für alle $(x,y) \in X \times (X\backslash A_n)$ mit $A_n \in \mathscr{A}$, $\mu(A_n) < \infty$. Dann ist K^2 kompakt. Anleitung: K_n erzeugt Operatoren $K_{n1} \in \mathscr{H}_{\infty 2}(X, A_n)$ und $K_{n2} \in \mathscr{H}_{2\infty}(A_n, X)$ derart, daß $K_n^2 = K_{n1} K_{n2}$ ist.

b) Es sei $X = \mathsf{R}^m$ mit dem Lebesgue-Maß, $K(x,y) = A(x,y)k(x-y)$ mit $k \in \mathsf{L}_1(\mathsf{R}^m)$, $A \in \mathsf{L}_\infty(\mathsf{R}^{2m})$ und $\|A(\cdot,y)\|_\infty \to 0$ für $|y| \to \infty$. Dann ist $K \in \mathscr{H}_{\infty\infty}$ und K^2 ist kompakt. Bemerkung: Dies folgt nicht aus Satz 11.9, da im allgemeinen K^T nicht zu $\mathscr{H}_{11}$ gehört.

c) Es sei $X = (0,\infty)$ mit dem Lebesgue-Maß, $K(x,y) = k(x+y)$ mit $k(t) = n^2\left[\log(2+n)\right]^{-2}$ für $n \leq t \leq n + n^{-3}$, $n = 1,2,\ldots$ und $k(t) = 0$ sonst. Dann ist $K = K^\mathsf{T} \in \mathscr{H}_{\infty\infty}$ und K^2 ist kompakt. Für jedes $p \in (1,\infty)$ stellt der Kern einen kompakten Operator $K_p \in \mathscr{A}_{pp}$ dar, der nicht zu $\mathscr{H}_{pp}$ gehört. Anleitung: Man benutzt a) und Aufgabe 11.15, c).

§ 12 Operatoren in C(X)

12.1 Reguläre Maße. Es sei X ein lokalkompakter und σ-kompakter topologischer Raum, d. h. jeder Punkt $x \in X$ habe eine kompakte Umgebung und X sei Vereinigung abzählbar vieler kompakter Mengen [1]. Eine topologische Mannigfaltigkeit (vgl. die Definition in 7.2) hat diese Eigenschaften (Satz 7.3). Es sei $\mathscr{B}$ die kleinste σ-Algebra von Teilmengen von X, die alle offenen Mengen enthält; die Mengen $\mathsf{B} \in \mathscr{B}$ heißen Borel-Mengen von X. Jede kompakte Menge gehört zu $\mathscr{B}$. Der Maßraum $(X, \mathscr{A}, \mu)$ und das Maß μ heißen regulär, wenn folgendes gilt (vgl. [12 39] und [12.40]):

(12.1) a) $\mathscr{B} \subset \mathscr{A}$,

     b) $\mu(\mathsf{F}) < \infty$ für jede kompakte Menge F,

     c) $\mu(\mathsf{A}) = \inf\{\mu(\mathsf{E}) \mid \mathsf{E}$ offen, $\mathsf{E} \supset \mathsf{A}\}$ für alle $\mathsf{A} \in \mathscr{A}$,

     d) $\mu(\mathsf{A}) = \sup\{\mu(\mathsf{F}) \mid \mathsf{F}$ kompakt, $\mathsf{F} \subset \mathsf{A}\}$ für alle $\mathsf{A} \in \mathscr{A}$.

Da X σ-kompakt ist, folgt aus b) die σ-Endlichkeit des Maßraums. Ist der Maßraum $(X, \mathscr{A}, \mu)$ regulär, so auch seine Vervollständigung $(X, \overline{\mathscr{A}}, \bar{\mu})$. Der Lebesguesche Maßraum $(\mathsf{R}^m, \mathscr{M}_m, \lambda_m)$ ist regulär.

Ist μ ein reguläres Maß auf X, so ist jede stetige komplexe Funktion auf X μ-meßbar [11.16]; durch

$$u(f) = \int f(x)\mathrm{d}\mu(x) \quad \text{für} \quad f \in \mathsf{C}_0(X)\,[2] \tag{12.2}$$

ist ein lineares Funktional u auf dem Vektorraum $\mathsf{C}_0(X)$ (der stetigen komplexen Funktionen auf X mit kompakten Trägern) definiert; u ist nicht-negativ, d. h. es ist $u(f) \geq 0$ für jede nichtnegative Funktion $f \in \mathsf{C}_0(X)$. Ein solches Funktional heißt ein Radonsches Maß auf X. In 7.5 hatten wir solche Funktionale als „Maße auf X" bezeichnet (die dort geforderte Eigenschaft (7.14) folgt aus (12.1, b)). Diese Bezeichnung ist gerechtfertigt; denn jedes nicht-negative Radonsche Maß auf X läßt sich in der Form (12.2) darstellen mit einem eindeutig bestimmten regulären vollständigen Maß μ (vgl. [12.36], und [12.42]). Ist z. B. X eine offene Teilmenge des R^m und u das Riemann-Maß auf X (7.5 Beispiel 2), so ist μ das Lebesgue-Maß auf X, also die

---

[1] Vgl. hier und im folgenden Schubert, H.: Topologie. 2. Auflage. Stuttgart 1969, Kap. I; nach I.7.8 Satz 2 besitzt X eine abzählbare offene Überdeckung (A_j) mit $\overline{A}_j$ kompakt und $\overline{A}_j \subset A_{j+1}$ für alle j.
[2] Im folgenden schreiben wir stets $\int \cdots \mathrm{d}\mu$ statt $\int_X \cdots \mathrm{d}\mu$.

Restriktion von λ_m auf die λ_m-meßbaren Teilmengen von X. Ein reguläres Maß μ heißt positiv, wenn $\mu(E) > 0$ ist für jede nicht-leere offene Menge $E \subset X$; das ist genau dann der Fall, wenn das zugehörige Funktional u positiv ist, d. h. wenn $u(f) > 0$ ist für jede nicht-negative Funktion $f \in C_0(X)$, die nicht identisch Null ist (Aufgabe 12.1, d)). Das Lebesgue-Maß auf R^m oder auf einer offenen Teilmenge von R^m ist offenbar positiv. Ist X separabel, so konstruiert man ein positives reguläres Maß auf X als Summe von Punktmaßen (Aufgabe 12.2, b)); eine topologische Mannigfaltigkeit ist Teilmenge von R^n und daher separabel. Im allgemeinen von uns betrachteten Fall ist die Existenz eines positiven regulären Maßes nicht bekannt und erscheint daher als Voraussetzung in einigen der folgenden Sätze.

Ein komplexes Maß auf X ist eine komplexe σ-additive Funktion τ definiert auf einer σ-Algebra $\mathscr{A}$ von Teilmengen von X. Die totale Variation $|\tau|$ definiert durch $|\tau|(A) = \sup\left\{ \sum_{j=1}^{n} |\tau(A_j)| \,\middle|\, A_j \in \mathscr{A} \text{ disjunkt}, \bigcup_{j=1}^{n} A_j = A \right\}$ ist ein endliches Maß auf $\mathscr{A}$ und es gilt ([19.12], [19.13]).

$$\sup\{|\tau(B)| \mid B \in \mathscr{A}, B \subset A\} \leq |\tau|(A) \tag{12.3}$$

und

$$|\tau|(A) \leq 4 \sup\{|\tau(B)| \mid B \in \mathscr{A}, B \subset A\} \tag{12.3'}$$

für alle $A \in \mathscr{A}$; insbesondere gilt $|\tau(A)| \leq |\tau|(X) < \infty$ für alle $A \in \mathscr{A}$, d. h. ein komplexes Maß ist beschränkt. Das komplexe Maß τ heißt regulär, falls $\mathscr{A}$ die Borel-Mengen enthält und es zu jedem $A \in \mathscr{A}$ und $\varepsilon > 0$ eine offene Menge E und eine kompakte Menge F mit $F \subset A \subset E$ gibt derart, daß $|\tau(B)| < \varepsilon$ ist für alle $B \in \mathscr{A}$ mit $B \subset E \backslash F$. Aus (12.3) und (12.3') folgt, daß τ genau dann regulär ist, wenn $|\tau|$ regulär ist im Sinne von (12.1). Die Menge M(X) aller auf $\mathscr{B}$ definierten regulären komplexen Maße ist ein komplexer Vektorraum mit der Definition $(\alpha\tau + \beta\sigma)(A) = \alpha\tau(A) + \beta\sigma(A)$ der Linearkombinationen; mit der Norm $\|\tau\| = |\tau|(X)$ ist M(X) ein Banachraum [20.48].

Wir betrachten nun den Banachraum C(X) der stetigen beschränkten komplexen Funktionen auf X mit der Supremum-Norm $\|\cdot\|$. Wir fassen $C_0(X)$ als Teilraum von C(X) auf; die abgeschlossene Hülle $\overline{C_0(X)}$ ist dann selbst ein Banachraum. Ist X kompakt, so ist $C_0(X) = C(X)$; anderenfalls ist $\overline{C_0(X)}$ echter Teilraum von C(X) und enthält die Funktion 1 nicht. Für $\tau \in M(X)$ ist $C(X) \subset L_1(X, \mathscr{B}, |\tau|)$, und durch

$$u(f) = \int f(x) d\tau(x) \quad \text{für} \quad f \in C(X) \tag{12.4}$$

ist ein Funktional $u \in C(X)'$ gegeben mit $\|u\| = \|\tau\|$ (vgl. [20.45], das Integral ist durch [19.17] erklärt). Jedes $u \in \overline{C_0(X)}'$ ist eindeutig darstellbar als Restriktion eines Funktionals der Form (12.4) auf $\overline{C_0(X)}$, die Banachräume M(X) und $\overline{C_0(X)}'$ sind also normisomorph [20.48]. Ist X nicht kompakt, so gibt es Funktionale $u \in C(X)'$, die nicht in der Form (12.4) dargestellt werden können (Aufgabe 12.3, a)). Für $\tau \in M(X)$ identifizieren wir das Funktional u mit τ und schreiben $\tau(f)$ statt $u(f)$.

Eine Folge (f_n) in C(X) heißt lokal konvergent, wenn sie beschränkt ist und es ein $f \in C(X)$ gibt mit $f_n(x) \to f(x)$ für alle $x \in X$; wir schreiben dann $f_n \xrightarrow{\text{lok}} f$. Zu jedem $f \in C(X)$ gibt es eine Folge (f_n) aus $C_0(X)$ mit $f_n \xrightarrow{\text{lok}} f$. Das folgt aus der Existenz einer Zerlegung der Einheit auf X, d. h. einer Folge von Funktionen e_j mit den Eigenschaften

(12.5) a) $e_j \in C_0(X)$ und $e_j \geq 0$,

     b) für jede kompakte Menge $K \subset X$ ist $K \cap \operatorname{trg} e_j$ nur für endlich viele j nicht leer,

     c) $\sum_j e_j(x) = 1$ für alle $x \in X$;

und zwar gibt es zu jeder offenen Überdeckung (V_α) von X eine dieser Überdeckung untergeordnete Zerlegung der Einheit, d. h. für jedes j ist $\mathrm{trg}\, e_j$ in einer der Mengen V_α enthalten. Für eine Mannigfaltigkeit folgt das aus den Sätzen 7.3 und 7.5, im allgemeinen Fall aus Schubert, H.: Topologie, I.8.6 Satz 3 und I.8.7 Satz 3. Ist $f \in C(X)$, so setzt man

$$f_n = \sum_{j=1}^{n} e_j f \in C_0(X); \text{ aus (12.5) folgt dann } f_n \xrightarrow{\text{rot}} f.$$

Hilfssatz. *Ein Funktional $u \in C(X)'$ ist genau dann von der Form (12.4), wenn $u(f_n) \to u(f)$ gilt für jede Folge (f_n) aus $C(X)$ mit $f_n \xrightarrow{\text{rot}} f$.*

Beweis: 1. Es sei $u = \tau \in M(X)$ und $f_n \xrightarrow{\text{rot}} f$. Dann ist $|\tau(f_n-f)| \le \int |f_n(x)-f(x)|\,d|\tau|(x)$, $|f_n(x)-f(x)| \le \gamma$ für alle n und alle $x \in X$ und $|f_n(x)-f(x)| \to 0$ für alle x, also $\tau(f_n-f) \to 0$ für $n \to \infty$ nach dem Satz von Lebesgue. 2. Umkehrung: Nach Aufgabe 12.3, b) ist $u = \tau + v$ mit $\tau \in M(X)$ und $v(f) = 0$ für alle $f \in \overline{C_0(X)}$. Zu $f \in C(X)$ gibt es eine Folge (f_n) aus $C_0(X)$ mit $f_n \xrightarrow{\text{rot}} f$, also $u(f) = \lim_{n\to\infty} u(f_n) = \lim_{n\to\infty} \tau(f_n) = \tau(f)$ nach Voraussetzung und nach Teil 1 des Beweises.

Aufgaben. 12.1. Es sei X lokalkompakt und σ-kompakt, $(X, \mathscr{A}, \mu)$ ein regulärer Maßraum. Man zeige:

a) Zu jedem $A \in \mathscr{A}$ gibt es eine beschränkte Folge (f_n) aus $C(X)$ mit $f_n(x) \to \xi_A(x)$ μ-f.ü. Ist $\mu(A) < \infty$, so kann man $f_n \in C_0(X)$ wählen für alle n und so, daß $\|f_n - \xi_A\|_1 \to 0$ für $n \to \infty$. Anleitung: Man benutzt (12.1) und den Satz von Urysohn (Schubert, Topologie, S. 80).

b) $C_0(X)$ ist dicht in $L_p(X, \mathscr{A}, \mu)$ für $p \in [1, \infty)$.

c) Ist v ein auf $\mathscr{A}$ definiertes reguläres Maß und $\int f\, d\mu = \int f\, dv$ für alle $f \in C_0(X)$, so ist $v = \mu$.

d) μ ist genau dann positiv, wenn das durch μ erzeugte Radonsche Maß positiv ist.

12.2. Es sei X wie in Aufgabe 12.1 und $M(X)$ der Vektorraum der regulären komplexen Maße definiert auf $\mathscr{B}$ mit der Norm $\|\tau\| = |\tau|(X)$.

a) Man zeige ohne Benutzung von [20.48], daß $M(X)$ ein Banachraum ist.

b) X sei separabel, d. h. es gebe eine Folge (x_j) in X, die jede nicht-leere offene Menge trifft; mit positiven Zahlen α_j derart, daß $\sum_j \alpha_j < \infty$ ist, definiere $u(f) = \sum_j \alpha_j f(x_j)$ für $f \in C_0(X)$. Dann ist u ein positives beschränktes Randonsches Maß und das zugeordnete Element $\tau \in M(X)$ ist gegeben durch $\tau(A) = \sum_{x_j \in A} \alpha_j$ für $A \in \mathscr{B}$.

12.3. Es sei X lokalkompakt und σ-kompakt, aber nicht kompakt.

a) Es gibt ein $u \in C(X)'$ mit $u \neq 0$ und $u(f) = 0$ für alle $f \in \overline{C_0(X)}$. Anleitung: Ist (x_n) eine Folge mit $x_n \notin K$ für fast alle n für jedes kompakte $K \subset X$, so konstruiere man ein $u \in C(X)'$ mit $u(f) = \lim_{n\to\infty} f(x_n)$ für alle f für die dieser Grenzwert existiert.

b) Jedes $u \in C(X)'$ ist eindeutig darstellbar in der Form $u = \tau + v$ mit $\tau \in M(X)$ und $v(f) = 0$ für alle $f \in \overline{C_0(X)}$.

12.2 Lokalstetige und lokalkompakte Operatoren. Zur Untersuchung von Operatoren in C(X) benötigen wir neben den bekannten Begriffen zwei weitere: Ein Operator A in C(X) heiße lokalstetig, wenn für jede Folge (f_n) aus C(X) mit $f_n \xrightarrow{\text{rot}} f$ auch $Af_n \xrightarrow{\text{rot}} Af$ gilt. A heiße lokalkompakt, wenn A für jede kompakte Teilmenge K von X als Operator von C(X) in C(K) kompakt ist. A ist genau dann lokalkompakt, wenn jede beschränkte Folge (f_n) in C(X) eine Teilfolge (f_{n_j}) enthält derart, daß die Bildfolge (Af_{n_j}) in jeder kompakten Teilmenge von X gleichmäßig konvergiert; ist nämlich A lokalkompakt und (K_i) eine Folge kompakter Mengen mit $K_i \subset K_{i+1}$ und $\bigcup_i K_i = X$, so kann man aus jeder beschränkten Folge in C(X) eine Teilfolge (f_{n_j}) auswählen derart, daß (Af_{n_j}) in jeder der Mengen K_i gleichmäßig konvergiert, also auch in jeder kompakten Menge. Die Umkehrung ist evident.

Satz 12.1. *Es sei A ein Operator in* $\mathsf{C}(\mathsf{X})$.

a) *A ist genau dann beschränkt, wenn A in der Form $Af(x) = u_x(f)$ darstellbar ist mit einer Funktion $x \mapsto u_x$ auf X mit Werten in $\mathsf{C}(\mathsf{X})'$ derart, daß für jedes $f \in \mathsf{C}(\mathsf{X})$ die Funktion $x \mapsto u_x(f)$ stetig ist, und $\sup\{\|u_x\| \mid x \in \mathsf{X}\} < \infty$; und zwar ist dann*

$$\|A\| = \sup\{\|u_x\| \mid x \in \mathsf{X}\}. \tag{12.6}$$

b) *A ist genau dann lokalstetig, wenn A beschränkt ist und $u_x \in \mathsf{M}(\mathsf{X})$ für alle $x \in \mathsf{X}$.*

c) *A ist genau dann lokalkompakt, wenn A beschränkt ist und wenn $x \mapsto u_x$ eine stetige Funktion auf X mit Werten in $\mathsf{C}(\mathsf{X})'$ ist, d. h. für jedes $y \in \mathsf{X}$ gilt $\|u_x - u_y\| \to 0$ für $x \to y$.*

d) *A ist genau dann kompakt, wenn A beschränkt ist und wenn es zu jedem $\varepsilon > 0$ eine endliche offene Überdeckung $(\mathsf{V}_1, \dots, \mathsf{V}_n)$ von X gibt und Punkte $x_j \in \mathsf{V}_j$ derart, daß $\|u_x - u_{x_j}\| < \varepsilon$ ist für alle $x \in \mathsf{V}_j$ und für $j = 1, 2, \dots, n$.*

Beweis: a) A sei beschränkt; für jedes $x \in \mathsf{X}$ ist durch $u_x(f) = Af(x)$ ein Funktional $u_x \in \mathsf{C}(\mathsf{X})'$ erklärt mit $\|u_x\| \leq \|A\|$, also $\sup\{\|u_x\| \mid x \in \mathsf{X}\} \leq \|A\|$, und die Funktion $x \mapsto u_x(f)$ ist stetig für jedes $f \in \mathsf{C}(\mathsf{X})$. Ist umgekehrt eine Funktion $x \mapsto u_x$ mit diesen Eigenschaften gegeben, so ist durch $Af(x) = u_x(f)$ ein Operator A in $\mathsf{C}(\mathsf{X})$ erklärt mit $\|A\| \leq \sup\{\|u_x\| \mid x \in \mathsf{X}\}$; also gilt (12.6).

b) A sei lokalstetig; dann ist A abgeschlossen, denn aus $f_n \to f$, $Af_n \to g$ folgt $f_n \underset{\text{lok}}{\to} f$ und $Af_n \underset{\text{lok}}{\to} g$, also $g = Af$. Nach dem Satz vom abgeschlossenen Graphen (Aufgabe 5.2, d)) ist A beschränkt. Sei $Af(x) = u_x(f)$; nach Voraussetzung folgt $u_x(f_n) \to u_x(f)$ aus $f_n \underset{\text{lok}}{\to} f$. Also ist $u_x \in \mathsf{M}(\mathsf{X})$ für alle $x \in \mathsf{X}$ nach dem Hilfssatz in 12.1. Die Umkehrung folgt ebenfalls aus dem Hilfssatz. Wir beweisen nun zuerst die Behauptung d): A ist genau dann kompakt, wenn die Menge $\{g \mid g = Af, f \in \mathsf{C}(\mathsf{X}), \|f\| \leq 1\}$ relativ kompakt ist; nach Aufgabe 2.25, e) ist das genau dann der Fall, wenn sie beschränkt ist und wenn es zu jedem $\varepsilon > 0$ eine endliche offene Überdeckung $(\mathsf{V}_1, \dots, \mathsf{V}_n)$ von X und Punkte $x_j \in \mathsf{V}_j$ gibt derart, daß $|Af(x) - Af(x_j)| < \frac{1}{2}\varepsilon$ ist für alle $x \in \mathsf{V}_j$ und alle $f \in \mathsf{C}(\mathsf{X})$ mit $\|f\| \leq 1$. Das bedeutet, daß A beschränkt ist, also $Af(x) = u_x(f)$ mit $u_x \in \mathsf{C}(\mathsf{X})'$, und $\|u_x - u_{x_j}\| \leq \frac{1}{2}\varepsilon$ für alle $x \in \mathsf{V}_j$. Ist X kompakt, so besagt diese Bedingung nichts anderes als die Stetigkeit der Abbildung $x \mapsto u_x$.

c) A sei lokalkompakt; für jede kompakte Teilmenge K von X ist A kompakt, also auch beschränkt, als Operator von $\mathsf{C}(\mathsf{X})$ in $\mathsf{C}(\mathsf{K})$. Aus $f_n \to f$, $Af_n \to g$ folgt also $Af = g$, d. h. A ist abgeschlossen und folglich beschränkt. Sei $Af(x) = u_x(f)$; dann ist $x \mapsto u_x$ stetig in jeder kompakten Teilmenge von X, also in X, nach Teil d) des Beweises. Ist A beschränkt und $x \mapsto u_x$ stetig, so gibt es zu jeder kompakten Teilmenge K von X und zu jedem $\varepsilon > 0$ eine endliche offene Überdeckung $(\mathsf{V}_1, \dots, \mathsf{V}_n)$ von K und Punkte $x_j \in \mathsf{V}_j$ derart, daß $\|u_x - u_{x_j}\| < \varepsilon$ ist für alle $x \in \mathsf{V}_j$ und alle j. Nach d) ist A ein kompakter Operator von $\mathsf{C}(\mathsf{X})$ in $\mathsf{C}(\mathsf{K})$, also lokalkompakt.

Jeder kompakte Operator ist offenbar lokalkompakt. Ist X kompakt, so ist auch jeder kompakte Operator lokalstetig. Im allgemeinen Fall ist das nicht wahr: Nach Aufgabe 12.3, a) gibt es dann nämlich ein $u \in \mathsf{C}(\mathsf{X})'$ mit $u(f) = 0$ für alle $f \in \overline{\mathsf{C}_0(\mathsf{X})}$; der Operator A definiert durch $Af(x) = u(f)$ für alle $x \in \mathsf{X}$ und $f \in \mathsf{C}(\mathsf{X})$ ist kompakt aber nach Satz 12.1 nicht lokalstetig. Im Rahmen dieses Buches interessieren natürlich vor allem diejenigen Operatoren in $\mathsf{C}(\mathsf{X})$, die sich mit Hilfe eines regulären Maßes und eines Kerns als Integral darstellen lassen. Wir werden sehen, daß alle kompakten lokalstetigen Operatoren diese Eigenschaften haben und, falls es auf X ein positives reguläres Maß gibt, auch alle lokalkompakten lokalstetigen Operatoren.

Hilfssatz. *Es sei $x \mapsto \tau_x$ eine stetige Funktion auf* X *mit Werten in* M(X); *es gebe ein positives reguläres Maß auf* X. *Dann gibt es ein positives reguläres Maß μ auf* X *derart, daß $\tau_x(B) = 0$ ist für alle $x \in$ X und jedes B $\in \mathscr{B}$ mit $\mu(B) = 0$.*

Beweis: Es sei v ein positives reguläres Maß auf X und φ eine strikt positive stetige Funktion derart, daß $\int (1 + \|\tau_x\|)\varphi(x)\,dv(x) < \infty$ ist. Eine solche Funktion gibt es: Ist (e_j) eine Zerlegung der Einheit auf X, so setze man $\varphi = \sum_j \alpha_j e_j$ mit Zahlen $\alpha_j > 0$ derart, daß $\sum_j \alpha_j \int (1 + \|\tau_x\|)e_j(x)\,dv(x) < \infty$ ist. Wir definieren ein positives Radonsches Maß u durch

$$u(f) = \int [f(x) + |\tau_x|(f)]\varphi(x)\,dv(x) \quad \text{für} \quad f \in C_0(X).$$

Es gilt $|u(f)| \le \int (1 + \|\tau_x\|)\varphi(x)\,dv(x)\|f\|$, d. h. u ist beschränkt und daher darstellbar in der Form (12.2) mit einem positiven endlichen und regulären Maß μ. Es sei B $\in \mathscr{B}$ mit $\mu(B) = 0$; wäre $|\tau_y|(B) > 0$ für ein $y \in$ X, so gäbe es nach (12.1, d)) eine kompakte Menge F $\subset$ B mit $|\tau_y|(F) > 0$ und wegen der Stetigkeit der Funktion $x \mapsto |\tau_x|$ eine offene Umgebung V von y derart, daß $|\tau_x|(F) > 0$ ist für alle $x \in$ V. Zu jeder offenen Menge E $\supset$ B gibt es nach dem Satz von Urysohn[1] eine stetige Funktion f mit Werten in $[0,1]$, mit $f(x) = 1$ für $x \in$ F und $f(x) = 0$ für $x \in$ X\E. Da φ und v positiv sind, folgt

$$0 < \int |\tau_x|(F)\varphi(x)\,dv(x) \le \int [f(x) + |\tau_x|(f)]\varphi(x)\,dv(x) = u(f) = \int f(x)\,d\mu(x) \le \mu(E),$$

also $\mu(B) = \inf \{\mu(E) \mid$ E offen, E $\supset$ B$\} > 0$ nach (12.1, c)) im Widerspruch zur Annahme. Also ist $|\tau_x(B)| \le |\tau_x|(B) = 0$ für alle $x \in$ X, wie behauptet.

Satz 12.2. *Es sei K ein lokalkompakter und lokalstetiger Operator in* C(X); *es gebe ein positives reguläres Maß auf* X. *Dann gibt es einen regulären vollständigen Maßraum* $(X, \mathscr{A}, \mu)$ *mit positivem Maß μ und eine $\overline{\mu \times \mu}$-meßbare Funktion K auf* X $\times$ X *mit den Eigenschaften:*

(12.7) a) *$x \mapsto K(x, \cdot)$ ist eine stetige und beschränkte Abbildung von* X *in* $L_1(X, \mathscr{A}, \mu)$,

   b) *$Kf(x) = \int K(x,y)f(y)\,d\mu(y)$ für alle $x \in$ X und alle $f \in$ C(X),*

   c) *$\|K\| = \sup \{ \int |K(x,y)|\,d\mu(y) \mid x \in$ X$\}$.*

Jeder $\overline{\mu \times \mu}$-meßbare Kern mit der Eigenschaft a) erzeugt gemäß b) einen lokalkompakten und lokalstetigen Operator K in C(X).

Beweis: Nach Satz 12.1 gibt es eine stetige und beschränkte Funktion $x \mapsto \tau_x$ auf X mit Werten in M(X) derart, daß

$$Kf(x) = \int f(y)\,d\tau_x(y) \tag{12.8}$$

ist für alle $x \in$ X und alle $f \in$ C(X). Nach dem obigen Hilfssatz gibt es ein positives reguläres Maß μ auf X derart, daß die komplexen Maße τ_x auf den Borelschen μ-Nullmengen sämtlich verschwinden. Wir dürfen außerdem annehmen, daß der Maßraum $(X, \mathscr{A}, \mu)$ vollständig ist. Nach dem Satz von Radon-Nikodým [19.36] gibt es zu jedem $x \in$ X ein eindeutig bestimmtes Element $K(x, \cdot) \in L_1(X, \mathscr{B}, \mu) \subset L_1(X, \mathscr{A}, \mu)$ derart, daß

$$\int f(y)\,d\tau_x(y) = \int K(x,y)f(y)\,d\mu(y) \tag{12.9}$$

ist für alle $f \in$ C(X) und

$$\|\tau_x\| = \int |K(x,y)|\,d\mu(y). \tag{12.9'}$$

---

[1] Schubert, H.: Topologie, S. 80.

Aus (12.8) und (12.9) folgt die Behauptung (12.7, b)); aus (12.6) und (12.9′) folgt (12.7, c)). Das komplexe Maß $\tau_x - \tau_{x'}$ wird nach (12.9) durch die Funktion $K(x,\cdot) - K(x',\cdot)$ dargestellt; also ist $\|\tau_x - \tau_{x'}\| = \int |K(x,y) - K(x',y)| d\mu(y)$ und die Behauptung (12.7, a)) folgt aus der Stetigkeit der Funktion $x \mapsto \tau_x$. Es bleibt zu zeigen, daß der Kern $\overline{\mu \times \mu}$-meßbar ist. Zu jedem $\varepsilon > 0$ gibt es eine offene Überdeckung (V_α) von X mit $\int |K(x,y) - K(x',y)| d\mu(y) < \varepsilon$ für alle $x, x' \in V_\alpha$ und alle α und eine dieser Überdeckung untergeordnete Zerlegung der Einheit (e_j). Für beliebige Punkte $x_j \in \operatorname{trg} e_j$ ist also durch $K_\varepsilon(x,y) = \sum_j e_j(x) K(x_j,y)$ ein $\overline{\mu \times \mu}$-meßbarer Kern definiert, der offenbar einen Operator $K_\varepsilon \in \mathcal{H}_{\infty\infty}$ erzeugt und für alle $x \in X$ der Abschätzung

$$\int |K_\varepsilon(x,y) - K(x,y)| d\mu(y) \le \sum_j e_j(x) \int |K(x_j,y) - K(x,y)| d\mu(y) < \varepsilon$$

genügt. Es gibt also eine Cauchyfolge (K_n) in $\mathcal{H}_{\infty\infty}$, deren Grenzwert K_0 auf dem Teilraum $C(X)$ von L_∞ mit K übereinstimmt. Daraus folgt $K_0(x,y) = K(x,y)$ für alle $x \in X$ und μ-fast alle $y \in X$, d. h. $\overline{\mu \times \mu}$-f. ü. in $X \times X$; also ist der Kern K $\overline{\mu \times \mu}$-meßbar. Ist umgekehrt ein meßbarer Kern mit der Eigenschaft (12.7, a)) gegeben, so definiert man eine stetige und beschränkte Funktion $x \mapsto \tau_x$ auf X mit Werten in $M(X)$ durch (12.9) und damit gemäß (12.7, b)) und Satz 12.1 einen lokalkompakten und lokalstetigen Operator K in $C(X)$.

Satz 12.3. *Es sei K ein kompakter und lokalstetiger Operator in $C(X)$. Dann gibt es einen regulären vollständigen Maßraum $(X,\mathcal{A},\mu)$ und eine $\overline{\mu \times \mu}$-meßbare Funktion K auf $X \times X$ mit den Eigenschaften (12.7) und der folgenden:*

(12.10) *Zu jedem $\varepsilon > 0$ gibt es eine endliche offene Überdeckung $(V_1,\dots,V_n)$ von X und Punkte $x_j \in V_j$ derart, daß $\int |K(x,y) - K(x_j,y)| d\mu(y) < \varepsilon$ ist für alle $x \in V_j$ und alle j.*

Gibt es ein positives reguläres Maß auf X, so kann man auch μ positiv wählen. Jeder $\overline{\mu \times \mu}$-meßbare Kern mit den Eigenschaften (12.7, a)) und (12.10) erzeugt gemäß (12.7, b)) einen kompakten und lokalstetigen Operator K in $C(X)$.

Beweis: Gibt es ein positives reguläres Maß auf X, so folgen alle Behauptungen unmittelbar aus den Sätzen 12.1 und 12.2; ist das nicht bekannt, so konstruiert man μ wie folgt: Nach Satz 12.1 hat K eine Darstellung der Form (12.8) mit einer stetigen und beschränkten Funktion $x \mapsto \tau_x$ auf X mit Werten in $M(X)$ derart, daß zu jedem $\varepsilon > 0$ eine endliche offene Überdeckung (V_j) von X und Punkte $x_j \in V_j$ existieren mit $\|\tau_x - \tau_{x_j}\| < \varepsilon$ für alle $x \in V_j$ und alle j. Man kann also eine Folge (x_n) in X finden derart, daß $\inf\{\|\tau_x - \tau_{x_n}\| \mid n = 1,2,\dots\} = 0$ ist für alle $x \in X$. Nun setzt man $\mu = \sum_{n=1}^{\infty} 2^{-n} |\tau_{x_n}|$; wegen $\|\tau_{x_n}\| \le \|K\|$ konvergiert die Reihe in $M(X)$; also ist μ ein endliches reguläres Maß. Für $B \in \mathcal{B}$ mit $\mu(B) = 0$ ist $|\tau_{x_n}|(B) = 0$ für alle n, also $\tau_x(B) = 0$ für alle $x \in X$. Nun schließt man weiter wie bei Satz 12.2; die Eigenschaft (12.10) des Kerns folgt aus Satz 12.1, d) und (12.9′).

Aufgaben. 12.4. Es sei $(X,\mathcal{A},\mu)$ ein regulärer vollständiger Maßraum und $\mathcal{I}(X,\mu)$ die Menge aller Integraloperatoren in $C(X)$ mit $\overline{\mu \times \mu}$-meßbarem Kern, der die Eigenschaft (12.7, a)) hat. Man zeige:

a) Jedes $K \in \mathcal{I}(X,\mu)$ hat eine eindeutige Fortsetzung zu einem Operator K_∞ in $L_\infty = L_\infty(X,\mathcal{A},\mu)$ mit $K_\infty \in \mathcal{H}_{\infty\infty}$, $\|K_\infty\|_{\infty\infty} \le \|K\|$ und $R(K_\infty) \subset C(X)$; K ist genau dann kompakt, wenn K_∞ kompakt ist, und dann ist $R(K_\infty) \subset \overline{R(K)}$.

b) $\mathcal{I}(X,\mu)$ ist eine Banachalgebra mit der Norm $\|\cdot\|$; die Menge $\mathcal{I}_\infty = \{K_\infty \mid K \in \mathcal{I}(X,\mu)\}$ ist ein Rechtsideal der Algebra $\mathcal{A}(L_\infty,L_1)$. Anleitung: Satz 11.11.

c) Ist μ positiv, so ist $\|K_\infty\| = \|K\|$ für alle $K \in \mathcal{I}(X,\mu)$ und $\mathcal{I}_\infty$ ist abgeschlossene Teilalgebra von $\mathcal{H}_{\infty\infty}$ und von $\mathcal{A}(L_\infty,L_1)$.

d) Ist μ positiv, so ist durch $\langle f, g \rangle = \int fg\,d\mu$ ein Dualsystem $\langle C(X), L_1(X) \rangle$ erklärt; die Normen in $\mathscr{B}(C(X))$ und $\mathscr{A}(C(X), L_1(X))$ sind identisch; $\mathscr{I}(X, \mu)$ ist ein Rechtsideal von $\mathscr{A}(C(X), L_1(X))$. Anleitung: Aufgabe 12.1, d).

12.5. Es sei $(X, \mathscr{A}, \mu)$ ein regulärer Maßraum und $x \mapsto \tau_x$ eine stetige Funktion auf X mit Werten in M(X). Zu jeder Borel-Menge B gibt es dann eine beschränkte Folge (f_n) aus C(X) derart, daß $f_n(x) \to \zeta_B(x)\,\mu$-f. ü. und $\tau_x(f_n) \to \tau_x(B)$ gleichmäßig bezüglich x in jeder kompakten Teilmenge von X. Anleitung: Aufgabe 12.1, a).

12.6. A und B seien Operatoren in C(X). Man zeige ohne Benutzung der Sätze 12.1 und 12.2:

a) Ist A lokalkompakt und B beschränkt, so ist AB lokalkompakt.

b) Sind A und B lokalstetig, so auch AB.

c) Ist A lokalstetig und lokalkompakt, so folgt aus $f_n \underset{\text{lok}}{\to} f$ stets $Af_n(x) \to Af(x)$ gleichmäßig bezüglich x in jeder kompakten Teilmenge von X, aber nicht immer $Af_n \to Af$ in C(X). Als Gegenbeispiel dient

$$X = (0,1], \quad Af(x) = x^{-1}\int_0^x f(y)\,dy \quad \text{(vgl. Aufgabe 11.8, a))}.$$

d) Ist (A_n) eine Folge lokalkompakter Operatoren und $A_n \to A$ in $\mathscr{B}(C(X))$, so ist auch A lokalkompakt.

12.3 Approximation kompakter Operatoren. Zu jeder endlichen offenen Überdeckung $(V_1, \ldots, V_n)$ von X gibt es Funktionen $\varphi_1, \ldots, \varphi_n$ mit

(12.11) a) $\varphi_j \in C(X)$ und $\varphi_j \geq 0$,

      b) $\operatorname{trg} \varphi_j \subset V_j$,

      c) $\displaystyle\sum_{j=1}^n \varphi_j(x) = 1$ für alle $x \in X$.

Der Unterschied zu (12.5) liegt vor allem darin, daß die φ_j nicht notwendig kompakten Träger haben. Zur Konstruktion dieser Funktionen wählt man eine der Überdeckung (V_j) untergeordnete Zerlegung der Einheit (e_j) und setzt $\varphi_j = \sum\limits_{\operatorname{trg} e_i \subset V_j} e_i$; die Eigenschaften (12.11) folgen dann unmittelbar aus (12.5). Man beachte, daß für nicht-kompaktes X die Folge (e_j) stets unendlich ist, obwohl die Überdeckung (V_j) endlich ist.

Wir bezeichnen endliche offene Überdeckungen von X im folgenden mit $\eta = (V_1, \ldots, V_n)$, $\zeta = (W_1, \ldots, W_m)$ usw.; wir schreiben $\eta \leq \zeta$, wenn η Verfeinerung von ζ ist, d. h. wenn jedes V_i in einer der Mengen W_j enthalten ist. Zu je zwei Überdeckungen η und ζ gibt es eine gemeinsame Verfeinerung, d. h. eine Überdeckung ϑ mit $\vartheta \leq \eta$ und $\vartheta \leq \zeta$; man kann z. B. für ϑ die Menge der Durchschnitte $V_i \cap W_j$ nehmen. Jeder Überdeckung $\eta = (V_1, \ldots, V_n)$ ordnen wir Funktionen φ_j mit den Eigenschaften (12.11) zu. Für ein reguläres Maß μ und Funktionen $f \in L_1 = L_1(X, \mathscr{A}, \mu)$ sei

$$M(f, \varphi_j) = \begin{cases} 0 & \text{falls} \quad \int \varphi_j\,d\mu = 0 \quad \text{oder} \quad = \infty \\ (\int \varphi_j\,d\mu)^{-1}\int \varphi_j f\,d\mu & \text{sonst} \end{cases} \tag{12.12}$$

und

$$P_\eta f = \sum_{j=1}^n M(f, \varphi_j)\varphi_j. \tag{12.12'}$$

Hilfssatz. *Durch* (12.12) *und* (12.12') *ist ein beschränkter Operator P_η in L_1 erklärt mit $\|P_\eta\| \leq 1$. Für jedes $f \in L_1$ und $\varepsilon > 0$ gibt es eine Überdeckung ζ derart, daß $\|P_\eta f - f\|_1 < \varepsilon$ ist für alle $\eta \leq \zeta$.*

Beweis: Für $f \in \mathsf{L}_1$ ist offenbar $P_\eta f \in \mathsf{L}_1$ und $\|P_\eta f\|_1 \le \sum\limits_{j=1}^n \int \varphi_j |f| \mathrm{d}\mu = \|f\|_1$, also $\|P_\eta\| \le 1$.

Sind $f \in \mathsf{L}_1$ und $\varepsilon > 0$ gegeben, so wähle man ein $g \in \overset{\circ}{\mathsf{C}}_0(\mathsf{X})$ mit $\|f-g\|_1 < \tfrac{1}{3}\varepsilon$ (vgl. [13.21] oder Aufgabe 12.1, b)); dann ist auch $\|P_\eta(f-g)\|_1 < \tfrac{1}{3}\varepsilon$ für alle η. Nun wählt man eine relativ kompakte offene Menge $\mathsf{W} \supset \operatorname{trg} g$, und setzt $\mathsf{W}_1 = \mathsf{X}\backslash\operatorname{trg} g$. Der Wertebereich von g ist kompakt; ist $(\mathsf{K}_2,\ldots,\mathsf{K}_m)$ eine Überdeckung des Wertebereichs durch offene Kugeln vom Radius $[6\mu(\mathsf{W})]^{-1}\varepsilon$ und $\mathsf{W}_j = \mathsf{W} \cap \{x \mid x \in \mathsf{X}, g(x) \in \mathsf{K}_j\}$, so ist $\zeta = (\mathsf{W}_1,\ldots,\mathsf{W}_m)$ eine Überdeckung von X. Jede Verfeinerung $\eta = (\mathsf{V}_1,\ldots,\mathsf{V}_n)$ von ζ hat die Eigenschaft, daß für jedes j entweder $g(x) = 0$ ist für alle $x \in \mathsf{V}_j$ oder $\mathsf{V}_j \subset \mathsf{W}$ und $|g(x)-g(x')| < [3\mu(\mathsf{W})]^{-1}\varepsilon$ für alle $x,x' \in \mathsf{V}_j$. Also gilt

$$|P_\eta g(x) - g(x)| \le \sum_{j=1}^n \varphi_j(x)|M(g,\varphi_j) - g(x)|$$
$$\le \sum_{\mathsf{V}_j \subset \mathsf{W}} \varphi_j(x)(\textstyle\int \varphi_j \mathrm{d}\mu)^{-1} \int \varphi_j(y)|g(y)-g(x)|\mathrm{d}\mu(y) \le \sum_{\mathsf{V}_j \subset \mathsf{W}} \varphi_j(x)[3\mu(\mathsf{W})]^{-1}\varepsilon.$$

Wegen $\sum\limits_{\mathsf{V}_j \subset \mathsf{W}} \varphi_j \le \xi_\mathsf{W}$ folgt daraus $\|P_\eta g - g\|_1 \le \tfrac{1}{3}\varepsilon$ und damit $\|P_\eta f - f\|_1 \le \|P_\eta(f-g)\|_1 + \|P_\eta g - g\|_1 + \|g-f\|_1 < \varepsilon$.

Es sei $\mathsf{C}_1(\mathsf{X},\mu)$ der Teilraum aller $f \in \mathsf{C}(\mathsf{X})$ mit $\int |f| \mathrm{d}\mu < \infty$ (vgl. 10.1). Der Ausdruck (12.12') ist offenbar auch für $f \in \mathsf{C}(\mathsf{X})$ definiert, und zwar ist $P_\eta f \in \mathsf{C}_1(\mathsf{X},\mu)$ für alle $f \in \mathsf{C}(\mathsf{X})$ und $\|P_\eta f\| \le \|f\|$. Wir können daher P_η auch als Operator in $\mathsf{C}(\mathsf{X})$ auffassen.

Satz 12.4. *Es sei K ein kompakter und lokalstetiger Operator in $\mathsf{C}(\mathsf{X})$. Das Maß μ von Satz 12.3 sei positiv. K bilde den Teilraum $\mathsf{C}_1(\mathsf{X},\mu)$ in sich ab. Dann gibt es zu jedem $\varepsilon > 0$ eine Überdeckung ζ von X derart, daß $\|P_\eta K P_\eta - K\| < \varepsilon$ ist für alle $\eta \le \zeta$.*

Beweis: Nach Satz 12.3 gibt es zu jedem $\varepsilon > 0$ eine Überdeckung $\vartheta = (\mathsf{U}_1,\ldots,\mathsf{U}_p)$ und Punkte $x_i \in \mathsf{U}_i$ derart, daß $\|K(x,\cdot) - K(x_i,\cdot)\|_1 < \tfrac{1}{8}\varepsilon$ ist für alle $x \in \mathsf{U}_i$ und für alle i. Nach dem obigen Hilfssatz gibt es ein $\zeta \le \vartheta$ derart, daß $\|P_\eta K(x_i,\cdot) - K(x_i,\cdot)\|_1 < \tfrac{1}{4}\varepsilon$ ist für jedes $\eta \le \zeta$ und für $i = 1,2,\ldots,p$. Sei $\eta = (\mathsf{V}_1,\ldots,\mathsf{V}_n), \eta \le \zeta$ und φ_j die Funktionen mit den Eigenschaften (12.11). Für jedes $x \in \mathsf{X}$ sei $L_\eta(x,\cdot) = P_\eta K(x,\cdot)$, also

$$L_\eta(x,y) = \sum_j' (\textstyle\int \varphi_j \mathrm{d}\mu)^{-1} K\varphi_j(x)\varphi_j(y), \tag{12.13}$$

worin $\sum\limits_j'$ die Summe über alle j mit $0 < \int \varphi_j \mathrm{d}\mu < \infty$ bezeichnet. Offenbar ist $L_\eta(\cdot,\cdot)$ der Kern des Operators $K P_\eta$ in $\mathsf{C}(\mathsf{X})$. Nach Konstruktion gibt es zu jedem j ein i derart, daß $\|K(x,\cdot) - K(x_i,\cdot)\|_1 < \tfrac{1}{8}\varepsilon$ ist für alle $x \in \mathsf{V}_j$; mit dem Hilfssatz folgt daraus $\|L_\eta(x,\cdot) - L_\eta(x_i,\cdot)\|_1 < \tfrac{1}{8}\varepsilon$, also erstens

$$\|L_\eta(x,\cdot) - L_\eta(x',\cdot)\|_1 < \tfrac{1}{4}\varepsilon \quad \text{für} \quad x,x' \in \mathsf{V}_j \quad \text{und} \quad j = 1,\ldots,n \tag{12.14}$$

und zweitens

$$\|L_\eta(x,\cdot) - K(x,\cdot)\|_1 \le \|L_\eta(x,\cdot) - L_\eta(x_i,\cdot)\|_1 + \|L_\eta(x_i,\cdot) - K(x_i,\cdot)\|_1$$
$$+ \|K(x_i,\cdot) - K(x,\cdot)\|_1 < \tfrac{1}{2}\varepsilon$$

für alle $x \in \mathsf{X}$, d. h.

$$\|K P_\eta - K\| \le \tfrac{1}{2}\varepsilon. \tag{12.15}$$

Der Operator $P_\eta K P_\eta$ hat den Kern $K_\eta(\cdot,y) = P_\eta L_\eta(\cdot,y)$, worin diesmal P_η auf die erste Variable operiert; also ist

$$K_\eta(x,y) = \sum_j' (\textstyle\int \varphi_j \mathrm{d}\mu)^{-1} \int L_\eta(z,y)\varphi_j(z)\mathrm{d}\mu(z)\varphi_j(x).$$

Andererseits ist

$$L_\eta(x,y) = \sum_j{}' (\textstyle\int \varphi_j \mathrm{d}\mu)^{-1} \int L_\eta(x,y)\varphi_j(z)\mathrm{d}\mu(z)\varphi_j(x) + \sum_j{}'' L_\eta(x,y)\varphi_j(x),$$

worin $\sum_j{}''$ die Summe über alle j mit $\int \varphi_j \mathrm{d}\mu = \infty$ [1] bezeichnet, und daher

$$\begin{aligned}
&\|K_\eta(x,\cdot) - L_\eta(x,\cdot)\|_1 \\
&\le \sum_j{}' (\textstyle\int \varphi_j \mathrm{d}\mu)^{-1} \int \|L_\eta(z,\cdot) - L_\eta(x,\cdot)\|_1 \varphi_j(z)\mathrm{d}\mu(z)\varphi_j(x) + \sum_j{}'' \|L_\eta(x,\cdot)\|_1 \varphi_j(x).
\end{aligned}$$

Sei $\int \varphi_j \mathrm{d}\mu = \infty$; wegen $\mu(V_j) \ge \int \varphi_j \mathrm{d}\mu$ ist $\mu(V_j) = \infty$; wäre $\|L_\eta(x',\cdot)\|_1 = \delta > \frac{1}{4}\varepsilon$ für ein $x' \in V_j$, so wäre $\|L_\eta(x,\cdot)\|_1 > \delta - \frac{1}{4}\varepsilon > 0$ für alle $x \in V_j$ nach (12.14), also $\int \|L_\eta(x,\cdot)\|_1 \mathrm{d}\mu(x) = \infty$. Aus (12.13) folgt aber $\|L_\eta(x,\cdot)\|_1 \le \sum_j{}' |K\varphi_j(x)|$, und es ist $K\varphi_j \in L_1$ nach Voraussetzung für alle j in dieser Summe. Also ist $\|L_\eta(x,\cdot)\|_1 \le \frac{1}{4}\varepsilon$ für alle $x \in V_j$ und alle j in der Summe $\sum_j{}''$; damit und mit (12.14) erhält man

$$\|K_\eta(x,\cdot) - L_\eta(x,\cdot)\|_1 \le \sum_{j=1}^{n} \tfrac{1}{4}\varepsilon\varphi_j(x) = \tfrac{1}{4}\varepsilon$$

also $\|P_\eta K P_\eta - K P_\eta\| \le \frac{1}{4}\varepsilon$. Mit (12.15) folgt daraus die Behauptung.

Aus dem Beweis entnimmt man, daß der approximierende Operator den Kern

$$K_\eta(x,y) = \sum_{i,j}{}' \alpha_{ij}\varphi_i(x)\varphi_j(y) \tag{12.16}$$

hat, worin $\sum_{i,j}{}'$ die Summation über alle i,j mit $0 < \|\varphi_i\|_1 < \infty, 0 < \|\varphi_j\|_1 < \infty$ bedeutet, und die Koeffizienten durch

$$\alpha_{ij} = (\|\varphi_i\|_1 \|\varphi_j\|_1)^{-1} \int K(x,y)\varphi_i(x)\varphi_j(y)\mathrm{d}\overline{\mu \times \mu}(x,y) \tag{12.16'}$$

gegeben sind.

Aufgabe 12.7. a) Es sei l_∞ der Banachraum der beschränkten Folgen komplexer Zahlen $a = (\alpha_i)$ mit der Norm $\|a\|_\infty = \sup\{|\alpha_i| \mid i = 1,2,\dots\}$. Man beweise die Existenz eines Funktionals $u \in l'_\infty$ mit $\|u\| = 1$ und $u(a) = \lim_{i\to\infty} \alpha_i$ für alle konvergenten Folgen und schreibe $u(a) = \underset{i\to\infty}{\mathrm{LIM}}\, \alpha_i$ (Banach-Limes).

b) Sei (K_i) eine Folge kompakter Mengen in X mit $K_i \subset K_{i+1}$ und $\bigcup_{i=1}^{\infty} K_i = X$; mit einem positiven regulären Maß μ setze $M_i(f,\varphi) = 0$, falls $\int_{K_i} \varphi \mathrm{d}\mu = 0$, und $M_i(f,\varphi) = (\int_{K_i} \varphi \mathrm{d}\mu)^{-1} \int_{K_i} \varphi f \mathrm{d}\mu$ sonst für $\varphi \in C(X)$ mit $0 \le \varphi \le 1$ und $f \in L_p$, $p \in [1,\infty]$; zeige, daß $M(f,\varphi) = \underset{i\to\infty}{\mathrm{LIM}}\, M_i(f,\varphi)$ ein Funktional $M(\cdot,\varphi) \in L'_p$ definiert.

c) Mit $\eta = (V_1,\dots,V_n)$ und φ_j wie in (12.11) setze $Q_\eta f = \sum_{j=1}^{n} M(f,\varphi_j)\varphi_j$ und zeige, daß Q_η ein beschränkter Operator in L_p, $p \in [1,\infty]$ und in $C(X)$ mit Norm 1 ist, der in L_p, $p \in [1,\infty)$ mit dem in (12.12') erklärten P_η übereinstimmt. — Die folgenden Aussagen gelten auch für L_p, $p \in [1,\infty)$:

d) Zu $f \in C(X)$ und $\varepsilon > 0$ gibt es ein ζ derart, daß $\|Q_\eta f - f\| < \varepsilon$ ist für alle $\eta \le \zeta$.

e) Eine Menge $M \subset C(X)$ ist genau dann relativ kompakt, wenn sie beschränkt ist und es zu jedem $\varepsilon > 0$ ein ζ gibt mit $\|Q_\eta f - f\| < \varepsilon$ für alle $f \in M$ und alle $\eta \le \zeta$.

f) Ein Operator K in $C(X)$ ist genau dann kompakt, wenn er beschränkt ist und es zu jedem $\varepsilon > 0$ ein ζ gibt mit $\|Q_\eta K - K\| < \varepsilon$ für alle $\eta \le \zeta$.

---

[1] Da μ positiv ist, folgt $\varphi_j = 0$ aus $\int \varphi_j \mathrm{d}\mu = 0$.

12.4 Die Algebren $\mathscr{K}(\mathbf{X},\mu)$ und $\mathscr{L}(\mathbf{X},\mu)$. Es sei $(\mathbf{X},\mathscr{A},\mu)$ ein regulärer vollständiger Maßraum. Ist das Maß μ positiv, so kann man mit Hilfe der Bilinearform

$$\langle f,g \rangle = \int fg\,d\mu \tag{12.17}$$

außer den Dualsystemen $\langle \mathsf{L}_p, \mathsf{L}_{p'} \rangle$ auch verschiedene Dualsysteme mit Räumen stetiger Funktionen definieren und die damit verknüpften Algebren von Operatoren untersuchen. Dazu müssen einige der Definitionen aus 10.1 und 10.2 auf den allgemeinen Fall übertragen werden.

Es sei $\mathsf{C}_1(\mathbf{X},\mu) = \mathsf{C}(\mathbf{X}) \cap \mathsf{L}_1(\mathbf{X},\mathscr{A},\mu)$ mit der Norm

$$\mathbf{I} f \mathbf{I} = \max \{ \|f\|, \|f\|_1 \}. \tag{12.18}$$

$\mathsf{C}_1(\mathbf{X},\mu)$ ist ein Banachraum; das ist jetzt evident, während in 10.1 ein umständlicher Beweis nötig war. Durch (12.17) ist ein Dualsystem $\langle \mathsf{C}(\mathbf{X}), \mathsf{C}_1(\mathbf{X},\mu) \rangle$ erklärt; das beweist man genau wie in Satz 10.1. Es sei $\mathscr{A}(\mathbf{X},\mu)$ die Menge aller beschränkten Operatoren A in $\mathsf{C}(\mathbf{X})$, die $\mathsf{C}_1(\mathbf{X},\mu)$ in sich abbilden und eine Transponierte A^T derselben Art haben, also einen beschränkten Operator A^T in $\mathsf{C}(\mathbf{X})$, der $\mathsf{C}_1(\mathbf{X},\mu)$ in sich abbildet, mit $\langle Af,g \rangle = \langle f,A^\mathsf{T}g \rangle$ für alle $f \in \mathsf{C}(\mathbf{X})$, $g \in \mathsf{C}_1(\mathbf{X},\mu)$ und für alle $f \in \mathsf{C}_1(\mathbf{X},\mu)$, $g \in \mathsf{C}(\mathbf{X})$. Mit der Norm

$$\mathbf{I} A \mathbf{I} = \max \{ \|A\|, \|A^\mathsf{T}\| \} \tag{12.19}$$

ist $\mathscr{A}(\mathbf{X},\mu)$ eine Banachalgebra (vgl. Aufgabe 10.4). Für $A \in \mathscr{A}(\mathbf{X},\mu)$ ist auch $A^\mathsf{T} \in \mathscr{A}(\mathbf{X},\mu)$ und $\mathbf{I} A^\mathsf{T} \mathbf{I} = \mathbf{I} A \mathbf{I}$. Die Restriktion von A auf $\mathsf{C}_1(\mathbf{X},\mu)$ ist ein beschränkter Operator in diesem Raum mit Schranke $\mathbf{I} A \mathbf{I}$; denn für $f \in \mathsf{C}_1(\mathbf{X},\mu)$ ist durch $u(g) = \langle Af,g \rangle$ ein Radonsches Maß u definiert mit $\|u\| = \|Af\|_1 \leq \|A^\mathsf{T}\| \, \|f\|_1$, und mit (12.18) folgt daraus $\mathbf{I} Af \mathbf{I} \leq \mathbf{I} A \mathbf{I} \, \mathbf{I} f \mathbf{I}$. Es seien $\mathscr{L}(\mathbf{X},\mu)$ bzw. $\mathscr{K}(\mathbf{X},\mu)$ die Menge aller $K \in \mathscr{A}(\mathbf{X},\mu)$ derart, daß K und K^T lokalkompakt bzw. kompakt sind, $\mathscr{E}(\mathbf{X},\mu)$ die Menge aller endlich-dimensionalen Operatoren in $\mathscr{A}(\mathbf{X},\mu)$. Jedes $A \in \mathscr{E}(\mathbf{X},\mu)$ ist nach Aufgabe 3.18 darstellbar als

$$Af = \sum_{j=1}^{n} \langle f,b_j \rangle a_j \quad \text{mit} \quad a_j,b_j \in \mathsf{C}_1(\mathbf{X},\mu). \tag{12.20}$$

Schließlich sei $\mathscr{K}_0(\mathbf{X},\mu)$ die abgeschlossene Hülle von $\mathscr{E}(\mathbf{X},\mu)$ in $\mathscr{A}(\mathbf{X},\mu)$. Es gilt offenbar

$$\mathscr{E}(\mathbf{X},\mu) \subset \mathscr{K}_0(\mathbf{X},\mu) \subset \mathscr{K}(\mathbf{X},\mu) \subset \mathscr{L}(\mathbf{X},\mu). \tag{12.21}$$

$\mathscr{E}(\mathbf{X},\mu)$ ist ein zweiseitiges Ideal der Algebra $\mathscr{A}(\mathbf{X},\mu)$, folglich $\mathscr{K}_0(\mathbf{X},\mu)$ ein abgeschlossenes zweiseitiges Ideal. In Satz 12.6 wird gezeigt werden, daß $\mathscr{K}_0(\mathbf{X},\mu) = \mathscr{K}(\mathbf{X},\mu)$ ist; in dieser Aussage ist praktisch alles Wissenswerte über $\mathscr{K}(\mathbf{X},\mu)$ enthalten. Zur Untersuchung von $\mathscr{L}(\mathbf{X},\mu)$ betrachten wir die Menge $\mathscr{I}(\mathbf{X},\mu)$ aller lokalkompakten und lokalstetigen Operatoren in $\mathsf{C}(\mathbf{X})$, die sich mit Hilfe des Maßes μ in der Form (12.7, b)) darstellen lassen. Wir wollen zeigen, daß alle Operatoren aus $\mathscr{L}(\mathbf{X},\mu)$ und ihre Transponierten zu $\mathscr{I}(\mathbf{X},\mu)$ gehören.

Hilfssatz. *Es sei K ein lokalkompakter Operator in $\mathsf{C}(\mathbf{X})$. Zu jedem $g \in \mathsf{C}_0(\mathbf{X})$ gebe es ein Element $h_g \in \mathsf{L}_1(\mathbf{X},\mathscr{A},\mu)$ mit $\langle Kf,g \rangle = \langle f,h_g \rangle$ für alle $f \in \mathsf{C}(\mathbf{X})$. Dann ist $K \in \mathscr{I}(\mathbf{X},\mu)$.*

Beweis: Es sei (f_n) eine Folge aus $\mathsf{C}(\mathbf{X})$ mit $f_n \rightleftarrows f$; dann ist die Bildfolge (Kf_n) beschränkt und jede ihrer Teilfolgen enthält eine Teilfolge (Kf_{n_j}), die in jeder kompakten Teilmenge von $\mathbf{X}$ gleichmäßig konvergiert. Sei $k(x) = \lim_{j \to \infty} Kf_{n_j}(x)$; dann ist $k \in \mathsf{C}(\mathbf{X})$ und für jedes $g \in \mathsf{C}_0(\mathbf{X})$ gilt

$$\langle k,g \rangle = \lim_{j \to \infty} \langle Kf_{n_j},g \rangle = \lim_{j \to \infty} \langle f_{n_j},h_g \rangle = \langle f,h_g \rangle = \langle Kf,g \rangle.$$

Daraus folgt $k = Kf$; also gilt $Kf_n(x) \to Kf(x)$ für alle $x \in \mathbf{X}$, d. h. $Kf_n \rightleftarrows Kf$, und K ist lokalstetig. Nach Satz 12.1 ist $Kf(x) = \tau_x(f)$ mit einer stetigen und beschränkten Funktion

$x \mapsto \tau_x$ auf X mit Werten in M(X). Zu jedem $B \in \mathscr{B}$ gibt es nach Aufgabe 12.5 eine beschränkte Folge (f_n) aus C(X) mit $f_n(x) \to \xi_B(x)$ μ-f.ü. und $\tau_x(f_n) \to \tau_x(B)$ gleichmäßig bezüglich x in jeder kompakten Teilmenge von X. Für jedes $g \in C_0(X)$ folgt daraus

$$\int \tau_x(B)g(x)\mathrm{d}\mu(x) = \lim_{n \to \infty} \int \tau_x(f_n)g(x)\mathrm{d}\mu(x) = \lim_{n \to \infty} \langle Kf_n, g \rangle = \lim_{n \to \infty} \langle f_n, h_g \rangle = \int_B h_g(x)\mathrm{d}\mu(x).$$

Ist $\mu(B) = 0$, so ist $\int \tau_x(B)g(x)\mathrm{d}\mu(x) = 0$ für alle $g \in C_0(X)$ und folglich $\tau_x(B) = 0$ für alle $x \in X$. Nun schließt man weiter wie im Beweis von Satz 12.2.

Satz 12.5. *Ein Operator $K \in \mathscr{A}(X,\mu)$ gehört genau dann zu $\mathscr{L}(X,\mu)$, wenn K und K^T zu $\mathscr{I}(X,\mu)$ gehören; und zwar ist dann*

$$K f(x) = \int K(x,y)f(y)\mathrm{d}\mu(y) \tag{12.22}$$

$$K^T f(x) = \int K(y,x)f(y)\mathrm{d}\mu(y) \tag{12.22'}$$

für alle $x \in X$ und für alle $f \in C(X)$ mit einem $\overline{\mu \times \mu}$-meßbaren Kern derart, daß die Funktionen $x \mapsto K(x,\cdot)$ und $x \mapsto K(\cdot,x)$ auf X mit Werten in $L_1(X,\mathscr{A},\mu)$ stetig und beschränkt sind. $\mathscr{L}(X,\mu)$ ist eine abgeschlossene Teilalgebra von $\mathscr{A}(X,\mu)$.

Beweis: 1. Es sei $K \in \mathscr{L}(X,\mu)$; dann ist K lokalkompakt und es gilt $\langle Kf, g \rangle = \langle f, K^T g \rangle$ für alle $f \in C(X)$ und $g \in C_1(X,\mu)$ mit $K^T g \in C_1(X,\mu)$. Die Voraussetzungen des obigen Hilfssatzes sind also erfüllt und es folgt $K \in \mathscr{I}(X,\mu)$. Mit K gehört auch K^T zu $\mathscr{L}(X,\mu)$, also gilt $K^T \in \mathscr{I}(X,\mu)$. Es sei

$$K f(x) = \int K_1(x,y)f(y)\mathrm{d}\mu(y), \quad K^T f(x) = \int K_2(x,y)f(y)\mathrm{d}\mu(y)$$

für alle $x \in X$ und alle $f \in C(X)$ mit $\overline{\mu \times \mu}$-meßbaren Kernen derart, daß die Funktionen $x \mapsto K_1(x,\cdot)$ und $x \mapsto K_2(x,\cdot)$ auf X mit Werten in $L_1(X,\mathscr{A},\mu)$ stetig und beschränkt sind. Es gilt $\langle Kf, g \rangle = \langle f, K^T g \rangle$ für alle $f, g \in C_0(X)$. Für A, B $\in \mathscr{A}$ mit $\mu(A) < \infty$ und $\mu(B) < \infty$ wähle man beschränkte Folgen (f_n), (g_n) aus $C_0(X)$ mit $f_n(x) \to \xi_A(x)$, $g_n(x) \to \xi_B(x)$ μ-f.ü. und $\| f_n - \xi_A \|_1 \to 0$, $\| g_n - \xi_B \|_1 \to 0$ nach Aufgabe 12.1,a). Dann gilt

$$K f_n(x) \to \int_A K_1(x,y)\mathrm{d}\mu(y) \text{ und } K^T g_n(x) \to \int_B K_2(x,y)\mathrm{d}\mu(y)$$

gleichmäßig bezüglich x in X und daher

$$\int_{B \times A} K_1(x,y)\mathrm{d}\overline{\mu \times \mu}(x,y) = \lim_{n \to \infty} \langle Kf_n, g_n \rangle = \lim_{n \to \infty} \langle f_n, K^T g_n \rangle = \int_{A \times B} K_2(x,y)\mathrm{d}\overline{\mu \times \mu}(x,y).$$

Nach Aufgabe 11.3 folgt daraus $H(x,y) = K_1(x,y) - K_2(y,x) = 0$ $\overline{\mu \times \mu}$-f.ü. Sei

$$M = \{x \,|\, x \in X,\ H(x,y) = 0 \quad \text{für} \quad \mu\text{-fast} \quad \text{alle} \quad y \in X\}$$

und $N = X \backslash M$; dann ist $\mu(N) = 0$ [21.15]. Wir setzen

$$K(x,y) = \begin{cases} K_1(x,y) & \text{für} \quad x \in N,\ y \in X \\ K_1(x,y) - H(x,y) & \text{für} \quad x \in M,\ y \in X. \end{cases}$$

Für alle $x \in X$ ist dann $K(x,y) = K_1(x,y)$ für μ-fast alle $y \in X$ und daher gilt (12.22). Nach Konstruktion ist für alle $x \in X$ $K(y,x) = K_2(x,y)$ für alle $y \in M$, d. h. für μ-fast alle $y \in X$; also gilt auch (12.22').

2. Ist $K \in \mathscr{A}(X,\mu)$ und $K, K^T \in \mathscr{I}(X,\mu)$, so sind K und K^T lokalkompakt, also $K \in \mathscr{L}(X,\mu)$. Die letzte Behauptung ergibt sich daraus, daß $\mathscr{I}(X,\mu)$ versehen mit der Norm $\| \cdot \|$ eine Banachalgebra ist (Aufgabe 12.4, b), oder auch aus Aufgabe 12.6.

Satz 12.6. *Es gilt* $\mathscr{K}_0(X,\mu) = \mathscr{K}(X,\mu)$, *d. h. jeder Operator* $K \in \mathscr{K}(X,\mu)$ *ist Grenzwert in* $\mathscr{A}(X,\mu)$ *einer Folge* (K_n) *aus* $\mathscr{E}(X,\mu)$; *und zwar gibt es zu jedem* $K \in \mathscr{K}(X,\mu)$ *und* $\varepsilon > 0$ *eine endliche offene Überdeckung* ζ *von* X *derart, daß* $|K_\eta - K| < \varepsilon$ *ist für jede Überdeckung* $\eta \leq \zeta$ *mit dem durch* (12.16) *und* (12.16′) *erklärten Operator* $K_\eta \in \mathscr{E}(X,\mu)$.

Beweis: Sei $K \in \mathscr{K}(X,\mu)$; nach Satz 12.5 ist $K \in \mathscr{I}(X,\mu)$, K ist kompakt und bildet $C_1(X,\mu)$ in sich ab. Nach Satz 12.4 gibt es zu jedem $\varepsilon > 0$ eine endliche offene Überdeckung ϑ von X derart, daß $\|K_\eta - K\| < \varepsilon$ ist für alle $\eta \leq \vartheta$ mit $K_\eta = P_\eta K P_\eta$. Wegen $K^T \in \mathscr{K}(X,\mu)$ gibt es auch eine Überdeckung ζ derart, daß $\|(K^T)_\eta - K^T\| < \varepsilon$ ist für alle $\eta \leq \zeta$, und man kann offenbar $\zeta \leq \vartheta$ wählen. Nach Satz 12.5 sind die Kerne von K und K^T zueinander transponiert; aus (12.16) und (12.16′) folgt dàmit $(K^T)_\eta = (K_\eta)^T$, also $|K_\eta - K| < \varepsilon$ für $\eta \leq \zeta$ nach (12.19).

Aufgaben. 12.8. a) Es sei X eine offene Menge des R^m, λ_m das Lebesgue-Maß auf R^m und auf X; dann erzeugt der Kern $K(x,y) = k(x-y)$ mit $k \in L_1(R^m)$ einen Operator $K \in \mathscr{L}(X,\lambda_m)$ mit $|K| \leq \|k\|_1$. Anleitung: Aufgabe 12.1, b).

b) Es sei $X = (0,\infty)$ mit dem Lebesgue-Maß λ, $k \in L_1(X)$; der Kern $K(x,y) = k(x+y)$ erzeugt einen Operator $K \in \mathscr{K}(X,\lambda)$ mit $|K| \leq \|k\|_1$. Für jedes $f \in C(X)$ ist $g = Kf$ stetig fortsetzbar auf $[0,\infty)$ und $g(x) \to 0$ für $x \to \infty$. Anleitung: Berechne $\|K(x,\cdot)\|_1$ und $\|K(x,\cdot) - K(x',\cdot)\|_1$.

c) Mit X und λ wie in b) und $h \in L_1(X)$ erzeugt der Kern $K(x,y) = \int\limits_{|x-y|}^{x+y} t^{-1}h(t)\,dt$ einen Operator $K \in \mathscr{L}(X,\lambda)$ mit $|K| \leq 2\|h\|_1$. Für jedes $f \in C(X)$ ist $g = Kf$ gleichmäßig stetig in X und $g(x) \to 0$ für $x \to 0$.

12.9. Es sei $X = (0,\infty)$, μ das Lebesgue-Maß, $L_\gamma(x,y) = x^{\gamma-1} y^{-\gamma}$ für $y \leq x$ und $L_\gamma(x,y) = 0$ für $y > x$.

a) Es gilt $L_\gamma \in \mathscr{I}(X,\mu)$ genau dann, wenn $\text{Re}\,\gamma < 1$, $L_\gamma^T \in \mathscr{I}(X,\mu)$, wenn $\text{Re}\,\gamma < 0$ und $L_\gamma \in \mathscr{L}(X,\mu)$, wenn $\text{Re}\,\gamma < 0$.

b) Es sei $\text{Re}\,\gamma < 1$; dann ist $\Sigma(L_\gamma) = \Sigma_e(L_\gamma) = \{\lambda \mid \text{Re}(\gamma + \lambda^{-1}) = 1\}$ und $R(\lambda, L_\gamma) = \lambda^{-1} I + \lambda^{-2} L_\gamma(\lambda)$ mit $L_\gamma(\lambda) = L_{\gamma+\lambda^{-1}}$ für $\text{Re}(\gamma + \lambda^{-1}) < 1$ und $L_\gamma(\lambda) = -L_{1-\gamma-\lambda^{-1}}^T$ für $\text{Re}(\gamma + \lambda^{-1}) > 1$. Anleitung: Man verifiziert die Formeln für $L_\gamma(\lambda)$, zeigt $\|L_\gamma(\lambda)\| \to \infty$ für $\text{Re}(\gamma + \lambda^{-1}) \to 1$ und benutzt Aufgabe 5.11, c).

c) Es sei $\text{Re}\,\gamma < 0$; dann ist $\Sigma(L_\gamma^T) = \Sigma_e(L_\gamma^T) = \{\lambda \mid \text{Re}(\gamma + \lambda^{-1}) = 0\}$ und $R(\lambda; L_\gamma^T) = \lambda^{-1} I + \lambda^{-2} L_\gamma^T(\lambda)$ mit $L_\gamma^T(\lambda) = L_{\gamma+\lambda^{-1}}^T$ für $\text{Re}(\gamma + \lambda^{-1}) < 0$ und $L_\gamma^T(\lambda) = -L_{1-\gamma-\lambda^{-1}}$ für $\text{Re}(\gamma + \lambda^{-1}) > 0$.

d) Mit $\gamma < 0$ sei $K = L_\gamma + L_\gamma^T \in \mathscr{L}(X,\mu)$, $w(\lambda) = \{1 - 4\lambda^{-1}(1-2\gamma)^{-1}\}^{1/2}$ mit $\text{Re}\,w(\lambda) > 0$ für $\lambda \in C\backslash[0, 4(1-2\gamma)^{-1}]$, und $\delta(\lambda) = \frac{1}{2} - \frac{1}{2}(1-2\gamma)w(\lambda)$; dann ist $\Sigma(K) = \Sigma_e(K) = \{\lambda \mid \text{Re}\,\delta(\lambda) = 0\}$ und $R(\lambda,K) = \lambda^{-1} I + \lambda^{-2} K(\lambda)$ mit $K(\lambda) = w^{-1}(L_\delta + L_\delta^T)$ für $\text{Re}\,\delta(\lambda) < 0$ und $K(\lambda) = w^{-1}(L_\delta - L_{1-\delta})$ für $\text{Re}\,\delta(\lambda) > 0$ (für $\text{Re}\,\delta(\lambda) = \frac{1}{2}$ ist $K(\lambda)$ als Grenzwert zu definieren).

12.10. a) Sei $K \in \mathscr{L}(X,\mu)$, A eine μ-meßbare Teilmenge von X und L der von dem Kern K erzeugte Operator von $L_p(X)$ in $L_p(A)$. Dann ist $L \in \mathscr{A}_{pp}(A,X)$ und $\|L\|_{pp} \leq \|K\|^{1/p'} \|K^T\|^{1/p}$. Anleitung: Aufgabe 11.15, c).

b) Ist A kompakt und $p > 1$, so ist L kompakt. Anleitung: Für eine endliche offene Überdeckung η von A definiere Q_η nach Aufgabe 12.7, c); zu $\varepsilon > 0$ gibt es eine Überdeckung ζ von A mit $\|Q_\eta L - L\|_{pp} < \varepsilon$ für alle $\eta \leq \zeta$.

c) Ist $A = X$, $p \in [1,\infty]$ und L ein Fredholm-Operator in L_p, so ist X abzählbar. Anleitung: Nach b) ist die Identität I in $L_p(K)$ kompakt für jede kompakte Teilmenge K von X.

12.5 Spektraltheorie in $\mathscr{L}(X,\mu)$.

Wie in 12.4 sei $(X,\mathscr{A},\mu)$ ein regulärer vollständiger Maßraum mit positivem Maß. Wir setzen außerdem voraus, daß der Maßraum nicht rein atomar ist (vgl. Aufgabe 11.16) und damit auch, daß X nicht abzählbar ist. Der Kern eines Operators $K \in \mathscr{L}(X,\mu)$ genügt nach Satz 12.5 den Voraussetzungen von Satz 11.8, erzeugt also für jedes

$p \in [1, \infty]$ einen beschränkten Operator K_p in L_p, und zwar ist $K_p \in \mathscr{A}_{pp}$ und $\|K_p\|_{pp} \le |K|$. Ebenso erzeugt der transponierte Kern Operatoren $K_p^{\mathrm{T}} \in \mathscr{A}_{pp}$ mit $\|K_p^{\mathrm{T}}\|_{pp} \le |K|$. Die Bezeichnung ist hier abweichend von der in § 11 so gewählt, daß $K_{p'}^{\mathrm{T}}$ in bezug auf das Dualsystem $\langle L_p, L_{p'} \rangle$ zu K_p transponiert ist und für $p < \infty$ mit dem zu K_p dualen Operator identifiziert werden kann; ebenso ist $K_{p'}$ zu K_p^{T} transponiert bzw. dual. Mit (5.8) haben wir also

$$\|K_p\| = \|K_{p'}^{\mathrm{T}}\| \le |K| \quad \text{für alle} \quad p \in [1, \infty] \tag{12.23}$$

und nach Aufgabe 12.4, c)

$$\|K_\infty\| = \|K\|, \ \|K_\infty^{\mathrm{T}}\| = \|K^{\mathrm{T}}\|. \tag{12.23'}$$

Daneben betrachten wir noch die Restriktionen K_0 und K_0^{T} von K bzw. K^{T} auf $C_1(X, \mu)$ als Operator in diesem Raum. Mit (12.18) und (12.23) erhält man

$$\|K_0\| \le |K|, \ \|K_0^{\mathrm{T}}\| \le |K|. \tag{12.23''}$$

Es liegt nun nahe, die Spektren, Resolventen und Eigenräume aller dieser Operatoren (für ein $K \in \mathscr{L}(X, \mu)$) zu vergleichen. Die Resolventen schreiben wir für $\lambda \ne 0$ wie üblich in der Form

$$R(\lambda, K) = \lambda^{-1} I + \lambda^{-2} K(\lambda), \ R(\lambda, K^{\mathrm{T}}) = \lambda^{-1} I + \lambda^{-2} K^{\mathrm{T}}(\lambda), \tag{12.24}$$

jedoch impliziert diese Schreibweise zunächst nur, daß $K(\lambda)$ und $K^{\mathrm{T}}(\lambda)$ beschränkte Operatoren in $C(X)$ sind, nicht aber, daß sie für $\lambda \in P(K) \cap P(K^{\mathrm{T}})$ in irgendeinem Sinne zueinander transponiert sind. Analog definieren wir

$$R(\lambda, K_p) = \lambda^{-1} I + \lambda^{-2} K_p(\lambda), \ R(\lambda, K_p^{\mathrm{T}}) = \lambda^{-1} I + \lambda^{-2} K_p^{\mathrm{T}}(\lambda) \tag{12.24'}$$

für $p \in [1, \infty]$ und für $p = 0$. Aus Satz 5.13, Satz 11.11 und Aufgabe 12.10, c) folgt

$$0 \in \Sigma_e(K_p) = \Sigma_e(K_{p'}^{\mathrm{T}}), \ \Sigma(K_p) = \Sigma(K_{p'}^{\mathrm{T}}) \tag{12.25}$$

für alle $p \in [1, \infty]$ und

$$K_{p'}^{\mathrm{T}}(\lambda) = [K_p(\lambda)]^{\mathrm{T}} \quad \text{bezüglich} \quad \langle L_p, L_{p'} \rangle \tag{12.25'}$$

für alle $\lambda \in P(K_p)$. Im folgenden ist zu beachten, daß der Kern jedes Operators $A \in \mathscr{I}(X, \mu)$ einen Operator $A_\infty \in \mathscr{H}_{\infty\infty}$ erzeugt derart, daß A die Restriktion von A_∞ auf $C(X)$ ist (Aufgabe 12.4, a)).

Satz 12.7. *Für jedes $K \in \mathscr{L}(X, \mu)$ ist*

$$0 \in \Sigma_e(K) = \Sigma_e(K_\infty), \ \Sigma(K) = \Sigma(K_\infty). \tag{12.26}$$

Jeder Eigenwert $\lambda \ne 0$ von K_∞ ist auch Eigenwert von K und umgekehrt, und beide Operatoren haben dieselben Eigenelemente und verallgemeinerten Eigenelemente. Zu jedem Fredholmpunkt λ von K und K_∞ gibt es endlich-dimensionale Projektoren $P, Q \in \mathscr{I}(X, \mu)$ derart, daß die Pseudoinversen von $\lambda I - K_\infty$ bzw. $\lambda I - K$ bezüglich P_∞ und Q_∞ bzw. P und Q die Form

$$\widehat{(\lambda I - K_\infty)} = \lambda^{-1} I + \lambda^{-2} \hat{K}_\infty, \ \widehat{(\lambda I - K)} = \lambda^{-1} I + \lambda^{-2} \hat{K}$$

haben mit $\hat{K} \in \mathscr{I}(X, \mu)$. Insbesondere ist

$$K(\lambda) \in \mathscr{I}(X, \mu) \quad \text{und} \quad K_\infty(\lambda) = K(\lambda)_\infty \tag{12.26'}$$

für jedes $\lambda \in P(K) = P(K_\infty)$.

Beweis: 1. Sei $K \in \mathscr{L}(X, \mu)$, also $K \in \mathscr{I}(X, \mu)$ nach Satz 12.5 und daher $R(K_\infty) \subset C(X)$ nach Aufgabe 12.4, a). Ist $\lambda \ne 0$ ein Eigenwert von K_∞, so folgt $f = \lambda^{-1} K_\infty f \in C(X)$ für jedes

Eigenelement, also $N(\lambda I - K_\infty) = N(\lambda I - K) \subset C(X)$. Für $f \in N((\lambda I - K_\infty)^2)$ ist

$$g = \lambda f - K_\infty f \in N(\lambda I - K_\infty),$$

also $f \in C(X)$ und daher $N((\lambda I - K_\infty)^2) = N((\lambda I - K)^2)$; durch Induktion erhält man $N((\lambda I - K_\infty)^m) = N((\lambda I - K)^m)$ für alle m.

2. Für $\lambda \neq 0$ ist $N(\lambda I - K_\infty) = N(\lambda I - K)$ nach 1., also auch $\alpha(\lambda I - K_\infty) = \alpha(\lambda I - K)$. Sei $u_\infty \in R(\lambda I - K_\infty)^\perp$, also $u_\infty \in L'_\infty$ und $u_\infty(f) = \lambda^{-1} u_\infty(K_\infty f)$ für alle $f \in L_\infty$; die Restriktion u von u_∞ auf $C(X)$ ist dann offenbar Element von $R(\lambda I - K)^\perp$. Jedes $u \in R(\lambda I - K)^\perp$ hat eine Fortsetzung $u_\infty \in R(\lambda I - K_\infty)^\perp$ definiert durch $u_\infty(f) = \lambda^{-1} u(K_\infty f)$ für alle $f \in L_\infty$ und es gilt $\|u\| \leq \|u_\infty\| \leq |\lambda|^{-1} \|K_\infty\| \|u\|$, d. h. die Vektorräume $R(\lambda I - K_\infty)^\perp$ und $R(\lambda I - K)^\perp$ sind topologisch isomorph; insbesondere ist $\beta(\lambda I - K_\infty) = \beta(\lambda I - K)$.

3. Sei λ ein Fredholmpunkt von K_∞; dann ist $\lambda \neq 0$ nach (12.25). Wir setzen $A_\infty = \lambda I - K_\infty$ und $A = \lambda I - K$. Nach 2. hat $N(A_\infty)$ eine Basis $a_1, \ldots, a_n$ aus $C(X)$. Da $\langle C(X), L_1 \rangle$ ein Dualsystem ist (Aufgabe 12.4, d)), gibt es Elemente $b_1, \ldots, b_n \in L_1$ mit $\langle a_j, b_k \rangle = \delta_{jk}$ und durch

$$P f = \sum_{j=1}^{n} \langle f, b_j \rangle a_j$$

ist ein Projektor $P \in \mathscr{I}(X, \mu)$ definiert mit $R(P_\infty) = N(A_\infty)$. A_∞ ist der zu $A_1^T = \lambda I - K_1^T$ duale Operator, also $R(A_\infty)^\perp = N(A_1^T)$ nach (5.16), d. h. jedes $u_\infty \in R(A_\infty)^\perp$ ist von der Form $u_\infty(f) = \langle f, g \rangle$ mit $g \in N(A_1^T)$. Ist $g_1, \ldots, g_m$ eine Basis von $N(A_1^T)$ und sind $f_1, \ldots, f_m$ aus $C(X)$ mit $\langle f_j, g_k \rangle = \delta_{jk}$, so definiert $Q f = \sum_{j=1}^{m} \langle f, g_j \rangle f_j$ einen Projektor $Q \in \mathscr{I}(X, \mu)$ mit $N(Q_\infty) = R(A_\infty)$ und $N(Q) \supset R(A)$ nach 2. Nach Satz 5.4 hat A_∞ eine Pseudoinverse $\hat{A}_\infty$ bezüglich P_∞ und Q_∞. Sei $f \in R(A)$, also $f = Ag$ mit $g \in C(X)$; dann ist

$$\hat{A}_\infty f = \hat{A}_\infty A_\infty g = (I - P_\infty)g = g - Pg = h \in N(P)$$

und $Ah = A_\infty \hat{A}_\infty f = (I - Q_\infty)f = f - Qf = f$ wegen $R(A) \subset N(Q)$. Ist umgekehrt $h = g - Pg \in N(P)$ gegeben, so ist $h = \hat{A}_\infty f$ mit $f = Ag = Ah \in R(A)$. Fassen wir A als Element von $\mathscr{B}(N(P), C(X))$ auf, so ist $\hat{A}_\infty$ die Inverse und diese ist beschränkt, da die Normen $\|\cdot\|$ und $\|\cdot\|_\infty$ auf $C(X)$ übereinstimmen. Nach Satz 5.1 ist $R(A)$ abgeschlossen, nach 2. ist $\alpha(A) = \alpha(A_\infty) < \infty$ und $\beta(A) = \beta(A_\infty) < \infty$, also A ein Fredholm-Operator, d. h. $\lambda \in \Phi(K)$.

4. Sei $\lambda \in \Phi(K)$; dann ist $\lambda \neq 0$, denn sonst wäre $I = K\hat{K} + Q$ lokalkompakt nach Aufgabe 12.6, a), folglich $C(K)$ endlich-dimensional nach Aufgabe 2.25, c) für jede kompakte Menge $K \subset X$, d. h. X abzählbar, was wir ausgeschlossen hatten. Nach 2. und 3. gibt es einen Projektor $P \in \mathscr{I}(X, \mu)$ mit $R(P) = N(A)$. Sei Q ein endlich-dimensionaler Projektor in $C(X)$ mit $N(Q) = R(A)$ und $\hat{A} = \lambda^{-1} I + \lambda^{-2} \hat{K} \in \mathscr{B}(C(X))$ die Pseudoinverse von A bezüglich P und Q. Nach (5.12) und (5.13) ist dann

$$\hat{K} = K + \lambda^{-1} \hat{K} K - \lambda P = K + \lambda^{-1} K \hat{K} - \lambda Q \tag{12.27}$$

$$\lambda P = KP = -P\hat{K}, \quad \lambda Q = QK = -\hat{K}Q. \tag{12.28}$$

Wir definieren die Fortsetzungen K_∞, P_∞ auf L_∞ wie üblich und $\hat{K}_\infty$, Q_∞ durch

$$\hat{K}_\infty = K_\infty + \lambda^{-1} \hat{K} K_\infty - \lambda P_\infty, \quad Q_\infty = \lambda^{-1} K_\infty - \lambda^{-1} \hat{K}_\infty + \lambda^{-2} K_\infty \hat{K}_\infty. \tag{12.29}$$

Alle vier Operatoren sind beschränkt; P_∞ ist ein endlich-dimensionaler Projektor mit $\lambda P_\infty = K P_\infty = K_\infty P_\infty$. Aus (12.28) und (12.29) folgt

$$P_\infty \hat{K}_\infty = P_\infty K_\infty + \lambda^{-1} P \hat{K} K_\infty - \lambda P_\infty = -\lambda P_\infty$$

und damit nach kurzer Rechnung $\hat{K}_\infty Q_\infty = -\lambda Q_\infty$ und $Q_\infty K_\infty = \lambda Q_\infty$. Setzt man nun $A_\infty = \lambda I - K_\infty$, $\hat{A}_\infty = \lambda^{-1} I + \lambda^{-2} \hat{K}_\infty$, so gelten die Gleichungen (5.12) und (5.13) für A_∞, $\hat{A}_\infty$, P_∞ und Q_∞ und man zeigt $N(Q_\infty) = R(A_\infty)$ wie im Beweis von Satz 5.5. $R(A_\infty)$ hat endliche Kodimension nach 2.; also ist Q_∞ endlich-dimensional. Nach Satz 5.5 ist A_∞ ein Fredholm-Operator und $\hat{A}_\infty$ ist die Pseudoinverse von A_∞ bezüglich P_∞ und Q_∞. Nach 3. ist $R(A_\infty)^\perp = N(A_1^T) \subset L_1$, also $Q_\infty \in \mathscr{I}(X,\mu)$. Aus Satz 11.11 folgt nun $\hat{K}_\infty \in \mathscr{H}_{\infty\infty}$; andererseits ist die Restriktion $\hat{K}$ auf $C(X)$ lokalkompakt nach (12.27) und Aufgabe 12.6, a). Damit folgt $\hat{K} \in \mathscr{I}(X,\mu)$ aus Satz 12.1.

Neben den Spektren $\Sigma(K)$, $\Sigma(K_p)$ usw. betrachten wir auch das Spektrum $\Sigma(K,\mathscr{A})$ von K als Element der Banachalgebra $\mathscr{A}(X,\mu)$ und die entsprechende Resolventenmenge $P(K,\mathscr{A})$. Die Gleichung $P(K,\mathscr{A}) = P(K) \cap P(K^T)$ (5.32) gilt hier im allgemeinen nicht, denn $\mathscr{A}(X,\mu)$ ist nicht die einem Dualsystem nach Satz 3.8 zugeordnete Banachalgebra, sondern der Durchschnitt von zwei solchen Algebren. Statt dessen gilt folgendes:

Satz 12.8. *Für jedes $K \in \mathscr{L}(X,\mu)$ ist*

$$P(K,\mathscr{A}) = \{\lambda \mid \lambda \in P(K) \cap P(K^T), K(\lambda) \in \mathscr{L}(X,\mu)\} \tag{12.30}$$

und es gilt $K^T(\lambda) = K(\lambda)^T$ für $\lambda \in P(K,\mathscr{A})$. Genauer ist $P(K,\mathscr{A})$ die Vereinigung aller zusammenhängenden Komponenten Ω von $P(K) \cap P(K^T)$ derart, daß $K^T(\lambda) = K(\lambda)^T$ für mindestens ein $\lambda \in \Omega$ gilt; insbesondere enthält $P(K,\mathscr{A})$ die unbeschränkte zusammenhängende Komponente von $P(K) \cap P(K^T)$. Es gilt ferner

$$P(K,\mathscr{A}) \subset P(K_p) \quad und \quad K_p(\lambda) = K(\lambda)_p \quad für \quad \lambda \in P(K,\mathscr{A}) \tag{12.31}$$

für $p = 0$ und alle $p \in [1,\infty]$. Ist λ_0 ein Pol der Resolvente von K als Element von $\mathscr{A}(X,\mu)$ mit endlich-dimensionalem Residuum P, also $P \in \mathscr{E}(X,\mu)$, so ist λ_0 Pol der Resolvente von K_p für alle $p \in [1,\infty]$ und für $p = 0$ mit Residuum P_p und Fredholmpunkt vom Index Null, also $\lambda_0 \neq 0$. Die verallgemeinerten Eigenräume $R(P_p)$ hängen von p nicht ab und sind in $C_1(X,\mu)$ enthalten.

Bemerkung. Daß $P(K,\mathscr{A})$ echte Teilmenge von $P(K) \cap P(K^T)$ sein kann, zeigen die Beispiele in Aufgabe 12.9: Für den Operator L_γ mit $\operatorname{Re}\gamma < 0$ ist $L_\gamma(\lambda) \in \mathscr{L}(X,\mu)$ genau dann, wenn $\operatorname{Re}(\gamma + \lambda^{-1}) < 0$ oder $\operatorname{Re}(\gamma + \lambda^{-1}) > 1$; alle $\lambda \in C$ mit $0 < \operatorname{Re}(\gamma + \lambda^{-1}) < 1$ gehören also zu $P(L_\gamma) \cap P(L_\gamma^T)$, aber nicht zu $P(L_\gamma,\mathscr{A})$. Für den Operator K von Aufgabe 12.9, d) gehören alle λ mit $\operatorname{Re}\delta(\lambda) < 0$ zu $P(K) = P(K^T)$, aber nicht zu $P(K,\mathscr{A})$.

Beweis des Satzes: 1. Es sei $\lambda \in P(K) \cap P(K^T)$, folglich $\lambda \neq 0$ nach (12.26) und $K(\lambda), K^T(\lambda) \in \mathscr{I}(X,\mu)$ nach (12.26′). Ist $K^T(\lambda) = K(\lambda)^T$, so ist $K(\lambda) \in \mathscr{A}(X,\mu)$ und folglich $\lambda \in P(K,\mathscr{A})$ und $K(\lambda) \in \mathscr{L}(X,\mu)$ nach Satz 12.5.

2. Sei Ω eine zusammenhängende Komponente von $P(K) \cap P(K^T)$ und $K^T(\lambda) = K(\lambda)^T$ für ein $\lambda \in \Omega$. Die Teilmenge $\Omega' = \{\lambda \mid \lambda \in \Omega, K^T(\lambda) = K(\lambda)^T\}$ von Ω ist nichtleer und abgeschlossen relativ zu Ω; denn für eine Folge (λ_n) aus Ω' mit $\lambda_n \to \lambda \in \Omega$ gilt $K(\lambda_n) \to K(\lambda)$ und $K^T(\lambda_n) \to K^T(\lambda)$ in $\mathscr{B}(C(X))$, folglich $K(\lambda_n) \to K(\lambda)$ in $\mathscr{A}(X,\mu)$ und daher $K^T(\lambda) = K(\lambda)^T$, d. h. $\lambda \in \Omega'$. Zu jedem $\lambda_0 \in \Omega'$ gibt es nach Satz 4.6 ein $\varrho > 0$ derart, daß die Reihenentwicklungen

$$R(\lambda,K) = \sum_{n=0}^\infty (\lambda_0 - \lambda)^n [R(\lambda_0,K)]^{n+1}, \; R(\lambda,K^T) = \sum_{n=0}^\infty (\lambda_0 - \lambda)^n [R(\lambda_0,K^T)]^{n+1}$$

für $|\lambda - \lambda_0| < \varrho$ gelten. Aus $R(\lambda_0,K^T) = R(\lambda_0,K)^T$ folgt also $R(\lambda,K^T) = R(\lambda,K)^T$ oder $K^T(\lambda) = K(\lambda)^T$ für $|\lambda - \lambda_0| < \varrho$, d. h. Ω' ist offen relativ zu Ω. Da Ω zusammenhängend ist, folgt daraus $\Omega' = \Omega$. Die unbeschränkte zusammenhängende Komponente von $P(K) \cap P(K^T)$ gehört zu $P(K,\mathscr{A})$, da nach Satz 4.6 alle $\lambda \in C$ mit $|\lambda| > |K|$ zu $P(K,\mathscr{A})$ gehören.

3. Für $\lambda \in P(K,\mathscr{A})$ ist $R(\lambda,K) \in \mathscr{A}(X,\mu)$ also $\lambda \in P(K) \cap P(K^T)$, $\lambda \neq 0$ nach (12.26), $K(\lambda)$ und $K^T(\lambda) = K(\lambda)^T \in \mathscr{I}(X,\mu)$ nach (12.26′) und folglich $K(\lambda) \in \mathscr{L}(X,\mu)$ nach Satz 12.5.

Zusammen mit Teil 2 des Beweises ist also (12.30) bewiesen. Aus Satz 12.7 folgt $\lambda \in P(K_\infty)$ und $K_\infty(\lambda) = K(\lambda)_\infty$. Es gilt also $K(\lambda)_\infty K_\infty = K_\infty K(\lambda)_\infty = \lambda[K(\lambda)_\infty - K_\infty]$ und folglich nach Satz 11.4 die entsprechende Gleichung für die Kerne dieser Operatoren $\overline{\mu \times \mu}$-f.ü., wobei die Kerne der Produkte durch die Faltung (11.19) gegeben sind. Nun erzeugen die Kerne aber auch Operatoren K_p und $K(\lambda)_p \in \mathscr{A}_{pp}$ für alle $p \in [1, \infty]$; also gilt auch $K(\lambda)_p K_p = K_p K(\lambda)_p = \lambda[K(\lambda)_p - K_p]$, d. h. $\lambda \in P(K_p)$ und $K_p(\lambda) = K(\lambda)_p$. Für $p = 0$ folgt das entsprechende Resultat durch Einschränkung von K und $K(\lambda)$ auf $C_1(X, \mu)$. Damit ist (12.31) bewiesen.

4. Ist λ_0 ein Pol der Resolvente von K als Element von $\mathscr{A}(X, \mu)$ mit Residuum $P \in \mathscr{E}(X, \mu)$, so gilt

$$R(\lambda, K) = \sum_{n=-m}^{\infty} (\lambda - \lambda_0)^n A_n \text{ mit } A_n \in \mathscr{A}(X, \mu), \; A_{-1} = P \tag{12.32}$$

für $0 < |\lambda - \lambda_0| < \varrho$ und die Reihe konvergiert in $\mathscr{A}(X, \mu)$. Aus (12.31) und (12.23) bzw. (12.23″) folgt $R(\lambda, K_p) = \sum_{n=-m}^{\infty} (\lambda - \lambda_0)^n A_{np}$ und die Konvergenz der Reihe in $\mathscr{B}(L_p)$ für $p \in [1, \infty]$ bzw. in $\mathscr{B}(C_1(X, \mu))$ für $p = 0$, d. h. λ_0 ist Pol der Resolvente von K_p mit Residuum P_p. Nach Aufgabe 5.10, b) ist λ_0 Fredholmpunkt vom Index Null von K_p, also $\lambda_0 \neq 0$ nach (12.25). Wegen $P \in \mathscr{E}(X, \mu)$ ist $R(P_p) = R(P) \subset C_1(X, \mu)$ von p unabhängig. Damit ist der Beweis vollständig.

Satz 12.9. *Für $K \in \mathscr{K}(X, \mu)$ sind auch die Operatoren K_p für alle $p \in [1, \infty]$ und für $p = 0$ kompakt, es gilt $\Sigma_e(K) = \Sigma_e(K_p) = \{0\}$ und*

$$\Sigma(K, \mathscr{A}) = \Sigma(K) = \Sigma(K_p) \quad \text{für alle } p \in [1, \infty] \text{ und } p = 0 \tag{12.33}$$

und zwar besteht $\Sigma(K, \mathscr{A})$ aus höchstens abzählbar vielen Polen der Resolvente von K als Element von $\mathscr{A}(X, \mu)$ mit Residuum $P \in \mathscr{E}(X, \mu)$, die sich nur bei Null häufen können, und aus dem Nullpunkt.

Beweis: Nach Satz 12.6 gibt es zu jedem $K \in \mathscr{K}(X, \mu)$ eine Folge (K_n) aus $\mathscr{E}(X, \mu)$ mit $\|K_n - K\| \to 0$. Wegen (12.23) bzw. (12.23″) gilt dann auch $\|K_{np} - K_p\| \to 0$ für alle p und die K_{np} sind endlich-dimensional, also kompakt. Nach Satz 5.11 ist K_p kompakt. Nach Satz 5.14 besteht $\Sigma(K) \cup \Sigma(K^T)$ aus höchstens abzählbar vielen Polen der Resolvente von K und (oder) K^T mit endlich-dimensionalen Residuen, die sich nur bei Null häufen können, und aus der Null. Also ist $P(K) \cap P(K^T)$ zusammenhängend und folglich gleich $P(K, \mathscr{A})$ nach Satz 12.8. Für einen Pol $\lambda_0 \neq 0$ gilt eine Entwicklung der Form (12.32) und die Reihe konvergiert in $\mathscr{B}(C(X))$ in einer Umgebung von λ_0. Nach (12.30) stellt die transponierte Reihe die Resolvente $R(\lambda, K^T)$ dar und konvergiert ebenfalls in $\mathscr{B}(C(X))$, d. h. (12.32) konvergiert in $\mathscr{A}(X, \mu)$ und λ_0 ist Pol der Resolvente von K als Element von $\mathscr{A}(X, \mu)$. Das Residuum P ist endlich-dimensional, wie schon erwähnt, also $P \in \mathscr{E}(X, \mu)$. Damit folgt alles weitere aus Satz 12.8.

Aus Beispielen sieht man, daß für $K \in \mathscr{L}(X, \mu) \backslash \mathscr{K}(X, \mu)$ die Spektren $\Sigma(K_p)$ für $p \in [1, \infty]$ verschieden sein können: Für den Operator von Aufgabe 12.11, a) ist $\Sigma(K_p) \neq \Sigma(K_q)$ für $p \neq q$ (s. Fig. 3) und für den Operator von Aufgabe 12.11, b) ist zwar $\Sigma(K_p) = \Sigma(K_{p'})$ aber $\Sigma(K_p) \neq \Sigma(K_q)$ für $1 \leq p < q \leq 2$ (Fig. 4). In beiden Fällen ist $P(K, \mathscr{A}) = \bigcap_{p \in [1, \infty]} P(K_p)$; es ist ein offenes Problem, ob diese Gleichung für alle $K \in \mathscr{L}(X, \mu)$ richtig ist; aus (12.31) folgt nur die Inklusion $P(K, \mathscr{A}) \subset \bigcap_{p \in [1, \infty]} P(K_p)$. Für die Beispiele von Aufgabe 12.11 ist $P(K, \mathscr{A}) = P(K_0)$; nach (12.31) ist $P(K, \mathscr{A}) \subset P(K_0)$ für alle $K \in \mathscr{L}(X, \mu)$ und es bleibt zu untersuchen, ob auch hier die Gleichheit allgemein gilt.

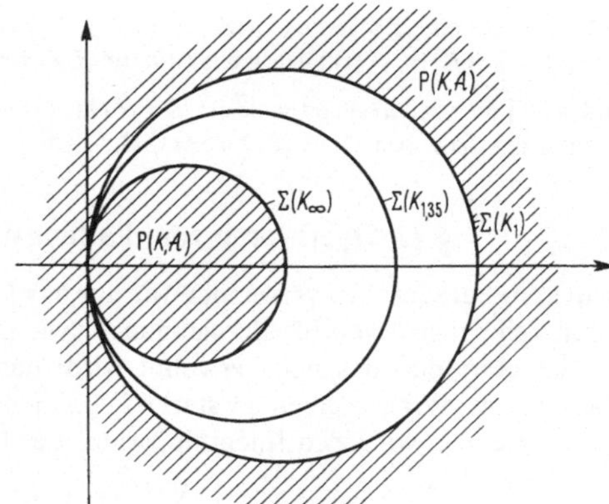

Figur 3

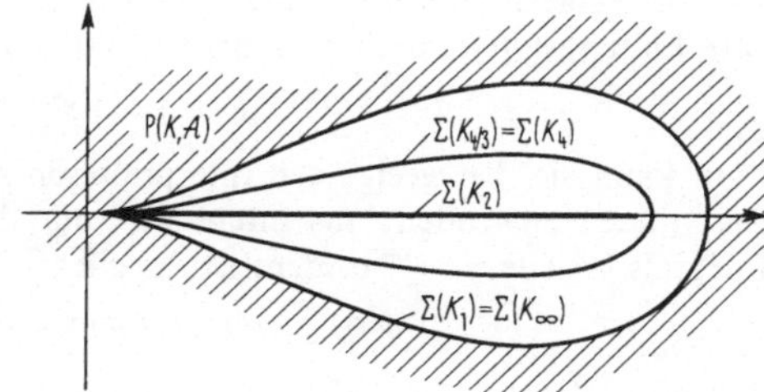

Figur 4

Aufgaben. 12.11. a) Es sei $K = L_{-1}$ der Operator von Aufgabe 12.9 mit $\gamma = -1$. Man zeige, daß für jedes $p \in [1, \infty]$ $\Sigma(K_p) = \Sigma_e(K_p) = \{\lambda \mid \operatorname{Re} \lambda^{-1} = 1 + \frac{1}{p}\}$ ist und berechne die Resolvente für alle $\lambda \in P(K_p)$. Es gilt $\Sigma(K_0) = \bigcup\limits_{p \in [1,\infty]} \Sigma(K_p)$. Anleitung: Mit Aufgabe 11.13, b) untersuche man, für welche $\lambda \in \mathbf{C}$ die Kerne von $L_{-1+\lambda^{-1}}$ bzw. $L^{\mathrm{T}}_{2-\lambda^{-1}}$ beschränkte Operatoren in L_p erzeugen. Für jedes $\lambda \neq 0$ mit $1 < \operatorname{Re} \lambda^{-1} < 2$ gibt es ein $\alpha \in \mathbf{C}$ mit $\int\limits_0^\infty g(x) x^\alpha \mathrm{d}x = 0$ für alle $g \in R(\lambda I - K_0)$.

b) Für den Operator K von Aufgabe 12.9, d) mit $\gamma = -1$ zeige

$$\Sigma(K_p) = \Sigma_e(K_p) = \{\lambda \mid \operatorname{Re} [1 - \tfrac{4}{3}\lambda^{-1}]^{1/2} = \tfrac{2}{3}|\tfrac{1}{p} - \tfrac{1}{2}|\}$$

für alle $p \in [1, \infty]$, $\Sigma(K_0) = \bigcup\limits_{p \in [1,\infty]} \Sigma(K_p)$ und berechne die Resolvente von K_p für alle $\lambda \in P(K_p)$.

12.12. a) Es sei $K \in \mathscr{L}(X, \mu)$; zu jedem $\varepsilon > 0$ gebe es eine kompakte Menge $K_\varepsilon \subset X$ mit $\|K(x, \cdot)\|_1 < \varepsilon$ und $\|K(\cdot, x)\|_1 < \varepsilon$ für alle $x \in X \backslash K_\varepsilon$. Dann ist $K \in \mathscr{K}(X, \mu)$.

b) Der Kern K sei $\overline{\mu \times \mu}$-meßbar und $\|K\|_{\infty\infty} < \infty$, $\|K^{\mathrm{T}}\|_{\infty\infty} < \infty$; zu jedem $\varepsilon > 0$ gebe es einen Kern $K_\varepsilon \in C_0(X \times X)$ mit $|K - K_\varepsilon| < \varepsilon$. Dann ist $K \in \mathscr{K}(X, \mu)$.

c) Es sei (K_n) eine beschränkte Folge aus $\mathscr{L}(X, \mu)$ und

$$\lim_{n,m \to \infty} \left[\|K_n(x, \cdot) - K_m(x, \cdot)\|_1 + \|K_n(\cdot, x) - K_m(\cdot, x)\|_1\right] = 0$$

gleichmäßig bezüglich x in jeder kompakten Teilmenge von X. Dann gibt es ein $K \in \mathscr{L}(X, \mu)$ mit

$$\lim_{n \to \infty} \left[\|K_n(x, \cdot) - K(x, \cdot)\|_1 + \|K_n(\cdot, x) - K(\cdot, x)\|_1\right] = 0$$

gleichmäßig bezüglich x in jeder kompakten Teilmenge von X.

d) Es sei (K_n) eine Folge aus $\mathscr{L}(X,\mu)$ mit $0 \le K_{n+1}(x,y) \le K_n(x,y)$ $\overline{\mu \times \mu}$-f.ü. für alle n; der durch $K(x,y) = \lim\limits_{n \to \infty} K_n(x,y)$ erklärte Kern ist dann $\overline{\mu \times \mu}$-meßbar. Sind die Funktionen $x \mapsto \int K(x,y) \mathrm{d}\mu(y)$ und $x \mapsto \int K(y,x) \mathrm{d}\mu(y)$ stetig, so ist $K \in \mathscr{L}(X,\mu)$ und die Konvergenz ist wie in c). Anleitung: Man benutzt den Satz von Dini (Schubert, H.: Topologie, S. 140).

§ 13 Operatoren vom Faltungstyp

In diesem Paragraphen verwenden wir nur das Lebesgue-Maß λ_m auf R^m oder auf einer meßbaren Teilmenge X von R^m. Bezeichnungen wie $\mathsf{L}_p(X)$, $\| \cdot \|_p$ und $\mathscr{L}(X)$ beziehen sich also stets auf λ_m, ohne daß das noch erwähnt wird; dasselbe gilt für Begriffe wie „meßbar", „fast überall" usw. Wir schreiben $\mathrm{d}x$ statt $\mathrm{d}\lambda_m(x)$ in den Integralen. Als Operator vom **Faltungstyp** bezeichnen wir jeden Integraloperator der Form

$$Kf(x) = \int k(x-y) f(y) \mathrm{d}y \tag{13.1}$$

für Funktionen aus einem der Räume $\mathsf{L}_p(X)$ oder $\mathsf{C}(X)$.

13.1 Die Fourier-Transformation. Das Hauptinstrument zur Untersuchung der Operatoren vom Faltungstyp ist die **Fourier-Transformation**

$$Ff(x) = \int e^{-2\pi i(x,y)} f(y) \mathrm{d}y \,^{1)}. \tag{13.2}$$

Man kann sie, bei geeigneter Interpretation des Integrals, auf verschiedene Klassen von Funktionen anwenden; uns interessiert nur der Fall $f \in \mathsf{L}_1(\mathsf{R}^m)$, in dem die Existenz des Integrals für alle $x \in \mathsf{R}^m$ evident ist. Es gilt

$$Ff \in \mathsf{C}(\mathsf{R}^m), \quad \|Ff\| \le \|f\|_1 \quad \text{für} \quad f \in \mathsf{L}_1(\mathsf{R}^m) \tag{13.3}$$

und zwar folgt die Stetigkeit von Ff aus dem Satz von Lebesgue [12.24]. Die Fourier-Transformation ist offenbar linear, also ein beschränkter Operator von $\mathsf{L}_1(\mathsf{R}^m)$ in $\mathsf{C}(\mathsf{R}^m)$ mit Norm $\|F\| \le 1$. Eine der wichtigsten Eigenschaften des Lebesgue-Maßes ist seine Invarianz gegenüber Translationen und Spiegelungen: Für jedes $f \in \mathsf{L}_1(\mathsf{R}^m)$ und $a \in \mathsf{R}^m$ gilt

$$\int f(x+a) \mathrm{d}x = \int f(-x) \mathrm{d}x = \int f(x) \mathrm{d}x; \tag{13.4}$$

das folgt aus [12.44] und dem Satz von Fubini (Reduktion auf den Fall $m = 1$). Durch $T_a f(x) = f(x+a)$ ist also ein Operator in $\mathsf{L}_1(\mathsf{R}^m)$ erklärt; wegen $T_a|f| = |T_a f|$ und (13.4) ist $\|T_a f\|_1 = \|f\|_1$, d.h. T_a ist isometrisch. Für jedes $f \in \mathsf{L}_1(\mathsf{R}^m)$ gilt

$$\|T_a f - f\|_1 \to 0 \quad \text{für} \quad |a| \to 0 ; \tag{13.5}$$

denn zu jedem $\varepsilon > 0$ gibt es ein $g \in \mathsf{C}_0(\mathsf{R}^m)$ mit $\|f-g\|_1 < \tfrac{1}{3}\varepsilon$ (vgl. [13.21]), und es gilt $T_a g(x) \to g(x)$ für $|a| \to 0$ gleichmäßig bezüglich x, wobei $\operatorname{trg} T_a g$ für alle a mit $|a| \le 1$ in einer kompakten Menge $K \subset \mathsf{R}^m$ enthalten ist, also auch $\|T_a g - g\|_1 \to 0$ für $|a| \to 0$. Es gibt ein $\varrho > 0$ mit $\|T_a g - g\|_1 < \tfrac{1}{3}\varepsilon$ für $|a| < \varrho$, und es folgt

$$\|T_a f - f\|_1 \le \|T_a(f-g)\|_1 + \|T_a g - g\|_1 + \|g-f\|_1 < \varepsilon \quad \text{für} \quad |a| < \varrho .$$

Für differenzierbare Funktionen $f \in \mathsf{L}_1(\mathsf{R}^m)$ mit $\mathsf{D}_j f \in \mathsf{L}_1(\mathsf{R}^m)$ ist

$$F\mathsf{D}_j f(x) = 2\pi i x_j \hat{f}(x) \quad (\hat{f} = Ff) \tag{13.6}$$

und für $f \in \mathsf{L}_1(\mathsf{R}^m)$ mit $\int |x_j f(x)| \mathrm{d}x < \infty$ gilt

$$Fg_j(x) = \mathsf{D}_j \hat{f}(x) \quad \text{mit} \quad g_j(x) = -2\pi i x_j f(x). \tag{13.6'}$$

$^{1)}$ $(x,y) = \sum\limits_{j=1}^{m} \xi_j \eta_j$ für $x = (\xi_1, \dots, \xi_m)$, $y = (\eta_1, \dots, \eta_m)$.

Zum Beweis dieser Formeln ist in Aufgabe 13.1 eine Anleitung gegeben; hier benötigen wir sie nur für eine spezielle Klasse von Funktionen, für die (13.6) durch partielle Integration und (13.6′) durch Differentiation aus (13.2) unmittelbar folgen: Es sei $\mathscr{S}(\mathsf{R}^m)$ die Menge aller $g \in C^\infty(\mathsf{R}^m)$ derart, daß

$$\sup\{|p(x)P(\mathrm{D})g(x)| \mid x \in \mathsf{R}^m\} < \infty \tag{13.7}$$

ist für jedes Polynom $p(x)$ und jedes Differentialpolynom $P(\mathrm{D}) = P(\mathrm{D}_1,\ldots,\mathrm{D}_m)$; ein Beispiel ist $g(x) = e^{-|x|^2}$. Die Fourier-Transformation bildet $\mathscr{S}(\mathsf{R}^m)$ in sich ab; denn für $g \in \mathscr{S}(\mathsf{R}^m)$ ist $P(\mathrm{D})pg = qQ(\mathrm{D})g \in \mathsf{L}_1(\mathsf{R}^m)$ für beliebige Polynome p und P mit geeigneten Polynomen q und Q, und $FP(\mathrm{D})pg(x) = P(2\pi\mathrm{i}x)p\left(-\dfrac{1}{2\pi\mathrm{i}}\mathrm{D}\right)\hat{g}(x)$ nach (13.6′) und (13.6), also

$$\left|P(2\pi\mathrm{i}x)p\left(-\frac{1}{2\pi\mathrm{i}}\mathrm{D}\right)\hat{g}(x)\right| \le \|qQ(\mathrm{D})g\|_1 \text{ für alle } x \in \mathsf{R}^m, \text{ d. h. } \hat{g} \in \mathscr{S}(\mathsf{R}^m).$$

Für $f,g \in \mathsf{L}_1(\mathsf{R}^m)$ definiert man die Faltung $f * g$ durch

$$(f * g)(x) = \int f(x-y)g(y)\mathrm{d}y. \tag{13.8}$$

Aus 11.4 Beispiel 2 wissen wir, daß das Integral für fast alle x existiert und eine Funktion $f * g \in \mathsf{L}_1(\mathsf{R}^m)$ darstellt mit

$$\|f * g\|_1 \le \|f\|_1 \|g\|_1. \tag{13.8′}$$

Aus (13.4) und dem Satz von Fubini folgt[1]

$$f * g = g * f, \quad (f * g) * h = f * (g * h). \tag{13.8″}$$

Die Regeln

$$(f + g) * h = f * h + g * h, \quad \alpha(f * g) = (\alpha f) * g \tag{13.8‴}$$

sind evident. Mit der Faltung als Multiplikation ist also $\mathsf{L}_1(\mathsf{R}^m)$ eine **kommutative Banachalgebra**. Wir berechnen nun:

$$\begin{aligned}
F(f * g)(x) &= \int e^{-2\pi\mathrm{i}(x,y)}\left\{\int f(y-z)g(z)\mathrm{d}z\right\}\mathrm{d}y\\
&= \int e^{-2\pi\mathrm{i}(x,z)}g(z)\left\{\int e^{-2\pi\mathrm{i}(x,y-z)}f(y-z)\mathrm{d}y\right\}\mathrm{d}z = Ff(x)Fg(x).
\end{aligned}$$

Mit der Abkürzung $\hat{f} = Ff$ gilt also

$$\widehat{f * g} = \hat{f}\hat{g}. \tag{13.9}$$

Hilfssatz 1. *Es sei (e_n) eine Folge aus $\mathsf{L}_1(\mathsf{R}^m)$ mit $e_n \ge 0$, $\|e_n\|_1 = 1$ und $\varrho_n = \sup\{|x| \mid x \in \operatorname{trg} e_n\} \to 0$ für $n \to \infty$. Dann gilt $e_n * f \to f$ für jedes $f \in \mathsf{L}_1(\mathsf{R}^m)$.*

Beweis: Sei $f \in \mathsf{L}_1(\mathsf{R}^m)$; zu jedem $\varepsilon > 0$ gibt es nach (13.5) ein ϱ_0 derart, daß $\|T_a f - f\|_1 < \varepsilon$ ist für $|a| < \varrho_0$. Wählt man n_0 so, daß $\varrho_n \le \varrho_0$ ist für $n \ge n_0$, so gilt für diese n:

$$\begin{aligned}
\|e_n * f - f\|_1 &= \int \left|\int e_n(x-y)[f(y)-f(x)]\mathrm{d}y\right|\mathrm{d}x\\
&\le \int e_n(z)\left\{\int |f(x-z)-f(x)|\,\mathrm{d}x\right\}\mathrm{d}z\\
&\le \int e_n(z)\mathrm{d}z \max\{\|T_{-z}f-f\|_1 \mid |z| \le \varrho_n\} \le \varepsilon.
\end{aligned}$$

Hilfssatz 2. *Für $f \in \mathsf{L}_1(\mathsf{R}^m)$ und $g \in C_0^\infty(\mathsf{R}^m)$ ist $f * g \in C^\infty(\mathsf{R}^m)$ und $\mathrm{D}_k(f * g) = f * \mathrm{D}_k g$ für alle k. $C_0^\infty(\mathsf{R}^m)$ ist dicht in $\mathsf{L}_1(\mathsf{R}^m)$.*

Beweis: Sei $f \in \mathsf{L}_1(\mathsf{R}^m)$, $g \in C_0^\infty(\mathsf{R}^m)$ und $T_k(\lambda)$ wie in Aufgabe 13.1, e) erklärt. Dann ist $h = f * g \in C(\mathsf{R}^m)$, $T_k(\lambda)h = f * T_k(\lambda)g$ und $\lambda^{-1}(T_k(\lambda)g - g) \to \mathrm{D}_k g$ für $\lambda \to 0$ in $C_0(\mathsf{R}^m)$.

---

[1] Diese Hilfsmittel werden wir im folgenden häufig verwenden, ohne noch darauf hinzuweisen.

Daraus folgt

$$\lambda^{-1}(T_k(\lambda)h - h) = f * \lambda^{-1}(T_k(\lambda)g - g) \to f * D_k g$$

für $\lambda \to 0$ in $C(\mathbf{R}^m)$, d. h. $D_k h = f * D_k g$. Wiederholung des Schlusses zeigt, daß $f * g \in C^\infty(\mathbf{R}^m)$ ist. Sei $f_\varrho(x) = f(x)$ für $|x| \le \varrho$ und $f_\varrho(x) = 0$ sonst. Zu $\eta > 0$ kann man ϱ so wählen, daß $\|f_\varrho - f\|_1 < \frac{1}{2}\eta$ ist. Mit den durch (7.8) erklärten Funktionen $\delta_\varepsilon \in C_0^\infty(\mathbf{R}^m)$ sei $h_\varepsilon = f_\varrho * \delta_\varepsilon$; da f_ϱ kompakten Träger hat, gilt das auch für h_ε. Außerdem ist $h_\varepsilon \in C^\infty(\mathbf{R}^m)$, also $h_\varepsilon \in C_0^\infty(\mathbf{R}^m)$. Nach Hilfssatz 1 ist $\|h_\varepsilon - f_\varrho\|_1 < \frac{1}{2}\eta$ für hinreichend kleines ε, also $\|h_\varepsilon - f\|_1 < \eta$, d. h. $C_0^\infty(\mathbf{R}^m)$ ist dicht in $L_1(\mathbf{R}^m)$.

Da $C_0^\infty(\mathbf{R}^m)$ in $\mathscr{S}(\mathbf{R}^m)$ enthalten ist, ist auch $\mathscr{S}(\mathbf{R}^m)$ dicht in $L_1(\mathbf{R}^m)$. Daraus folgt

$$\hat{f}(x) \to 0 \quad \text{für} \quad |x| \to \infty \quad \text{für} \quad \hat{f} \in F L_1(\mathbf{R}^m), \tag{13.10}$$

denn zu $f \in L_1(\mathbf{R}^m)$ und $\varepsilon > 0$ gibt es ein $g \in \mathscr{S}(\mathbf{R}^m)$ mit $\|f - g\|_1 < \frac{1}{2}\varepsilon$ und wegen $\hat{g}(x) \to 0$ für $|x| \to \infty$ ein $\varrho > 0$ mit $|\hat{g}(x)| < \frac{1}{2}\varepsilon$ für $|x| > \varrho$, folglich

$$|\hat{f}(x)| \le \|\hat{f} - \hat{g}\| + |\hat{g}(x)| \le \|f - g\|_1 + |\hat{g}(x)| < \varepsilon$$

für $|x| > \varrho$. Eine wichtige Folgerung aus (13.10) ist

(13.11) *Es gibt kein $e \in L_1(\mathbf{R}^m)$ mit $e * f = f$ für alle $f \in L_1(\mathbf{R}^m)$.*

Für ein solches e wäre nämlich $\hat{e}\hat{f} = \hat{f}$ für alle $f \in L_1(\mathbf{R}^m)$ nach (13.9). Wählt man f so, daß $\hat{f}(x) > 0$ ist für alle $x \in \mathbf{R}^m$ (Aufgabe 13.2, a)), so folgt $\hat{e}(x) = 1$ für alle $x \in \mathbf{R}^m$ im Widerspruch zu (13.10).

Wir definieren eine Folge (e_n) aus $L_1(\mathbf{R}^m)$ durch

$$e_n(x) = \prod_{j=1}^m \max\{0, n - n^2 |x_j|\} \; ; \tag{13.12}$$

sie genügt offenbar den Voraussetzungen von Hilfssatz 1. Man berechnet

$$\hat{e}_n(x) = \prod_{j=1}^n \left(\frac{\sin \pi n^{-1} x_j}{\pi n^{-1} x_j} \right)^2 \tag{13.12'}$$

und sieht, daß $\hat{e}_n \in L_1(\mathbf{R}^m)$ ist für alle n.

Satz 13.1 (Fourierscher Integralsatz). *Sei $f \in L_1(\mathbf{R}^m)$ und $\hat{f} = Ff$. Mit den Funktionen (13.12) gilt dann $(e_n * f)(x) = F\hat{e}_n\hat{f}(-x)$ für alle $x \in \mathbf{R}^m$ und alle n. Ist $\hat{f} \in L_1(\mathbf{R}^m)$, so gilt $f(x) = F\hat{f}(-x)$ fast überall.*

Beweis: Nach Aufgabe 13.2, c) ist

$$e_n(x) = \lim_{k \to \infty} \int_{A_k} e^{2\pi i(x,y)} \hat{e}_n(y)\,dy \tag{13.13}$$

gleichmäßig bezüglich $x \in \mathbf{R}^m$ mit $A_k = [-k,k]^m$. Wegen $\hat{e}_n\hat{f} \in L_1(\mathbf{R}^m)$ folgt

$$\begin{aligned}
F\hat{e}_n\hat{f}(-x) &= \lim_{k \to \infty} \int_{A_k} e^{2\pi i(x,y)} \hat{e}_n(y)\hat{f}(y)\,dy \\
&= \lim_{k \to \infty} \int f(z) \left\{ \int_{A_k} e^{2\pi i(x-z,y)} \hat{e}_n(y)\,dy \right\} dz \\
&= \int f(z) e_n(x-z)\,dz = (e_n * f)(x)
\end{aligned}$$

für alle $x \in \mathbf{R}^m$. Ist $\hat{f} \in L_1(\mathbf{R}^m)$, so gilt $\hat{e}_n\hat{f} \to \hat{f}$ in $L_1(\mathbf{R}^m)$, also $F\hat{e}_n\hat{f} \to F\hat{f}$ in $C(\mathbf{R}^m)$ nach (13.3) und andererseits $e_n * f \to f$ in $L_1(\mathbf{R}^m)$ nach Hilfssatz 1, also $f(x) = F\hat{f}(-x)$ fast überall. Mit Hilfssatz 1 erhält man unmittelbar:

Folgerung 1. *Die Fourier-Transformation F ist injektiv; die inverse Abbildung F^{-1} ist gegeben durch $F^{-1}\hat{f}(x) = F\hat{f}(-x)$ für fast alle $x \in \mathbf{R}^m$, falls $\hat{f} \in \mathsf{L}_1(\mathbf{R}^m)$, und durch*

$$F^{-1}\hat{f} = \lim_{n \to \infty} F^{-1}\hat{e}_n \hat{f} \quad \text{für} \quad \hat{f} \in F\mathsf{L}_1(\mathbf{R}^m).$$ (13.14)

Folgerung 2. *F ist eine bijektive Abbildung von $\mathscr{S}(\mathbf{R}^m)$ auf sich; die inverse Abbildung F^{-1} ist durch $F^{-1}\hat{f}(x) = F\hat{f}(-x)$ für alle $x \in \mathbf{R}^m$ definiert.*

Für $f \in \mathscr{S}(\mathbf{R}^m)$ ist nämlich $\hat{f} \in \mathscr{S}(\mathbf{R}^m)$, wie schon gezeigt, und daher $\hat{f} \in \mathsf{L}_1(\mathbf{R}^m)$, folglich $f(x) = F\hat{f}(-x)$ nach Satz 13.1 und zwar für alle $x \in \mathbf{R}^m$, da beide Funktionen stetig sind. Umkehrung: Ist $g \in \mathscr{S}(\mathbf{R}^m)$ gegeben, so ist $f(x) = \hat{g}(-x)$ Element von $\mathscr{S}(\mathbf{R}^m)$ und mit (13.4) folgt $Ff(x) = F\hat{g}(-x) = g(x)$, also $g = Ff$.

Aufgaben. 13.1. Es sei $f \in \mathsf{L}_1(\mathbf{R}^m)$: man zeige:

a) Für $g(x) = f(\varrho x)$ mit $\varrho > 0$ ist $\hat{g}(x) = \varrho^{-m}\hat{f}(\varrho^{-1}x)$.

b) Für $g(x) = e^{-2\pi i(a,x)}f(x)$ mit $a \in \mathbf{R}^m$ ist $\hat{g} = T_a\hat{f}$; für $g = T_a f$ ist $\hat{g}(x) = e^{2\pi i(a,x)}\hat{f}(x)$.

c) Ist $f(x) = \prod_{j=1}^{m} f_j(x_j)$ mit $f_j \in \mathsf{L}_1(\mathbf{R})$, so ist $\hat{f}(x) = \prod_{j=1}^{m}\hat{f}_j(x_j)$.

d) Ist $f(x) = g(|x|)$, so ist $\hat{f}(x) = 2\pi|x|^{-\frac{m-2}{2}}\int_0^\infty J_{\frac{m-2}{2}}(2\pi t|x|)g(t)t^{m/2}\,dt$, J_ν die Besselfunktion.

e) Es sei $T_j(\lambda)f(x) = f(x_1, \dots, x_j + \lambda, \dots, x_m)$; es gebe ein $g_j \in \mathsf{L}_1(\mathbf{R}^m)$ mit $\lambda^{-1}(T_j(\lambda)f - f) \to g_j$ in $\mathsf{L}_1(\mathbf{R}^m)$ für $\lambda \to 0$. Dann ist $\hat{g}_j(x) = 2\pi i x_j \hat{f}(x)$. Anleitung: Man benutzt b) und (13.3).

f) Es sei $h_j(x) = -2\pi i x_j f(x)$ und $h_j \in \mathsf{L}_1(\mathbf{R}^m)$. Dann hat $\hat{f}$ die stetige partielle Ableitung $D_j\hat{f} = \hat{h}_j$. Anleitung: Berechne $\lim_{\lambda \to 0}\lambda^{-1}(T_j(\lambda)\hat{f} - \hat{f})$ mit Hilfe des Satzes von Lebesgue.

13.2. a) Für $f(x) = e^{-\pi|x|^2}$ ist $\hat{f} = f$. Bestätige (13.12'). Anleitung: Aufgabe 13.1, c).

b) Es gilt

$$\lim_{n \to \infty}\int_{-n}^{n} e^{2\pi i s t}\left(\frac{\sin \pi t}{\pi t}\right)^2 dt = \max\{0, 1 - |s|\}$$

gleichmäßig bezüglich s in $\mathbf{R}$. Anleitung: Ersetze das Intervall $[-n,n]$ durch einen glatten Weg in $\mathbf{C}$, der den Nullpunkt nicht trifft, und wende den Residuensatz an.

c) Beweise (13.13) mit Hilfe von b) und Aufgabe 13.1, c).

d) Für $f(x) = \frac{1}{2}S_\varkappa(|x|)$ (vgl. (9.42)) mit $\mathrm{Im}\,\varkappa > 0$ ist $\hat{f}(x) = (4\pi^2|x|^2 - \varkappa^2)^{-1}$. Anleitung: Benutze Aufgabe 13.1, d) und das bei (9.42) zitierte Buch, S. 100, vorletzte Formel.

13.3. Für $a, b \in \mathbf{R}$ sei $L_{p,a}$ die Menge aller meßbaren Funktionen f auf $\mathbf{R}$ mit $\|f\|_{p,a} = \{\int|e^{2\pi a x}f(x)|^p dx\}^{1/p} < \infty$, $L_{p,a,b}$ die Menge aller f mit $\|f\|_{p,a,b} = \max\{\|f\|_{p,c}\,\big|\,c \in [a,b]\} < \infty$.

a) $L_{p,a}$ und $L_{p,a,b}$ mit den Normen $\|\cdot\|_{p,a}$ bzw. $\|\cdot\|_{p,a,b}$ sind Banachräume.

b) Mit der Faltung (13.8) als Multiplikation sind $L_{1,a}$ und $L_{1,a,b}$ Banachalgebren.

c) Für $f \in L_{1,a,b}$ und $z \in \mathbf{C}$ mit $\mathrm{Im}\,z \in [a,b]$ existiert $\hat{f}(z) = \int e^{-2\pi i x z}f(x)\,dx$ und stellt eine für $\mathrm{Im}\,z \in (a,b)$ holomorphe und für $\mathrm{Im}\,z \in [a,b]$ stetige Funktion dar; es gilt $\hat{f}(x + iy) \to 0$ für $|x| \to \infty$ gleichmäßig bezüglich $y \in [a,b]$.

d) Für $f, g \in L_{1,a,b}$ gilt (13.9).

13.4. Es sei $M_{p,a,b}$ die Menge aller Funktionen der Form $f = f_1 + f_2$ mit $f_1 \in L_{p,a}$, $f_2 \in L_{p,b}$ (vgl. Aufgabe 13.3).

a) Mit der Norm $|f|_{p,a,b} = \inf\{\|f_1\|_{p,a} + \|f_2\|_{p,b}\,\big|\,f_1 + f_2 = f\}$ ist $M_{p,a,b}$ ein Banachraum.

b) Für $k \in L_{1,a,b}$ und $p \in [1, \infty]$ ist durch (13.1) ein beschränkter Operator K_p in $M_{p,a,b}$ definiert mit Schranke $\|k\|_{1,a,b}$.

c) Für $\operatorname{Im} z \in (a,b)$ und $n \in \mathsf{N}$ sei $f_n(x) = x^n e^{2\pi i x z}$; für jedes $p \in [1, \infty]$ ist dann $f_n \in \mathsf{M}_{p,a,b}$ und $K_p f_n(x) =$ $\sum_{j=0}^{n} \binom{n}{j} \left(\frac{1}{2\pi i} \right)^j \hat{k}^{(j)}(z) f_{n-j}(x)$, worin $\hat{k}^{(j)}(z)$ die j-te Ableitung von $\hat{k}$ an der Stelle z bezeichnet.

13.5. Es sei $f_n(x) = (1 + |x|)^{-1} \sin(2\pi x^2)$ für $-n \le x \le n$ und $f_n(x) = 0$ sonst. Man zeige, daß $\|f_n\|_1 \to \infty$ für $n \to \infty$ und daß die Folge $(\hat{f}_n)$ in $\mathsf{C}(\mathsf{R})$ konvergiert.

13.2 Die Wiener-Algebra. Die Banachalgebra $\mathsf{L}_1(\mathsf{R}^m)$ hat nach (13.11) kein Einselement. Wir erweitern daher $\mathsf{L}_1(\mathsf{R}^m)$ nach Satz 4.3 zu einer Banachalgebra $\mathscr{F}(\mathsf{R}^m)$ mit Einselement δ. Wir bezeichnen die Multiplikation in $\mathscr{F}(\mathsf{R}^m)$ weiterhin als „Faltung" und verwenden dafür das Zeichen $*$. Wir schreiben $\|\cdot\|_1$ für die Norm in $\mathscr{F}(\mathsf{R}^m)$; nach (4.4) ist also

$$\|f\|_1 = |\lambda| + \|k\|_1 \quad \text{für} \quad f = \lambda \delta + k \in \mathscr{F}(\mathsf{R}^m). \tag{13.15}$$

Die Bildmenge $F\mathsf{L}_1(\mathsf{R}^m)$ ist eine kommutative Algebra ohne Eins mit der gewöhnlichen Definition der Multiplikation der Funktionen. Wir erweitern $F\mathsf{L}_1(\mathsf{R}^m)$ zu einer Algebra $\mathscr{W}(\mathsf{R}^m)$ mit Eins; man nennt sie Wiener-Algebra nach ihrem Entdecker N. Wiener. Die Eins in $\mathscr{W}(\mathsf{R}^m)$ ist die konstante Funktion 1; die Elemente von $\mathscr{W}(\mathsf{R}^m)$ sind also von der Form $\lambda + \hat{k}$ mit $\lambda \in \mathsf{C}$ und $\hat{k} \in F\mathsf{L}_1(\mathsf{R}^m)$. Wir setzen $\hat{\delta} = 1$ und allgemein

$$\hat{f} = \lambda + \hat{k} \quad \text{für} \quad f = \lambda \delta + k \in \mathscr{F}(\mathsf{R}^m). \tag{13.16}$$

Dann gilt die Formel (13.9) für alle $f, g \in \mathscr{F}(\mathsf{R}^m)$ und die Abbildung $f \mapsto \hat{f}$ von $\mathscr{F}(\mathsf{R}^m)$ auf $\mathscr{W}(\mathsf{R}^m)$ ist ein Isomorphismus nach Folgerung 1 aus Satz 13.1. $\mathscr{W}(\mathsf{R}^m)$ ist eine Banachalgebra mit der induzierten Norm $\|\hat{f}\|_{\mathscr{W}} = \|f\|_1$, nicht aber mit der Norm $\|\cdot\|$ von $\mathsf{C}(\mathsf{R}^m)$ (Aufgabe 13.5). Die Wiener-Algebra ermöglicht ein einfaches Kriterium für die Regularität eines Elements $f \in \mathscr{F}(\mathsf{R}^m)$ und liefert zugleich eine Darstellung der Inversen:

Satz 13.2 (N. Wiener)[1]. *Ein Element $f = \lambda \delta - k \in \mathscr{F}(\mathsf{R}^m)$ mit $k \in \mathsf{L}_1(\mathsf{R}^m)$ ist genau dann regulär, wenn $\lambda \neq 0$ ist und $\hat{k}(x) \neq \lambda$ für alle $x \in \mathsf{R}^m$. Die Inverse von f ist von der Form $\lambda^{-1}\delta + \lambda^{-2}k_\lambda$ mit*

$$k_\lambda \in \mathsf{L}_1(\mathsf{R}^m), \quad \hat{k}_\lambda = \lambda \hat{k}(\lambda - \hat{k})^{-1}. \tag{13.17}$$

Beweis: 1. Sei $f = \lambda \delta - k$ regulär und $g = \mu \delta + h$ die Inverse; dann ist $f * g = \delta$ und folglich $\hat{f}\hat{g} = (\lambda - \hat{k})(\mu + \hat{h}) = 1$ nach (13.16). Wegen (13.10) ist dann $\lambda \mu = 1$, also $\lambda \neq 0$ und $\mu = \lambda^{-1}$, sowie $\lambda - \hat{k}(x) \neq 0$ für alle $x \in \mathsf{R}^m$. Setzt man $h = \lambda^{-2}k_\lambda$, so folgt (13.17).

2. Sei $k \in \mathscr{S}(\mathsf{R}^m)$, $\lambda \neq 0$ und $\hat{k}(x) \neq \lambda$ für alle $x \in \mathsf{R}^m$. Es gibt dann ein $\varrho > 0$ mit $|\lambda - \hat{k}(x)| \ge \varrho$ für alle $x \in \mathsf{R}^m$. Nach Folgerung 2 aus Satz 13.1 ist $\hat{k} \in \mathscr{S}(\mathsf{R}^m)$. Setzen wir $h = \lambda \hat{k}(\lambda - \hat{k})^{-1}$, so ist auch $h \in \mathscr{S}(\mathsf{R}^m)$, denn h ist offenbar beliebig oft differenzierbar, und für ein beliebiges Differentialpolynom $P(\mathsf{D})$ und ein beliebiges Polynom $p(x)$ prüft man mit Hilfe von (13.7) leicht nach, daß $p(x)P(\mathsf{D})h(x)$ beschränkt ist. Nach Folgerung 2 aus Satz 13.1 gibt es ein $k_\lambda \in \mathscr{S}(\mathsf{R}^m)$, dessen Fourier-Transformierte $\hat{k}_\lambda$ gleich h ist. Also ist $\lambda \delta - k$ regulär und $\lambda^{-1}\delta + \lambda^{-2}k_\lambda$ ist die Inverse.

3. Ein Element $g \in \mathscr{S}(\mathsf{R}^m)$ der Algebra $\mathscr{F}(\mathsf{R}^m)$ hat nach 1. und 2. das Spektrum $\Sigma(g) = \{\lambda | \lambda = \hat{g}(x)$ für ein $x \in \mathsf{R}^m$ oder $\lambda = 0\}$. Nach Aufgabe 4.9, b) ist

$$\Sigma(\lambda^{-1}\delta + \lambda^{-2}g_\lambda) = \{\mu | \mu = (\lambda - \hat{g}(x))^{-1} \text{ für ein } x \in \mathsf{R}^m \quad \text{oder} \quad \mu = \lambda^{-1}\}$$

für $\lambda \in \mathsf{P}(g)$ und daher

---

[1] Die ursprüngliche Form des Satzes betraf Fourier-Reihen; vgl. hierzu Reiter, H.: Classical harmonic analysis and locally compact groups. Oxford 1968, Ch. 1.

$$r(\lambda^{-1}\delta + \lambda^{-2}g_\lambda) = \left[\inf\{|\lambda - \hat{g}(x)|\,|\,x \in \mathbf{R}^m\}\right]^{-1} \tag{13.18}$$

der Spektralradius des Elements $\lambda^{-1}\delta + \lambda^{-2}g_\lambda$.

4. Sei $k \in \mathsf{L}_1(\mathbf{R}^m)$, $\lambda \neq 0$ und $\hat{k}(x) \neq \lambda$ für alle $x \in \mathbf{R}^m$; dann ist $\varrho = \inf\{|\lambda - \hat{k}(x)|\,|\,x \in \mathbf{R}^m\} > 0$. Nach 13.1 Hilfssatz 2 gibt es ein $g \in \mathscr{S}(\mathbf{R}^m)$ mit $\|k - g\|_1 < \tfrac{1}{2}\varrho$. Dann ist $|\hat{k}(x) - \hat{g}(x)| < \tfrac{1}{2}\varrho$ und daher $|\lambda - \hat{g}(x)| \geq \tfrac{1}{2}\varrho$ für alle $x \in \mathbf{R}^m$. Nach 2. ist $\lambda\delta - g$ regulär, und nach (13.18) hat die Inverse $\lambda^{-1}\delta + \lambda^{-2}g_\lambda$ einen Spektralradius $r(\lambda^{-1}\delta + \lambda^{-2}g_\lambda) \leq 2\varrho^{-1}$. Aus Aufgabe 4.15, b) folgt nun

$$r((\lambda^{-1}\delta - \lambda^{-2}g_\lambda) * (k - g)) \leq 2\varrho^{-1}\|k - g\|_1 < 1$$

und damit die Regularität von $\lambda\delta - k$ aus Aufgabe 4.14, b).

Aus Aufgabe 4.9, a) und dem Satz von Wiener erhält man:

Folgerung. *Das Spektrum eines Elements $f \in \mathscr{F}(\mathbf{R}^m)$ ist die abgeschlossene Hülle des Wertebereichs der Fourier-Transformierten $\hat{f}$, also*

$$\Sigma(f) = \overline{\{\hat{f}(x)\,|\,x \in \mathbf{R}^m\}}\,. \tag{13.19}$$

Jedem $k \in \mathsf{L}_1(\mathbf{R}^m)$ ist durch (13.1) nach Aufgabe 12.8, a) ein Operator $K \in \mathscr{L}(\mathbf{R}^m)$ zugeordnet. Aus $k \mapsto K$ und $h \mapsto H$ folgt $k * h \mapsto KH = HK$ nach Definition der Faltung. Erweitert man diese Abbildung auf $\mathscr{F}(\mathbf{R}^m)$ durch

$$\lambda\delta + k \mapsto \lambda I + K \quad \text{für} \quad \lambda \in \mathbf{C}, \quad k \in \mathsf{L}_1(\mathbf{R}^m), \tag{13.20}$$

so erhält man einen Isomorphismus von $\mathscr{F}(\mathbf{R}^m)$ auf eine kommutative Teilalgebra von $\mathscr{A}(\mathbf{R}^m)$, die von der Identität und den Operatoren vom Faltungstyp erzeugt wird. Nach Aufgabe 13.6 ist

$$|\lambda I + K| = \|\lambda I + K\| = |\lambda| + \|k\|_1\,, \tag{13.20'}$$

d. h. die Abbildung (13.20) ist ein Normisomorphismus. Wie in 12.5 bezeichnen wir mit K_p bzw. K_0 die dem Operator $K \in \mathscr{L}(\mathbf{R}^m)$ zugeordneten Operatoren in $\mathsf{L}_p(\mathbf{R}^m)$ bzw. in $\mathsf{C}_1(\mathbf{R}^m)$.

Satz 13.3. *Es sei $k \in \mathsf{L}_1(\mathbf{R}^m)$ und K der durch (13.1) definierte Operator aus $\mathscr{L}(\mathbf{R}^m)$. Dann sind die Spektren $\Sigma(K, \mathscr{A})$, $\Sigma(K)$, $\Sigma_e(K)$, $\Sigma(K_p)$ und $\Sigma_e(K_p)$ für $p \in [1, \infty]$ und für $p = 0$ alle gleich $\Sigma(k)$ (vgl. (13.19)) und die Resolvente ist für $\lambda \in \mathsf{P}(k)$ von der Form (12.24) bzw. (12.24'), worin $K(\lambda)$ bzw. $K_p(\lambda)$ ein Operator vom Faltungstyp ist mit dem durch (13.17) erklärten Element $k_\lambda \in \mathsf{L}_1(\mathbf{R}^m)$ als Kern.*

Beweis: 1. Für $\lambda \in \mathsf{P}(k)$ hat $\lambda\delta - k$ nach Satz 13.2 die Inverse $\lambda^{-1}\delta + \lambda^{-2}k_\lambda$ mit $k_\lambda \in \mathsf{L}_1(\mathbf{R}^m)$. Ist $K(\lambda) \in \mathscr{L}(\mathbf{R}^m)$ der zugeordnete Operator vom Faltungstyp, so ist $\lambda^{-1}I + \lambda^{-2}K(\lambda)$ die Inverse von $\lambda I - K$ in $\mathscr{A}(\mathbf{R}^m)$, d. h. $\lambda \in \mathsf{P}(K, \mathscr{A})$ und folglich $\lambda \in \mathsf{P}(K)$ nach (12.30) sowie $\lambda \in \mathsf{P}(K_p)$ und $K_p(\lambda) = K(\lambda)_p$ nach (12.31) für $p = 0$ und alle $p \in [1, \infty]$.

2. Sei $\lambda \in \Sigma(k)$ und $\lambda \neq 0$; dann gibt es ein $z \in \mathbf{R}^m$ mit $\hat{k}(z) = \lambda$. Sei $p \in [1, \infty)$, $f \in C_0^\infty(\mathbf{R}^m)$, $f \geq 0$ und $\|f\|_p = 1$. Wir setzen $f_n(x) = n^{-\frac{m}{p}}e^{2\pi i(x, z)}f(n^{-1}x)$ für $n = 1, 2, \ldots$ Dann ist $f_n \in \mathsf{L}_p(\mathbf{R}^m)$, $\|f_n\|_p = 1$ und $\hat{f}_n(x) \to 0$ für $n \to \infty$ und alle $x \in \mathbf{R}^m$. Die Folge (f_n) enthält daher keine in $\mathsf{L}_p(\mathbf{R}^m)$ konvergente Teilfolge. Andererseits ist

$$\lambda f_n(x) - K_p f_n(x) = n^{-\frac{m}{p}}e^{2\pi i(x, z)}\int e^{-2\pi i(y, z)}\left[f(n^{-1}x) - f(n^{-1}x - n^{-1}y)\right]k(y)\mathrm{d}y,$$

also

$$|\lambda f_n(x) - K_p f_n(x)| \leq n^{-\frac{m}{p}}\int |f(n^{-1}x) - f(n^{-1}x - n^{-1}y)|\,|k(y)|\mathrm{d}y \leq 2n^{-\frac{m}{p}}\|f\|\,\|k\|_1$$

für alle $x \in \mathbf{R}^m$ und

$$\int |\lambda f_n(x) - K_p f(x)|\,dx \le n^{m-\frac{m}{p}} \int \{\int |f(x) - f(x - n^{-1}y)|\,dx\}\, |k(y)|\,dy = n^{m-\frac{m}{p}} \varepsilon_n$$

mit $\varepsilon_n \to 0$ für $n \to \infty$, da $\int |f(x) - f(x - n^{-1}y)|\,dx \le 2\|f\|_1$ ist und gegen Null strebt für $n \to \infty$ und für alle $y \in \mathbf{R}^m$. Daraus folgt

$$\|\lambda f_n - K_p f_n\|_p^p \le (2n^{-\frac{m}{p}} \|f\|\, \|k\|_1)^{p-1} n^{m-\frac{m}{p}} \varepsilon_n = \gamma \varepsilon_n \to 0$$

für $n \to \infty$. Nach Aufgabe 5.17, c) liegt λ in $\Sigma_e(K_p)$; da $\Sigma_e(K_p)$ abgeschlossen ist, gilt auch $0 \in \Sigma_e(K_p)$, also $\Sigma(k) \subset \Sigma_e(K_p)$. Zusammen mit 1. hat man also $\Sigma_e(K_p) = \Sigma(K_p) = \Sigma(k)$ für $1 \le p < \infty$. Dasselbe gilt für $p = 0$, da für $p = 1$ die Folge (f_n) in $\mathsf{C}_1(\mathbf{R}^m)$ liegt, $|f_n| = \|f_n\|_1 = 1$ ist für alle genügend großen n und

$$|\lambda f_n - K_0 f_n| \le \max\{2n^{-m}\|f\|\,\|k\|_1,\ \varepsilon_n\} \to 0$$

für $n \to \infty$. Der Operator K^{T} wird von dem Element $k^{\mathsf{T}} \in \mathsf{L}_1(\mathbf{R}^m)$ erzeugt, das durch $k^{\mathsf{T}}(x) = k(-x)$ erklärt ist. Mit (13.4) folgt $\widehat{k^{\mathsf{T}}} = \hat{k}^{\mathsf{T}}$ und damit $\Sigma(k^{\mathsf{T}}) = \Sigma(k)$. Aus (12.25) erhält man nun $\Sigma_e(K_\infty) = \Sigma_e(K_1^{\mathsf{T}}) = \Sigma(k^{\mathsf{T}}) = \Sigma(k)$. Schließlich ist $\Sigma(K_p) \subset \Sigma(K, \mathscr{A})$ für alle p nach (12.31), mit 1. also auch $\Sigma(K, \mathscr{A}) = \Sigma(k)$.

Aufgaben. 13.6. Es sei $k \in \mathsf{L}_1(\mathbf{R}^m)$ und K der zugeordnete Operator in $\mathsf{C}(\mathbf{R}^m)$. Für jedes $\lambda \in \mathbf{C}$ ist dann $\|\lambda I + K\| = |\lambda| + \|k\|_1$. Anleitung: Mit 13.1 Hilfssatz 1 zeige $\|\lambda e_n + k * e_n\|_1 \to |\lambda| + \|k\|_1$.

13.7. Sei $k \in \mathsf{L}_1(\mathbf{R}^m)$.

a) Jeder Punkt $\lambda \in \Sigma(k)$ mit $\lambda \neq 0$ ist Eigenwert von K und von K_∞.

b) Sei $\lambda \in \Sigma(k)$ und $\mathsf{M}_\lambda = \{x \mid x \in \mathbf{R}^m, \hat{k}(x) = \lambda\}$ habe innere Punkte. Dann ist λ Eigenwert unendlicher geometrischer Vielfachheit von K und von K_p für alle $p \in [1, \infty]$ und für $p = 0$.

13.8. Es sei $\mathscr{F}_{a,b}$ die Erweiterung der Banachalgebra $\mathsf{L}_{1,a,b}$ von Aufgabe 13.3 um ein Einselement δ; für $f = \lambda\delta + k \in \mathscr{F}_{a,b}$ sei $\hat{f} = \lambda + \hat{k}$.

a) Das Spektrum eines Elements $f \in \mathscr{F}_{a,b}$ ist $\Sigma(f) = \overline{\{\lambda \mid \lambda = \hat{f}(z),\ \mathrm{Im}\, z \in [a,b]\}}$, die Inverse von $\lambda\delta - k$ ist $\lambda^{-1}\delta + \lambda^{-2}k_\lambda$ mit $k_\lambda \in \mathsf{L}_{1,a,b}$ und $\hat{k}_\lambda = \lambda\hat{k}(\lambda - \hat{k})^{-1}$ für $\lambda \in \mathsf{P}(k)$.

b) Sei $k \in \mathsf{L}_{1,a,b}$, K_p der zugeordnete Operator in $\mathsf{M}_{p,a,b}$ nach Aufgabe 13.4, b); dann ist $\Sigma(K_p) = \Sigma(k)$,

$$\Sigma_e(K_p) = \overline{\{\lambda \mid \lambda = \hat{k}(z),\ \mathrm{Im}\, z = a \quad \text{oder} \quad \mathrm{Im}\, z = b\}},$$

$\beta(\lambda I - K_p) = 0$ für alle $\lambda \in \Phi(K_p)$ und $\alpha(\lambda I - K_p)$ ist konstant in jeder zusammenhängenden Komponente von $\Phi(K_p)$ und von p unabhängig. Anleitung: Für $\lambda \in \Phi(K_p)$ konstruiert man die Inverse bzw. Pseudoinverse von $\lambda I - K_p$ nach dem Vorbild von a), und benutzt Aufgabe 13.4, c).

13.3 Faktorisierung in $\mathscr{F}(\mathbf{R})$. Dieser Abschnitt enthält einige Resultate über Teilalgebren von $\mathscr{F}(\mathbf{R})$ und die zugehörige Faktorzerlegung, die im folgenden Abschnitt benötigt werden.

Es sei $f \in \mathscr{F}(\mathbf{R})$ und $\varphi(\lambda) = \sum_{n=0}^{\infty} \alpha_n \lambda^n$ mit Konvergenzradius $r > r(f) = \sup\{|\hat{f}(x)| \mid x \in \mathbf{R}\}$. Wir definieren die „Potenzen" f^{*n} von f durch

$$f^{*0} = \delta, \quad f^{*(n+1)} = f * f^{*n} \quad \text{für} \quad n = 0, 1, 2, \ldots \tag{13.21}$$

und setzen

$$\varphi_*(f) = \sum_{n=0}^{\infty} \alpha_n f^{*n}. \tag{13.22}$$

Nach Aufgabe 4.16 konvergiert die Reihe in $\mathscr{F}(\mathbf{R})$. Aus (13.9) folgt $\widehat{f^{*n}} = (\hat{f})^n$ und damit

$$\widehat{\varphi_*(f)} = \varphi(\hat{f}). \tag{13.22'}$$

Besonderes Interesse hat für uns die Exponentialfunktion

$$\exp_*(f) \quad \text{mit} \quad \widehat{\exp_*(f)} = \exp(\hat{f});\tag{13.23}$$

sie ist für jedes $f \in \mathscr{F}(\mathsf{R})$ erklärt. Es gilt

$$\exp_*(f + g) = \exp_*(f) * \exp_*(g)\tag{13.23'}$$

für alle $f, g \in \mathscr{F}(\mathsf{R})$; insbesondere ist $\exp_*(f)$ regulär und hat die Inverse $\exp_*(-f)$.

Wir möchten nun in ähnlicher Weise ein Element $\log_*(f)$ bilden, dessen Fourier-Transformierte gleich $\log \hat{f}$ ist. Zunächst ist klar, daß dazu $\hat{f}(x) \neq 0$ sein muß für alle $x \in \mathsf{R}$ und $\lim\limits_{|x| \to \infty} \hat{f}(x) \neq 0$, d. h. $f = \lambda \delta - k$ mit $k \in \mathsf{L}_1(\mathsf{R})$ und $\lambda \in \mathsf{P}(k)$. Durch $\Gamma = (z \mid z = \hat{k}(x)$, $-\infty \leq x \leq \infty)$ ist eine stetige, geschlossene und orientierte Kurve Γ in C definiert, die vom Nullpunkt ausgeht und dorthin zurückkehrt. Für jedes $\lambda \in \mathsf{P}(k)$ ist eine ganze Zahl

$$\varkappa(\lambda - \hat{k}) = \frac{1}{2\pi} \int\limits_{-\infty}^{\infty} \mathrm{d}\arg(\lambda - \hat{k}(x))^{1)},\tag{13.24}$$

der Index des Punktes λ in bezug auf die Kurve Γ erklärt. $\varkappa$ ist stetig in $\mathsf{P}(k)$, also konstant in jeder zusammenhängenden Komponente von $\mathsf{P}(k)$ und insbesondere gleich Null in der unbeschränkten zusammenhängenden Komponente (vgl. Fig. 5). Aus $\arg(z_1 z_2) = \arg(z_1) + \arg(z_2)(\mathrm{mod}\,2\pi)$ folgt

$$\varkappa(\hat{f}\,\hat{g}) = \varkappa(\hat{f}) + \varkappa(\hat{g})\tag{13.25}$$

für beliebige reguläre Elemente $f, g \in \mathscr{F}(\mathsf{R})$; insbesondere ist $\varkappa(\lambda - \hat{k}) = \varkappa(1 - \lambda^{-1}\hat{k})$.

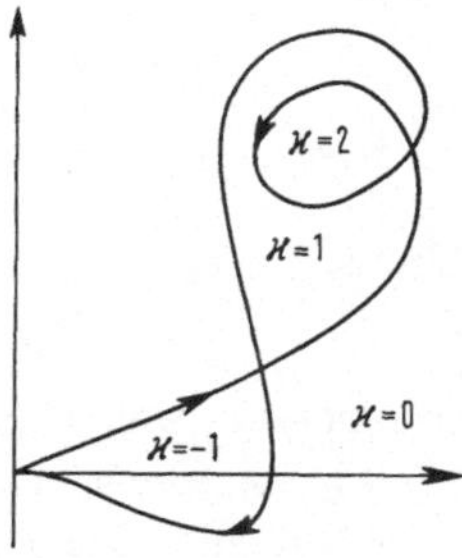

Figur 5

Satz 13.4. [2)] *Es sei $h \in \mathsf{L}_1(\mathsf{R})$ und $1 \in \mathsf{P}(h)$. Es gibt ein $g \in \mathsf{L}_1(\mathsf{R})$ mit $\hat{g}(x) = \log(1 - \hat{h}(x))$ für alle $x \in \mathsf{R}$ genau dann, wenn $\varkappa(1 - \hat{h}) = 0$ ist.*

Beweis: 1. Es gebe ein g mit den verlangten Eigenschaften. Wegen $\hat{g}(x) \to 0$ für $|x| \to \infty$ ist dann $\int\limits_{-\infty}^{\infty} \mathrm{d}\hat{g}(x) = 0$, also auch $0 = \mathrm{Im} \int\limits_{-\infty}^{\infty} \mathrm{d}\hat{g}(x) = \int\limits_{-\infty}^{\infty} \mathrm{d}\arg(1 - \hat{h}(x)) = 2\pi\varkappa(1 - \hat{h})$.

2. Sei $h \in \mathscr{S}(\mathsf{R})$, $1 \in \mathsf{P}(h)$ und $\varkappa(1 - \hat{h}) = 0$. Wir können die stetige Funktion $x \mapsto \arg(1 - \hat{h}(x))$ so erklären, daß sie für $|x| \to \infty$ gegen Null strebt, und damit

$$\hat{g}(x) = \log(1 - \hat{h}(x)) = \log|1 - \hat{h}(x)| + i\arg(1 - \hat{h}(x))$$

so, daß $\hat{g}(x) \to 0$ für $|x| \to \infty$. Wegen $\hat{h} \in \mathscr{S}(\mathsf{R})$ ist auch $\hat{g} \in \mathscr{S}(\mathsf{R})$, also $\hat{g} = Fg$ mit $g \in \mathscr{S}(\mathsf{R})$ nach Folgerung 2 aus Satz 13.1.

3. Sei $h \in \mathsf{L}_1(\mathsf{R})$ und $\varkappa(1 - \hat{h}) = 0$. Wegen $1 \in \mathsf{P}(h)$ ist $\varrho = \inf\{|1 - \hat{h}(x)| \mid x \in \mathsf{R}\} > 0$. Nach 13.1 Hilfssatz 2 gibt es eine Folge (h_n) aus $\mathscr{S}(\mathsf{R})$ mit $\|h_n - h\|_1 \to 0$ und wir dürfen $\|h_n - h\|_1 \leq \frac{1}{2}\varrho$ für alle n voraussetzen. Dann ist $|1 - \hat{h}_n(x)| \geq \frac{1}{2}\varrho$ für alle $x \in \mathsf{R}$, also $1 \in \mathsf{P}(h_n)$ und $\varkappa(1 - \hat{h}_n) = 0$ für alle n; denn $t \mapsto \varkappa(1 - t\hat{h} - (1 - t)\hat{h}_n)$ ist eine stetige Funktion auf $[0, 1]$ mit ganzzahligen Werten, also konstant. Nach 2. gibt es Elemente $g_n \in \mathscr{S}(\mathsf{R})$ mit $\hat{g}_n = \log(1 - \hat{h}_n)$. Wir werden zeigen, daß die Folge (g_n) in $\mathsf{L}_1(\mathsf{R})$ konvergiert; für den Grenzwert g gilt dann offenbar $\hat{g}(x) = \lim\limits_{n \to \infty} \log(1 - \hat{h}_n(x)) = \log(1 - \hat{h}(x))$.

[1)] Das Integral ist der Zuwachs von $\arg(\lambda - \hat{k}(x))$, wenn x die Gerade R durchläuft. Der Zuwachs ist wohldefiniert, obgleich $\arg(z)$ nur $\mathrm{mod}(2\pi)$ erklärt ist.

[2)] Es handelt sich um einen Spezialfall des Satzes von Wiener-Lévy; vgl. hierzu das in der Fußnote 1 auf S. 200 zitierte Buch.

4. Für $n, m \in \mathbb{N}$ und $t \in [0,1]$ sei $\delta + h_{n,m}(t)$ die Inverse von $\delta - t h_n - (1-t) h_m$. Ist $\delta + k$ die Inverse von $\delta - h$ und n_0 so gewählt, daß $\|h_n - h\|_1 \|\delta + k\|_1 \leq \frac{1}{2}$ für $n \geq n_0$, so ist $\|\delta + h_{n,m}(t)\|_1 \leq 2 \|\delta + k\|_1 = \gamma$ für $n, m \geq n_0$ nach Satz 4.4 und mit Aufgabe 4.2 folgt

$$\|h_{n,m}(t) - h_{n,m}(s)\|_1 \leq \gamma^2 \|h_n - h_m\|_1 |t - s|$$

für $t, s \in [0,1]$. Die **Riemann-Summen**

$$h_{n,m,p} = \frac{1}{p} \sum_{j=1}^{p} \left[\delta + h_{n,m}\left(\frac{j}{p}\right) \right]$$

konvergieren daher für $p \to \infty$ in $\mathsf{L}_1(\mathbb{R})$ gegen ein Element $h_{n,m}$, und aus $\|h_{n,m,p}\|_1 \leq \gamma$ folgt $\|h_{n,m}\|_1 \leq \gamma$. Nun ist

$$\hat{h}_{n,m,p}(x) = \frac{1}{p} \sum_{j=1}^{p} \left[1 - \frac{j}{p}\hat{h}_n(x) - \left(1 - \frac{j}{p}\right) \hat{h}_m(x) \right]^{-1}$$

und für $p \to \infty$ erhält man

$$[\hat{h}_m(x) - \hat{h}_n(x)] \hat{h}_{n,m}(x) = [\hat{h}_m(x) - \hat{h}_n(x)] \int_0^1 [1 - t \hat{h}_n(x) - (1-t)\hat{h}_m(x)]^{-1} \, dt$$

$$= \log [1 - \hat{h}_n(x)] - \log [1 - \hat{h}_m(x)] = \hat{g}_n(x) - \hat{g}_m(x).$$

Also ist $g_n - g_m = h_{n,m} * (h_m - h_n)$ und daher

$$\|g_n - g_m\|_1 \leq \|h_{n,m}\|_1 \|h_m - h_n\|_1 \leq \gamma \|h_m - h_n\|_1 \to 0$$

für $n, m \to \infty$, wie behauptet.

Es sei $\mathsf{L}_+(\mathbb{R})$ bzw. $\mathsf{L}_-(\mathbb{R})$ die Menge aller $f \in \mathsf{L}_1(\mathbb{R})$, die in $(-\infty, 0)$ bzw. in $(0, \infty)$ fast überall gleich Null sind. Jedes $f \in \mathsf{L}_1(\mathbb{R})$ hat eine (bis auf Äquivalenz) eindeutige Zerlegung $f = f_+ + f_-$ mit $f_+ \in \mathsf{L}_+(\mathbb{R})$ und $f_- \in \mathsf{L}_-(\mathbb{R})$. $\mathsf{L}_+(\mathbb{R})$ und $\mathsf{L}_-(\mathbb{R})$ sind abgeschlossene Teilalgebren von $\mathsf{L}_1(\mathbb{R})$, und zwar reduziert sich das Faltungsprodukt (13.8) für $f, g \in \mathsf{L}_+(\mathbb{R})$ auf

$$(f * g)(x) = \begin{cases} \int_0^x f(x - y) g(y) \, dy & \text{für} \quad x > 0 \\ 0 & \text{für} \quad x \leq 0. \end{cases} \tag{13.26}$$

Eine analoge Formel gilt in $\mathsf{L}_-(\mathbb{R})$. Bezeichnet man mit $\mathscr{F}_+(\mathbb{R})$ bzw. $\mathscr{F}_-(\mathbb{R})$ die Menge aller $f = \lambda \delta + k \in \mathscr{F}(\mathbb{R})$ mit $k \in \mathsf{L}_+(\mathbb{R})$ bzw. $k \in \mathsf{L}_-(\mathbb{R})$, so sind dies ebenfalls abgeschlossene Teilalgebren von $\mathscr{F}(\mathbb{R})$. Daraus folgt

$$\exp_*(f) \in \mathscr{F}_+(\mathbb{R}) \quad \text{für} \quad f \in \mathscr{F}_+(\mathbb{R}). \tag{13.27}$$

Diese Elemente von $\mathscr{F}_+(\mathbb{R})$ sind regulär nach (13.23') und haben die Inverse $\exp_*(-f) \in \mathscr{F}_+(\mathbb{R})$; man kann zeigen, daß ein Element von $\mathscr{F}_+(\mathbb{R})$ genau dann eine Inverse in $\mathscr{F}_+(\mathbb{R})$ hat, wenn es von der Form (13.27) ist (Aufgabe 13.9, c)). Eine analoge Aussage gilt für $\mathscr{F}_-(\mathbb{R})$.

Eine besondere Rolle spielen im folgenden die Funktionen $s_+ \in \mathsf{L}_+(\mathbb{R})$, $s_- \in \mathsf{L}_-(\mathbb{R})$ definiert durch

$$s_+(x) = s_-(-x) = 4\pi e^{-2\pi x} \quad \text{für} \quad x \geq 0 \tag{13.28}$$

und ihre Fourier-Transformierten

$$\hat{s}_+(x) = -2i(x - i)^{-1}, \quad \hat{s}_-(x) = 2i(x + i)^{-1}. \tag{13.28'}$$

Wegen $1 - \hat{s}_+(x) = (x + i)(x - i)^{-1}, 1 - \hat{s}_-(x) = (x - i)(x + i)^{-1}$ sind $\delta - s_+$ und $\delta - s_-$ regulär und zueinander invers, und es gilt

$$\varkappa(1 - \hat{s}_+) = -1, \quad \varkappa(1 - \hat{s}_-) = 1. \tag{13.28''}$$

Nach diesen Vorbereitungen können wir das Hauptresultat des Abschnitts beweisen:

Satz 13.5. *Es sei* $k \in L_1(R)$ *und* $\lambda \in P(k)$. *Dann gibt es Elemente* $g_+ \in L_+(R)$ *und* $g_- \in L_-(R)$ *derart, daß*

$$\lambda - \hat{k}(x) = \lambda \left(\frac{x-i}{x+i} \right)^{\varkappa} \exp\left[\hat{g}_+(x) + \hat{g}_-(x) \right]$$

ist für alle $x \in R$ *mit* $\varkappa = \varkappa(\lambda - \hat{k})$.

Beweis: Sei $\varkappa = \varkappa(\lambda - \hat{k})$; wir setzen

$$\hat{f} = \begin{cases} 1 - \lambda^{-1}\hat{k} & \text{falls } \varkappa = 0 \\ (1 - \hat{s}_+)^{\varkappa}(1 - \lambda^{-1}\hat{k}) & \text{falls } \varkappa > 0 \\ (1 - \hat{s}_-)^{|\varkappa|}(1 - \lambda^{-1}\hat{k}) & \text{falls } \varkappa < 0. \end{cases}$$

Dann ist $\hat{f} = 1 - \hat{h}$ mit $\hat{h} \in F L_1(R)$, $\hat{f}$ ist reguläres Element von $\mathscr{W}(R)$, und wegen (13.25) und (13.28″) ist $\varkappa(\hat{f}) = 0$. Aus Satz 13.4 folgt die Existenz eines $g \in L_1(R)$ mit $\hat{g} = \log \hat{f}$. Setzt man noch $g = g_+ + g_-$ mit $g_+ \in L_+(R)$, $g_- \in L_-(R)$, so ist $\hat{f} = \exp(\hat{g}_+ + \hat{g}_-)$ und die Behauptung folgt.

Aufgaben. 13.9. Es sei C_+ bzw. C_- die offene obere bzw. untere Halbebene der komplexen Ebene C.

a) Für $f \in L_+(R)$ und $z \in \overline{C_-}$ ist durch $\hat{f}(z) = \int_0^\infty e^{-2\pi i z y} f(y) \mathrm{d}y$ eine in C_- holomorphe und in $\overline{C_-}$ stetige Funktion erklärt mit $\hat{f}(x) = Ff(x)$ für $x \in R$, $|\hat{f}(z)| \leq \|f\|_1$ für alle $z \in \overline{C_-}$ und $\hat{f}(z) \to 0$ für $|z| \to \infty$ in $\overline{C_-}$. Anleitung: Approximiere f in $L_1(R)$ durch Funktionen aus $C_0^\infty(R)$ mit Träger in $[0, \infty)$.
b) Setze $\hat{f}(z) = \lambda + \hat{g}(z)$ für $f = \lambda\delta + g \in \mathscr{F}_+(R)$ und $z \in \overline{C_-}$; beweise $\widehat{(f * g)}(z) = \hat{f}(z)\hat{g}(z)$ für $f, g \in \mathscr{F}_+(R)$, $z \in C_-$.
c) Für $f \in \mathscr{F}_+(R)$ sind die folgenden Aussagen äquivalent: (i) Es gibt ein $g \in \mathscr{F}_+(R)$ mit $f * g = \delta$. (ii) $\hat{f}(z) \neq 0$ für alle $z \in \overline{C_-}$ und $\lim_{|z| \to \infty} \hat{f}(z) \neq 0$. (iii) f ist regulär und $\varkappa(\hat{f}) = 0$. (iv) $f = \exp_*(h)$ mit $h \in \mathscr{F}_+(R)$.
d) Alle obigen Aussagen gelten auch, wenn man $\mathscr{F}_+(R)$ durch $\mathscr{F}_-(R)$ und C_- durch C_+ ersetzt.

13.10. a) Es sei $g \in L_1(R)$, $g = g_+ + g_-$ mit $g_+ \in L_+(R)$, $g_- \in L_-(R)$ und $\hat{g}_+, \hat{g}_-$ die Fourier-Transformierten als holomorphe Funktionen in C_- bzw. C_+ (vgl. Aufgabe 13.9). Dann ist

$$\frac{1}{2\pi i} \int_{-\infty}^\infty \hat{g}(t)(t-z)^{-1} \mathrm{d}t = \hat{g}_-(z) \text{ für } z \in C_+ \text{ und } = -\hat{g}_+(z) \text{ für } z \in C_-.$$

b) Unter den Voraussetzungen von Satz 13.5 haben $\hat{g}_+$ und $\hat{g}_-$ die in a) angegebene Darstellung mit

$$\hat{g}(t) = \log(1 - \lambda^{-1}\hat{k}(t)) - i\varkappa(2 \arctan t + \pi),$$

worin die Summanden so definiert sind, daß $\hat{g}(t) \to 0$ für $|t| \to \infty$.

13.4 Faltungsoperatoren auf der Halbgeraden. Es sei $R_+ = {]}0, \infty{[} \subset R$. Für $k \in L_1(R)$ ist durch

$$Kf(x) = \int_0^\infty k(x-y)f(y)\mathrm{d}y \quad \text{für} \quad x \in R_+ \tag{13.29}$$

ein Operator K in $C(R_+)$ definiert. Nach Aufgabe 12.8, a) ist $K \in \mathscr{L}(R_+)$; der Kern von K erzeugt also auch Operatoren K_p in $L_p(R_+)$ für $p \in [1, \infty]$ und K_0 in $C_1(R_+)$. Obwohl der Operator (13.29) wesentlich andere Eigenschaften hat als ein Faltungsoperator auf der Geraden R, können wir doch ähnliche Methoden zur Untersuchung des Spektrums anwenden, indem wir einen Zusammenhang zwischen K und einem Faltungsoperator auf der Geraden herstellen: Jedem $f \in L_2(R_+)$ ordnen wir das Element $f_+ \in L_+(R)$ mit $f_+(x) = f(x)$ für $x > 0$ zu. Dadurch wird ein Normisomorphismus zwischen $L_1(R_+)$ und $L_+(R)$ hergestellt. Bezeichnen wir mit P_+ bzw. P_- die Projektionen von $L_1(R)$ auf $L_+(R)$ bzw. $L_-(R)$, also

$$P_+ f(x) = \begin{cases} f(x) & \text{für} \quad x \geq 0 \\ 0 & \text{für} \quad x < 0 \end{cases}, \quad P_- = I - P_+,$$

so kann man die Gleichung $\lambda f - Kf = h$ für $h, f \in C_1(R_+)$ auch in der Form $P_+(\lambda f_+ - k*f_+) = h_+$ schreiben, oder auch in der Form

$$\lambda f_+ - k * f_+ = h_+ + h_- \quad \text{mit} \quad h_- = -P_- k * f_+. \tag{13.30}$$

Diese Gleichung läßt sich mit den Methoden von 13.2 behandeln; zuvor einige Vorbereitungen:

Den Projektoren P_+, P_- entsprechen in $FL_1(R)$ die Projektoren $\hat{P}_+$, $\hat{P}_-$ definiert durch $\widehat{P_+ f} = \hat{P}_+ \hat{f}$ und $\widehat{P_- f} = \hat{P}_- \hat{f}$ für $f \in L_1(R)$. Es gilt

$$\hat{P}_+ \hat{f}_- \hat{P}_+ \hat{g} = \hat{P}_+ \hat{f}_- \hat{g} \quad \text{für} \quad f_- \in \mathscr{F}_-(R), \; g \in L_1(R); \tag{13.31}$$

denn es ist $\hat{f}_- \hat{g} = \hat{f}_- \hat{P}_+ \hat{g} + \hat{f}_- \hat{P}_- \hat{g}$ und der letzte Summand gehört zu $FL_-(R)$, so daß $\hat{P}_+ \hat{f}_- \hat{P}_- \hat{g} = 0$ ist. Mit den in (13.28) erklärten Funktionen s_+, s_- und mit (13.21) sei

$$s_{j+} = s_+^{*j}, \quad s_{j-} = s_-^{*j} \quad \text{für} \quad j = 1, 2, 3, \ldots \tag{13.32}$$

Dann ist $s_{j+} \in L_+(R)$, $s_{j-} \in L_-(R)$ und zwar findet man durch einfache Rechnung

$$s_{j+}(x) = s_{j-}(-x) = \frac{(4\pi)^j}{(j-1)!} x^{j-1} e^{-2\pi x} \quad \text{für} \quad x \geq 0. \tag{13.32'}$$

Aus (13.28′) und (13.32) folgt

$$\hat{s}_{j+}(x) = \left(\frac{-2i}{x-i}\right)^j, \quad \hat{s}_{j-}(x) = \left(\frac{2i}{x+i}\right)^j. \tag{13.33}$$

Hilfssatz 1. *Zu jedem $e_+ \in \mathscr{F}_+(R)$ und $n \in N$ gibt es Zahlen α_{jk} derart, daß*

$$(1-\hat{s}_+)^n \hat{P}_- (1-\hat{s}_-)^n \hat{e}_+ \hat{f}_+ = \sum_{j,k=1}^{n} \alpha_{jk} \hat{s}_{j+} \int_0^\infty s_{k+}(y) f_+(y) \mathrm{d}y$$

für jedes $f_+ \in L_+(R)$.

Beweis: Sei $h_+ = e_+ * f_+ \in L_+(R)$; dann ist

$$\hat{P}_- (1-\hat{s}_-)^n \hat{e}_+ \hat{f}_+ = \hat{P}_- \sum_{j=1}^{n} \binom{n}{j} (-\hat{s}_-)^j \hat{h}_+$$

die Fourier-Transformierte einer Funktion aus $L_-(R)$, deren Werte für $x < 0$ gleich

$$\sum_{j=1}^{n} \binom{n}{j} (-1)^j (s_{j-} * h_+)(x) = \sum_{j=1}^{n} \beta_j \int_0^\infty (x-y)^{j-1} e^{2\pi(x-y)} h_+(y) \mathrm{d}y$$

$$= \sum_{j,k=1}^{n} \beta_{jk} s_{j-}(x) \int_0^\infty s_{k+}(y) h_+(y) \mathrm{d}y$$

sind mit geeigneten Zahlen β_{jk}. Sei $e_+ = \mu\delta + g_+$, also $h_+ = \mu f_+ + g_+ * f_+$; damit erhält man

$$\int_0^\infty s_{k+}(y) h_+(y) \mathrm{d}y = \int_0^\infty \{\mu s_{k+}(y) + \int_y^\infty s_{k+}(z) g_+(z-y) \mathrm{d}z\} f_+(y) \mathrm{d}y$$

$$= \int_0^\infty \{\mu s_{k+}(y) + \int_0^\infty s_{k+}(z+y) g_+(z) \mathrm{d}z\} f_+(y) \mathrm{d}y$$

$$= \sum_{j=1}^{n} \gamma_{jk} \int_0^\infty s_{j+}(y) f_+(y) \mathrm{d}y$$

mit Zahlen γ_{jk}, die von μ und g_+, also von e_+ abhängen. Es folgt

$$(1-\hat{s}_+)^n \hat{P}_- (1-\hat{s}_-)^n \hat{e}_+ \hat{f}_+ = \sum_{j,k=1}^{n} \gamma'_{jk} (1-\hat{s}_+)^n \hat{s}_{j-} \int_0^\infty s_{k+}(y) f_+(y)\,\mathrm{d}y$$

mit neuen Konstanten γ'_{jk}. Aus (13.28') und (13.33) folgt

$$[1-\hat{s}_+(x)]^n \hat{s}_{j-}(x) = (2\mathrm{i})^j (x+\mathrm{i})^{n-j}(x-\mathrm{i})^{-n} = \sum_{k=0}^{n-j}\binom{n-j}{k}(2\mathrm{i})^{n-k}(x-\mathrm{i})^{k-n}$$

$$= \sum_{k=j}^{n}\binom{n-j}{n-k}(-1)^k \hat{s}_{k+}(x)$$

und damit die Behauptung.

Hilfssatz 2. *Es sei* $k \in \mathsf{L}_1(\mathsf{R})$, $\lambda \in \mathsf{P}(k)$ *und* $\varkappa(\lambda - \hat{k}) = \varkappa > 0$. *Mit den Bezeichnungen von Satz 13.5 sei* $\hat{r}_{j+} = \exp(-\hat{g}_+)\hat{s}_{j+}$ *für* $j = 1,2,\ldots,\varkappa$. *Dann sind die Funktionen* $r_{j+} \in \mathsf{L}_+(\mathsf{R})$ *linear unabhängig, in* R_+ *stetig und beschränkt,* $r_{j+}(x) \to 0$ *für* $x \to \infty$, *und es gilt* $P_+ k * r_{j+} = \lambda r_{j+}$ *für* $j = 1,2,\ldots,\varkappa$.

Beweis: Aus $\sum_{j=1}^{\varkappa} \alpha_j r_{j+} = 0$ folgt $\sum_{j=1}^{\varkappa} \alpha_j \hat{s}_{j+} = 0$, und mit (13.33) weiter $\sum_{j=1}^{\varkappa} \alpha_j (-2\mathrm{i})^j (x-\mathrm{i})^{-j} = 0$ für alle $x \in \mathsf{R}$, d. h. $\alpha_j = 0$ für alle j. Also sind die r_{j+} linear unabhängig. Sei $\exp(-\hat{g}_+) = 1 + \hat{h}_+$; dann ist

$$r_{j-}(x) = s_{j+}(x) + \int_0^x s_{j+}(x-y) h_+(y)\,\mathrm{d}y$$

und daher r_{j+} stetig und beschränkt in R_+. Aus (13.32') folgt $s_{j+}(x) \to 0$ für $x \to \infty$ und $s_{j+}(x) \le \gamma_j$ für $x \ge 0$. Für jedes $a > 0$ ist also

$$\limsup_{x \to \infty} |r_{j+}(x)| \le \gamma_j \int_a^\infty |h_+(y)|\,\mathrm{d}y$$

und mit $a \to \infty$ folgt $r_{j+}(x) \to 0$ für $x \to \infty$. Aus Satz 13.5 und (13.28'), (13.33) erhält man nach kurzer Rechnung

$$(\lambda - \hat{k})\hat{r}_{j+} = \lambda \exp(\hat{g}_-) \sum_{k=j}^{\varkappa} \eta_{jk} \hat{s}_{k-} \in F\,\mathsf{L}_-(\mathsf{R})$$

und daraus $P_+ (\lambda r_{j+} - k * r_{j+}) = 0$ wie behauptet.

Satz 13.6 (M. G. Krein)[1]. *Es sei* $k \in \mathsf{L}_1(\mathsf{R})$ *und* $K \in \mathscr{L}(\mathsf{R}_+)$ *der durch* (13.29) *erklärte Operator in* $\mathsf{C}(\mathsf{R}_+)$, K_p *die entsprechenden Operatoren in* $\mathsf{L}_p(\mathsf{R}_+)$ *bzw.* $\mathsf{C}_1(\mathsf{R}_+)$. *Alle diese Operatoren haben dasselbe Spektrum und dasselbe wesentliche Spektrum; für einen Fredholmpunkt haben sie denselben Nullraum und denselben Orthogonalraum des Wertebereichs, beide in* $\mathsf{C}_1(\mathsf{R}_+)$ *enthalten; und zwar ist*

$$\Sigma_e(K) = \Sigma(k), \quad \Phi(K) = \mathsf{P}(k),$$

$$\varkappa(\lambda I - K) = \varkappa(\lambda - \hat{k}) = \varkappa \quad \text{für} \quad \lambda \in \Phi(K),$$

$$\alpha(\lambda I - K) = \varkappa, \quad \beta(\lambda I - K) = 0, \quad \text{falls} \quad \varkappa \ge 0,$$

$$\alpha(\lambda I - K) = 0, \quad \beta(\lambda I - K) = -\varkappa, \quad \text{falls} \quad \varkappa < 0,$$

und ebenso für K_p, $p \in [1,\infty]$ *oder* $p = 0$. *Für* $\lambda \in \Phi(K)$ *ist die Pseudoinverse bezüglich geeigneter Projektoren* P *bzw.* Q *aus* $\mathscr{E}(\mathsf{R}_+)$ *von der Form* $\lambda^{-1}I + \lambda^{-2}L$ *mit* $L \in \mathscr{L}(\mathsf{R}_+)$, *und folglich* $\mathsf{P}(K,\mathscr{A}) = \mathsf{P}(K)$.

---

[1] Krein, M. G.: Uspechi Mat. Nauk **13**, no. 5 (83), 3–120 (1958); englische Übersetzung in Amer. Math. Soc. Transl. (2) **22** (1962) 163 bis 288.

Beweis: 1. Für $\lambda \in \Sigma(k)$ zeigt man $\lambda \in \Sigma_e(K)$ und $\lambda \in \Sigma_e(K_p)$ für alle p genau wie in Teil 2 des Beweises von Satz 13.3, man muß lediglich $f \in C_0^\infty(\mathsf{R})$ so wählen, daß $\operatorname{trg} f \subset \mathsf{R}_+$ ist.

2. Sei $\lambda \in \mathsf{P}(k)$ und $\varkappa = \varkappa(\lambda - \hat{k}) \geq 0$. Es sei $f_+ \in \mathsf{L}_+(\mathsf{R})$ Lösung der Gleichung (13.30), also $(\lambda - \hat{k})\hat{f}_+ = \hat{h}_+ + \hat{h}_-$. Nach Satz 13.5 und (13.28′) ist

$$\lambda - \hat{k} = \lambda(1 - \hat{s}_-)^\varkappa \exp(\hat{g}_+ + \hat{g}_-) \tag{13.34}$$

mit $\hat{g}_+ \in F\mathsf{L}_+(\mathsf{R})$, $\hat{g}_- \in F\mathsf{L}_-(\mathsf{R})$, also

$$\lambda(1 - \hat{s}_-)^\varkappa \exp(\hat{g}_+)\hat{f}_+ = \exp(-\hat{g}_-)(\hat{h}_+ + \hat{h}_-).$$

Anwendung des Projektors $\hat{P}_+ = I - \hat{P}_-$ ergibt

$$\lambda(1 - \hat{s}_-)^\varkappa \exp(\hat{g}_+)\hat{f}_+ = \hat{P}_+ \exp(-\hat{g}_-)\hat{h}_+ + \lambda\hat{P}_-(1 - \hat{s}_-)^\varkappa \exp(\hat{g}_+)\hat{f}_+$$

und mit $1 - \hat{s}_- = (1 - \hat{s}_+)^{-1}$ folgt daraus

$$\begin{aligned}
\hat{f}_+ &= \lambda^{-1}(1 - \hat{s}_+)^\varkappa \exp(-\hat{g}_+)\hat{P}_+ \exp(-\hat{g}_-)\hat{h}_+ \\
&\quad + (1 - \hat{s}_+)^\varkappa \exp(-\hat{g}_+)\hat{P}_-(1 - \hat{s}_-)^\varkappa \exp(\hat{g}_+)\hat{f}_+ .
\end{aligned} \tag{13.35}$$

Für $\varkappa = 0$ fällt der letzte Term weg, d. h. $\hat{f}_+$ ist durch $\hat{h}_+$ eindeutig bestimmt. Für $\varkappa > 0$ ist nach Hilfssatz 1

$$(1 - \hat{s}_+)^\varkappa \exp(-\hat{g}_+)\hat{P}_-(1 - \hat{s}_-)^\varkappa \exp(\hat{g}_+)\hat{f}_+ = \sum_{j,k=1}^\varkappa \alpha_{jk}\hat{r}_{j+} \int_0^\infty s_{k+}(y)f_+(y)\mathrm{d}y \tag{13.36}$$

mit $\hat{r}_{j+} = \exp(-\hat{g}_+)\hat{s}_{j+}$. Für jedes $h_+ \in \mathsf{L}_+(\mathsf{R})$ und bei beliebiger Wahl der Zahlen $\int_0^\infty s_{k+}(y)f_+(y)\mathrm{d}y$ in (13.36) stellt (13.35) eine Lösung der Gleichung (13.30) dar; denn die Operation $\hat{P}_+(\lambda - \hat{k})$ annulliert den letzten Term in (13.35) nach (13.36) und Hilfssatz 2, und man erhält

$$\hat{P}_+(\lambda - \hat{k})\hat{f}_+ = \hat{P}_+ \exp(\hat{g}_-)\hat{P}_+ \exp(-\hat{g}_-)\hat{h}_+ = \hat{h}_+$$

mit (13.34) und (13.31).

3. Die Ergebnisse von 2. lassen sich als Beziehungen zwischen Operatoren aus $\mathscr{L}(\mathsf{R}_+)$ deuten. Durch

$$Pf = \sum_{j,k=1}^\varkappa \alpha_{jk}\langle s_{k+}, f\rangle r_{j+} \quad \text{für} \quad f \in \mathsf{C}(\mathsf{R}_+) \tag{13.37}$$

ist ein Operator $P \in \mathscr{E}(\mathsf{R}_+)$ erklärt, da s_{k+} und r_{j+} nach (13.32′) und Hilfssatz 2 als Elemente von $C_1(\mathsf{R}_+)$ aufgefaßt werden können. Nach Hilfssatz 2 ist ferner

$$\mathsf{R}(P) \subset \mathsf{N}(\lambda I - K), \quad \text{d. h.} \quad (\lambda I - K)P = 0. \tag{13.37′}$$

Zu den Funktionen g_+, g_- aus Satz 13.5 gibt es Elemente $m_+ \in \mathsf{L}_+(\mathsf{R})$, $m_- \in \mathsf{L}_-(\mathsf{R})$ mit

$$(1 - \hat{s}_+)^\varkappa \exp(-\hat{g}_+) = 1 + \lambda^{-1}\hat{m}_+, \exp(-\hat{g}_-) = 1 + \lambda^{-1}\hat{m}_- . \tag{13.38}$$

Die zugehörigen Faltungsoperatoren $M_+, M_- \in \mathscr{L}(\mathsf{R}_+)$ haben die spezielle Gestalt

$$M_+ f(x) = \int_0^x m_+(x - y)f(y)\mathrm{d}y, \quad M_- f(x) = \int_x^\infty m_-(x - y)f(y)\mathrm{d}y . \tag{13.39}$$

Ein weiterer Operator $L \in \mathscr{L}(\mathsf{R}_+)$ wird durch

$$L = M_+ + M_- + \lambda^{-1}M_+ M_- \tag{13.39′}$$

erklärt; offenbar ist L im allgemeinen nicht vom Faltungstyp. Für $h \in C_1(\mathsf{R}_+)$ sei h_+ das zugeordnete Element von $\mathsf{L}_+(\mathsf{R})$; nach (13.35) und (13.36) sind dann alle Lösungen $f \in C_1(\mathsf{R}_+)$ der Gleichung $\lambda f - Kf = h$ von der Form $f = \lambda^{-1}h + \lambda^{-2}Lh + Pf$, d. h. es gilt

$$f = (\lambda^{-1}I + \lambda^{-2}L)(\lambda I - K)f + Pf$$

für alle $f \in C_1(R_+)$ und mit (13.37′) auch

$$(\lambda I - K)(\lambda^{-1}I + \lambda^{-2}L)h = h$$

für alle $h \in C_1(R_+)$. Daraus folgt

$$(\lambda I - K)(\lambda^{-1}I + \lambda^{-2}L) = I$$
$$(\lambda^{-1}I + \lambda^{-2}L)(\lambda I - K) = I - P \tag{13.40}$$

und hieraus mit (13.37′) noch

$$R(P) = N(\lambda I - K), \quad P^2 = P \quad \text{und} \quad P(\lambda^{-1}I + \lambda^{-2}L) = 0. \tag{13.41}$$

Nach Hilfssatz 2 enthält $N(\lambda I - K)$ die linear unabhängigen Funktionen r_{j+}, nach (13.37) liegt $N(\lambda I - K)$ in der linearen Hülle der r_{j+}; also ist $\alpha(\lambda I - K) = \varkappa$ und die r_{j+} bilden eine Basis von $N(\lambda I - K)$. Nach Satz 5.5 ist $\lambda I - K$ ein Fredholm-Operator, $\lambda^{-1}I + \lambda^{-2}L$ die Pseudoinverse bezüglich P und $Q = 0$, $\alpha(\lambda I - K) = \varkappa$ und $\beta(\lambda I - K) = 0$. Sind K_p, L_p, P_p die zugeordneten Operatoren in $L_p(R_+)$ bzw. $C_1(R_+)$, so gelten auch die den Gleichungen (13.37′), (13.40) und (13.41) entsprechenden Gleichungen für K_p, L_p und P_p, d. h. $\lambda I - K_p$ ist Fredholm-Operator mit $\alpha(\lambda I - K_p) = \varkappa$, $\beta(\lambda I - K_p) = 0$ und $\lambda^{-1}I + \lambda^{-2}L_p$ ist die Pseudoinverse bezüglich P_p und $Q_p = 0$. Der Nullraum

$$N(\lambda I - K_p) = R(P_p) = R(P)$$

ist von p unabhängig und in $C_1(R_+)$ enthalten.

4. Es sei $\lambda \in P(k)$ und $\varkappa = \varkappa(\lambda - \hat{k}) < 0$. Der transponierte Operator K^T ist Faltungsoperator mit dem Kern $k^T(x - y) = k(y - x)$, also $\widehat{k^T}(x) = \hat{k}(-x)$ und folglich $\varkappa(\lambda - \widehat{k^T}) = -\varkappa(\lambda - \hat{k}) > 0$ nach (13.24). Nach 3. gibt es Operatoren $L^T \in \mathscr{L}(R_+)$, $Q^T \in \mathscr{E}(R_+)$ mit $\dim R(Q^T) = -\varkappa$ derart, daß gilt

$$(\lambda I - K^T)(\lambda^{-1}I + \lambda^{-2}L^T) = I$$
$$(\lambda^{-1}I + \lambda^{-2}L^T)(\lambda I - K^T) = I - Q^T$$
$$(\lambda I - K^T)Q^T = 0, \quad Q^T(\lambda^{-1}I + \lambda^{-2}L^T) = 0.$$

Durch Transposition folgt, daß $\lambda I - K$ Fredholm-Operator ist mit $\alpha(\lambda I - K) = 0$, $\beta(\lambda I - K) = -\varkappa$ und $\lambda^{-1}I + \lambda^{-2}L$ die Pseudoinverse bezüglich $P = 0$ und Q. Die entsprechenden Aussagen für $\lambda I - K_p$ folgen wie in 3. Schließlich ist $R(\lambda I - K_p)^\perp = R(Q_p^T) = R(Q^T)$ von p unabhängig und in $C_1(R_+)$ enthalten.

In den Formeln (13.34), (13.38), (13.39) und (13.39′) ist eine explizite Vorschrift zur Konstruktion des Operators L enthalten (vgl. hierzu auch Aufgabe 13.10). Ebenso kann man den Projektor P aus (13.36) und (13.37) berechnen. Obwohl diese Rechnungen nicht gerade einfach sind, ist doch auf diesem und ähnlichen Wegen eine große Zahl solcher Probleme gelöst worden[1]. I. C. Gochberg und M. G. Krein[2] haben die Theorie auf Systeme von Faltungsoperatoren auf der Halbgeraden ausgedehnt und gezeigt, daß es auch in diesem Fall eine einfache Beschreibung des Spektrums, des wesentlichen Spektrums und des Index und eine explizite Vorschrift zur Berechnung der Pseudoinversen gibt.

---

[1] Vgl. die oben zitierte Arbeit von Krein, M. G. und die Bücher Hopf, E.: Mathematical problems of radiative equilibrium. Cambridge 1933 und Chandrasekhar, S.: Radiative Transfer. Oxford 1950.

[2] Gochberg, I.C., Krein, M. G.: Uspechi Mat. Nauk **13**, no. 5 (80), 3 − 72 (1958); englische Übersetzung in Amer. Math. Soc. Transl. (2) **14** (1960) 217 bis 287.

Aufgaben. 13.11. Für $p \in [1, \infty]$ sei $L_p(R_+)_{loc}$ der Vektorraum aller meßbaren komplexen Funktionen f auf R_+ mit $f \in L_p(0, a)$ für jedes $a > 0$ (also nicht notwendig $f \in L_p(R_+)$).

a) Für $k \in L_1(R_+)_{loc}$, $\lambda \in C$ mit $\lambda \neq 0$ und $g \in L_p(R_+)_{loc}$ hat die Integralgleichung

$$\lambda f(x) - \int_0^x k(x-y)f(y)\mathrm{d}y = g(x), \quad x \in R_+$$

genau eine Lösung $f \in L_p(R_+)_{loc}$. Anleitung: Es gibt ein $b > 0$, abhängig nur von k und λ, so daß die Integralgleichung in $(0, b)$ genau eine Lösung $f \in L_p(0, b)$ hat; hat sie in $(0, a)$ eine eindeutige Lösung $f_a \in L_p(0, a)$, so gibt es eine eindeutige Lösung $f \in L_p(0, a + b)$, die in $(0, a)$ mit f_a übereinstimmt.

b) Die Lösung ist darstellbar als

$$f(x) = \lambda^{-1} g(x) + \lambda^{-2} \int_0^x k_\lambda(x-y)g(y)\mathrm{d}y, \quad x \in R_+$$

mit $k_\lambda \in L_1(R_+)_{loc}$ und k_λ ist unabhängig von g und p.

c) Wie verträgt sich für $k \in L_1(R_+)$, $k \neq 0$ das Ergebnis von a) und b) mit Satz 13.6?

13.12. Es sei $k(x) = \pi e^{-2\pi|x|}$. Man zeige, daß der Faltungsoperator (13.29) mit diesem Kern das Spektrum $[0, 1]$ hat und berechne die Operatoren M_+, M_- und L. Anleitung: Es gilt $k = \frac{1}{4}(s_+ + s_-)$ (13.28); zur Faktorisierung benutzt man Aufgabe 13.9.

13.5 Die einseitige Hilbert-Transformation. Als Hilbert-Transformation bezeichnet man die Abbildung $f \mapsto \tilde{f}$ definiert durch

$$\tilde{f}(x) = \frac{1}{\pi i} \int_{-\infty}^{\infty} (y-x)^{-1} f(y)\mathrm{d}y \quad (x \in R) \tag{13.42}$$

für gewisse Funktionen auf R. Sie hat die Form eines Operators vom Faltungstyp (13.1) mit $k(x) = -(\pi i x)^{-1}$; ein wesentlicher Unterschied liegt aber darin, daß k nicht zu $L_1(R)$ gehört. Das Integral ist sogar für $f \in C_0^\infty(R)$ nicht als Lebesgue-Integral erklärbar; man muß es vielmehr als Cauchyschen Hauptwert interpretieren, d. h. als

$$\tilde{f}(x) = \lim_{\varepsilon \to 0+} \frac{1}{\pi i} \int_\varepsilon^\infty [f(x + t) - f(x - t)]t^{-1}\mathrm{d}t, \tag{13.42'}$$

und man sieht sofort, daß für $f \in C_0^\infty(R)$ der Grenzwert für alle $x \in R$ existiert und eine Funktion $\tilde{f} \in C^\infty(R)$ darstellt. Darüber hinaus gilt der folgende Satz von M. Riesz, den wir ohne Beweis zitieren.

Satz 13.7 (M. Riesz)[1]. *Für $p \in (1, \infty)$ und $f \in L_p(R)$ existiert der Grenzwert* (13.42') *für fast alle $x \in R$ und definiert eine Funktion $\tilde{f} \in L_p(R)$; durch $H_p f = \tilde{f}$ ist ein beschränkter Operator H_p in $L_p(R)$ erklärt. Es gilt*

$$H_p^2 = I \quad und \quad H_p' = -H_{p'}, \tag{13.43}$$

wenn $L_p(R)'$ mit $L_{p'}(R)$ identifiziert wird.

Für $f \in L_1(R)$ existiert zwar $\tilde{f}(x)$ fast überall, aber $\tilde{f} \in L_1(R)$ gilt im allgemeinen nicht; für $f \in L_\infty(R)$ existiert $\tilde{f}(x)$ im allgemeinen nicht. Der Operator H_p ist nach (13.43) ein algebraisches Element von $\mathscr{B}(L_p)$ (vgl. Aufgabe 4.10); sein Spektrum besteht aus den Punkten -1 und 1, seine Resolvente ist gegeben durch

$$R(\lambda, H_p) = (\lambda + 1)^{-1} \frac{1}{2}(I - H_p) + (\lambda - 1)^{-1} \frac{1}{2}(I + H_p); \tag{13.44}$$

---

[1] Riesz, M.: Math. Zeitschrift **27** (1927) 218 bis 244; vgl. auch Titchmarsh, E. C.: Fourier integrals, 2. ed. Oxford 1948, Ch. V.

das folgt unmittelbar aus (13.43). Vom Standpunkt der Spektraltheorie viel interessanter sind die **einseitige** Hilbert-Transformation

$$S_p f(x) = \frac{1}{\pi i} \int_0^\infty (y-x)^{-1} f(y)\,dy \qquad (x \in \mathbf{R}_+) \tag{13.45}$$

für $f \in \mathsf{L}_p(\mathbf{R}_+)$ und die **endliche** Hilbert-Transformation

$$T_p f(x) = \frac{1}{\pi i} \int_{-1}^1 (y-x)^{-1} f(y)\,dy \qquad (x \in (-1,1)) \tag{13.46}$$

für $f \in \mathsf{L}_p(-1,1)$. Da $\mathsf{L}_p(\mathbf{R}_+)$ und $\mathsf{L}_p(-1,1)$ als Teilräume von $\mathsf{L}_p(\mathbf{R})$ aufgefaßt werden können, zeigt Satz 13.7, daß für jedes $p \in (1,\infty)$ die Operatoren S_p und T_p beschränkt sind. Wir behandeln zunächst die einseitige Hilbert-Transformation; in (13.45) setzen wir

$$y = e^{2t}, \qquad f(y) = y^{-1/2} g\left(\frac{1}{2} \log y\right), \tag{13.47}$$

$$S_p f(x) = x^{-1/2} \tilde{S}_p g\left(\frac{1}{2} \log x\right) \tag{13.47'}$$

und erhalten

$$\tilde{S}_p g(s) = \frac{1}{\pi i} \int_{-\infty}^\infty \left[\sinh(t-s)\right]^{-1} g(t)\,dt, \tag{13.48}$$

worin das Integral wegen der Singularität bei $t = s$ als Cauchyscher Hauptwert

$$\tilde{S}_p g(s) = \lim_{\varepsilon \to 0+} \frac{1}{\pi i} \int_\varepsilon^\infty \left[g(s+t) - g(s-t)\right](\sinh t)^{-1}\,dt \tag{13.48'}$$

erklärt ist (vgl. Aufgabe 13.13, a)), und

$$\|f\|_p = \left\{ 2 \int_{-\infty}^\infty |e^{2\pi a t} g(t)|^p\,dt \right\}^{1/p} \qquad \text{mit} \quad a = (2-p)(2\pi p)^{-1}, \tag{13.49}$$

also $g \in \mathsf{L}_{p,a}(\mathbf{R})$ mit den Bezeichnungen von Aufgabe 13.3. Abgesehen von dem Faktor $2^{1/p}$ ist (13.47) ein Normisomorphismus von $\mathsf{L}_p(\mathbf{R}_+)$ auf $\mathsf{L}_{p,a}(\mathbf{R})$, bei dem S_p in den beschränkten Operator $\tilde{S}_p$ in $\mathsf{L}_{p,a}(\mathbf{R})$ übergeht.

Hilfssatz. *Für jedes $w \in \mathbf{C}$ mit $|\operatorname{Re} w - \pi a| < \tfrac{1}{2}$ ist durch*

$$\tilde{S}_{p,w} g(s) = \frac{1}{\pi i} \int_{-\infty}^\infty \left[\sinh(t-s)\right]^{-1} e^{2w(t-s)} g(t)\,dt \tag{13.50}$$

ein beschränkter Operator in $\mathsf{L}_{p,a}(\mathbf{R})$ definiert. Die Menge

$$\mathscr{S}_e(\mathbf{R}) = \{g \mid g(t) = e^{-2\pi a t} g_0(t), \quad g_0 \in \mathscr{S}(\mathbf{R})\}$$

ist dicht in $\mathsf{L}_{p,a}(\mathbf{R})$. Der Operator $\tilde{S}_{p,w}$ bildet $\mathscr{S}_a(\mathbf{R})$ in sich ab. Ist $g(t) = e^{-2\pi a t} g_0(t)$ mit $g_0 \in \mathscr{S}(\mathbf{R})$ und $h_0(s) = e^{2\pi a s} \tilde{S}_{p,w} g(s)$, so besteht zwischen den Fourier-Transformierten die Beziehung

$$\hat{h}_0(x) = \hat{g}_0(x) \tanh(\pi^2 x - i\pi w + i\pi^2 a) \qquad (x \in \mathbf{R}).$$

Beweis: Nach Definition von $\mathsf{L}_{p,a}(\mathbf{R})$ (vgl. Aufgabe 13.3) ist die Abbildung $g \mapsto g_0$ definiert durch $g_0(t) = e^{2\pi a t} g(t)$ ein Normisomorphismus von $\mathsf{L}_{p,a}(\mathbf{R})$ auf $\mathsf{L}_p(\mathbf{R})$. Da $\mathscr{S}(\mathbf{R})$ dicht in $\mathsf{L}_p(\mathbf{R})$ ist, ist $\mathscr{S}_a(\mathbf{R})$ dicht in $\mathsf{L}_{p,a}(\mathbf{R})$. Für $g \in \mathsf{L}_{p,a}(\mathbf{R})$ sei $f = \tilde{S}_{p,w} g - \tilde{S}_p g$; dann ist

$$f_0(s) = e^{2\pi a s} f(s) = \frac{1}{\pi i} \int_{-\infty}^\infty k(s-t) g_0(t)\,dt$$

mit
$$k(s) = e^{2\pi a s}(e^{-2ws} - 1)(\sinh s)^{-1}$$

Ist $|\operatorname{Re} w - \pi a| < \frac{1}{2}$, so ist $k \in L_1(\mathbf{R})$, also

$$\|f\|_{p,a} = \|f_0\|_p \le \|k\|_1 \|g_0\|_p = \|k\|_1 \|g\|_{p,a}$$

nach 11.4 Beispiel 2, d. h. $\tilde{S}_{p,w} - \tilde{S}_p$ ist ein beschränkter Operator in $L_{p,a}(\mathbf{R})$, und dasselbe gilt folglich für $\tilde{S}_{p,w}$. Sei $g \in \mathscr{S}_a(\mathbf{R})$, $h = \tilde{S}_{p,w}g$; nach Definition des Cauchyschen Hauptwerts (13.50) ist

$$h_0(s) = \lim_{\varepsilon \to 0+} \frac{1}{\pi i} \int_\varepsilon^\infty [g_0(s+t)e^{2(w-\pi a)t} - g_0(s-t)e^{-2(w-\pi a)t}](\sinh t)^{-1} \, dt$$

und der Grenzwert existiert in $L_1(\mathbf{R})$ wegen $g_0 \in \mathscr{S}(\mathbf{R})$. Man kann also die Fourier-Transformation mit Grenzübergang und Integration vertauschen und erhält mit Aufgabe 13.1, b)

$$\hat{h}_0(x) = \hat{g}_0(x) \lim_{\varepsilon \to 0+} \frac{1}{\pi i} \int_\varepsilon^\infty [e^{2(\pi i x + w - \pi a)t} - e^{-2(\pi i x + w - \pi a)t}](\sinh t)^{-1} \, dt$$

$$= \hat{g}_0(x) \frac{2}{\pi} \int_0^\infty [\sin 2(\pi x - i w + i \pi a)t](\sinh t)^{-1} \, dt$$

$$= \hat{g}_0(x) \tanh(\pi^2 x - i \pi w + i \pi^2 a)$$

(vgl. Aufgabe 13.13, b)). Nach Folgerung 2 aus Satz 13.1 ist $\hat{g}_0 \in \mathscr{S}(\mathbf{R})$, daher $\hat{h}_0 \in \mathscr{S}(\mathbf{R})$, und folglich $h_0 \in \mathscr{S}(\mathbf{R})$, d. h. $h \in \mathscr{S}_a(\mathbf{R})$.

Satz 13.8. *Für jedes* $p \in (1, \infty)$ *ist*

$$\Sigma(S_p) = \Sigma_e(S_p) = \left\{ \lambda \;\middle|\; \lambda = \pm 1 \quad oder \quad \frac{1}{2\pi} \arg \frac{\lambda+1}{\lambda-1} = \frac{1}{p} \right\}^{1)}$$

und $R(\lambda, S_p)$ *ist definiert durch*

$$R(\lambda, S_p) f(x) = (\lambda^2 - 1)^{-1} \left\{ \lambda f(x) + \frac{1}{\pi i} \int_0^\infty \left(\frac{y}{x}\right)^{w(\lambda)} (y-x)^{-1} f(y) \, dy \right\} \tag{13.51}$$

für $\lambda \in \mathbf{P}(S_p)$, *worin* $w(\lambda) = \frac{1}{2\pi i} \log \frac{\lambda+1}{\lambda-1}$ *so festgelegt ist, daß* w *in* $\mathbf{P}(S_p)$ *holomorph und* $w(\infty) = 0$ *ist.*

Beweis: Für $\lambda \ne \pm 1$ ist $\gamma(\lambda) = \frac{1}{2\pi} \arg \frac{\lambda+1}{\lambda-1}$ modulo 1 definiert und konstant auf den offenen Kreisbogenstücken, die 1 mit -1 verbinden. Sei Γ das Kreisbogenstück, auf dem $\gamma(\lambda) = \frac{1}{p}$ (mod 1) ist, also $\bar{\Gamma} = \Gamma \cup \{-1, 1\}$. In $\Lambda = \mathbf{C} \backslash \bar{\Gamma}$ ist durch $w(\lambda) = \frac{1}{2\pi i} \log \frac{\lambda+1}{\lambda-1}$ mit $\frac{1}{p} - 1 < \operatorname{Re} w(\lambda) < \frac{1}{p}$ eine holomorphe Funktion w erklärt, die Λ bijektiv auf den Streifen

$$\Omega = \left\{ w \;\middle|\; w \ne 0, \frac{1}{p} - 1 < \operatorname{Re} w < \frac{1}{p} \right\}$$

abbildet; die inverse Abbildung ist $\lambda = \coth(i\pi w)$. Für $w \in \Omega$ ist $|\operatorname{Re} w - \pi a| < \frac{1}{2}$ nach (13.49). Sei $\lambda \in \Lambda$, $w = w(\lambda) \in \Omega$, $g \in \mathscr{S}_a(\mathbf{R})$ und $\lambda g - \tilde{S}_p g = f$. Nach dem Hilfssatz ist $f \in \mathscr{S}_a(\mathbf{R})$ und

$$\hat{f}_0(x) = [\lambda - \tanh(\pi^2 x + i\pi^2 a)] \hat{g}_0(x)$$

$$= \cosh(\pi^2 x - i\pi w + i\pi^2 a)[\cosh(\pi^2 x + i\pi^2 a) \sinh(i\pi w)]^{-1} \hat{g}_0(x).$$

Der Operator $\tilde{S}_{p,w}$ ist beschränkt nach dem Hilfssatz; für $f \in \mathscr{S}_a(\mathbf{R})$ ist

$$g = (\lambda^2 - 1)^{-1}[\lambda f + \tilde{S}_{p,w} f] \in \mathscr{S}_a(\mathbf{R})$$

und

$$\hat{g}_0(x) = (\lambda^2 - 1)^{-1}[\lambda + \tanh(\pi^2 x - i\pi w + i\pi^2 a)] \hat{f}_0(x)$$

$$= \sinh(i\pi w) \cosh(\pi^2 x + i\pi^2 a)[\cosh(\pi^2 x - i\pi w + i\pi^2 a)]^{-1} \hat{f}_0(x).$$

---

1) Vgl. Figur 6 auf S. 215; $\Sigma(S_{3/2})$ ist der obere, $\Sigma(S_3)$ der untere Randbogen des linsenförmigen Gebiets, $\Sigma(S_2)$ die Strecke $[-1, 1]$.

Also bilden die Operatoren $\lambda I - \tilde{S}_p$ und $(\lambda^2 - 1)^{-1}[\lambda I + \tilde{S}_{p,w}]$ den Raum $\mathscr{S}_a(\mathsf{R})$ bijektiv auf sich ab und sind zueinander invers. Da $\mathscr{S}_a(\mathsf{R})$ in $\mathsf{L}_{p,a}(\mathsf{R})$ dicht ist, folgt $\lambda \in \mathsf{P}(\tilde{S}_p)$ und

$$R(\lambda, \tilde{S}_p) = (\lambda^2 - 1)^{-1}(\lambda I + \tilde{S}_{p,w}).\tag{13.51'}$$

Durch Anwendung der Transformation (13.47) erhält man $\Lambda \subset \mathsf{P}(S_p)$ und (13.51). Sei $\lambda_0 \in \Gamma$ und w_+ bzw. w_- die Grenzwerte von $w(\lambda)$ im Punkt λ_0 bei Annäherung in Λ von oben bzw. von unten. Dann ist $w_+ - w_- = -1$, und für $f, g \in C_0^\infty(\mathsf{R}_+)$ folgt aus (13.51), daß die entsprechenden Grenzwerte von $\int\limits_0^\infty g(x) R(\lambda, S_p) f(x) \mathrm{d}x$ sich um

$$-\frac{1}{\pi\mathrm{i}}(\lambda_0^2 - 1)^{-1} \int\limits_0^\infty y^{w_+} f(y)\mathrm{d}y \int\limits_0^\infty x^{-w_+ - 1} g(x)\mathrm{d}x$$

unterscheiden. Da dieser Ausdruck bei geeigneter Wahl von f und g ungleich Null ist, gilt $\lambda_0 \in \Sigma(S_p)$. Also ist $\Gamma = \Sigma(S_p)$. Da jeder Punkt von $\Sigma(S_p)$ ein Randpunkt und nicht isoliert ist, folgt $\Sigma_e(S_p) = \Sigma(S_p)$ aus Aufgabe 5.11, c).

Aufgaben. 13.13. a) Für $f \in \mathsf{L}_p(\mathsf{R}_+)$ sei $S_p f(x) = \lim\limits_{\varepsilon \to 0+} \frac{1}{\pi\mathrm{i}}\left\{\int\limits_0^{x-\varepsilon} + \int\limits_\varepsilon^\infty\right\}(y-x)^{-1} f(y)\mathrm{d}y$ für fast alle $x \in \mathsf{R}_+$. Mit (13.47), (13.47') verifiziere man (13.48').

b) Für $z \in \mathsf{C}$ mit $|\mathrm{Re}\, z| < 1$ sei $g(t) = \mathrm{e}^{-2zt}$; dann gilt

$$\lim\limits_{\varepsilon \to 0+} \frac{1}{\pi\mathrm{i}} \int\limits_\varepsilon^\infty [g(s+t) - g(s-t)](\sinh t)^{-1}\mathrm{d}t = g(s)\tanh(\mathrm{i}\pi z)$$

Anleitung: $(\sinh t)^{-1} = 2\sum\limits_{n=0}^\infty \mathrm{e}^{-(2n+1)t}$.

13.14. Es sei $\tilde{\mathsf{L}}_p(\mathsf{R}) = \mathsf{L}_p(\mathsf{R}, \mathscr{M}_1, \mu)$ mit μ definiert durch $\mu(A) = \int\limits_A (\cosh t)^{p-2}\mathrm{d}t$ und Norm $\|\cdot\|_{p\sim}$.

a) Für $p \leq 2$ und mit $a = (2-p)(2\pi p)^{-1}$ ist $\mathsf{L}_{p,a}(\mathsf{R}) \subset \tilde{\mathsf{L}}_p(\mathsf{R})$ und $\|f\|_{p\sim} \leq 2^{2\pi a}\|f\|_{p,a}$ für $f \in \mathsf{L}_{p,a}(\mathsf{R})$.

b) Sei $f \in \tilde{\mathsf{L}}_p(\mathsf{R}), f_-(t) = f(t)$ für $t < 0$ und $f_-(t) = 0$ für $t \geq 0$; dann ist $f_- \in \mathsf{L}_{p,a}(\mathsf{R})$ und $\|f_-\|_{p,a} \leq \|f_-\|_{p\sim}$.

c) Ist A ein beschränkter Operator in $\mathsf{L}_{p,a}(\mathsf{R})$, so definiert $Bf = Af_-$ einen beschränkten Operator B in $\tilde{\mathsf{L}}_p(\mathsf{R})$.

13.6 Die endliche Hilbert-Transformation. Die Integralgleichung

$$\lambda f(x) - \frac{1}{\pi\mathrm{i}} \int\limits_{-1}^1 (y-x)^{-1} f(y)\mathrm{d}y = g(x) \qquad (x \in (-1,1))$$

ist wegen ihrer Bedeutung für die Aerodynamik viel studiert worden; zuerst in Räumen hölderstetiger Funktionen, später auch in $\mathsf{L}_p(-1,1)$. Das Spektrum des Operators T_p ist aber erst 1960 von H. Widom[1] berechnet und charakterisiert worden. Wir transformieren T_p in einen Faltungsoperator auf der Geraden und benutzen die für die einseitige Hilbert-Transformation in 13.5 bereitgestellten Hilfsmittel. In (13.46) setzen wir

$$y = \tanh t, \quad f(y) = (1-y^2)^{-1/2} g\left(\frac{1}{2}\log\frac{1+y}{1-y}\right),\tag{13.52}$$

$$T_p f(x) = (1-x^2)^{-1/2} \tilde{T}_p g\left(\frac{1}{2}\log\frac{1+x}{1-x}\right)\tag{13.52'}$$

und erhalten

$$\tilde{T}_p g(s) = \frac{1}{\pi\mathrm{i}} \int\limits_{-\infty}^\infty \left[\sinh(t-s)\right]^{-1} g(t)\mathrm{d}t\tag{13.53}$$

---

[1] Widom, H.: Trans. Amer. Math. Soc. **97** (1960) 131 bis 160.

und

$$\|f\|_p = \left\{ \int_{-\infty}^{\infty} |g(t)|^p (\cosh t)^{p-2}\, dt \right\}^{1/p}. \tag{13.54}$$

Durch (13.52) ist also ein Normisomorphismus von $L_p(-1,1)$ auf $\tilde{L}_p(\mathsf{R}) = L_p(\mathsf{R}, \mathcal{M}_1, \mu)$ gegeben, worin μ durch $\mu(\mathsf{A}) = \int_{\mathsf{A}} (\cosh t)^{p-2}\, dt$ erklärt ist. $\tilde{T}_p$ ist ein beschränkter Operator in $\tilde{L}_p(\mathsf{R})$. Wir untersuchen ihn zunächst im Fall $1 < p < 2$. Für jedes $z \in \mathsf{C}$ mit $|\mathrm{Re}\, z| < \frac{1}{p} - \frac{1}{2}$ ist durch $g_z(t) = e^{-2zt}$ ein Element $g_z \in \tilde{L}_p(\mathsf{R})$ erklärt mit $\tilde{T}_p g_z = \tanh(\mathrm{i}\pi z) g_z$ nach Aufgabe 13.13, b), d. h. $\lambda = \tanh(\mathrm{i}\pi z)$ ist Eigenwert von $\tilde{T}_p$ und die Menge

$$\Phi = \left\{ \lambda \;\middle|\; \frac{1}{2\pi} \left| \arg \frac{1+\lambda}{1-\lambda} \right| < \frac{1}{p} - \frac{1}{2} \right\} \tag{13.55}$$

gehört zum Punktspektrum von $\tilde{T}_p$. Wir wollen zeigen, daß Φ das Spektrum von $\tilde{T}_p$ ist. Jedes Element $g \in \tilde{L}_p(\mathsf{R})$ läßt sich in der Form

$$g = g_1 + g_2, \quad g_1 \in L_{p,a}(\mathsf{R}), \quad g_2 \in L_{p,-a}(\mathsf{R}) \tag{13.56}$$

darstellen mit $a = (2-p)(2\pi p)^{-1}$; man kann z. B. $g_1 = g_-$, $g_2 = g_+$ setzen mit $g_-(s) = g(s)$ für $s < 0$ und $g_-(s) = 0$ für $s \geq 0$ sowie mit $g_+ = g - g_-$. Umgekehrt ist jede Funktion der Form (13.56) in $\tilde{L}_p(\mathsf{R})$ enthalten. Wir definieren g^{T} durch $g^{\mathrm{T}}(s) = g(-s)$; dann ist $(g^{\mathrm{T}})^{\mathrm{T}} = g$ und $g^{\mathrm{T}} \in L_{p,a}(\mathsf{R})$ für $g \in L_{p,-a}(\mathsf{R})$. Aus (13.48), (13.53) und (13.56) folgt nun

$$\tilde{T}_p g = \tilde{S}_p g_1 - (\tilde{S}_p g_2^{\mathrm{T}})^{\mathrm{T}}. \tag{13.57}$$

Analog definieren wir mit (13.50) für jedes $g \in \tilde{L}_p(\mathsf{R})$ eine Funktion

$$\tilde{T}_{p,w} g = \tilde{S}_{p,w} g_1 - (\tilde{S}_{p,-w} g_2^{\mathrm{T}})^{\mathrm{T}} \quad \text{für} \quad |\mathrm{Re}\, w| < 1 - \tfrac{1}{p}, \tag{13.58}$$

die von der Wahl der Zerlegung $g = g_1 + g_2$ unabhängig ist, wie man leicht bestätigt. Der Hilfssatz in 13.5 zeigt, daß $\tilde{T}_{p,w} g \in \tilde{L}_p(\mathsf{R})$ ist, und nach Aufgabe 13.14, c) ist $\tilde{T}_{p,w}$ ein beschränkter Operator in $\tilde{L}_p(\mathsf{R})$. Mit $w(\lambda)$ wie in Satz 13.8 erhält man nun $\mathsf{C}\backslash\Phi \subset \mathsf{P}(\tilde{T}_p)$ und

$$R(\lambda, \tilde{T}_p) = (\lambda^2 - 1)^{-1} [\lambda I + \tilde{T}_{p,w(\lambda)}] \quad \text{für} \quad \lambda \in \mathsf{C}\backslash\Phi. \tag{13.59}$$

Denn nach (13.55) ist $|\mathrm{Re}\, w(\lambda)| < 1 - \frac{1}{p}$ und $-w(\lambda) = w(-\lambda)$; damit folgt die Behauptung aus (13.51'), (13.57) und (13.58). Also ist $\Sigma(\tilde{T}_p) = \Phi$. Für $\lambda \in \Phi$ ist $w(\lambda)$ ebenfalls erklärt, und zwar ist

$$1 - \tfrac{1}{p} < \mathrm{Re}\, w(\lambda) < \tfrac{1}{p}, \quad w(-\lambda) = 1 - w(\lambda) \quad \text{für} \quad \lambda \in \Phi. \tag{13.60}$$

Es sei

$$\tilde{V}_{p,w} g = \tilde{S}_{p,w} g_- - (\tilde{S}_{p,1-w} g_+^{\mathrm{T}})^{\mathrm{T}} \quad \text{für} \quad 1 - \tfrac{1}{p} < \mathrm{Re}\, w < \tfrac{1}{p} \tag{13.61}$$

mit der speziellen Zerlegung $g = g_- + g_+$ und damit

$$A(\lambda) = (\lambda^2 - 1)^{-1} [\lambda I + \tilde{V}_{p,w(\lambda)}] \quad \text{für} \quad \lambda \in \Phi. \tag{13.62}$$

Nach Aufgabe 13.14, c) ist $\tilde{V}_{p,w}$ ein beschränkter Operator in $\tilde{L}_p(\mathsf{R})$ und mit (13.51') und (13.60) folgt

$$(\lambda I - \tilde{T}_p) A(\lambda) = I \quad \text{für} \quad \lambda \in \Phi. \tag{13.63}$$

Sei $g \in \tilde{L}_p(\mathsf{R})$, $g = g_1 + g_2$ eine beliebige Zerlegung nach (13.56). Dann ist

$$f = g_- - g_1 = g_2 - g_+ \in L_{p,a}(\mathsf{R}) \cap L_{p,-a}(\mathsf{R})$$

und

$$\tilde{V}_{p,w}g - \tilde{S}_{p,w}g_1 + (\tilde{S}_{p,1-w}g_2^{\mathrm{T}})^{\mathrm{T}} = \tilde{S}_{p,w}f + (\tilde{S}_{p,1-w}f^{\mathrm{T}})^{\mathrm{T}}$$

$$= \frac{1}{\pi \mathrm{i}} \int_{-\infty}^{\infty} [e^{2w(t-s)} - e^{-2(w-1)(t-s)}][\sinh(t-s)]^{-1} f(t)\,\mathrm{d}t$$

$$= \frac{2}{\pi \mathrm{i}} e^{-(2w-1)s} \int_{-\infty}^{\infty} e^{(2w-1)t} f(t)\,\mathrm{d}t$$

für $1 - \frac{1}{p} < \operatorname{Re} w < \frac{1}{p}$. Aus (13.51') und (13.62) folgt damit

$$A(\lambda)(\lambda I - \tilde{T}_p) = I - P(\lambda) \quad \text{für} \quad \lambda \in \Phi, \tag{13.64}$$

worin $P(\lambda)$ ein eindimensionaler Operator ist, dessen Wertebereich aus den Vielfachen der Eigenfunktion zum Eigenwert λ besteht, die wir zu Anfang berechnet hatten. Es gilt also auch

$$(\lambda I - \tilde{T}_p)P(\lambda) = 0, \quad P(\lambda)A(\lambda) = 0 \quad \text{für} \quad \lambda \in \Phi. \tag{13.65}$$

Die letzten drei Gleichungen besagen laut Satz 5.5, daß Φ zu $\Phi(\tilde{T}_p)$ gehört und $A(\lambda)$ für $\lambda \in \Phi$ eine Pseudoinverse von $\lambda I - \tilde{T}_p$ ist. Der Rand von Φ ist gleich $\Sigma_e(\tilde{T}_p)$ nach Aufgabe 5.11, c). Übersetzen wir die Ergebnisse mittels der Transformation (13.52) in Aussagen über T_p, so erhalten wir:

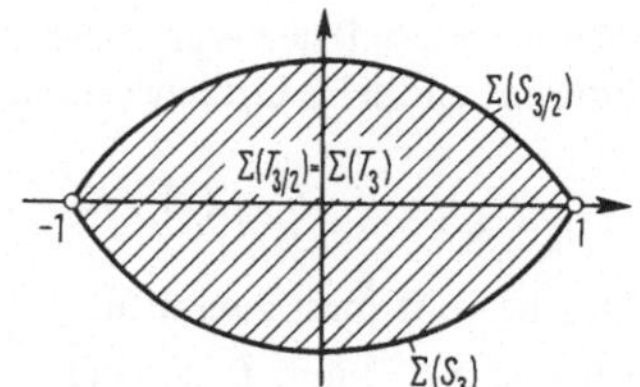

Figur 6

Satz 13.9. *Für jedes* $p \in (1, \infty)$ *ist (vgl. Fig. 6)*

$$\Sigma(T_p) = \left\{ \lambda \,\Big|\, \lambda = \pm 1 \quad oder \quad \frac{1}{2\pi}\left| \arg \frac{1+\lambda}{1-\lambda} \right| \leq \left| \frac{1}{2} - \frac{1}{p} \right| \right\}$$

und $\Sigma_e(T_p)$ *ist der Rand dieser Menge. Für* $\lambda \in \mathrm{P}(T_p)$ *ist*

$$R(\lambda, T_p)f(x) = (\lambda^2 - 1)^{-1}\left\{ \lambda f(x) + \frac{1}{\pi \mathrm{i}} \int_{-1}^{1} \left(\frac{1-x}{1+x}\,\frac{1+y}{1-y} \right)^{w(\lambda)} \frac{f(y)}{y-x}\,\mathrm{d}y \right\} \tag{13.66}$$

mit $w(\lambda) = \frac{1}{2\pi \mathrm{i}} \log \frac{\lambda+1}{\lambda-1}$ *holomorph in* $\mathrm{P}(T_p)$ *und* $w(\infty) = 0$. *Für* $1 < p < 2$ *und jeden inneren Punkt des Spektrums ist* $\alpha(\lambda I - T_p) = 1$, $\beta(\lambda I - T_p) = 0$; *die Eigenfunktion ist*

$$f_\lambda(x) = (1-x^2)^{-1/2}\left(\frac{1-x}{1+x} \right)^{z(\lambda)} \quad mit \quad z(\lambda) = \frac{1}{2\pi \mathrm{i}} \log \frac{1+\lambda}{1-\lambda}, \quad z(0) = 0$$

und durch

$$\hat{R}(\lambda, T_p)f(x) = (\lambda^2 - 1)^{-1}\left\{ \lambda f(x) + \frac{1}{\pi \mathrm{i}} \int_{-1}^{1} \left(\frac{1-y^2}{1-x^2} \right)^{1/2} \left(\frac{1-x}{1+x}\,\frac{1+y}{1-y} \right)^{z(\lambda)} \frac{f(y)}{y-x}\,\mathrm{d}y \right\} \tag{13.67}$$

ist eine Pseudoinverse von $\lambda I - T_p$ *gegeben. Für* $2 < p < \infty$ *ist* $\alpha(\lambda I - T_p) = 0$, $\beta(\lambda I - T_p) = 1$ *und zwar ist* $\int_{-1}^{1} f_{-\lambda}(x)g(x)\,\mathrm{d}x = 0$ *für alle* $g \in \mathrm{R}(\lambda I - T_p)$. *Durch*

$$\hat{R}(\lambda, T_p)f(x) = (\lambda^2 - 1)^{-1}\left\{\lambda f(x) + \frac{1}{\pi i}\int_{-1}^{1}\left(\frac{1-x^2}{1-y^2}\right)^{1/2}\left(\frac{1-x}{1+x}\,\frac{1+y}{1-y}\right)^{z(\lambda)}\frac{f(y)}{y-x}dy\right\} \quad (13.68)$$

ist eine Pseudoinverse von $\lambda I - T_p$ definiert.

Die Ergebnisse für $2 < p < \infty$ erhält man so: Nach (13.43) ist $T_p' = -T_{p'}$, also $\mathsf{P}(T_p) = \mathsf{P}(T_{p'})$ und

$$R(\lambda, T_p) = R(\lambda, -T_{p'})' = -R(-\lambda, T_{p'})';$$

mit $w(-\lambda) = -w(\lambda)$ erhält man daraus die Darstellung der Resolvente. Für die Fredholm-Punkte benutzt man die Folgerung 3 aus Satz 5.5 und eine ähnliche Schlußweise. Für $p = 2$ zeigt man wie im Fall $p < 2$, daß (13.59) gilt für $\lambda \in \mathsf{C}\backslash[-1,1]$. Die Behauptung $\Sigma(T_2) = \Sigma_e(T_2) = [-1,1]$ folgt aus (13.66) wie im Beweis von Satz 13.8 durch den Nachweis, daß die Resolvente für $\lambda_0 \in (-1,1)$ bei Annäherung in $\mathsf{P}(T_2)$ von oben bzw. von unten verschiedene Grenzwerte hat.

Als Anwendung behandeln wir die Integralgleichung (1.13): Es sei

$$K_p f(x) = \frac{1}{\pi}\int_{-1}^{1}\log|x-y|f(y)dy \quad (x \in (-1,1))$$

für $f \in \mathsf{L}_p(-1,1)$. Nach 11.4 Beispiel 2 ist K_p ein kompakter Operator in $\mathsf{L}_p(-1,1)$, und man sieht leicht, daß der Wertebereich $\mathsf{R}(K_p)$ in $\mathsf{C}[-1,1]$ enthalten ist, d. h. $K_p f$ ist stetig in $(-1,1)$ und hat endliche Grenzwerte an den Intervallenden. $K_p f$ ist absolutstetig und es gilt

$$K_p f(x) - K_p f(-1) = \frac{1}{i}\int_{-1}^{x} T_p f(y)dy \quad \text{für} \quad x \in [-1,1]. \quad (13.69)$$

Das beweist man zuerst für $f \in C_0^\infty(-1,1)$ und dann allgemein durch Approximation.

Sei $1 < p < 2$ und $f_0(x) = (1-x^2)^{-1/2}$; dann ist $T_p f_0 = 0$ nach Satz 13.9 und daher $K_p f_0(x)$ von x unabhängig, also

$$K_p f_0(x) = \frac{1}{\pi}\int_{-1}^{1}(1-y^2)^{-1/2}\log|y|dy = -\log 2.$$

Ist $g \in \mathsf{L}_p(-1,1)$ gegeben und hat die Integralgleichung $K_p f = g$ eine Lösung $f \in \mathsf{L}_p(-1,1)$, so ist g absolutstetig nach (13.69) und $g' = \frac{1}{i}T_p f \in \mathsf{L}_p(-1,1)$. Nach (13.67) ist $f = c f_0 + h$ mit

$$h(x) = \frac{1}{\pi}\int_{-1}^{1}\left(\frac{1-y^2}{1-x^2}\right)^{1/2}(y-x)^{-1}g'(y)dy \quad (13.70)$$

und mit einer Konstanten c, die noch bestimmt werden muß. Ist umgekehrt h durch (13.70) definiert, so ist $T_p h = ig'$, folglich $K_p h - g = a$ konstant nach (13.69) und daher $f = c f_0 + h$ mit $c = -a(\log 2)^{-1}$ eine Lösung. Wir haben also gezeigt:

Für $1 < p < 2$ und $g \in \mathsf{L}_p(-1,1)$ hat die Integralgleichung (1.13) genau dann eine Lösung $f \in \mathsf{L}_p(-1,1)$, wenn g absolutstetig und $g' \in \mathsf{L}_p(-1,1)$ ist; die Lösung ist dann eindeutig bestimmt und von der Form $f = c f_0 + h$, mit $f_0(x) = (1-x^2)^{-1/2}$ und h gemäß (13.70).

Im Fall $2 < p < \infty$ gibt es genau dann eine Lösung $f \in \mathsf{L}_p(-1,1)$, wenn $g, g' \in \mathsf{L}_p(-1,1)$ und $\int_{-1}^{1} f_0(x)g'(x)dx = 0$ ist; die Lösung ist eindeutig bestimmt, und zwar findet man mit (13.68)

$$f(x) = \frac{1}{\pi}\int_{-1}^{1}\left(\frac{1-x^2}{1-y^2}\right)^{1/2}(y-x)^{-1}g'(y)dy.$$

Die Nebenbedingung $\int_{-1}^{1} f_0(x)\,g'(x)\,\mathrm{d}x = 0$ ist aus der Problemstellung (1.10), (1.11) nicht erklärbar; man darf daraus schließen, daß der Ansatz (1.12) mit $f \in L_p(-1,1)$, für $p > 2$ nicht sinnvoll ist.

Wir haben in den beiden letzten Abschnitten einen Zipfel des großen Gebiets der sogenannten singulären Integraloperatoren berührt. Die Behandlung dieser Operatoren und ihrer Verallgemeinerung, den Pseudo-Differentialoperatoren, ist sachgerecht nur im Rahmen und mit den Hilfsmitteln der Distributionstheorie möglich und steht daher außerhalb des Bereichs dieses Buches. Eine gute Einführung in die Theorie der singulären Integraloperatoren geben die in der folgenden Liste genannten Bücher von N. I. Muskhelishvili und S. G. Mikhlin, in denen man auch zahlreiche Hinweise auf weitere Literatur findet.

Literaturhinweise

Bücher über Integralgleichungen

Bückner, H.: Die praktische Behandlung von Integralgleichungen. Berlin-Göttingen-Heidelberg 1952.

Carleman, T.: Sur les équations intégrales singulières à noyau réel et symétrique. Uppsala 1923.

Hamel, G.: Integralgleichungen. Berlin-Göttingen-Heidelberg 1949.

Hellinger, E. und Toeplitz, O.: Integralgleichungen und Gleichungen mit unendlichvielen Unbekannten. Leipzig und Berlin 1928.

Hilbert, D.: Grundzüge einer allgemeinen Theorie der linearen Integralgleichungen. Leipzig und Berlin 1912.

Hoheisel, G.: Integralgleichungen. 2. Auflage, Berlin 1963.

Mikhlin, S. G.: Integral equations and their application to certain problems in mechanics, mathematical physics and technology. London-New York-Paris-Los Angeles 1957.

Mikhlin, S. G.: Multidimensional singular integrals and integral equations. Oxford-London-Edinburgh-New York-Paris-Frankfurt 1965.

Muskhelishvili, N. I.: Singular integral equations. Melbourne 1949.

Petrovsky, I. G.: Vorlesungen über die Theorie der Integralgleichungen. Würzburg 1953.

Schmeidler, W.: Integralgleichungen mit Anwendungen in Physik und Technik. Leipzig 1950.

Smithies, F.: Integral equations. Cambridge 1958.

Tricomi, F. G.: Integral equations. New York-London 1957.

Yosida, K.: Lectures on differential and integral equations. New York-London-Sydney 1960.

Bücher über Funktionalanalysis mit Berücksichtigung der Integraloperatoren

Dunford, N. and Schwartz, J. T.: Linear operators. Part I: General theory. Part II: Spectral theory. New York-London 1958/63.

Riesz, F. und Sz.-Nagy, B.: Vorlesungen über Funktionalanalysis. 2. Auflage, Berlin 1968.

Stone, M. H.: Linear transformations in Hilbert space. New York 1932.

Zaanen, A. C.: Linear analysis. Amsterdam 1953.

Symbolverzeichnis

$\mathscr{A}(E)$	40	$\mathscr{F}(R^m)$	200	$P(A)$	45
$\mathscr{A}(E, F)$	35	$\mathscr{F}_+(R), \mathscr{F}_-(R)$	204	$P(A, \mathscr{A})$	74
$\mathscr{A}(M, \mu)$	104, 148	$\Phi(A)$	66	$S(\lambda)$	50
$\mathscr{A}_0(M, \mu)$	148	$\Gamma(\alpha)$	89	spur K	85
$\mathscr{A}_\infty(M, \mu)$	148	$\mathscr{H}_{pq}(X, Y)$	168	$\mathscr{S}(R^m)$	197
$\mathscr{A}(X, \mu)$	188	H_p	210	s_+, s_-	204
$\mathscr{A}_{pq}(X, Y)$	165	I	34, 42	s_{j+}, s_{j-}	206
$\alpha(A)$	54	$\mathscr{I}(X, \mu)$	188	S_p	211
$\mathscr{B}$	179	$K(x, \varrho)$	15	$\Sigma(A)$	45
$B(\alpha, \beta)$	11	$\mathscr{K}(E)$	66	$\Sigma_e(A)$	66
$\mathscr{B}(E)$	29	$\mathscr{K}_0(E)$	66	$\Sigma_p(A)$	66
$\mathscr{B}(E, F)$	29	$\mathscr{K}(M, \mu)$	105, 149	$\Sigma_c(A)$	66
$\mathscr{B}(M, \mu)$	148	$\mathscr{K}_\infty(M, \mu)$	105, 149	$\Sigma_r(A)$	66
$\mathscr{B}_{pq}(X, Y)$	171	$\mathscr{K}_0(M, \mu)$	105	$\Sigma(A, \mathscr{A})$	73
$\beta(A)$	58	$\mathscr{K}_\alpha(M, \mu)$	111	$T(\lambda)$	50
C, C^n	14	$\mathscr{K}_\alpha^\gamma(M, \mu)$	113	$T(A, B)$	87
$C(M)$	22	$\mathscr{K}(X, \mu)$	188	$T^q(A, B)$	88
$C_0(A)$	96	$\mathscr{K}_0(X, \mu)$	188	trg f	94
$C(X)$	180	$\varkappa(A)$	59	$\mathscr{T}(X), \mathscr{T}(X, Y)$	170
$C_0(X)$	179	$\varkappa(\lambda - k)$	203	$T_a f$	196
$C_1(M, \mu)$	145	$L(A)$	21	T_p	211
$C_1(X, \mu)$	188	l_p, l_∞	22	$\mathscr{W}(R^m)$	200
$C(A, B)$	87	$L_p(X, \mathscr{A}, \mu)$	161	ξ_A	89
$C^q(A, B)$	88	$\mathscr{L}(X, \mu)$	188	$|x|, |x|_p, |x|_\infty$	22
$C_0^l(A, B)$	94	$L_{p,a}(R)$	199	$|A|$	28
$C^q(\Omega)$	130	$L_+(R), L_-(R)$	204	$|A|$	89
$\mathscr{C}_\alpha(H)$	84	$M(X)$	180	$|\tau|$	180
codim A	57	$N(A)$	54	$\|f\|$	96
D, D_j	88	$N_\alpha(K)$	84	$\|f\|_p$	101, 161
$d(x, y)$	13	ω_m	89	$\|f\|_\infty$	161
d_p, d_∞	14	$\omega(f, \delta)$	103	$\|K\|$	101
$d(x, A)$	18	$\mathscr{P}_\alpha(Z, v)$	112	$\|K\|_{pq}$	166
dim A	54	P_+, P_-	205	$\|\mu\|$	96, 180
δ	200	$\hat{P}_+, \hat{P}_-$	206	$\mathbf{|}A\mathbf{|}$	35
Δ	8	Q	17	$\mathbf{|}g\mathbf{|}$	145, 188
$\mathscr{E}(M, \mu)$	105, 149	R, R^n	14	$\mathbf{|}K\mathbf{|}_{pq}$	168
$\mathscr{E}(X, \mu)$	188	R_+	205	$\bar{A}$	15
$F(\Omega)$	134	$R(A)$	32, 54	A^0	16
$F_x(\Omega)$	140	$R(\lambda, A)$	45	∂A	16
$Ff = \hat{f}$	196	$r(A)$	48	x^*	37

Namen- und Sachverzeichnis